Probst

Leistungselektronik für Bachelors

Uwe Probst

Leistungselektronik für Bachelors

Grundlagen und praktische Anwendungen

5., aktualisierte und erweiterte Auflage

HANSER

Der Autor:

Prof. Dr.-Ing. Uwe Probst
Fachbereich Elektro- und Informationstechnik, Technische Hochschule Mittelhessen

Bibliografische Information der Deutschen Nationalbibliothek:
Die Deutsche Nationalbibliothek verzeichnet diese Publikation in der Deutschen Nationalbibliografie; detaillierte bibliografische Daten sind im Internet über http://dnb.d-nb.de abrufbar.

Internet: www.hanser-fachbuch.de

Lektorat: Frank Katzenmayer
Herstellung: Frauke Schafft
Covergestaltung: Max Kostopoulos
Coverkonzept: Marc Müller-Bremer, www.rebranding.de, München
Titelbild: © shutterstock.com/LIORIKI
Satz: Eberl & Kœsel Studio GmbH, Krugzell
Druck und Bindung: CPI books GmbH, Leck
Printed in Germany

Print-ISBN 978-3-446-47281-5
E-Book-ISBN 978-3-446-47367-6

Vorwort zur 5. Auflage

Dieses Buch richtet sich an Studierende und Mitarbeiter der elektrotechnischen Fakultäten an Universitäten und Fachhochschulen sowie an Ingenieure in der Praxis, die sich einen Einblick in die Wirkungsweise von leistungselektronischen Bauelementen und Schaltungen verschaffen wollen.

Ziel dieses Buches ist es, die Erläuterungen anhand von Beispielen und überschaubaren Übungsaufgaben zielgerichtet zu strukturieren sowie mit einfach handhabbaren und über das Internet zugänglichen Simulationsprogrammen der beiden virtuellen Labore für „Leistungselektronik“ und „elektronischer Antriebstechnik“ zu unterstützen.

Die Inhalte basieren auf der gleichnamigen Vorlesung „Leistungselektronik“, die ich seit 2002 an der Technischen Hochschule Mittelhessen in dieser Form anbiete. Mathematische Grundlagen, die für das Verständnis und die Auslegung leistungselektronischer Schaltungen unerlässlich sind, werden im ersten Kapitel vorgestellt. Das Kapitel 2 ist den Leistungshalbleitern gewidmet. Kapitel 3 enthält eine umfassende Beschreibung der netzgeführten Stromrichter und ihrer Funktionsweise. Klassische Gleichstromsteller und ihre Steuerverfahren, die eine Grundlage moderner Schaltnetzteile bilden, sind Gegenstand von Kapitel 4. In Kapitel 5 werden die Grundschaltungen der Gleichstromsteller zu ein- und dreiphasigen spannungseinprägenden Wechselrichtern und den zugehörigen Steuerverfahren erweitert. Neben einigen zusätzlichen Beispielen stellt die 5. Auflage aktive Gleichrichter vor. Sie ermöglichen eine Netzrückspeisung, wenn Antriebe im Bremsbetrieb kurzzeitig als Generator arbeiten.

Kapitel 6 gibt eine Einführung in das Themengebiet der Mehrpunktumrichter. Die Grundlagen des weichen Schaltens unter Nutzung von Resonanzkreisen finden sich in Kapitel 7.

Die in den virtuellen Laboren verfügbaren Simulationsmodelle decken nahezu alle besprochenen Schaltungen ab. Sie zeigen die charakteristischen Zeitverläufe der Zustandsgrößen, die für die Schaltung entscheidend sind. Zusätzlich bieten sie eine animierte Darstellung der jeweils leitenden Schaltungszweige und erleichtern so das Verständnis ihrer Funktionsweise. Da die meisten Browser herkömmliche Java-Applets aufgrund von Sicherheitsbedenken nicht mehr unterstützen, werden sie beim Start automatisch in Java-Script übersetzt und dann ausgeführt. Dadurch ist gewährleistet, dass beide virtuellen Labore weiterhin verwendet werden können.

Ich danke meinem Lektor Frank Katzenmayer für die unkomplizierte Kommunikation und Dr. Malte Probst für das sorgfältige Korrigieren der neuen Manuskriptteile. Schließlich gebührt ein besonderer Dank meiner Familie, die die Arbeit immer unterstützt hat.

Gießen, im Januar 2022

Uwe Probst

URL des virtuellen Labors „Leistungselektronik“:
https://homepages.thm.de/~hg13555/Datenbank/lei/index.php/de/

URL des virtuellen Labors „elektronische Antriebstechnik“:
https://homepages.thm.de/~hg13555/Datenbank/aat/index.php/de/

Inhalt

1 Einführung in die Leistungselektronik

1.1 Grundlagen

Lernziele

Die Lernenden ...

- unterscheiden die Begriffe schalten, steuern, umrichten, gleichrichten,
- begründen die Vorteile des Schaltbetriebs,
- kennen die unterschiedlichen Einsatzgebiete der Leistungselektronik.

Die Leistungselektronik ist ein wesentliches Teilgebiet der Automatisierungstechnik. Zudem findet man sie in vielen anderen Bereichen des täglichen Lebens. Moderne Traktionsanwendungen (U-Bahnen, Straßenbahnen, ICE), einfache drehzahlregelbare elektrische Bohrmaschinen, Computernetzteile oder der Dimmer zur Helligkeitssteuerung von Glühbirnen basieren auf leistungselektronischen Schaltungen. Zunehmend mehr Haushaltsgeräte (Waschmaschinen, Kühlschränke, Geschirrspüler) werden zur Verbesserung ihres Wirkungsgrades mit Motoren ausgestattet, deren Drehzahl über Stromrichter energieeffizient gesteuert werden kann.

Gegenwärtig beträgt der Anteil der elektrischen Energie am Gesamtenergieverbrauch etwa 40 %, wird aber bis 2040 auf 60 % anwachsen. Gleichzeitig wird der Anteil der elektrischen Energie, die über leistungselektronische Schaltungen gesteuert wird, von 40 % im Jahr 2000 auf 80 % im Jahr 2015 ansteigen. Damit entwickelt sich die Leistungselektronik zu einer der Schlüsseltechnologien der kommenden Jahre.

Leistungselektronische Schaltungen werden eingesetzt, um möglichst verlustarm elektrische Energie einer Spannungsebene in elektrische Energie mit einer anderen Spannung umzuwandeln.

Am Beispiel der Helligkeitssteuerung einer Glühlampe wird dies deutlich: Sie leuchtet umso heller, je größer der Strom ist, der durch den Glühdraht fließt. Um die Höhe des Stromes und damit die Leuchtstärke der Lampe zu beeinflussen, muss die Spannung, mit der die Lampe versorgt wird, geändert werden können.

Bild 1.1 zeigt dafür prinzipiell verschiedene Möglichkeiten auf. Im Teilbild a) wird ein einstellbarer Vorwiderstand verwendet. Je nach Stellung des Schleifers fällt am Vorwiderstand ein mehr oder weniger großer Teil der Netzspannung ab. Die Spannung u_0 an der Lampe ist um diesen Betrag kleiner als die Netzspannung. Somit kann durch Verändern der Schleiferstellung die Größe der Spannung u_0 gesteuert werden.

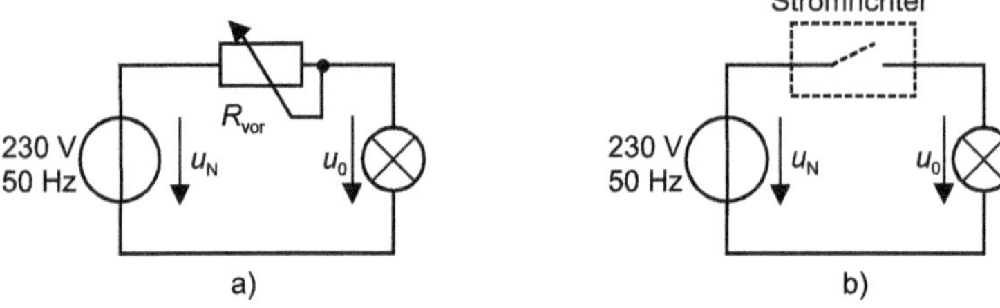

Bild 1.1 Helligkeitssteuerung einer Glühlampe a) mit Vorwiderstand b) mit Schaltbetrieb (Dimmer)

$$u_0 = \frac{R_{\text{Glühlampe}}}{R_{\text{Vor}} + R_{\text{Glühlampe}}} \cdot u_N$$

Unabhängig von der Stellung des Schleifers fließt hierbei immer Strom durch Lampe und Vorwiderstand. Diese Art der Helligkeitssteuerung ist nicht optimal, weil der Spannungsabfall am Vorwiderstand in Verbindung mit dem fließenden Strom in Wärme umgesetzt wird und somit Energie nutzlos verloren geht.

In Bild 1.1 b) wird statt des Vorwiderstandes als einfachste Variante eines Stromrichters ein elektronischer Schalter verwendet. Ist der Schalter geschlossen, so liegt die Netzspannung an der Lampe. Ist der Schalter geöffnet, dann ist die Spannung an der Lampe null und es fließt kein Strom. Diese Betriebsart heißt Schaltbetrieb.

Schalter ein: $u_0 = u_N$ Schalter aus: $u_0 = 0$

Die grundlegenden Unterschiede zwischen beiden Betriebsarten werden in den Zeitverläufen in Bild 1.2 deutlich. Ist der Widerstandswert des Vorwiderstandes gleich dem der Lampe, so erhält man für $u_0(t)$ den oberen Zeitverlauf. Wird der Schalter 5 ms nach jedem Nulldurchgang der Netzspannung bis zum nächsten Spannungsnulldurchgang geschlossen und danach wieder geöffnet, ergibt sich für die Spannung $u_0(t)$ an der Lampe der unten dargestellte Zeitverlauf.

Beide Zeitverläufe führen zu unterschiedlichen Helligkeiten der Lampe im Vergleich zum Betrieb mit voller Netzspannung. Anstatt mit Vorwiderstand kann die Helligkeit beim Schaltbetrieb ebenso durch Verändern der Einschaltdauer des Schalters relativ zur Periodendauer der Netzspannung gesteuert werden.

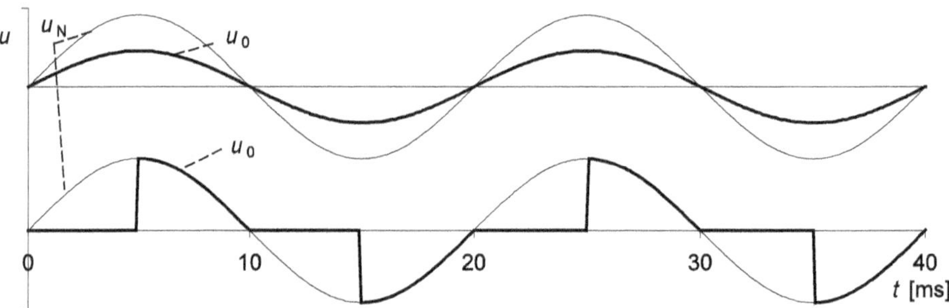

Bild 1.2 Zeitverläufe von $u_0(t)$: oben mit Vorwiderstand; unten mit Schaltbetrieb

Dadurch fließt beim Schaltbetrieb aber nur zeitweise Strom; der Vorwiderstand und die damit verbundenen Verluste entfallen. An diesem einfachen Beispiel wird bereits deutlich, wie wichtig der Schaltbetrieb für die Leistungselektronik ist. Auch wenn der Schalter zunächst idealisierend als verlustfrei angesehen wird, erhält man als qualitatives Ergebnis dieser einführenden Betrachtung:

Durch den *Schaltbetrieb* (switching mode) bleiben die Verluste in Stromrichtern gering. Die erreichbaren Wirkungsgrade sind sehr hoch.

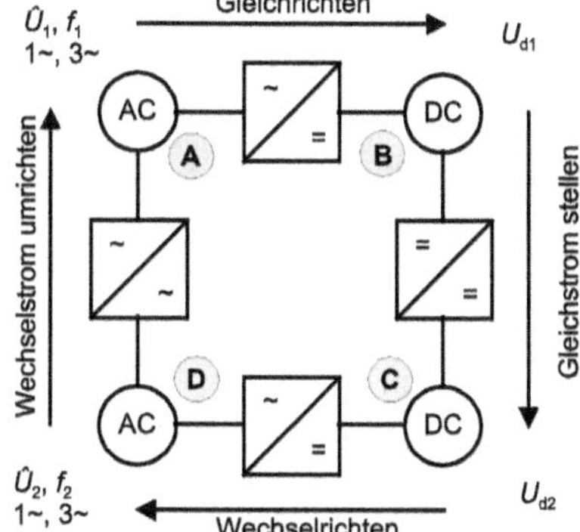

Bild 1.3 Anwendungsgebiete der Leistungselektronik

Bild 1.3 fasst die Anwendungsgebiete der Leistungselektronik zusammen. Neben der Amplitudenverstellung von Gleich-, Wechsel- oder Drehspannungen (Stellen) ermöglicht sie auch die Umwandlung von Wechsel- oder Drehspannung in Gleichspannung (Gleichrichten) und die Erzeugung von Wechsel- oder Drehspannungen mit variabler Frequenz und Amplitude aus Gleichspannungen (Wechselrichten). Des Weiteren kann eine Wechsel- oder Drehspannung einer Amplitude und Frequenz in eine Wechsel- oder Drehspannung anderer Amplitude und anderer Frequenz gewandelt werden (Umrichten). Dazu werden unterschiedliche Schaltungen eingesetzt.

1.2 Eigenschaften des Schaltbetriebs

Lernziele

Die Lernenden ...

- kennen die Unterschiede zwischen Mittel- und Effektivwert,
- berechnen Mittel- und Effektivwerte von Strömen und Spannungen für Zeitverläufe, die für die Leistungselektronik charakteristisch sind,
- berechnen Kenngrößen (Welligkeit, Klirrfaktor) von Schaltungen.

1.2.1 Gleich-, Wechsel-, Mischgrößen

Die Gemeinsamkeit aller Schaltungen der Leistungselektronik ist der Schaltbetrieb. Daraus resultiert, dass sich Spannungs- und Stromverläufe, die das Schaltungsverhalten beschreiben, aus Teilabschnitten mit teilweise sprungförmigen Übergängen zusammensetzen. Man erkennt dies am Zeitverlauf von $u_0(t)$ in Bild 1.2 unten.

Der Prozess besteht hier aus zwei Teilen der sinusförmigen Netzspannung für 5 ms < t < 10 ms und 15 ms < t < 20 ms sowie null während der restlichen Zeit und ist eine reine Wechselgröße. Typische Zeitverläufe bei anderen Schaltungen der Leistungselektronik können sich aus reinen Gleich- oder reinen Wechselgrößen oder Kombinationen von beiden zusammensetzen. Besteht ein Zeitverlauf aus Gleich- und Wechselanteilen, spricht man von einer Mischgröße.

Bild 1.4 zeigt den Verlauf einer solchen Mischspannung $u_d(t)$. Sie besteht nur aus den positiven Halbwellen einer sinusförmigen Spannung und hat daher einen positiven Mittelwert. Dieser arithmetische Mittelwert U_d der Spannung $u_d(t)$ wird auch Gleichanteil genannt. Er entspricht dem Flächeninhalt zwischen dem Zeitverlauf $u_d(t)$ und der Zeitachse t, wobei Flächen oberhalb der Zeitachse positiv und Flächen unterhalb der Zeitachse negativ gezählt werden. Dieser Flächeninhalt wird auch als Spannungs-Zeit-Fläche bezeichnet.

Subtrahiert man den Mittelwert U_d vom Zeitverlauf $u_d(t)$, so ergibt sich der Wechselanteil $u_{d\sim}(t)$ der Mischgröße. Dieser Wechselanteil zeichnet sich dadurch aus, dass positive und negative Spannungs-Zeit-Flächen gleich groß sind. Insgesamt kann man sich vorstellen, dass eine Mischgröße aus der Addition eines reinen Wechselanteils zu einem Gleichanteil entsteht.

$$u_d(t) = U_d + u_{d\sim}(t) \tag{1.1}$$

Die Zeitverläufe, um die es in der Leistungselektronik geht, können Gleich-, Wechsel- oder Mischgrößen sein, die ihrerseits Mittelwert, Effektivwert und Scheitelwert haben. Um den Überblick zu behalten, werden alle zeitlich veränderlichen Größen ($u_d(t)$, $u_{d\sim}(t)$ in Bild 1.4) mit Kleinbuchstaben bezeichnet. Größen, die nicht zeitabhängig sind (Scheitelwert $\hat{U}_d$, Mittelwert U_d in Bild 1.4), erhalten Großbuchstaben.

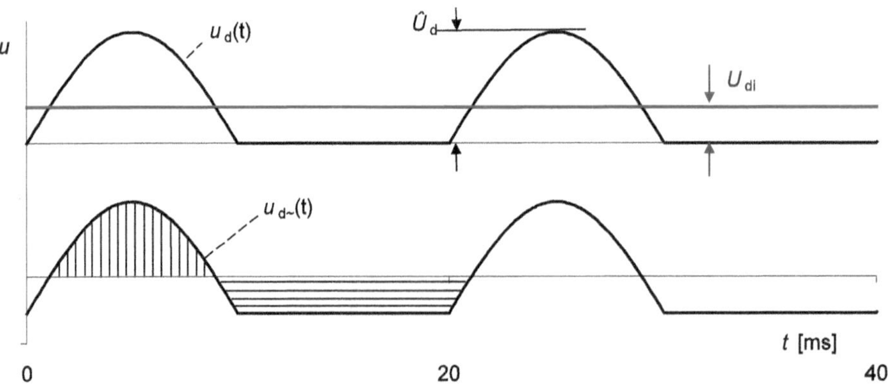

Bild 1.4 Zeitverlauf einer Mischspannung, oben: Mischspannung $u_d(t)$, arithmetischer Mittelwert U_d; unten: Wechselanteil $u_\sim(t)$

Zur Beschreibung von Mischgrößen wird in der Leistungselektronik eine ganze Reihe unterschiedlicher Begriffe verwendet. Die wichtigsten werden in den folgenden Abschnitten erläutert.

1.2.2 Arithmetischer Mittelwert

Der arithmetische Mittelwert eines Zeitverlaufs wird auch Gleichanteil genannt. Um ihn zu berechnen, muss die Spannungs-Zeit-Fläche - also der Flächeninhalt zwischen dem Zeitverlauf der Spannung und der Zeitachse - bestimmt werden.

Näherungsweise Berechnung

Zunächst wird an einem Beispiel eine überschlägige Berechnung vorgenommen und anschließend auf die exakte mathematische Darstellung erweitert [Felderhoff06].

Beispiel 1.1 Berechnung der Spannungs-Zeit-Fläche einer Sinushalbwelle

Zur überschlägigen Berechnung wird die Sinushalbwelle nach Bild 1.5 durch eine Treppenfunktion angenähert. Die Gesamtfläche ergibt sich durch die Summation der einzelnen Flächeninhalte der Treppenstufen. Aufgrund der Symmetrie der Halbwelle zu $\pi/2$ genügt es, die Treppenstufen der ersten Viertelperiode zu summieren und das Ergebnis zu verdoppeln.

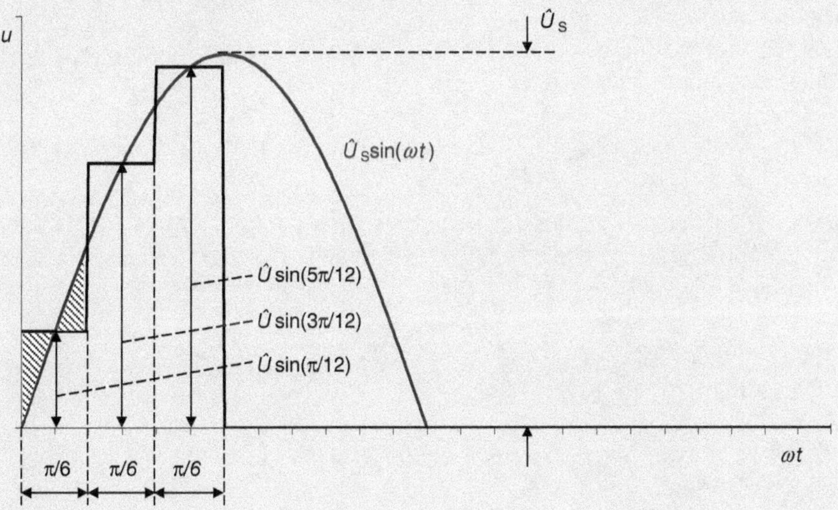

Bild 1.5 Mittelwertberechnung durch Treppenfunktion

Im Beispiel wird die Näherung durch drei Rechtecke vorgenommen. Jedes von ihnen hat die Breite $\pi/6$. Die Höhe ergibt sich aus dem Wert der Sinushalbwelle genau in der Mitte des jeweiligen Rechtecks. Für die drei eingezeichneten Rechtecke betragen die Höhen $\hat{U}\sin(\pi/12)$, $\hat{U}\sin(3\pi/12)$ sowie $\hat{U}\sin(5\pi/12)$. Der Flächeninhalt $F/2$ der Viertelperiode entspricht näherungsweise der Summe der drei Rechteckflächen und ergibt sich zu

$$\frac{F}{2}=\left[\frac{\pi}{6}\sin(\frac{\pi}{12})+\frac{\pi}{6}\sin(\frac{3\cdot\pi}{12})+\frac{\pi}{6}\sin(\frac{5\cdot\pi}{12})\right]\cdot\hat{U}_\mathrm{S}$$

$$F=2\cdot\left[\frac{\pi}{6}\sin(\frac{\pi}{12})+\frac{\pi}{6}\sin(\frac{3\cdot\pi}{12})+\frac{\pi}{6}\sin(\frac{5\cdot\pi}{12})\right]\cdot\hat{U}_\mathrm{S}$$

Der Flächeninhalt der Halbperiode ist doppelt so groß wie der der Viertelperiode. Dividiert man den Flächeninhalt F durch die Periodendauer 2π, so erhält man den überschlägigen arithmetischen Mittelwert. Je kleiner die Breite der Treppenstufen, umso genauer wird die Annäherung der Überschlagsrechnung.

$$U_\mathrm{d}=\frac{F}{2\pi}=\frac{2\cdot\left[\frac{\pi}{6}\sin(\frac{\pi}{12})+\frac{\pi}{6}\sin(\frac{3\cdot\pi}{12})+\frac{\pi}{6}\sin(\frac{5\cdot\pi}{12})\right]\cdot\hat{U}_\mathrm{S}}{2\pi}=0.321\cdot\hat{U}_\mathrm{S}$$

Anhand der schraffierten Dreiecke in Bild 1.5 wird das Prinzip der Näherung deutlich. Werden die Rechtecke ausreichend schmal, so sind die Flächeninhalte der beiden schraffierten Dreiecke etwa gleich groß. Damit entspricht die Summe der Rechteckflächen näherungsweise der Fläche unter der Sinushalbwelle.

Mathematisch exakte Berechnung

Wesentlich genauer und mathematisch exakt geschieht die Bestimmung des Mittelwertes durch das bestimmte Integral nach Gl. (1.2).

$$U_\mathrm{d}=\frac{1}{T}\cdot\int_0^T\hat{U}_\mathrm{s}\cdot\sin\omega t\cdot dt=\frac{1}{2\pi}\cdot\int_0^{2\pi}\hat{U}_\mathrm{s}\cdot\sin\omega t\cdot d\omega t \tag{1.2}$$

Angewendet auf Beispiel 1.1 der pulsierenden Gleichspannung ergibt sich für deren arithmetischen Mittelwert folgende exakte Lösung:

$$U_\mathrm{d}=\frac{1}{2\pi}\cdot\int_0^{\pi}\hat{U}_\mathrm{s}\cdot\sin\omega t\cdot\mathrm{d}\omega t+\int_\pi^{2\pi}0\cdot\mathrm{d}\omega t=\frac{\hat{U}_\mathrm{s}}{2\pi}\cdot\left[-\cos\omega t\right]_0^{\pi}=\frac{\hat{U}_\mathrm{s}}{2\pi}\cdot[-(-1)-(-1)]=\frac{\hat{U}_\mathrm{s}}{\pi}$$

$$U_\mathrm{d}=0.318\cdot\hat{U}_\mathrm{s}$$

Die Abweichung zwischen der exakten Lösung und dem Ergebnis aus Beispiel 1.1 ist vergleichsweise gering.

Der *arithmetische Mittelwert* (arithmetic mean value, arithmetic average value) eines Zeitverlaufs ist der in ihm enthaltene Gleichanteil. Mathematisch entspricht er dem Flächeninhalt der Kurve bezogen auf die Zeitachse.

Allgemein wird der arithmetische Mittelwert mit Großbuchstaben bezeichnet. In Halbleiterdatenblättern verwendet man den Index AV (Average Value) für Mittelwerte. Das wird auch in diesem Buch so gehandhabt.

1.2.3 Effektivwert

Aufgrund des ohmschen Gesetzes hängt bei linearen Stromkreisen die umgesetzte Leistung quadratisch von Strom oder Spannung ab.

$$p = \frac{u^2}{R} \qquad\qquad p = i^2 \cdot R$$

Sind Strom und Spannung keine Gleichgrößen, sondern periodische zeitabhängige Größen, so muss zur Leistungsberechnung der quadratische Mittelwert verwendet werden. Dieser heißt *Effektivwert* und wird im Englischen Root Mean Square genannt. ■

Mathematisch ergibt sich der Effektivwert als Mittelwert des quadrierten Zeitverlaufs.

$$U_{\mathrm{RMS}} = \sqrt{\frac{1}{T} \cdot \int_0^T u^2(t) \cdot \mathrm{d}t} = \sqrt{\frac{1}{2\pi} \cdot \int_0^{2\pi} u^2(\omega t) \cdot \mathrm{d}\omega t} \tag{1.3}$$

Effektivwerte werden u. a. benötigt, um die Wärmebelastung von Halbleitern und die Ausgangsleistung von Wechselrichtern zu berechnen sowie Transformatoren auszulegen.

Im Deutschen dient der Index „eff" zur Kennzeichnung von Effektivwerten. Halbleiterdatenblätter sind üblicherweise in Englisch verfasst. Dort wird der Begriff Root Mean Square als Bezeichnung für den Effektivwert benutzt. Daher lautet die Indexbezeichnung für Effektivwertangaben in Datenblättern meist RMS. Die Bezeichnung RMS für den Effektivwert wird auch in diesem Buch gebraucht.

Beispiel 1.2 Angabe der Strombelastbarkeit

Zur Beschreibung der Strombelastbarkeit gibt man im Datenblatt den maximalen Effektivwert I_{TRMSM} des Bauelementstroms an. Die Indizes haben folgende Bedeutung:

T: Bauelementtyp, beispielsweise Thyristor

RMS: Root Mean Square (quadratischer Mittelwert)

M: maximal

I_{TRMSM} bezeichnet demnach den maximal zulässigen Effektivwert, mit dem der Thyristor belastet werden darf. ■

Beispiel 1.3 Effektivwert einer sinusförmigen Spannung

Es soll der Effektivwert des Zeitverlaufs $\hat{U}\sin(\omega t)$ aus Bild 1.6 berechnet werden.

Lösung:

Zunächst muss der Zeitverlauf $u(\omega t)$ quadriert werden.

$$u(\omega t) = \hat{U} \cdot \sin \omega t \quad \Rightarrow \quad u^2(\omega t) = (\hat{U} \cdot \sin \omega t)^2 = \hat{U}^2 \cdot \sin^2 \omega t$$

Anschließend wird der quadrierte Zeitverlauf nach Gl. (1.3) integriert.

$$U_{\text{RMS}} = \sqrt{\frac{1}{2\pi} \cdot \int_0^{2\pi} (\hat{U} \cdot \sin \omega t)^2 \cdot \mathrm{d}\omega t} = \sqrt{\frac{1}{2\pi} \cdot \int_0^{2\pi} \hat{U}^2 \cdot \sin \omega t^2 \cdot \mathrm{d}\omega t}$$

Am einfachsten entnimmt man die Lösung der Integration einer mathematischen Tabelle.

$$U_{\text{RMS}} = \sqrt{\frac{1}{2\pi} \cdot \hat{U}^2 \cdot \left[-\frac{1}{2}\sin(\omega t) \cdot \cos(\omega t) + \frac{\omega t}{2} \right]_0^{2\pi}}$$

Setzt man die Integrationsgrenzen ein, so ergibt sich der bekannte Zusammenhang zwischen Scheitel- und Effektivwert bei sinusförmigen Größen.

$$U_{\text{RMS}} = \sqrt{\frac{1}{2\pi} \cdot \hat{U}^2 \cdot \left[(-\frac{1}{2}\sin(2\pi) \cdot \cos(2\pi) + \frac{2\pi}{2}) - (-\frac{1}{2}\sin(0) \cdot \cos(0) + \frac{0}{2}) \right]}$$

$$U_{\text{RMS}} = \sqrt{\frac{1}{2\pi} \cdot \hat{U}^2 \cdot \left[0 + \frac{2\pi}{2} - (0) + \frac{0}{2} \right]} = \sqrt{\frac{1}{2\pi} \cdot \hat{U}^2 \cdot \frac{2\pi}{2}} = \sqrt{\frac{\hat{U}^2}{2}} = \frac{\hat{U}}{\sqrt{2}}$$

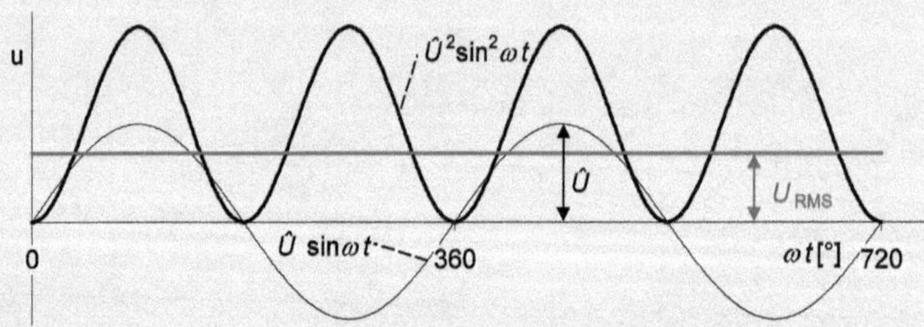

Bild 1.6 Sinusförmige Spannung $\hat{U}\sin\omega t$, quadrierte sinusförmige Spannung $\hat{U}^2\sin^2(\omega t)$ und Effektivwert U_{RMS} für $\hat{U} = 2$ V

Übung 1.1

Berechnen Sie den Effektivwert der sinusförmigen Halbwellen in Bild 1.7.

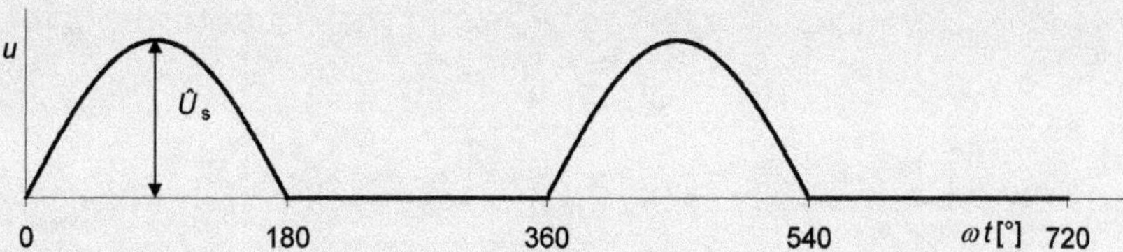

Bild 1.7 Zeitverlauf zur Übung 1.1

Übung 1.2

Berechnen Sie Effektivwert und Mittelwert der angeschnittenen sinusförmigen Halbwellen in Bild 1.8 in Abhängigkeit vom Winkel α.

Verwenden Sie zur Lösung das Applet „Charakteristische Zeitverläufe".

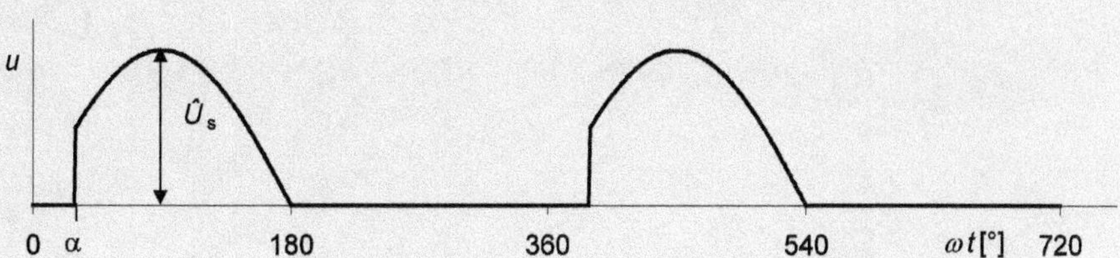

Bild 1.8 Zeitverlauf zur Übung 1.2

Übung 1.3

Berechnen Sie den Effektivwert und Mittelwert der sinusförmigen Halbwellen in Bild 1.9.

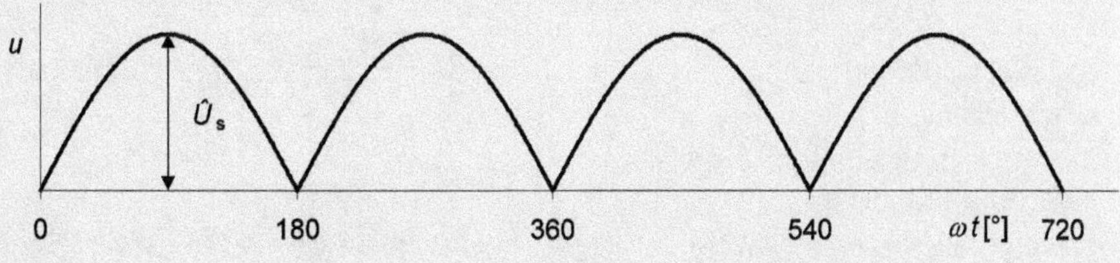

Bild 1.9 Zeitverlauf zur Übung 1.3

Übung 1.4

Berechnen Sie Effektivwert und Mittelwert der sinusförmigen Halbwellen in Bild 1.10 in Abhängigkeit vom Winkel α.

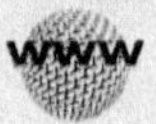

Verwenden Sie zur Lösung das Applet „Charakteristische Zeitverläufe".

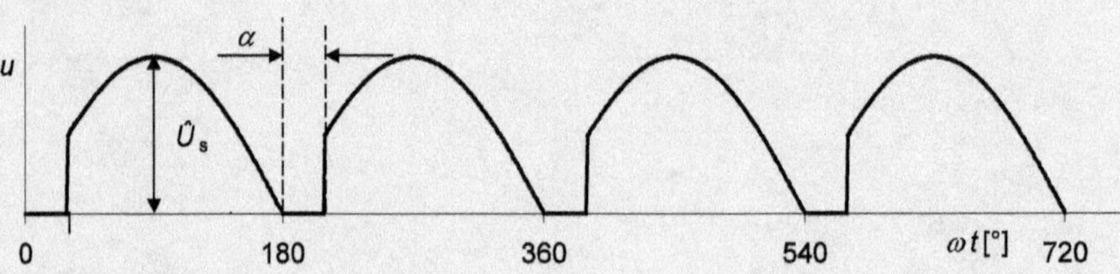

Bild 1.10 Zeitverlauf zur Übung 1.4

Übung 1.5

Berechnen Sie den Effektivwert des Stromverlaufs aus Bild 1.11 in Abhängigkeit von τ, T und I_d.

Kontrollieren Sie Ihre Lösung mit dem Applet „Charakteristische Zeitverläufe".

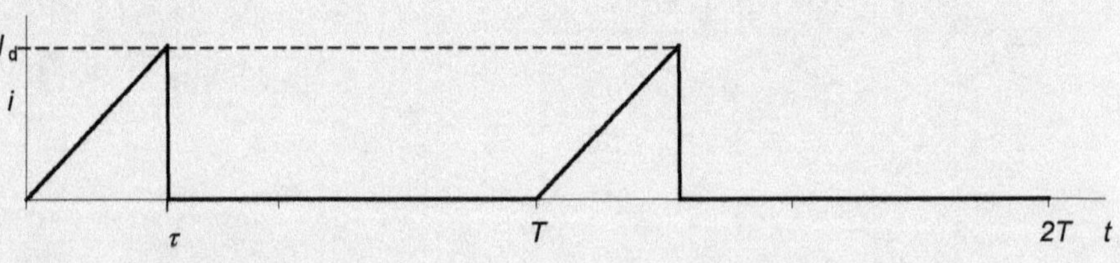

Bild 1.11 Zeitverlauf zur Übung 1.5

1.2.4 Gesamteffektivwert, Klirrfaktor, Formfaktor und Welligkeit

Ausgehend von Mittelwert und Effektivwert sind weitere Begriffe üblich, um Mischgrößen zu beschreiben.

Gesamteffektivwert

Nach Gl. (1.1) kann eine Mischspannung als Addition von Gleich- und Wechselanteil aufgefasst werden. Der Gesamteffektivwert der Mischgröße setzt sich daher zusammen aus dem quadratischen Mittelwert des Gleichanteils U_d und dem Effektivwert des Wechselanteils $U_{RMS,\sim}$. Somit gilt:

$$U_{RMS,ges}^2 = U_d^2 + U_{RMS,\sim}^2 \qquad \Rightarrow \qquad U_{RMS,ges} = \sqrt{U_d^2 + U_{RMS,\sim}^2} \tag{1.4}$$

Der *Gesamteffektivwert* einer Mischgröße ergibt sich aus der geometrischen Summe der Einzeleffektivwerte.

Welligkeit

Bei Gleichrichtern ist von Interesse, wie viel Wechselspannungsanteile in der gleichgerichteten Spannung enthalten sind.

Bezieht man den Effektivwert des Wechselanteils (ripple content) auf den Gleichanteil (DC component), so bekommt man ein Maß für den prozentualen Wechselspannungsgehalt der Mischgröße. Dieses Maß wird als *Welligkeit* (ripple) bezeichnet und kann für Spannungen und Ströme gleichermaßen verwendet werden.

$$w_u = \frac{U_{RMS,\sim}}{U_d} = \sqrt{\frac{U^2_{RMS,ges} - U^2_d}{U^2_d}} = \sqrt{\frac{U^2_{RMS,ges}}{U^2_d} - 1}$$

$$w_i = \frac{I_{RMS,\sim}}{I_d} = \sqrt{\frac{I^2_{RMS,ges}}{I^2_d} - 1} \tag{1.5}$$

Für reine Gleichgrößen wird $w = 0$. Reine Wechselgrößen zeichnen sich dadurch aus, dass kein Gleichanteil vorhanden ist und w sehr groß wird.

Klirrfaktor

Leistungselektronische Schaltungen ermöglichen auch die Umwandlung von Gleich- in Wechselspannungen. Bei dieser Umwandlung entstehen allerdings neben der Wechselspannung mit der gewünschten Frequenz zusätzliche Spannungskomponenten mit anderen Frequenzen. Diese werden als Oberschwingungen bezeichnet und sind unerwünscht. Um die Güte eines solchen Wechselrichters zu beurteilen, wird der Begriff Klirrfaktor (K) verwendet. Er bezeichnet das prozentuale Verhältnis zwischen dem Effektivwert aller Oberschwingungen und dem Gesamteffektivwert. Ebenso wie die Welligkeit kann er für Spannungen und Ströme angegeben werden. Die englische Bezeichnung lautet Total Harmonic Distortion (THD), verwendet aber als Bezugsgröße den Effektivwert der Grundschwingung. Der Index u wird für Spannungen, der Index i für Ströme verwendet.

$$K_u = \frac{U_{RMS,OS}}{U_{RMS}} \qquad K_i = \frac{I_{RMS,OS}}{I_{RMS}}$$

$$THD_u = \frac{U_{RMS,OS}}{U_{RMS,1}} \qquad THD_i = \frac{I_{RMS,OS}}{I_{RMS,1}}$$

Formfaktor

Unter dem Formfaktor F versteht man das Verhältnis zwischen dem Gesamteffektivwert einer elektrischen Größe und ihrem arithmetischen Mittelwert.

$$F = \frac{U_{\mathrm{d,RMS}}}{U_{\mathrm{d}}}$$

1.2.5 Überschlägige Berechnung bei einfachen Kurvenverläufen

Bei Zeitverläufen, die während einer Periode lediglich zwei diskrete Werte annehmen, können sowohl Mittelwert als auch Effektivwert auch ohne aufwändige Integralrechnung angegeben werden.

Beispiel 1.4 Berechnung von Mittel- und Effektivwert

Berechnen Sie Mittelwert und Effektivwert des rechteckigen Stromverlaufs in Bild 1.12.

Verwenden Sie zur Lösung das Applet „Charakteristische Zeitverläufe“.

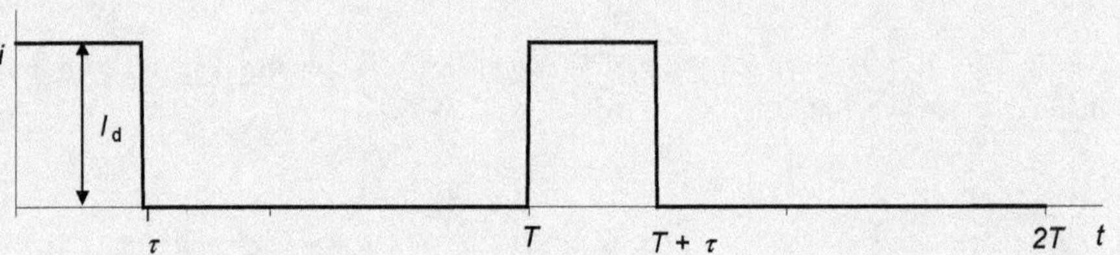

Bild 1.12 Zeitverlauf zum Beispiel 1.4

Lösung:

Der Mittelwert des Stromverlaufs ergibt sich zu

$$I_{\mathrm{d,AV}} = \frac{1}{T} \cdot \left(\int_0^{\tau} I_{\mathrm{d}} \cdot \mathrm{d}t + \int_{\tau}^{T} 0 \cdot \mathrm{d}t \right) = \frac{I_{\mathrm{d}}}{T} [t]_0^{\tau} = \frac{I_{\mathrm{d}}}{T} \tau$$

Definiert man das Tastverhältnis $D = \tau / T$, so erhält man

$$I_{\mathrm{d,AV}} = D \cdot I_{\mathrm{d}}$$

Allgemein berechnet man den Effektivwert des Stromverlaufs mit Gl. (1.3). Setzt man auch hier wieder den Tastgrad D ein, so ergibt sich

$$I_{\mathrm{RMS}} = \sqrt{\frac{1}{T} \cdot \left(\int_0^{\tau} I_{\mathrm{d}}^2 \cdot \mathrm{d}t + \int_{\tau}^{T} 0 \cdot \mathrm{d}t \right)} = \sqrt{\frac{I_{\mathrm{d}}^2}{T} \cdot [t]_0^{\tau}} = I_{\mathrm{d}} \cdot \sqrt{\frac{\tau}{T}} = I_{\mathrm{d}} \cdot \sqrt{D}$$

■

Diese Ergebnisse können verallgemeinert werden. Ist $a(t)$ ein Zeitverlauf, der während $t < \tau$ den Wert A und während der restlichen Zeit der Periode T den Wert 0 annimmt, so beträgt dessen Mittelwert A_{AV}

$$A_{AV} = \frac{\tau}{T} \cdot A = D \cdot A$$

Für den Effektivwert A_{RMS} des Zeitverlaufs gilt dagegen:

$$A_{RMS} = \sqrt{\frac{\tau}{T}} \cdot A = \sqrt{D} \cdot A$$

In manchen Fällen kann man den zu untersuchenden Zeitverlauf in Teilverläufe zerlegen. Dies lohnt immer dann, wenn Mittel- und Effektivwerte dieser Teilverläufe einfach berechnet werden können.

Beispiel 1.5 Mittel- und Effektivwert des Stromverlaufs in Bild 1.13

Für den gegebenen Zeitverlauf sind in Abhängigkeit von τ, T und I_d der Mittelwert und der Effektivwert anzugeben.

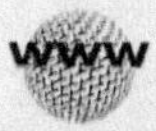

Kontrollieren Sie Ihre Lösung mit dem Applet „Charakteristische Zeitverläufe".

Lösung:
Es handelt sich um einen reinen Wechselstrom. Daher ist der Mittelwert gleich null. Der Effektivwert beträgt:

$$I_{RMS} = \sqrt{\frac{1}{T} \cdot \left(\int_0^{\tau} I_d^2 \mathrm{d}t + \int_{\frac{T}{2}}^{\frac{T}{2}+\tau} I_d^2 \mathrm{d}t \right)} = \sqrt{\frac{1}{T} \cdot \left(\left[I_d^2 \cdot t \right]_0^{\tau} + \left[I_d^2 \cdot t \right]_{\frac{T}{2}}^{\frac{T}{2}+\tau} \right)}$$

$$I_{RMS} = \sqrt{\frac{1}{T} \cdot \left[(I_d^2 \cdot \tau - I_d^2 \cdot 0) + (I_d^2 \cdot (\tfrac{T}{2} + \tau) - I_d^2 \cdot \tfrac{T}{2}) \right]}$$

$$I_{RMS} = \sqrt{\frac{1}{T} \cdot \left[(I_d^2 \cdot \tau) + (I_d^2 \cdot \tfrac{T}{2} - I_d^2 \cdot \tfrac{T}{2} + I_d^2 \cdot \tau) \right]}$$

$$I_{RMS} = \sqrt{\frac{1}{T} \cdot \left[(I_d^2 \cdot \tau) + (I_d^2 \cdot \tau) \right]} = I_d \cdot \sqrt{\frac{2\tau}{T}}$$

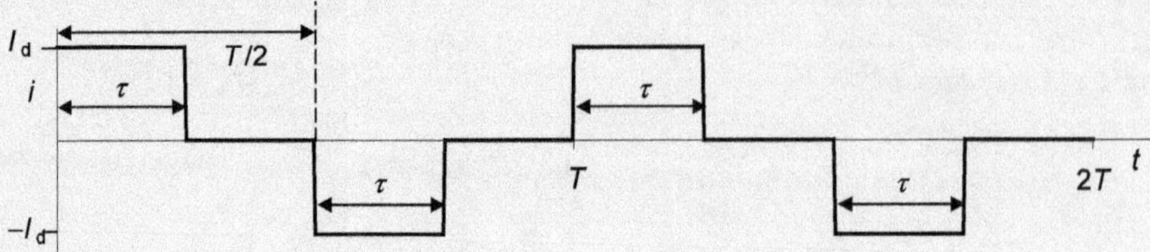

Bild 1.13 Zeitverlauf zu Beispiel 1.5

Einfacher wird die Berechnung, wenn man den vorliegenden Stromverlauf $i(t)$ aus Bild 1.13 in zwei Anteile $i_1(t)$ und $i_2(t)$ wie in Bild 1.14 zerlegt, die zusammengesetzt wieder den ursprünglichen Zeitverlauf ergeben.

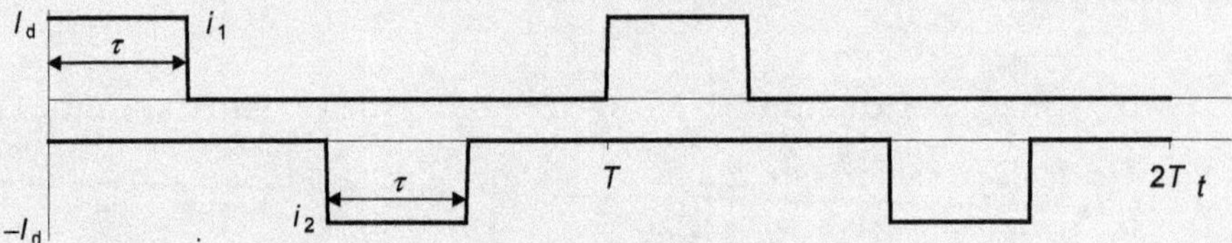

Bild 1.14 Zeitverlauf zerlegt in zwei Einzelverläufe, zu Beispiel 1.5

Für jeden Teilverlauf $i_1(t)$ und $i_2(t)$ können jetzt Mittel- und Effektivwert vereinfacht berechnet werden. Der Gesamtmittelwert ergibt sich aus der Summe der einzelnen Mittelwerte.

$$I_{1,\mathrm{AV}} = \frac{\tau}{T} \cdot I_\mathrm{d} \qquad \text{und} \qquad I_{2,\mathrm{AV}} = \frac{\tau}{T} \cdot (-I_\mathrm{d})$$

$$I_\mathrm{AV} = I_{1,\mathrm{AV}} + I_{2,\mathrm{AV}} = \frac{\tau}{T} \cdot \left[I_\mathrm{d} + (-I_\mathrm{d}) \right] = 0$$

Ähnliches gilt für den Gesamteffektivwert. Allerdings müssen die Effektivwerte der Teilverläufe vor der Addition quadriert werden. Der Gesamteffektivwert entspricht der Wurzel aus dieser Summe.

$$I_{1,\mathrm{RMS}} = \sqrt{\frac{\tau}{T}} \cdot I_\mathrm{d} \quad \text{und} \quad I_{2,\mathrm{RMS}} = \sqrt{\frac{\tau}{T}} \cdot I_\mathrm{d}$$

$$I_\mathrm{RMS} = \sqrt{\left(I_{1,\mathrm{RMS}}\right)^2 + \left(I_{2,\mathrm{RMS}}\right)^2} = \sqrt{\frac{\tau}{T} \cdot I_\mathrm{d}^2 + \frac{\tau}{T} \cdot I_\mathrm{d}^2} = \sqrt{\frac{2\tau}{T}} I_\mathrm{d}$$

■

Übung 1.6

Berechnen Sie den Gesamteffektivwert der Spannung $u_{aM}(t)$, der im Zeitverlauf in Bild 1.15 enthalten ist.

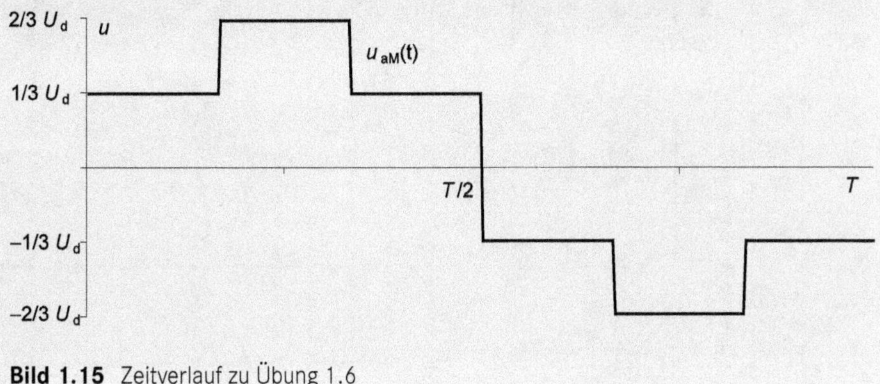

Bild 1.15 Zeitverlauf zu Übung 1.6

Abschätzung bei komplexen Kurvenverläufen

Wenn man nur an einer groben Abschätzung interessiert ist, können komplizierte Zeitverläufe häufig durch einen einfacheren Verlauf angenähert werden. Ist beispielsweise die Änderung $i_b - i_a$ des Stromverlaufs aus Bild 1.16 ausreichend klein, dann kann der eigentlich trapezförmige Verlauf als nahezu rechteckförmig mit der Amplitude ½ $(i_b + i_a)$ angesehen werden. Unter dieser Annahme ergeben sich folgende Näherungswerte für Mittel- und Effektivwert (vgl. dazu die Ergebnisse der Übung 1.7):

$$I_{AV} = \frac{\tau}{T} \cdot \frac{1}{2}\left(i_b + i_a\right) = D \cdot \frac{1}{2}\left(i_b + i_a\right) \quad \text{sowie}$$

$$I_{RMS} = \sqrt{\frac{\tau}{T}} \cdot \frac{1}{2}\left(i_b + i_a\right) = \sqrt{D} \cdot \frac{1}{2}\left(i_b + i_a\right)$$

Übung 1.7

Ermitteln Sie den Effektivwert des Kurvenverlaufs aus Bild 1.16 mit Hilfe der Ergebnisse von Beispiel 1.4 und Übung 1.5.

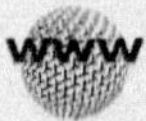

Kontrollieren Sie Ihre Lösung mit dem Applet „Charakteristische Zeitverläufe".

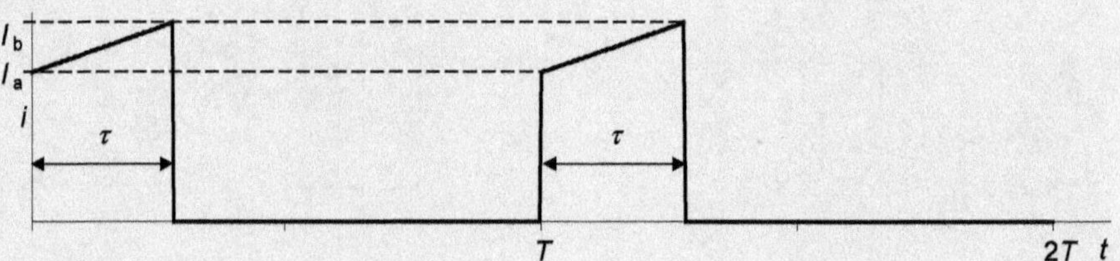

Bild 1.16 Zeitverlauf zur Übung 1.7

Übung 1.8

Ermitteln Sie den THD_u des Spannungsverlaufes $u(t)$ aus Bild 1.17.

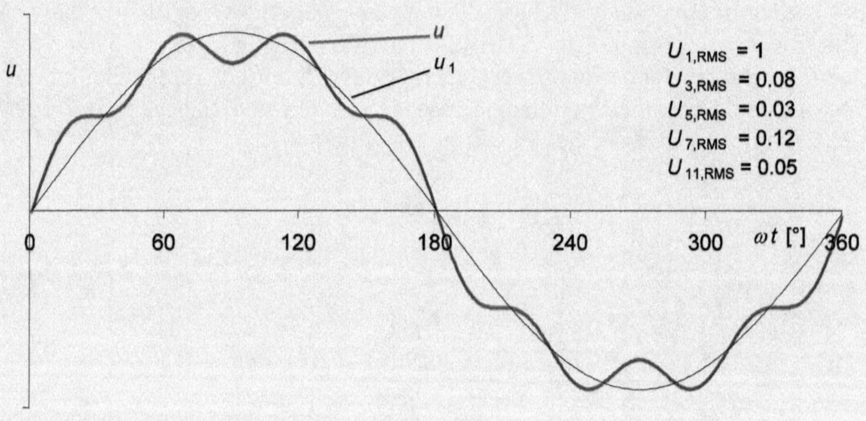

Bild 1.17 Zeitverlauf zur Übung 1.8

1.3 Leistungsbilanz bei Stromrichtern

Lernziele

Die Lernenden ...

- kennen die Ursachen für den Blindleistungsbedarf bei Stromrichtern,
- benennen unterschiedliche Arten der Blindleistung bei Stromrichtern,
- berechnen den Grundschwingungsleistungsfaktor,
- berechnen Blindleistungen bei einfachen Stromrichtern.

1.3.1 Leistungsfaktor bei sinusförmigen Größen

Elektrische Verbraucher entnehmen dem speisenden Wechselstromnetz einen Strom I_{0RMS}. Alle Anlagenteile, die zwischen dem Netz und dem Verbraucher liegen (Zuleitungen, Transformatoren, Stromrichter), werden mit diesem Strom I_{0RMS} belastet. Dabei ist es völlig unerheblich, ob zwischen Strom und Spannung am Anschlusspunkt des Verbrauchers ein Phasenunterschied besteht oder nicht. Für die Verluste, die in den Anlagenteilen entstehen, welche dem Verbraucher vorgeschaltet sind, ist der Effektivwert des fließenden Stromes maßgeblich.

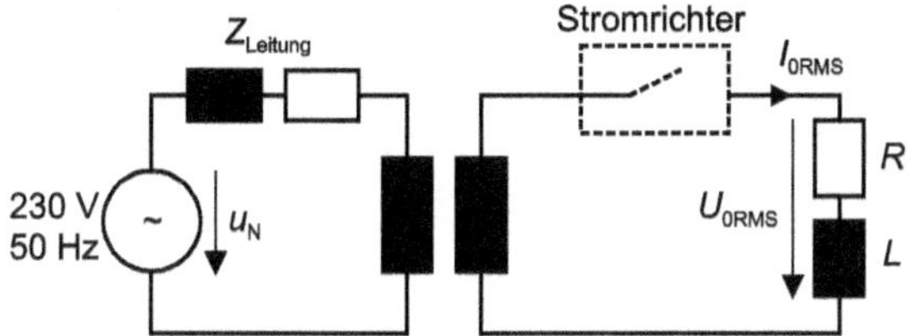

Bild 1.18 Ohmsch-induktiver Verbraucher mit Stromrichter und Anlagenteilen

Die vom Verbraucher entnommene Scheinleistung S wird definiert als

$$S = U_{0RMS} \cdot I_{0RMS}$$

Die vom Verbraucher umgesetzte Wirkleistung P ist kleiner als die Scheinleistung S, wenn Strom und Spannung am Verbraucher nicht phasengleich sind. Für diesen häufigen Fall gilt:

$$\lambda = \frac{P}{S}$$

Nur wenn sowohl der Verbraucherstrom $i_0(t)$ als auch die Verbraucherspannung $u_0(t)$ rein sinusförmige Größen sind, kann man von einem Phasenverschiebungswinkel ϕ sprechen. In diesem Fall gelten die grundlegenden Beziehungen

$$\lambda = \frac{P}{S} = \cos\phi \qquad S^2 = P^2 + Q^2 \qquad \text{mit} \qquad P = S \cdot \cos\phi \qquad \text{und} \qquad Q = S \cdot \sin\phi$$

Stromrichter arbeiten vorwiegend im Schaltbetrieb. Nach Bild 1.2 unten resultieren aus dem Schaltbetrieb Strom- und Spannungsverläufe, die keinen rein sinusförmigen Verlauf mehr darstellen, sondern Oberschwingungen enthalten.

Beispiel 1.6 Ermittlung von Wirk-, Blind- und Scheinleistung

Ermitteln Sie die bei Schaltbetrieb nach Bild 1.2 unten im Verbraucher nach Bild 1.1 b) umgesetzte Wirk-, Blind- und Scheinleistung, wenn der Widerstand der Glühlampe 10 Ω beträgt und der Stromrichter verlustfrei arbeitet.

Lösung:
Die Glühlampe ist ein rein ohmscher Verbraucher. Daher gilt für die Wirkleistung

$$P = U_{0RMS} \cdot I_{0RMS}$$

Die erforderlichen Effektivwerte wurden in Übung 1.4 ermittelt und betragen für $\alpha = 90°$

$$U_{0RMS} = \sqrt{\frac{\left(\sqrt{2} \cdot 230\,\text{V}\right)^2}{\pi} \cdot \left[\frac{1}{2} \cdot \pi - \frac{1}{2} \cdot \alpha + \frac{1}{4} \cdot \sin(2\alpha)\right]}$$

$$U_{0RMS} = \sqrt{2} \cdot 230\,\text{V} \cdot \sqrt{\left[\frac{1}{2} - \frac{1}{2\pi} \cdot \alpha + \frac{1}{4\pi} \cdot \sin(2\alpha)\right]}$$

$$U_{0RMS} = \sqrt{2} \cdot 230\,\text{V} \cdot \sqrt{\left[\frac{1}{2} - \frac{1}{2\pi} \cdot \frac{\pi}{2} + \frac{1}{4\pi} \cdot \sin(\pi)\right]} = \frac{\sqrt{2} \cdot 230\,\text{V}}{2} = 162.6\,\text{V}$$

Der Strom ist aufgrund der ohmschen Last in Phase mit der Spannung; daher kann der Stromeffektivwert aus dem Effektivwert der Spannung ermittelt werden.

$$I_{0RMS} = \frac{U_{0RMS}}{R} = \frac{162.6\,\text{V}}{10\,\Omega} = 16.26\,\text{A}$$

Daraus ergibt sich die Wirkleistung

$$P = U_{0RMS} \cdot I_{0RMS} = 162.6\,\text{V} \cdot 16.26\,\text{A} = 2644\,\text{W}$$

Die Scheinleistung, die das Netz bereitstellt, resultiert aus der Netzspannung U_N und dem Effektivwert des Stromes I_{0RMS}

$$S = U_N \cdot I_{0RMS} = 230\,\text{V} \cdot 16.26\,\text{A} = 3740\,\text{VA}$$

Für die Blindleistung erhält man nun

$$Q = \sqrt{S^2 - P^2} = \sqrt{(3740\ \text{VA})^2 - (2644\ \text{W})^2} = 2645\ \text{Var}$$

Daraus berechnet sich der Leistungsfaktor zu $\lambda = 0.707$.

■

Bei Stromrichteranwendungen treten Blindleistungen auch dann auf, wenn eine rein ohmsche Last angeschlossen ist. Die Begriffe *Wirk-*, *Blind-* und *Scheinleistung* (active power, reactive power, apparent power) sowie der *Leistungsfaktor* (power factor) müssen daher für Anwendungen der Leistungselektronik erweitert werden.

Nach DIN 1301 Teil 1 vom Oktober 2002 werden für die verschiedenen Leistungsarten unterschiedliche Einheiten benutzt. Die elektrische Wirkleistung wird in W angegeben. Für die elektrische Blindleistung wird Var verwendet; Angaben zur Scheinleistung erhalten die Dimension VA.

1.3.2 Fourier-Analyse

Der französische Mathematiker Fourier hat nachgewiesen, dass jede nicht sinusförmige, aber periodische Funktion der Periodendauer T durch eine unendliche Summe sinusförmiger Teilschwingungen dargestellt werden kann.

Ein solcher Zusammenhang ist in Bild 1.19 gezeigt und wird Fourier-Synthese genannt. Addiert man die Spannungen $u_1(t)$, $u_3(t)$, $u_5(t)$ und $u_7(t)$, so ergibt sich die schwarz gezeichnete Spannung $u(t)$, die einer Rechteckspannung schon sehr ähnlich sieht. In diesem Beispiel gilt für die sinusförmigen Teilspannungen:

$$u_1(t) = \hat{U}_1 \cdot \sin(1 \cdot \omega t) \quad \text{mit } \hat{U}_1 = 1 \quad \text{sowie } \phi_1 = 0°$$
$$u_3(t) = \hat{U}_3 \cdot \sin(3 \cdot \omega t - \phi_3) \quad \text{mit } \hat{U}_3 = 0.25 \quad \text{sowie } \phi_3 = 0°$$
$$u_5(t) = \hat{U}_5 \cdot \sin(5 \cdot \omega t - \phi_5) \quad \text{mit } \hat{U}_5 = 0.08 \quad \text{sowie } \phi_5 = 0°$$
$$u_7(t) = \hat{U}_7 \cdot \sin(7 \cdot \omega t - \phi_7) \quad \text{mit } \hat{U}_7 = 0.02 \quad \text{sowie } \phi_7 = 0°$$

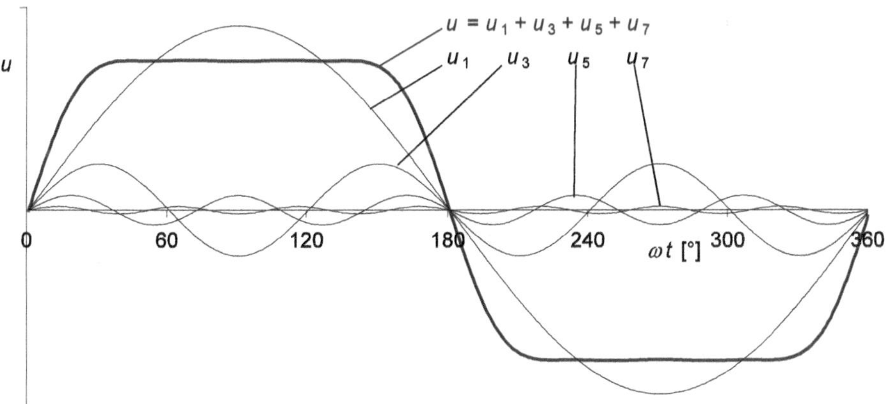

Bild 1.19 Synthese einer Rechteckwechselspannung aus Teilschwingungen

Die Überlegungen können mit dem Applet „Fourier-Synthese" nachvollzogen werden.

Bei Stromrichtern treten periodische, aber nicht sinusförmige Spannungen und Ströme auf. Deren Zerlegung in sinusförmige Teilfunktionen nennt man Fourier-Analyse.

Mathematisch korrekt lautet die Darstellung des Spannungsverlaufs $u_0(t)$ in Bild 1.2 unten

$$\begin{aligned} u_0(t) = {} & a_0 + a_1 \cos\omega t + a_2 \cos 2\omega t + a_3 \cos 3\omega t + \ldots + a_n \cos n\omega t + \\ & b_1 \sin\omega t + b_2 \sin 2\omega t + b_3 \sin 3\omega t + \ldots + b_n \sin n\omega t \end{aligned} \tag{1.6}$$

Hierbei wird die unendliche Summe nach dem n-ten Glied abgebrochen. Dies führt, wie in Bild 1.19 zu sehen ist, nur zu geringen Fehlern, sofern n ausreichend groß ist. Die einzelnen sin- und cos-Glieder können unter Verwendung von trigonometrischen Additionstheoremen weiter zusammengefasst werden.

$$\begin{aligned} u_0(t) &= U_0 + \hat{U}_{01} \sin(\omega t - \phi_1) + \hat{U}_{02} \sin(2\omega t - \phi_2) + \hat{U}_{03} \sin(3\omega t - \phi_3) + \ldots \\ & \ldots + \hat{U}_{0n} \sin(n\omega t - \phi_n) \\ u_0(t) &= U_0 + u_{0\sim}(t) \end{aligned} \tag{1.7}$$

U_0 ist der in $u_0(t)$ enthaltene Mittelwert. Der Anteil mit der Ordnungszahl 01 heißt Grundschwingung. Alle weiteren Anteile werden als Oberschwingungen bezeichnet. Zusammengefasst ergeben Grund- und Oberschwingungen den Wechselanteil $u_{0\sim}(t)$.

Die Fourier-Koeffizienten, also alle a_i und b_i aus Gl. (1.6) bzw. U_0, U_{0i} und ϕ_i aus, Gl. (1.7), können mit mathematischen Verfahren für jeden gegebenen Zeitverlauf berechnet werden.

1.3.3 Blindleistung bei Stromrichtern

In Beispiel 1.6 wurde deutlich, dass der Stromrichter vom Netz selbst dann Blindleistung verlangt, wenn der angeschlossene Verbraucher lediglich Wirkleistung beansprucht. Unter Verwendung der Fourier-Zerlegung wird dieses zunächst erstaunliche Verhalten erläutert.

Die Überlegungen sollen mit dem Applet „Wechselstromsteller" nachvollzogen werden.

Der Stromrichter zur Steuerung der Helligkeit einer Glühlampe aus Bild 1.1 ist ein handelsüblicher Dimmer. Der Typ eines solchen Stromrichters wird Wechselstromsteller genannt. Nach Bild 1.2 unten bewirkt ein Steuerwinkel von 90° eine angeschnittene Spannung $u_0(t)$, die aufgrund der ohmschen Last der Glühbirne einen formgleichen Stromverlauf $i_0(t)$ nach sich zieht. Dieser angeschnittene Strom fließt ebenfalls im Wechselstromnetz.

In Bild 1.20 sind im oberen Teil nochmals die Zeitverläufe aus Bild 1.2 unten dargestellt. Der Zeitverlauf $i_0(t)$ wurde einer Fourier-Zerlegung unterzogen. Im mittleren Bildteil ist die zugehörige Grundschwingung $i_{01}(t)$ wiedergegeben. Man erkennt, dass diese der Netzspannung um den Phasenwinkel ϕ_1 nacheilt.

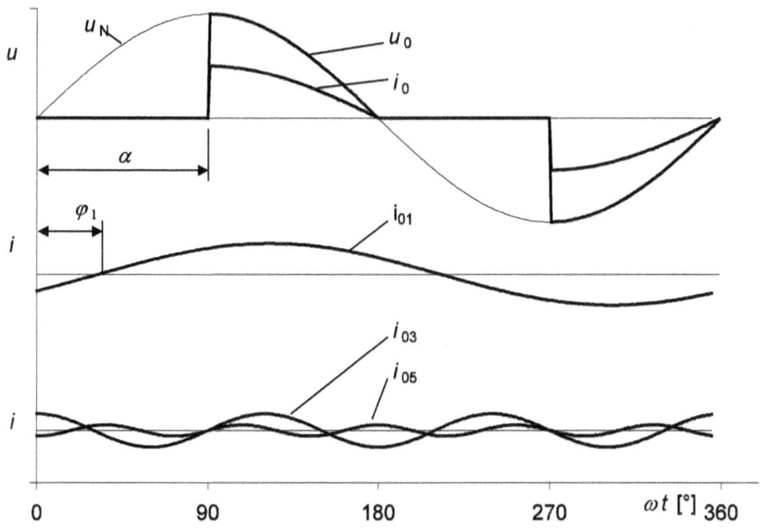

Bild 1.20 Spannungs- und Stromverläufe beim Wechselstromsteller mit ohmscher Belastung, oben: Lastspannung $u_0(t)$ und Laststrom $i_0(t)$, Mitte: Grundschwingung $i_{01}(t)$ des Laststroms, unten: Oberschwingungsströme

Die Ansteuerung des Stromrichters erzeugt eine *Stromgrundschwingung* (fundamental component, first harmonic), die der Netzspannung nacheilt, so als ob dieser Strom durch einen ohmsch-induktiven Verbraucher hervorgerufen würde. ■

Die der Netzspannung nacheilende Stromgrundschwingung belastet das Netz mit induktiver Blindleistung. Da dieser Blindleistungsbedarf aus der Verschiebung der Stromgrundschwingung in Bezug auf die Netzspannung herrührt, wird er auch Verschiebungsblindleistung genannt.

Die genaue Rechnung mit den Zahlenwerten aus Beispiel 1.6 ergibt die Zeitfunktion der Grundschwingung zu

$$i_{01}(t) = \hat{I}_{01} \cdot \sin(\omega t - \phi_1)$$

$$i_{01}(t) = \sqrt{2} \cdot 13\,\text{A} \cdot \sin(\omega t - 0.567\text{rad}) \quad \text{mit } 0.567\text{rad} = \frac{32.47°}{180°} \cdot \pi$$

Der Stromkreis bestehend aus Netz, Stromrichter und ohmscher Last verhält sich so, als wären die Grund- und Oberschwingungen des Stroms $i_0(t)$ tatsächlich vorhanden. Demnach lässt sich die Blindleistung berechnen, die aufgrund des nacheilenden Stroms anfällt.

$$Q_1 = U_N \cdot \frac{\hat{I}_{01}}{\sqrt{2}} \cdot \sin(\phi_1) = 220\,\text{V} \cdot 13\,\text{A} \cdot \sin(32.47°) = 1535\ \text{Var}$$

Vergleicht man Q_1 mit der Blindleistung, die in Beispiel 1.6 berechnet wurde, stellt man zwischen beiden Werten eine Differenz von 884 Var fest. Dieser Unterschied ist einer weiteren Blindleistungskomponente zuzuschreiben. Zur Erläuterung zeigt der untere Teil von Bild 1.20 die Oberschwingungen $i_{03}(t)$ und $i_{05}(t)$. Diese weisen in Bezug zur Netzspannung andere Phasenwinkel als die Grundschwingung $i_{01}(t)$ auf.

Die Frequenzen der Oberschwingungsströme sind ganzzahlige Vielfache der Netzfrequenz. Daher setzen diese (und alle weiteren) Oberschwingungsströme mit der Netzspannung keine Wirkleistung, sondern ausschließlich Blindleistung um. Letztere heißt Verzerrungsblindleistung, weil die Oberschwingungen letztlich den verzerrten, also nicht sinusförmigen Stromverlauf $i_0(t)$ bewirken.

Stromrichter belasten das Netz mit *Blindleistung* (reactive power). Dieser Blindleistungsbedarf entsteht aufgrund des gesteuerten Betriebs und wird Steuerblindleistung (control reactive power) genannt. Sie setzt sich aus den Anteilen der Verschiebungsblindleistung sowie der Verzerrungsblindleistung zusammen.

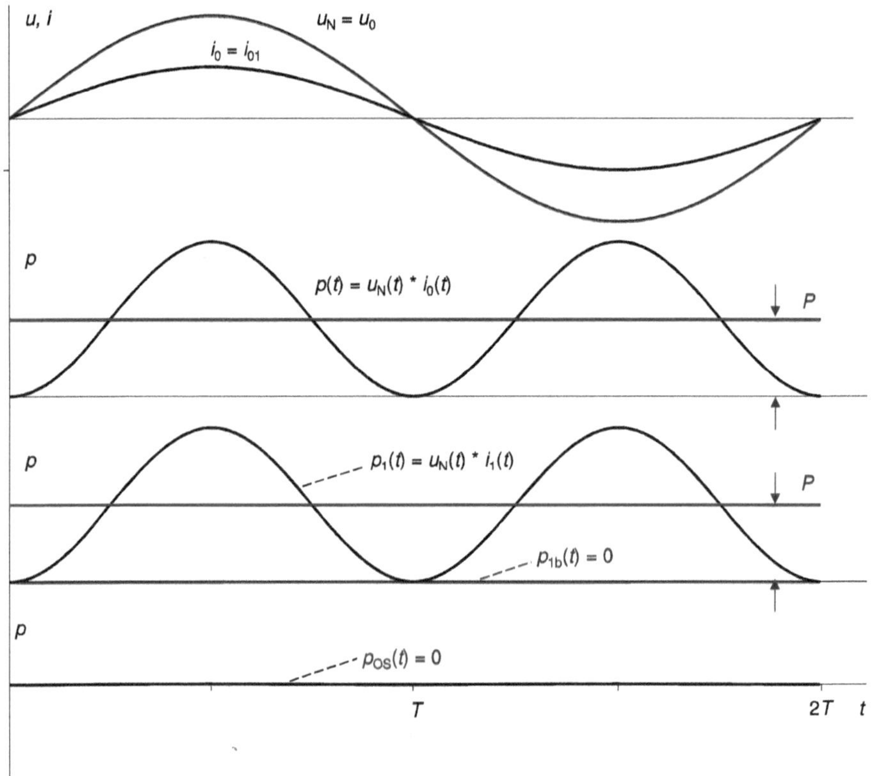

Bild 1.21 Leistung beim Wechselstromsteller mit ohmscher Belastung und $\alpha = 0°$;
oben: Strom- und Spannungsverlauf an der Last, Mitte oben: Zeitverlauf der Gesamtleistung $p(t)$, Mitte unten: Grundschwingungswirkleistung $p_{1w}(t)$ und Grundschwingungsblindleistung $p_{1b}(t)$, unten: Verzerrungsleistung $p_{OS}(t)$

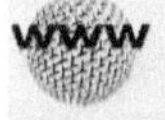

Die Zeitverläufe von Bild 1.21 und Bild 1.22 wurden mit dem Applet „Wechselstromsteller" berechnet und zeigen die Verhältnisse bei der Schaltung nach Bild 1.1 für die Steuerwinkel 0° und 90°. Diese Schaltung entspricht in der Wirkungsweise einem handelsüblichen Dimmer.

Für den Steuerwinkel 0° ist in Bild 1.21 die Lastspannung $u_0(t)$ identisch mit der Netzspannung. Der Strom $i_0(t)$ ist deshalb rein sinusförmig und phasengleich zur Netzspannung. Der Zeitverlauf der Gesamtleistung $p(t)$ entspricht dem der Grundschwingungsleistung $p_1(t)$; eine Blindleistung tritt nicht auf, da die Glühbirne eine rein ohmsche Last darstellt und keine Phasenverschiebung vorliegt. Die Mittelwerte beider Leistungskurven liefern die mittlere umgesetzte Wirkleistung P. Eine Verzerrungsblindleistung $p_{OS}(t)$ ist wegen fehlender Oberschwingungsströme ebenfalls nicht vorhanden. Der Betrieb des Wechselstromstellers mit einem Steuerwinkel ungleich null ändert die Verhältnisse grundlegend; die zugehörigen Zeitverläufe für den Steuerwinkel 90° finden sich in Bild 1.22.

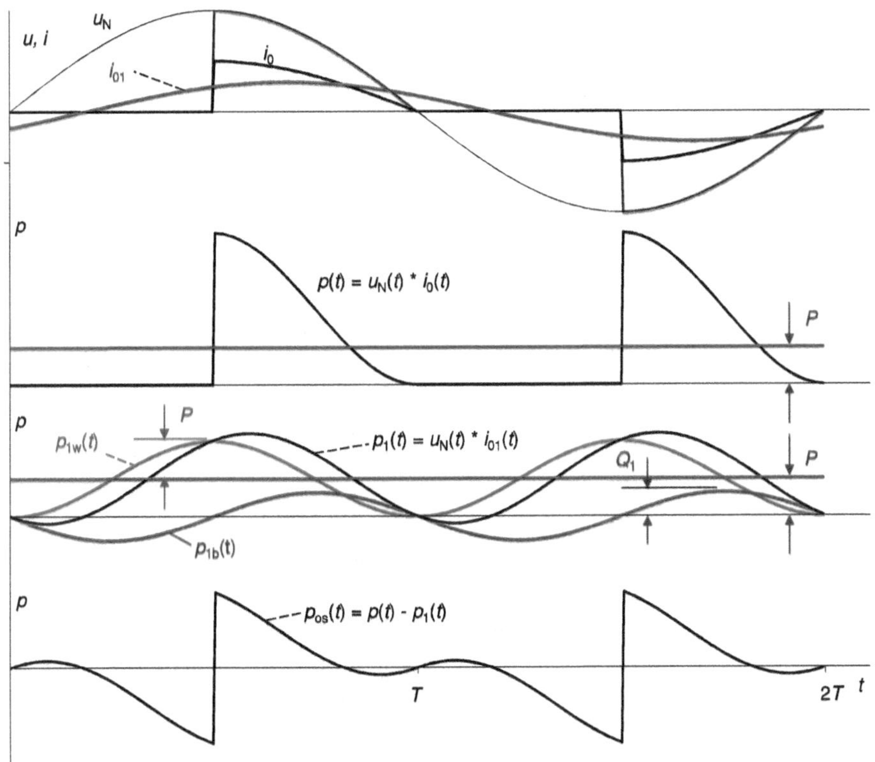

Bild 1.22 Leistung beim Wechselstromsteller mit ohmscher Belastung und $\alpha = 90°$;
oben: Strom- und Spannungsverlauf an der Last, Mitte oben: Zeitverlauf der Gesamtleistung $p(t)$, Mitte unten: Grundschwingungswirkleistung $p_{1w}(t)$ und Grundschwingungsblindleistung $p_{1b}(t)$, unten: Verzerrungsleistung $p_{OS}(t)$

Nur wenn der Schalter geschlossen ist, liegt Spannung an der Last. Der Verbraucherstrom $i_0(t)$ ist daher nicht mehr rein sinusförmig und enthält sowohl Grund- als auch Oberschwingungsanteile. Die Gesamtleistung $p(t)$ als Produkt von Netzspannung und Verbraucherstrom wird zeitweise null (Bild 1.22, obere Mitte). Der Mittelwert dieser Gesamtleistung ist die umgesetzte Wirkleistung P.

Die Grundschwingungsleistung $p_1(t)$ (Bild 1.22, untere Mitte) ergibt sich aus

$$p_1(t) = u_N(t) \cdot i_{01}(t)$$

Sie setzt sich zusammen aus dem Zeitverlauf der Wirkleistung $p_{1w}(t)$ sowie dem Zeitverlauf der Grundschwingungsblindleistung $p_{1b}(t)$.

$$p_{1w}(t) = U_N \cdot I_1 \cos\phi_1 (1 - \cos(2\omega t)) = P \cdot (1 - \cos(2\omega t))$$
$$p_{1b}(t) = U_N \cdot I_1 \sin\phi_1 \cdot \sin(2\omega t) = Q_1 \cdot \sin(2\omega t)$$

Die Wirkleistung $p_{1w}(t)$ nimmt nur positive Werte an. Mittel- und Scheitelwert von $p_{1w}(t)$ betragen P. Der Mittelwert der Grundschwingungsblindleistung $p_{1b}(t)$ ist null, da sie keine Wirkleistung darstellt. Ihr Scheitelwert ist Q_1.

Der Leistungsanteil $p_{OS}(t)$, der durch die Oberschwingungen hervorgerufen wird, ist in Bild 1.22 unten dargestellt. Er hat ebenso den Mittelwert null und wird Verzerrungsblindleistung genannt.

Beispiel 1.7 Ermittlung der unterschiedlichen Leistungsanteile

Mit Hilfe des Applets „Wechselstromsteller" sind die Leistungsanteile für einen Wechselstromsteller am 230 V-Netz zu ermitteln, der mit einem Steuerwinkel von 90° und rein ohmscher Last (R = 10 Ω) betrieben wird.

Lösung:

Im Applet wird ein Steuerwinkel von 90° eingestellt. Im oberen Bildteil sind die Zeitverläufe von Strom und Spannung an der Last gezeigt. Die im Applet integrierte Fourier-Analyse liefert zusätzlich die Zeitverläufe von $i_{R1}(t)$, $i_{R3}(t)$ sowie $i_{R5}(t)$. Der untere Bildteil enthält die Zeitverläufe der Leistungskomponenten $p_1(t)$, $p_{1w}(t)$, $p_{1b}(t)$ sowie $q_d(t)$. Außerdem werden die Werte für S_1, P, Q_1 und Q_d in Bezug auf die dem Netz entnommene Gesamtscheinleistung S_{Netz} angegeben.

Die nachfolgenden Gleichungen zeigen die Formeln zur Berechnung der Leistungskomponenten. Die rechte Spalte zeigt die Ergebnisse bezogen auf die Gesamtscheinleistung S_{Netz}. Der Index d bedeutet in diesem Zusammenhang Verzerrung (distortion).

$$S_{Netz} = U_N \cdot I_{0RMS} \qquad \frac{S_{Netz}}{U_N \cdot I_{0RMS}} = 1 = 100\,\%$$

$$P = U_N \cdot I_{01RMS} \cdot \cos\phi_1 \qquad \frac{P}{S_{Netz}} = \frac{I_{01RMS}}{I_{0RMS}} \cdot \cos\phi_1$$

$$Q_1 = U_N \cdot I_{01RMS} \cdot \sin\phi_1 \qquad \frac{Q_1}{S_{Netz}} = \frac{I_{01RMS}}{I_{0RMS}} \cdot \sin\phi_1$$

$$Q_d = U_N \cdot \sqrt{I_{0RMS}^2 - I_{01RMS}^2} \qquad \frac{Q_d}{S_{Netz}} = \sqrt{\frac{I_{0RMS}^2 - I_{01RMS}^2}{I_{0RMS}^2}} = \sqrt{1 - \frac{I_{01RMS}^2}{I_{0RMS}^2}} \tag{1.8}$$

$$S_1 = U_N \cdot I_{01RMS} \qquad \frac{S_1}{S_{Netz}} = \frac{I_{01RMS}}{I_{0RMS}}$$

Für den vorliegenden Lastfall ergibt sich der Stromeffektivwert I_{0RMS} = 16.26 A aus Beispiel 1.6. Mit Hilfe der Angaben im Applet erhält man daraus den Effektivwert der Grundschwingung zu

$$I_{01RMS} = 0.838 \cdot I_{0RMS} = 0.838 \cdot 16.26\,\text{A} = 13.625\,\text{A}$$

Zur weiteren Rechnung ist die Kenntnis des Phasenwinkels ϕ_1 der Grundschwingung erforderlich. Diesen erhält man beispielsweise nach

$$\frac{Q_1}{P} = \frac{\sin\phi_1}{\cos\phi_1} = \tan\phi_1 \Rightarrow \phi_1 = \arctan\left(\frac{Q_1}{P}\right) = \arctan\left(\frac{0.45 \cdot S_{Netz}}{0.707 \cdot S_{Netz}}\right) = 32.47°$$

Die Wirkleistung, die dem Netz entnommen wird, ergibt sich zu

$$P = 230\,\text{V} \cdot I_{01RMS} \cdot \cos\phi_1 = 230\,\text{V} \cdot 13.625\,\text{A} \cdot 0.843 = 2.644\,\text{kW}$$

Die vom Netz gelieferte Verschiebungs- oder Grundschwingungsblindleistung beträgt

$$Q_1 = 230\,\text{V} \cdot I_{01RMS} \cdot \sin\phi_1 = 230\,\text{V} \cdot 13.625\,\text{A} \cdot 0.536 = 1.682\,\text{kVar}$$

Die Verzerrungsblindleistung Q_d erhält man aus

$$Q_d = 230\,\text{V} \cdot \sqrt{I_{0RMS}^2 - I_{01RMS}^2} = 230\,\text{V} \cdot \sqrt{(16.26\,\text{A})^2 - (13.625\,\text{A})^2}$$

$$Q_d = 230\,\text{V} \cdot 8.74\,\text{A} = 2.041\,\text{kVar}$$

Beide Blindleistungen ergeben die gesamte benötigte Steuerblindleistung:

$$\sqrt{Q_1^2 + Q_d^2} = \sqrt{(1.682\,\text{kVA})^2 + (2.041\,\text{kVA})^2} = 2.644\,\text{kVar}$$

Die dem Netz entnommene Scheinleistung ist die geometrische Summe aus Wirk- und Blindleistung:

$$S_{Netz} = \sqrt{P^2 + Q_1^2 + Q_d^2}$$

$$S_{Netz} = \sqrt{(2.644\,\text{kW})^2 + (1.682\,\text{kVA})^2 + (2.041\,\text{kVA})^2} = 3.74\,\text{kVA}$$

Dieses Ergebnis erhält man ebenso bei Berechnung der Gesamtscheinleistung nach Beispiel 1.6 aus Netzspannung und Effektivstrom:

$$S_{Netz} = 230\,V \cdot 16.26\,A = 3.740\,kVA$$

1.4 Betriebsquadranten

Je nach Aufbau und Ansteuerung der Schalter können Stromrichter am Ausgang unterschiedliche Spannungspolaritäten sowie positive und/oder negative Ausgangsströme liefern.

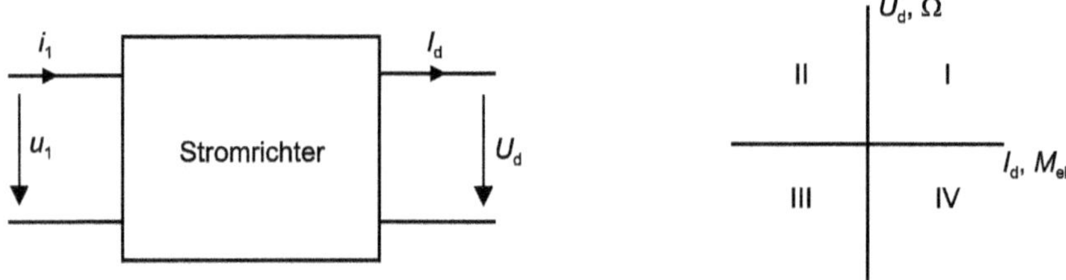

Bild 1.23 Betriebsquadranten bei Stromrichtern

Die Einteilung erfolgt nach den Strom- bzw. Spannungsrichtungen am Ausgang des Stromrichters. Man spricht von einem Einquadrantenstromrichter, wenn dieser lediglich eine Spannungspolarität und eine Stromrichtung aufweist. Je nachdem arbeitet er dann in einem der Quadranten I bis IV.

Ist der Stromrichter beispielsweise in der Lage, nur einen positiven Strom zu führen, kann aber positive und negative Spannungen am Ausgang liefern, so spricht man von einem Zweiquadrantenstromrichter. In diesem Fall erstreckt sich der Betriebsbereich auf die Quadranten I und IV in Bild 1.23.

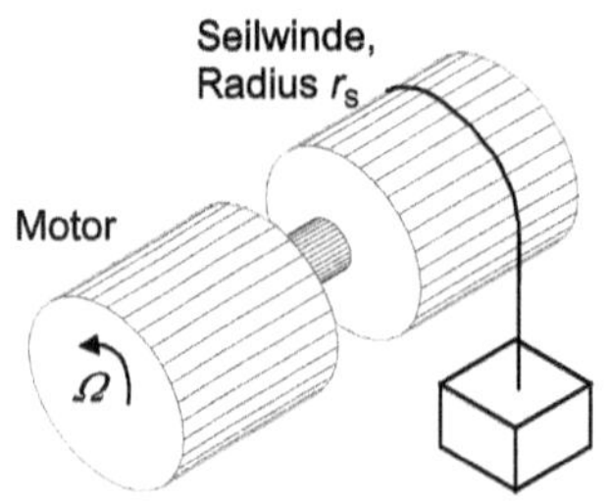

Bild 1.24 Antrieb zum Heben und Senken einer Last

Beispiel 1.8

Ein typischer Vertreter eines Zweiquadrantenantriebs ist der Motor zum Heben und Senken einer Last aus Bild 1.24. Er wird aus einem Stromrichter gespeist, der in diesem Bild nicht dargestellt ist. Wird der Motor mit positiver Spannung und positivem Strom versorgt, entsteht ein positives Drehmoment. Ist dieses vom Motor entwickelte Drehmoment größer als $M_L = m \cdot g \cdot r_S$, so bewegt sich der Motor mit positiver Drehzahl $\Omega > 0$ und die Last wird angehoben. Der Antrieb arbeitet im ersten Quadranten (I).

Wird der Motorstrom so vermindert, dass das Motordrehmoment kleiner wird als das Drehmoment M_L der Last, bewegt sich die Last wieder nach unten. Die Drehrichtung des Motors und damit dessen Spannungspolarität kehrt sich um und wird negativ. Um das Senken der Last zu bremsen, sind aber dennoch ein positives Motormoment und ein positiver Strom erforderlich. Somit arbeitet der Antrieb jetzt mit negativer Spannung, aber nach wie vor positivem Strom. Dies entspricht dem Betrieb im Quadranten IV. ■

Im Abschnitt Brückenschaltungen im Kapitel 3 werden Stromrichter betrachtet, die positive und negative Ausgangsströme und Ausgangsspannungen bereitstellen. Stromrichter solcher Bauart heißen Vierquadrantenstromrichter und können in allen Quadranten von I bis IV arbeiten.

Übung 1.9

Der Motor einer Straßenbahnlokomotive wird über einen Stromrichter mit Energie versorgt. Reicht ein Zweiquadrantenstromrichter aus? Begründen Sie! ■

■ 1.5 Lösungen

Übung 1.1

Der Winkel von 180° entspricht π im Bogenmaß. Für den Effektivwert der pulsierenden Gleichspannung erhält man:

$$U_{RMS} = \sqrt{\frac{1}{2\pi} \cdot \int_0^{\pi} \hat{U}_s^2 \sin^2(\omega t) \mathrm{d}\omega t} = \sqrt{\frac{\hat{U}_s^2}{2\pi} \cdot \left[\frac{1}{2} \cdot \omega t - \frac{1}{4} \cdot \sin(2\omega t)\right]_0^{\pi}}$$

$$U_{RMS} = \sqrt{\frac{\hat{U}_s^2}{2\pi} \cdot \left[\frac{1}{2} \cdot \pi - \frac{1}{4} \cdot \sin(2\pi) - (\frac{1}{2} \cdot 0 - \frac{1}{4} \cdot \sin(0))\right]}$$

$$U_{RMS} == \sqrt{\frac{\hat{U}_s^2}{2\pi} \cdot \frac{\pi}{2}} = \frac{\hat{U}_s}{2} = \frac{\sqrt{2} \cdot U_s}{2} = \frac{U_s}{\sqrt{2}}$$

■

Übung 1.2

Der Effektivwert des angeschnittenen Spannungsverlaufs ergibt sich zu

$$U_{\mathrm{RMS}} = \sqrt{\frac{1}{2\pi} \cdot \int_{\alpha}^{\pi} \hat{U}_{\mathrm{s}}^2 \sin^2(\omega t)\mathrm{d}\omega t} = \sqrt{\frac{\hat{U}_{\mathrm{s}}^2}{2\pi} \cdot \left[\frac{1}{2} \cdot \omega t - \frac{1}{4} \cdot \sin(2\omega t)\right]_{\alpha}^{\pi}}$$

$$U_{\mathrm{RMS}} = \sqrt{\frac{\hat{U}_{\mathrm{s}}^2}{2\pi} \cdot \left[\frac{1}{2} \cdot \pi - \frac{1}{4} \cdot \sin(2\pi) - (\frac{1}{2} \cdot \alpha - \frac{1}{4} \cdot \sin(2\alpha))\right]}$$

$$U_{\mathrm{RMS}} = \sqrt{\frac{\hat{U}_{\mathrm{s}}^2}{2\pi} \cdot \left[\frac{1}{2} \cdot \pi - \frac{1}{2} \cdot \alpha + \frac{1}{4} \cdot \sin(2\alpha)\right]} = \frac{\hat{U}_{\mathrm{s}}}{\sqrt{2}} \cdot \sqrt{\left[\frac{1}{2} - \frac{1}{2\pi} \cdot \alpha + \frac{1}{4\pi} \cdot \sin(2\alpha)\right]}$$

Für den Mittelwert des angeschnittenen Spannungsverlaufs gilt

$$U_{\mathrm{d}} = \frac{1}{2\pi} \cdot \int_{\alpha}^{\pi} \hat{U}_{\mathrm{s}} \sin(\omega t)\mathrm{d}\omega t = \frac{\hat{U}_{\mathrm{s}}}{2\pi} \cdot \left[-\cos(\omega t)\right]_{\alpha}^{\pi} = \frac{\hat{U}_{\mathrm{s}}}{2\pi} \cdot \left[-\cos(\pi) - (-\cos(\alpha))\right]$$

$$U_{\mathrm{d}} = \frac{\hat{U}_{\mathrm{s}}}{2\pi} \cdot (1 + \cos\alpha)$$

■

Übung 1.3

Der Effektivwert der Gleichspannung ist genauso groß wie bei normaler, nicht gleichgerichteter Sinusspannung.

$$U_{\mathrm{RMS}} = \sqrt{\frac{2}{2\pi} \cdot \int_{0}^{\pi} \hat{U}_{\mathrm{s}}^2 \sin^2(\omega t)\mathrm{d}\omega t} = \sqrt{\frac{2 \cdot \hat{U}_{\mathrm{s}}^2}{2\pi} \cdot \left[\frac{1}{2} \cdot \omega t - \frac{1}{4} \cdot \sin(2\omega t)\right]_{0}^{\pi}}$$

$$U_{\mathrm{RMS}} = \sqrt{\frac{2 \cdot \hat{U}_{\mathrm{s}}^2}{2\pi} \cdot \left[\frac{1}{2} \cdot \pi - \frac{1}{4} \cdot \sin(2\pi) - (\frac{1}{2} \cdot 0 - \frac{1}{4} \cdot \sin(0))\right]} = \sqrt{\frac{2 \cdot \hat{U}_{\mathrm{s}}^2}{2\pi} \cdot \frac{\pi}{2}}$$

$$U_{\mathrm{RMS}} = \frac{\hat{U}_{\mathrm{s}}}{\sqrt{2}} = \frac{\sqrt{2} \cdot U_{\mathrm{s}}}{\sqrt{2}} = U_{\mathrm{s}}$$

Mittelwert der Spannung:

$$U_{\mathrm{d}} = \frac{2}{2\pi} \cdot \int_{0}^{\pi} \hat{U}_{\mathrm{s}} \sin(\omega t)\mathrm{d}\omega t = \frac{\hat{U}_{\mathrm{s}}}{\pi} \cdot \left[-\cos(\omega t)\right]_{0}^{\pi}$$

$$U_{\mathrm{d}} = \frac{\hat{U}_{\mathrm{s}}}{\pi} \cdot \left[-\cos(\pi) - (-\cos(0))\right] = \frac{\hat{U}_{\mathrm{s}}}{\pi} \cdot 2 = \frac{2}{\pi} \cdot \hat{U}_{\mathrm{s}}$$

■

Übung 1.4

Der Effektivwert der angeschnittenen Spannung ergibt sich zu

$$U_{\mathrm{RMS}} = \sqrt{\frac{2}{2\pi} \cdot \int_{\alpha}^{\pi} \hat{U}_{\mathrm{s}}^2 \sin^2(\omega t)\mathrm{d}\omega t} = \sqrt{\frac{2 \cdot \hat{U}_{\mathrm{s}}^2}{2\pi} \cdot \left[\frac{1}{2} \cdot \omega t - \frac{1}{4} \cdot \sin(2\omega t)\right]_{\alpha}^{\pi}}$$

$$U_{\mathrm{RMS}} = \sqrt{\frac{2 \cdot \hat{U}_{\mathrm{s}}^2}{2\pi} \cdot \left[\frac{1}{2} \cdot \pi - \frac{1}{4} \cdot \sin(2\pi) - (\frac{1}{2} \cdot \alpha - \frac{1}{4} \cdot \sin(2\alpha))\right]}$$

$$U_{\mathrm{RMS}} = \sqrt{\frac{\hat{U}_{\mathrm{s}}^2}{\pi} \cdot \left[\frac{1}{2} \cdot \pi - \frac{1}{2} \cdot \alpha + \frac{1}{4} \cdot \sin(2\alpha)\right]} = \hat{U}_{\mathrm{s}} \cdot \sqrt{\left[\frac{1}{2} - \frac{1}{2\pi} \cdot \alpha + \frac{1}{4\pi} \cdot \sin(2\alpha)\right]}$$

Er kann auch aus dem Ergebnis von Übung 1.2 bestimmt werden: Aufgrund der dafür notwendigen geometrischen Addition des Resultats der Übung 1.2 steigt der Gesamteffektivwert jedoch nur um den Faktor $\sqrt{2}$. Der Mittelwert der Spannung ist doppelt so groß wie der in Übung 1.2.

$$U_{\mathrm{d}} = \frac{2}{2\pi} \cdot \int_{\alpha}^{\pi} \hat{U}_{\mathrm{s}} \sin(\omega t)\mathrm{d}\omega t = \frac{\hat{U}_{\mathrm{s}}}{\pi} \cdot \left[-\cos(\omega t)\right]_{\alpha}^{\pi}$$

$$U_{\mathrm{d}} = \frac{\hat{U}_{\mathrm{s}}}{\pi} \cdot \left[-\cos(\pi) - (-\cos(\alpha))\right] = \frac{\hat{U}_{\mathrm{s}}}{\pi} \cdot (1 + \cos\alpha)$$

■

Übung 1.5

Den Effektivwert erhält man aus

$$I_{\mathrm{RMS}} = \sqrt{\frac{1}{T} \cdot \int_{0}^{\tau} (\frac{I_{\mathrm{d}}}{\tau} \cdot t)^2 \mathrm{d}t} = \sqrt{\frac{1}{T} \cdot \left(\frac{I_{\mathrm{d}}}{\tau}\right)^2 \cdot \left[\frac{1}{3} \cdot t^3\right]_0^{\tau}} = \sqrt{\frac{1}{T} \cdot \left(\frac{I_{\mathrm{d}}}{\tau}\right)^2 \cdot \left[\frac{1}{3} \cdot \tau^3\right]} = I_{\mathrm{d}} \cdot \sqrt{\frac{\tau}{3 \cdot T}}$$

$$I_{\mathrm{RMS}} = I_{\mathrm{d}} \cdot \sqrt{\frac{D}{3}}$$

■

Übung 1.6

Dieser Verlauf kann in zwei Teilverläufe $u_{\mathrm{aM-1}}(t)$ und $u_{\mathrm{aM-2}}(t)$ aufgeteilt werden. Dann erhält man die Darstellung von Bild 1.25.

In einer Halbperiode weisen beide Verläufe nur zwei diskrete Werte auf. Zur Berechnung des Effektivwertes wird daher eine Halbperiode angesetzt. Für $u_{\mathrm{aM-1}}(t)$ beträgt die relative Leitdauer in einer Halbperiode $D = 2/3$ bei einer Amplitude von 1/3. Im Gegensatz dazu weist der Verlauf von $u_{\mathrm{aM-2}}(t)$ bei einer Amplitude von 2/3 eine relative Leitdauer von $D = 1/3$ auf. Somit ergibt sich folgender Ansatz:

$$U_{\mathrm{aM,RMS}} = \sqrt{U^2_{\mathrm{aM-1,RMS}} + U^2_{\mathrm{aM-2,RMS}}}$$

$$U_{\mathrm{aM-1,RMS}} = \sqrt{D} \cdot \frac{U_\mathrm{d}}{3} = \sqrt{\frac{2}{3}} \cdot \frac{U_\mathrm{d}}{3} \quad \text{sowie} \quad U_{\mathrm{aM-2,RMS}} = \sqrt{D} \cdot \frac{2 \cdot U_\mathrm{d}}{3} = \sqrt{\frac{1}{3}} \cdot \frac{2 \cdot U_\mathrm{d}}{3}$$

$$U_{\mathrm{aM,RMS}} = \sqrt{\left(\sqrt{\frac{2}{3}} \cdot \frac{U_\mathrm{d}}{3}\right)^2 + \left(\sqrt{\frac{1}{3}} \cdot \frac{2 \cdot U_\mathrm{d}}{3}\right)^2} = \sqrt{\left(\frac{2}{3} \cdot \frac{1}{9} \cdot U_\mathrm{d}^2\right) + \left(\frac{1}{3} \cdot \frac{4}{9} \cdot U_\mathrm{d}^2\right)}$$

$$U_{\mathrm{aM,RMS}} = \sqrt{\left(\frac{2}{27} \cdot U_\mathrm{d}^2\right) + \left(\frac{4}{27} \cdot U_\mathrm{d}^2\right)} = \sqrt{\frac{6}{27} \cdot U_\mathrm{d}^2} = \sqrt{\frac{2 \cdot 3}{3 \cdot 9} \cdot U_\mathrm{d}^2} = \sqrt{\left(\frac{2}{9}\right)} \cdot U_\mathrm{d}$$

$$U_{\mathrm{aM,RMS}} = \frac{\sqrt{2}}{3} \cdot U_\mathrm{d}$$

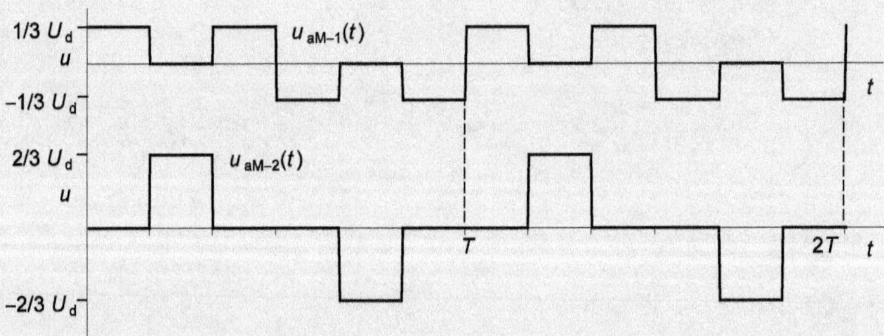

Bild 1.25 Zeitverlauf zum Lösungsvorschlag für Übung 1.6

Der Effektivwert des treppenförmigen Verlaufs aus Bild 1.25 beträgt demnach $\sqrt{2}U_\mathrm{d}/3$. Bei dreiphasigen Wechselrichtern beträgt die Spannung U_d häufig 540 V. Dann hat der Spannungsverlauf aus Bild 1.25 den Gesamteffektivwert

$$U_{\mathrm{aM,RMS}} = \frac{\sqrt{2}}{3} \cdot 540\,\mathrm{V} = 255\,\mathrm{V}$$

■

Übung 1.7

Der Gesamteffektivwert des Kurvenverlaufs aus Bild 1.16 kann gemäß Gl. (1.4) ermittelt werden, wenn der Kurvenverlauf nach Bild 1.26 zerlegt wird.

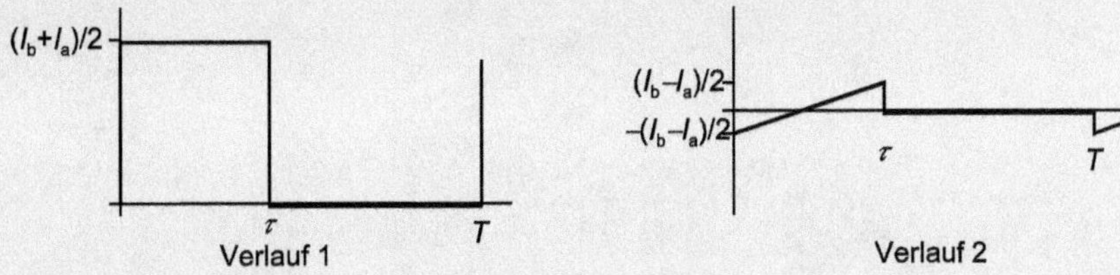

Bild 1.26 Lösungsvorschlag zur Übung 1.7

Die Effektivwerte von Verlauf 1 und 2 sind aus Beispiel 1.4 und Übung 1.5 bekannt. Für den Gesamteffektivwert erhält man mit Gl. (1.4) und $D = \tau / T$

$$I_{\text{RMS,ges}} = \sqrt{I^2_{\text{RMS,Verlauf1}} + I^2_{\text{RMS,Verlauf2}}} = \sqrt{\left(\frac{I_a + I_b}{2} \cdot \sqrt{D}\right)^2 + \left(\frac{I_b - I_a}{2} \cdot \sqrt{\frac{D}{3}}\right)^2}$$

$$I_{\text{RMS,ges}} = \sqrt{\left(\frac{(I_a + I_b)^2}{4} \cdot D\right) + \left(\frac{(I_b - I_a)^2}{4} \cdot \frac{D}{3}\right)} = \sqrt{\frac{D}{3} \cdot \left(I_b^2 + I_a \cdot I_b + I_a^2\right)}$$

Übung 1.8

In Bild 1.17 sind die Effektivwerte der im Verlauf von $u(t)$ enthaltenen Oberschwingungsanteile gegeben. Daraus berechnet sich der THD_u zu

$$THD_u = \frac{U_{\text{RMS,OS}}}{U_{\text{RMS,1}}} = \frac{\sqrt{U^2_{\text{RMS,3}} + U^2_{\text{RMS,5}} + U^2_{\text{RMS,7}} + U^2_{\text{RMS,11}}}}{U_{\text{RMS,1}}}$$

$$THD_u = \frac{U_{\text{RMS,OS}}}{U_{\text{RMS,1}}} = \frac{\sqrt{0.08^2 + 0.03^2 + 0.12^2 + 0.05^2}}{1} = \frac{0.155}{1} = 15.5\,\%$$

Übung 1.9

Die Straßenbahn muss in Vorwärtsrichtung beschleunigen können. Soll bei Vorwärtsfahrt elektrisches Bremsen ermöglicht werden, so muss der Strom am Motor umkehrbar sein. Für Anfahren und Bremsen in Vorwärtsrichtung ist ein Zweiquadrantenstromrichter notwendig. Soll die Lokomotive auch rückwärtsfahren und sowohl beschleunigen als auch bremsen können, sind weitere zwei Quadranten erforderlich. Daher wird die Lokomotive mit einem Vierquadrantenstromrichter ausgestattet.

2 Leistungshalbleiter

2.1 Grundlagen der Halbleiterphysik

Lernziele

Die Lernenden ...

- kennen die grundlegenden Eigenschaften von Halbleitern
- verstehen die Wirkung der Dotierung
- beschreiben die Vorteile neuer Halbleitermaterialien

Halbleiter sind am absoluten Temperaturnullpunkt, also bei 0 K (-273 °C), nichtleitend: dort sind alle Elektronen fest mit dem Atomkern verbunden, können sich nicht frei bewegen und stehen so für einen Ladungstransport nicht zur Verfügung.

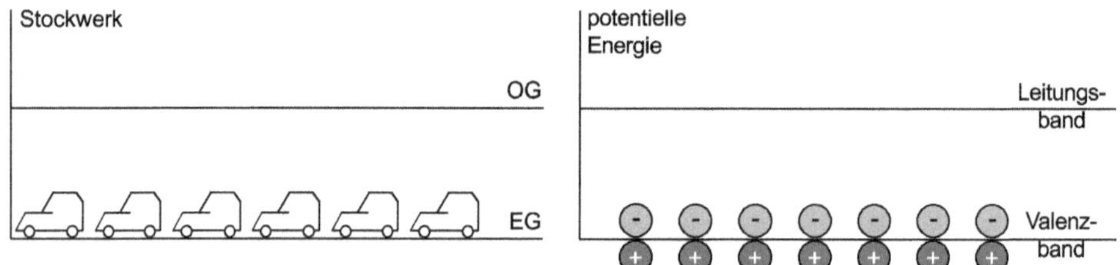

Bild 2.1 Analogie zwischen mehrgeschossigem Parkhaus (links) und Energieniveaus in Halbleitern (rechts)

Steigt die Temperatur des Halbleiterkristalls ausgehend von 0 K an, wird Energie zugeführt. Mit ihrer Hilfe können Elektronen aus der äußeren Hülle die Anziehungskräfte des Atomkerns überwinden und die feste Bindung an den Kern verlassen. Es entstehen Paare aus nun frei beweglichen Elektronen und zurückbleibenden, positiv geladenen Atomrümpfen. Die Anzahl der entstehenden Elektronen-Loch-Paare hängt von der Höhe der Halbleitertemperatur T ab.

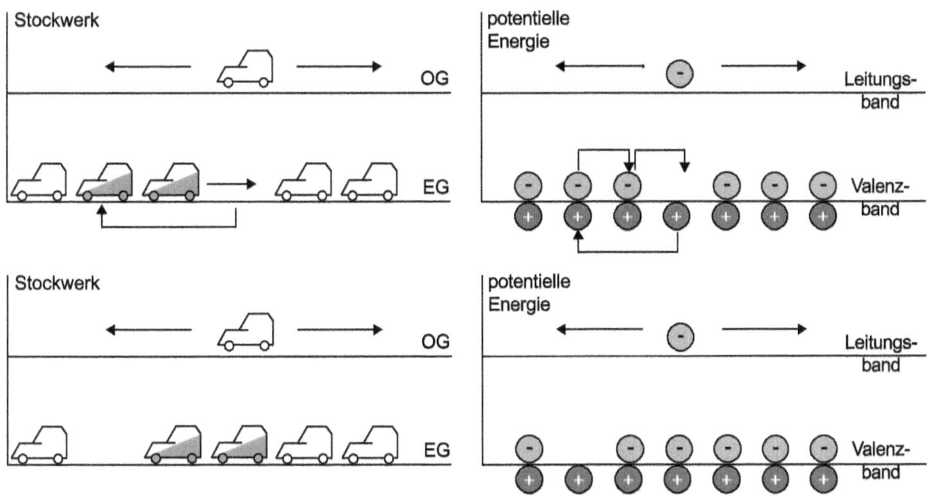

Bild 2.2 Darstellung von Leitungsmechanismen in Halbleiterkristallen. Links: Modell eines Parkhauses, rechts: Energiebänder der Festkörperphysik

Beispiel 2.1 Beweglichkeit von Fahrzeugen in einem Parkhaus

Im linken Teil von Bild 2.1 ist das Erdgeschoss (EG) eines vollbesetzten Parkhauses schematisch dargestellt. Die Fahrzeuge stehen Stoßstange an Stoßstange und können daher weder vorwärts noch rückwärts bewegt werden. Welche Möglichkeiten gibt es, diesen Zustand zu ändern?

Lösung:

Rangiermöglichkeiten werden geschaffen, wenn ein oder mehrere Fahrzeuge nach Bild 2.2 im Obergeschoss (OG) des Parkhauses abgestellt werden. Ist dieses Stockwerk weitgehend leer, so kann sich das Fahrzeug dort ungehindert bewegen. Im Erdgeschoss ist die Situation ebenfalls besser geworden: Obwohl eine große Bewegungsfreiheit der KFZ im EG nach wie vor fehlt, können die Autos links und rechts des freigewordenen Stellplatzes rangieren. Fahren beispielweise die beiden grau schattierten Fahrzeuge im oberen linken Teilbild von Bild 2.2 rückwärts, ist der freie Stellplatz - und damit die Rangiermöglichkeit - faktisch um zwei Positionen nach links gewandert. Durch Anheben eines Autos in das OG ist so auch im nahezu vollbesetzten EG eine eingeschränkte Mobilität möglich geworden. ■

Diese Erkenntnisse lassen sich auf Halbleiter übertragen. In der Festkörperphysik werden die Stockwerke des Parkhauses durch sogenannte Energiebänder im rechten Teil von Bild 2.1 ersetzt. Je höher ein solches Energieband angeordnet ist, desto größer ist die potentielle Energie der Teilchen, die sich in diesem Energieband befinden.

Das untere Energieniveau wird Valenzband genannt und entspricht dem EG des Parkhauses. Elektronen im Valenzband sind fest mit dem Atomkern verbunden und unbeweglich. Durch Energiezufuhr erhalten einige der Valenzelektronen ausreichend Energie, um in das nächsthöhere Energieband wechseln zu können. Dieses heißt Leitungsband und entspricht sinnbildlich dem OG des Parkhauses.

Halbleiter sind am absoluten Temperaturnullpunkt Isolatoren. Durch Energiezufuhr werden Elektronen ins Leitungsband gehoben und können sich dort frei bewegen. Gleichzeitig kann auch im Valenzband durch das Wandern der entstandenen Löcher ein Ladungstransport stattfinden. ■

Bändermodell

Bild 2.3 zeigt im Teilbild a) ein vereinfachtes Energiemodell von Metallen und Halbleitern. Die Energieniveaus der einzelnen Ladungsträger sind diskret und können bestimmten Energiebändern zugeordnet werden. Im Valenzband sind die Ladungsträger in der Modellvorstellung fest an die Atomrümpfe gebunden und unbeweglich. Wird dem Valenzelektron ein entsprechender Energiebetrag E_g zugeführt, so kann es den Atomrumpf verlassen, energetisch in das Leitungsband wechseln und sich dadurch frei im Material bewegen. Der hierfür erforderliche Energiebetrag wird Bandabstand genannt und entspricht dem Energieunterschied von Leitungs- und Valenzband.

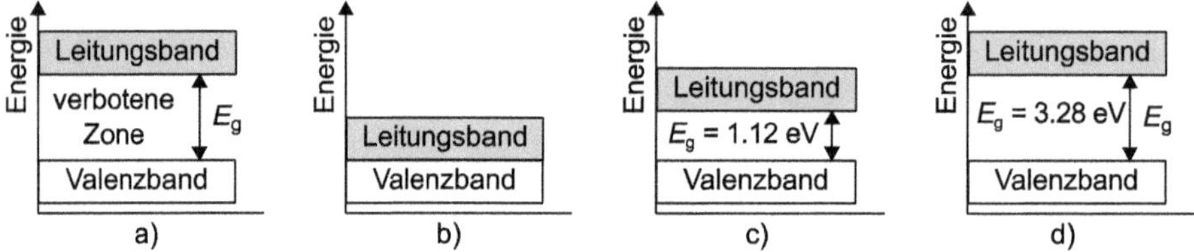

Bild 2.3 Schematische Darstellung des Bändermodells; a) allgemeine Darstellung b) Metalle c) Silizium d) Siliziumkarbid

Das Bändermodell beschreibt grundlegende Eigenschaften von Halbleitern. Elektronen können nur diejenigen Energieniveaus annehmen, die dem jeweiligen Band zugeordnet sind. Um in das nächsthöhere Energieband zu wechseln, ist eine Energiezufuhr erforderlich, die mindestens dem Abstand der betrachteten Bänder entsprechen muss. Der Bereich zwischen zwei aufeinander folgenden Bändern heißt verbotene Zone. In diesem Bereich kann und darf sich kein Elektron aufhalten. ■

Bei Metallen (Teilbild b) überlappen sich beide Energiebänder, so dass sich Valenzelektronen praktisch ohne Energiezufuhr von den Atomrümpfen lösen und ins Leitungsband wechseln können. Auf dieser Eigenschaft beruht die gute elektrische Leitfähigkeit von Metallen.

Bei Halbleitern (Teilbilder c) und d)) muss den Valenzelektronen dagegen nennenswerte Energie zugeführt werden, damit sie ins Leitungsband wechseln können und zum Ladungstransport beitragen. Der notwendige Energiebetrag ist durch den materialabhängigen Bandabstand festgelegt und bestimmt wichtige elektrische Eigenschaften des Halbleiters. Bei Silizium hat er den Wert von 1.12 eV.

2.1.1 Eigenleitfähigkeit

Zur mathematischen Beschreibung der Zusammenhänge werden folgende Größen eingeführt:

- n: volumenbezogene Anzahl von Elektronen, die sich im Leitungsband befinden
- p: volumenbezogene Anzahl von positiv geladenen Atomrümpfen, die im Valenzband verbleiben

Im thermischen Gleichgewicht ändert sich die Temperatur des Halbleiters nicht mehr, so dass n und p feste Werte annehmen. Dieser Zustand wird durch den Index 0 gekennzeichnet. In diesem Fall ist die Anzahl der ins Leitungsband angehobenen freien Elektronen n_0 gleich der im Valenzband dadurch freiwerdenden positiv geladenen Atomrümpfe p_0:

$$n_0 = p_0 = n_i(T) \tag{2.1}$$

Die Anzahl der freien Elektronen-Loch-Paare pro Volumen ist temperaturabhängig. Sie wird Eigenleitungsdichte n_i genannt und beträgt für Silizium bei einer Raumtemperatur von 25 °C, also 300 K:

$$n_i(T = 300\ \mathrm{K}) \approx 1.5 \cdot 10^{10}\ \frac{1}{\mathrm{cm}^3}$$

Innerhalb des Siliziumkristalls befinden sich in einem Elementarwürfel der Kantenlänge 0.543 nm im Mittel 8 Siliziumatome. Daraus lässt sich die Zahl N_{Si} der Si-Atome pro cm^3 bestimmen:

$$N_{\mathrm{Si}} = 8 \cdot \frac{1\,\mathrm{cm}^3}{\left[0.543\,\mathrm{nm}\right]^3} \approx 5 \cdot 10^{22}\ \frac{1}{\mathrm{cm}^3}$$

Dividiert man N_{Si} durch die Eigenleitungsdichte n_i, so folgt, dass bei Raumtemperatur nur eines von $3.3 \cdot 10^{12}$ Atomen ein Valenzelektron in das Leitungsband entlässt:

$$\frac{N_{\mathrm{Si}}}{n_i} = \frac{5 \cdot 10^{22}\ \dfrac{\mathrm{Atome}}{\mathrm{cm}^3}}{1.5 \cdot 10^{10}\ \dfrac{1}{\mathrm{cm}^3}} = 3.3 \cdot 10^{12}$$

In einem elektrischen Feld der Feldstärke E bewegt sich ein Ladungsträger mit der mittleren Geschwindigkeit v, die neben der Feldstärke auch vom Halbleitermaterial abhängt. Daher kann eine Ladungsträgerbeweglichkeit μ definiert werden, die von der Ladungsträgerart (Elektron oder Loch) und dem materialspezifischen Kristallgitter abhängt:

$$\mu = \frac{v}{E}$$

Die Beweglichkeit μ_n der Elektronen im Leitungsband ist selbstverständlich höher als die der Löcher im Valenzband. Bei Silizium liegt dieses Verhältnis μ_n/μ_p etwa beim Wert 3.

Im Halbleiterkristall existieren die beiden Leitmechanismen aus Bild 2.2 nebeneinander: Valenzelektronen, die ins Leitungsband aufgestiegen sind, können sich nahezu frei bewegen. Jedes aufsteigende Elektron hinterlässt im Valenzband einen positiv geladenen Atomrumpf. Dieser ist in das Kristallgitter eingebunden und eigentlich ortsfest. Allerdings kann das Valenzelektron eines benachbarten Siliziumatoms *seinen* Atomrumpf verlassen und das bestehende Loch neutralisieren. Das wandernde Elektron hinterlässt seinerseits aber einen positiv geladenen Atomrumpf, so dass das Loch um eine Position weitergewandert erscheint. Im rechten Teil von Bild 2.2 ist das Loch an Position 4 im oberen Teilbild auf diese Weise scheinbar an die Position 2 im unteren Bildteil weitergewandert. In der Festkörperphysik wird der positiv geladene Atomrumpf als Loch bezeichnet, in das ein benachbartes Valenzelektron *springen* kann. Diese Art des Ladungsträgertransportes heißt daher *Löcherleitung.*

Unter Verwendung der bisherigen Definitionen sowie der Elementarladung q kann die Eigenleitfähigkeit σ des Halbleiterkristalls bestimmt werden.

$$\sigma = q \cdot n_i \cdot (\mu_n + \mu_p) \quad \text{mit } [\sigma] = \mathrm{C} \cdot \frac{1}{\mathrm{m}^3} \cdot \frac{\mathrm{m}/\mathrm{s}}{\mathrm{V}/\mathrm{m}} = \frac{\mathrm{C}\cdot\mathrm{m}\cdot\mathrm{m}}{\mathrm{m}^3\cdot\mathrm{V}\cdot\mathrm{s}} = \frac{\mathrm{C}}{\mathrm{s}} \cdot \frac{1}{\mathrm{m}\cdot\mathrm{V}} = \frac{\mathrm{A}}{\mathrm{V}} \cdot \frac{1}{\mathrm{m}} = \frac{1}{\Omega\cdot\mathrm{m}}$$

2.1.2 Dotierung

Die technische Anwendbarkeit der Halbleiter beruht nicht auf der Eigen- sondern der Störstellenleitung. Zu diesem Zweck werden gezielt Fremdatome in den bestehenden Halbleiterkristall eingebaut. Dieser Vorgang wird Dotierung genannt und mit zwei unterschiedlichen Gruppen von Atomen durchgeführt:

- Atome mit 5 Valenzelektronen
  Phosphor, Arsen und Antimon haben nicht nur 4 sondern 5 Valenzelektronen. Werden sie in einen Siliziumkristall eingebracht (Bild 2.4, links), so ist ihr 5. Valenzelektron nur lose im Kristall gebunden. Schon bei Raumtemperatur erhalten diese Elektronen ausreichend Energie, um ins Leitungsband aufzusteigen. Fremdatome, die einfach Elektronen abgeben, werden Donatoren genannt. Durch ihren Einbau entsteht ein N-dotierter Halbleiterkristall.
- Atome mit 3 Valenzelektronen
  Bor, Gallium, Indium und Aluminium besitzen im Gegensatz dazu lediglich 3 Valenzelektronen. Werden sie in einen Siliziumkristall integriert (Bild 2.4, rechts), bleibt ein Gitterplatz im Gefüge leer. Diese Leerstelle kann leicht durch ein Elektron aus dem Leitungsband gefüllt werden, das die vierte Bindung eingeht. Dreiwertige Atome heißen daher Akzeptoren und bewirken einen P-dotierten Halbleiter.

Die Dotierungsdichte N von Donatoren und Akzeptoren ist sehr viel höher als die Eigenleitungsdichte n_i und wird durch die Indizes D und A gekennzeichnet.

- N_D: Dotierungsdichte eines N-dotierten Halbleiters; der Halbleiter hat einen Überschuss von $n = N_D$ freien Elektronen pro Volumeneinheit

- N_A: Dotierungsdichte eines P-dotierten Halbleiters; der Halbleiter hat einen Überschuss von $n = N_A$ freien Löchern pro Volumeneinheit

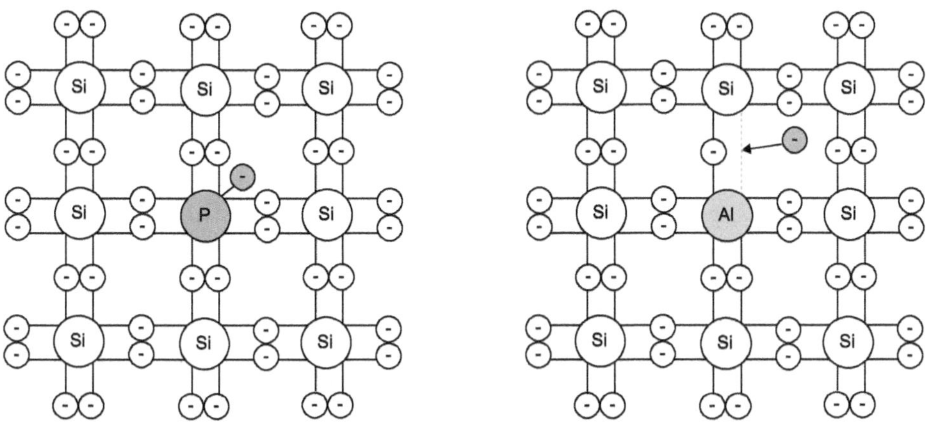

Bild 2.4 Schematische Darstellung der Dotierung eines Siliziumkristalls. Links: N-dotiert mit Phosphor als Donator, rechts: P-dotiert mit Aluminium als Akzeptor

Mit ihrer Hilfe kann die Leitfähigkeit des dotierten Materials sehr genau eingestellt werden. Auch für dotierte Halbleiter gilt Gl. 2.1, nach der das Produkt aus Elektronen- und Löcherdichte gleich dem Quadrat der Eigenleitungsdichte n_i ist.

$$n \cdot p = n_i^2(T) \tag{2.2}$$

Dadurch ergibt sich ein umgekehrt proportionaler Zusammenhang zwischen Löcher- und Elektronenkonzentration: Wird die Elektronenkonzentration durch Dotierung um den Faktor 10^7 erhöht, so sinkt die Löcherdichte im N-dotierten Material gleichzeitig um 10^7 ab.

In N-dotierten Halbleitern ist die Elektronenkonzentration sehr viel größer als die der Löcher. Daher werden Elektronen bei N-Dotierung Majoritätsträger genannt. Löcher werden als Minoritätsträger bezeichnet. Bei P-Dotierung kehren sich die Verhältnisse um: Löcher sind jetzt Majoritäts- und Elektronen Minoritätsträger.

Beispiel 2.2 Bestimmung der Löcherkonzentration

Bei Raumtemperatur hat ein N-dotierter Siliziumkristall eine Eigenleitungsdichte $n_i = 10^{10}$ cm^{-3}. Die Dotierungsdichte beträgt $N_D = 10^{16}$ cm^{-3}. Bestimmen Sie Majoritäts- und Minoritätsträger. Wie groß wird die Löcherdichte?

Lösung:

Der Kristall ist N-dotiert, daher sind Elektronen Majoritäts- und Löcher Minoritätsträger. Mit den gegebenen Zahlenwerten und Gl. 2.2 erhält man für die Löcherkonzentration p:

$$n = N_D \quad \Rightarrow \quad N_D \cdot p = n_i^2 \quad \Rightarrow \quad p = \frac{n_i^2}{N_D} = \frac{\left[10^{10}\,\text{cm}^{-3}\right]^2}{10^{16}\,\text{cm}^{-3}} = \underline{\underline{10^4\,\text{cm}^{-3}}}$$

2.1.3 Feld- und Diffusionsstrom

In Abschnitt 2.1.1 wurde erläutert, dass der Ladungstransport innerhalb von Halbleitern durch Elektronen *und* Löcher gleichzeitig erfolgt und damit *zwei* Mechanismen der Ladungsträgerbewegung existieren. Für die tatsächliche Bewegung von Ladungsträgern und damit für einen Stromfluss sorgen zwei Leitungsmechanismen.

- Aus der klassischen Elektrotechnik ist bekannt, dass ein Stromfluss zwischen zwei leitend miteinander verbundenen Punkten dann einsetzt, wenn ein Potentialunterschied – also eine elektrische Spannung – zwischen diesen Punkten vorliegt. Ist dies der Fall, so besteht ein elektrisches Feld zwischen den beiden Punkten. Nach dem ohmschen Gesetz wird die Höhe des fließenden Stromes von der Potentialdifferenz der beiden Punkte, also der elektrischen Feldstärke E und vom Leiterwiderstand beeinflusst. Dieser Strom wird Feld- oder Driftstrom genannt.
- Ändert sich die Ladungsträgerkonzentration ortsabhängig innerhalb des Halbleiters, so setzt ein Diffusionsvorgang ein, der den Ausgleich des Konzentrationsunterschiedes zum Ziel hat. Aufgrund des Konzentrationsunterschiedes im Halbleiter kommt ebenfalls ein Stromfluss zustande, der als Diffusionsstrom bezeichnet wird.

2.1.4 Kombination von P- und N-dotierten Halbleitern zum PN-Übergang

Werden P- und N-dotierte Halbleiter miteinander kombiniert, entstehen sogenannte PN-Übergänge. Im Folgenden werden die grundsätzlichen Eigenschaften eines PN-Übergangs mit weitgehenden Vereinfachungen erläutert, so dass anhand von Bild 2.5 die grundlegenden Effekte verstanden werden können. Vertiefende analytische Betrachtungen zu den Vorgängen bei PN-Übergängen sind in [Schröder06], [Semikron98], [Semikron10] und [Semikron11] zu finden.

Es werden keine räumlichen Ausbreitungsvorgänge betrachtet, sondern lediglich Effekte entlang der Ortskoordinate x. Zur Wahrung der Übersichtlichkeit wird ebenfalls unterstellt, dass der Halbleiterkristall im N- und P-Bereich homogen dotiert ist und der Übergang zwischen P- und N-dotiertem Material bei der Ortskoordinate $x = 0$ abrupt erfolgt. In Bild 2.5 sind drei verschiedene Fälle wiedergegeben:

- PN-Übergang im stromlosen Zustand (I)
- PN-Übergang in Durchlassrichtung beschaltet (II)
- PN-Übergang in Sperrrichtung beschaltet (III)

Jeder der betrachteten Fälle ist in die Einzelheiten a) bis d) unterteilt:

a) Schematische Darstellung der P- und N-dotierten Gebiete sowie der Raumladungszone

b) Verlauf der Raumladungsdichte $\rho(x)$ über der Ortskoordinate x

c) Verlauf der elektrischen Feldstärke $E(x)$ entlang der Ortskoordinate x

d) Verlauf des elektrischen Potentials $\varphi(x)$ entlang der Ortskoordinate x

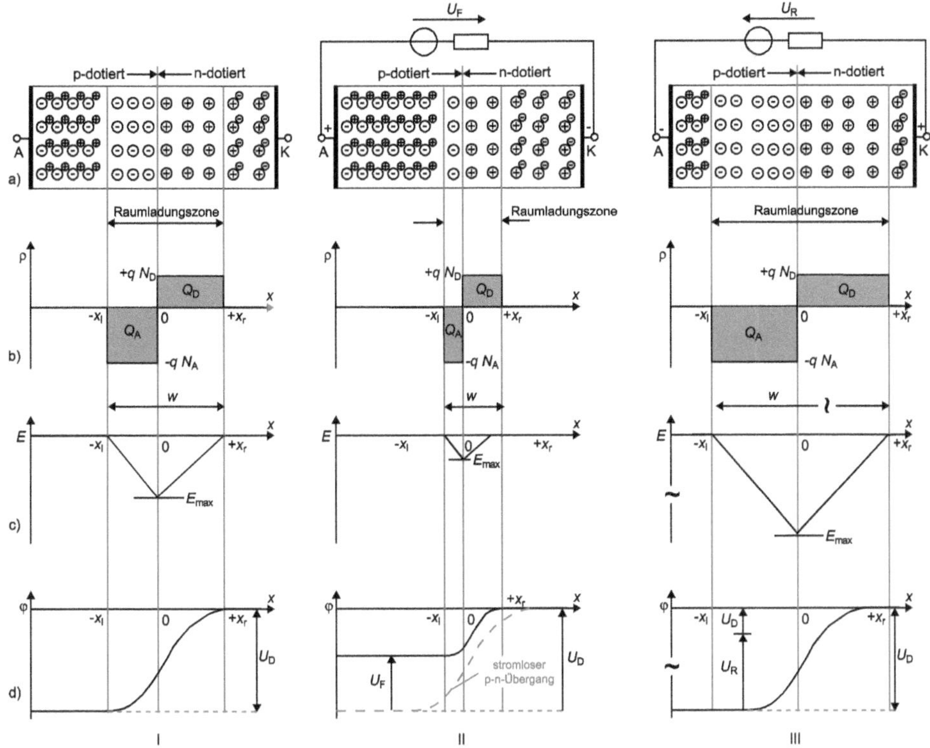

Bild 2.5 Prinzipdarstellung der Verhältnisse am PN-Übergang. I: PN-Übergang im stromlosen Zustand, II: PN-Übergang in Durchlassrichtung, III: PN-Übergang in Sperrrichtung

2.1.4.1 Raumladungszone beim stromlosen PN-Übergang

Der linke Teil (I) von Bild 2.5 zeigt schematisch die Verhältnisse an einem PN-Übergang im stromlosen Zustand. In großer Entfernung vom eigentlichen Übergang zwischen P- und N-dotiertem Bereich ist ein Akzeptor im P-Gebiet durch einen *ortsfesten* Kern mit negativer Ladung dargestellt. Er wird durch ein *frei bewegliches* Loch neutralisiert. Im N-Gebiet werden alle Donatoren, die sehr weit rechts vom Übergang liegen, als positiv geladene, *ortsfeste* Kerne symbolisiert. Ladungsneutralität wird durch frei bewegliche Elektronen sichergestellt.

Die Dichte von Elektronen und Löchern im N- und P-Gebiet entspricht an diesen Stellen den jeweiligen Dotierungsdichten N_D bzw. N_A. Links vom PN-Übergang sind im P-Gebiet viele bewegliche Löcher, aber wenig freie Elektronen vorhanden. Im N-Gebiet rechts dagegen überwiegen die freien Elektronen; die beweglichen Löcher sind klar in der Minderheit (vgl. Beispiel 2.2). Die Unterschiede der Löcher- und Elektronenkonzentration rufen Diffusionsströme nach Abschnitt 2.1.3 von Löchern ins N-Gebiet und Elektronen ins P-Gebiet hervor. Jeder diffundierte Ladungsträger hinterlässt *seinen* ortsfesten Atomkern mit der betreffenden Rumpfladung. Als Konsequenz entsteht im Bereich des PN-Übergangs eine ortsfeste Raumladung Q. Q_A ist im P-Gebiet negativ und Q_D im N-Gebiet positiv (Teilbild b).

Die Raumladung ruft zwischen den Bereichen mit negativer bzw. positiver Ladung ein elektrisches Feld hervor, dessen Stärke E von der Ortskoordinate x abhängt (Teilbild c). Dieses E-Feld bewirkt nach Abschnitt 2.1.3 einen Driftstrom von Elektronen aus dem negativ geladenen P-Gebiet ins positiv geladene N-Gebiet. Entsprechendes gilt in umgekehrter Richtung für die Löcher.

Beispiel 2.3 Diffusions- und Feldstrom

Charakterisieren Sie die Ströme, die in einem stromlosen PN-Übergang existieren. Wie groß ist der Summenstrom an den Enden des nicht kontaktierten Halbleiterkristalls? Verwenden Sie flächenbezogene Angaben, also die Stromdichte J.

Lösung:

Aufgrund der Konzentrationsunterschiede entstehen zwei verschiedene Diffusionsströme.

- Diffusionsstromdichte $J_{\mathrm{D,p}}$ von Löchern aus dem P- ins N-Gebiet
- Diffusionsstromdichte $J_{\mathrm{D,n}}$ von Elektronen aus dem N- ins P-Gebiet

Diesen Diffusionsströmen überlagern sich zwei weitere Ströme, die aufgrund des elektrischen Feldes zustande kommen:

- Feldstromdichte $J_{\mathrm{F,p}}$ von Löchern aus dem N- ins P-Gebiet
- Feldstromdichte $J_{\mathrm{F,n}}$ von Elektronen aus dem P- ins N-Gebiet

Im sogenannten Boltzmann-Gleichgewichtszustand heben sich die Stromdichten gegenseitig auf:

$$J_{\mathrm{D,p}} + J_{\mathrm{F,p}} = 0 \text{ sowie } J_{\mathrm{D,n}} + J_{\mathrm{F,n}} = 0$$

Selbstverständlich ist die Gesamtstromdichte an jeder beliebigen Querschnittsfläche im Kristall und natürlich auch an dessen Enden gleich Null. ■

In der Raumladungszone sind kaum noch bewegliche Ladungsträger enthalten, da diese vom elektrischen Feld sofort abgeführt werden. Daher ist die elektrische Leitfähigkeit in dieser Zone gering, so dass die Raumladungszone zur Sperrschicht wird. Die Ausdehnung der Raumladungszone in die dotierten Gebiete hinein (x_{l}, x_{r}) hängt von den jeweiligen Dotierungsdichten ab. Sie ist umso geringer, je höher die Dotierungsdichte ist. Insgesamt hat die Raumladungszone die Breite w.

Die gesamte sich in einem dotierten Gebiet mit der Querschnittsfläche A befindliche Raumladung Q wird nach Gl. 2.3 durch Integration über die Länge der Raumladungszone entlang der Ortskoordinate x ermittelt. Es gilt:

$$Q_{\mathrm{A}} = A \cdot \int_{-x_{\mathrm{l}}}^{0} \rho(x) \cdot \mathrm{d}x \qquad Q_{\mathrm{N}} = A \cdot \int_{0}^{+x_{\mathrm{r}}} \rho(x) \cdot \mathrm{d}x \tag{2.3}$$

$$Q = \varepsilon \cdot E \cdot A \tag{2.4}$$

Beide Ladungen lassen sich nach Gl. 2.4 gleichermaßen mit dem Gauß'schen Satz der Elektrostatik bestimmen, so dass der Feldstärkeverlauf $E(x)$ für beide Gebiete individuell durch Gleichsetzen von Gl. 2.3 und Gl. 2.4 berechnet werden kann.

$$E_p(x) = \frac{1}{\varepsilon} \cdot \int_{-x_l}^{x} -q \cdot N_A \cdot dx = \underline{\underline{-\frac{q}{\varepsilon} \cdot N_A \cdot (x + x_l)}}$$
$$E_n(x) = \frac{1}{\varepsilon} \cdot \int q \cdot N_D \cdot dx + E(x=0) = \underline{\underline{\frac{q}{\varepsilon} \cdot N_D \cdot (x - x_r)}} \quad (2.5)$$

Aus dem ermittelten Verlauf der Feldstärke $E(x)$ liefert eine erneute Integration den ortsabhängigen Verlauf des elektrischen Potentials $\varphi(x)$ innerhalb der Raumladungszone. Man erkennt an der breiteren Raumladungszone im N-Gebiet in Bild 2.5, Teilbild I, dass die Dotierung des N-Bereiches geringer ist als die des P-Gebiets. Ganz offensichtlich ist die auftretende Potentialdifferenz $\Delta\varphi$ im N-Gebiet aber größer als im P-Gebiet. Ganz allgemein gilt: im schwächer dotierten Gebiet wird der größere Teil der Spannung aufgenommen.

Außerhalb der Raumladungszone ist die elektrische Feldstärke $E(x)$ im P-Gebiet zunächst Null. Innerhalb der Raumladungszone nimmt sie im P-Gebiet für $-x_l < x < 0$ linear ab und erreicht ihr Minimum $-E_{max}$ direkt am PN-Übergang bei $x = 0$. Danach steigt sie im N-Gebiet zwischen $0 < x < x_r$ wieder linear an und erreicht am Ende der Raumladungszone bei x_r erneut den Wert 0.

Der Verlauf des elektrischen Potentials $\varphi(x)$ innerhalb des Halbleiterkristalls hängt nach Teilbild d) quadratisch von der Ortskoordinate x ab und ergibt sich durch die Integration des Feldstärkeverlaufs $E(x)$. ■

Die insgesamt an der Sperrschicht auftretende Potentialdifferenz zwischen den Enden der Raumladungszone entspricht der Diffusionsspannung U_D, deren Berechnung hier ohne Herleitung angegeben wird. Die sog. Temperaturspannung U_T ist keine Spannung die direkt in einer Diode auftritt, sondern ein Maß für die mittlere thermische Energie eines Elektrons. U_T errechnet sich aus der Boltzmannkonstante k, der absoluten Temperatur T sowie der Elementarladung e zu ca. 26 mV bei Raumtemperatur.

$$U_D = \Delta\varphi = \varphi(\chi_r) - \varphi(\chi_l) = U_T \cdot ln \frac{N_A \cdot N_D}{n_i^2}$$

$$U_T = \frac{\kappa \cdot T}{e}$$

Innerhalb der Sperrschicht ist die Anzahl an frei beweglichen Ladungsträgern aufgrund der vorgenannten Effekte sehr klein. Weit links und rechts davon ist deren Konzentration jedoch gleich den jeweiligen Dotierungsdichten N_D bzw. N_A. Da in der Realität keine abrupten Übergänge möglich sind, sinkt die Ladungsträgerdichte an den Grenzen zur Raumladungszone innerhalb kleiner Bereiche der x-Koordinate um mehrere Größenordnungen. In unmittelbarer Nachbarschaft links von der Sperrschicht im P-Bereich ist die Löcherdichte demnach deutlich kleiner als die Dotierungsdichte N_A. Analoges gilt für den N-Bereich für die dort rechts der Sperrschicht vorliegende Dichte an freien Elektronen.

2.1.4.2 Raumladungszone beim PN-Übergang in Durchlassrichtung

An den PN-Übergang wird gem. Bild 2.5, Teilbild II, eine Spannung U_F in Flussrichtung angelegt. Der positive Pol der Quelle wird mit dem P-dotierten Gebiet (Anode A), der negative mit dem N-dotierten Gebiet (Kathode K) verbunden. Die prinzipiellen Verläufe von E und φ bleiben bei geringen Durchlassströmen erhalten. Allerdings schrumpft die Breite der Raumladungszone. Dadurch geht neben der Feldstärke auch die Potentialdifferenz über der Raumladungszone zurück (Teilbilder II-c und II-d): Sie beträgt jetzt U_D - U_F.

Eine genaue Betrachtung zeigt, dass das Anlegen der Vorwärtsspannung die Konzentration der jeweiligen *Minoritätsträger* an den Grenzen der Raumladungszone gegenüber dem stromlosen Zustand drastisch beeinflusst: die Dichte der Elektronen im P-Gebiet am linken bzw. die der Löcher im N-Gebiet am rechten Rand der Raumladungszone steigt um den Faktor $e^{(U_F/U_T)}$ an. Dies wird *Ladungsträgerinjektion* genannt.

2.1.4.3 Raumladungszone beim PN-Übergang in Sperrrichtung

In Bild 2.5, Teilbild III ist der negative Pol der Spannungsquelle U_R (R: reverse, rückwärts) mit der Anode und ihr positiver Pol mit der Kathode verbunden. Die äußere Spannung U_R addiert sich zur Diffusionsspannung U_D und bewirkt eine deutliche Erhöhung der elektrischen Feldstärke innerhalb der Raumladungszone des Halbleiters. Die Achsen der Diagramme c) und d) in Teilbild III weisen eine andere Skalierung (angedeutet durch ‚~') auf als die der beiden vorigen Teilbilder I und II. Eine solch hohe Feldstärke kann nur dann entstehen, wenn nach Gl. 2.5 die Werte von x_l und x_r und damit die Breite w der Raumladungszone ebenfalls ansteigen. Da die Raumladungszone arm an beweglichen elektrischen Ladungsträgern ist, wird die Sperrschicht des Halbleiters ebenfalls größer. Bereits bei geringen Werten der Sperrspannung U_R kann E_{max} Werte im Bereich von kV/cm erreichen.

Beispiel 2.4 Durchbruchsfeldstärke

Begründen Sie qualitativ anhand der schematischen Darstellung aus Bild 2.5, Teilbild III, warum die maximale Sperrspannung, der ein PN-Übergang standhalten kann, klar begrenzt ist.

Lösung:

Innerhalb der Raumladungszone wirkt eine elektrostatische Kraft auf die Valenzelektronen der Atomkerne, die von der Feldstärke abhängt und mit steigendem $E(x)$ zunimmt. Wird die Kraft zu groß, werden Elektronen aus dem Atomverbund gerissen und ins Leitungsband angehoben. Dadurch geht die Sperrfähigkeit der Raumladungszone verloren. ■

2.1.5 PiN-Übergang

Um die Spannungsfestigkeit eines PN-Übergangs zu erhöhen, wird zwischen dem P- und N-Bereich eine zusätzliche, schwach N-dotierte Zone mit intrinsischer Ladungsträgerdichte (i-Gebiet) angebracht. Die so entstandene Struktur wird PiN-Übergang genannt und ist im rechten Teil von Bild 2.6 gezeichnet.

Dessen linker Teil wiederholt die Verhältnisse an einem normalen PN-Übergang gem. Bild 2.5. Man erkennt, dass dort ein dreieckförmiger Verlauf des elektrischen Feldes auftritt.

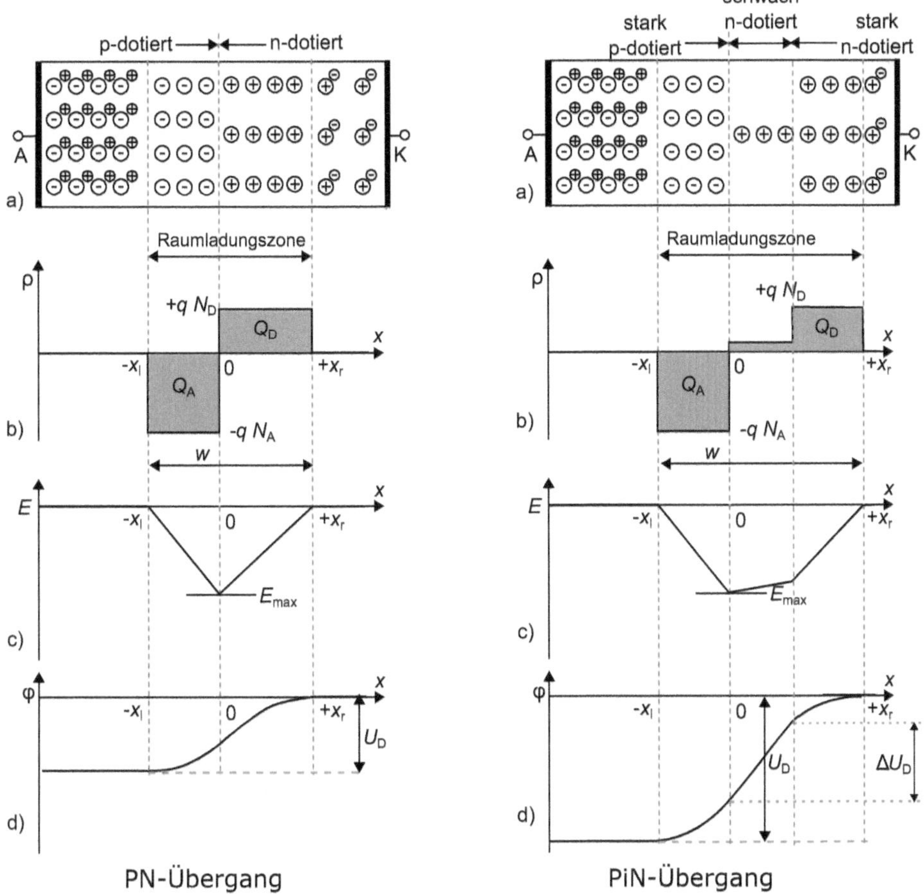

Bild 2.6 Vergleich von PN-Übergang (links) und PiN-Übergang (rechts) zur Erhöhung der Spannungsfestigkeit

Beim PiN-Übergang dagegen liegt im schwach N-dotierten Bereich nur eine kleine positive Raumladung vor, die sich erst im N^+-Gebiet aufgrund dessen höherer Dotierung stark vergrößert. Unmittelbare Folge der beiden verschiedenen positiven Raumladungen sind *unterschiedliche* Steigungen des elektrischen Feldverlaufs im Teilbild c): Innerhalb des i-Gebietes ist die Steigung des E-Feldes zwar positiv, aber klein. Erst mit dem Erreichen des N^+-Gebietes nimmt sie deutlich höhere Werte an. Insgesamt ergibt sich daher ein *trapezförmiger* Verlauf des E-Feldes bei einem PiN-Übergang.

Dessen Auswirkung zeigt sich beim Potentialverlauf in Teilbild d): Aufgrund des trapezförmigen Feldverlaufs ergibt sich eine Potentialdifferenz, die um ΔU_D größer ist, als beim PN-Übergang mit dreieckförmigem E-Feld. Ein PiN-Übergang kann daher höheren Sperrspannungen widerstehen.

2.2 Neue Halbleitermaterialien

Durch die Entwicklungen der vergangenen Jahre wurde die theoretisch mögliche Grenzbelastung von Halbleiterbauelementen aus Silizium erreicht. Neue Anwendungsgebiete für leistungselektronische Schaltungen aus den Bereichen Energie und Verkehr stellen jedoch Anforderungen an die Halbleiter, die auf Basis von Silizium nicht erfüllt werden können:

- höhere Schaltfrequenzen
- wesentlich höhere Blockier- und Sperrspannungen
- geringere Schaltverluste und damit einhergehend höhere Wirkungsgrade
- gesteigerte Zuverlässigkeit auch bei höheren Sperrschichttemperaturen

2.2.1 Halbleiter mit großem Bandabstand

Diese Anforderungen sollen durch Halbleiter erfüllt werden, die im Bändermodell nach Bild 2.3 einen größeren Abstand zwischen Valenz- und Leitungsband aufweisen. Diese Materialien werden als Wide-Bandgap-Materialien (WBG) bezeichnet. Der bekannteste Vertreter ist Silizium-Karbid (SiC), aber auch Gallium-Nitrit (GaN) und Diamant werden untersucht.

Derzeit (2019) sind Bauelemente aus Silizium-Karbid (SiC) und Gallium-Nitrid (GaN) verfügbar. SiC besteht zu gleichen Teilen aus Silizium und Kohlenstoff, die eine kovalente Bindung miteinander eingehen. Von SiC sind mehr als 170 verschiedene räumliche Kristallanordnungen (Polytope) bekannt, die aufgrund ihres geordneten Kristallaufbaus eine hohe Härte aufweisen. Technologisch interessant sind insbesondere die Varianten 4H und 6H, aus denen große Wafer hergestellt werden können. Wesentliche Vorteile der WBG-Halbleiter im Vergleich zu Silizium sind:

Kritische elektrische Feldstärke

Wird ein elektrisches Feld an einen Halbleiter angelegt, so wirken auf die Valenzelektronen elektrostatische Kräfte, die von der Höhe der Feldstärke abhängig sind. Die Feldstärke, bei der Valenzelektronen aus ihrer Bindung gelöst werden, wird *kritische Feldstärke* genannt. Sie ist umso höher, je größer der Bandabstand des Halbleitermaterials ist. Bei SiC und GaN ist diese Bandlücke E_g mehr als dreimal so groß ist wie bei Silizium [Ozpineci03]. Bauelemente aus diesen Materialien können daher höheren elektrischen Feldstärken widerstehen als Silizium. Sie weisen dadurch auch eine höhere Spannungsfestigkeit auf.

Maximal zulässige Sperrschichttemperatur

Mit steigender Sperrschichttemperatur nimmt die thermische Energie der Valenzelektronen zu. Steigt die Temperatur im Si-Halbleiter auf 150 °C an, erhalten die Valenzelektronen von Siliziumatomen genügend Energie, um unkontrolliert vom Valenz- in das Leitungsband zu wechseln. Ein großer Bandabstand wirkt sich auch hier positiv aus: der Halbleiter kann einer höheren Temperatur standhalten, bevor die thermische Energie der Valenzelektronen für einen Wechsel in das Leitungsband ausreicht. Halbleiter aus WBG-Material sind daher in der Lage, höhere Sperrschichttemperaturen zu verkraften als vergleichbare Siliziumbauelemente.

Wärmeleitfähigkeit

SiC- und GaN-Halbleiter zeichnen sich auch durch eine bessere Wärmeleitfähigkeit aus. Dadurch sinkt der Wärmewiderstand zwischen Sperrschicht und Gehäuse, so dass die beim Betrieb entstehende Verlustenergie besser an die Umgebung abgegeben werden kann und der Temperaturanstieg im Bauelement kleiner wird.

Stromdichte

Die erreichbare Stromdichte liegt bei Bauelementen aus SiC etwa zwei- bis dreimal höher als bei Silizium. Diese Eigenschaft erlaubt die Verringerung der Chipfläche und bietet damit Kostenvorteile. Des Weiteren sind die Chips unipolarer Bauelemente aus SiC dünner als vergleichbare Produkte aus Si. Der Widerstand im eingeschalteten Zustand wird kleiner und ermöglicht geringere Durchlassverluste.

Temperaturabhängigkeit elektrischer Eigenschaften

Im Gegensatz zu Bauelementen aus Si hängen die Durchlass- und Sperrcharakteristiken der Bauelemente aus WBG-Materialien nur wenig von der Temperatur und der Betriebsdauer ab. Sie zeigen zudem ein sehr gutes Abschaltverhalten: Durch einen kleineren Rückwärtsstrom werden Schaltverluste und Störabstrahlung gleichermaßen verringert. Beschaltungsnetzwerke können kleiner dimensioniert werden oder ganz entfallen. Aufgrund merklich reduzierter Schaltverluste können Schaltfrequenzen oberhalb von 20 kHz auch bei Leistungen im hohen kW-Bereich verwendet werden, ohne dass Topologien für weiches Schalten notwendig werden.

Tabelle 2.1 Eigenschaften von WBG-Materialien im Vergleich zu Silizium [Choi], [Marckx05]

Elektrische Eigenschaften	Si	SiC (4H)	SiC (6H)	GaN	Diamant
Bandabstand / eV	1.12	3.28	2.96	3.37	5.5
kritische Feldstärke / MV/cm	0.29	2.5	3.2	3.3	20
Wärmeleitfähigkeit / W/ (cm K)	1.5	4.9	4.9		20
maximale Sperrschichttemperatur / °C	150	600	600	400	1927

Für die hohen Sperrschichttemperaturen ist eine Weiterentwicklung der Gehäusetechnologie erforderlich. und trägt zu den heute noch höheren Kosten dieser Bauelemente bei.

2.2.2 Anwendungsgebiete

Elektrisch angetriebene Personenfahrzeuge erfordern Antriebsleistungen von 100 kW und darüber. Für Flugzeuge wird für 2020 ein Anstieg der elektrischen Leistung auf 5 kVA/Passagier vorausgesagt. Satelliten im Orbit werden vermehrt mit elektrischen Antrieben ausgestattet, um unvermeidliche Positionskorrekturen durchzuführen oder auch interplanetare Wissenschaftsmissionen zu realisieren. Aufgrund des begrenzten Bauraums werden in beiden Fällen sehr hohe Anforderungen an die Leistungsdichte, die Zuverlässigkeit und das Gewicht der Komponenten gestellt. Durch den Einsatz von WBG-Halbleitern kann sowohl die Leistungsdichte gesteigert als auch die Zuverlässigkeit erhöht werden.

In der Energietechnik gewinnen neben der Hochspannungsgleichstromübertragung (HVDC) insbesondere flexible AC Übertragungssysteme (Flexible AC Transmission Systems, FACTS) an Bedeutung. Hierunter versteht man leistungselektronische Betriebsmittel, die aufgrund ihrer schnellen Regelbarkeit die Möglichkeiten der elektrischen Energieübertragung erweitern und bestehende Drehstromsysteme besser ausnutzen [Lip11].

Die hierfür erforderlichen hohen Ströme und Spannungen erfordern die Reihen- und Parallelschaltung von Bauelementen aus Silizium. Sind Bauelemente mit einer hohen Spannungsfestigkeit verfügbar, können die Reihen/Parallelschaltungen u. U. durch *ein* Bauelement ersetzt werden. Dadurch verringert sich die Anzahl der Bauelemente. Symmetrierwiderstände und -kondensatoren sind nicht erforderlich. Darüber hinaus sinkt die Größe der Kühlaggregate aufgrund der kleineren Verluste. Insgesamt lässt sich die Baugröße der Gesamtanlage merklich reduzieren [Ozpineci03], [Marckx05].

2.3 Vergleich von idealen und realen Schaltern

Lernziele:
Die Lernenden ...

- vergleichen die Eigenschaften von idealen und realen Schaltern
- beschreiben grundlegende Anforderungen an elektronische Schalter der Leistungselektronik

Als Schalter in Stromrichtern werden Leistungshalbleiter eingesetzt. Man bezeichnet sie wegen ihrer Wirkung auf den Stromfluss auch als Halbleiterventile oder kurz Ventile. Leistungshalbleiter sind Dioden und Thyristoren sowie die verschiedenen Bauarten von Transistoren; sie werden in unterschiedlichen Schaltungstopologien genutzt. Um die Verluste, die bei der Energieumformung entstehen, so gering wie möglich zu halten, werden die Leistungshalbleiter im Schaltbetrieb eingesetzt.

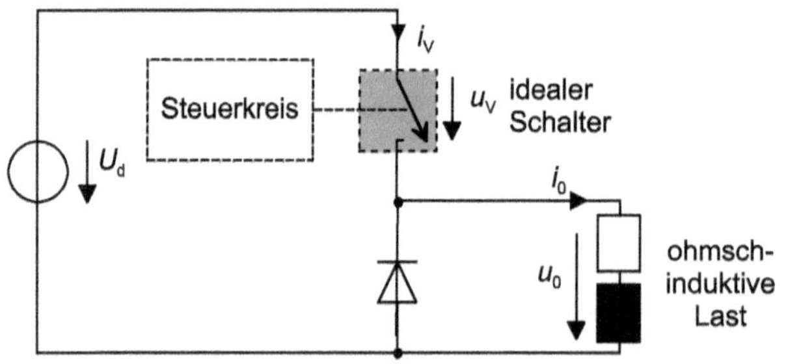

Bild 2.7 Tiefsetzsteller mit idealem Schalter und ohmsch-induktiver Last

Ein idealer Schalter im Sinne der Leistungselektronik hat die Fähigkeit, Stromfluss nur in einer Richtung zuzulassen; diese Richtung wird durch den Pfeil am Schaltersymbol gekennzeichnet. Der Stromfluss in umgekehrter Richtung wird gesperrt. Ein Schalter mit diesen Eigenschaften heißt gerichteter Schalter und ist in Bild 2.7 dargestellt. Hier wird eine für leistungselektronische Anwendungen übliche Situation mit ohmsch-induktiver Last wiedergegeben. Der gesamte Laststrom fließt bei geschlossenem Schalter durch diesen hindurch. Die Diode sperrt. Wird der Schalter geöffnet, erzwingt die Induktivität einen weiteren Stromfluss, der nun über die Diode zustande kommt. Der Schalter ist während dieser Zeit stromlos.

Neben dem eigentlichen Schaltkontakt, der im Last- oder Hauptkreis liegt, besitzt ein steuerbarer elektronischer Schalter - ähnlich wie ein Relais - einen Steuerkreis. Die Schalthandlung (Schalter öffnen, Schalter schließen) wird durch ein Signal im Steuerkreis bewirkt.

Ein idealer Schalter weist folgende Eigenschaften auf:

a) Schalter *gesperrt*: Der Stromkreis ist geöffnet; es fließt kein Strom durch den Schalter. Obwohl die Sperrspannung u_v am Schalter anliegt, wird dennoch keine Leistung umgesetzt. Die am offenen Kontakt anliegende Spannung positiver oder negativer Polarität kann beliebig groß werden, ohne dass es zum Überschlag kommt.

b) Schalter *leitend*: Der Stromkreis ist geschlossen. Durch den Schalter fließt im Lastkreis ein Strom, der von der Höhe der Spannung und der im Lastkreis wirksamen Impedanz bestimmt wird. Am geschlossenen Schalter tritt kein Spannungsabfall auf ($u_v = 0$). Daher wird auch in diesem Fall im Schalter keine Leistung umgesetzt. Der Stromfluss ist nur in Pfeilrichtung möglich.

c) Die Betätigung des Schalters, also das Ein- bzw. Ausschalten, erfolgt verzögerungsfrei und leistungslos durch entsprechende Steuereingänge im Steuerkreis. Dabei tritt weder mechanischer noch elektrischer Schalterverschleiß auf.

d) Die Schaltfrequenz (switching frequency), also die Anzahl der Schaltspiele pro Sekunde, ist beliebig hoch; Verzögerungszeiten und Ladungsspeichereffekte kommen nicht vor.

Das Schaltverhalten eines solchen idealen Schalters ist in Bild 2.8 dargestellt. Der obere Zeitverlauf zeigt das Signal des Steuerkreises. Es kann die beiden Zustände Ein und Aus annehmen. Die beiden mittleren Zeitverläufe geben den Strom i_v durch und die Spannung u_v am Schalter wieder. Ist der Schalter geöffnet, so fließt kein Schalterstrom; die Spannung am Schalter ist ungleich null. Wird der Schalter eingeschaltet, so führt er den Laststrom i_0; an einem idealen Schalter tritt im leitenden Zustand kein Spannungsabfall auf.

Im unteren Bildteil sind die Schalterverluste p_v abgebildet. Beim idealen Schalter treten Strom und Spannung niemals gleichzeitig auf. Daher entstehen weder während der Leitphase noch beim Ein- und Ausschalten Leistungsverluste.

Reale Leistungshalbleiter haben diese idealen Eigenschaften natürlich nicht. Zunächst einmal können reale Schalter nicht verzögerungsfrei ein- bzw. ausgeschaltet werden. Zwischen dem eigentlichen Signal zur Schalteransteuerung und dem tatsächlichen Beginn des Schaltvorganges liegen die Verzögerungszeiten $t_{d(ein)}$ bzw. $t_{d(aus)}$. Der Index d steht hier für delay (Verzögerung). Des Weiteren liegt auch an einem leitenden Schalter immer eine Durchlassspannung an; ein gesperrter Schalter führt zudem einen geringen Sperrstrom. Bild 2.9 zeigt die Einzelheiten. Die dargestellten Zeitverläufe sind vergleichbar mit denen in Bild 2.8.

Wenn das Ein-Signal vorliegt, bleibt der Schalter zunächst noch stromlos. Nach Ablauf der Zeit $t_{d(ein)}$ steigt der Strom i_v durch den Schalter langsam an. Während dieser Zeit tritt nach wie vor die Spannung U_d am Schalter auf. Sie nimmt erst dann ab, wenn er den vollen Laststrom führt. Während der Leitphase liegt die Durchlassspannung am Schalter an. Bei Dioden wird sie mit U_F bezeichnet.

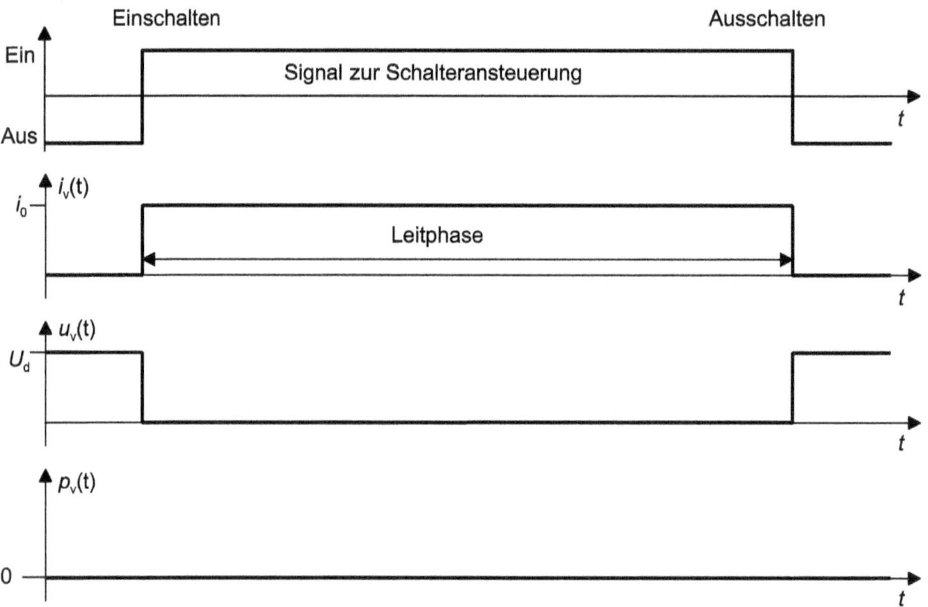

Bild 2.8 Zeitverläufe für Schalterstrom, Schalterspannung und Verlustleistung beim idealen Schalter; oben: Ein-Aus-Signal für den Schalter, Mitte: Schalterstrom $i_v(t)$, Schalterspannung $u_v(t)$, unten: Verlustleistung im Schalter

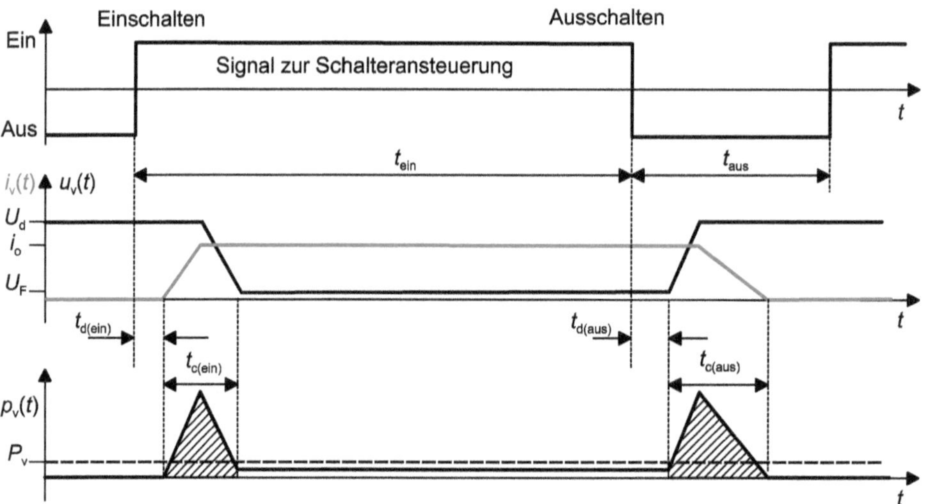

Bild 2.9 Zeitverläufe für Schalterstrom, Schalterspannung und Verlustleistung beim realen Schalter; oben: Ein-Aus-Signal für den Schalter, Mitte: Schalterstrom $i_v(t)$, Schalterspannung $u_v(t)$, unten: Verlustleistung im Schalter

Der Ausschaltvorgang geht ebenfalls nicht schlagartig vor sich. Nach Ablauf der Zeit $t_{d(aus)}$ reagiert der Schalter auf das Aus-Signal des Steuerkreises; die Schalterspannung steigt allmählich an. Erst danach sinkt auch der Schalterstrom. Während der Sperrphase ist die Spannung u_v des Schalters gleich U_d.

Auch hier werden die entstehenden Schalterverluste im unteren Bildteil dargestellt. Im Unterschied zu Bild 2.8 treten bei realen Schaltern Spannung und Strom und damit Leistungsverluste in allen Betriebsbereichen gleichzeitig am Schalter auf. Der Flächeninhalt der schraffierten Dreiecke entspricht den entstehenden Einschalt- bzw. Ausschaltverlusten. Deren Momentanwerte sind erkennbar größer als die Durchlassverluste, die während der Leitphase des Schalters anfallen. Auch im ausgeschalteten Zustand fließt bei realen Schaltern immer noch ein geringer Sperrstrom. Dieser hat Sperrverluste zur Folge. Sie sind erheblich niedriger als die Durchlassverluste und werden meistens vernachlässigt.

Insgesamt weisen reale Leistungshalbleiter folgende Eigenschaften auf:

a) *Schaltverluste* (switching losses): Schaltvorgänge in Halbleitern verlaufen nicht unendlich schnell. Dadurch ist der Wechsel vom ausgeschalteten in den eingeschalteten Zustand und umgekehrt mit Verzögerungszeiten verbunden. Während dieser Zeiten fließt im Bauelement schon (noch) Strom und es liegt noch (schon) Spannung an und bewirkt die Schaltverluste während des Ein- und Ausschaltvorganges.

b) *Durchlassverluste* (forward losses): Der Schalter hat einen Durchlasswiderstand, der im leitenden Zustand zu einem Spannungsabfall U_F und damit zu Durchlassverlusten führt.

c) *Sperrverluste* (blocking losses): Auch im Sperrzustand fließt beim Anliegen einer Sperrspannung ein sog. Sperrstrom, dessen Höhe von der jeweiligen Halbleitertemperatur abhängt.

d) *Steuerverluste*: Das Ein- bzw. Ausschalten von Halbleiterschaltern ist nicht leistungslos möglich, sondern erfordert eine Ansteuerleistung, deren Höhe vom Typ des Bauelements abhängt.

Die in Stromrichtern tatsächlich verwendeten elektronischen Schalter kommen den Anforderungen an ideale Schalter zwar teilweise sehr nahe, haben aber unvermeidliche Verluste. Die durch die Verluste erzeugte Wärme bewirkt einen Temperaturanstieg in den Bauelementen. Übersteigt die Sperrschichttemperatur bei Leistungshalbleitern Temperaturen von 150 °C, so wird das Bauelement i. Allg. nachhaltig geschädigt. Daher müssen bauelementspezifische Grenzwerte beachtet werden, die im Betrieb keinesfalls überschritten werden dürfen. Die zulässigen Daten der Leistungshalbleiter können den Datenblättern der Hersteller entnommen werden.

Leistungshalbleiter weisen eine stark von der Stromrichtung abhängige Leitfähigkeit auf. In Vorwärtsrichtung können sie hohe Ströme bei nur geringem Spannungsabfall führen, während sie in Rückwärtsrichtung auch bei hohen Spannungen nur kleine Sperrströme zulassen. ■

Die heutzutage verfügbaren Leistungshalbleiter lassen sich in drei Gruppen einteilen. Dabei werden nach dem Grad der Steuerbarkeit des Bauelements folgende Kategorien unterschieden:

- *passive Schalter* (Dioden): Leit- und Sperrzustand werden vom Leistungskreis gesteuert. Ein separater Steuerkreis existiert nicht.
- *aktive Schalter*:
  - einschaltbare Schalter (Thyristoren): Der Thyristor wird durch ein Steuersignal eingeschaltet; der Übergang in den Sperrzustand wird vom Leistungskreis bestimmt. Ein gesteuertes Abschalten ist nicht möglich.
  - ein- und abschaltbare Schalter (verschiedene Arten von Transistoren, GTO, IGCT): Die Leistungshalbleiter werden durch Steuersignale im Steuerkreis ein- und ausgeschaltet. Ein gesteuertes Abschalten ist jederzeit möglich.

2.4 Diode

Lernziele:
Die Lernenden …

- erläutern den Aufbau und die grundlegende Funktionsweise einer Diode
- beschreiben ihr Verhalten anhand der Schaltbedingungen sowie ihrer statischen Kennlinien

In Bild 2.10 a) ist das Schaltzeichen einer Diode und in b) ihre stationäre Kennlinie gezeigt. Der positive äußere Anschluss wird als Anode (A) und der negative als Kathode (K) bezeichnet.

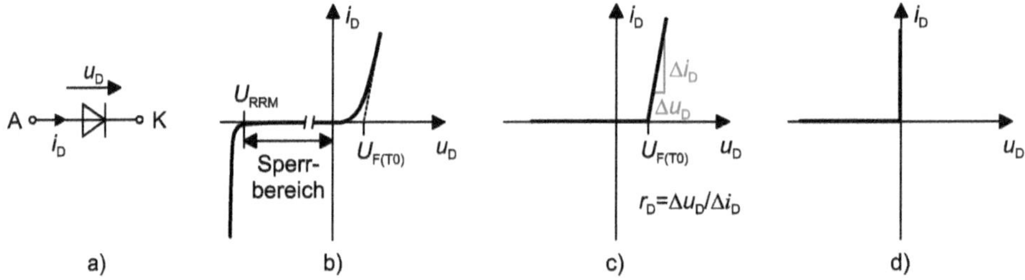

Bild 2.10 Diode; a) Schaltzeichen, b) reale Kennlinie, c) vereinfachte Kennlinie, d) idealisierte Kennlinie

Ist die Diode in Rückwärtsrichtung gepolt ($u_D < 0$), fließt im gesamten Sperrbereich bis zur Spannung U_{RRM} nur ein vernachlässigbar kleiner Sperrstrom in der Größenordnung von 1 mA. Übersteigt die angelegte Spannung den Wert von U_{RRM}, so steigt der Sperrstrom lawinenartig an. Die Indizes bedeuten Reverse (Rückwärtsrichtung), Repetitive (wiederholt), maximal. Demnach ist U_{RRM} der maximale Spannungswert, mit dem die Diode in Rückwärtsrichtung periodisch belastet werden darf. Wird dieser Wert dauerhaft überschritten, wird das Bauteil zerstört.

Ist das Anodenpotenzial der Diode höher als das Kathodenpotenzial ($u_D > 0$), fließt auch in Vorwärtsrichtung so lange nur ein kleiner Strom, bis die Schleusenspannung $U_{F(TO)}$ erreicht ist. Für $u_D > U_{F(TO)}$ fließt ein großer Durchlassstrom I_F. Der Spannungsabfall im Leitzustand ist auch bei großen Strömen relativ gering und liegt bei Siliziumdioden und den in der Leistungselektronik auftretenden Strömen in der Größenordnung von 1 V bis 2.5 V.

Trotz der eigentlich kleinen Durchlassspannung können beträchtliche Verlustleistungen entstehen.

Beispiel 2.5 Verlustleistung einer Diode

Ermitteln Sie näherungsweise die Verlustleistung einer Diode wenn sie einen Dauerstrom von 1000 A führt, eine Schleusenspannung von 1.5 V aufweist und der differentielle Widerstand vernachlässigt wird.

Lösung:

Die Durchlassverluste berechnet man als Produkt von Durchlassspannung und Durchlassstrom.

$$P_v = U_{F(TO)} \cdot I_F = 1{,}5\,\text{V} \cdot 1000\,\text{A} = 1500\,\text{W}$$

Mit den gegebenen Werten erhält man eine Verlustleistung von 1500 W, die über einen geeigneten Kühler abgegeben werden muss. ■

Wegen des sehr kleinen Leckstromes in Rückwärtsrichtung und der kleinen Durchlassspannung U_F in Vorwärtsrichtung kann die Diode in vielen Fällen durch die vereinfachte Kennlinie in Teilbild c) beschrieben werden. Hierbei wird der Sperrstrom komplett vernachlässigt. Ebenso geht man davon aus, dass ein Stromfluss in Durchlassrichtung erst dann zu Stande kommt, wenn die Spannung u_D über der Diode größer als die Flussspannung $U_{F(TO)}$ wird. Die weitere Kennlinie für $u_D > U_{F(TO)}$ wird als linear angenommen. Diesen Teil der Kennlinie kann man als differentiellen Widerstand r_D auffassen. Näherungsweise ermittelt man diesen Widerstand über die als konstant angenommene Steigung der Kennlinie

$$r_D = \frac{\Delta u_D}{\Delta i_D}$$

Die idealisierte Kennlinie nach Teilbild d) vernachlässigt sowohl die Flussspannung einer Diode als auch ihren Durchlasswiderstand. Hiernach sperrt die Diode für Spannungen kleiner als null; bei Spannungen größer null fließt ein Laststrom, dessen Größe vom Lastkreis abhängt, widerstandsfrei durch die Diode. Die idealisierte Darstellung vereinfacht die Analyse von Schaltungen und wird für alle Bauelemente angegeben. Für die Auslegung von Stromrichtern kann sie nicht verwendet werden, da hierfür u.a. die Verlustleistung zur Berechnung des Kühlerkörpers zu ermitteln ist.

Üblicherweise reicht die vereinfachte Diodenkennlinie nach Teilbild c) aus. Für diesen Fall zeigt Bild 2.11 das Ersatzschaltbild einer Diode, die durch die Schleusenspannung $U_{F(TO)}$, den ohmschen Durchlasswiderstand r_D sowie eine ideale Diode nachgebildet werden kann.

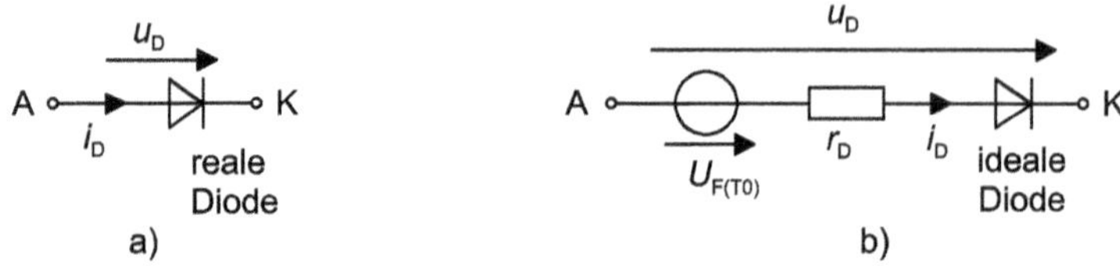

Bild 2.11 a) Schaltbild und b) Ersatzschaltbild einer Diode

Schaltverhalten der idealen Diode

Zur einfacheren Schaltungsanalyse wird die idealisierte Betrachtung nach Bild 2.10 d) verwendet. Unter dieser Voraussetzung kann die Diode für den Einschaltvorgang näherungsweise als idealer passiver Schalter aufgefasst werden. Passiv in diesem Sinn bedeutet, dass das Ein- und Ausschalten nicht gezielt gesteuert werden kann, sondern aufgrund äußerer Umstände geschieht.

Die Diode schaltet ein, wenn die Spannung u_D größer wird als null. Sie schaltet ab, wenn der Strom i_D kleiner als der Haltestrom i_H wird. Sowohl Ein- als auch Ausschaltbedingung werden ausschließlich über den Lastkreis vorgegeben. Die Schaltbedingungen lauten:

Einschalten: $u_D > 0$ (Lastkreis)

Ausschalten: $i_D < i_H \approx 0$ (Lastkreis)

Schaltverhalten der realen Diode

In Wirklichkeit sind die Verhältnisse beim Ausschalten komplizierter. Während der Leitphase kommt es aufgrund der Eigenschaften des PN-Übergangs zu einer Speicherladung im Halbleitermaterial innerhalb des Bauelements. Während des Ausschaltvorganges muss diese Speicherladung aus dem Bauelement ausgeräumt werden, bevor die Diode erneut sperren kann.

Der Zeitverlauf in Bild 2.12 verdeutlicht den Vorgang. Ausgehend von einem positiven Durchlassstrom nimmt der Diodenstrom i_D zeitlinear ab. Erreicht i_D die Nulllinie, so beginnt die im Bauelement gespeicherte Ladung Q_{rr} abzufließen. Die abfließende Ladung führt zu der dargestellten Rückstromspitze mit dem Scheitelwert I_{RM}. Nach Ablauf der Rückwärtserholzeit t_{rr} (reverse recovery) ist der Abschaltvorgang beendet. Bei Leistungsdioden kann die Rückstromspitze durchaus bis zu 100 A betragen. Die Rückwärtserholzeit liegt dabei in der Größenordnung von 10 bis 20 µs und teilt sich auf in die Zeitspannen t_s und t_f. Ist t_f klein gegenüber t_s, weist die Diode ein hartes Schaltverhalten auf. In diesem Fall klingt die Rückstromspitze sehr schnell ab und führt bei Stromkreisen mit Induktivitäten zu unerwünschten Überspannungen, die die Leistungshalbleiter belasten. Dioden, bei denen t_f in ähnlicher Größenordnung wie t_s liegt, weisen Soft-Recovery-Verhalten auf und bewirken geringere Überspannungen. In jedem Fall muss die Rückstromspitze beim Abschalten der Diode vom einschaltenden Bauelement aufgenommen werden (vgl. Abschnitt 2.9.2) und erhöht dessen Verlustleistung [Semikron98].

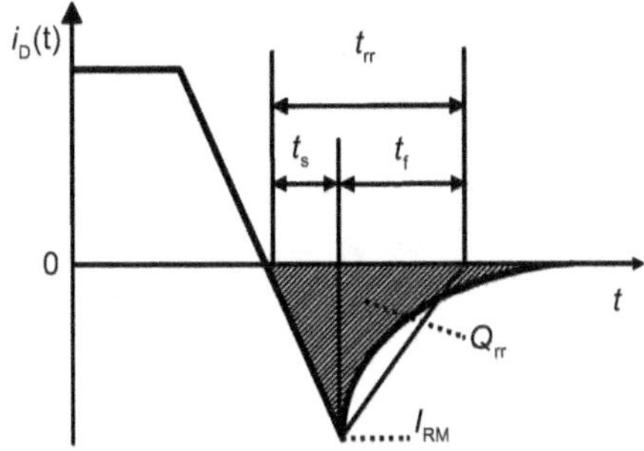

Bild 2.12 Abschaltvorgang einer Diode

Praktischer Einsatz von Dioden

Für den Praxiseinsatz sind verschiedene Diodentypen verfügbar:

a) Schottky-Dioden: Diese Dioden nutzen einen Metall-Halbleiterübergang. Sie werden eingesetzt, wenn eine geringe Durchlassspannung von ca. 0.3 V gefordert ist. Solche Dioden sind in der Sperrspannung auf Werte zwischen 50 bis 100 V begrenzt.

b) FRED-Dioden (Fast Recovery Epitaxial Dioden): Dioden mit sehr kurzer Rückwärtserholzeit (t_{rr} < 1 µs). Sie werden in Anwendungen mit hohen Schaltfrequenzen in Verbindung mit steuerbaren Schaltern eingesetzt.

c) Netzdioden: Die Durchlassspannung dieser Dioden wird auf Kosten einer größeren Rückwärtserholzeit so klein wie möglich gehalten. Die größere Rückwärtserholzeit stört bei Anwendungen mit Netzfrequenz (50 Hz, 60 Hz) nicht. Diese Dioden sind mit Sperrspannungen von einigen kV und Durchlassströmen von einigen kA erhältlich.

Datenblattangaben

Wichtige Angaben in den Datenblättern sind Werte für

a) U_{RRM}: Spitzensperrspannung; höchstzulässiger Augenblickswert der auftretenden periodischen Sperrspannung; (Indizes: Reverse Repetitive Maximal)

b) I_{FAVM}: maximaler Mittelwert des Stroms in Durchlassrichtung; (Indizes: Forward (in Durchlassrichtung), Average (Mittelwert), Maximal)

c) I_{FRMSM}: maximaler Effektivwert des Stroms in Durchlassrichtung; (Indizes: Forward (in Durchlassrichtung), Root Mean Square (Effektivwert), Maximal)

d) $U_{F(T0)}$: temperaturabhängige Schleusenspannung (Indizes: Forward, (T0) Temperatur)

2.5 Thyristor

Lernziele:

Die Lernenden …

- erläutern den Aufbau und die grundlegende Funktionsweise eines Thyristors
- beschreiben sein Verhalten anhand der Schaltbedingungen sowie seiner statischen Kennlinien

Der Thyristor ist im Prinzip eine Diode, die mit einem zusätzlichen Steueranschluss versehen ist. Die Leistungsanschlüsse werden wie bei der Diode mit Anode (A) und Kathode (K) bezeichnet. Über den Steueranschluss Gate (G) kann der Thyristor von einem Steuerkreis mit einem kurzen Stromimpuls eingeschaltet werden. Das Schaltzeichen eines Thyristors sowie seine reale und idealisierte Strom-Spannungs-Kennlinie sind in Bild 2.13 wiedergegeben. Diese Kennlinie besteht aus drei Ästen, die mit „sperren", „blockieren" und „leiten" bezeichnet werden. Ebenso wie bei der Diode kann die reale Kennlinie aus Teilbild b) vereinfacht (Teilbild c) und idealisiert dargestellt werden (Teilbild d).

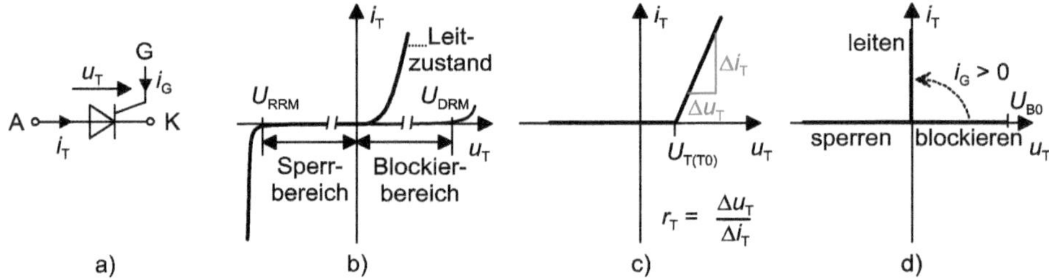

Bild 2.13 Thyristor; a) Schaltzeichen, b) reale Kennlinie, c) vereinfachte Kennlinie, d) idealisierte Kennlinie

Sperren

Bei Beanspruchung in Rückwärtsrichtung, also für Spannungen $u_T < 0$, verhält sich der Thyristor wie eine Diode: Solange die Spannung im Sperrzustand unterhalb der Rückwärtssperrspannung U_{RRM} bleibt, fließt ein vernachlässigbar kleiner Sperrstrom. Übersteigt die Sperrspannung den Wert von U_{RRM}, steigt der Strom lawinenartig an. Der Thyristor bricht durch.

Blockieren

Im Gegensatz zur Diode kann der Thyristor jedoch auch eine in Flussrichtung gepolte Spannung sperren. Diese Betriebsart wird blockieren genannt. Solange der Thyristor blockiert, fließt auch bei einer Spannung $u_T > 0$ in Vorwärtsrichtung nur ein vernachlässigbar kleiner Sperrstrom.

Kontrolliertes Zünden

Aus dem Blockierzustand kann der Thyristor durch einen gewollten Zündimpuls am Gate in den Leitzustand versetzt werden. Dazu muss für kurze Zeit ein positiver Strom in das Gate fließen. Dieser impulsförmige Strom wird als Zündimpuls bezeichnet. Er bewirkt das Einschalten des Thyristors und ermöglicht einen Stromfluss i_T in Durchlassrichtung von der Anode zur Kathode.

Unkontrolliertes Zünden

Unkontrolliertes und damit ungewolltes Zünden kann eintreten, wenn die Blockierspannung den Wert der sog. Nullkippspannung U_{B0} übersteigt. In diesem Fall zündet der Thyristor, obwohl kein Zündimpuls vorliegt.

Ändert sich die Spannung u_T von negativen zu positiven Werten, spricht man von einer positiven Spannungssteilheit du_T/dt. Einen Thyristor im Blockierbetrieb kann man sich vereinfachend als Kondensator vorstellen. Wird ein Kondensator mit einer veränderlichen Spannung beaufschlagt, fließt ein Kondensatorstrom, der umso größer ist, je schneller sich die Spannung verändert. Übersteigt der Strom, der im Thyristor aufgrund einer positiven Spannungssteilheit fließt, einen bestimmten Grenzwert, kann gleichfalls ein unkontrolliertes Zünden auftreten.

Leiten

Wird der Thyristor gezündet, so gilt in Bild 2.13 die Kennlinie für den Leitzustand. Sobald ein Strom i_T fließt, der größer als der Mindeststrom i_L (Latching current) ist, „rastet" der Thyristor ein - ähnlich einem Schütz mit Selbsthaltung. Ab diesem Zeitpunkt ist kein weiterer Gatestrom für das Aufrechterhalten des Leitzustandes mehr erforderlich. Die Kennlinie im Leitzustand entspricht weitgehend der einer Diode. Daher kann der leitende Thyristor gegenüber der Diode durch vergleichbare Ersatzschaltbilder beschrieben werden (Bild 2.11). Typischerweise beträgt die Durchlassspannung des Thyristors 1 bis 3 V abhängig von der Sperrfähigkeit des Bauelements.

Abschalten

Ein normaler Thyristor kann *nicht* über einen negativen Strom am Gate abgeschaltet werden. Stattdessen leitet das Bauelement so lange, bis der Anodenstrom i_T den sog. Haltestrom i_H (Holding current) unterschreitet. Dann schaltet der Thyristor ab und geht in den Sperrzustand über. Wenn danach bei positiver Spannung der Blockierzustand erreicht ist, kann er erneut über das Gate eingeschaltet werden. Dieses Abschaltverhalten bedeutet, dass Thyristoren nicht in Schaltungen eingesetzt werden können, bei denen die Schalter zu vorgegebenen Zeiten ausgeschaltet werden müssen. Dagegen können sie bei Schaltungen, die mit Wechselspannungen fester Frequenz arbeiten, verwendet werden.

Datenblattangaben

Wichtige Angaben in den Thyristor-Datenblättern sind Werte für

a) U_{RRM}: Spitzensperrspannung; höchstzulässiger Augenblickswert der auftretenden periodischen Sperrspannung

b) I_{TAVM}: maximal zulässiger Mittelwert des kontinuierlichen Durchlassstromes; bei diesem Wert wird die maximal zulässige Sperrschichttemperatur erreicht

c) I_{TRMSM}: maximal zulässiger Effektivwert des Stroms in Durchlassrichtung

d) $U_{T(TO)}$: temperaturabhängige Schleusenspannung

e) I_H: Haltestrom (Holding current)

f) I_L: Einraststrom (Latching current)

g) $(du/dt)_{cr}$: kritische Spannungssteilheit, bei der der Thyristor ungewollt zünden kann

Die Bedeutung der Indizes entspricht denen der Diode. Lediglich der Index F wird durch T für Thyristor ersetzt.

Der Thyristor schaltet kontrolliert ein, wenn die Spannung u_T größer ist als null *und* ein kurzer Zündimpuls am Gate gegeben wird. Ein gesteuertes Ausschalten ist nicht möglich. Der Thyristor schaltet ab, wenn der Strom i_T den Wert null erreicht. Das Einschalten kann durch den Gatestrom gesteuert werden; der Ausschaltzeitpunkt wird durch den Lastkreis bestimmt. Entsprechende Schaltbedingungen für einen Thyristor lauten:

Einschalten: $u_T > 0$ (Lastkreis) und $i_G > 0$ (Steuerkreis)

Ausschalten: $i_T < i_H$ (Lastkreis)

2.6 Transistoren

Lernziele:

Die Lernenden ...

- erläutern den Aufbau und die grundlegende Funktionsweise der verschiedenen Transistortypen
- unterscheiden strom- und spannungsgesteuerte Transistoren
- beschreiben deren Verhalten anhand der Schaltbedingungen sowie der statischen Kennlinien
- kennen unterschiedliche Eigenschaften von MOSFET, Bipolar-Transistor und IGBT

Ein- und Ausschaltzeitpunkte können bei der Diode überhaupt nicht oder nur teilweise (Einschaltzeitpunkt beim Thyristor) durch Steuerkreise vorgegeben werden. Transistoren sind dagegen vollsteuerbare Halbleiterschalter. Bei ihnen können sowohl Ein- als auch Ausschaltzeitpunkt gesteuert werden. Es existieren mehrere unterschiedliche Transistorbauformen, von denen die wichtigsten nachfolgend beschrieben werden.

2.6.1 MOSFET (Unipolar-Transistor)

Das Steuerprinzip von Feldeffekt-Transistoren (FET) besteht darin, dass der Leitwert eines Halbleiterkanals mit Hilfe eines elektrischen Feldes verändert wird. Dieses Verfahren, das seit etwa 1960 technisch genutzt werden kann, führte zu mehreren Bauformen. Unter ihnen erfüllt der selbstsperrende Isolierschicht-FET die Anforderungen an einen Leistungs-Schalttransistor am besten. Da immer nur eine Ladungsträgerart (P- oder N-Kanal) am Stromtransport beteiligt ist, werden diese Elemente auch als unipolare Bauelemente bezeichnet. Am häufigsten wird die Ausführung als selbstsperrender N-Kanal-Typ eingesetzt. Selbstsperrend bedeutet hierbei, dass der Transistor ohne angelegte Spannung sicher sperrt. Sein Aufbau ist in Bild 2.14 dargestellt.

Der selbstsperrende N-Kanal-Typ besteht aus einem P-dotierten Halbleiterträger (Substrat), in den zwei N^+-dotierte Wannen (Source, Drain) eingebracht werden. Beide Wannen sind leitend mit den Anschlüssen Source und Drain verbunden. Zwischen dem Gate-Anschluss und dem Substrat liegt eine Isolierschicht, die aus Siliziumdioxid SiO_2 besteht und keine leitende Verbindung zum Halbleiter hat. Im P-Substrat sind freie Elektronen als Minoritätsladungsträger enthalten.

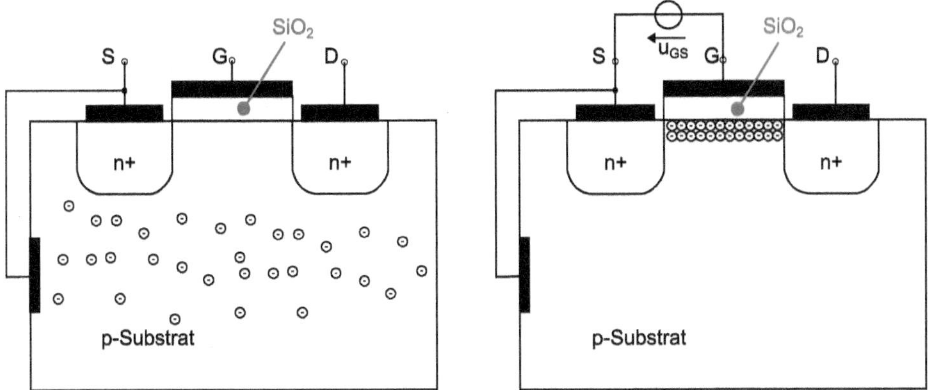

Bild 2.14 Prinzipieller lateraler Aufbau eines selbstsperrenden N-Kanal-MOS-Transistors; links: ohne angelegte Gate-Source-Spannung, ausgeschaltet; rechts: mit angelegter Gate-Source-Spannung, eingeschaltet

Neben den selbstsperrenden gibt es auch selbstleitende MOSFETs. Hier leitet der Transistor im Ruhezustand und wird erst durch das Anlegen einer äußeren Spannung abgeschaltet.

Ausschalten

Wenn zwischen Gate und Substrat keine Spannung anliegt (Bild 2.14, links), ist kein Kanal vorhanden. Die Source-Drain-Strecke ist dann hochohmig und der Transistor somit ausgeschaltet. Ein solcher FET ist daher selbstsperrend.

Einschalten

Wird zwischen Gate und Source eine positive Spannung $U_{GS} > 0$ angelegt Bild 2.14, rechts), so werden Elektronen aus dem Substrat von der Gate-Elektrode angezogen. Aufgrund der Isolierschicht zwischen Gate und Substrat können sie nicht an der Gate-Elektrode abfließen, sondern sammeln sich in dem Bereich unter der Isolierschicht. Sind ausreichend viele Elektronen vorhanden, so bilden sie zwischen Source und Drain einen leitfähigen Kanal aus. Je größer die Gate-Source-Spannung wird, desto mehr Elektronen werden angezogen und umso besser gestaltet sich die Leitfähigkeit des Kanals. Eine positive Gate-Source-Spannung führt zur Ausbildung des Kanals und schaltet den MOSFET daher ein. Im eingeschalteten Zustand sind beim MOSFET am Ladungstransport von Drain nach Source ausschließlich Ladungsträger *einer* Sorte beteiligt. Bauelemente dieser Art werden daher *unipolare* Bauelemente genannt.

Beispiel 2.6 N-Kanal MOSFET

Bestimmen Sie die Ladungsträger, die beim N-Kanal-Typ am Stromfluss beteiligt sind.

Lösung:
Source und Drain-Kontakt sind mit N^+-dotierten Wannen verbunden. Der leitfähige Kanal besteht aus Elektronen. Daher sind Elektronen die Ladungsträger, die den Stromtransport im eingeschalteten Zustand sicherstellen.

Vertikaler Aufbau des MOSFET

In Wirklichkeit ist ein MOSFET nicht lateral aufgebaut, sondern setzt sich aus vielen parallelgeschalteten Zellen zusammen, die eine *vertikale* Struktur aufweisen. Eine solche Zelle ist in Bild 2.15 dargestellt. Für Drain-Source-Spannungen U_{DS} bis zu 50 V existieren bis zu 250 000 dieser Zellen pro mm^2.

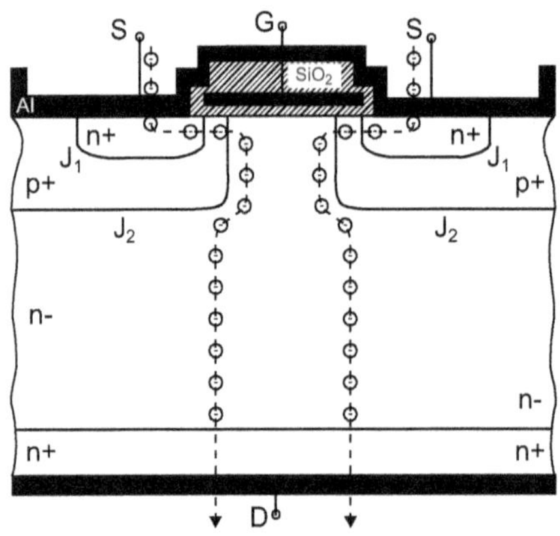

Bild 2.15 Aufbau einer Zelle eines vertikalen N-Kanal MOSFET mit den Anschlüssen Source, Gate und Drain (schwarz), den PN-Übergängen J_1 und J_2 sowie dem Isolator SiO_2 (schaffiert)

Die Drain-Elektrode ist flächig am unteren Bildrand ausgeführt. Die Source-Wannen sowie das sie umgebende P-dotierte Substrat sind auf der Oberseite des Bauelements eingebracht. Alle Source-Gebiete sowie die Substratinseln sind metallisch z. B. mit Aluminium (Al) kontaktiert. Die Grenzschichten zwischen Source und Substrat bzw. zwischen Substrat und dem schwach N-dotierten Bereich werden mit J_1 bzw. J_2 bezeichnet. Das Gate wird durch SiO_2 von der Source-Elektrode elektrisch isoliert. Durch diesen Aufbau entstehen bei entsprechender Gate-Source-Spannung im eingeschalteten Zustand unmittelbar unter dem Gate kurze Kanäle, die die Sperrschicht J_2 überbrücken.

Die Gate-Substrat-Steuerstrecke stellt einen Kondensator dar. Daher fließt im eingeschalteten Zustand trotz positiver Gate-Source-Spannung *kein ständiger* Steuerstrom. Dies bedeutet eine quasi leistungslose Ansteuerung mit sehr kurzen Schaltzeiten, die für die Anwendung als Schalter sehr vorteilhaft ist.

Um einen MOSFET ein- und wieder auszuschalten, muss die erwähnte Gate-Source-Kapazität erst auf- und dann wieder entladen werden. Damit der Transistor rasch ein- und ausschaltet, sind zügige Lade- bzw. Entladevorgänge notwendig, die hohe kapazitive Ströme erfordern.

Der MOSFET ist ein spannungsgesteuertes Bauelement. Stationär sind keine Steuerströme notwendig. Zum schnellen Umladen der Gate-Source-Kapazität müssen jedoch erhebliche Ladeströme von der Ansteuerelektronik aufgebracht werden.

Statische Kennlinien

Das Schaltzeichen eines MOS-Transistors sowie seine reale und idealisierte Strom-Spannungs-Kennlinie sind in Bild 2.16 wiedergegeben. Mit steigender Gate-Source-Spannung nimmt der Drainstrom i_D zu, den ein MOS-Transistor bei gegebener Drain-Source-Spannung U_{DS} führen kann. Für den eingeschalteten Zustand werden beim MOS-Transistor – wie bei allen anderen Transistorarten auch – nur Betriebspunkte verwendet, die in der Nähe des dick ausgezogenen ohmschen Bereiches liegen: der MOSFET ist mit Ladungsträgern gesättigt und verhält sich wie ein steuerbarer ohmscher Widerstand. Ist der Transistor ausgeschaltet, so fließt kein Drainstrom. Die reale Kennlinie aus Teilbild b) kann wie bei den vorangegangenen Bauelementen auch zur Schaltungsanalyse vereinfachend durch die idealisierte Kennlinie nach Teilbild c) angenähert werden.

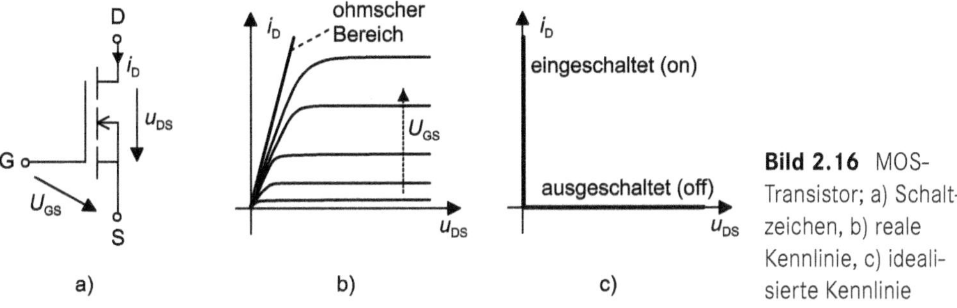

Bild 2.16 MOS-Transistor; a) Schaltzeichen, b) reale Kennlinie, c) idealisierte Kennlinie

Inversdiode

Üblicherweise sind Substrat und Source leitend miteinander verbunden. Vom P-dotierten Substrat über die N^+-dotierte Drain-Elektrode entsteht daher ein PN-Übergang. Dieser bildet eine Diode mit der Durchlassrichtung von Source nach Drain. Sie überbrückt den Transistor entgegen der Schaltrichtung und wird als Inversdiode bezeichnet. Ein N-Kanal-FET ist also nur bei positivem Potenzial von Drain gegenüber Source ($U_{DS} > 0$) sperrfähig.

Die Inversdiode ist für viele Anwendungen wie etwa das Schalten induktiver Lasten vorteilhaft. Spezielle Fertigungsprozesse ermöglichen die Herstellung von MOS-Transistoren, deren Inversdioden eine verringerte Speicherladung und dadurch eine verkürzte Abschaltzeit aufweisen. Nach der Bezeichnung Fast Recovery Epitaxial Diode werden solche Bauelemente auch FRED-FET genannt.

Bahnwiderstand $R_{DS(on)}$

Der Stromfluss zwischen den Hauptelektroden Drain und Source kommt über den leitfähigen Kanal zustande, der in Abhängigkeit von der Gate-Source-Spannung unterschiedlich breit ausgebildet ist. Ein MOS-Transistor verhält sich daher wie ein ohmscher Widerstand.

Die anliegende Drain-Source-Spannung ist direkt proportional zum fließenden Drain-Strom. Der Proportionalitätsfaktor wird als Drain-Source-Widerstand $R_{DS(on)}$ bezeichnet und bestimmt entscheidend die Durchlassverluste des Bauelements. $R_{DS(on)}$ steigt mit der Temperatur an und beträgt bei einer Sperrschichttemperatur von 125 °C nahezu das Doppelte des im Datenblatt angegebenen Wertes für T_J = 25 °C. Im eingeschalteten (on) Zustand des Kanals verursacht der Bahnwiderstand $R_{DS(on)}$ der Drain-Source-Strecke hohe Durchlassverluste und begrenzt die Drainströme bei MOS-Transistoren auf Höchstwerte von etwa 200 A. Erreichbar sind Schaltleistungen bis etwa 20 kVA.

In Bild 2.15 ist zwischen Substrat und Drain ein schwach dotiertes N-Gebiet gezeichnet. Ihm kommt nach Abschnitt 2.1.5 die Aufgabe zu, durch den entstehenden trapezförmigen Feldverlauf die Blockierspannung des MOSFET zu erhöhen. Allerdings steigt der Bahnwiderstand solcher MOSFETs überproportional stark an. Dies liegt daran, dass ca. 95 % des $R_{DS(on)}$ auf das schwach dotierte Gebiet entfallen und der Kanalwiderstand nur noch eine untergeordnete Bedeutung für den resultierenden Bahnwiderstand aufweist.

Datenblattangaben

Wichtige Angaben in den MOSFET-Datenblättern sind Werte für

a) U_{DSS}: maximal zulässige Blockierspannung U_{DS} bei kurzgeschlossener Gate-Source-Strecke U_{GS} = 0 V.

b) $U_{(BR)DS}$: wird die maximale Blockierspannung überschritten, tritt der Avalanchedurchbruch auf: bei hoher Drain-Source-Spannung fließt ein großer Strom, der das Bauelement zerstört; (Indizes: Breakdown Drain-Source Voltage)

c) $U_{GS(th)}$: Die angelegte Gate-Source-Spannung muss den Schwellwert (Threshhold) übersteigen, damit der Transistor einschaltet (Indizes: Gate-Source Threshhold)

d) $R_{DS(on)}$: Bahnwiderstand des Kanals bei 25 °C. Dieser steigt bei höheren Temperaturen etwa auf das Doppelte an. Bei P-Kanal-Typen ist der $R_{DS(on)}$ grundsätzlich höher als bei N-Kanal-Typen. Daher werden bei Anwendungen hoher elektrischer Leistung fast ausschließlich N-Kanal-Typen eingesetzt. (Indizes: Drain-Source Widerstand im ON-Zustand)

Detaillierte Erläuterungen zu Datenblattangaben für MOSFETs finden sich in Abschnitt 2.11.

MOS-Transistoren sind spannungsgesteuerte Bauelemente und können nahezu leistungslos ein- und ausgeschaltet werden. In jedem MOS-Transistor ist aufbaubedingt eine Inversdiode enthalten. Nachteilig ist der hohe Durchlasswiderstand $R_{DS(on)}$ im eingeschalteten Zustand. Die Schaltbedingungen für einen selbstsperrenden N-Kanal-MOSFET lauten:

Einschalten: $U_{GS} > U_{GS(th)}$

Ausschalten: $U_{GS} = 0$

Übung 2.1

Dürfen MOSFETs parallel geschaltet werden?

Übung 2.2

Skizzieren Sie den Aufbau eines selbstsperrenden P-Kanal-MOSFET. Wie lauten dessen Schaltbedingungen?

2.6.2 Bipolar-Transistor

Zu Beginn der Entwicklung abschaltbarer Bauelemente wurden Bipolar-Transistoren für den unteren und mittleren Leistungsbereich eingesetzt. Aus heutigen Anwendungen sind sie jedoch weitgehend verschwunden und durch MOSFETs und IGBTs verdrängt worden. Zum besseren Verständnis des IGBTs werden Aufbau, Kennlinien und Funktionsweise des NPN-Transistors erläutert.

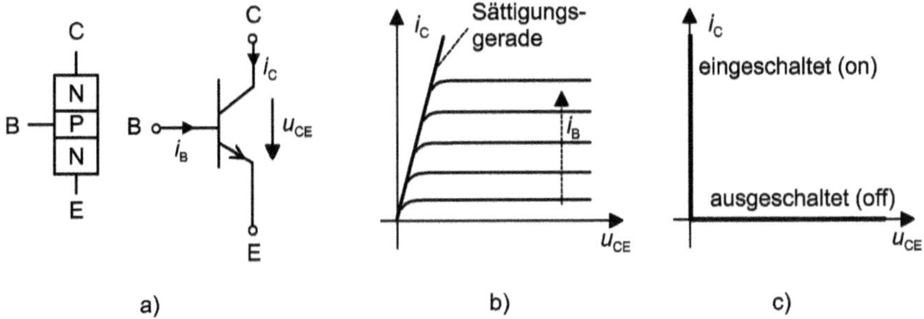

Bild 2.17 Bipolar-Transistor; a) Aufbau und Schaltzeichen, b) reale Kennlinie, c) idealisierte Kennlinie

Das Schaltzeichen eines NPN-Transistors sowie seine reale und idealisierte Strom-Spannungs-Kennlinie sind in Bild 2.17 wiedergegeben. Die drei Schichten und ihre äußeren Anschlüsse tragen die Bezeichnung Emitter (E), Basis (B) und Kollektor (C). Maßgeblich für die Funktion ist die sehr geringe Dicke der Basisschicht. Bei Schalttransistoren beträgt sie 30 bis 80 μm.

Ein- und Ausschalten

Bei offenem Basisanschluss enthält die Emitter-Kollektor-Strecke zwei einander entgegengeschaltete PN-Übergänge. Der Kollektor-Basis-Übergang wird bei der in Bild 2.17 a) angegebenen Spannungspolarität von U_{CE} in Sperrrichtung beansprucht und lässt nur einen kleinen Sperrstrom zu. Wird der Transistor mit einem Basisstrom I_B versorgt, so wird der eigentlich gesperrte Kollektor-Basis-Übergang mit Ladungsträgern überschwemmt und dadurch leitend. Dies schaltet den Transistor ein. Am Stromfluss sind P- und N-Ladungsträger beteiligt; daher stammt der Name Bipolar-Transistor.

Schaltverhalten

Der Bipolar-Transistor ist ein stromgesteuertes Bauelement. Der Basisstrom muss kontinuierlich fließen, um den Leitzustand aufrechtzuerhalten. Das Einschalten ist im Unterschied zum MOS-Transistor daher nicht leistungslos möglich. Im ausgeschalteten Zustand muss eine nennenswerte negative Spannung zwischen Basis und Emitter anliegen, damit die volle Sperrfähigkeit bei vernachlässigbar kleinem Leckstrom erreicht wird. Die Durchlassspannungen U_{CE} während des Leitzustandes liegen im Bereich von 1…2 V. Die Durchlassverluste sind daher relativ klein.

Bipolar-Transistoren weisen beim Abschalten eine deutliche Verzögerung zwischen dem Schaltsignal und dem tatsächlichen Übergang in den Sperrzustand auf, die *Speicherzeit* genannt wird. Im Vergleich zu MOS-Transistoren handelt es sich um langsam schaltende Bauelemente.

Für den Betrieb von Bipolar-Transistoren ist eine nennenswerte Ansteuerleistung erforderlich. Die Schaltgeschwindigkeit ist geringer als die von MOS-Transistoren. Die Schaltbedingungen für einen NPN-Transistor lauten:

Einschalten: $i_{BE} > 0$

Ausschalten: $i_{BE} = 0$

Obwohl die Durchlassverluste kleiner sind als bei MOS-Transistoren, haben sie ihre Bedeutung als Leistungsschalter bereits seit einigen Jahren weitgehend verloren. ■

2.6.3 IGBT

Der IGBT ist ein Bipolartransistor mit isolierter Gate-Elektrode und vereinigt die Vorteile des Bipolartransistors (gutes Durchlassverhalten, hohe Blockierspannung, Robustheit) mit denen des Feldeffekttransistors (leistungsarme Ansteuerung) in einem Bauelement. Er wird als Schaltelement bei leistungselektronischen Schaltungen mittlerer bis großer Leistung eingesetzt.

Bild 2.18 zeigt den inneren Aufbau *einer* Zelle eines IGBT sowie die Strompfade im eingeschalteten Zustand. Sowohl beim IGBT als auch beim MOSFET handelt es sich um spannungsgesteuerte Bauelemente. Obwohl der Zellenaufbau beim IGBT dem eines MOSFETs sehr ähnlich ist, unterscheiden sie sich in ihren Eigenschaften deutlich. Dies ist eine unmittelbare Folge des andersartigen Aufbaus im Bereich der dritten Elektrode (MOSFET: Drain, IGBT: Kollektor), der für das unterschiedliche Funktionsprinzip verantwortlich ist. Ein reales Bauelement mit einer zulässigen Blockierspannung von $U_{CE} = 1200$ V enthält um die 50 000 solcher Zellen pro mm² Chipfläche.

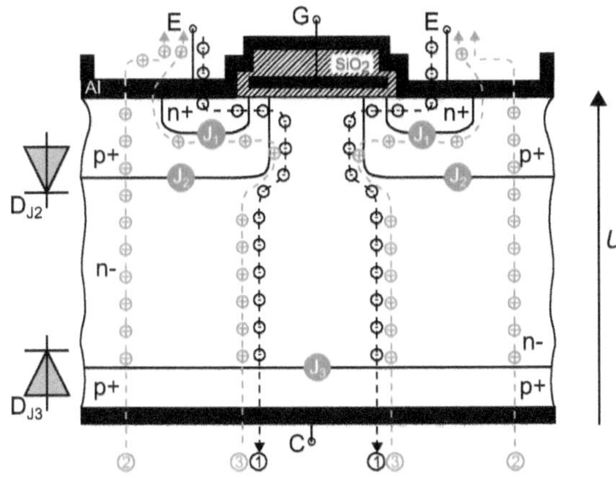

Bild 2.18 Prinzipieller Halbleiteraufbau einer Zelle eines IGBT-Bauelements in Vertikalstruktur sowie Strompfade 1 - 3 im eingeschalteten Zustand; D_{J2} und D_{J3} symbolisieren die Gleichrichtwirkung der PN-Übergänge J_2 und J_3

Ein IGBT gem. Bild 2.18 entsteht aus dem vertikalen MOSFET nach Bild 2.15 dadurch, dass das N^+-Gebiet zwischen dem schwach dotierten N^--Gebiet und dem Drain-Anschluss durch ein P^+-Gebiet nach Bild 2.18 ersetzt wird. Statt zwei Sperrschichten besitzt ein IGBT mit J_1, J_2 und J_3 jedoch drei.

Ist $U_{CE} > 0$, so spricht man von einer Blockierspannung bzw. dem Blockierbetrieb: der Transistor ist zwar ausgeschaltet und leitet nicht, würde aber einschalten, sofern U_{GE} ausreichend groß wird. Bei einer negativen Spannung $U_{CE} < 0$ dagegen wird der IGBT in Rückwärtsrichtung beansprucht und U_{CE} Sperrspannung genannt: im Sperrbetrieb schaltet der Transistor selbst dann nicht ein, wenn eine ausreichend positive Spannung $U_{GE} > 0$ angelegt werden würde. In diesem Fall werden J_2 in Durchlass- und der Übergang J_1 in Sperrrichtung belastet.

J_1 ist durch die Metallisierung der Emitterelektrode ständig kurzgeschlossen. Bei positiver Spannung zwischen Kollektor und Emitter ($U_{CE} > 0$) ist der PN-Übergang J_3 in Durchlassrichtung geschaltet. J_2 (symbolisiert durch die Diode D_{J2}) dagegen ist gesperrt. Dies führt dazu, dass im schwach N-dotierten Gebiet, also der Kathode von D_{J2}, eine Raumladungszone entsteht, die so groß ist, dass die am Bauelement angelegte Blockierspannung U_{CE} von der Sperrschicht J_2 aufgenommen wird.

Das Anlegen einer ausreichend hohen positiven Steuerspannung zwischen Gate und Emitter führt - ähnlich wie beim MOSFET - zur Ausbildung eines N-leitenden Kanals im P-Gebiet unterhalb des Gates. Über diesen Kanal können über den Strompfad 1 Elektronen vom Emitter aus das P-dotierte Gebiet passieren und erreichen das schwach N-dotierte Driftgebiet. Für den IGBT haben sie dieselbe Wirkung wie der Basisstrom beim Bipolartransistor: der fließende Strom durchquert das schwach dotierte N-Gebiet, erreicht den Kollektoranschluss und baut auf diesem Weg die Raumladungszone der Sperrschicht J_2 teilweise ab.

Kommen die Elektronen im P^+-Gebiet der Kollektorzone an, erfolgt eine Injektion von positiven Ladungsträgern aus dem P^+-Gebiet in die schwach dotierte N-Zone. Die injizierten Löcher fließen über die Pfade 2 und 3 sowohl vom Driftgebiet direkt in den Emitter-p-Kontakt als auch lateral unterhalb des Kanals und der N^+-Wanne seitlich zum Emitter: das N^--Driftgebiet wird mit Löchern überschwemmt. In der N-dotierten Zone stellen diese

Löcher Minoritätsträger dar und bilden beim IGBT - ebenso wie beim Bipolartransistor - den überwiegenden Teil des Kollektorstroms. Dieser trägt auch zum Abbau der Raumladungszone von J_2 bei, wodurch die Kollektor-Emitter-Spannung weiter absinkt.

Beim Leistungs-MOSFET wird der Drainstrom dagegen ausschließlich von Elektronen getragen, die im N-dotierten Gebiet Majoritätsträger sind. Dadurch erfolgt *keine* bipolare Ladungsträgerüberschwemmung der gesperrten, also hochohmigen N^--Zone. Im Gegensatz zum unipolaren MOSFET fließen aber durch den eingeschalteten IGBT neben Elektronen auch Löcher. Er ist somit ein *bipolares* Bauelement, das über einen integrierten MOSFET angesteuert wird, und weist eine Stromverstärkung ähnlich dem Bipolartransistor auf. Deshalb ist das Schaltzeichen ein modifiziertes Transistor-Symbol. Seine Strom-Spannungskennlinien aus Bild 2.19 b) ähneln denen von MOSFETs. Allerdings tritt bei eingeschalteten IGBTs aufgrund des im Strompfad liegenden PN-Übergangs J_3 zusätzlich zum stromproportionalen Spannungsabfall über $R_{DS(on)}$ immer auch eine strom*un*abhängige Durchlassspannung auf. Letztendlich ergibt sich für den IGBT eine gegenüber dem Leistungs-MOSFET niedrigere Durchlassspannung. Er kann daher bei vergleichbaren Chipflächen für wesentlich höhere Spannungen und Ströme ausgelegt werden.

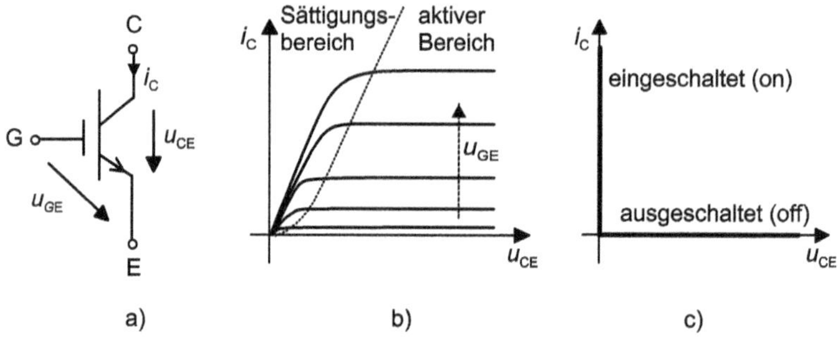

Bild 2.19 IGBT: a) Schaltzeichen, b) reale Kennlinie, c) idealisierte Kennlinie

Um das Bauelement abzuschalten, müssen die Minoritätsträger wieder aus dem N^--Driftgebiet abgeführt werden oder dort rekombinieren. Dies verlängert die Schaltzeiten, erhöht die Schaltverluste und bewirkt den sog. Schweif des Kollektorstroms i_C (Tailstrom).

Eine Parallelschaltung von MOSFETs bzw. IGBTs ist immer dann notwendig, wenn die Leistungsfähigkeit eines Elementes nicht ausreicht. Sie beginnt mikroskopisch auf Chipebene mit mehreren 100 000 Einzelzellen pro mm^2 und setzt sich durch Parallelschaltung von mehreren Chips innerhalb eines Moduls fort. Auf Schaltungsebene können Module oder aber ganze Umrichter parallelisiert werden.

Für eine sichere Funktion muss eine möglichst gleichmäßige Aufteilung des Transistorstroms auf die einzelnen parallel geschalteten Einheiten angestrebt werden. Dies betrifft nicht nur den statischen Fall, wenn der Schalter ganz eingeschaltet ist und lediglich Durchlassverluste anfallen, sondern gilt auch für den Schaltaugenblick, wenn sich der Transistorstrom dynamisch ändert.

Beispiel 2.7 P-Kanal IGBT

Ist es möglich, einen P-Kanal IGBT herzustellen?

Lösung:

Ein P-Kanal IGBT ergibt sich, wenn die Dotierung aller Schichten in Bild 2.18 umgekehrt wird. ■

Im Sperrbetrieb, also für $U_{CE} < 0$, ist die Sperrschicht J_2 (symbolisiert durch die Diode D_{J2}) in Durchlassrichtung gepolt. J_3 (symbolisiert durch die Diode D_{J3}) dagegen ist gesperrt.

Der IGBT ist ein einfach und verlustarm ansteuerbares Schaltelement mit geringen Durchlassverlusten. Er vereinigt die Vorteile von MOSFET und Bipolar-Transistor und kommt den Anforderungen an ideale Schalter aus Abschnitt 2.3 sehr nahe. Die Schaltbedingungen für einen IGBT lauten:

Einschalten: $U_{GE} > U_{GE(th)}$

Ausschalten: $U_{GE} = 0$ ■

Da der IGBT im Leistungszweig als bipolares Bauelement betrachtet werden muss, sind seine Schaltzeiten langsamer als die von MOSFETs. Dennoch tritt die vom Bipolartransistor bekannte Speicherzeit nicht auf.

Symmetrischer und unsymmetrischer IGBT

Bild 2.20 zeigt den Aufbau eines IGBTs in zwei verschiedenen Varianten. Zur Verbesserung der Übersichtlichkeit wurden die Strompfade 1 – 3 in dieser Darstellung weggelassen. Die linke Struktur verdeutlicht den Schichtenaufbau eines *symmetrischen* IGBT (non punch-through, NPT-IGBT). Er kann sowohl Blockier- als auch Sperrspannung aufnehmen.

Wird zwischen die schwach dotierte N^--Zone und die kollektorseitige P^+-Zone zusätzlich eine stark dotierte N^+-Zone eingebaut, entsteht ein unsymmetrischer IGBT (punch-through, PT-IGBT) gem. Bild 2.20, rechts.

Eine schwach dotierte Halbleiterschicht weist i. d.R. eine höhere Durchlassspannung im eingeschalteten Betrieb auf, die mit zunehmender Schichtbreite ansteigt. Die dünnere N^--Schicht des PT-IGBT im rechten Teilbild im Vergleich zum NPT-IGBT ist daher vorteilhaft: Seine Durchlassspannung im eingeschalteten Zustand wird kleiner als die des NPT-IGBT. Dies verringert die im Betrieb auftretenden Durchlassverluste. Auch beim Abschalten hat der PT-IGBT Vorteile: die in der N^--Zone gespeicherten Löcher können während des Ausschaltvorgangs in das N^+-Gebiet abfließen und dort schneller rekombinieren. Dies verkürzt die Abschaltzeit und verringert dessen Tailstrom.

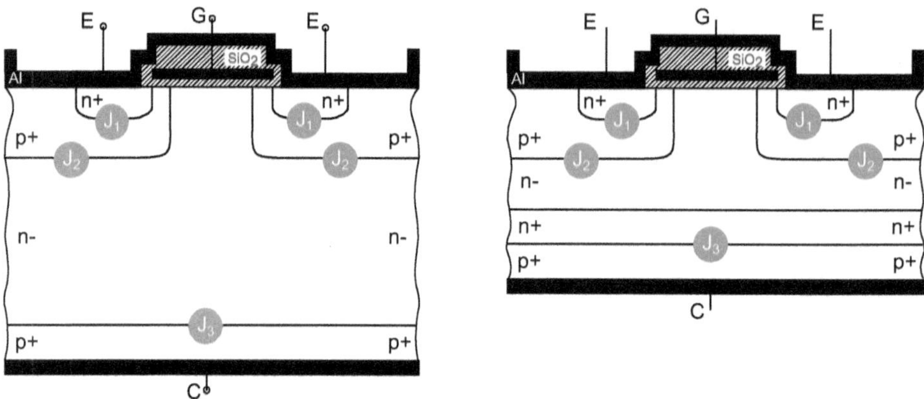

Bild 2.20 Prinzipieller Schichtenaufbau von symmetrischem NPT-IGBT (links) und unsymmetrischem PT-IGBT (rechts)

Die zusätzliche N^+-Schicht hat jedoch Konsequenzen hinsichtlich der Spannungsfestigkeit: Bild 2.21 zeigt für beide Bauformen die *prinzipiell* entstehenden Verläufe von Raumladungsdichte $\rho(x)$, elektrischem Feld $E(x)$ sowie daraus entstehendem Potential $\varphi(x)$ innerhalb des Halbleiters.

Im oberen Bildteil sind die Verhältnisse beim NPT-IGBT wiedergegeben:

- Bei Belastung mit Blockierspannung ($U_{CE} > 0$) ist der PN-Übergang J_2 gesperrt. Die Raumladungszone breitet sich soweit in das N^--Gebiet aus, dass die angelegte Spannung vollständig aufgenommen werden kann. Dies ist möglich, da bei dieser Bauform die N^--Zone *sehr breit* ausgeführt ist.
- Bei negativer Spannung ($U_{CE} < 0$) wird der Transistor einer Sperrspannung ausgesetzt. Davon betroffen ist der PN-Übergang J_3, der in diesem Fall die angelegte Spannung aufnehmen muss. Auch das ist ohne Probleme möglich, weil auch hier die N^--Zone direkt an das hochdotierte p^+-Gebiet angrenzt und breit genug ist, um der erforderlichen Raumladungszone ausreichend Raum zu geben.

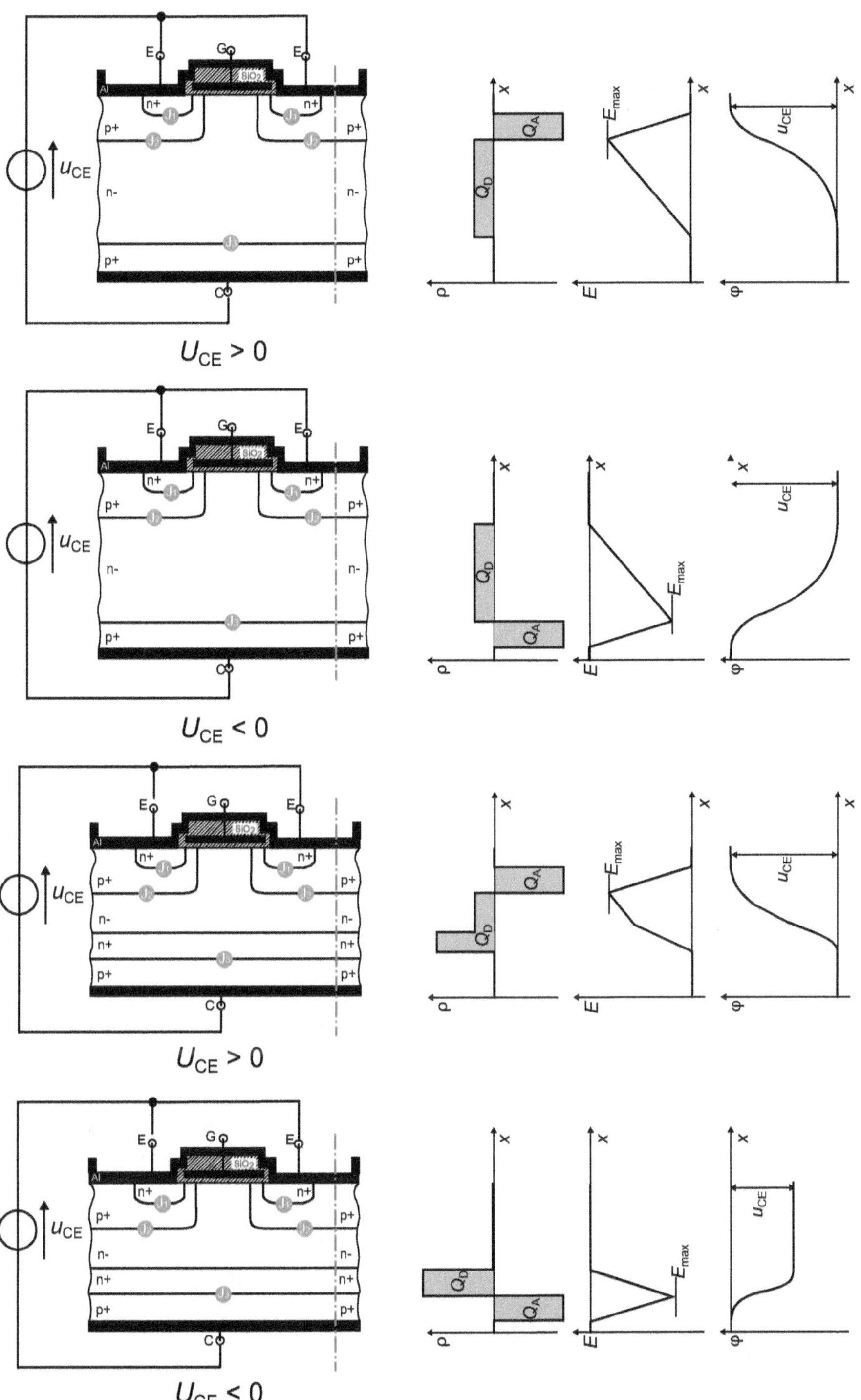

Bild 2.21 Verläufe von $\rho(x)$, $E(x)$ und $\varphi(x)$ für NPT-IGBT (oben) und PT-IGBT (unten) im Blockier- und Sperrbetrieb

Der untere Bildteil zeigt den Sachverhalt für den PT-IGBT.

- Bei Belastung mit Blockierspannung ($U_{CE} > 0$) ergeben sich vergleichbare Verhältnisse wie im vorgenannten Fall: der PN-Übergang J_2 ist gesperrt. Die Raumladungszone breitet sich zunächst im N^--Gebiet aus, das jedoch eine deutlich geringere Ausdehnung hat als beim NPT-Typ. Daher ist am Ende der N^--Zone noch nicht das gesamte elektrische Feld abgebaut. Der verbleibende Rest wird im nachfolgenden stark dotierten N^+-Gebiet allerdings sehr schnell reduziert. Als Konsequenz entsteht kein dreieck- sondern ein trapezförmiger Verlauf des E-Feldes. Wird die Breite von N^- und anschließendem N^+-Gebiet richtig dimensioniert, so kann vom PT-IGBT dieselbe Blockierspannung aufgenommen werden wie von IGBTs der NPT-Bauform.
- Ein entscheidender Unterschied zeigt sich jedoch im Sperrbetrieb: auch beim PT-IGBT muss der Übergang J_3 der angelegten Sperrspannung gewachsen sein. Die unmittelbar an die P^+-Zone angrenzende Schicht ist jedoch stark N^+ dotiert und bewirkt einen raschen Abbau des elektrischen Feldes. Aufgrund dessen kann der PT-IGBT nur einer geringen Sperrspannung widerstehen. Ein solcher Effekt tritt immer auf, wenn beide Seiten eines PN-Übergangs stark dotiert sind: dessen Spannungsfestigkeit ist sehr begrenzt.

Aufgrund der unterschiedlichen Spannungsfestigkeit in Blockier- bzw. Sperrrichtung wird der PT-IGBT auch unsymmetrischer IGBT genannt. Er kann in Rückwärtsrichtung deutlich weniger Spannung aufnehmen als in Vorwärtsrichtung, hat aber markante Vorteile im Hinblick auf das Abschaltverhalten und die im eingeschalteten Betrieb auftretende Durchlassspannung. ■

In vielen Anwendungen (z. B. dreiphasiger, spannungseinprägender Wechselrichter, Vollbrücke usw.) ist eine Rückwärtssperrfähigkeit nicht erforderlich, weil zur Gewährleistung eines nicht lückenden Betriebs ohnehin antiparallele Dioden eingebaut werden müssen. Für solche Aufgaben werden daher bevorzugt PT-IGBTs verwendet.

2.6.4 Parasitäre Elemente

Real ausgeführte IGBTs unterschieden sich u. a. durch parasitäre Elemente von den Bauelementen, bei denen man ideales Verhalten unterstellt. Normalerweise sind die parasitären Bestandteile unerwünscht, weil sie das Schalt- bzw. Durchlassverhalten verschlechtern. Ein wesentlicher Unterschied zwischen einem idealen und einem realen Schalter ist der bei letzterem auftretende Durchlasswiderstand im eingeschalteten Zustand. Seine Ursache ist einfach zu verstehen: der ohmsche Widerstand des Kanals behindert den Stromfluss. Wie bei vielen anderen Widerständen liegt auch hier eine Temperaturabhängigkeit vor: Je wärmer das Material wird, desto größer wird der $R_{DS(on)}$. Sieht man von der Temperaturabhängigkeit aber ab, ist sein Wert jedoch konstant und unabhängig von anderen elektrischen Größen.

Demgegenüber existieren jedoch andere parasitäre Elemente, deren Wert nicht nur temperaturabhängig ist, sondern ebenso von anderen elektrischen Größen beeinflusst wird.

Überdies sind die Beziehungen oft stark nichtlinear, so dass sich der konkrete Wert der parasitären Größe während des Betriebs innerhalb weiter Grenzen verändert.

Im Folgenden werden grundlegende Zusammenhänge aufgezeigt. Die Ausführungen erfolgen für den IGBT, gelten sinngemäß aber ebenso für den MOSFET.

Bauelementkapazitäten

Zwischen den Anschlüssen eines IGBT liegt dotiertes Halbleitermaterial oder aber der Isolator SiO_2. Bei Gate, Emitter und Kollektor handelt es sich um flächig ausgeführte Kontakte, die man sich als Elektroden eines Plattenkondensators vorstellen kann. Das dazwischenliegende Material stellt in diesem Fall das wirksame Dielektrikum des Kondensators dar. Insbesondere für Gate und Emitter ist diese Modellvorstellung einfach zu verstehen: die beiden flächigen Anschlüsse liegen einander gegenüber und sind durch den Isolator elektrisch voneinander getrennt. Ist die Ausdehnung der jeweiligen Anschlüsse sowie die Permittivität ε_r des Isolationsmaterials bekannt, so kann man die Kapazität des in einer IGBT-Zelle vorliegenden Kondensators grob abschätzen. Aus der Anzahl der parallelgeschalteten Zellen des Bauelements ergibt sich die gesamte wirksame Kapazität.

Undurchsichtiger werden die Verhältnisse zwischen Gate und Kollektor bzw. Emitter und Kollektor. Als Dielektrikum fungieren hier die Übergänge zwischen verschieden dotierten Halbleitermaterialien. Von der angelegten Spannungspolarität hängt ab, welcher der Übergänge in Durchlass- und welcher in Sperrrichtung geschaltet ist und wie groß die räumliche Ausdehnung jeweiligen Raumladungszonen in Abhängigkeit von der Höhe der angelegten Spannung werden.

Aus den Grundlagen ist der Zusammenhang von Ladung, Spannung und gespeicherter Energie bekannt:

$$C = \frac{Q}{U} \qquad E = \frac{1}{2} C \cdot U^2$$

Diese einfachen Beziehungen sind allerdings nur korrekt für den Sonderfall einer konstanten Kapazität. Allgemeiner betrachtet gilt dagegen:

$$C = \frac{\mathrm{d}Q}{\mathrm{d}U} \qquad U = \frac{\mathrm{d}E}{\mathrm{d}Q}$$

Raumladungen, wie sie an jedem PN-Übergang auftreten, sind letzten Endes nichts anderes als Kapazitäten. Die Größe der Raumladungen ist spannungsabhängig und kann durch injizierte Ladungsträger verändert werden. Daher sind die parasitären Kapazitäten eines Transistors i. A. nichtlinear abhängig von der angelegten Spannung [Hav17].

Bild 2.22 ist eine Erweiterung von Bild 2.18 und zeigt die IGBT-Zelle mit parasitären Kapazitäten. In ähnlicher Weise gilt dies auch für den MOSFET. Man versucht, die parasitären Elemente möglichst klein zu halten, um z. B. die im Bauelement gespeicherte effektive Ladung und Energie zu minimieren.

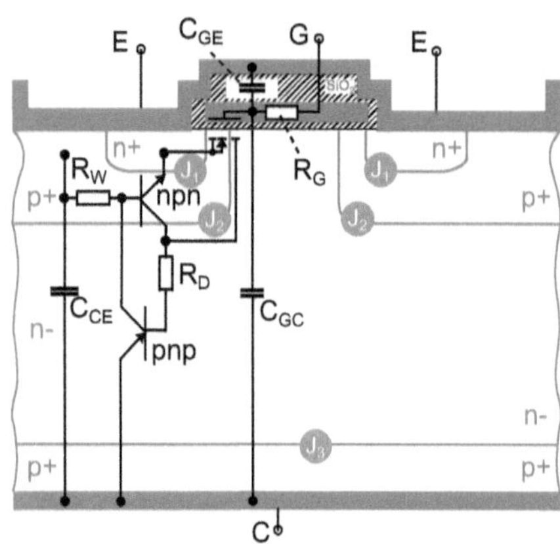

Bild 2.22 Parasitäre Elemente in einer IGBT-Zelle [nach Semikron11, Bild 2.4.4]

Die Kapazitäten C_{CE} und C_{GC} hängen stark von der angelegten Spannung U_{CE} ab. Insbesondere die sog. Millerkapazität C_{GC} zwischen Gate und Kollektor ist bei kleinen Spannungen stark nichtlinear und nimmt mit zunehmendem U_{CE} ab. Bei bestimmten MOSFET-Typen (Superjunction MOSFET) beträgt die Kapazitätsänderung innerhalb der ersten 100 V fast drei Größenordnungen (vgl. Bild 2.23).

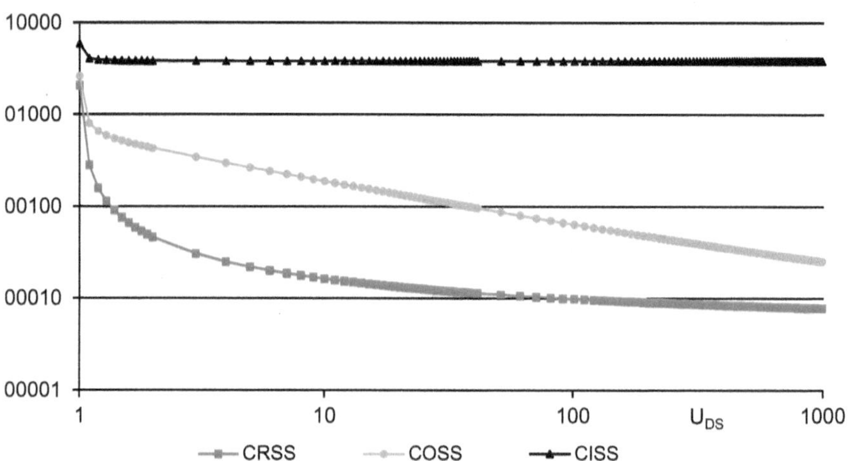

Bild 2.23 Änderung der parasitären Kapazitäten in Abhängigkeit der Kollektor-Emitter-Spannung für den MOSFET STP5N120

Im Gegensatz dazu weist die Gate-Emitter-Kapazität C_{GE} die geringste Nichtlinearität auf und ändert sich kaum in Abhängigkeit von U_{CE}.

Tabelle 2.2 Physikalische Ursachen und Bezeichnungen parasitärer Elemente eines IGBT bzw. MOSFET

Bezeichnung	physikalische Beschreibung
Gate-Emitter- bzw. Gate-Source-Kapazität C_{GE} bzw. C_{GS}	Überlappung von Gate und Source-Metallisierung; abhängig von U_{GE} aber unabhängig von U_{CE}
Kollektor-Emitter- bzw. Drain-Source-Kapazität C_{CE} bzw. C_{DS}	Sperrschichtkapazität zwischen N^--Driftzone und P-Wanne; abhängig von Zellfläche, Durchbruchspannung und U_{CE}
Gate-Kollektor- bzw. Gate-Drain-Kapazität C_{GC} bzw. C_{GD}	Millerkapazität: gebildet durch Überlappung von Gate und N^--Driftzone
Interner Gatewiderstand R_G	Widerstand des Polysilizium-Gates; in Modulen mit mehreren Transistorchips werden zwischen den Chips oft zusätzliche Serienwiderstände verbaut, um Oszillationen zu dämpfen
Driftwiderstand R_D	Widerstand der N^--Zone (Basiswiderstand des pnp- Transistors)
lateraler Widerstand der P-Wanne R_W	Basis-Emitter-Widerstand des parasitären npn- Bipolartransistors

Aus der Sicht von jeweils zwei der drei Transistoranschlüsse sind teilweise mehrere parasitäre Kapazitäten wirksam:

a) Erreicht u_{GS} beim Einschaltvorgang den Schwellwert $u_{GS,th}$, schaltet der Transistor ein; dann sind C_{GS} und C_{GD} (C_{GE} und C_{GC}) parallelgeschaltet und müssen vom Gate-Treiber geladen/entladen werden.

b) Aus Sicht der Ausgangsklemmen D und S (C und E) liegen C_{DS} und C_{GD} (C_{CE} und C_{GC}) parallel.

Lediglich zwischen Gate und Kollektor wirkt C_{GD} allein. In den Transistordatenblättern werden daher die Werte aus Tabelle 2.3 angegeben.

Tabelle 2.3 Datenblattangaben für parasitäre Kapazitäten bei MOSFETs und IGBTs

	MOSFET	IGBT
Eingangskapazität	$C_{ISS} = C_{GS} + C_{GD}$	$C_{ISS} = C_{GE} + C_{GC}$
Ausgangskapazität	$C_{OSS} = C_{DS} + C_{GD}$	$C_{OSS} = C_{CE} + C_{GC}$
Feedbackkapazität	$C_{RSS} = C_{GD}$	$C_{RSS} = C_{GC}$

Induktivitäten

In Leistungsmodulen werden oft mehrere Chips zu einem Transistor zusammengeschaltet. Die Verbindungen zwischen den Chips sowie Zuleitungen zu den externen Kontakten des Bauelements rufen parasitäre Induktivitäten hervor. Sie beeinflussen die Kommutierungsvorgänge zwischen Transistor und Freilaufdiode, induzieren transiente Überspannungen und können mit den stromkreis- und transistorinternen Kapazitäten Schwingungen anregen.

2.6.5 Schaltverhalten

Die nachfolgenden Erläuterungen beziehen sich auf den MOSFET, sind aber sinngemäß auf den IGBT zu übertragen. Vertiefte Informationen zum Schaltverhalten finden sich z. B. bei [Mohan03] im Abschnitt 22-5. Beim Einschalten eines IGBT bzw. MOSFET entladen sich die Kapazitäten über den Schalter und die gespeicherte Energie wird im Bauelement in Wärme umgesetzt. Die mit Kapazitäten zusammenhängenden Schaltverluste steigen dabei proportional zum Quadrat der anliegenden Spannung.

Bild 2.24 zeigt im linken Teil einen Tiefsetzsteller mit MOSFET als Schaltelement. Ebenso dargestellt sind der Ansteuerkreis, der neben dem Gatewiderstand R_G die Spannungsquelle U_{GG} enthält, die die Energie für das Laden und Entladen des Gates bereitstellt. Das rechte Teilbild gibt den Zusammenhang zwischen Drainstrom i_D und Gate-Source-Spannung wieder. Für den Drainstrom $i_D(t_A)$ zum Zeitpunkt t_A ist die Gate-Source-Spannung $u_{GS}(t_A)$ notwendig (vgl. dazu auch Bild 2.26).

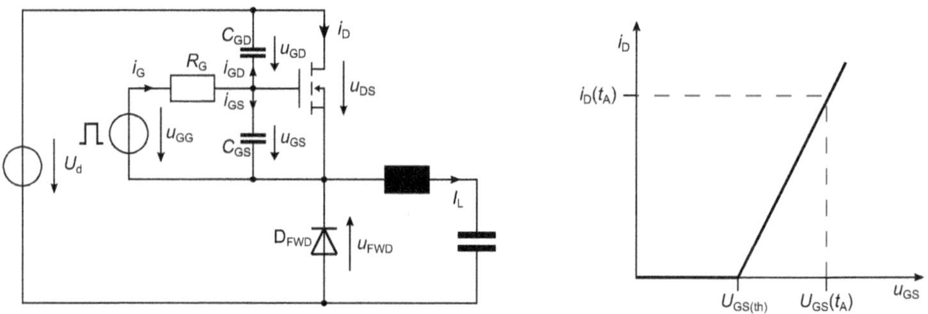

Bild 2.24 Links: Tiefsetzsteller mit MOSFET und parasitären Kapazitäten C_{GD} und C_{GS} zur Erläuterung des grundlegenden Schaltverhaltens; rechts: linearisierte Eingangskennlinie eines MOSFET $i_D = f(u_{GS})$

Zur Analyse des Schaltverhaltens werden vereinfachende Annahmen getroffen:

- Das Gate wird von einer idealen Spannungsquelle versorgt, deren Wert sich sprungförmig zwischen 0 V und U_{GG} ändern kann.
- Die Freilaufdiode D_{FWD} weist ideales Schaltverhalten und keine Speicherladung auf.
- Der Ausgangsstrom I_L durch die Filterdrossel ist für die Dauer des Schaltvorgangs konstant.

Bild 2.25 stellt Strom- und Spannungsverläufe beim Einschalten des MOSFETs dar. Der obere Bildteil zeigt $u_{GS}(t)$ sowie $i_G(t)$ des Gatekreises, der untere Bildteil die zeitlichen Vorgänge im Leistungskreis.

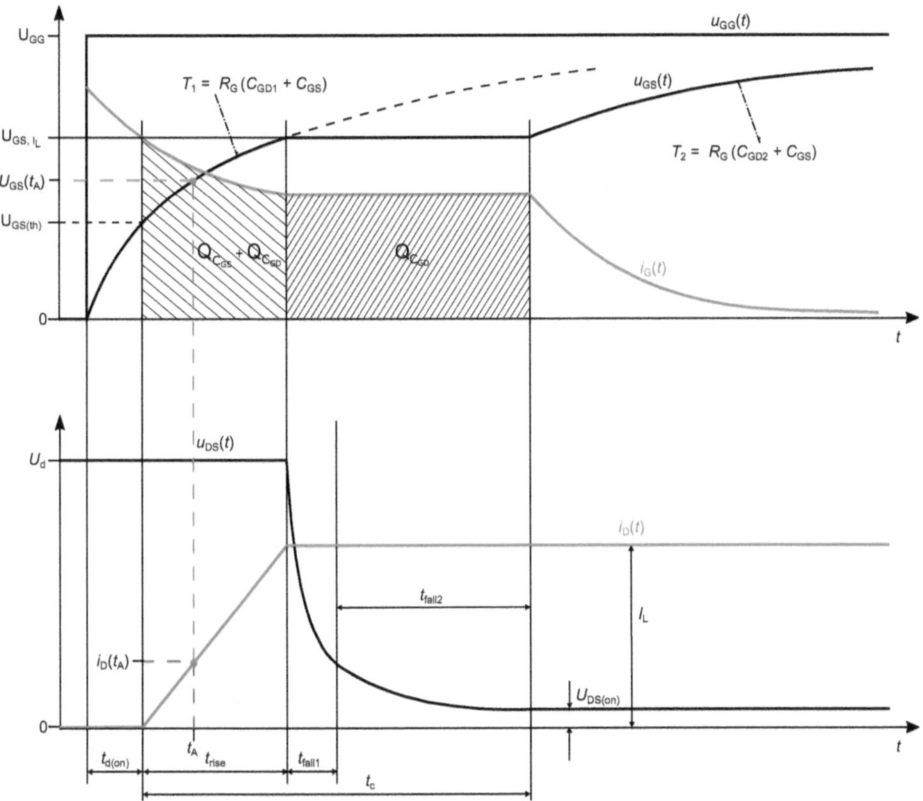

Bild 2.25 Strom- und Spannungsverläufe beim Einschalten des MOSFET

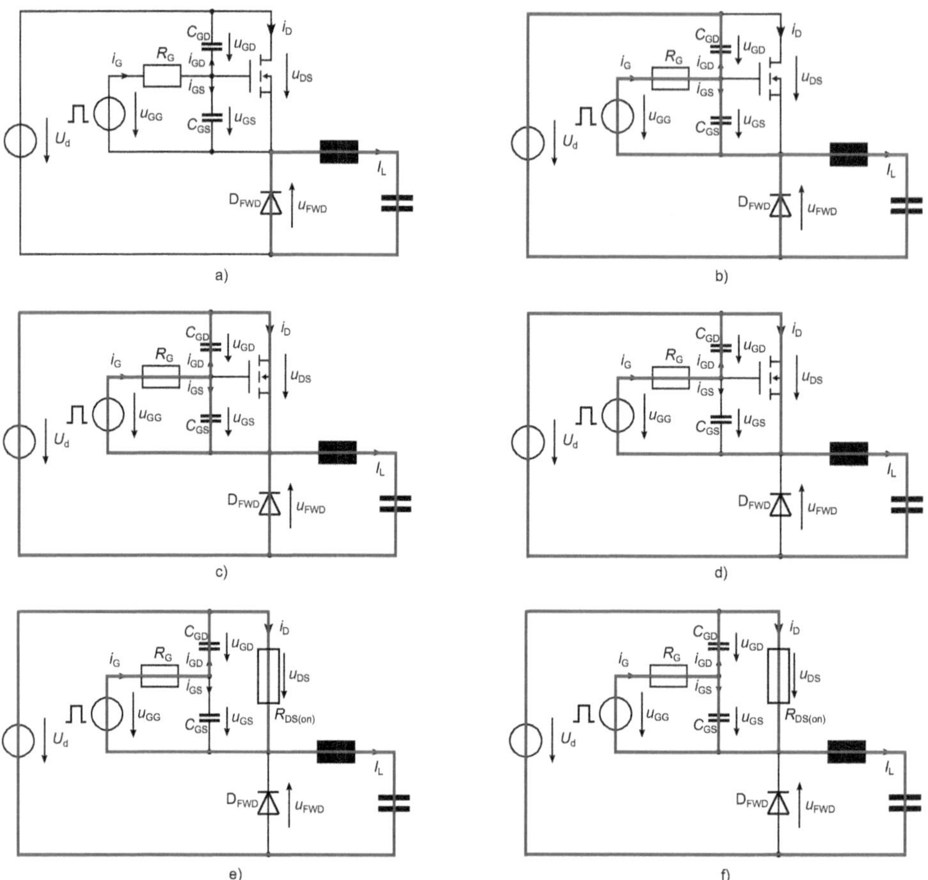

Bild 2.26 Abschnittsweise gültige Ersatzbilder der Anordnung aus Bild 2.24 während des Einschaltvorgangs

Zu Beginn der Betrachtung leitet gem. Bild 2.26 a) die Freilaufdiode D_{FWD}. Die Drain-Source-Spannung u_{DS} ist gleich der Eingangsspannung U_d. Der Transistor ist ausgeschaltet, daher muss $u_{GS} = 0$ sein und demzufolge $u_{GD} = u_{DS}$, damit Gl. 2.6 erfüllt wird.

$$u_{GS} + u_{GD} = u_{DS} \tag{2.6}$$

Zum Zeitpunkt t = 0 ändert sich die Spannung $u_{GG(t)}$ sprungförmig von 0 V auf U_{GG} und liegt damit deutlich über der erforderlichen Schwelle von $U_{GS,th}$. Es gilt das Ersatzschaltbild aus Bild 2.26 b): aus Sicht von u_{GG} sind die beiden Kapazitäten C_{GS} und C_{GD} parallelgeschaltet und bilden die Eingangskapazität C_{ISS}. Die wirksame Spannung $u_{GS}(t)$ steigt aufgrund der Reihenschaltung von R_G und $C_{GS} \,||\, C_{GD}$ mit der Ladezeitkonstante T_1 an. Nach Ablauf der Einschaltverzögerung $t_{d(on)}$ wird die Schwellspannung $U_{GS,th}$ erreicht, ab der der Transistor einschalten kann. Der Gatestrom i_G teilt sich auf in i_{GS} und i_{GD}. Letzterer entlädt C_{GD}. Dies ist notwendig, um Gl. 2.6 trotz steigender Spannung u_{GS} zu erfüllen.

Mit dem Erreichen von $U_{GS,th}$ beginnt ein Drainstrom $i_D(t)$ zu fließen: Der MOSFET schaltet sukzessive ein. Der Momentanwert von i_D hängt gem. Bild 2.24 , rechts, vom aktuellen Wert $u_{GS}(t)$ ab. Das nun gültige Ersatzschaltbild mit den leitenden Zweigen zeigt Bild 2.26 c). Da der Drainstrom nicht schlagartig, sondern zeitlinear ansteigt, muss ein Teil des als konstant angenommenen Filter- bzw. Laststroms I_L nach wie vor durch die Freilaufdiode fließen. Deren Spannungsabfall beträgt daher immer noch $u_{FWD} = 0$. Aus diesem Grund ändert sich die Spannung u_{DS} zunächst nicht, sondern verharrt solange bei U_d, bis die Zeit t_{Rise} abgelaufen ist. Erst dann geht u_{DS} zurück.

Das Absinken von u_{DS} teilt sich auf die beiden Zeitintervalle t_{fall1} und t_{fall2} auf. Zu Beginn des Zeitraums t_{fall1} beginnt die Drain-Source-Spannung zu sinken. Zwar hat der Drainstrom inzwischen die Höhe des Filterstroms I_L erreicht. Allerdings liegt der Arbeitspunkt des MOSFETs aufgrund der hohen Kollektor-Emitterspannung u_{CE} noch immer im aktiven Bereich des Ausgangskennlinienfeldes, also weit rechts vom ohmschen Bereich in Bild 2.16. Weil der konstante Filterstrom nun einen konstanten Drainstrom erzwingt, bleibt auch die Gate-Source-Spannung $u_{GS}(t)$ bis auf weiteres konstant auf dem Wert $U_{GS,IL}$, der gem. Bild 2.24, rechts für $i_D = I_L$ erforderlich ist. Dies bedeutet aber, dass der gesamte Gatestrom i_G nun abschnittsweise konstant ist. Er fließt nur durch C_{GD}, da u_{GS} = const, also $du_{GS}/dt = 0$ ist.

$$i_G = \frac{U_{GG} - U_{GS,I_L}}{R_G}$$

Es gilt nun das Ersatzbild aus Bild 2.26 d) und immer noch Gl. 2.6 :

$$u_{DS} = u_{GD} + \underbrace{u_{GS}}_{\{=\text{const.}\}}$$

$$\text{mit}\, i_G = C_{GD} \cdot \frac{du_{GD}}{dt} \,\text{folgt}\, \frac{du_{DS}}{dt} = \frac{du_{GD}}{dt} + 0 = \frac{i_G}{C_{GD}} = \frac{U_{GG} - U_{GS,I_L}}{R_G \cdot C_{GD}}$$

In diesem Zeitraum wandert der Arbeitspunkt des MOSFET durch den aktiven Bereich in Richtung des ohmschen Bereiches. Die während t_{fall1} wirksame spannungsabhängige Kapazität C_{GD} ist aufgrund der noch hohen Drain-Source-Spannung klein und somit die Spannungsänderung du_{DS}/dt groß.

Mit dem Erreichen des ohmschen Bereiches im Ausgangskennlinienfeld beginnt der Zeitraum t_{fall2}. Es gilt das Ersatzbild aus Bild 2.26 e). Aufgrund der nun geringen Spannung u_{DS} ist die jetzt wirksame Kapazität C_{GD} deutlich größer als im vorigen Zeitraum t_{fall1}. Daher nimmt die Änderungsgeschwindigkeit der Drain-Source-Spannung in diesem Bereich entsprechend ab.

Sobald die Drain-Source-Spannung nach Ablauf von t_{fall2} ihren stationären Endwert $U_{DS(on)}$ erreicht hat, gilt das Ersatzbild aus Bild 2.26 f). Jetzt setzt $u_{GS}(t)$ ihren zeitlichen Anstieg fort, allerdings mit der veränderten Zeitkonstante T_2. Gleichzeitig geht der fließende Gatestrom i_G gegen Null.

2.6.6 Latch-Up

Durch den Schichtaufbau der einzelnen Dotierungen bei einer IGBT-Zelle ergeben sich gem. Bild 2.22 neben C_{GE}, C_{CE} und C_{GC} zwischen den Anschlüssen des Transistors sowie den internen Widerständen R_G, R_D und R_W auch zwei parasitäre npn- und pnp-Bipolartransistorstrukturen. Im Bereich des Kanals liegt der MOSFET, mit dessen Hilfe der IGBT geschaltet wird. Ursachen und Bedeutung der parasitären Elemente sind in Tabelle 2.2 zusammengefasst [Semikron, Tabelle 2.4.1].

In einem IGBT bilden die beiden Bipolartransistoren eine parasitäre Thyristorstruktur. Der Kollektor stellt dessen Anode dar, die P-Wanne das Gate. Fließt ein ausreichend großer Strom von der P-Wanne in den Emitter des IGBT, so kommt es zum Zünden dieses Thyristors (latch-up). In diesem Fall geht die Steuerbarkeit des IGBT über sein Gate verloren: das Bauelement wird zerstört. Ein solcher Vorgang kann stationär durch das Überschreiten einer kritischen Stromdichte hervorgerufen werden. Zu beachten ist, dass der maximal zulässige Wert der Stromdichte temperaturabhängig ist und mit steigender Temperatur abnimmt. Auch beim Ausschalten des IGBTs kann es aufgrund dynamischer Vorgänge zu einem Latch-Up kommen.

Um dieses ungewollte Zünden zu vermeiden, werden entsprechende Entwurfsmaßnahmen durch die Halbleiterhersteller ergriffen:

- Der Spannungsabfall über R_W muss so bemessen werden, dass im npn-Transistor kein Basisstrom fließt, also die Schwellspannung der Basis-Emitterdiode dieses Transistors nicht erreicht wird. Dies gelingt, wenn R_W klein genug bleibt, z. B. durch eine hohe Dotierung der P-Wanne und gleichzeitiger Verringerung der wirksamen Emitterlänge.
- Der fließende Löcherstrom (Strompfade 2 und 3 in Bild 2.18) bildet den Basisstrom des npn-Transistors. Der Elektronenstrom (Strompfad 1 in Bild 2.18) stellt den Basisstrom des pnp-Transistors dar. Wird dessen Stromverstärkung begrenzt, so kann dadurch der Löcherstrom so weit reduziert werden, dass der npn-Transistor nicht einschaltet.

Insgesamt muss daher ein Kompromiss zwischen gutem Schaltverhalten und Robustheit des Bauelements einerseits und den notwendigen Durchlasseigenschaften andererseits getroffen werden.

2.6.7 Ersatzschaltbild

Unter Beachtung der in Tabelle 2.2 aufgeführten und in Bild 2.22 dargestellten parasitären Elemente entsteht durch Umzeichnen das Ersatzschaltbild eines IGBT in Bild 2.27. Im Unterschied zu Bild 2.22 sind hier der Kollektor oben und der Emitter unten angeordnet.

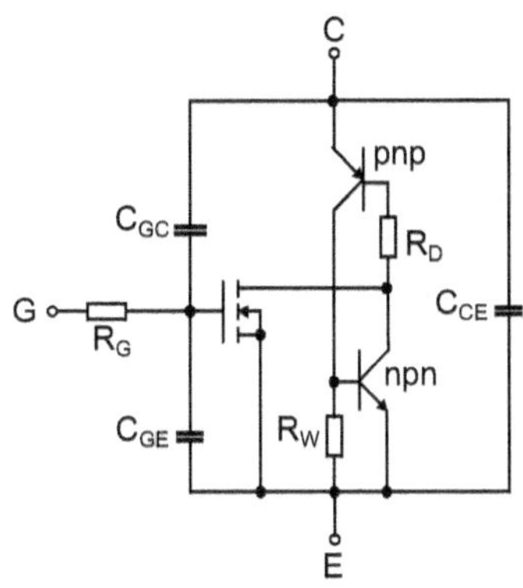

Bild 2.27 Ersatzschaltbild eines IGBT nach [Semikron11, Bild 2.4.4]

Datenblattangaben

Wichtige Angaben in den IGBT-Datenblättern sind Werte für

a) U_{CES}: maximal zulässige Blockierspannung U_{CE} bei kurzgeschlossener Gate-Emitter-Strecke U_{GE} = 0 V

b) $U_{(BR)CE}$: Wird die maximale Blockierspannung überschritten, tritt der Avalanchedurchbruch auf. Bei hoher Kollektor-Emitter-Spannung fließt ein großer Strom, der das Bauelement zerstört (Indizes: Breakdown Collector-Emitter Voltage)

c) $U_{GE(th)}$: Die angelegte Gate-Emitter-Spannung muss den Schwellwert (Threshhold) übersteigen, damit der IGBT einschaltet (Indizes: Gate-Emitter Threshhold)

d) E_{on}, E_{off}: Ein- und Ausschaltverlustenergien, die pro Schaltvorgang auftreten

Detaillierte Erläuterungen zu Datenblattangaben für IGBTs finden sich in Abschnitt 2.11.

2.6.8 Gemeinsamkeiten von Transistoren

Bipolar-Transistoren, MOSFETs und IGBTs weisen einige Gemeinsamkeiten auf. In Bild 2.28 ist beispielhaft das Ausgangskennlinienfeld eines IGBT wiedergegeben. Aus Gründen der Übersichtlichkeit sind allerdings nur drei Kennlinien $i_C = f(u_{CE})$ mit U_{GE} als Parameter dargestellt. Die nachfolgenden Aussagen können sinngemäß auf Bipolar- und MOS-Transistoren übertragen werden.

Das Ausgangskennlinienfeld wird in den Sättigungsbereich und den aktiven Bereich unterteilt. Im Sättigungsbereich kann das Bauelement hohe Ströme bei vergleichsweise kleinen Kollektor-Emitter-Spannungen führen. Der aktive Bereich wird auch als analoger Bereich bezeichnet und vorwiegend bei Transistorschaltungen der Signalelektronik, aber nicht im Schaltbetrieb verwendet.

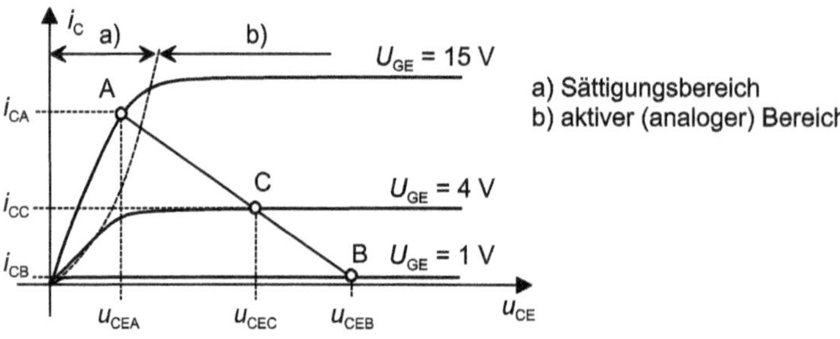

Bild 2.28 Schaltübergangsverhalten eines IGBT

Arbeitspunkte im Ausgangskennlinienfeld

Ist der Transistor ausgeschaltet, so liegt der Arbeitspunkt B ($U_{GE} < U_{GE(th)}$) vor. Die am Bauelement anliegende Kollektor-Emitter-Spannung U_{CEB} wird vom Lastkreis bestimmt. Es fließt nur ein kleiner Kollektorstrom i_{CB}, so dass keine nennenswerten Verluste im Sperrzustand auftreten.

Die Gate-Emitter-Spannung U_{GE}, um das Bauelement einzuschalten, muss so gewählt werden (im Beispiel U_{GE} = 15 V), dass sich der Arbeitspunkt A im Bereich des steilen Kennlinienteils, dem sog. Sättigungsbereich, einstellt. In diesem Arbeitspunkt fließt der gewünschte Kollektorstrom. Gleichzeitig tritt als Spannungsabfall lediglich die Sättigungsspannung U_{CEA} auf; sie beträgt etwa 1 V bis 3 V und bestimmt die auftretenden Durchlassverluste.

Der Dauerbetrieb im aktiven Bereich, etwa im Arbeitspunkt C, ist für Schalttransistoren nicht zulässig. Die am Bauelement anliegende Kollektor-Emitter-Spannung U_{CEC} in Verbindung mit dem dort fließenden Kollektorstrom i_{CC} ergäben sehr hohe Verlustleistungen, die das Bauelement innerhalb kurzer Zeit zerstören würden.

Bei jedem Schaltvorgang wird der aktive Bereich allerdings zweimal durchlaufen, um vom eingeschalteten in den ausgeschalteten Zustand und umgekehrt zu gelangen. Pro Schaltspiel treten so kurzzeitige Verlustleistungen auf. Sie werden Einschalt- und Ausschaltverluste genannt und mit den Kürzeln E_{on} und E_{off} bezeichnet.

Sicherer Arbeitsbereich

Um eine Zerstörung der Transistoren durch zu hohe Erwärmung auszuschließen, müssen die Schaltvorgänge ebenso wie der stationäre Betrieb innerhalb gewisser Grenzen verlaufen. Diese Grenzen bestimmen den zulässigen Betriebsbereich (Safe Operating Area). Zur Schaltungsauslegung benutzt man bei Transistoren anstatt des Ausgangskennlinienfeldes die Angaben des sicheren Arbeitsbereiches (safe operating area), die im sog. SOA-Diagramm in Bild 2.29 zusammengefasst sind.

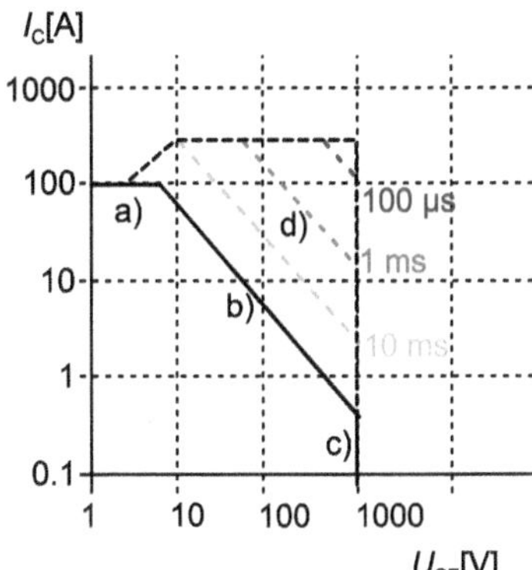

Bild 2.29 SOA-Diagramm eines IGBT

Es ist üblicherweise in doppelt-logarithmischer Form aufgebaut und enthält die Grenzwerte der beiden Größen U_{CE} bzw. U_{DS} sowie I_C bzw. I_D.

a) markiert die Grenze des maximalen Dauerstroms, den das Bauelement führen kann.

b) markiert den Bereich der höchstzulässigen Verlustleistung, mit der das Bauelement beansprucht werden darf. Aufgrund des doppelt-logarithmischen Maßstabs wird der typische Verlauf der Leistungshyperbel hier als Gerade abgebildet.

c) gibt die maximale Blockierspannung an, mit der das Bauelement beaufschlagt werden darf.

Die Belastungen, die im SOA-Diagramm mit durchgezogenen Linien angegeben sind, dürfen überschritten werden. Zusätzliche gestrichelt gezeichnete Kurven unter d) geben an, für welche Zeiträume höhere Belastungen zugelassen sind.

Beispiel 2.8 Zulässige Belastung

Ist es zulässig, den IGBT aus Bild 2.29 mit 120 A zu belasten?

Lösung:

Ja, für die Dauer von 1 ms darf auch eine Belastung gemäß der Linie d) auftreten. ■

Die angegebenen Maximalwerte gelten für eine Gehäusetemperatur von 25 °C und nur für Einzelimpulse, die das Bauelement nicht über die maximale Sperrschichttemperatur von 150 °C hinaus aufheizen. Obwohl die Kurve b) in Bild 2.29 die Grenze der maximalen Verlustleistung wiedergibt, dürfen Transistoren, die für den Schaltbetrieb entwickelt wurden, im aktiven Bereich nicht über längere Zeit betrieben werden.

Arbeitspunkte für Schalttransistoren liegen im Sättigungsbereich und nicht im aktiven Bereich des Ausgangskennlinienfeldes. Die Grenzbelastungen sind im SOA-Diagramm erfasst. ■

2.7 GaN-Transistoren

Bei GaN-Transistoren handelt es sich um leistungselektronische Bauelemente, die „von außen" wie ein MOSFET angesteuert werden, intern aber anders aufgebaut sind und auch nach anderen Funktionsprinzipien arbeiten. GaN-Bauelemente sind Planartransistoren mit *lateralem* Stromfluss, während bei Si-MOSFETs der Strom vorwiegend *vertikal* fließt.

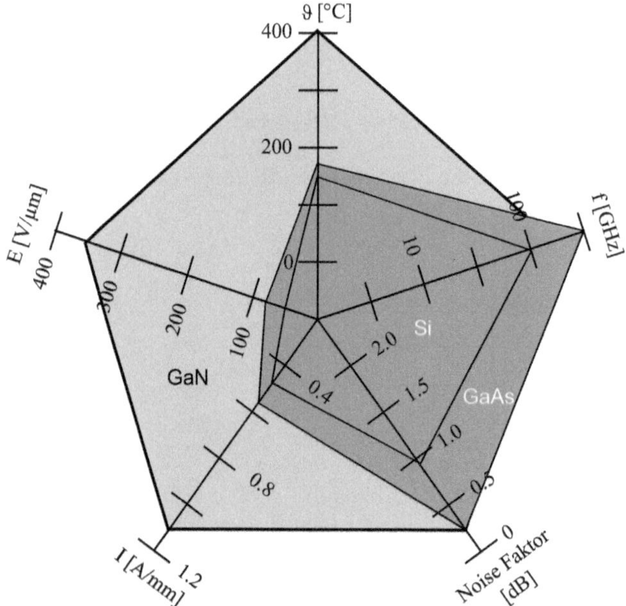

Bild 2.30 Eigenschaften von GaN im Vergleich zu Si und GaAs; nach [Bahat]

Galliumnitrid (GaN) zeichnet sich durch eine hervorragende Durchbruchsfeldstärke von 3.3 MV/cm aus - dieser Wert liegt etwa zehnmal höher als der von Silizium (Si). Mit GaN-basierten Leistungstransistoren können demnach deutlich höhere Leistungsdichten und Schaltfrequenzen als mit Si-Transistoren umgesetzt werden. Es gibt verschiedene Bauformen:

- High Electron Mobility Transistoren (HEMTs) kombinieren hohe Elektronenbeweglichkeit mit hoher Sättigungsgeschwindigkeit. Sie eignen sich für hohe Frequenzen und sehr schnelle Schaltanwendungen und bestehen aus Schichten verschiedener Halbleitermaterialien mit unterschiedlich großen Bandlücken. Bei GaN-basierten HEMTs ermöglicht ein AlGaN/GaN- Heteroübergang dank seines vergleichsweise hohen Bandabstands höhere Betriebsspannungen. Eine sehr leitfähige Elektronenschicht, das so genannte zweidimensionale Elektronengas (2DEG), bildet den Kanal im Transistor. Aufgrund ihres Funktionsprinzips sind GaN-HEMTs inhärent selbstleitend.
- Für leistungselektronische Anwendungen das Selbstleiten ist das nachteilig, weil eine Spannung angelegt werden muss, um das Bauelement in den ausgeschalteten Zustand zu versetzen. Durch Einbau eines P-dotierten Gates kann aus dem HEMT jedoch ein selbstsperrender Anreicherungstyp erzeugt werden, der - ebenso wie ein N-Kanal MOSFET - bei Anlegen einer positiven Gate-Source-Spannung einschaltet.

Unipolare Bauelemente mit kleinen Schaltverlusten, hoher Spannungsfestigkeit und geringem Einschaltwiderstand können so realisiert werden. Wandler mit GaN-Transistoren profitieren daher von hoher Spannungsfestigkeit, hohen Strömen und hohen Schaltfrequenzen bis in den MHz-Bereich. Gem. Bild 2.30 haben GaN-basierte Bauelemente gegenüber konventionellen Schaltelementen aus Silizium deutlich bessere Eigenschaften.

In Bild 2.31 wird der prinzipielle Aufbau einer selbst-sperrenden GaN-Zelle dargestellt. Auf einem Substrat aus Silizium (Si) wird über einer Zwischenschicht aus Al-Nitrid eine Schicht aus undotiertem GaN (i-GaN) aufgebracht. Zwischen dieser und der Isolierschicht aus SiO_2 liegen zwei weitere Schichten aus AlGaN, mit denen die Kontaktelektroden Source, Drain und Gate verbunden werden.

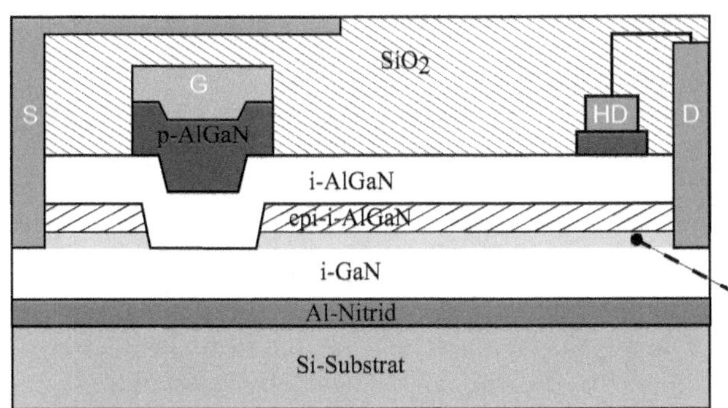

Bild 2.31 Exemplarischer Querschnitt eines selbst-sperrenden State-of-the-Art P-Gate GaN HEMTs [Ewa19] sowie [Leib11, Fig. 1]

Zweidimensionales Elektronengas

Die Halbleitermaterialien i-GaN und epi-i-AlGaN zeigen unterschiedliche Energieniveaus für Valenz- und Leitungsband. An der Kontaktfläche zwischen beiden Schichten gleichen sich die Energieniveaus gezwungenermaßen an. Daraus resultieren piezoelektrische Effekte, so dass an der Grenzschicht zwischen i-GaN und epi-i-AlGaN ein zweidimensionales Elektronengas (2DEG) entsteht, das lediglich unter dem Gate unterbrochen ist.

Ein 2DEG entsteht dann, wenn zwei Halbleiter-Schichten mit deutlich unterschiedlicher Bandlücke und unterschiedlichen Fermi-Niveaus aufeinander aufgebracht werden. An der Grenzschicht beider Materialien fließen dann Elektronen auf den anderen Halbleiter und bewirken ein lokales elektrisches Feld. Im Leitungsband kommt es zu einem relativ scharf auf die Grenzschicht begrenzten Energie-Minimum. Elektronen, die sich in diesem Minimum aufhalten, haben nicht genügend Energie, um dasselbe in einer Richtung *senkrecht* zur Grenzschichtebene zu verlassen. Eine Bewegung parallel zur Ebene ist jedoch nicht eingeschränkt. Solange die Bewegungsenergie unterhalb der Anregungsenergie für den ersten angeregten Zustand senkrecht zur Grenzschicht liegt, bleibt die Elektronenbewegung auf zwei Freiheitsgrade in der Ebene der Grenzschicht beschränkt. Anstelle des konventionellen Kanalgebietes (z. B. bei MOSFETs) übernimmt das 2DEG den Stromtransport im eingeschalteten Zustand.

Einschalten

P-GaN-Gate-Transistoren haben ein P-leitendes GaN-Halbleitergate. Dadurch entsteht eine negativ geladene Raumladungszone, die die Elektronen im Transistorkanal unterhalb des

Gates verdrängt und selbst-sperrendes Verhalten bewirkt. Mit dem Anlegen einer positiven Gate-Source-Spannung von ca. 1.5 V wird die Unterbrechung des Elektronengases unter der Gateelektrode aufgehoben; der leitfähige Kanal entsteht. Ab einer Spannung von $U_{GS} \approx 5$ V hat der Transistor vollständig eingeschaltet. Dann sind Drain und Source über das 2DEG miteinander leitfähig verbunden.

Das Gate eines P-Gate-HEMT aus Bild 2.31 wird mit Titan realisiert und bildet eine PN-Diode mit einer Durchlassspannung von etwa 3 V. Transistoren dieser Art unterscheiden sich deutlich von MOSFETs und benötigen ein angepasstes Ansteuerungskonzept: Im leitfähigen Zustand ist ein ständiger Gate-Strom erforderlich, um stabile Betriebsbedingungen zu erreichen. Obwohl selbst-sperrend, ist die Schwellspannung $U_{GS,th}$ des Schalters mit ca. +1 V vergleichsweise niedrig. Aus diesem Grund genügt ein $U_{GS} \approx 0$ nicht, um den Schalttransistor sicher abzuschalten: Stattdessen ist eine negative Gate-Source-Spannung von einigen Volt notwendig.

Insgesamt sind GaN-HEMTs mit ohmschem P-GaN-Gate robuste und zuverlässige Leistungsschalter.

Rückwärtsleiten

Zur Erläuterung des Rückwärtsleitverhaltens dient Bild 2.32 . Dort ist ein synchron arbeitender Tiefsetzsteller basierend auf einer Halbbrücke dargestellt. Im Teilbild a) ist der obere Transistor T_{A+} eingeschaltet. Übersteigt die Drain-Source-Spannung die Bemessungsspannung des Bauelements für kontinuierlichen Stromfluss, so geht der Drainstrom in die Sättigung. In diesem Fall ist der Kanal des 2DEG vollständig mit Elektronen gefüllt, so dass keine weiteren aufgenommen werden können. Ebenso wie der MOSFET lässt auch der HEMT im *eingeschalteten* Zustand beide Stromrichtungen zu, bei denen im eingeschalteten Zustand nur ein kleiner Durchlasswiderstand $R_{DS(on)}$ wirksam ist. Allerdings ist der Sättigungsstrom in Rückwärtsrichtung $i_{Sat,r}$ im eingeschalteten Zustand höher als in Vorwärtsrichtung $i_{Sat,f}$ (vgl. Bild 2.33).

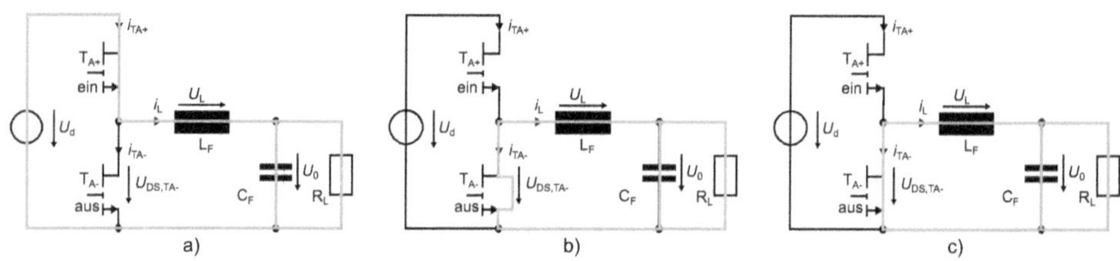

Bild 2.32 Synchroner Tiefsetzsteller in 3 Leitzuständen: a) T_{A+} ein- und T_{A-} ausgeschaltet, b) T_{A+} und T_{A-} ausgeschaltet, c) T_{A+} aus- und T_{A-} eingeschaltet

Im Teilbild b) ist T_{A+} abgeschaltet, aber T_{A-} aufgrund der für den Umschaltvorgang erforderlichen Totzeit noch nicht eingeschaltet. Das Induktionsgesetz erzwingt ein Weiterfließen des Stroms i_L durch die Filterinduktivität. Dies ist im vorliegenden Fall nur möglich, wenn T_{A-} rückwärtsleitend wird. Obwohl der GaN-Transistor keine klassische Freilaufdiode besitzt, kommt ein Rückwärtsleiten zustande, wenn seine Drain-Source-Spannung betragsmäßig die Thresholdspannung übersteigt, aber insgesamt leicht negativ wird: $U_{DS} \leq -2$ V. In diesem Fall ist der wirksame Durchlasswiderstand $R_{REV,ON}$ jedoch höher als im eingeschalteten Fall. Ebenso entstehen am HEMT im Vergleich zur Durchlassspannung der Bodydiode eines konventionellen MOSFETs höhere Spannungen beim Rückwärtsleiten.

Im Gegensatz zu Body- bzw. Freilaufdioden erfolgt das Rückwärtsleiten beim HEMT allerdings ohne Reverse Recovery Ladung. Dies ermöglicht das schnelle Umschalten vom rückwärtsleitenden T_{A-} im Teilbild b) zu Vorwärtsbetrieb im Teilbild c) wenn der untere Transistor T_{A-} nach Ablauf der Totzeit eingeschaltet wird. Der wirksame Durchlasswiderstand für T_{A-} ist jetzt $R_{DS(on)}$.

Kennlinien

Bild 2.33 zeigt den schematischen Verlauf von $i_{DS} = f(u_{DS})$ im Ausgangskennlinienfeld für 3 unterschiedliche Gate-Source-Spannungen u_{GS}. Hierbei markieren 1 und 3 Arbeitspunkte für einen optimal eingestellten Wert der Gate-Source-Spannung: Die Kennliniensteigung ist steil und kennzeichnet einen geringen Durchlasswiderstand $R_{DS(on)}$. Dieser ist im eingeschalteten Zustand für beide Stromrichtungen (Vorwärts- (1) und Rückwärtsbetrieb (3)) annähernd gleich. Der Punkt 2 liegt auf der Kennlinie von $u_{GS} = 0$ V. Hier muss eine ausreichend negative Drain-Source-Spannung vorliegen, damit der HEMT rückwärtsleitfähig wird und somit die beim HEMT fehlende Freilaufdiode ersetzt.

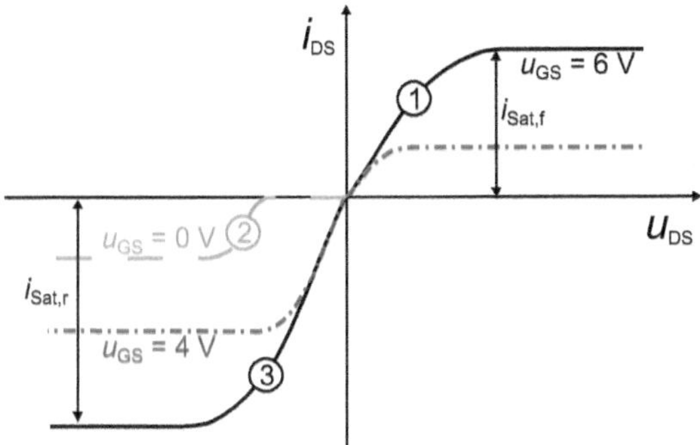

Bild 2.33 Prinzipieller Verlauf des Ausgangskennlinienfeldes eines GaN HEMT; nach [Eco16]

2.8 Abschaltbare Thyristoren

Lernziele:

Die Lernenden …

- kennen Einsatzgebiete und Eigenschaften abschaltbarer Thyristoren

2.8.1 Gate-Turn-Off-Thyristor (GTO)

Sehr große Schaltleistungen im MW-Bereich, wie sie z. B. bei elektrischen Lokomotiven erforderlich sind, können mit IGBTs heutzutage noch nicht beherrscht werden. In solchen Anwendungen werden abschaltbare Thyristoren (GTO) verwendet, die durch einen positiven Gate-Strom ein- und – im Gegensatz zu normalen Thyristoren – durch einen negativen Gate-Strom auch wieder aktiv abgeschaltet werden können.

Um einen GTO abzuschalten, muss der negative Gate-Strom mit sehr großer Flankensteilheit in die Gate-Elektrode eingeprägt werden. Ein sicheres Abschalten wird erreicht, wenn die Amplitude des Gate-Stroms etwa 30 % des Laststromes beträgt. Diese Anforderungen machen die Ansteuerung von GTOs aufwändig und teuer. Die Schaltgeschwindigkeit ist gering, so dass die erreichbaren Schaltfrequenzen kleiner 1000 Hz sind. Daher wird dieses Bauelement hauptsächlich in Leistungsbereichen zwischen 1 MVA und 20 MVA bei großen drehzahlgeregelten Antrieben oder Netzkupplungen für die Bahnstromversorgung eingesetzt.

GTOs sind abschaltbare Thyristoren, die im oberen Leistungsbereich genutzt werden. Ihre Schaltgeschwindigkeit und die erreichbaren Schaltfrequenzen sind deutlich kleiner als die von IGBTs und MOSFETs. ■

2.8.2 Integrated-Gate-Commutated-Thyristor (IGCT)

Der GCT (Gate-Commutated-Thyristor) gleicht im Aufbau einem GTO. Er wird jedoch mit sehr steilen Steuerimpulsen ein- und ausgeschaltet („hartes Schalten"), um die Ausschaltverluste zu verringern. Solche steilen Steuerimpulse erfordern niederinduktive Ansteuerschaltungen, die sehr nahe am Gate angeordnet sein müssen. Deshalb wird die Ansteuerschaltung in den GCT eingebaut, so dass ein GCT mit integrierter Ansteuerung (IGCT) entsteht. Der IGCT verbindet die Vorteile des hart angesteuerten GTO-Thyristors, beispielsweise sein gegenüber dem normalen Thyristor erheblich verbessertes Abschaltverhalten, mit Neuerungen auf der Bauelement-, Gate-Treiber- und Anwendungsebene. Die induktivitätsarme Kombination von Thyristor und Ansteuerung führt zu einem homogenen Abschaltvorgang. Dadurch werden die beim GTO erforderlichen Beschaltungsmaßnahmen überflüssig.

Der IGCT ist eine Weiterentwicklung des GTO und über Stromimpulse sowohl ein- als auch ausschaltbar. Gegenüber dem GTO besitzt der IGCT sehr kurze Ein- und Ausschaltzeiten. Dadurch können höhere Schaltfrequenzen auch im oberen Leistungsbereich erreicht werden. ■

2.9 Schutz von Leistungshalbleitern

Leistungshalbleiter müssen in jedem Betriebsbereich vor unzulässigen Beanspruchungen geschützt werden. Das Überschreiten zulässiger Grenzen führt zu Schädigungen der Bauelemente und reduziert ihre Lebensdauer. Im Extremfall können sofortige Ausfälle eintreten.

2.9.1 Spannungsbelastbarkeit

Halbleiterbauelemente weisen eine scharf begrenzte Sperr- und Blockierfähigkeit auf, die dauerhaft verloren geht, wenn die zulässigen Grenzwerte überschritten werden. Daher müssen die an den Bauelementen anliegenden Spannungen immer unterhalb der zulässigen Grenzwerte bleiben.

Dioden und Thyristoren

Dioden und Thyristoren in Wechselstromkreisen werden periodisch mit dem Scheitelwert der Netzspannung in Sperrrichtung belastet. Bei der Auslegung ist zu berücksichtigen, dass die Netzspannungstoleranz 10 % beträgt. Des Weiteren müssen Überspannungsspitzen beachtet werden. Sie entstehen zum einen durch Schaltvorgänge innerhalb der Schaltung selbst. Zum anderen können Überspannungen – beispielsweise durch Blitzeinschlag – von außen in den Stromrichter übertragen werden. Für die Dimensionierung der Ventile wird die Überspannung nach Gl. 2.7 durch den Sicherheitsfaktor k erfasst.

$$U_{\mathrm{RRM}} > k \cdot 1.1 \cdot \hat{U}_{\mathrm{T}} \quad \text{mit } 1.5 < k < 2.5 \tag{2.7}$$

Hierbei versteht man unter $\hat{U}_{\mathrm{T}}$ den Scheitelwert der am Ventil anliegenden Sperrspannung in Rückwärtsrichtung.

Beispiel 2.9 Sperrfähigkeit eines Thyristors

Ein Thyristor wird mit einer sinusförmigen Wechselspannung von $U_{\mathrm{RMS}} = 230$ V belastet. Kann ein Bauelement mit $U_{\mathrm{RRM}} = 500$ V eingesetzt werden?

Lösung:

Berücksichtigt man Überspannungen lediglich mit $k = 1.5$, so erhält man

$$U_{\mathrm{RRM}} > 1.5 \cdot 1.1 \cdot \hat{u}_{\mathrm{T}} = 1.5 \cdot 1.1 \cdot \sqrt{2} \cdot 230\,\mathrm{V} = 535\,\mathrm{V}$$

Dieser minimale Wert übersteigt bereits 500 V. Daher kann das obige Bauelement nicht verwendet werden. ■

MOSFETs und IGBTs

Systembedingt enthalten MOSFETs eine Inversdiode. IGBTs werden aufgrund induktiver Lasten immer mit einer antiparallelen Freilaufdiode versehen, sodass beide Bauelementtypen nicht in Sperrrichtung belastet werden.

Der überwiegende Teil von MOSFETs und IGBTs wird an einem Gleichspannungs-Zwischenkreis betrieben, der mittels Gleichrichterschaltungen aus dem Wechselstromnetz gespeist wird (vgl. Kapitel 5). Aus diesem Grund sind die maximal zulässigen Blockierspannungen U_{DSS} bzw. U_{CES} der Bauelemente auf die mit den Gleichrichtern erreichbaren Zwischenkreisspannungen abgestimmt, die wiederum von der veränderlichen Netzspannung abhängen (vgl. Kapitel 3).

Anhand von Tabelle 2.4 wird eine Grobauswahl der erforderlichen Blockierspannung U_{DSS} bzw. U_{CES} vorgenommen.

Tabelle 2.4 Erforderliche Blockierspannungen für Transistoren in Abhängigkeit der Netzspannung [Semikron98]

$U_{N,RMS}$	Gleichrichterschaltung	U_{di}	U_{DSS}, U_{CES}
24 V	B2	22 V	50 V
48 V	B2	44 V	100 V
230 V	B2	207 V	600 V
400 V	B6	540 V	1200 V

Anschließend muss unter Berücksichtigung der Netzspannungstoleranz sowie den im Betrieb zu erwartenden Überspannungen überprüft werden, ob die maximale Blockierspannung überschritten wird.

2.9.2 Überspannungsschutz

Ursachen von Überspannungen

Um Überspannungen zu beherrschen, die über die oben erläuterte Auslegung hinausgehen, werden Schutzbeschaltungen eingesetzt. Im Bedarfsfall müssen diese sehr schnell greifen, da zu hohe Spannungen die Leistungshalbleiter bereits innerhalb von wenigen µs empfindlich schädigen können.

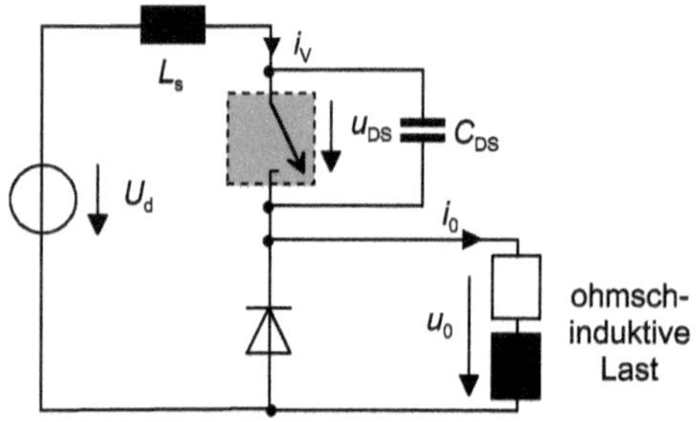

Bild 2.34 Ursache von Überspannungen am Beispiel eines Tiefsetzstellers mit parasitärer Induktivität L_s und parasitärer Kapazität C_{DS}

Externe Überspannungen werden von außen, also dem Netz, in die Stromrichterschaltung eingekoppelt. Interne Überspannungen dagegen entstehen bei Schalthandlungen in Stromkreisen, die Kondensatoren und Induktivitäten enthalten. Induktivitäten kommen in praktisch allen realen Stromkreisen vor und setzen sich aus Streuinduktivitäten von Transformatorwicklungen sowie Serieninduktivitäten von Kabeln und Stromschienen innerhalb des Stromrichters zusammen. Streukapazitäten bestehen zwischen den Anschlüssen elektronischer Bauelemente, aber auch zwischen Leiterbahnen und Potentiallagen auf Platinen. Sie sind unerwünscht, doch nicht vermeidbar und werden daher als parasitäre Induktivitäten bzw. Kapazitäten (Bild 2.34) bezeichnet. Da praktisch jeder Aufbau parasitäre Elemente enthält, sind interne Überspannungen in der Leistungselektronik die Regel.

Die genannten Effekte sowie die Zeitverläufe aus Bild 2.35 können mit dem Applet „Hartes Schalten" nachvollzogen werden. Durch Verändern der parasitären Elemente L_s und C_{DS} kann deren Auswirkung auf die Schwingung beobachtet werden.

Bild 2.34 zeigt den Tiefsetzsteller aus Bild 2.7, der zusätzlich neben der Drain-Source-Kapazität C_{DS} des MOSFETs auch die parasitäre Induktivität L_s enthält.

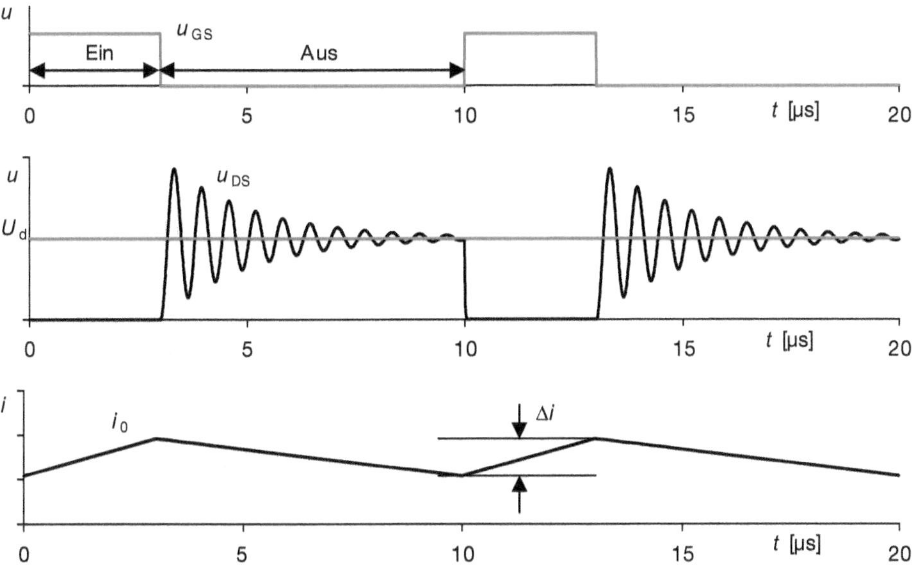

Bild 2.35 Zeitverläufe beim Schalten gegen eine parasitäre Induktivität; oben: Gate-Source-Spannung $u_{GS}(t)$; Mitte: Drain-Source-Spannung $u_{DS}(t)$; unten: Prinzipverlauf des Laststroms $i_0(t)$

Solange der Schalter eingeschaltet ist, wird C_{DS} praktisch kurzgeschlossen. Im Abschaltmoment des Schalters dagegen entsteht ein Schwingkreis gebildet aus L_s und C_{DS}. Dies führt beim Abschalten zu einem gedämpften Schwingvorgang nach Bild 2.35, in dessen Folge die Blockierspannung U_{DS} am MOSFET die eigentlich wirksame Gleichspannung U_d um das Doppelte übersteigt.

Beim Abschalten von Thyristoren und Dioden treten bedingt durch den Trägerspeichereffekt (vgl. Bild 2.12) ähnliche Effekte auf, die hier jedoch die auf die Bauelemente wirkende Sperrspannung beeinflussen. Zur Erläuterung der Spannungsspitze, die ohne die Schutzbeschaltung am Bauelement auftreten würde, zeigt Bild 2.36 das zugrunde liegende Schaltbild, bei dem in Reihe zum Thyristor ebenfalls die parasitäre Induktivität L_s eingezeichnet ist.

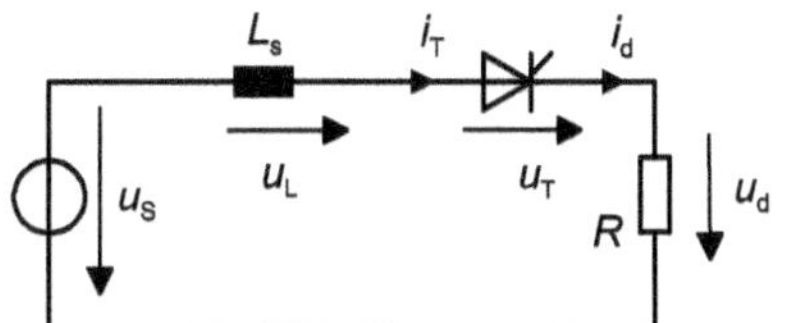

Bild 2.36 Ersatzschaltbild zur Erläuterung der Überspannung beim Abschalten

Der Abschaltvorgang beginnt lt. Bild 2.37 zum Zeitpunkt t_1. Vereinfachend wird unterstellt, dass der Thyristorstrom i_T zunächst zeitlinear abnimmt.

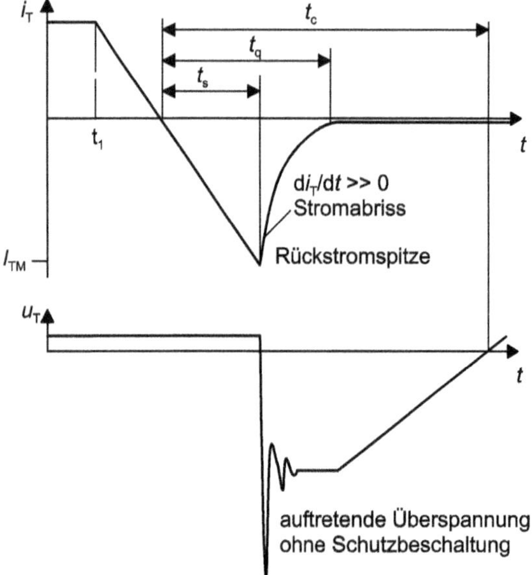

Bild 2.37 Abschaltvorgang beim Thyristor, Definition von Freiwerdezeit t_q und Schonzeit t_c

Erreicht $i_T(t)$ die Nulllinie, werden die Ladungsträger aus dem Bauelement ausgeräumt und es kommt zu einem kurzzeitigen Strom in negativer Richtung. Am Ende der Speicherzeit t_s ist die Speicherladung ausgeräumt und es kommt nach Erreichen der Rückstromspitze i_{TM} zu einer starken Stromänderung, dem sog. Stromabriss, da alle Ladungsträger aus dem Bauelement entfernt wurden und ein weiterer Stromfluss nicht aufrechterhalten werden kann. Diese Stromänderung $di_T/dt >> 0$ induziert in der parasitären Induktivität L_s eine Spannung, die am Thyristor als Sperrspannung wirkt und zu seiner Zerstörung führen kann.

Am Ende der Freiwerdezeit t_q sind die Ladungen weitgehend aus dem Thyristor ausgeräumt; es fließt der statische Sperrstrom. Erst nach Ablauf der Schonzeit t_c wird das Bauelement wieder mit Blockierspannung belastet. In allen Fällen muss die Schonzeit größer als die Freiwerdezeit sein, da das Bauelement ansonsten seine Sperrfähigkeit noch nicht wiedererlangt hat.

Beispiel 2.10 Berechnung der Spannungsspitze am Thyristor

Berechnen Sie die Höhe der Spannungsspitze, die am Thyristor auftritt, wenn die Schaltung mit Netzspannung versorgt wird, die Streuinduktivität 1 µH und die maximale Stromänderung unmittelbar nach der Rückstromspitze 10^3 A/µs beträgt.

Lösung:

Unmittelbar nach der Rückstromspitze schaltet der Thyristor ab. Damit wird $i_d(t)$ und also auch $u_d(t)$ zu null. Es gilt die Maschengleichung

$$u_\mathrm{T} = -u_\mathrm{L} + u_\mathrm{s} - u_\mathrm{d} = -u_\mathrm{L} + u_\mathrm{s} \qquad \text{mit} \qquad u_\mathrm{L} = L \cdot \frac{\mathrm{d}i_\mathrm{T}}{\mathrm{d}t} = L \cdot \frac{\mathrm{d}i_\mathrm{d}}{\mathrm{d}t}$$

Im ungünstigsten Fall fällt die Rückstromspitze mit dem negativen Scheitelwert der Netzspannung zusammen. Mit den Zahlenwerten ergibt sich:

$$u_\mathrm{T} = -(10^{-6}\,\mathrm{H} \cdot 10^3 \frac{\mathrm{A}}{\mu\mathrm{s}}) - \sqrt{2} \cdot 230\,\mathrm{V} = -(10^{-6}\,\mathrm{H} \cdot 10^9 \frac{\mathrm{A}}{\mathrm{s}}) - \sqrt{2} \cdot 230\,\mathrm{V}$$

$$u_\mathrm{T} = -1000\,\mathrm{V} - \sqrt{2} \cdot 230\,\mathrm{V} = -1325\,\mathrm{V}$$

Die Spannungsspitze am Thyristor beträgt demnach -1325 V. ■

Schutzbeschaltungen im Lastkreis

Um Überspannungen zu begrenzen, die durch Schaltvorgänge von Leistungshalbleitern hervorgerufen werden, kommen unterschiedliche Maßnahmen zum Einsatz. In diesem Abschnitt wird auf passive Beschaltungsnetzwerke (snubber) eingegangen. Weitere Maßnahmen wie *active clamping* und *dynamische Gatesteuerung* werden ausführlich in [Semikron98] und [Mohan03] diskutiert.

Die Grundidee der passiven Beschaltungsnetzwerke besteht darin, gefährliche Überspannungen dadurch zu reduzieren, dass die in der parasitären Induktivität L_s gespeicherte Energie vom Beschaltungskondensator C_Snubber aufgenommen wird. Am Beispiel der Thyristorschaltung aus Bild 2.36 zeigt Bild 2.38 eine Beschaltungsvariante, die grundsätzlich auch für Transistoren eingesetzt werden kann.

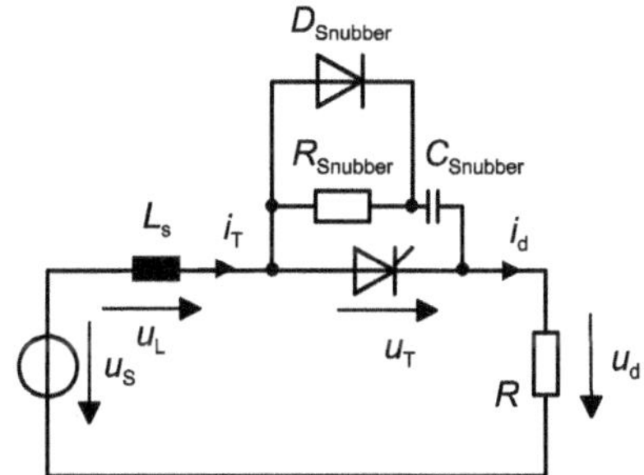

Bild 2.38 Thyristor mit TSE-Beschaltungsnetzwerk zum Schutz gegen Überspannungen

Nach Bild 2.35 ändert sich der Strom durch L_s während eines Schaltspiels um Δi. Die von L_s abgegebene Energie W_{Ls} wird im Beschaltungskondensator gespeichert.

$$W_{\mathrm{L_s}} = \frac{1}{2} \cdot L_\mathrm{s} \cdot \Delta i^2 \overset{!}{=} W_{C_\mathrm{Snubber}} = \frac{1}{2} \cdot C_\mathrm{Snubber} \cdot \Delta u^2$$

$$\Delta u^2 = \frac{L_\mathrm{s}}{C_\mathrm{Snubber}} \cdot \Delta i^2 \Rightarrow \qquad \Delta u = \sqrt{\frac{L_\mathrm{s}}{C_\mathrm{Snubber}}} \cdot \Delta i$$

Natürlich muss diese Energie zwischen zwei Ladevorgängen wieder abgebaut werden. Dies geschieht im einfachsten Fall durch den Beschaltungswiderstand $R_{Snubber}$ in Reihe zum Kondensator $C_{Snubber}$. Wird $R_{Snubber}$ um die parallele Diode $D_{Snubber}$ ergänzt, erfolgt der Ladevorgang des Beschaltungskondensators beim Abschalten des Thyristors praktisch ohne Zeitverzug. Beim nächsten Einschalten entlädt sich der Kondensator allerdings nicht schlagartig, sondern über den Beschaltungswiderstand $R_{Snubber}$.

Die Schutzbeschaltung aus Bild 2.38 bekämpft Überspannungen, die durch den Trägerspeichereffekt hervorgerufen werden. Sie wird daher auch als TSE-Beschaltung bezeichnet.

Schutzbeschaltungen im Steuerkreis

Aufgrund begrenzter Spannungsfestigkeit der isolierenden Oxidschicht am Gate dürfen U_{GS} bzw. U_{GE} vorgegebene Maximalwerte nicht überschreiten. Typische Herstellerangaben liegen in der Größenordnung 20 V bis 30 V [Mohan03]. Beim Umgang mit Leistungshalbleitern ist zu beachten, dass bereits die statische Aufladung von Personen ein Mehrfaches der zulässigen Gate-Spannung betragen und die Oxidschicht dauerhaft schädigen kann. Daher muss auf ausreichende Erdung bei der Handhabung dieser Bauelemente unbedingt geachtet werden.

Beispiel 2.11 Erläutern Sie die Funktionsweise der Schutzbeschaltung

Bild 2.39 a) zeigt die Beschaltung der Gate-Elektrode eines MOSFETs. Beschreiben und erläutern Sie deren Funktionsweise

Lösung:

Eine einfache Schutzmaßnahme gegen unzulässig hohe Gate-Spannungen besteht darin, zwischen Gate und Source bzw. Gate und Emitter eine Zenerdiode zu schalten, deren Zenerspannung unterhalb der maximal zulässigen Werte von U_{GS} bzw. U_{GE} liegt. Sobald die Treiberspannung u_{Gate} diese Spannung übersteigt, schaltet die Zenerdiode ein. Der Gatewiderstand R_G begrenzt den Gatestrom, die antiserielle Diode ermöglicht beim Abschalten negative Gate-Source-Spannungen. ■

Übung 2.3

Erläutern Sie die Funktionsweise der Schutzbeschaltung aus Bild 2.39 b). ■

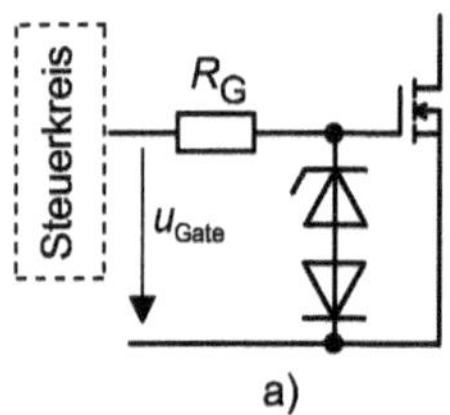

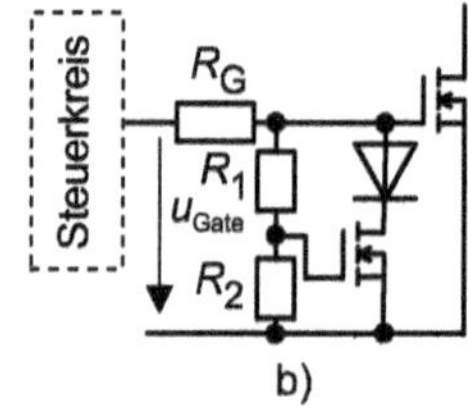

Bild 2.39 Schutzbeschaltungen zur Begrenzung der angelegten Gate-Source-Spannung

2.9.3 Schutz gegen Überstrom und Kurzschluss

Dioden und Thyristoren

Für den Schutz von Dioden und Thyristoren gegen Überströme und Kurzschlüsse werden spezielle Schmelzsicherungen verwendet. Sofern sie in den Wechselstromzuleitungen angebracht werden, schützen sie den gesamten Stromrichter. Als Zweigsicherungen können sie aber auch direkt den einzelnen Halbleitern vorgeschaltet werden und bieten dann einen selektiven Schutz.

Im Datenblatt des Bauelements wird das Grenzlastintegral (i^2t value) angegeben. Es bezeichnet die Energie, die in Form von Verlustwärme im Bauelement gespeichert werden kann. Der entsprechende i^2t-Wert der Sicherung, die als Kurzschlussschutz fungieren soll, muss kleiner als der i^2t-Wert für t = 10 ms des Bauelements sein, damit der Schutz gewährleistet ist [Jäger11]. Weitere Hinweise zur Auslegung finden sich in Abschnitt 2.11.

Transistoren

Bei Überlast entstehen aufgrund des höheren Laststroms zusätzliche Verluste im Bauelement, die die Sperrschichttemperatur erhöhen. Solange sich der Arbeitspunkt nach Bild 2.28 im Sättigungsbereich a) bewegt, ist dieser Betriebszustand eingeschränkt zulässig.

Im Fall eines Kurzschlusses steigt der Kollektorstrom jedoch sehr schnell an und führt zu einer Entsättigung des Transistors. Dies bedeutet, dass der Arbeitspunkt in Bild 2.28 den Sättigungsbereich a) verlässt und in den aktiven Bereich b) wandert. Dadurch steigt die Kollektor-Emitterspannung am Bauelement rasch deutlich an. In Verbindung mit hohen Kollektorströmen entstehen kurzzeitig hohe Durchlassverluste. Zur Beherrschung solcher Situationen ist daher ein schneller Schutz erforderlich, der direkt in die Treiberstufe eingreift und den Transistor innerhalb von 10 µs abschalten kann.

Um einen Kurzschluss zu erkennen, kann zum einen der Strom durch das Bauelement gemessen und mit einem Referenzwert verglichen werden. Übersteigt der Messwert den Referenzwert, wird der Transistor mittels der Treiberstufe des Steuerkreises abgeschaltet. Als Messverfahren für den Transistorstrom können Shunts, induktive Messstromwandler oder aber ein Stromspiegel verwendet werden.

Eine andere Möglichkeit ist die Überwachung der Spannungen U_{CE} bzw. U_{DS}. Der Transistor wird abgeschaltet, wenn im leitenden Zustand, also bei $U_{GE} > 0$ bzw. $U_{GS} > 0$, die Kollektor-Emitter-Spannung, die über das Kennlinienfeld nach Bild 2.28 mit dem Kollektorstrom verknüpft ist, einen Referenzwert überschreitet. Diese Überwachung ist auf jeden Transistor anwendbar und ermöglicht eine schnelle Kurzschlusserfassung. Da Transistoren nicht unendlich schnell einschalten, muss die Überwachung für die Dauer des Einschaltvorgangs allerdings deaktiviert werden, bis der Arbeitspunkt A in Bild 2.28 erreicht wurde und U_{CE} bzw. U_{DS} niedrige Werte angenommen haben. Bild 2.40 zeigt die Prinzipschaltung [Bresch]: Über die Spannungsquelle u_1 wird mit der Zenerdiode D_Z die Referenzspannung am Komparator eingestellt. Die Spannungsquelle u_2 schaltet die Diode D_1 durch, wenn der Transistor eingeschaltet ist. Am nicht invertierenden Eingang des Komparators liegt dann die Summe der Spannungen u_{D1} und u_{DS}. Übersteigt diese die Referenzspannung, schaltet der Komparator und signalisiert mit u_{KS} einen Kurzschluss. Die Diode D_1 muss hochsperrend sein, da sie bei abgeschaltetem Transistor mit dessen Blockierspannung beaufschlagt wird.

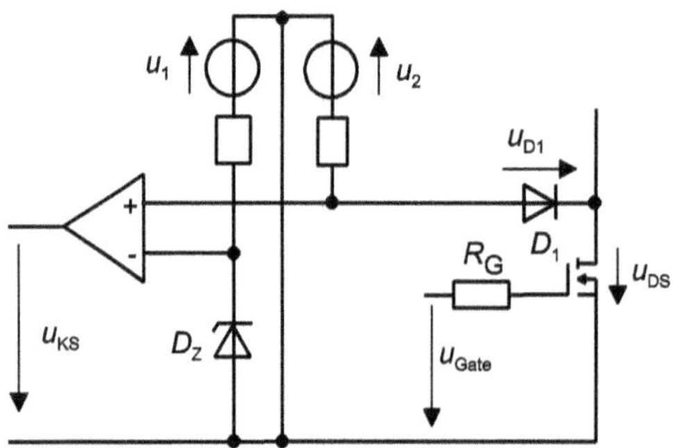

Bild 2.40 Prinzipschaltung zur Überwachung der Kollektor-Emitter-Spannung U_{CE} bzw. U_{DS}

Unter Einhaltung von Randbedingungen können MOSFETs und IGBTs Kurzschlüssen ausgesetzt werden und diese abschalten, ohne dass Schäden an den Halbleitern auftreten.

Übung 2.4

Begründen Sie anhand der statischen Kennlinien, warum MOSFETs und IGBTs im Gegensatz zu Thyristoren einen Kurzschlussstrom begrenzen können.

2.9.4 Ein- und Ausschaltentlastung bei Transistoren

Um die Beanspruchung von Schalttransistoren zu verringern, können Entlastungsnetzwerke (Snubber) gem. Bild 2.41 eingesetzt werden.

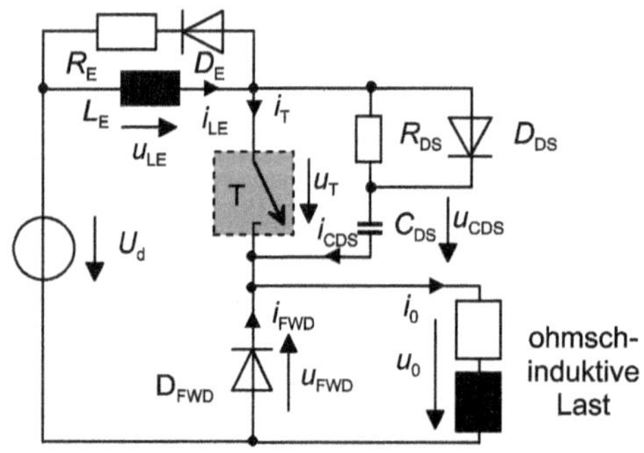

Bild 2.41 Tiefsetzsteller mit einfachen Entlastungsnetzwerken für das Ein- und Ausschalten

Einschaltentlastung (Turn-On-Snubber)

Die Einschaltentlastung in Bild 2.41 besteht aus den Bauteilen L_E, R_E und D_E; die zugehörigen Zeitverläufe zeigt Bild 2.42. Solange der Transistor T abgeschaltet ist, führt die Freilaufdiode D_{FWD} den Laststrom i_0. Im Einschaltmoment des Transistors zum Zeitpunkt t = 5 µs gilt Gl. 2.8 Sofern die Beschaltungsinduktivität L_E hinreichend groß ist, sinkt die Transistorspannung u_{DS} schnell auf einen kleinen Wert ab, da die Durchlassspannung u_{FWD} der Freilaufdiode näherungsweise null beträgt und im ersten Moment kein Transistorstrom fließt. Die gesamte Eingangsspannung U_d fällt demnach an L_E ab und sorgt für den zeitlinearen Anstieg des Transistorstroms.

$$u_{LE} = U_d - u_{DS} + u_{FWD} \approx U_d - u_{DS} \approx L_E \cdot \frac{di_{LE}}{dt} \tag{2.8}$$

Während der Dauer T_{on} des Einschaltvorgangs bleibt die Transistorspannung u_{DS} annähernd null, wodurch sich die Einschaltverluste drastisch verringern. Beim Abschalten zum Zeitpunkt t = 10 µs ermöglichen R_E und D_E das Entmagnetisieren der Induktivität und bewirken den abklingenden Stromverlauf $i_{LE}(t)$.

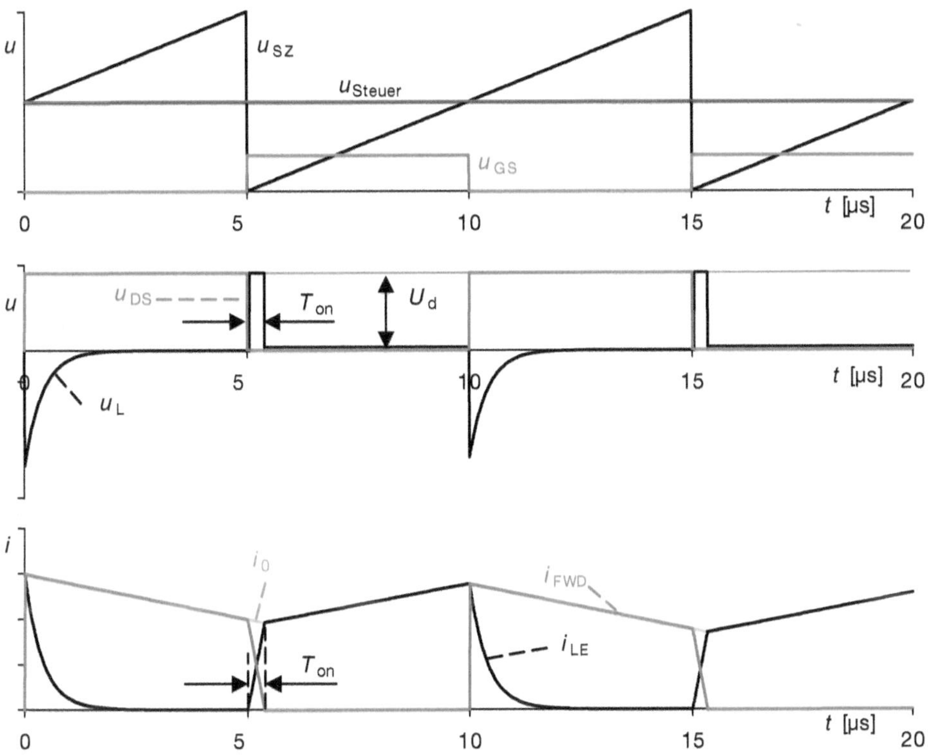

Bild 2.42 Zeitverläufe beim entlasteten Einschalten; oben: $u_{GS}(t)$ im Steuerkreis; Mitte $u_{DS}(t)$ und $u_{LE}(t)$; unten: $i_T(t)$, $i_{FWD}(t)$ und $i_0(t)$

Zusätzlich zur Senkung der Einschaltverluste bewirkt L_E, dass die Stromänderung di_{LE}/dt und in gleichem Maße di_{FWD}/dt abnimmt. Der flachere Stromabfall in der Freilaufdiode reduziert die Rückstromspitze, die beim Einschalten des Transistors auftritt und damit auch die Ausschaltverluste der Freilaufdiode D_{FWD}.

Ausschaltentlastung (Turn-Off-Snubber)

Die Ausschaltentlastung des Transistors besteht aus den Bauteilen R_S, D_S sowie C_{DS} und entspricht in ihrer Funktionsweise weitgehend der TSE-Beschaltung des Thyristors aus Bild 2.38.

Solange der Transistor eingeschaltet ist, bleibt die Spannung u_T und damit auch u_{CDS} am Kondensator C_{DS} klein. Wird der Transistor abgeschaltet, nimmt der Transistorstrom i_T zunächst zeitlinear ab (Bild 2.43). Die Filterinduktivität L_F erzwingt jedoch einen nahezu konstanten Stromfluss; daher steigt i_{CDS} um den Betrag an, um den i_T zurückgeht, und lädt den Kondensator. Sieht man die Diode D_{DS} als ideal an, unterscheiden sich u_T und u_{CDS} in diesem Zeitraum nur wenig. Somit steigt die Spannung u_T ebenfalls nur langsam an, wodurch die Ausschaltverluste abnehmen.

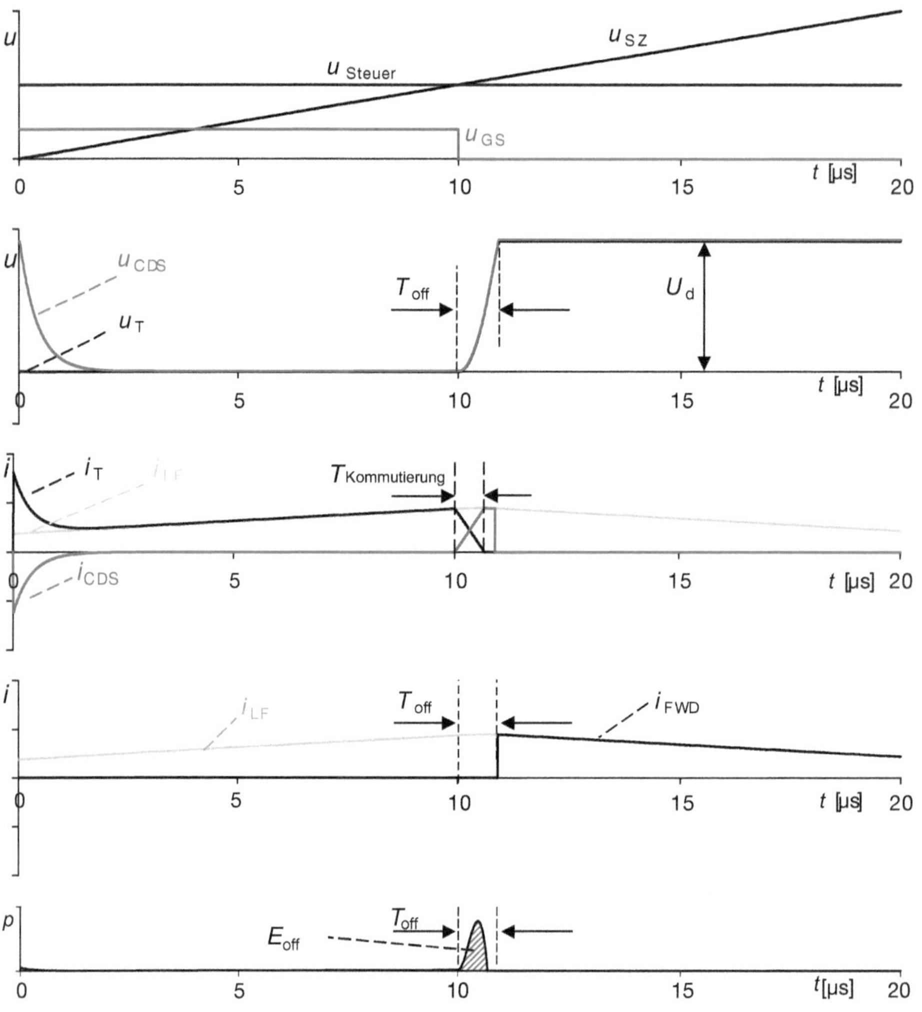

Bild 2.43 Zeitverläufe innerhalb einer Schaltperiode beim entlasteten Ausschalten; oben: $u_{GS}(t)$ im Steuerkreis; Mitte oben: $u_{DS}(t)$ und $u_{CDS}(t)$; Mitte unten: $i_T(t)$, $i_{LF}(t)$ und $i_{CDS}(t)$ sowie $i_{FWD}(t)$; unten: $p_{off}(t)$ mit der Ausschaltenergie E_{off}

Die Wirkungsweise der Entlastungsschaltungen und die zugehörigen Zeitverläufe können mit den Applets „Turn-On-Snubber“ sowie „Turn-Off-Snubber“ nachvollzogen werden. Durch Verändern der Elemente L_E und C_{DS} können deren Auswirkungen auf den Schaltvorgang beobachtet werden. ■

2.10 Erwärmung und Kühlung von Leistungshalbleitern

Lernziele:

Die Lernenden ...

- beschreiben die Leistungsverluste, die bei den unterschiedlichen Halbleiterbauelementen auftreten
- berechnen Einzel- und Gesamtverluste im Stationärbetrieb
- dimensionieren erforderliche Kühlkörper

Die einwandfreie Funktion eines Leistungshalbleiters ist nur dann sichergestellt, wenn die vom Hersteller vorgegebenen maximalen Sperrschichttemperaturen des Halbleiterkristalls eingehalten werden. Um eine Zerstörung des Halbleiters zu vermeiden, darf die entstehende Verlustwärme nicht im Bauelement bleiben, sondern muss an die Umgebung abgeführt werden. Bei kleineren Leistungen geht dies noch über das Halbleitergehäuse. Größere Leistungen erfordern geeignete Kühlmöglichkeiten.

Zur Dimensionierung einer Schaltung und zur Auswahl der passenden Bauelemente ist es wichtig, die Verlustleistung in den einzelnen Bauteilen der Schaltung zu bestimmen. Bei Leistungshalbleitern treten grundsätzlich verschiedene Verlustarten auf:

- Durchlassverluste
- Schaltverluste
- Sperrverluste
- Ansteuerverluste

Thyristoren und die heute überwiegend eingesetzten spannungsgesteuerten Transistoren erfordern impulsartige Ansteuerströme, die nur von kurzer Dauer sein müssen. Daher sind die Steuerverluste sehr klein und können vernachlässigt werden. Eine Ausnahme bilden die bipolaren Transistoren. Sie sind stromgesteuert und benötigen während der gesamten Einschaltzeit einen Basisstrom. Diese Transistoren werden heutzutage aber kaum noch eingesetzt und daher hier nicht weiter behandelt.

Bei üblichen Belastungen können die Sperrverluste i. Allg. auch vernachlässigt werden. Somit sind bei der Ermittlung der Verlustleistung vorwiegend Durchlassverluste zu berücksichtigen. Transistoren werden im Vergleich zu Thyristoren mit hohen Schaltfrequenzen, mitunter bis 100 kHz und darüber, betrieben. Hier ist zusätzlich zu den Durchlassverlusten die Berücksichtigung von Ein- und Ausschaltverlusten erforderlich. Dies gilt auch für Dioden, wenn sie in Anwendungen mit hohen Schaltfrequenzen eingesetzt werden.

2.10.1 Durchlassverluste bei Thyristoren und Dioden

Bei netzgeführten Stromrichtern dominieren die Durchlassverluste. Sie bestimmen daher die Strombelastbarkeit der Dioden und Thyristoren bei diesen Anwendungen. Für ihre Ermittlung ist die Durchlasskennlinie der Bauelemente heranzuziehen. Allgemein gilt für die zeitabhängigen Durchlassverluste einer Diode:

$$p_{\mathrm{F}}(t) = u_{\mathrm{F}}(t) \cdot i_{\mathrm{D}}(t) \tag{2.9}$$

Für beide Elemente können die Durchlasskennlinien durch elektrische Ersatzschaltbilder beschrieben werden. Das Ersatzschaltbild einer leitenden Diode ist in Bild 2.11 gezeigt. Es gilt sinngemäß ebenso für Thyristoren im leitenden Betrieb, wenn die Indizes D (Diode) bzw. F (Forward) durch T (Thyristor) ersetzt werden.

Die gesamte Durchlassspannung der Diode ergibt sich aus dem Augenblickswert des Diodenstromes i_{D} und den Daten der Ersatzschaltung nach Bild 2.11 [Zastrow10].

$$u_{\mathrm{F}} = U_{\mathrm{F(TO)}} + i_{\mathrm{D}} \cdot r_{\mathrm{D}}$$

Berechnet wird der arithmetische Mittelwert P_{F} der Verlustleistung $p_{\mathrm{F}}(t)$, der während der Periodendauer T anfällt. Die Diode leitet in der Zeit zwischen t_1 und t_2.

$$P_{\mathrm{F}} = \frac{1}{T} \cdot \int_{t_1}^{t_2} p_{\mathrm{F}}(t) \cdot \mathrm{d}t = \frac{1}{T} \cdot \int_{t_1}^{t_2} u_{\mathrm{F}}(t) \cdot i_{\mathrm{D}}(t) \cdot \mathrm{d}t$$

$$P_{\mathrm{F}} = \frac{1}{T} \cdot \int_{t_1}^{t_2} \left(U_{\mathrm{F(TO)}} + i_{\mathrm{D}}(t) \cdot r_{\mathrm{D}} \right) \cdot i_{\mathrm{D}}(t) \cdot \mathrm{d}t$$

$$P_{\mathrm{F}} = \frac{1}{T} \cdot \int_{t_1}^{t_2} \left(U_{\mathrm{F(TO)}} \cdot i_{\mathrm{D}}(t) + i_{\mathrm{D}}(t)^2 \cdot r_{\mathrm{D}} \right) \cdot \mathrm{d}t$$

$$P_{\mathrm{F}} = U_{\mathrm{F(TO)}} \cdot \frac{1}{T} \cdot \int_{t_1}^{t_2} i_{\mathrm{D}}(t) \cdot \mathrm{d}t + \frac{1}{T} \cdot \int_{t_1}^{t_2} i_{\mathrm{D}}(t)^2 \cdot r_{\mathrm{D}} \cdot \mathrm{d}t \tag{2.10}$$

In Gl. 2.10 berechnet man mit dem ersten Integral den Mittelwert I_{FAV} des Diodenstroms. Das zweite Integral liefert den Effektivwert I_{FRMS} des Diodenstroms. Somit können die Durchlassverluste einer Diode bzw. eines Thyristors folgendermaßen ermittelt werden:

$$\begin{aligned} &\text{Diode} && P_{\mathrm{F}} = U_{\mathrm{F(TO)}} \cdot I_{\mathrm{FAV}} + I_{\mathrm{FRMS}}^2 \cdot r_{\mathrm{D}} \\ &\text{Thyristor} && P_{\mathrm{T}} = U_{\mathrm{T(TO)}} \cdot I_{\mathrm{TAV}} + I_{\mathrm{TRMS}}^2 \cdot r_{\mathrm{T}} \end{aligned} \tag{2.11}$$

Bei der Berechnung der Durchlassverluste tritt neben dem Effektivwert offensichtlich auch der Mittelwert des Stromes auf. Dies gilt allgemein für alle bipolaren Bauelemente, die eine stromunabhängige Durchlassspannung aufweisen. Letztere äußert sich im Ersatzschaltbild durch eine Gleichspannungsquelle.

Die Durchlassverluste von Diode und Thyristor sind sowohl vom Mittel- als auch vom Effektivwert des Durchlassstromes abhängig. ■

Beispiel 2.12 Verlustleistung bei einem Thyristor

Ermitteln Sie die Verlustleistung, die in einem Thyristor entsteht, der einen Dauergleichstrom von 10 A führt ($U_{T(T0)}$ = 1.2 V, r_T = 15 mΩ).

Lösung:

Zunächst müssen Mittel- und Effektivwert des Thyristorstroms berechnet werden. Bei einem Gleichstrom sind beide Werte identisch und betragen 10 A.

$$I_{TAV} = I_{TRMS} = 10\,\mathrm{A}$$

Eingesetzt in Gl. 2.11 erhält man mit den gegebenen Daten

$$P_T = U_{T(T0)} \cdot I_{TAV} + I_{TRMS}^2 \cdot r_T = 1.2\,\mathrm{V} \cdot 10\,\mathrm{A} + 10^2\ \mathrm{A}^2 \cdot 0.015\,\Omega$$

$$P_T = 12\,\mathrm{W} + 100\,\mathrm{A}^2 \cdot 0.015\,\Omega = 12\,\mathrm{W} + 1.5\,\mathrm{W} = 13.5\,\mathrm{W}$$

■

Übung 2.5

Berechnen Sie die Verlustleistung des in Beispiel 2.12 gegebenen Thyristors, wenn dieser von einem periodisch rechteckförmigen Strom mit einer Amplitude von 10 A entsprechend Bild 2.44 durchflossen wird.

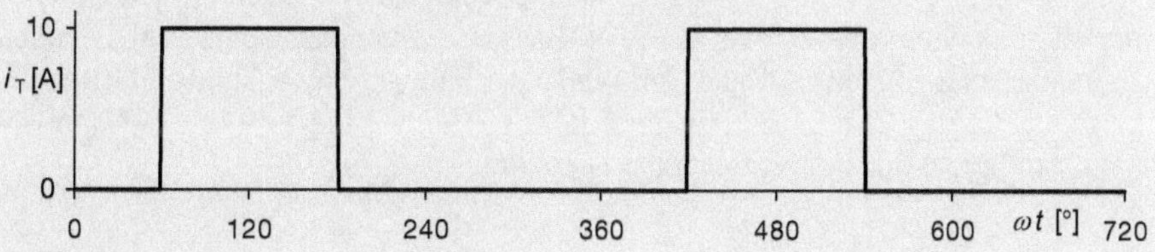

Bild 2.44 Stromverlauf zur Übung 2.5 ■

Übung 2.6

Berechnen Sie die Verlustleistung des in Beispiel 2.12 gegebenen Thyristors, wenn dieser von einem Sinushalbwellenstrom mit einer Amplitude von 2 A entsprechend Bild 2.45 durchflossen wird.

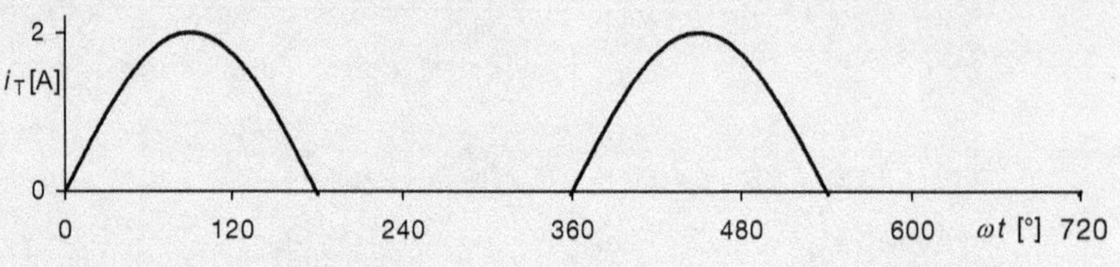

Bild 2.45 Stromverlauf zur Übung 2.6

2.10.2 Verluste bei Transistoren

Transistoren werden in Anwendungen eingesetzt, die meist höhere Schaltfrequenzen erfordern. Neben den Durchlassverlusten sind hier insbesondere die Schaltverluste bei der Leistungsermittlung zu berücksichtigen.

2.10.2.1 Durchlassverluste

Die Gleichungen zur Bestimmung der Durchlassverluste hängen davon ab, ob MOSFETs oder IGBTs verwendet werden.

MOSFET

MOSFETs sind unipolare Bauelemente. Dies bedeutet, dass der Ladungstransport innerhalb des Bauelements nur auf einer Ladungsträgerart basiert. Beim N-Kanal-MOSFET sind dies Elektronen, beim P-Kanal-MOSFET herrscht dagegen Löcherleitung vor. Im Strompfad innerhalb des Bauelements liegt kein PN-Übergang. Daher tritt eine Schleusenspannung, wie man sie von Dioden und anderen bipolaren Bauelementen kennt, hier nicht auf. Die einzige Quelle der Durchlassverluste sind die Stromwärmeverluste am Bahnwiderstand $R_{\mathrm{DS(on)}}$. Man berechnet sie mit folgender Gleichung:

$$P_{\mathrm{VDS}} = I_{\mathrm{TRMS}}^2 \cdot r_{\mathrm{DS(on)}}$$

Hierbei bedeutet der Index VDS: Verluste im Durchlassbetrieb bei einem Schalter.

IGBT

Der IGBT ist im Ansteuerkreis ein spannungsgesteuertes Bauelement mit internem bipolaren Aufbau. Ebenso wie beim MOSFET können die Steuerverluste vernachlässigt werden. Der Leistungskreis hingegen enthält PN-Übergänge. Somit muss bei der Ermittlung der Durchlassverluste die Schleusenspannung beachtet werden. Gl. 2.11 von Diode und Thyristor lässt sich mit angepassten Indizes verwenden.

$$P_{\mathrm{VDS}} = U_{\mathrm{S(T0)}} \cdot I_{\mathrm{SAV}} + I_{\mathrm{SRMS}}^2 \cdot r_{\mathrm{Sdiff}} \tag{2.12}$$

Die Indizes haben folgende Bedeutung:

S(T0): temperaturabhängige Schalterschleusenspannung

SAV: Schalterstrommittelwert (Average)

SRMS: Schalterstromeffektivwert (Root Mean Square)

Sdiff: differentieller Schalterwiderstand

Beispiel 2.13 Durchlassverluste eines IGBT im Tiefsetzsteller

Ermitteln Sie die Durchlassverlustleistung eines IGBTs, der als Schalter in einem Tiefsetzsteller eingesetzt wird. Der Stromverlauf durch das Bauelement hat das zeitliche Verhalten aus Bild 2.46. Die Durchlassspannung des IGBT beträgt 3 V bei einem differentiellen Widerstand von 150 mΩ.

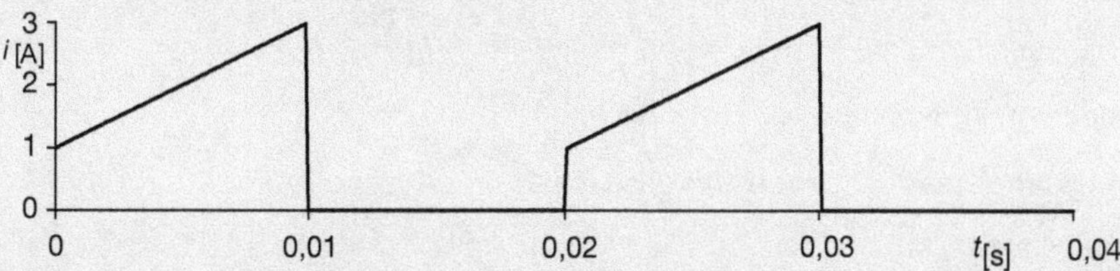

Bild 2.46 Stromverlauf durch den IGBT aus Beispiel 2.13

Lösung:
Die Berechnung erfolgt mit Hilfe von Gl. 2.12. Zuvor müssen aber Mittelwert I_{SAV} und Effektivwert I_{SRMS} des Schalterstromes herausgefunden werden. Dies gelingt mit Hilfe der Ergebnisse von Übung 1.7. Überträgt man die dort ermittelte Lösung auf den Stromverlauf aus Bild 2.46 , so ergibt sich der Effektivwert mit

$$I_a = 1\,\mathrm{A} \quad I_b = 3\,\mathrm{A} \quad D = \frac{0.01}{0.02} = 0.5$$

$$I_{SRMS} = \sqrt{\frac{D}{3}\cdot\left(I_b^2 + I_a \cdot I_b + I_a^2\right)} = \sqrt{\frac{0{,}5}{3}\cdot\left(3^2\,\mathrm{A}^2 + 1\,\mathrm{A}\cdot 3\,\mathrm{A} + 1^2\,\mathrm{A}^2\right)}$$

$$I_{SRMS} = \sqrt{\frac{0.5}{3}\cdot 13\,\mathrm{A}^2} = 1.47\,\mathrm{A}$$

Der Mittelwert wird folgendermaßen berechnet:

$$I_{SAV} = \frac{1}{2}\cdot(3\,\mathrm{A} + 1\,\mathrm{A})\cdot D = \frac{1}{2}\cdot(4\,\mathrm{A})\cdot\frac{1}{2} = 1\,\mathrm{A}$$

Mit diesen Zwischenergebnissen wird Gl. 2.12 ausgewertet. Man erhält

$$P_{VDS} = U_{S(T0)}\cdot I_{SAV} + I_{SRMS}^2 \cdot r_{Sdiff}$$

$$P_{VDS} = 3\,\mathrm{V}\cdot 1\,\mathrm{A} + (1.47\,\mathrm{A})^2 \cdot 0.15\,\Omega = 3\,\mathrm{W} + 0.324\,\mathrm{W} = 3.324\,\mathrm{W}$$

■

2.10.2.2 Schaltverluste

Die Schaltverluste entstehen vornehmlich dadurch, dass während des Schaltvorganges gleichzeitig hohe Werte von Strom und Spannung am Schalter auftreten. Die prinzipiellen Verhältnisse sind in Bild 2.9 wiedergegeben. Die schraffiert gezeichneten Dreiecksflächen stellen die bei jedem Schaltvorgang anfallenden Verlustenergien dar. Je häufiger Schaltvorgänge stattfinden, je größer also die Schaltfrequenz ist, umso mehr dieser Dreiecksflächen entstehen. Die Schaltverluste sind demnach proportional zur Schaltfrequenz.

MOSFET, IGBT

Üblicherweise werden die Verlustenergien, die beim Ein- und Ausschalten der Bauelemente anfallen, im Datenblatt angegeben. Die Schaltverluste berechnet man folgendermaßen:

$$P_{\mathrm{VSS}} = \left(E_{\mathrm{on}} + E_{\mathrm{off}}\right) \cdot f_{\mathrm{S}} \tag{2.13}$$

Hierbei bezeichnen

P_{VSS}: Verlustleistung, die beim Schalten im Schalter auftritt

E_{on}: anfallende Verlustenergie beim Einschalten

E_{off}: anfallende Verlustenergie beim Ausschalten

f_{S}: Schaltfrequenz, mit der der Schalter ein- und ausgeschaltet wird

Diode

In praktisch allen Stromrichtern, die im Schaltbetrieb arbeiten, werden Freilaufdioden eingesetzt. Deren Schaltverluste müssen ebenfalls berücksichtigt werden. Die Schaltverluste dieser Dioden kann man näherungsweise aus der Datenblattangabe ihrer Rückwärtserholladung (reverse recovery charge) Q_{rr} gewinnen. Bis zum Aufbau der Sperrspannung wird ein großer Teil dieser Ladung nahezu verlustlos ausgeräumt. Aus diesem Grund setzt man i. Allg nur die halbe Ladung Q_{rr} zur Verlustermittlung an:

$$P_{\mathrm{VSD}} = f_{\mathrm{S}} \cdot \frac{Q_{\mathrm{rr}}}{2} \cdot U_{\mathrm{d}} \tag{2.14}$$

In dieser Gleichung bedeuten

P_{VSD}: Verlustleistung, die beim Schalten in der Diode auftritt

f_{S}: Schaltfrequenz, mit der der Schalter ein- und ausgeschaltet wird

Q_{rr}: Angabe im Datenblatt über die Speicherladung in der Diode

U_{d}: beim Abschaltvorgang an der Diode auftretende Sperrspannung

Übung 2.7

Gegeben ist ein IGBT in einer Gleichstromstellerschaltung mit den folgenden Daten: $r_{\mathrm{Sdiff}} = 200\ \mathrm{m\Omega}$, $U_{\mathrm{S(TO)}} = 1\ \mathrm{V}$.

Der IGBT arbeitet mit einem Tastgrad von $D = 1/3$ und schaltet den Strom, wie in Bild 2.47 dargestellt.

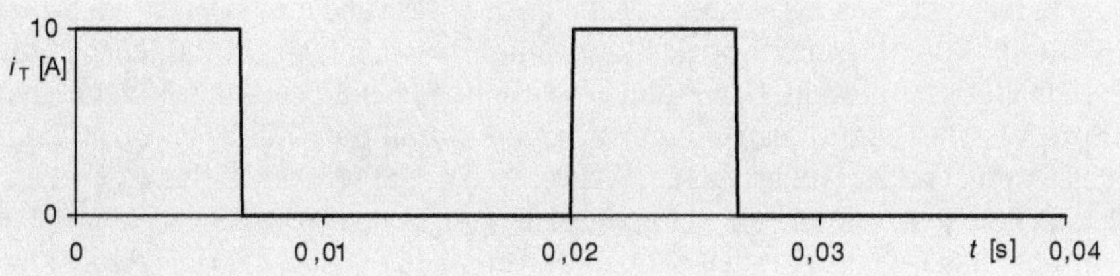

Bild 2.47 Zeitverlauf zur Übung 2.7

Aus welchen Anteilen setzt sich die Verlustleistung eines Schaltvorganges zusammen, wenn die Einschaltverluste als null angenommen werden können? Geben Sie die Gleichungen zur Berechnung der einzelnen Anteile an. Bei I = 10 A beträgt die Ausschaltenergie E_{off} = 2 mJ. Berechnen Sie die einzelnen Verlustleistungsanteile sowie die gesamte Verlustleistung im Bauelement bei einer Schaltfrequenz von 1 kHz. ■

2.10.3 Wärmetransport und Auslegung der Kühlung

Die einwandfreie Funktion von Leistungshalbleitern setzt die Einhaltung der vom Hersteller vorgegebenen maximalen Sperrschichttemperatur voraus. Um diese Temperatur im zulässigen Bereich zu halten, müssen die Bauelemente meist gekühlt werden. Im einfachsten Fall geschieht dies über Konvektionskühlung. Bei besonderen Anforderungen kann die Kühlleistung durch den Einsatz von Ventilatoren oder sogar Flüssigkeitskühlung drastisch erhöht werden.

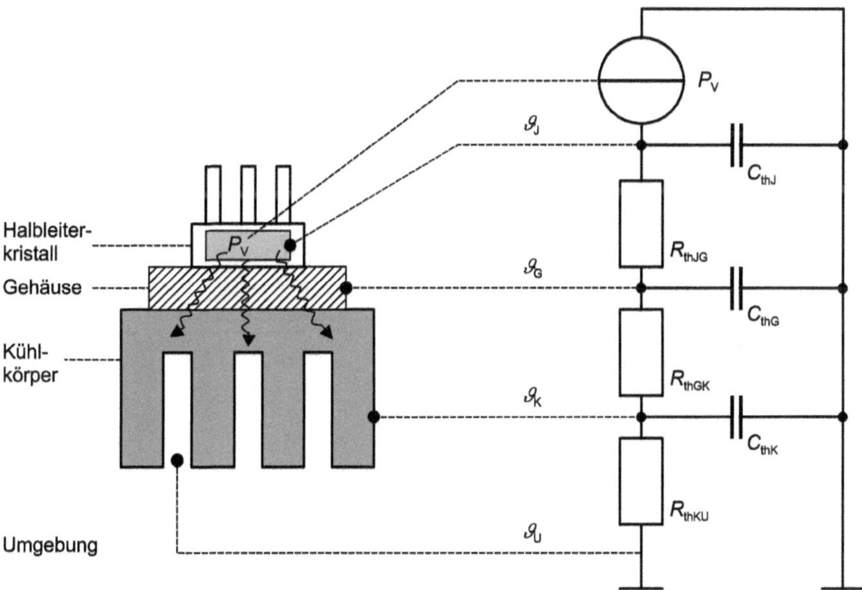

Bild 2.48 Thermisches Ersatzschaltbild eines Halbleiters mit Kühlkörper

Für die Berechnung des notwendigen Kühlkörpers verwendet man die Modellvorstellung aus Bild 2.48 [Hofer95]. Links ist die Skizze eines realen, mit einem Kühlkörper ausgestatteten Halbleiters dargestellt. Der Halbleiter besteht zum einen aus dem eigentlichen Halbleiterkristall. Über sein Gehäuse ist er mechanisch mit dem Kühlkörper verbunden. Die Verlustleistung entsteht innerhalb des Kristalls an der Sperrschicht (Junction). Damit sich der Kristall nicht unzulässig erwärmt, muss die umgesetzte Wärmeenergie von der Sperrschicht über das Gehäuse an den Kühlkörper und von dort an die Umgebung abgegeben werden.

Im rechten Teil von Bild 2.48 ist das thermische Ersatzschaltbild zu sehen. Es ist ganz ähnlich aufgebaut wie ein elektrisches Schaltbild und besteht aus Widerständen, Kondensatoren sowie ein oder mehreren Stromquellen. Die Analogie zwischen thermischen und elektrischen Größen wird in Tabelle 2.5 veranschaulicht. Hierbei entspricht der elektrische Strom dem Wärmestrom P_v und die Spannungsdifferenz zwischen zwei Punkten der jeweiligen Temperaturdifferenz $\Delta\vartheta$. Der Wärmewiderstand R_{th} und die spezifische Wärmekapazität C_{th} sind materialabhängig.

Tabelle 2.5 Analogie thermischer und elektrischer Kenngrößen

Thermische Kenngröße	Elektrische Kenngröße
Wärmemenge W (Energie) [J, Ws]	Ladung Q [As, C]
Wärmestrom P (Leistung) [W]	Strom I [A]
Temperaturunterschied $\Delta\vartheta$ [K]	Spannung U [V]
Wärmewiderstand R_{th} [K/W]	Widerstand R [Ω]
Wärmekapazität C_{th} [Ws/K, J/K]	Kapazität C [As/V, F]

Wärmewiderstand

Der Wärmewiderstand wird in Kelvin pro Watt (K/W) angegeben. Er beschreibt, um wie viel Kelvin sich die Temperatur des Materials dauerhaft erhöht, wenn ein Wärmestrom einer bestimmten Leistung hindurchfließt. Die Berechnung der Temperaturerhöhung gilt nur für den Stationärfall, d. h. wenn der Wärmestrom in unveränderter Höhe und über eine lange Zeitdauer vorliegt.

Wärmewiderstände werden verwendet, um Temperaturen von Kühlkörpern, Gehäusen und Halbleiterkristallen zu berechnen, die bei maximaler Verlustleistung im Halbleiter entstehen. Mit Hilfe dieser Rechnung wird ein passender Kühlkörper für eine Anwendung ausgewählt.

Beispiel 2.14 Temperaturerhöhung am Wärmewiderstand

Ein Kühlkörper besitzt einen Wärmewiderstand von 1.5 K/W und gibt einen Wärmestrom von 100 W an die Umgebung ab. Welche Temperatur nimmt der Kühlkörper dauerhaft an, wenn die Umgebungstemperatur 30 °C beträgt?

Lösung:

Ein Wärmestrom von 100 W führt an einem thermischen Widerstand von 1.5 K/W zu einer Temperaturerhöhung, die wie folgt berechnet wird:

$$\Delta\vartheta = P_V \cdot R_{th} = 100\,\mathrm{W} \cdot 1.5\,\frac{\mathrm{K}}{\mathrm{W}} = 150\,\mathrm{K}$$

Ausgehend von einer Umgebungstemperatur von 30 °C wird der Kühlkörper also um 150 K wärmer und nimmt damit langfristig eine Temperatur von 150 K + 30 °C = 180 °C an. ■

Übung 2.8

Wodurch wird der Wärmewiderstand eines Kühlkörpers beeinflusst? ■

Wärmekapazität

Die Wärmekapazität beschreibt das Wärmespeichervermögen eines Materials und damit auch die Geschwindigkeit seiner Temperaturänderungen als Reaktion auf einen bestimmten Wärmeeintrag.

Beispiel 2.15 Wärmekapazität einer Steinmauer

An kühlen Sommerabenden stellt man fest, dass es an einer Steinmauer, die am Nachmittag von der Sonne bestrahlt wurde, noch angenehm warm ist. Dies ist die Folge der vergleichsweise großen Wärmekapazität von Steinen. Sie haben ein hohes Speichervermögen, d. h. können eine große Menge Wärmeenergie aufnehmen. Untersucht man die Steinmauer dagegen morgens, kurz nachdem die ersten Sonnenstrahlen das Mauerwerk beschienen haben, dann beobachtet man, dass die Mauer noch kalt ist. Eine hohe spezifische Wärmekapazität bedeutet also auch, dass das Material auf einen Wärmeeintrag sehr langsam mit Temperaturerhöhung reagiert. ■

Die spezifische Wärmekapazität ist aus der Physik bekannt. Sie wird in der Einheit Joule pro Gramm und Kelvin (J/(g K)) angegeben und bezeichnet die erforderliche Wärmemenge, um ein Gramm des Materials um ein Kelvin zu erwärmen.

Beispiel 2.16 Erwärmung eines Materials

Gegeben sind 3.2 kg eines Materials mit einer spezifischen Wärmekapazität C_{Mat} von 4.2 J/(g K). Es wird für die Dauer von 18 s einer Wärmeleistung P_{V} von 12 kW ausgesetzt. Wie groß ist die Temperaturerhöhung des Materials nach den 18 s?

Lösung:

Zunächst wird die Wärmeenergie W_{V} berechnet, die in den 18 s an das Material abgegeben wird. Sie beträgt

$$W_{\text{V}} = P_{\text{V}} \cdot \Delta t = 12\,\text{kW} \cdot 18\,\text{s} = 216\,\text{kWs} = 216\,\text{kJ} = 216000\,\text{J}$$

Die Temperaturerhöhung ermittelt man mit der folgenden Gleichung; dabei bezeichnet m die Masse des erwärmten Materials.

$$W_{\text{V}} = C_{\text{Mat}} \cdot m \cdot \Delta\vartheta = 4.2 \frac{\text{J}}{\text{g} \cdot \text{K}} \cdot 3.2\,\text{kg} \cdot \Delta\vartheta$$

Diese Gleichung wird so umgestellt, dass die Temperaturänderung berechnet werden kann. Man erhält

$$\Delta\vartheta = \frac{W_{\text{V}}}{C_{\text{Mat}} \cdot m} = \frac{216000\,\text{J}}{4.2 \frac{\text{J}}{\text{g} \cdot \text{K}} \cdot 3.2\,\text{kg}} \approx 16\,\text{K}$$

Für das Beispiel ergibt sich eine Temperaturerhöhung um etwa 16 K. Hierbei ist allerdings nicht berücksichtigt, dass im Verlauf der 18 s natürlich ein Teil der Wärmeenergie W_{V} über den hier nicht mit einbezogenen und zahlenmäßig auch nicht benannten Wärmewiderstand an die Umgebung abgegeben wird und *nicht* zu einer Temperaturerhöhung des Materials führt. ■

Aus der spezifischen Wärmekapazität erhält man mit dem Volumen V und der Materialdichte ρ die thermische Wärmekapazität durch die Beziehung

$$C_{\text{th}} = C_{\text{Mat}} \cdot V \cdot \rho$$

Aus der thermischen Wärmekapazität und dem Wärmewiderstand wird die materialabhängige thermische Zeitkonstante T_{th} berechnet.

$$T_{\text{th}} = R_{\text{th}} \cdot C_{\text{th}}$$

Mit Hilfe dieser Zeitkonstanten können auch Temperaturverläufe als Reaktion auf kurzfristige Wärmeeinträge berechnet werden, die als Folge von Verlustleistungsspitzen entstehen.

Wärmekapazitäten von Halbleiterkristallen sind üblicherweise sehr klein. Dies bedeutet, dass Änderungen der Verlustleistung sich sofort in einer Temperaturänderung des Halbleiterkristalls, also der Sperrschicht, niederschlagen. Als Anhaltspunkt sind in Tabelle 2.6 Abschätzungen für thermische Zeitkonstanten für Halbleiter, Gehäuse und Kühlkörper angegeben.

Tabelle 2.6 Thermische Zeitkonstanten

Material	Thermische Zeitkonstante
Silizium	2 ms
Halbleitergehäuse	2 s
Kühlkörper	2 bis 20 min

Berechnung des Kühlkörpers

Um den Kühlkörper auszulegen, muss zunächst die Umgebungstemperatur bestimmt werden, bei der der Kühlkörper noch in der Lage sein muss, den Wärmestrom nach außen abzugeben. Die Auslegung muss für den schlechtesten Fall durchgeführt werden. In geschlossenen Schaltschränken können durchaus Temperaturen von 40 °C erreicht werden. Anwendungen im Automobil, beispielsweise leistungselektronische Einbauten in geschlossenen Getriebekästen, müssen mit deutlich höheren Umgebungstemperaturen zurechtkommen.

Die maximal zulässige Sperrschichttemperatur ist materialabhängig und wird dem Datenblatt des jeweiligen Leistungshalbleiters entnommen. Siliziumhalbleiter vertragen etwa 170 °C.

Ausgehend von der angenommenen Umgebungstemperatur wird der Widerstand des Kühlkörpers so festgelegt, dass die maximal zulässige Sperrschichttemperatur T_J nicht überschritten wird. Die Berechnung erfolgt analog zum elektrischen Stromkreis.

Der Temperaturunterschied zwischen Sperrschicht und Umgebung beträgt $\Delta\vartheta$ und wird vom Wärmestrom P_V hervorgerufen, der über den gesamten thermischen Widerstand Z_{th} der Anlage fließt.

$$\Delta\vartheta = \vartheta_J - \vartheta_U = P_V \cdot Z_{th}$$

Für den stationären Dauerbetrieb können die Wärmekapazitäten vernachlässigt werden; es genügt die Berücksichtigung der Wärmewiderstände zwischen der Wärmequelle und der Umgebung.

$$\Delta\vartheta = \vartheta_J - \vartheta_U = P_V \cdot \left(R_{thJG} + R_{thGK} + R_{thKU}\right)$$

Der Wärmewiderstand zwischen dem Halbleitergehäuse und dem Kühlkörper ist klein und bleibt bei Verwendung von Wärmeleitpaste bei ca. 0.05 K/W. Die Daten der anderen Wärmewiderstände R_{thJG} und R_{thKU} sowie die zulässige Sperrschichttemperatur entnimmt man den jeweiligen Datenblättern.

Tabelle 2.7 Auswahl verfügbarer Kühlkörper

Nr.	1	2	3	4	5	6	7	8	9	10	11
R_{th} [K/W]	3.2	2.3	2.2	2.1	1.7	1.3	1.3	1.25	1.2	0.8	0.65
V [cm³]	76	99	181	198	298	435	675	608	634	695	1311

Beispiel 2.17 Kühlkörperauswahl

Bei einer Verlustleistung von 26 W erreicht die Sperrschichttemperatur eines Transistors 125 °C. Der Wärmewiderstand R_{thJG} beträgt laut Herstellerangabe 0.9 K/ W. Zwischen Kühlkörper und Transistorgehäuse wird ein elektrischer Isolator eingebaut. Der thermische Widerstand des Isolators beträgt unter Verwendung von Wärmeleitpaste 0.4 K/W. Berechnen Sie den erforderlichen Wärmewiderstand des Kühlkörpers, wenn die maximal auftretende Umgebungstemperatur 55 °C beträgt. Wählen Sie aus Tabelle 2.7 einen passenden Kühlkörper aus.

Lösung:

Die Temperaturdifferenz zwischen Sperrschicht und Umgebung beträgt 70 K.

$$\Delta\vartheta = \vartheta_J - \vartheta_G = 125\,°C - 55\,°C = 70\,K$$

Der Wärmestrom darf am gesamten Wärmewiderstand höchstens diese Temperaturdifferenz von 70 K hervorrufen. Dies gelingt nur, wenn der Wärmewiderstand des Kühlkörpers kleiner bleibt als 1.39 K/W.

$$\Delta\vartheta = \vartheta_J - \vartheta_U = P_V \cdot \left(R_{thJG} + R_{thGK} + R_{thKU}\right)$$

$$R_{thKU} = \frac{\Delta\vartheta}{P_V} - \left(R_{thJG} + R_{thGK}\right) = \frac{70\,K}{26\,W} - \left(0.9\,\frac{K}{W} + 0.4\,\frac{K}{W}\right)$$

$$R_{thKU} = \frac{70\,K}{26\,W} - 1.3\,\frac{K}{W} = 1.39\,\frac{K}{W}$$

Damit kann der Kühlkörper Nr. 6 aus Tabelle 2.7 verwendet werden. Sein Wärmewiderstand ist mit 1.3 K/W sogar etwas geringer als gefordert. So wird die Sperrschichttemperatur kleiner als 125 °C bleiben. Die Verlustleistung eines Bauelements nimmt mit steigender Sperrschichttemperatur zu, so dass sie als Folge der etwas geringeren Sperrschichttemperatur vermutlich sogar kleiner als 26 W bleibt.

In der Praxis kann es wirtschaftlich sinnvoll sein, einen speziellen Kühlkörper zu suchen, der nahe an den Wert von 1.39 K/W herankommt. Dieser wird noch leichter und kleiner sein als Kühlkörper Nr. 6 aus Tabelle 2.7 . ■

Übung 2.9

Ein IGBT erzeugt eine Gesamtverlustleistung von 12 W und ist zusammen mit einer Diode, deren Verlustleistung 20 W beträgt, auf einem gemeinsamen Kühlkörper montiert. Die Wärmewiderstände zwischen Gehäuse und Kühlkörper haben jeweils die Größe R_{thJG} = 1 K/W. Beide Bauelemente sind mit einer Isolierfolie (R_{thISO} = 0.5 K/W) vom Kühlkörper galvanisch getrennt.

Geben Sie zunächst ein geeignetes elektrisches Ersatzschaltbild an. Welchen Wärmewiderstand R_{thKU} muss der Kühlkörper haben, wenn keine der beiden Sperrschichttemperaturen 110 °C übersteigen soll und die Umgebungstemperatur maximal 40 °C annehmen darf? ■

2.11 Datenblattangaben für Dioden und Transistoren

Lernziele

Die Lernenden

- verstehen den Aufbau von Datenblättern für leistungselektronische Bauteile
- wenden ihre Kenntnisse der Bauelemente an
- kennen wichtige Datenblattangaben und können sie interpretieren

In diesem Abschnitt wird basierend auf [Semikron10] und [Semikron11] die Anwendung von Datenblättern für leistungselektronische Bauelemente besprochen. Deren Aufbau und Inhalte sind in der IEC 60747 standardisiert. Neben allgemeinen Bezeichnungsangaben enthält die Norm insbesondere produkt-spezifische Abschnitte für die einzelnen Bauelementtypen Dioden, Thyristoren, Feldeffekt-Transistoren und IGBTs.

2.11.1 Verwendete Kurzzeichen und Indizes in Datenblättern

Aufgrund der Vielzahl von vorhandenen Bauelementtypen werden zur Bezeichnung von Anschlüssen und elektrischen Größen Abkürzungen und Symbole verwendet, deren Kenntnis für das Verständnis unbedingt erforderlich ist. Praktisch alle Datenblattangaben erfolgen in englischer Sprache; daher decken sich nicht alle international gebräuchlichen Abkürzungen mit ihren deutschen Äquivalenten. Obwohl in den Datenblättern das Formelzeichen V für die elektrische Spannung dient, wird aus Gründen der konsistenten Notation auch in diesem Abschnitt weiterhin U genutzt,

Spannungsangaben

Spannungsangaben enthalten bis zu 4 Indexangaben i, k, m und *zusatz*. Die beiden führenden Indizes i und k geben an, auf welche Anschlüsse sich die Spannung bezieht. Bei Transistoren kann der dritte Index m ergänzt werden. Er bezeichnet die Art der Verbindung zwischen der Klemme k und dem noch nicht genannten dritten Transistoranschluss. Der letzte Index *zusatz* präzisiert weitere Parameter. Doppelte Indexangaben i,i kennzeichnen Versorgungsspannungen. Eine Übersicht über gebräuchliche Indizes liefert Tabelle 2.8.

Beispiel 2.18 Spannungsangaben in Datenblättern

Erläutern Sie die Bedeutung nachfolgender Kürzel: U_F, U_{GG}, U_{CES}, $U_{GE(th)}$, U_{CEsat}, $U_{DS(BR)}$

Lösung:

U_F: Spannung in Durchlassrichtung einer Diode; wird oft verwendet an Stelle von U_{AK}

U_{GG}: Versorgungsspannung eines Gate-Emitter Schaltkreises

U_{CES}: Kollektor-Emitter-Spannung bei kurzgeschlossener Gate-Emitter-Strecke

$U_{GE(th)}$: Schwellspannung für den Gate-Emitter Kreis

U_{CEsat}: Kollektor-Emitter-Spannung bei voll durchgeschaltetem Transistor

$U_{DS(BR)}$: Blockierspannung, bei der Drain-Source Strecke durchbricht ■

Stromangaben

Der erste Index *i* bei Stromangaben bezeichnet in Tabelle 2.8 den Anschluss, über den der Strom in ein Bauelement hineinfließt. Bei Sperr- oder Leckströmen kennzeichnet der zweite Index *k* den Anschluss des Bauelements, an dem die Sperrspannung anliegt. Ein eventueller dritter Index *m* hat dieselbe Bedeutung wie bei Spannungsangaben. Bei Stromangaben erläutert der Index *zusatz*, ob Mittel- oder Effektivwert usw. gemeint ist. Wie bei den Spannungsangaben sind bei Dioden die Indizes *F* und *R* für Durchlass- und Sperrrichtung üblich.

Tabelle 2.8 Übersicht über Indizes bei Strom- und Spannungsangaben ([1] nur bei Transistoren; [2] bei Angabe von Spannungen)

Indizes *i, k*	Bedeutung	Index *m*[1]	Bedeutung	Index *zusatz*	Bedeutung
C	Kollektor	S	Kurzschluss	AV	Mittelwert (average)
E	Emitter	R	Resistance	RMS	Effektivwert (root mean square)
G	Gate			M	Maximum
D	Drain			R	Periodisch (repetitive)
S	Source			S	Nicht-periodisch (spike)
K	Kathode			puls	Gepulst
A	Anode			(BR)[2]	Durchbruchspannung
F	Durchlassrichtung (Diode)			sat[2]	Sättigungsspannung
R	Sperrrichtung (Diode)			(th)[2]	Schwellspannung
C	Kollektor	S		clamp[2]	Klemmspannung (ext. Bauelemente)

Angaben zur thermischen Belastbarkeit

Temperaturangaben werden durch das Symbol ‚*T*', thermische Widerstände durch ‚*R*' eingeleitet und durch entsprechende Indizes nach Tabelle 2.9 präzisiert. Bei der Angabe von Temperaturunterschieden bzw. thermischen Widerständen werden die betreffenden Punkte durch Indizes benannt, die wiederum durch Bindestriche getrennt sind.

Tabelle 2.9 Übersicht über Indizes bei Angaben zur thermischen Belastbarkeit

Indizes *i*, *k*	Bedeutung
j	Sperrschicht (junction)
c	Gehäuse (case)
s	Kühlkörper (sink)
r	Referenzpunkt (integrierter Sensor)
a	Umgebung (ambient)

Beispiel 2.19 Bezeichnungen in Datenblättern

Erläutern Sie die Bedeutung nachfolgender Kürzel: I_{FAV}, I_{DSRMS}, $\Delta T_{j\text{-}s}$, $R_{thj\text{-}c}$, U_{RSM}.

Lösung:

I_{FAV}: Mittelwert des Durchlassstromes einer Diode

I_{DSRMS}: Effektivwert des Drain-Source Stroms bei einem MOSFET

$\Delta T_{j\text{-}s}$: Unterschied zwischen Kühlkörper- und Sperrschichttemperatur

$R_{thj\text{-}c}$: Wärmewiderstand zwischen Sperrschicht und Halbleitergehäuse

U_{RSM}: Maximalwert (M) der nicht-periodischen (S) Sperrspannung (R) einer Diode ■

Andere Angaben

Mechanische Parameter beziehen sich hauptsächlich auf Kräfte ‚*F*' und Drehmomente ‚*M*', die bei der Montage der Bauelemente beachtet werden müssen. Dies können Anzugsdrehmomente für Schrauben oder zulässige Zugkräfte an Bauelementanschlüssen sein. Schaltzustände werden ebenfalls als Index angegeben (off: ausgeschaltet, on: eingeschaltet).

2.11.2 Angabe von Kenndaten und Grenzwerten

Grenzwerte und Kenndaten werden tabellarisch und in Form von Diagrammen angegeben. Die aufgeführten Maximalwerte stellen höchstzulässige elektrische, thermische oder mechanische Beanspruchungen dar, bei denen das Bauelement *gerade noch nicht* geschädigt wird. Sie dürfen keinesfalls überschritten werden.

Sowohl Maximalwerte als auch charakteristische Daten werden von den Herstellern unter genau definierten Umgebungsbedingungen ermittelt und in der Regel für eine Temperatur von 25 °C angegeben. Liegen in der konkreten Anwendung abweichende Bedingungen vor, müssen die zulässigen Werte angepasst werden. Auch führt die Alterung von Bauelementen i. Allg. dazu, dass sich die Werte verringern. Statische Maximalwerte bezeichnen höchstzulässige Beanspruchungen. Daneben begrenzen dynamische Maximalwerte u. U. zulässige Verläufe von Strömen und Spannungen bei Ein- bzw. Ausschaltvorgängen.

2.11.3 Gleichrichterdioden

Die Angabe der Sperrschichttemperatur T_j bezieht sich auf einen Bereich innerhalb eines Leistungshalbleiters, an dem elektrische Verluste in Wärme umgesetzt werden. Sie entzieht sich einer direkten Messung und stellt einen theoretischen Wert dar, von dem sich die tatsächliche Temperatur an einem räumlich ausgedehnten PN-Übergang merklich unterscheiden kann. Diese Unterschiede nehmen mit der Chip-Fläche zu. Typischerweise liegt der heißeste Punkt (hot spot) in der Mitte des Chips.

Die maximale Sperrschichttemperatur stellt den kritischen Grenzwert für Leistungshalbleiter dar und ist gleichzeitig die Bezugsgröße für die Ermittlung der meisten charakteristischen Werte. Sie kann unter Verwendung der gemessenen Gehäusetemperatur, den Verlustleistungen sowie der Wärmewiderstände mit der Vorgehensweise aus Abschnitt 2.10 abgeschätzt werden.

2.11.3.1 Grenzwerte (Absolute maximum ratings)

Maximalwerte zulässiger Spannungen

Bei den zulässigen Maximalwerten der Spannung wird zwischen periodisch und nichtperiodisch auftretenden Vorgängen unterschieden. In Bild 2.49 sind zwei wesentliche Größen schematisch wiedergegeben. Der periodisch wiederkehrende Spitzenwert der Sperrspannung wird mit U_{RRM} bezeichnet. Er ist merklich kleiner als U_{RSM}. Hierbei handelt es sich um den maximalen Augenblickswert eines Sperrspannungspulses mit einer Dauer kürzer als 1 ms.

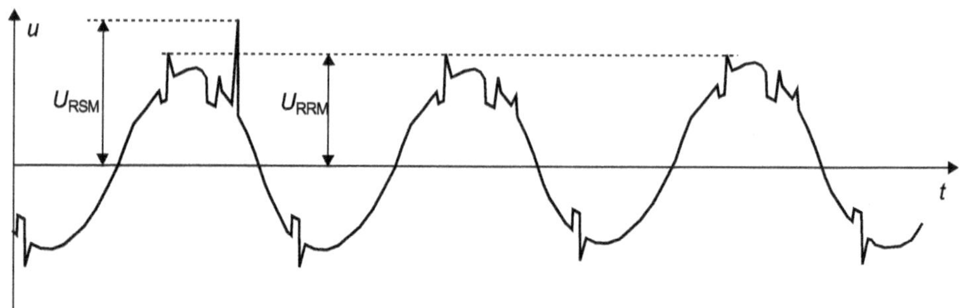

Bild 2.49 Unterschied zwischen periodischer und nicht-periodischer Spitzensperrspannung

Maximalwerte zulässiger Diodenströme

Der maximal zulässige Mittelwert des Durchlassstromes I_{FAV} wird über eine volle Betriebsperiode ermittelt und hängt von der Stromkurvenform, der Leitdauer der Bauelemente und auch der vorhandenen Kühlung ab. Er wird daher oft als Kurvenschar gem. Bild 2.50 angegeben.

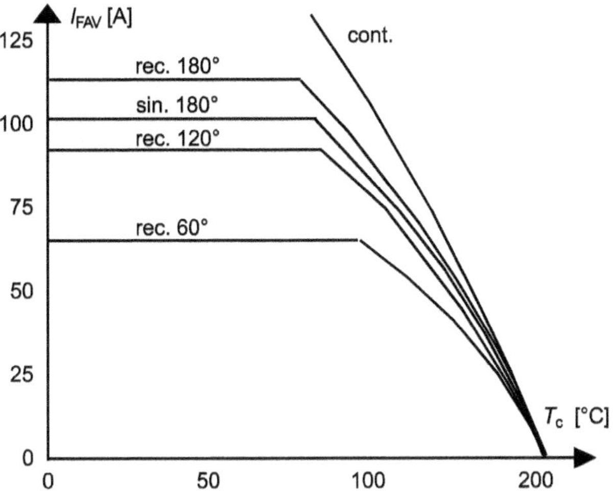

Bild 2.50 Zulässiger Mittelwert des Durchlassstroms einer Gleichrichterdiode in Abhängigkeit der Gehäusetemperatur T_c. Parameter: Stromkurvenform und relative Leitdauer

Da die maximal zulässige Sperrschichttemperatur dann auftritt, wenn das Bauelement mit dem zulässigen Mittelwertstrom belastet wird, ist eine Überlast unter diesen Bedingungen nicht zugelassen. Dies bedeutet, dass der tatsächlich auftretende Strommittelwert den zulässigen Mittelwert aus Bild 2.50 abhängig von der Gehäusetemperatur nicht überschreiten darf.

In realen Anlagen können sich die Umgebungsbedingungen, beispielsweise durch Staubablagerungen, im laufenden Betrieb ändern. Des Weiteren kann ein Anstieg der Umgebungstemperatur auftreten, wenn benachbarte Bauelemente ebenfalls Verlustwärme erzeugen. Aus diesen Gründen sollte im Dauerbetrieb der tatsächlich abgeforderte Mittelwert 80 % des zulässigen Maximalwertes nicht übersteigen.

Der maximal zulässige Effektivwert des Durchlassstroms wird unter der Bezeichnung I_{FRMS} angegeben. Auch er wird über eine volle Betriebsperiode ermittelt. Dieser Maximalwert gilt für alle Stromkurvenformen gleich und darf nicht überschritten werden. Er wird durch die Stromtragfähigkeit der Klemmen und der internen Verdrahtung im Bauelement vorgegeben.

Im Fall einer Fehlfunktion (z. B. Kurzschluss) fließt ein höherer Strom als unter normalen Betriebsbedingungen. Dieser ist dann unschädlich für das Bauelement, sofern er kleiner bleibt als der im Datenblatt ausgewiesene maximale impulsförmige Spitzenwert des Durchlassstroms I_{FSM}. Hierunter versteht man den Scheitelwert eines sinusförmigen Stromes, der für eine halbe Netzperiode T fließt. Eine solche Belastung ist jedoch nur in wenigen Ausnahmefällen während der Lebensdauer einer Gleichrichterdiode zulässig.

Lastintegral i²t

Sollen Gleichrichterdioden durch entsprechende Halbleitersicherungen gegen Kurzschlussströme geschützt werden, dient I_{FSM} als Dimensionierungskriterium [Semikron11].

$$\int_0^{T/2} i_{FS}^2(t) \cdot dt = \int_0^{T/2} \hat{I}_{FS}^2 \cdot \sin^2[\omega t] \cdot dt = \hat{I}_{FS}^2 \cdot \left[\frac{1}{2}t + \frac{1}{4\omega} \cdot \sin(2\omega t)\right]_0^{T/2} = I_{FSM}^2 \cdot \frac{T}{2}$$

2.11.3.2 Kenndaten (Characteristics)

Spannungen

Die Höhe der Vorwärtsspannung u_F an den Klemmen der Diode hängt von der Höhe des Durchlassstromes ab. Im Datenblatt sind die Kennlinien $i_F = f(u_F)$ für 25 °C und die maximal zulässige Sperrschichttemperatur als typische und maximale Werte angegeben (vgl. Bild 2.10 b).

Die Schwellspannung $U_{F(T0)}$ liegt definitionsgemäß am Schnittpunkt zwischen dem ansteigenden, linearisierten Kennlinienast mit der Abszisse (vgl. Bild 2.10 c). Als Richtschnur zur Ermittlung des Durchlasswiderstandes r_F und der Schwellspannung $U_{F(T0)}$ werden die maximalen Werte nach Bild 2.51 verwendet. Die Geradennäherung der betreffenden Kennlinie wird durch die beiden Punkte $i_F = 1 \cdot I_{FAV}$ sowie $i_F = 3 \cdot I_{FAV}$ festgelegt.

$$u_F = U_{F(T0)} + r_F \cdot i_F$$

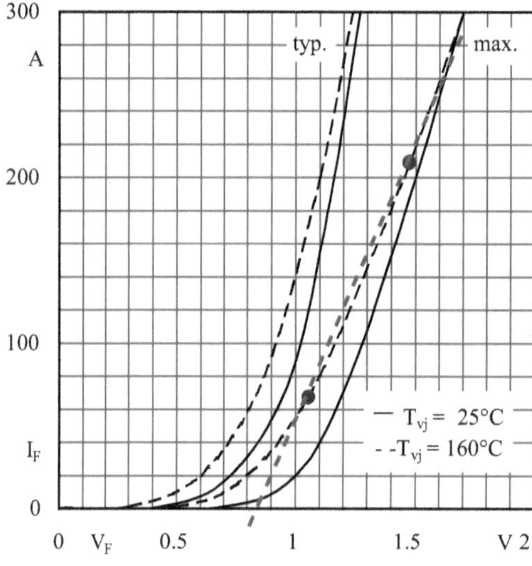

Bild 2.51 Durchlasscharakteristik einer Gleichrichterdiode mit I_{FAV} = 70 A für typische und maximale Werte und zwei unterschiedliche Sperrschichttemperaturen [Semikron11]

Durchlassverluste

Nach Gl. 2.11 gibt P_{FAV} gibt den Mittelwert von $p_F(t)$ über eine volle Betriebsperiode an. Im Datenblatt wird P_{FAV} als Funktion von I_{FAV} dargestellt. Es entsteht eine Kurvenschar für sinus- und rechteckförmige Stromkurven und unterschiedliche Leitdauern.

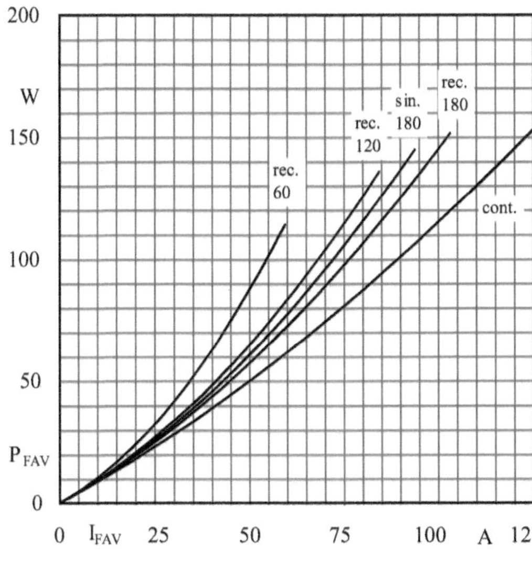

Bild 2.52 $P_{FAV} = f(I_{FAV})$ für kontinuierlichen DC-Strom (cont.), Sinushalbwellen (sin. 180) und rechteckförmige Stromkurven unterschiedlicher Leitdauer (rec. 60 usw.) [Semikron11]

Speicherladung Q_{rr}, Rückstromspitze I_{RRM} und Rückwärtserholzeit t_{rr}

Die Speicherladung Q_{rr} nach Bild 2.12 muss nach dem Abschaltvorgang aus der Diode entfernt werden, damit der Sperrzustand erreicht werden kann. Die Höhe dieser Ladung ist abhängig vom Mittelwert des Durchlassstroms I_{FAV} und der Änderungsgeschwindigkeit $\mathrm{d}i_F/\mathrm{d}t$ zum Abschaltzeitpunkt sowie der vorliegenden Sperrschichttemperatur.

Die maximal mögliche Rückstromspitze I_{RRM} und auch die Rückwärtserholzeit t_{rr} können abgeschätzt werden:

$$I_{RRM} < \sqrt{2 \cdot Q_{rr} \cdot \left[-\frac{\mathrm{d}i_F}{\mathrm{d}t}\right]}$$

$$t_{rr} \approx \frac{2 \cdot Q_{rr}}{I_{RRM}}$$

Durchbruchspannung $V_{(BR)}$

Der Avalanche-Durchbruch äußert sich durch einen plötzlichen starken Anstieg des Sperrstroms i_R. Die dafür maßgebliche Sperrspannung ist $U_{(BR)}$.

2.11.4 Thyristoren

Die meisten Datenblattangaben für Thyristoren können aus denen der Diode abgeleitet werden: Der erste Index F (Forward) bei Dioden wird dabei durch den ersten Index T (Thyristor) ersetzt.

2.11.4.1 Grenzwerte

Die bei der Diode aufgeführten Maximalwerte kommen auch bei Thyristoren zur Anwendung, werden aber durch weitere Größen ergänzt, die die Eigenschaften des Thyristors als einschaltbares Bauelement berücksichtigen.

Im Unterschied zu Dioden können Thyristoren auch positive Spannungen aufnehmen, ohne dass ein Leitvorgang zu Stande kommt. Man spricht hierbei vom sogenannten Blockierbetrieb (vgl. Abschnitt 2.5). In Thyristordatenblättern wird eine Blockierspannung *off-state-voltage* genannt und mit einem D als erstem Index gekennzeichnet.

Kritische Stromsteilheit $di_T/dt_{(cr)}$

Die Anstiegsgeschwindigkeit des Durchlassstromes beim Einschalten des Thyristors darf den Grenzwert $di_T/dt_{(cr)}$ nicht übersteigen, um eine Beschädigung des Bauelements zu verhindern. Dieser Wert hängt u. a. von der Betriebsfrequenz, dem Spitzenwert des Durchlassstromes und der Blockierspannung zum Zündzeitpunkt ab.

2.11.4.2 Kenndaten

Die bei Dioden genannten charakteristischen Daten treffen auch auf den Thyristor zu. An dieser Stelle erfolgen zusätzliche Angaben zum Zündkreis, der bei Dioden fehlt.

Halte- und Einraststrom

Der Haltestrom i_H ist der Durchlassstrom, bei dem der Thyristor grade noch eingeschaltet bleibt. Er muss vom Einraststrom i_L unterschieden werden. Dieser benennt den Mindestwert des Durchlassstroms, der nach dem Steuerimpuls fließen muss, damit der Thyristor tatsächlich im eingeschalteten Zustand bleibt. Beide Werte werden für eine Sperrschichttemperatur von 25° sowie exakt definierte Gate-Parameter angegeben.

Einschaltzeit (Gate-controlled turn-on time) t_{gt} des Thyristors

Mit t_{gt} wird in Bild 2.53 a) der Zeitraum bezeichnet, in dem der Thyristor als Reaktion auf einen Stromimpuls am Gate vom Blockier- in den Leitzustand wechselt. Die Spanne vom Anlegen des Gate-Impulses bis die Blockierspannung auf 90 % ihres Anfangswertes abgefallen ist, wird Verzögerungszeit (Gate-controlled delay time) t_{gd} genannt. Sie hängt von der Höhe des Gatestroms ab (vgl. Bild 2.53 b)). Während der Anstiegszeit (Gate-controlled rise time) t_{gr} fällt die Blockierspannung bis auf 6 V Durchlassspannung ab.

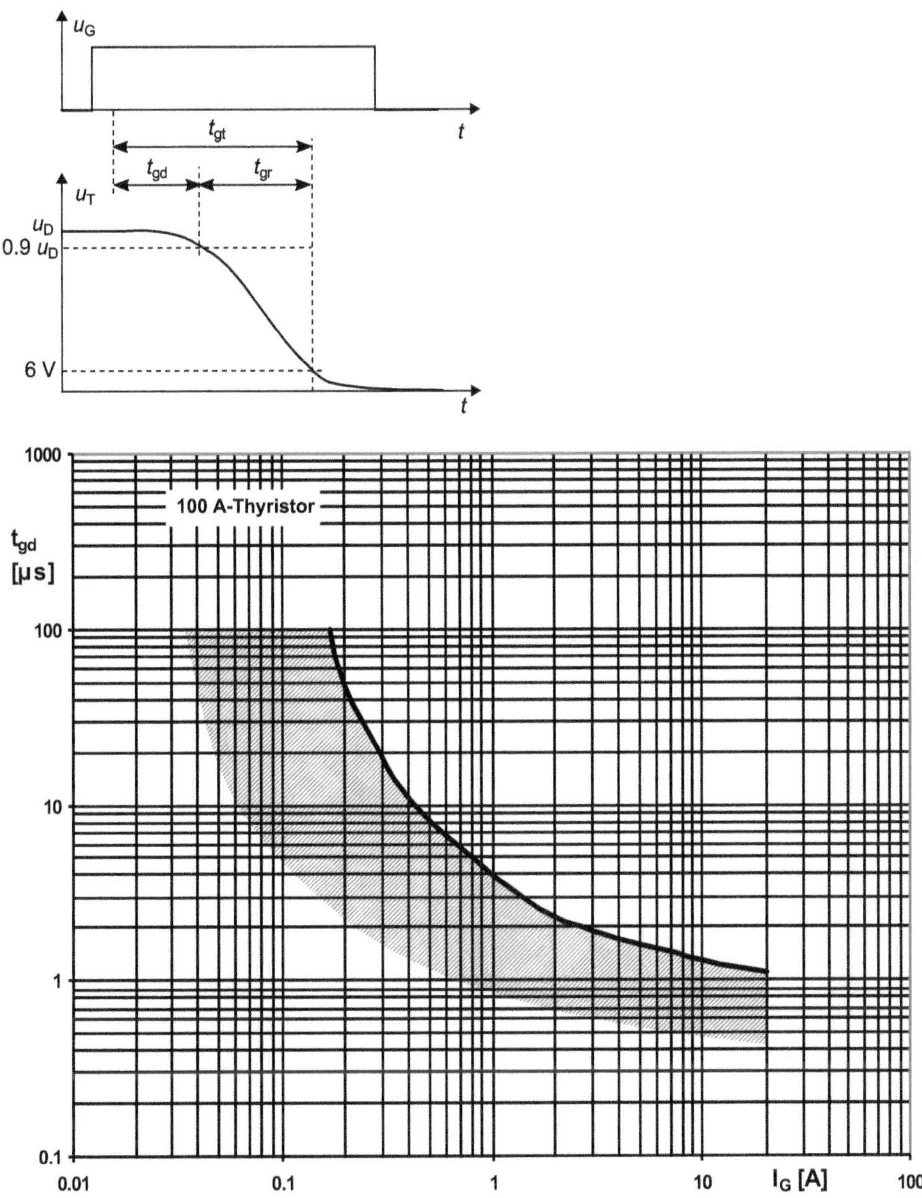

Bild 2.53 a) Gate-Spannung u_G und Zeitverlauf der Durchlassspannung u_T im Moment der Zündung; b) typische Abhängigkeit der Verzögerungszeit t_{gd} vom Gatestrom [Semikron11]

Anforderungen an die Gate Ansteuerung

Für das sichere Zünden müssen Mindestwerte der Zündspannung (Gate trigger voltage) U_{GT} und des Zündstroms (Gate trigger current) I_{GT} eingehalten werden. Sie hängen ebenfalls von Parametern des Hauptstromkreises sowie der Chiptemperatur ab. Ist die Dauer des Zündimpulses kleiner als 100 µs, so müssen die tatsächlichen Gatespannungen um den Faktor zwei, die Gateströme um den Faktor 5 gegenüber den Datenblattangaben angehoben werden.

Ebenfalls spezifiziert werden der höchste noch nicht zur Zündung führende Gatestrom (highest gate non-trigger current) I_{GD} sowie die entsprechende Spannung U_{GD} (highest gate non-trigger voltage).

Vermeiden von unbeabsichtigtem Einschalten

In Abschnitt 2.5 wurde erläutert, dass ein Thyristor auch einschalten kann, wenn der positive Spannungsanstieg den zulässigen Grenzwert überschreitet. Der Wert, bei dem der Thyristor sicher noch nicht einschaltet wird im Datenblatt unter $(\mathrm{d}u/\mathrm{d}t)(\mathrm{cr})$ aufgeführt.

Freiwerdezeit t_q

Die Freiwerdezeit t_q nach Bild 2.37 gibt die Zeitspanne zwischen dem Nulldurchgang des Thyristorstromes und dem ersten Auftreten einer Blockierspannung an. Sie wird ebenfalls von Umgebungsbedingungen beeinflusst: Mit steigender Sperrschichttemperatur wird die erforderliche Freiwerdezeit der Thyristoren größer. Dies gilt auch bei zunehmender Anstiegsgeschwindigkeit der Blockierspannung $\mathrm{d}u/\mathrm{d}t$.

2.11.5 Transistormodule

Die Parameterbenennung für IGBT- und MOSFET-Module ist sehr ähnlich. Aus diesem Grund werden sie in einem Abschnitt behandelt. Um Missverständnissen vorzubeugen, wird im Text immer ausschließlich auf IGBTs eingegangen. Sinngemäß können die Aussagen auf MOSFETs übertragen werden. Die zu den IGBTs analogen Bezeichnungen für MOSFETs sind in Tabelle 2.10 angegeben.

Tabelle 2.10 Bezeichnung wichtiger Größen bei IGBTs und MOSFETs

IGBT	MOSFET
Kollektor-Emitter-Spannung U_{CES}	Drain-Source-Spannung U_{DSS}
Durchbruchspannung $U_{(BR)CES}$	Durchbruchspannung $U_{(BR)DSS}$
Dauerkollektorstrom I_C	Dauerdrainstrom I_D
Spitzenwert des Kollektorstromes I_{CRM}	Spitzenwert des Drainstromes I_{DM}
Maximale Gate-Emitter Spannung U_{GES}	Maximale Gate-Source Spannung U_{GSS}
Gate-Emitter Schwellspannung $U_{GE(th)}$	Gate-Source Schwellspannung $U_{GS(th)}$
Kollektor Strom im Blockierzustand I_{CES}	Drain Strom im Blockierzustand I_{DSS}
Kollektor-Emitter Widerstand r_{CE}	Drain-Source Widerstand $R_{DS(on)}$
Kleinsignalkapazitäten C_{ies}, C_{oes}, C_{res}	Kleinsignalkapazitäten C_{iss}, C_{oss}, C_{rss}

Ein Modul besteht aus mehr als einem leistungselektronischen Bauteil und kann zwei oder mehr Transistoren, die zugehörigen Freilaufdioden und ggf. Temperatursensoren enthalten. Jede Komponente wird in den Moduldatenblättern separat ausgewiesen.

Ein herstellerübergreifender Vergleich von Transistor-Modulen anhand von Datenblattangaben ist nur eingeschränkt möglich, weil bei der Spezifikation der Bauelemente oft unterschiedliche Randbedingungen zugrunde gelegt werden. Mitunter gilt diese Aussage auch für Bauteile *eines* Herstellers, wenn diese verschiedene Chip-Generationen beinhalten.

Neben den Schaltertransistoren wird auch zwischen Invers- und Freilaufdioden unterschieden. Die Inversdiode eines Transistors ist ihm unmittelbar antiparallel geschaltet. Seine Freilaufdiode dagegen liegt im anderen Brückenzweig. Für die Angaben zu den Dioden wird auf die Bezeichnungen aus Abschnitt 2.11.3 verwiesen.

2.11.5.1 Grenzwerte für Transistor-Module

Kollektor-Emitter-Spannung U_{CES}

Die maximal zulässige Kollektor-Emitter-Spannung der IGBT-Chips bei kurzgeschlossenem Gate wird für $T_j = 25\,°C$ unter U_{CES} angegeben. Sie geht mit steigender Sperrschichttemperatur zurück. Bei der Auslegung müssen auch dynamische Spannungsüberhöhungen $\Delta U_{CE} = L_0 \cdot di_C/d_t$ einbezogen werden, wie sie beim Schalten von Stromkreisen auftreten, die parasitäre Induktivitäten L_0 beinhalten [Semikron11]. Die Summe $\Delta U_{CE} + U_{CE}$ darf U_{CES} nicht übersteigen.

Dauerkollektorstrom I_C

Die zulässige Chiptemperatur wird erreicht, wenn der Dauergleichstrom I_C als Kollektorstrom fließt. Diese Angabe bei gilt definierten Temperaturwerten des Gehäuses bzw. Kühlkörpers. Überschreiten die tatsächlichen Betriebstemperaturen der Anwendung diejenigen, die im Datenblatt als Referenz aufgeführt sind, muss die Strombelastung herabgesetzt werden. Der einzuhaltende Grenzwert $I_C = f(T_c)$ ist im Datenblatt als Diagramm wiedergegeben.

Nenn-Chip-Strom I_{Cnom}

Der Nenn-Chip-Strom I_{Cnom} ergibt sich aus dem Nennstrom pro IGBT-Chip und der Anzahl der parallel geschalteten IGBT-Chips *pro Schalter*.

Periodisch auftretender Spitzenwert des Kollektorstromes I_{CRM}

Diese Angabe entspricht dem Spitzenwert des zulässigen Chip-Stromes im Schaltbetrieb multipliziert mit der Anzahl der parallel geschalteten Chips pro Schalter. Dieser Wert hängt *nicht* von der Dauer der Einschaltzeit ab. Um vorzeitige Alterungsprozesse zu verhindern, darf er auch dann nicht überschritten werden, wenn die maximal zulässige Sperrschichttemperatur noch nicht erreicht ist.

Maximale Gate-Emitter Spannung U_{GES}

Der Wert der maximalen Gate-Emitter Spannung U_{GES} wird für eine Gehäusetemperatur von $T_c = 25\,°C$ spezifiziert.

Maximale Einschaltzeit t_{psc} im Kurzschlussfall

Über- und Kurzschlussströme führen zu einer Entsättigung des Transistors und damit zu einem Anstieg der Kollektor-Emitter Spannung U_{CE}. Ein Betrieb in diesem Bereich ist nur kurzzeitig möglich und wird durch t_{psc} begrenzt.

Einzuhaltender Temperaturbereich im Betrieb

Die Betriebstemperaturen des IGBTs müssen sich im Bereich $T_{j(min)} < T_j < T_{j(max)}$ bewegen. Bei permanenter Belastung sollte $(T_j + 25\ K) < T_{j(max)}$ sichergestellt werden.

Maximaler Stromeffektivwert $I_{t(RMS)}$ im eingeschalteten Zustand

Unabhängig von der Leitdauer und dem Wärmeabfuhrvermögen darf der maximale Stromeffektivwert $I_{t(RMS)}$ nicht überschritten werden, da er die Belastbarkeit der internen Modulverbindungen und der Klemmenanschlüsse wiedergibt.

2.11.5.2 Kenndaten

Die Angabe der charakteristischen Daten bezieht sich immer auf einen Schalter, unabhängig davon, wie viele Chips pro Schalter oder Diode parallel geschaltet sind.

Kollektor-Emitter Spannung $U_{CE(sat)}$

Die Durchlassspannung im eingeschalteten Zustand $U_{CE(sat)}$ wird für typischerweise für $i_C = I_{Cnom}$ und zwei verschiedene Sperrschichttemperaturen (25 °C, 175 °C) angegeben.

Kollektor-Emitter Widerstand r_{CE}

Die Durchlassverluste eines IGBTs werden nach Gl. 2.12 bestimmt. Zur ihrer Berechnung muss die Durchlassspannung $U_{CE(sat)}$ bekannt sein, die aus der Strom-Spannungskennlinie ermittelt werden kann:

$$U_{CE(sat)} = f(i_C) = U_{CE0} + r_{CE} \cdot i_C$$

Sowohl U_{CE0} als auch r_{CE} werden aus einer Geradennäherung bestimmt, die sich an die bei der Diode verwendete Vorgehensweise anlehnt. Die Approximationsgerade wird durch die beiden Punkte $U_{CE(sat),1} = f(0.25\ I_{Cnom})$ sowie $U_{CE(sat),2} = f(I_{Cnom})$ festgelegt. Ihr Schnittpunkt mit der Abszisse liefert U_{CE0}, ihre Steigung entspricht $1/\ r_{CE}$.

Gate-Emitter Schwellspannung $U_{GE(th)}$

Damit ein nennenswerter Kollektorstrom fließen kann, muss die angelegte Gate-Emitter Spannung größer als die Schwellspannung $U_{GE(th)}$ sein.

Kollektor-Emitter Strom im Blockierzustand I_{CES}

Der Kollektor-Emitter Strom im Blockierzustand I_{CES} entspricht einem Sperrstrom bei positiver Kollektor-Emitter Spannung. Er steigt von wenigen µA bei $T_j = 25$ °C auf einige mA bei $T_j = 125$ °C an.

Kleinsignalkapazitäten an den Klemmen

Zwischen den Klemmen des Bauelements existieren parasitäre Kapazitäten, die den Schaltvorgang beeinflussen. Diese sind folgendermaßen definiert:

- Eingangskapazität C_{ies}: Kleinsignalkapazität zwischen Kollektor und Emitter bei Kurzschluss der Gate-Emitter Strecke für Wechselstromsignale.

- Ausgangskapazität C_{oes}: Kleinsignalkapazität zwischen Gate und Emitter bei Kurzschluss der Kollektor-Emitter Strecke für Wechselstromsignale.
- Millerkapazität C_{res}: Kleinsignalkapazität zwischen Gate und Kollektor bei anliegender Gleichspannung zwischen Kollektor und Emitter.

Erforderliche Gate-Ladung Q_G zum Einschalten

Der IGBT schaltet dann sicher ein, wenn das Gate mit Q_G geladen wird und die Gate-Emitter Spannung auf $U_{GE(on)}$ ansteigt. Ausgehend von diesem Wert kann der Mittelwert des Gatestromes $I_{G(AV)}$ ermittelt werden, den der Treiber beim Einschalten liefern muss:

$$I_{G(AV)} = Q_G \cdot f_S$$

Schaltzeiten und Schaltverlustenergien E_{on}, E_{off}

Die Ein- und Ausschaltzeiten sowie die zugehörigen Strom- und Spannungsverläufe am Schalter hängen stark von den internen und externen Kapazitäten, Induktivitäten und Widerständen im Gate- und Kollektorkreis ab. Die diesbezüglichen Werte im Datenblatt können daher meist nur als grobe Richtschnur dienen.

Die nachfolgend definierten Zeiten wurden in Bild 2.9 bereits eingeführt und werden in Bild 2.54 im Detail erläutert.

- Einschaltzeit (turn-on time) t_{on} setzt sich zusammen aus
  - Einschaltverzögerungszeit (turn-on delay time) $t_{d(on)}$
  - Anstiegszeit (rise time) t_r
- Abschaltzeit (turn-off time) t_{off} besteht aus
  - Abschaltverzögerungszeit (turn-off delay time) $t_{d(off)}$
  - Fallzeit (fall time) t_f

Die Abhängigkeit der Schaltzeiten von der Höhe des Kollektorstromes als auch des Widerstands R_G der Gate-Ansteuerung sind in Diagrammen dokumentiert.

Der vergleichsweise langsam fallende Schweifstrom (tail current) am Ende der Abschaltzeit t_{off} wird nicht als eigenständiger Datenblattwert aufgeführt, trägt aber zur Verlustenergie E_{off} bei, da die Transistorspannung in diesem Zeitraum bereits wieder auf den Wert U_{CC} angestiegen ist.

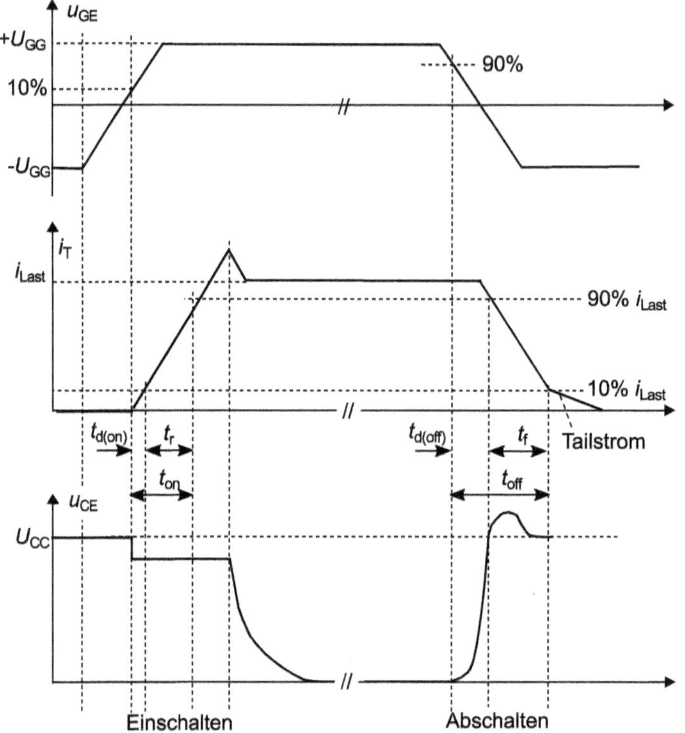

Bild 2.54 Definition von Schaltzeiten bei ohmsch-induktiver Last [Semikron11]

Die Energie E_{on}, die bei jedem Einschaltvorgang in Verlustwärme umgesetzt wird, ist in Abhängigkeit des zu schaltenden Kollektorstroms für einen typischen Betriebspunkt als Zahlenwert gegeben. Analoges gilt für die Ausschaltverlustenergie E_{off}.

Beide hängen in starkem Maß sowohl vom Kollektorstrom, der Sperrschichttemperatur als auch der Gate-Ansteuerung ab. In Form von Diagrammen sind die entsprechenden Zusammenhänge $E_{on,off} = f(i_C)$ bzw. $E_{on,off} = f(R_G)$ im Datenblatt enthalten.

Bei manchen Modulherstellern beinhaltet der Wert von E_{on} auch die Verluste, die durch die Rückstromspitze I_{RRM} der zugehörigen Freilaufdiode bei deren Abschaltvorgang hervorgerufen werden. Ebenso kann E_{off} die Verluste einschließen, die der Schweifstrom bewirkt.

Aus den Verlustenergien lässt sich die Schaltverlustleistung durch Multiplikation mit der Schaltfrequenz errechnen.

Beispiel 2.20 Auswertung von Datenblättern

Ein Leistungsmodul besteht aus den Komponenten A und B und wird durch die Datenblattauszüge in Tabelle 2.11 und Tabelle 2.12 beschrieben. Beantworten Sie nachfolgende Fragen:

- Um welche Bauelementtypen handelt es sich?
- Wie groß werden die Schaltverluste von Komponente A bei $f_S = 10$ kHz?
- Bis zu welcher Spannung kann das Modul verwendet werden?

Lösung:

Komponente A ist ein IGBT, Komponente B die zugehörige Freilaufdiode. Die Schaltverluste des IGBTs betragen bei 10 kHz:

$$P_{VS} = (E_{on} + E_{off}) \cdot f_S = (30 + 44)\,\text{mJ} \cdot 10\,\text{kHz} = 740\,\text{W}$$

Das Modul hat eine zulässige Blockierspannung von U_{CES} = 1200 V. Daher kann es mit Zwischenkreisspannungen bis zu 600 V sicher verwendet werden.

Tabelle 2.11 Grenzdaten eines Leistungsmoduls

Absolute Maximum Ratings				
Symbol	Conditions		Values	Unit
Komponente A				
V_{CES}	T_j = 25 °C		1200	V
I_C	T_j = 175 °C	T_c = 25 °C	463	A
		T_c = 80 °C	356	A
I_{Cnom}			300	A
I_{CRM}	I_{CRM} = $3xI_{Cnom}$		900	A
V_{GES}			-20 ... 20	V
t_{psc}	V_{CC} = 800 V $V_{GE} \leq$ 20 V $V_{CES} \leq$ 1200 V	T_j = 150 °C	10	µs
T_j			-40 ... 175	°C
Komponente B				
I_F	T_j = 175 °C	T_c = 25 °C	356	A
		T_c = 80 °C	266	A
I_{Fnom}			300	A
I_{FRM}	I_{FRM} = $3xI_{Fnom}$		900	A
I_{FSM}	t_p = 10 ms, sin 180°, T_j = 25 °C		1620	A
T_j			-40 ... 175	°C
Module				
$I_{t(RMS)}$	$T_{terminal}$ = 80 °C		600	A
T_{stg}			-40 ... 125	°C
V_{isol}	AC sinus 50Hz, t = 1 min		4000	V

Tabelle 2.12 Kenndaten eines Leistungsmoduls

Characteristics						
Symbol	Conditions		min.	typ.	max.	Unit
Komponente A						
$V_{CE(sat)}$	I_C = 300 A	T_j = 25 °C		1.8	2.05	V
	V_{GE} = 15 V	T_j = 150 °C		2.2	2.4	V
	chiplevel					
V_{CE0}	chiplevel	T_j = 25 °C		0.8	0.9	V
		T_j = 150 °C		0.7	0.8	V
r_{CE}	V_{GE} = 15 V	T_j = 25 °C		3.3	3.8	mΩ
	chiplevel	T_j = 150 °C		5.0	5.3	mΩ
$V_{GE(th)}$	V_{GE}=V_{CE}, I_C = 12mA		5	5.8	6.5	V
I_{CES}	V_{GE} = 0 V	T_j = 25 °C			4.0	mA
	V_{CE} = 1200 V	T_j = 150 °C				mA
C_{ies}		f = 1 MHz		18.6		nF
C_{oes}	V_{CE} = 25 V	f = 1 MHz		1.16		nF
C_{res}	V_{GE} = 0 V	f = 1 MHz		1.02		nF
Q_G	V_{GE} = - 8 V...+ 15 V			1700		nC
R_{Gint}	T_j = 25 °C			2.50		Ω
$t_{d(on)}$	V_{CC} = 600 V	T_j = 150 °C		282		ns
t_r	I_C = 300 A	T_j = 150 °C		60		ns
E_{on}	V_{GE} = ±15 V	T_j = 150 °C		30		mJ
$t_{d(off)}$	$R_{G\,on}$ = 1.9 Ω	T_j = 150 °C		564		ns
t_f	$R_{G\,off}$ = 1.9 Ω	T_j = 150 °C		117		ns
E_{off}	di/dt_{on} = 5000 A/µs	T_j = 150 °C		44		mJ
	di/dt_{off} = 2800 A/µs					
$R_{th(j\text{-}c)}$	per IGBT				0.096	K/W

2.12 Lösungen

Übung 2.1

Ja, eine Parallelschaltung ist möglich, weil der $R_{DS(on)}$ von MOSFETs einen positiven Temperaturkoeffizienten aufweist. Führt einer der parallel geschalteten Transistoren einen höheren Strom als die anderen, wird er sich stärker erwärmen. Dadurch steigt sein Durchlasswiderstand an und zwingt den Strom, sich gleichmäßiger auf die anderen Transistoren aufzuteilen. ■

Übung 2.2

Der selbstsperrende P-Kanal-MOSFET basiert auf einem N-dotierten Substrat, welches durch Diffusion an zwei Stellen P-dotiert ist. Auf das Substrat wird wie beim N-Kanal-MOSFET eine Isolierschicht und die Gate-Elektrode aufgebracht.

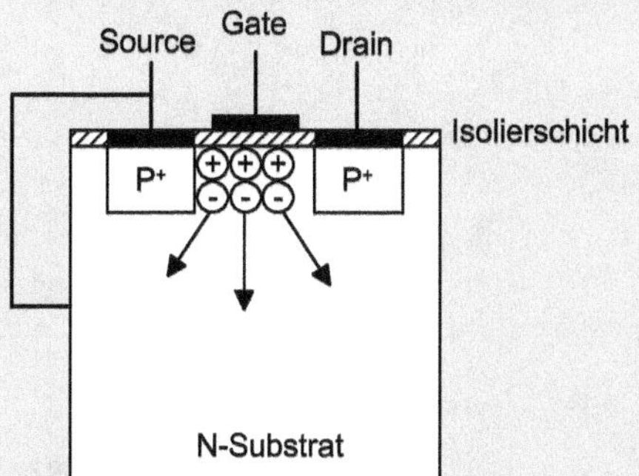

Bild 2.55 Aufbau des selbstsperrenden P-Kanal-MOSFET

Anders als beim N-Kanal-MOSFET wird der Anschluss, an dem das höhere Potenzial anliegt, mit Source bezeichnet, weil die Ladungsträger jetzt die Löcher sind. Wird eine Gate-Source-Spannung angelegt, die kleiner als die Schwellwertspannung ist, werden Elektronen von der Grenzschicht verdrängt. So entsteht ein P-leitender Kanal. Die Schwellwertspannung liegt beim P-Kanal-MOSFET demnach im negativen Bereich. Daraus ergeben sich die Schaltbedingungen:

Einschalten: $U_{GS} < U_{GS(th)}$

Ausschalten: $U_{GS} = 0$

Übung 2.3

R_1 und R_2 bilden einen Spannungsteiler, der so eingestellt wird, dass der MOSFET im Gatekreis einschaltet, sobald die Treiberspannung u_{Gate} die maximal zulässige Gate-Source-Spannung des Haupttransistors übersteigt. Der Gatewiderstand R_G begrenzt den Gatestrom, die serielle Diode im Gatekreis ermöglicht beim Abschalten negative Gate-Source-Spannungen.

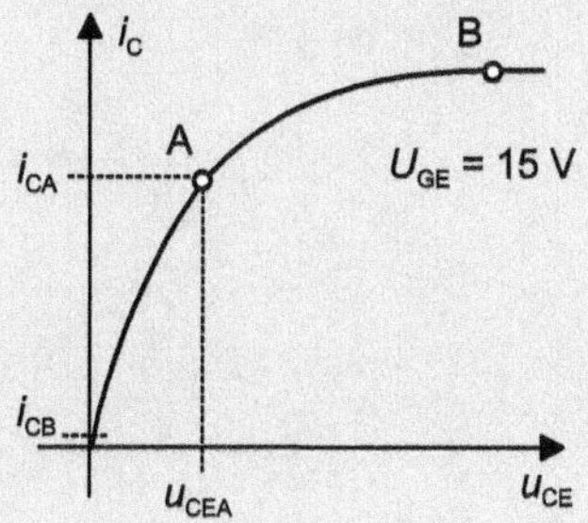

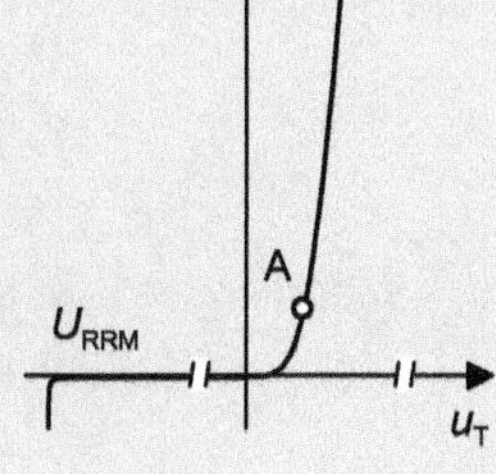

Bild 2.56 Statische Kennlinien; links: Transistor rechts: Thyristor

Übung 2.4

Ausgehend vom Nennarbeitspunkt A in Bild 2.56 steigt der Strom beim Transistor (links) aufgrund der Kennlinie mit Asymptotencharakter lediglich bis zu dem Wert an, der dem Arbeitspunkt B entspricht. Im Fall des Thyristors (rechts) knickt die Kennlinie nicht ab. Daher wird auch der Kurzschlussstrom nicht durch das Bauelement selbst begrenzt. ■

Übung 2.5

Zunächst müssen Mittel- und Effektivwert des rechteckförmigen Stromverlaufs bestimmt werden. Die Stromflussdauer beträgt hier 120°. Unter Verwendung von Beispiel 1.4 erhält man für den arithmetischen Mittelwert

$$I_{\mathrm{TAV}} = D \cdot 10\,\mathrm{A} = \frac{120°}{360°} \cdot 10\,\mathrm{A} = \frac{10\,\mathrm{A}}{3} = 3.34\,\mathrm{A}$$

Für den Effektivwert ergibt sich

$$I_{\mathrm{TRMS}} = 10\,\mathrm{A} \cdot \sqrt{D} = 10\,\mathrm{A} \cdot \sqrt{\frac{120°}{360°}} = 10\,\mathrm{A} \cdot \sqrt{\frac{1}{3}} = 10\,\mathrm{A} \cdot 0.577 = 5.77\,\mathrm{A}$$

Daraus berechnet sich die mittlere Durchlassverlustleistung zu

$$P_{\mathrm{T}} = U_{\mathrm{T(t0)}} \cdot I_{\mathrm{TAV}} + I_{\mathrm{TRMS}}^2 \cdot r_{\mathrm{T}} = 1.2\,\mathrm{V} \cdot 3.34\,\mathrm{A} + 5.77^2\,\mathrm{A}^2 \cdot 0.015\,\Omega$$

$$P_{\mathrm{T}} = 4\,\mathrm{W} + 33.3\,\mathrm{A}^2 \cdot 0.015\,\Omega = 4\,\mathrm{W} + 0.5\,\mathrm{W} = 4.5\,\mathrm{W}$$

■

Übung 2.6

Auch hier müssen Mittel- und Effektivwert des Stromverlaufs bestimmt werden. Die Stromflussdauer beträgt 180°. Unter Verwendung von Übung 1.2 erhält man für den arithmetischen Mittelwert

$$I_{\mathrm{TAV}} = \frac{\hat{I}}{\pi} = \frac{2\mathrm{A}}{\pi} = 0.636\,\mathrm{A}$$

Der Effektivwert einer sinusförmigen Halbwelle ist halb so groß wie ihr Scheitelwert.

$$I_{\mathrm{TRMS}} = \frac{\hat{I}}{2} = \frac{2\mathrm{A}}{2} = 1\,\mathrm{A}$$

Mit diesen Ergebnissen berechnet sich die mittlere Durchlassverlustleistung zu

$$P_{\mathrm{T}} = U_{\mathrm{T(t0)}} \cdot I_{\mathrm{TAV}} + I_{\mathrm{TRMS}}^2 \cdot r_{\mathrm{T}} = 1.2\,\mathrm{V} \cdot 0.636\,\mathrm{A} + 1^2\,\mathrm{A}^2 \cdot 0.015\,\Omega$$

$$P_{\mathrm{T}} = 0.763\,\mathrm{W} + 1\,\mathrm{A}^2 \cdot 0.015\,\Omega = 0.736\,\mathrm{W} + 0.015\,\mathrm{W} = 0.748\,\mathrm{W}$$

■

Übung 2.7

Beim IGBT können Sperr- und Ansteuerverluste vernachlässigt werden. Daher sind hier Durchlass- und Ausschaltverluste zu beachten. Die Berechnungsgleichungen lauten:

$$P_{\mathrm{VSS}} = f_{\mathrm{S}} \cdot E_{\mathrm{off}}$$

$$P_{\mathrm{VDS}} = U_{\mathrm{S(TO)}} \cdot I_{\mathrm{SAV}} + I_{\mathrm{SRMS}} \cdot r_{\mathrm{Sdiff}}$$

Mit den gegebenen Werten erhält man für die Ausschaltverluste

$$P_{\mathrm{VSS}} = f_{\mathrm{S}} \cdot E_{\mathrm{off}} = 1\,\mathrm{kHz} \cdot 2\,\mathrm{mJ} = 1\,\mathrm{kHz} \cdot 0.002\,\mathrm{J} = 2\,\frac{\mathrm{J}}{\mathrm{s}} = 2\,\mathrm{W}$$

Um die Durchlassverluste zu ermitteln, müssen wiederum Mittel- und Effektivwert des Stromverlaufs bestimmt werden. Dies gelingt unter Verwendung von Beispiel 1.4. Daraus folgt:

$$I_{\mathrm{SAV}} = D \cdot I = \frac{1}{3} \cdot I = \frac{10}{3}\,\mathrm{A}$$

$$I_{\mathrm{SRMS}} = \sqrt{D} \cdot I = \sqrt{\frac{1}{3}} \cdot I = \frac{10}{\sqrt{3}}\,\mathrm{A}$$

Mit diesen Zwischenergebnissen beträgt die Durchlassverlustleistung

$$P_{\mathrm{VDS}} = U_{\mathrm{S(TO)}} \cdot I_{\mathrm{SAV}} + I_{\mathrm{SRMS}} \cdot r_{\mathrm{Sdiff}} = 1\,\mathrm{V} \cdot \frac{10}{3}\,\mathrm{A} + \left(\frac{10}{\sqrt{3}}\,\mathrm{A}\right)^2 \cdot 0.2\,\Omega$$

$$P_{\mathrm{VDS}} = \frac{10}{3}\,\mathrm{W} + \frac{100}{3}\,\mathrm{A}^2 \cdot 0.2\,\Omega = \frac{10}{3}\,\mathrm{W} + \frac{20}{3}\,\mathrm{W} = 10\,\mathrm{W}$$

■

Übung 2.8

In erster Linie wird der Wärmewiderstand eines Kühlkörpers vom verwendeten Werkstoff (Stahl, Aluminium), durch seine Oberfläche und die Geschwindigkeit des Kühlmittels (Luft, Öl, Wasser) bestimmt. Entscheidend ist, welche Wärmemenge er an die Umgebung abgeben kann. Durch zusätzliche Maßnahmen lässt sich der Wärmewiderstand erniedrigen. Beispielsweise kann mit einem Ventilator Luft durch die Kühlrippen geblasen und damit deren Geschwindigkeit erhöht werden, um den Wärmeaustausch zu verbessern. Bei hohen Anforderungen an die Kühlleistung setzt man alternativ eine Flüssigkeitskühlung ein. In diesem Fall wird der Kühlkörper von einer Flüssigkeit (Wasser, Öl) durchströmt, die wesentlich mehr Wärme aufnehmen kann als Luft. Dadurch sinkt der Wärmewiderstand weiter. Der Kühlkörper heizt sich bei gleichem Wärmestrom bei Weitem nicht so stark auf.

■

Übung 2.9

Zur Lösung der Aufgabe kann das Ersatzbild aus Bild 2.57 verwendet werden. Zunächst werden die Temperaturunterschiede zwischen dem Kühlkörper und den Sperrschichten der beiden Bauteile berechnet. Diese hängen von den Wärmewiderständen sowie der in den Bauelementen anfallenden Verlustleistung ab.

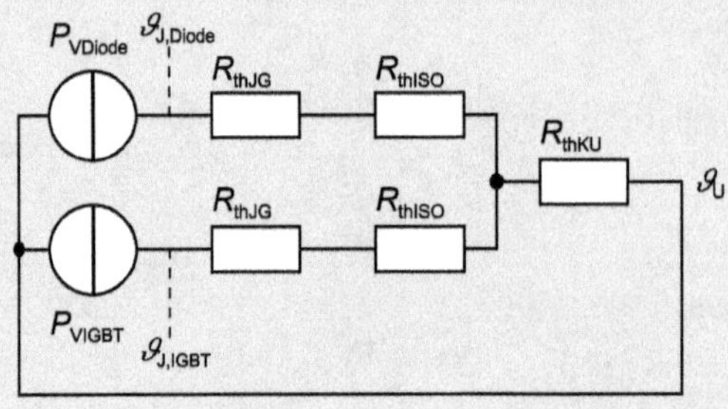

Bild 2.57 Ersatzbild zur Lösung von Übung 2.9

$$\Delta\vartheta_{JK,Diode} = P_{VDiode} \cdot \left(R_{thJG} + R_{thISO}\right) = 20\,\text{W} \cdot \left(1\,\frac{\text{K}}{\text{W}} + 0.5\,\frac{\text{K}}{\text{W}}\right)$$

$$\Delta\vartheta_{JK,Diode} = 20\,\text{W} \cdot 1.5\,\frac{\text{K}}{\text{W}} = 30\,\text{K}$$

$$\Delta\vartheta_{JK,IGBT} = P_{VIGBT} \cdot \left(R_{thJG} + R_{thISO}\right) = 12\,\text{W} \cdot \left(1\,\frac{\text{K}}{\text{W}} + 0.5\,\frac{\text{K}}{\text{W}}\right)$$

$$\Delta\vartheta_{JK,IGBT} = 12\,\text{W} \cdot 1.5\,\frac{\text{K}}{\text{W}} = 18\,\text{K}$$

Der größte Temperaturunterschied liegt bei der Diode vor. Damit deren Sperrschichttemperatur nicht über 110 °C hinaus ansteigt, liegt die maximal zulässige Kühlkörpertemperatur bei 110 °C - 30 K = 80 °C. Bei dieser Kühlkörpertemperatur beträgt die Sperrschichttemperatur des IGBT 80 °C + 18 K = 98 °C und ist somit geringer als die maximal zulässigen 110 °C.

Der minimale Temperaturunterschied zwischen Kühlkörper und Umgebung liegt dann bei 80 °C - 40 °C = 40 K. Der Wärmewiderstand des Kühlkörpers muss nun so gewählt werden, dass die Summe der beiden Wärmeströme von Diode und IGBT nicht mehr als 40 K Temperaturdifferenz am Wärmewiderstand des Kühlkörpers erzeugt. Dies führt zu folgendem Ansatz:

$$\Delta\vartheta_{KU} = \left(P_{VDiode} + P_{VIGBT}\right) \cdot R_{thKU}$$

$$R_{thKU} = \frac{\Delta\vartheta_{KU}}{\left(P_{VDiode} + P_{VIGBT}\right)}$$

$$R_{thKU} = \frac{40\,\text{K}}{20\,\text{W} + 12\,\text{W}} = \frac{40\,\text{K}}{32\,\text{W}} = 1.25\,\frac{\text{K}}{\text{W}}$$

Der Wärmewiderstand des Kühlkörpers muss demzufolge kleiner als 1.25 K/W bleiben. ■

3 Stromrichterschaltungen mit Dioden und Thyristoren

Gleichspannungen sind in unterschiedlichen Anwendungen erforderlich. Hohe Leistungen, die bis in den MW-Bereich reichen können, in Verbindung mit Gleichspannungen bis 1250 V werden bei der Gleichstromantriebstechnik verlangt. Gleichstrommotoren dieser Leistungsklasse kommen in Walzwerken oder zur Produktion von Kunststoffrohren (Extruder) zum Einsatz. Stromrichteranlagen für Antriebszwecke müssen die Höhe der Gleichspannung kontinuierlich und möglichst schnell verstellen können. Deutlich kleinere Leistungen und auch kleinere Spannungen sind dagegen zur Spannungsversorgung von Konsumelektronik erforderlich. Im Allgemeinen ist hier eine Verstellung der Spannungsamplitude nicht notwendig.

In den folgenden Abschnitten werden Stromrichter besprochen, die im Bereich der Antriebstechnik Verwendung finden. Thyristoren und Dioden werden zunächst als ideale Bauelemente betrachtet, die weder Durchlassspannungen noch Verluste aufweisen. Dadurch können die grundlegenden Funktionsprinzipien der Schaltungen sehr einfach verstanden werden. Als gleichzurichtende Spannung wird die Netzwechselspannung mit 50 Hz oder 60 Hz vorausgesetzt.

3.1 Einpuls-Gleichrichter M1

Lernziele

Die Lernenden ...

- wenden die Einschaltbedingungen von Thyristor und Diode an,
- ermitteln das Steuergesetz,
- unterscheiden gesteuerte und ungesteuerte Schaltungen.

3.1.1 Aufbau der Schaltung

Die einfachste Gleichrichterschaltung aus Bild 3.1 besteht aus nur einem Ventilzweig, der mit der Netzspannung verbunden ist. An diesen Gleichrichter wird eine Last angeschlossen. Üblicherweise besteht die Last neben einem ohmschen Widerstand immer auch aus einem induktiven Anteil. Wird mit dem Gleichrichter ein Motor betrieben, so taucht dessen induzierte Spannung zusätzlich als Gegenspannung im Lastkreis auf.

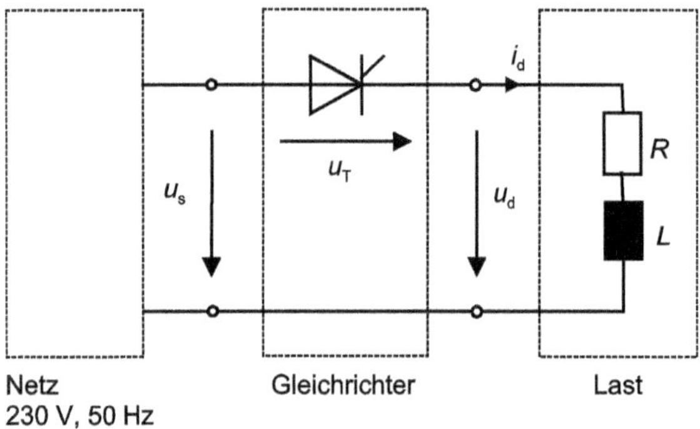

Bild 3.1 Stromrichter M1C mit Thyristor als elektronischem Schalter und ohmsch-induktiver Last

Zur übersichtlichen Erläuterung der Funktionsweise werden in den Schaltbildern benannte Spannungs- und Stromzählpfeile verwendet. Die Pfeilrichtung gibt immer die positive Zählrichtung der jeweiligen Größe an. Ihre Bezeichnung setzt sich aus dem Kurzzeichen der Größe (U, I) und einem oder mehreren Indizes zusammen, die zur Unterscheidung dienen. Großbuchstaben bezeichnen Mittel- oder Effektivwerte. Ist eine Größe von der Zeit abhängig, dann werden Kleinbuchstaben verwendet.

Tabelle 3.1 Bezeichnungen von Strömen und Spannungen bei Stromrichtern

Bezeichnung	Bedeutung
i_d, u_d	Zeitverläufe für Strom und Spannung. Der Index d steht für die Ausgangsgrößen des Gleichrichters
I_d, U_d	Mittelwerte, die in den Zeitverläufen von i_d und u_d enthalten sind
u_T	zeitlicher Verlauf der Spannung an einem Thyristor
u_s	zeitlicher Verlauf der Netzspannung; der Index s steht für Strang
U_s	Effektivwert der Netzspannung
U_N	Effektivwert der verketteten Spannung bei drei- oder mehrphasigen Systemen

In Bild 3.1 ist ein M1C-Stromrichter mit einem Thyristor als Ventil dargestellt. Schaltungen mit Thyristoren werden als steuerbare Stromrichter bezeichnet. Diese Steuerbarkeit kommt in der Typenbezeichnung durch das nachgestellte C (Controllable) zum Ausdruck. Ersetzt man den Thyristor durch eine Diode, ist der Stromrichter nicht mehr steuerbar. Er wird ungesteuerter Stromrichter genannt und erhält die Bezeichnung M1U (Uncontrollable).

3.1.2 Funktionsweise der ungesteuerten M1U-Schaltung

Zunächst unterstellen wir in der Schaltung von Bild 3.1 eine rein ohmsche Last. Für die Spannung am Schalter ergibt sich anhand der Zählpfeile folgender zentraler Zusammenhang:

$$u_T = u_s - u_d = u_s - i_d \cdot R \tag{3.1}$$

Wird in Bild 3.1 statt des Thyristors eine ideale Diode eingesetzt, dann beginnt deren Leitvorgang, wenn ihre Einschaltbedingung erfüllt ist, also u_T größer als null wird. Dieser Zeitpunkt wird natürlicher Zündzeitpunkt genannt. Solange die Diode nicht leitet, ist auch i_d und damit der Spannungsabfall an der Last gleich null. Aus Gl. (3.1) ergibt sich somit, dass die Diode beim positiven Nulldurchgang der Netzspannung $u_s > 0$ einschaltet.

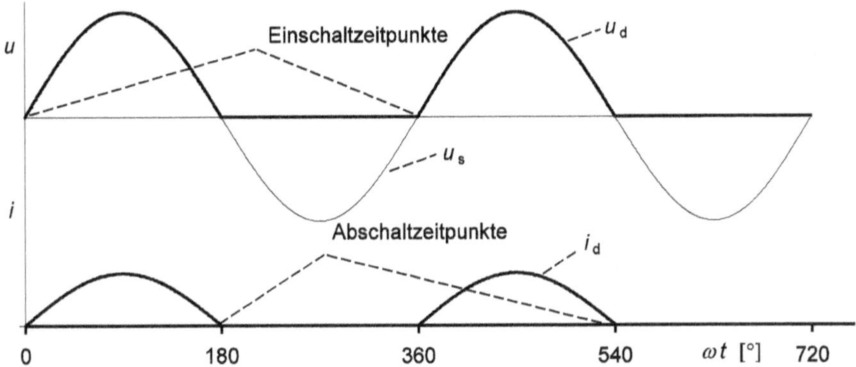

Bild 3.2 Zeitverläufe der ungesteuerten M1-Schaltung mit ohmscher Last; oben: pulsierende Gleichspannung, unten: pulsierender Gleichstrom

Der Leitvorgang dauert so lange, bis die Ausschaltbedingung eintritt, also der Diodenstrom gleich null wird. Aufgrund des rein ohmschen Lastwiderstandes sind i_d und u_d in diesem Fall phasengleich und erreichen somit gleichzeitig den Wert null. Die Diode schaltet im negativen Nulldurchgang von i_d wieder ab. Die daraus resultierenden Zeitverläufe zeigt Bild 3.2.

Während der Leitphase liegt an der idealen Diode keine Durchlassspannung an, daher ist $u_T = 0$, solange die Diode leitet. Aus Gl. (3.1) folgt daher, dass in diesem Zeitraum $u_d = u_s$ sein muss. Während der Leitphase liegen die Zeitverläufe von u_d und u_s im oberen Teil von Bild 3.2 übereinander. Sobald die Diode abgeschaltet hat, fließt kein Strom mehr und u_d wird zu null. Aufgrund der rein ohmschen Last ist i_d im unteren Bildteil ebenfalls eine Sinushalbwelle und formgleich zu u_d.

Die Einweg-Gleichrichtung mit der ungesteuerten M1U-Schaltung ergibt eine pulsierende Gleichspannung u_d, bei der die negative Halbwelle der Netzwechselspannung fehlt. In dieser pulsierenden Spannung u_d ist ein Mittelwert U_d enthalten. Er kann mit Gl. (1.2) berechnet werden.

$$U_d = \frac{1}{T}\cdot\int_0^T u_d(t)\cdot dt = \frac{1}{2\pi}\cdot\int_0^{2\pi} u_d(\omega t)\cdot d\omega t = \frac{1}{2\pi}\cdot\left(\int_0^{\pi}\hat{U}_s\cdot\sin\omega t\cdot d\omega t + \int_{\pi}^{2\pi} 0\cdot d\omega t\right)$$

$$U_d = \frac{1}{2\pi}\cdot\left(\hat{U}_s\cdot(-\cos\omega t)_0^{\pi} + 0\right) = \frac{1}{2\pi}\cdot\hat{U}_s\cdot\left((-\cos\pi) - (-\cos(0))\right) = \frac{1}{2\pi}\cdot\hat{U}_s\cdot 2 \qquad (3.2)$$

$$U_d = \frac{\hat{U}_s}{\pi} = 0.318\cdot\hat{U}_s = 0.45\cdot U_s$$

Ganz offensichtlich hängt der Gleichanteil, der mit der M1U erreicht werden kann, vom Scheitelwert der Netzwechselspannung ab.

3.1.3 Funktionsweise der gesteuerten M1C-Schaltung

Wird die M1C-Schaltung, wie in Bild 3.1 gezeichnet, tatsächlich mit einem Thyristor ausgestattet, so kann dessen Einschaltzeitpunkt gesteuert werden. In Bild 3.3 wird der Thyristor bei ωt = 45° gezündet. Vor diesem Zeitpunkt blockiert das Ventil und es fließt kein Strom. Die Spannung an der Last ist im Blockier- wie im Sperrbetrieb null. Nach der Zündung liegt die Spannung u_s an der Last. Der Strom i_d fließt gemäß dem ohmschen Gesetz durch den Lastwiderstand (auch hier wird die Lastinduktivität vorerst als null angenommen). Der Abschaltzeitpunkt des Thyristors ergibt sich – genauso wie bei der Diode – beim negativen Nulldurchgang von i_d.

Die Verwendung von Thyristoren statt Dioden ermöglicht es, den Beginn des Leitzustandes – ausgehend vom natürlichen Zündzeitpunkt – nach hinten zu verschieben. Da sich der Abschaltzeitpunkt jedoch nicht verändert, verkürzt sich nach Bild 3.3 insgesamt die Leitdauer und damit selbstverständlich auch der in dieser pulsierenden Gleichspannung enthaltene Mittelwert. ■

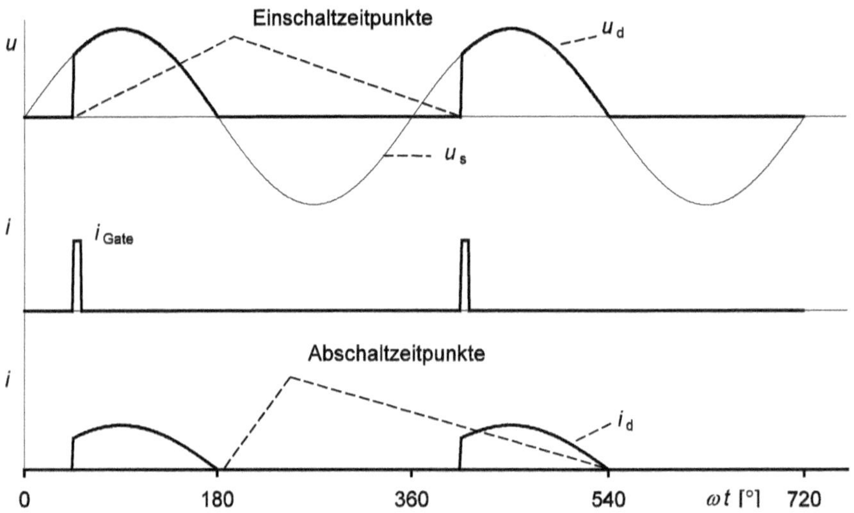

Bild 3.3 Zeitverläufe der gesteuerten M1-Schaltung mit ohmscher Last; oben: pulsierende Gleichspannung, Mitte: Gate-Strom des Thyristors, unten: pulsierender Gleichstrom

Der Winkel, um den der Einschaltzeitpunkt des Thyristors verschoben wird, heißt Zündwinkel oder Steuerwinkel und wird mit dem Kürzel α bezeichnet. Der Zusammenhang zwischen dem Zündwinkel und dem sich ergebenden Gleichspannungsmittelwert heißt Steuergesetz. In Übung 1.2 wurde dieser Zusammenhang für eine pulsierende Gleichspannung der vorliegenden Form bereits ermittelt.

Bei einem verlustfreien Stromrichter mit idealen Schaltern nennt man den Mittelwert der Ausgangsspannung ideelle Gleichspannung. Hier und bei allen weiteren Gleichrichterschaltungen wird dieser Mittelwert mit $U_{di\alpha}$ bezeichnet.

Das *Steuergesetz* beschreibt den Zusammenhang zwischen dem Steuerwinkel α und dem Mittelwert der pulsierenden Ausgangsgleichspannung.

Für die M1C-Schaltung mit ohmscher Last lautet das Steuergesetz allgemein

$$U_{di\alpha} = \frac{\hat{U}_s}{2\pi} \cdot (1 + \cos\alpha) \tag{3.3}$$

Durch eine Änderung des Steuerwinkels ist der Mittelwert der Stromrichterausgangsspannung in weiten Grenzen stufenlos verstellbar. Der Höchstwert der Gleichspannung wird bei Vollaussteuerung für $\alpha = 0\,°$ erreicht und mit dem Kürzel U_{di0} bezeichnet.

$$U_{di0} = \frac{\hat{U}_s}{2\pi} \cdot (1 + \cos 0\,°) = \frac{\hat{U}_s}{\pi} = 0.45 \cdot U_S \tag{3.4}$$

Bezieht man Gl. (3.3) auf die ideelle Gleichspannung U_{di0}, so erhält man die sog. Steuerkennlinie des Stromrichters, die in Bild 3.4 dargestellt ist.

$$\frac{U_{di\alpha}}{U_{di0}} = \frac{(1 + \cos\alpha)}{2} \tag{3.5}$$

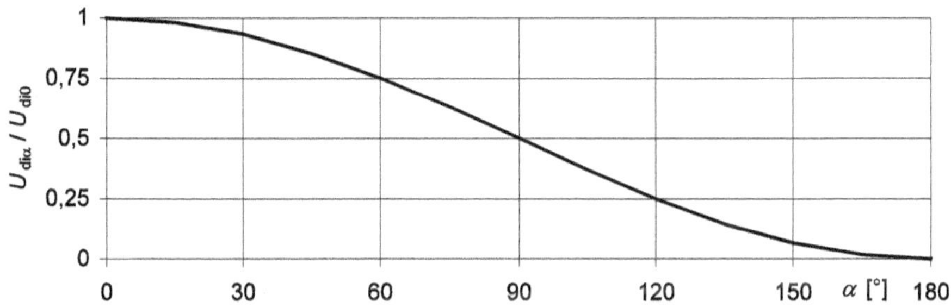

Bild 3.4 Steuerkennlinie der M1C-Schaltung bei ohmscher Last

Die Ausgangsspannung u_d des Stromrichters ist eine Mischspannung und enthält neben dem gewünschten Mittelwert $U_{di\alpha}$ ebenso auch unerwünschte Wechselanteile. Zur Bildung weiterer stromrichterspezifischer Kenngrößen wird der Effektivwert des Wechselanteils $U_{d\sim}$ benötigt. Nach Abschnitt 1.2.4 berechnet man $U_{d\sim}$ aus dem Gesamteffektivwert U_{dRMS} der Mischspannung $u_d(t)$ sowie dem darin enthaltenen Mittelwert $U_{di\alpha}$.

$$U_{d\sim} = \sqrt{U_{dRMS}^2 - U_{di\alpha}^2} \tag{3.6}$$

Der Gesamteffektivwert U_{dRMS} einer angeschnittenen Sinushalbwelle wurde in Übung 1.2 ermittelt. Wenn man die dort berechnete Lösung anwendet, erhält man

$$U_{\mathrm{dRMS}} = \sqrt{\frac{1}{2\pi}\int_{\alpha}^{\pi}(\hat{U}_{\mathrm{s}} \cdot \sin(\omega t)^2 \mathrm{d}(\omega t)} = \frac{\hat{U}_{\mathrm{s}}}{\sqrt{2}} \cdot \sqrt{\frac{1}{2} - \frac{\alpha}{2\pi} + \frac{\sin(2\alpha)}{4\pi}} \tag{3.7}$$

Als Maß für den Wechselspannungsgehalt der Stromrichterausgangsspannung wird der Begriff der Spannungswelligkeit mit folgender Definition verwendet:

$$w_{\mathrm{U}} = \frac{U_{\mathrm{d\sim}}}{U_{\mathrm{d}i\alpha}} = \sqrt{\left(\frac{U_{\mathrm{dRMS}}}{U_{\mathrm{d}i\alpha}}\right)^2 - 1} \tag{3.8}$$

Für reine Gleichgrößen ist die Spannungswelligkeit $w_{\mathrm{U}} = 0$. Sie steigt jedoch mit zunehmendem Wechselspannungsgehalt immer weiter an.

Setzt man die Werte der M1-Schaltung ein, so erhält man für $\alpha = 0\,°$:

$$w_{\mathrm{U0}} = \frac{U_{\mathrm{d\sim}}}{U_{\mathrm{d}i\alpha}} = \sqrt{\left(\frac{U_{\mathrm{dRMS}}}{U_{\mathrm{d}i\alpha}}\right)^2 - 1} = \sqrt{\left(\frac{\frac{\hat{U}_{\mathrm{s}}}{\sqrt{2}} \cdot \sqrt{\frac{1}{2} - \frac{\alpha}{2\pi} + \frac{\sin(2\alpha)}{4\pi}}}{U_{\mathrm{d}i0} \cdot \frac{(1+\cos\alpha)}{2}}\right)^2 - 1}$$

$$w_{\mathrm{U0}} = \sqrt{\left(\frac{\frac{\hat{U}_{\mathrm{s}}}{\sqrt{2}} \cdot \sqrt{\frac{1}{2} - \frac{0}{2\pi} + \frac{\sin(2\cdot 0)}{4\pi}}}{U_{\mathrm{d}i0} \cdot \frac{(1+\cos 0)}{2}}\right)^2 - 1} = \sqrt{\left(\frac{\frac{\hat{U}_{\mathrm{s}}}{\sqrt{2}} \cdot \sqrt{\frac{1}{2}}}{U_{\mathrm{d}i0} \cdot \frac{(1+1)}{2}}\right)^2 - 1} = \sqrt{\frac{\frac{\hat{U}_{\mathrm{s}}^2}{2} \cdot \frac{1}{2}}{U_{\mathrm{d}i0}^2} - 1} \tag{3.9}$$

$$w_{\mathrm{U0}} = \sqrt{\frac{\hat{U}_{\mathrm{s}}^2}{4 \cdot U_{\mathrm{d}i0}^2} - 1} = \sqrt{\frac{\hat{U}_{\mathrm{s}}^2}{4 \cdot \frac{\hat{U}_{\mathrm{s}}^2}{\pi^2}} - 1} = \sqrt{\frac{\pi^2}{4} - 1} = 1.21$$

Bei Vollaussteuerung beträgt die Welligkeit der M1-Schaltung bereits $w_{\mathrm{U0}} = 1.21$; dies bedeutet, dass der Effektivwert des Wechselanteils das 1.21-Fache des Gleichanteils beträgt. Dieser hohe Wert macht sie für die meisten Anwendungen ungeeignet; im praktischen Einsatz kommt die M1-Schaltung daher nicht vor.

Stromrichter mit Thyristoren ermöglichen durch Verschiebung des tatsächlichen Zündzeitpunktes eine fast stufenlose Einstellung der Ausgangsspannung. Der Mittelwert der Ausgangsspannung wird mit $U_{\mathrm{d}i\alpha}$ bezeichnet. Dieser Mittelwert stellt sich beim Zündwinkel α ein und kann mit Hilfe des Steuergesetzes berechnet werden. ■

Übung 3.1

Was versteht man unter einem ungesteuerten Stromrichter? Welche Bauelemente werden bei ungesteuerten Stromrichtern eingesetzt?

Übung 3.2

Was ist der natürliche Zündzeitpunkt?

Übung 3.3

Eine M1C-Schaltung liegt an der Netzspannung von 230 V. Wie groß wird der Mittelwert der Ausgangsspannung bei rein ohmscher Last für die Steuerwinkel 0°, 30°, 45° und 120°?

3.2 Zweiphasige Mittelpunktschaltung M2

Lernziele

Die Lernenden ...

- kennen den Aufbau der M2C- und M2U-Schaltung,
- sind in der Lage, die Liniendiagramme für verschiedene Steuerwinkel zu konstruieren,
- berechnen die arithmetischen Mittelwerte der Ausgangsspannung für ohmsche und ohmsch-induktive Last,
- unterscheiden zwischen lückendem und nicht lückendem Betrieb,
- erläutern das Steuergesetz für nicht lückenden Betrieb.

3.2.1 Aufbau und Funktionsweise

Um die störende Welligkeit der M1C-Schaltung zu verringern, werden zwei M1C-Schaltungen nach Bild 3.5 parallel angeordnet. Dazu wird je eine M1C-Schaltung an eine Hälfte der Sekundärwicklung des Transformators angeschlossen. Die Schaltung wird primärseitig aus dem normalen einphasigen Wechselstromnetz gespeist. Sekundärseitig muss der Transformator eine Wicklung mit Mittelanzapfung aufweisen. Diese kann man als Reihenschaltung zweier Teilwicklungen mit gegenläufigem Wicklungssinn auffassen. Die Sekundärspannung u_{s12}, die sich aus dem Übersetzungsverhältnis und der Netzspannung ergibt, teilt sich demnach in die beiden sekundären Teilspannungen u_{s1} und u_{s2} auf. Für diese Spannungen gilt mit den Windungszahlen N_1 und N_2 und den angegebenen Zählpfeilen folgender Zusammenhang:

$$u_{s12} = u_{s1} - u_{s2} = u_N \cdot \frac{N_2}{N_1} \tag{3.10}$$

Die Teilspannungen u_{s1} und u_{s2} sind gegenphasig. Demnach kann man die sekundärseitigen Spannungen als zweiphasiges System auffassen.

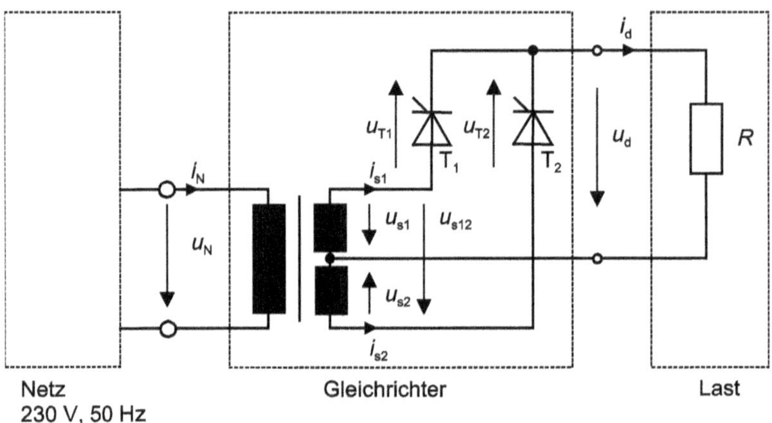

Bild 3.5 Mittelpunktschaltung M2C mit ohmscher Belastung

Vollaussteuerung

Vollaussteuerung bedeutet, dass jeder der beiden Thyristoren an seinem natürlichen Zündzeitpunkt, also mit dem Steuerwinkel $\alpha = 0°$, gezündet wird. Der natürliche Zündzeitpunkt liegt für jeden Thyristor individuell dann vor, wenn seine Ventilspannung u_T den positiven Nulldurchgang aufweist. Dies ist der Fall, wenn

$$\begin{aligned} &\text{für Thyristor T1} \qquad u_{T1} = u_{s1} - u_d = \left(u_{s1} - i_d R\right) > 0 \\ &\text{für Thyristor T2} \qquad u_{T2} = u_{s2} - u_d = \left(u_{s2} - i_d R\right) > 0 \end{aligned} \tag{3.11}$$

Zunächst wird eine rein ohmsche Last unterstellt. In diesem Fall sind auch bei der M2C-Schaltung Gleichspannung und Gleichstrom phasen- und formgleich. Daher fällt der natürliche Zündzeitpunkt von T1 mit dem positiven Nulldurchgang von u_{s1} sowie der natürliche Zündzeitpunkt von T2 mit dem positiven Nulldurchgang von u_{s2} zusammen.

Der natürliche Zündzeitpunkt eines Thyristors liegt dann vor, wenn seine Ventilspannung ihren positiven Nulldurchgang aufweist. Es ist der Moment, an dem eine Diode einschalten würde.

Bei Vollaussteuerung leitet jeder Ventilzweig während einer Halbperiode. Dadurch ergibt sich sowohl für die Ausgangsspannung u_d als auch für den dazu phasengleichen Ausgangsstrom i_d der M2C-Schaltung ein zweipulsiger Verlauf, der in Bild 3.6 dargestellt ist. Ideale Ventile weisen keine Durchlassspannung auf. Unter dieser Voraussetzung gilt für die Ausgangsspannung $u_d(t)$:

$$\begin{aligned} &\text{wenn T1 leitet} \qquad u_{T1} = u_{s1} - u_d = 0 \quad \Rightarrow \quad u_d = u_{s1} \\ &\text{wenn T2 leitet} \qquad u_{T2} = u_{s2} - u_d = 0 \quad \Rightarrow \quad u_d = u_{s2} \end{aligned} \tag{3.12}$$

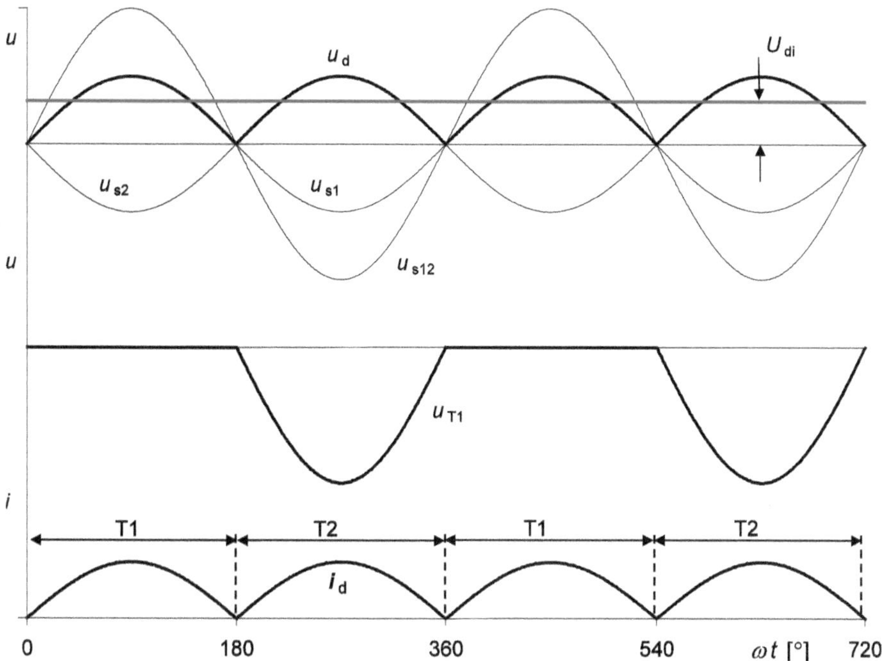

Bild 3.6 Ausgangsgrößen der M2-Schaltung für Vollaussteuerung und rein ohmsche Last; oben: Zeitverlauf der Ausgangsspannung, Mitte: Zeitverlauf der Spannung am Thyristor T1, unten: Zeitverlauf der Gleichstroms

Die Ausgangsspannung der M2C-Schaltung folgt immer derjenigen Phasenspannung, deren Thyristor leitet. Die Spannung, die an den gesperrten Thyristoren auftritt, wird aus dem Zeitverlauf der Ventilspannung im Mittelteil von Bild 3.6 abgelesen. Der prinzipielle Verlauf ist für beide Thyristoren identisch. Die Kurven sind aber um 180° gegeneinander versetzt.

Die Thyristorspannung u_{T1} ist null während der Leitphase von T1. Leitet T2, so ist nach Gl. (3.11) $u_d = u_{s2}$; damit folgt laut Gl. (3.13) die Spannung über T1 der verketteten Spannung u_{s12}:

$$\text{wenn T2 leitet:} \quad u_{T1} = u_{s1} - u_d = u_{s1} - u_{s2} = u_{s12} \tag{3.13}$$

Der Höchstwert der Thyristorsperrspannung bei der M2C-Schaltung tritt bei Vollaussteuerung auf. Er ist gleich dem Scheitelwert der verketteten Spannung. Für T2 gelten die Erläuterungen sinngemäß.

Übung 3.4

Wie groß wird der Maximalwert der Blockierspannung bei der M2C-Schaltung unter Vollaussteuerung?

Wie bereits bei der M1C-Schaltung ist im Zeitverlauf der Ausgangsspannung u_d der Mittelwert U_{di0} enthalten. Dieser Mittelwert ist bei der M2C-Schaltung und Vollaussteuerung doppelt so groß wie bei der M1C-Schaltung. Der Effektivwert des Wechselanteils ist allerdings deutlich kleiner als bei der M1C-Schaltung. Dadurch verringert sich auch die Welligkeit bei Vollaussteuerung von $w_{u0} = 1.21$ auf $w_{u0} = 0.483$.

Beispiel 3.1 Geometrische Angabe des Mittelwertes

Der Mittelwert kann näherungsweise geometrisch konstruiert werden. Auf diese Weise erhält man den Mittelwert dann, wenn wie in Bild 3.7 die Summe der Flächen 1 und 2 dem Flächeninhalt von 3 entspricht.

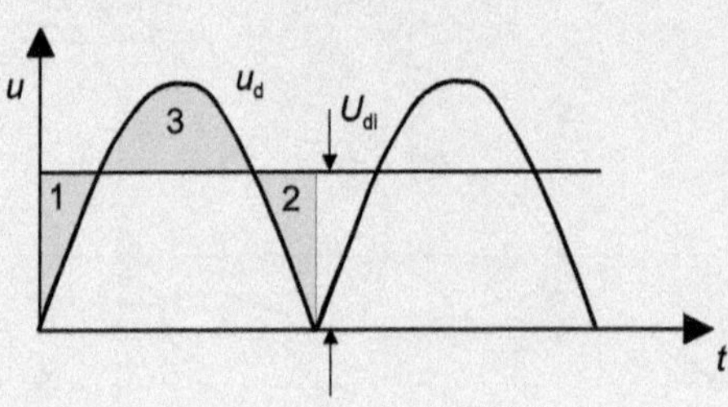

Bild 3.7 Zusammenhang zwischen Zeitverlauf und Mittelwert der Ausgangsspannung

Teilaussteuerung

Selbstverständlich kann auch die M2C-Schaltung in Teilaussteuerung betrieben werden. Die Zündung eines Thyristors wird dann (bezogen auf den natürlichen Zündzeitpunkt) um den Steuerwinkel α verzögert. Die Zeitverläufe für einen Zündwinkel von 45° und rein ohmsche Last sind in Bild 3.8 dargestellt.

Statt beim positiven Nulldurchgang werden die Thyristoren erst 45° später gezündet. Der Ausschaltzeitpunkt liegt dagegen immer noch beim negativen Spannungsnulldurchgang. Zur Bildung des Mittelwertes trägt bei Teilaussteuerung also nicht mehr die gesamte Sinushalbwelle der Spannung bei, sondern lediglich der Teil ab dem Zündzeitpunkt (in Bild 3.8 sind dies 45°) bis zum negativen Nulldurchgang. Das verzögerte Einschalten der Thyristoren führt dazu, dass der Mittelwert der Ausgangsspannung gegenüber dem bei Vollaussteuerung zurückgeht.

Bei der hier vorliegenden ohmschen Belastung wird der Strom i_d am Ende jeder Halbperiode null. Der nächste Thyristor wird aber verzögert eingeschaltet. Es entstehen also stromlose Pausen, der Strom „lückt".

Bei Teilaussteuerung leiten die Thyristoren nicht mehr für eine gesamte Halbperiode. Daher gibt es Zeiten, in denen der Thyristor blockiert. Aus Bild 3.8 geht hervor, dass die Ventilspannung u_T zu Beginn einer Halbperiode auch positive Werte annimmt. Während der stromlosen Pausen werden die Thyristoren also in Vorwärtsrichtung beansprucht. An jedem Ventil liegt als Blockierspannung dann die jeweilige Strangspannung an.

$$u_{T1} = u_{s1} \quad \text{bzw.} \quad u_{T2} = u_{s2}$$

Beim Zünden eines Thyristors ändert sich die Spannung am anderen Thyristor schlagartig. Sie springt dann von der jeweiligen Phasenspannung auf den Momentanwert der verketteten Spannung u_{s12}.

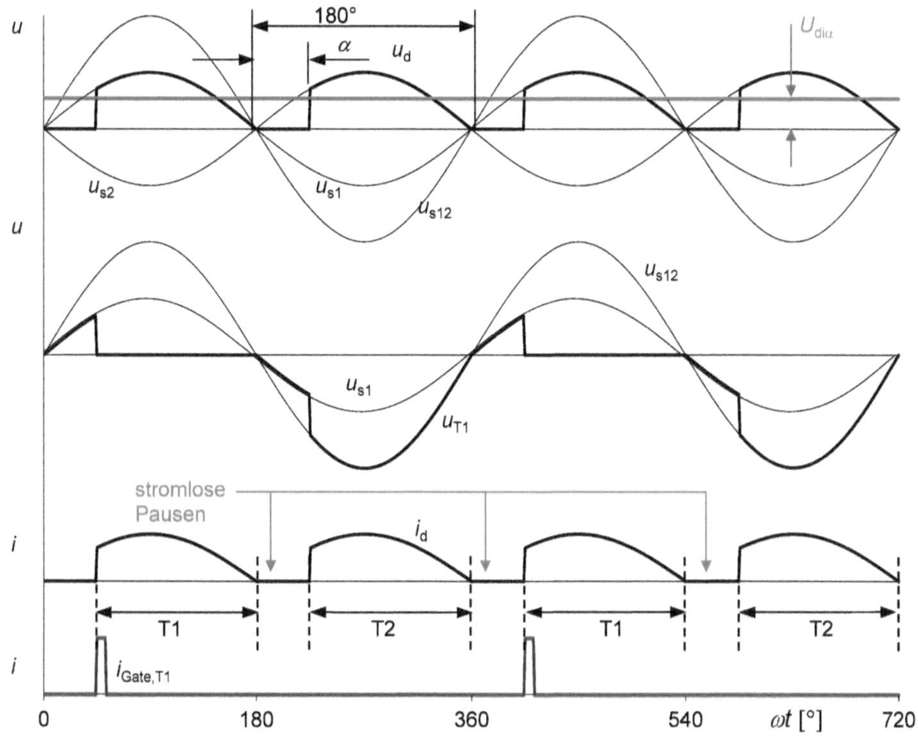

Bild 3.8 Ausgangsgrößen der M2C-Schaltung für $\alpha = 45°$ und rein ohmsche Last;
oben: ungeglättete Ausgangsspannung $u_d(t)$ und arithmetischer Mittelwert $U_{di\alpha}$,
Mitte oben: Zeitverlauf der Spannung am Thyristor T1, Mitte unten: Zeitverlauf des Gleichstroms,
unten: Ansteuersignal für T1

3.2.2 Stromglättung

Da bei rein ohmscher Last Strom und Spannung am Ausgang des Stromrichters form- und phasengleich sind, gilt für die Stromwelligkeit w_I des Ausgangsstroms ausgehend von Gl. (3.8) derselbe Wert wie für die Spannungswelligkeit.

$$w_I = \frac{I_{d\sim}}{I_d} = \sqrt{\left(\frac{I_{dRMS}}{I_d}\right)^2 - 1}$$

Beim Betrieb von Motoren verursacht diese Stromwelligkeit eine entsprechende Welligkeit des Motordrehmoments und führt zu unruhigem Lauf der Antriebe. Für den Fall der Teilaussteuerung wird die Welligkeit durch den dann lückenden Strom noch verstärkt. Daher wird in nahezu allen Situationen eine Glättungsinduktivität im Gleichstromkreis vorgesehen. Diese reduziert die Stromwelligkeit und beeinflusst dadurch das Verhalten des Stromrichters maßgeblich.

Zur Erläuterung der Einzelheiten stellt Bild 3.9 den Sekundärteil der M2C-Schaltung noch einmal dar. Hier sind alle Induktivitäten und Widerstände des Gleichstromkreises in der Gesamtinduktivität L und dem Gesamtwiderstand R zusammengefasst. Die grundlegende Funktionsweise der Glättungsdrossel erschließt sich durch die Maschengleichung im Ausgangskreis. Diese lautet:

$$u_{\mathrm{d}} = u_{\mathrm{R}} + u_{\mathrm{L}} = i_{\mathrm{d}} \cdot R + L \cdot \frac{\mathrm{d}i_{\mathrm{d}}}{\mathrm{d}t}$$

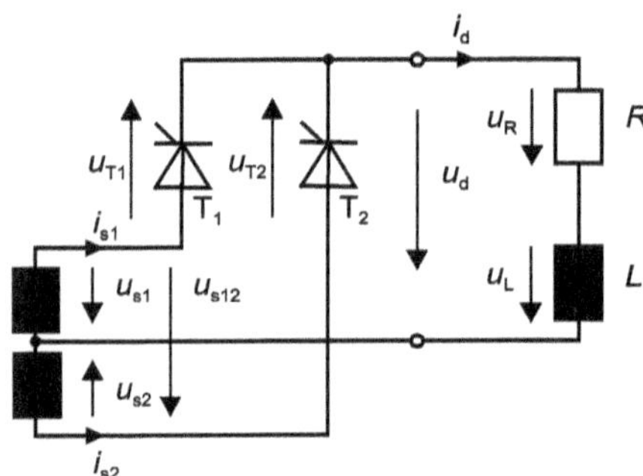

Bild 3.9 Sekundärkreis der M2C-Schaltung mit ohmsch-induktiver Belastung

Die Spannung u_{d} ist eine Mischspannung und setzt sich aus einem Gleich- und einem Wechselanteil zusammen. An der Induktivität, die für reinen Gleichstrom keinen Widerstand darstellt, fällt der Wechselanteil ab. Der Gleichanteil der Spannung liegt am Widerstand. Je größer die Induktivität gewählt wird, umso größer ist ihr induktiver Widerstand, den sie dem Wechselanteil der Spannung entgegensetzt. Mit steigendem induktiven Widerstand sinkt demzufolge der Wechselanteil des Stromes i_{d}. Das Verhältnis von L zu R wird Glättungszeitkonstante genannt. Sie ist definiert als

$$T_{\mathrm{L}} = \frac{L}{R}$$

Die Induktivität bewirkt eine Phasenverschiebung zwischen i_{d} und u_{d}. Des Weiteren wird die Kurvenform von i_{d} gegenüber der bei rein ohmscher Belastung verändert. In Bild 3.10 sind die Verläufe des Gleichstromes bei Vollaussteuerung der M2C-Schaltung für verschiedene Glättungszeitkonstanten dargestellt. Der Verlauf für $T_{\mathrm{L}} = 0$ ms ist bereits aus Bild 3.6 bekannt und phasen- sowie formgleich mit der Gleichspannung u_{d}.

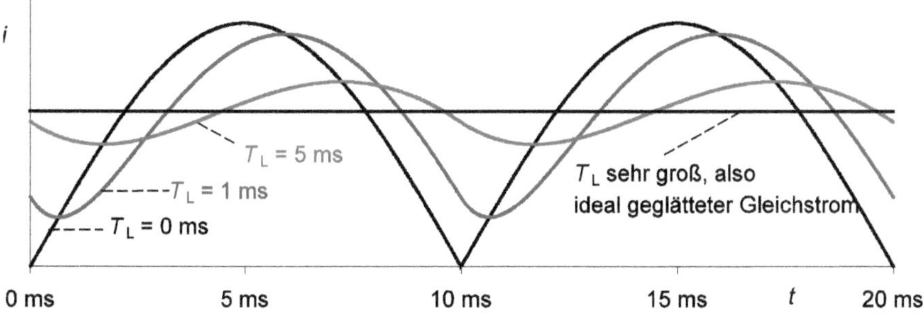

Bild 3.10 Stromverlauf $i_d(t)$ einer M2C-Schaltung bei Vollaussteuerung mit verschiedenen Glättungszeitkonstanten T_L

Bereits eine Glättungszeitkonstante von T_L = 1 ms bewirkt, dass der Strom i_d nicht mehr null wird. Für T_L = 5 ms liegt bereits eine ausgeprägte Stromglättung vor; der Wechselanteil $i_{d\sim}(t)$ ist gegenüber T_L = 0 ms bereits deutlich reduziert. Sehr große Glättungsdrosseln bei verschwindend kleinem Widerstand ($T_L = L/R \approx \infty$) ermöglichen theoretisch einen ideal geglätteten Gleichstrom. Dieser ist in Bild 3.10 als waagrechte Linie zu erkennen.

Die Induktivität der Glättungsdrossel im Verhältnis zum ohmschen Widerstand im Gleichstromkreis beeinflusst die Stärke der Glättungswirkung. Ist das grundlegende Verhalten eines Stromrichters von Interesse, wird häufig angenommen, dass die Drossel so groß ist, dass der Gleichstrom *ideal geglättet* wird, also keine Welligkeit mehr aufweist. ■

Besonders deutlich wird die Wirkung der Induktivität im Fall der Teilaussteuerung. Diese Situation zeigt Bild 3.11 für einen Steuerwinkel von 20°. Trotz des Steuerwinkels liegt bei ohmsch-induktiver Last ein kontinuierlicher Stromfluss vor. Die stromlosen Pausen, die bei Teilaussteuerung und ohmscher Last in Bild 3.8 vorhanden waren, sind verschwunden. Die Leitdauer eines Thyristors beträgt daher auch bei Teilaussteuerung und ausreichender Stromglättung 180°. In diesem Fall liegt ein nicht lückender Betrieb des Stromrichters vor.

Betreibt man die M2C-Schaltung mit überwiegend induktiver Belastung, so ergeben sich als wesentliche Unterschiede zur ohmschen Belastung:

- eine vollständige Glättung des Gleichstroms i_d. Die einzelnen Thyristorströme sind in diesem Idealfall rechteckförmig.
- die auf 180° verlängerte Stromflusszeit jedes Ventils. Dadurch stellt sich ein nicht lückender Gleichstrom ein.
- ein Zeitverlauf von u_d mit abschnittsweise negativen Werten. Dies passiert immer dann, wenn die jeweilige Phasenspannung zwar negativ wird, aber der leitende Thyristor nicht abschaltet, weil der durch ihn fließende Strom noch größer als der Haltestrom ist. Eine ausführlichere Darstellung der Zusammenhänge findet sich unter dem Stichwort „Kommutierung" in Abschnitt 3.3.5.

Während der Leitphase von T1 ist u_{T1} natürlich null. Sie folgt dem Verlauf der verketteten Spannung, wenn T2 stromführend ist.

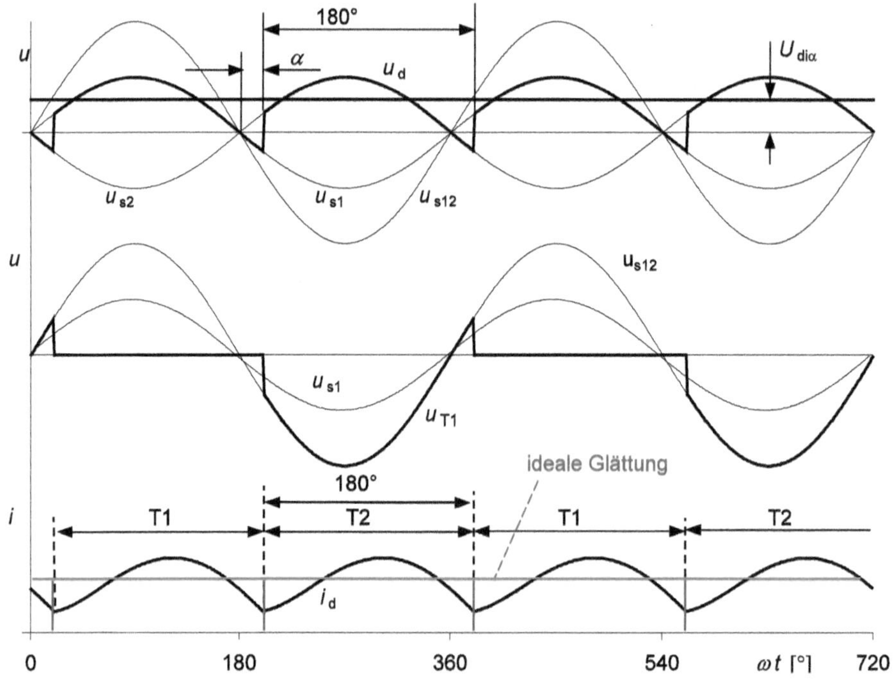

Bild 3.11 Ausgangsgrößen der M2C-Schaltung für $\alpha = 20°$ und ohmsch-induktive Belastung; oben: ungeglättete Ausgangsspannung $u_d(t)$ und arithmetischer Mittelwert $U_{di\alpha}$, Mitte: Zeitverlauf der Spannung am Thyristor T1, unten: Zeitverlauf des Gleichstroms; schwarz: ungeglättet, grau: ideal geglättet

Auch bei endlicher Spannungswelligkeit einer Gleichrichterschaltung kann der Gleichstrom beliebig geglättet werden, indem die Glättungszeitkonstante des Ausgangskreises entsprechend erhöht wird. Im nicht lückenden Betrieb beträgt die Leitdauer eines Thyristors bei der M2-Schaltung 180°. Leitet ein Thyristor noch, wenn die ihm zugeordnete Phasenspannung ihren negativen Nulldurchgang aufweist, so werden die Augenblickswerte der Gleichspannung u_d negativ. ■

Übung 3.5

Zeichnen Sie den Zeitverlauf der Ventilströme bei der M2C-Schaltung in Abhängigkeit von I_d, wenn eine ideale Stromglättung vorliegt. ■

Übung 3.6

Berechnen Sie mit Hilfe von Beispiel 1.4 Mittel- und Effektivwert der Ventilströme aus Übung 3.5.

3.2.3 Steuergesetz im nicht lückenden Betrieb

Zur Verdeutlichung der Zusammenhänge ist der zeitliche Verlauf der Gleichspannung bei Teilaussteuerung in Bild 3.12 vergrößert dargestellt. T1 wird mit dem Zündwinkel α angesteuert und leitet für die Dauer von 180°. Beim Winkel $\alpha + \pi$ wird T2 gezündet; die Ausgangsspannung folgt nun für weitere 180° der Phasenspannung u_{s2}.

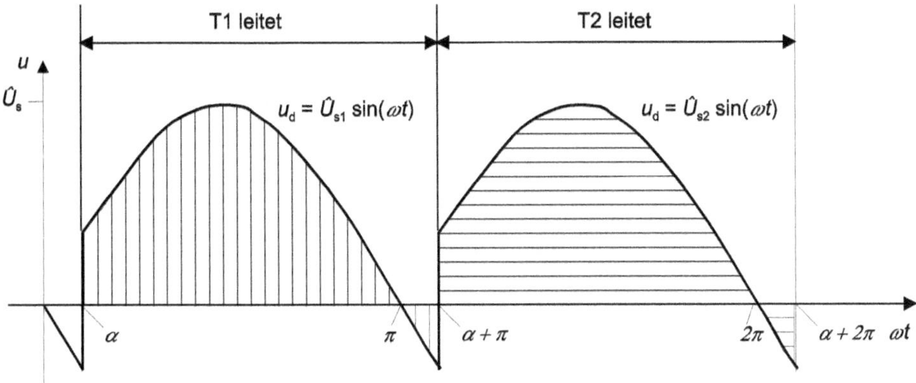

Bild 3.12 Zeitverlauf für $u_d(t)$ bei der M2C-Schaltung im nicht lückenden Betrieb

Den Gleichspannungsmittelwert U_d berechnet man nach Kapitel 1 durch Integration des Spannungsverlaufes $u_d(t)$ über eine gesamte Periodendauer.

$$U_{\mathrm{di\alpha}} = \frac{1}{2\pi} \cdot \int_{\alpha}^{2\pi+\alpha} u_{\mathrm{d}}(\omega t)\mathrm{d}(\omega t) \tag{3.14}$$

Für T1 und T2 ergeben sich identische Zeitverläufe der Spannung. Daher reicht in diesem Fall die Integration über eine halbe Periodendauer aus.

$$U_{\mathrm{di\alpha}} = \frac{1}{\pi} \cdot \int_{\alpha}^{\pi+\alpha} \sqrt{2} \cdot U_{\mathrm{s}} \sin(\omega t)\mathrm{d}(\omega t) = \frac{1}{\pi} \cdot \left[\sqrt{2} \cdot U_{\mathrm{s}}(-\cos(\omega t))\right]_{\alpha}^{\pi+\alpha}$$

$$U_{\mathrm{di\alpha}} = \frac{1}{\pi} \cdot \left[\sqrt{2} \cdot U_{\mathrm{s}}(-\cos(\pi+\alpha) - (-\cos(\alpha)))\right] = \frac{1}{\pi} \cdot \left[\sqrt{2} \cdot U_{\mathrm{s}}(\cos(\alpha) - (-\cos(\alpha)))\right] \tag{3.15}$$

$$U_{\mathrm{di\alpha}} = \frac{2 \cdot \sqrt{2}}{\pi} U_{\mathrm{s}} \cos\alpha$$

Der maximale Mittelwert der Gleichspannung U_{di0} bei der M2C-Schaltung ergibt sich nach Gl. (3.14) ebenso für $\alpha = 0°$. Bezieht man $U_{di\alpha}$ wieder wie in Gl. (3.5) auf U_{di0}, so erhält man das Steuergesetz der M2C-Schaltung für den nicht lückenden Betrieb.

$$\frac{U_{di\alpha}}{U_{di0}} = \cos\alpha \qquad \text{mit} \qquad U_{di0} = \frac{2 \cdot \sqrt{2}}{\pi} U_s \tag{3.16}$$

Diese Gleichung beschreibt den Zusammenhang zwischen Steuerwinkel und Gleichspannungsmittelwert für alle vollgesteuerten Mittelpunkt- und Brückenschaltungen.

Als *vollgesteuert* werden diejenigen Schaltungen bezeichnet, bei denen alle Ventile Thyristoren sind. Im nicht lückenden Betrieb gilt für solche netzgeführten Stromrichter das Steuergesetz $U_{di\alpha} = U_{di0} \cdot \cos\alpha$. ■

Wird der Steuerwinkel α über 90° hinaus erhöht, so wird die Ausgangsspannung negativ. Nach den Betrachtungen in Abschnitt 1.4 „Betriebsquadranten" handelt es sich bei der M2C-Schaltung demnach um einen Zweiquadrantenstromrichter.

Übung 3.7

Erläutern Sie den Unterschied zwischen den Begriffen „Vollaussteuerung" und „vollgesteuert". ■

3.3 Dreiphasige Mittelpunktschaltung M3

Lernziele

Die Lernenden ...

- berechnen die Glättungsdrossel,
- erläutern den Betrieb mit Steuerwinkeln größer als 90°,
- erläutern den Kommutierungsvorgang und begründen das Entstehen des Überlappungswinkels.

3.3.1 M3-Schaltung bei ohmscher Last

Gleichrichterschaltungen können auch am dreiphasigen Drehstromnetz betrieben werden. In diesem Fall ist für jede Phase ein Thyristor vorzusehen. Bild 3.13 zeigt eine M3C-Schaltung, die über einen Drehstromtransformator an das Netz angeschlossen ist. Als Last dient ein ohmscher Widerstand. Der Gleichspannungskreis ist am Transformatorsternpunkt angeschlossen; daher heißt die Schaltung dreiphasige Mittelpunktschaltung mit dem Kürzel M3C.

Natürlicher Zündzeitpunkt

Bei Vollaussteuerung der Schaltung ist jeweils derjenige Thyristor stromführend, dessen Anode das höchste Potenzial aufweist. An dieser Anode liegt dabei das höchste Potenzial der Transformatorsekundärseite, woraus sich die Beanspruchung in Vorwärtsrichtung ergibt. Die Anoden der anderen Thyristoren liegen während dieser Zeit an Potenzialen, die niedriger sind; sie werden also in Sperrrichtung beansprucht.

Die Thyristoren T1, T3 und T5 leiten abwechselnd nacheinander. Führt beispielsweise T5 den Strom, dann ist T1 der nächste im stationären Betrieb zu zündende Thyristor. T1 kann dann gezündet werden, wenn seine Einschaltbedingungen erfüllt sind. Dies erfordert neben dem Zündimpuls zusätzlich eine positive Thyristorspannung u_{T1}.

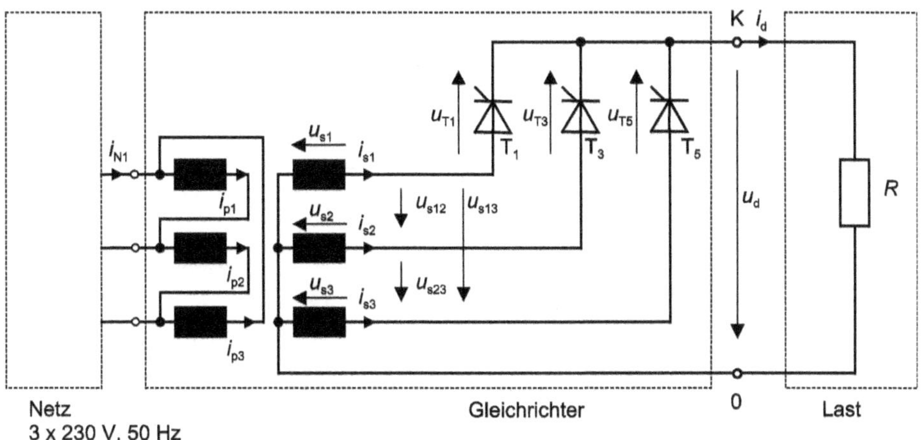

Bild 3.13 M3C-Schaltung mit ohmscher Last

Mit Hilfe von Bild 3.13 kann die Maschengleichung für u_{T1} bei leitendem T5 aufgestellt werden.

$$u_{T1} = u_{s13} + u_{T5} \qquad \text{da } u_{T5} \approx 0\text{, gilt:} \qquad u_{T1} = u_{s13}$$

Demnach wird u_{T1} positiv, wenn die verkettete Spannung u_{s13} ihren positiven Nulldurchgang aufweist. Vergleichbare Zusammenhänge gelten auch für T3 und T5. Zusammengefasst ergibt sich für T1:

Der natürliche Zündzeitpunkt für T1 liegt vor, wenn die verkettete Spannung u_{s13} ihren positiven Nulldurchgang hat. Dies ist gleichbedeutend mit dem Zeitpunkt, zu dem u_{s1} größer als u_{s3} wird. ▪

Übung 3.8

Ermitteln Sie die Bedingungen für die natürlichen Zündzeitpunkte der Thyristoren T3 und T5. ▪

Die natürlichen Zündzeitpunkte der drei Thyristoren sowie der Spannungsverlauf $u_d(t)$ für Vollaussteuerung sind in Bild 3.14 dargestellt. Der Spannungsverlauf setzt sich aus je einem Abschnitt der Phasenspannungen u_{s1} bis u_{s3} zusammen. Die pulsierende Gleichspannung $u_d(t)$ hat die dreifache Frequenz der Netzspannung. Man sagt, die M3C-Schaltung ist dreipulsig.

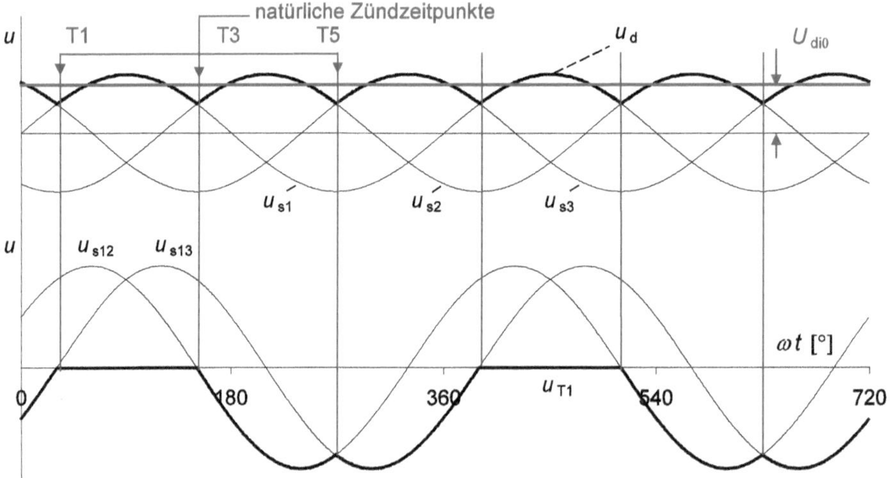

Bild 3.14 Zeitverläufe der M3-Schaltung bei Vollaussteuerung; oben: ungeglättete Ausgangsspannung $u_d(t)$ und arithmetischer Mittelwert $U_{di\alpha}$, unten: Zeitverlauf der Spannung am Thyristor T1

Beispiel 3.2 Mittelwert bei Vollaussteuerung

Berechnen Sie den arithmetischen Mittelwert der Gleichspannung bei einem Steuerwinkel von 0°.

Lösung:

Der arithmetische Mittelwert wird durch Integration über eine Periode ermittelt. Hier ergeben sich, wie schon bei der M2C-Schaltung, identische Zeitverläufe der Spannung, wenn T1, T2 oder T3 leiten. Daher reicht in diesem Fall die Integration über 1/3 Periodendauer aus. Anhand von Bild 3.14 kann man erkennen, dass der natürliche Zündzeitpunkt für T1 bezogen auf $u_{s1}(t)$ bei 30° liegt. Daher beträgt die untere Integrationsgrenze 30°. T1 leitet für 120°, so dass sich für die obere Integrationsgrenze 150° ergeben.

$$U_{di0} = \frac{3}{2\pi} \cdot \int_{30^\circ}^{150^\circ} \hat{u}_s \sin(\omega t) \cdot d(\omega t) = \frac{3 \cdot \hat{u}_s}{2\pi} \cdot \left[-\cos(\omega t)\right]_{30^\circ}^{150^\circ}$$

$$U_{di0} = \frac{3 \cdot \hat{u}_s}{2\pi} \cdot [\frac{1}{2}\sqrt{3} + \frac{1}{2}\sqrt{3}] = \frac{3 \cdot \sqrt{3} \cdot \hat{u}_s}{2\pi} = \frac{3 \cdot \sqrt{3} \cdot \sqrt{2} \cdot U_s}{2\pi} = 1.17 \cdot U_s \quad (3.17)$$

■

Beispiel 3.3 Welligkeit bei Vollaussteuerung

Wie groß ist die Spannungswelligkeit der M3C-Schaltung bei Vollaussteuerung?

Lösung:

Die Welligkeit erhält man nach Gl. (1.5).

$$w_u = \frac{U_{RMS,\sim}}{U_d} = \sqrt{\frac{U_{RMS}^2}{U_d^2} - 1}$$

Um den Wert bei Vollaussteuerung zu berechnen, muss zunächst der Effektivwert U_{RMS} der Ausgangsspannung $u_d(t)$ ermittelt werden. Mit denselben Überlegungen wie in Beispiel 3.2 werden die Integrationsgrenzen auf 30° (π/6) und 150° (5π/6) festgelegt.

$$U_{RMS} = \sqrt{\frac{3}{2\pi} \cdot \int_{\pi/6}^{5\pi/6} \left(\hat{U}_s \sin(\omega t)\right)^2 \cdot d(\omega t)} = \sqrt{\frac{3}{2\pi} \cdot \int_{\pi/6}^{5\pi/6} \hat{U}_s^2 \sin^2(\omega t) \cdot d(\omega t)}$$

$$U_{RMS} = \sqrt{\frac{3 \cdot \hat{U}_s^2}{2\pi} \cdot \left[\frac{1}{2} \cdot \omega t - \frac{1}{4} \cdot \sin(2\omega t)\right]_{\pi/6}^{5\pi/6}}$$

$$U_{RMS} = \sqrt{\frac{3 \cdot \hat{U}_s^2}{2\pi} \cdot \left[\left(\frac{1}{2} \cdot \frac{5}{6}\pi - \frac{1}{4} \cdot \sin(2\frac{5}{6}\pi)\right) - \left(\frac{1}{2} \cdot \frac{1}{6}\pi - \frac{1}{4} \cdot \sin(2\frac{1}{6}\pi)\right)\right]}$$

$$U_{RMS} = \sqrt{\frac{3 \cdot \hat{U}_s^2}{2\pi} \cdot \left[\left(\frac{5}{12}\pi - \frac{1}{4} \cdot \sin(\frac{10}{6}\pi)\right) - \left(\frac{1}{12}\pi - \frac{1}{4} \cdot \sin(\frac{2}{6}\pi)\right)\right]}$$

$$U_{RMS} = \sqrt{\frac{3 \cdot \hat{U}_s^2}{2\pi} \cdot \left[\left(\frac{4}{12}\pi - \frac{1}{4} \cdot \sin(\frac{10}{6}\pi) + \frac{1}{4} \cdot \sin(\frac{2}{6}\pi)\right)\right]}$$

$$U_{RMS} = \sqrt{\frac{3 \cdot \hat{U}_s^2}{2\pi} \cdot \left[\left(\frac{4}{12}\pi - \frac{1}{4} \cdot \left(-\frac{\sqrt{3}}{2}\right) + \frac{1}{4} \cdot \left(\frac{\sqrt{3}}{2}\right)\right)\right]}$$

$$U_{RMS} = \sqrt{\frac{3 \cdot \hat{U}_s^2}{2\pi} \cdot \left[\left(\frac{4}{12}\pi + \frac{1}{2} \cdot \left(\frac{\sqrt{3}}{2}\right)\right)\right]}$$

$$U_{RMS} = \hat{U}_s \cdot \sqrt{\frac{3}{2\pi} \cdot \left[\left(\frac{4}{12}\pi + \frac{1}{2} \cdot \left(\frac{\sqrt{3}}{2}\right)\right)\right]} = \hat{U}_s \cdot \sqrt{\left[\left(\frac{1}{2} + \frac{3}{4\pi} \cdot \frac{\sqrt{3}}{2}\right)\right]} = 0.8405 \cdot \hat{U}_s$$

Setzt man dieses Ergebnis in die Beziehung für die Welligkeit ein, dann erhält man

$$w_u = \sqrt{\frac{U_{RMS}^2}{U_d^2} - 1} = \sqrt{\frac{\left(0.8405 \cdot \hat{U}_s\right)^2}{\left(1.17 \cdot U_s\right)^2} - 1} = \sqrt{\frac{0.7065 \cdot 2 \cdot U_s^2}{1.3689 \cdot U_s^2} - 1} \approx 0.18$$

Gegenüber der M2C-Schaltung ist der Wechselanteil $u_{d\sim}(t)$ der M3C-Schaltung bei Vollaussteuerung weiter gesunken. Bei Vollaussteuerung beträgt die Spannungswelligkeit nur noch $w_{u0} = 0.183$. ■

Ventilspannung

Die Ventilspannung für T1 ist null, solange T1 leitet. Um die Ventilspannung an T1 für den restlichen Teil der Periode zu ermitteln, werden die Leitphasen für T3 und T5 getrennt betrachtet.

Beispiel 3.4 Ermittlung der Ventilspannung für T1

Geben Sie den zeitlichen Verlauf der Ventilspannung für T1 bei nicht lückendem Betrieb an.

Lösung:
Führt T3 den Strom, so kann dessen Ventilspannung als null angenommen werden. Die Spannung an T1 erhält man durch einen Maschenumlauf anhand von Bild 3.13 aus der Differenz der Phasenspannungen.

$$u_{T1} = u_{s1} - u_{s2} + u_{T3} = u_{s1} - u_{s2} = u_{s12}$$

Während T3 leitet, liegt die verkettete Spannung u_{s12} als Ventilspannung an T1 an. Die Spannung an T1 während der Leitphase von T5 ergibt sich aus der Differenz der Phasenspannungen u_{s1} und u_{s3}.

$$u_{T1} = u_{s1} - u_{s3} + u_{T5} = u_{s1} - u_{s3} = u_{s13}$$

Solange T5 leitet, liegt die verkettete Spannung u_{s13} als Ventilspannung an T1. ■

Beispiel 3.5 Ermittlung der Ventilspannung im Lückbetrieb

Geben Sie den zeitlichen Verlauf der Ventilspannung für T1 für den Lückbetrieb an.

Lösung:
Während einer der Thyristoren Strom führt, gelten die Ergebnisse aus Beispiel 3.4. In den stromlosen Pausen fließt kein Laststrom; die stromabhängigen Spannungsabfälle an der Last sind dann ebenfalls null. Für T1 erhält man die Spannung

$$u_{T1} = u_{s1} - u_d = u_{s1} - i_d \cdot R = u_{s1}$$

Die Ventilspannung eines Thyristors ist null, wenn der Thyristor selbst leitet, und gleich einer verketteten Spannung, während einer der beiden anderen Thyristoren den Strom führt. In der stromlosen Pause ist die Ventilspannung eines Thyristors gleich dessen jeweiliger Phasenspannung. Die Ventilspannung ändert sich beim Löschen/Zünden eines anderen Thyristors schlagartig.

Die unteren Teile von Bild 3.14 und Bild 3.15 zeigen den Ventilspannungsverlauf u_{T1} für Voll- bzw. für Teilaussteuerung. Man erkennt, dass die Ventilspannung abschnittsweise aus den Verläufen der verketteten Spannung besteht. Die Halbleiter werden auch bei der M3-Schaltung durch die verketteten Spannungen belastet.

Teilaussteuerung

Bild 3.15 zeigt die Ausgangsgrößen der M3C-Schaltung bei Teilaussteuerung mit $\alpha = 30°$. Dadurch ändert sich neben dem Zeitverlauf auch der Mittelwert der Ausgangsspannung.

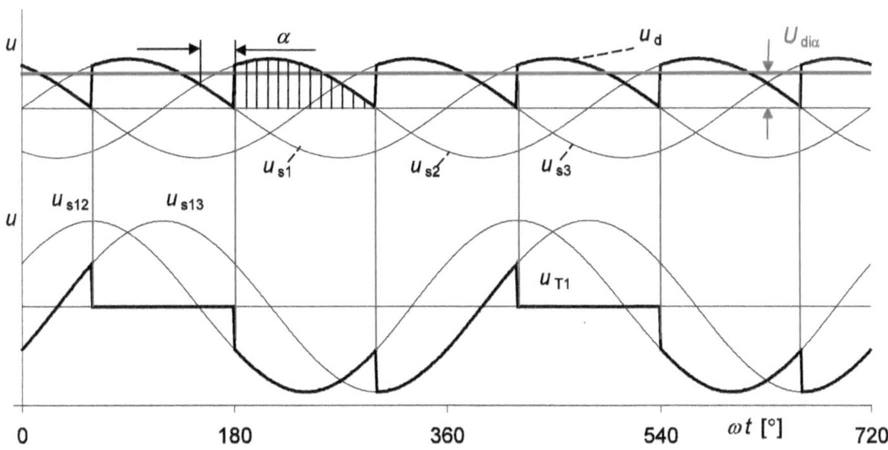

Bild 3.15 Ausgangsgrößen der M3C-Schaltung mit $\alpha = 30°$; oben: ungeglättete Ausgangsspannung $u_d(t)$ und arithmetischer Mittelwert $U_{di\alpha}$, unten: Zeitverlauf der Ventilspannung am Thyristor T1

Übung 3.9

Eine M3C-Schaltung ist über einen Transformator an das Netz 3 · 400 V angeschlossen. Die Gleichspannung U_{di0} bei Vollaussteuerung beträgt 230 V. Berechnen Sie das Transformatorübersetzungsverhältnis sowie die erforderliche Spannungsfestigkeit U_{RRM} der Thyristoren für einen Sicherheitsfaktor k = 2.5. Welcher maximale Mittelwert des Ventilstroms I_{TAVM} ergibt sich bei einem Lastwiderstand von 20 Ω?

Beispiel 3.6 Teilaussteuerung mit α = 60°

Zeichnen Sie den zeitlichen Verlauf der Ausgangsspannung bei der M3C-Schaltung für α = 60° und ohmsche Last. Ergibt sich ein gravierender Unterschied zum Zeitverlauf in Bild 3.15?

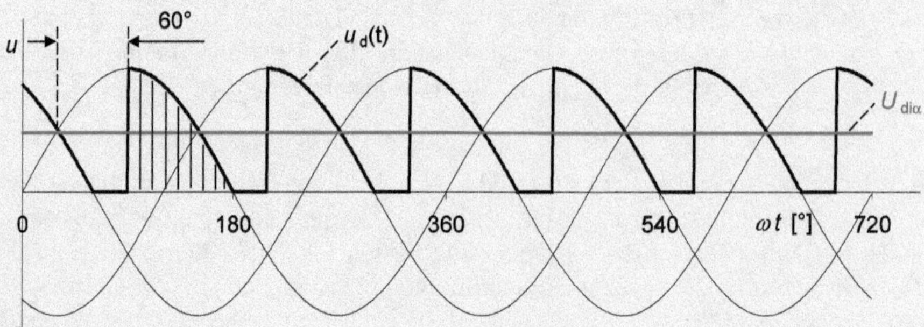

Bild 3.16 Zeitverlauf der Ausgangsspannung für α = 60° und rein ohmsche Last

Lösung:

Die Thyristoren löschen im Spannungsnulldurchgang. Dadurch treten stromlose Pausen auf; der Strom lückt.

Zur Berechnung des Gleichspannungsmittelwertes müssen bei Teilaussteuerung zwei verschiedene Gleichungen verwendet werden, je nachdem ob der Strom lückt oder nicht.

3.3.1.1 Steuergesetz im nicht lückenden Betrieb

Für Steuerwinkel kleiner als 30° wird stets der nächste Thyristor gezündet, bevor die Ausgangsspannung den Wert null erreicht (Bild 3.17). Bei ohmscher Last ist der Strom phasengleich zur Spannung und damit ebenfalls immer ungleich null. Somit liegt nicht lückender Betrieb vor.

Der Mittelwert ergibt sich aus dem Integral über eine Periode. Die Leitphase beginnt am Zündzeitpunkt ωt = 30° + α. Sie endet 120° später bei ωt = 150° + α. Mit folgendem Ansatz ergibt sich das Steuergesetz für den nicht lückenden Betrieb:

$$U_{\mathrm{d}\alpha} = \frac{3}{2\pi} \cdot \int\limits_{30+\alpha}^{150°+\alpha} \hat{U}_{\mathrm{s}} \sin(\omega t) \cdot \mathrm{d}(\omega t) = \frac{3 \cdot \hat{U}_{\mathrm{s}}}{2\pi} \cdot \left[-\cos(\omega t)\right]_{30+\alpha}^{150°+\alpha}$$

$$U_{\mathrm{d}\alpha} = \frac{3 \cdot \hat{U}_{\mathrm{s}}}{2\pi} \cdot [-\cos(150° + \alpha) - (-\cos(30° + \alpha))]$$

$$U_{\mathrm{d}\alpha} = \frac{3 \cdot \hat{U}_{\mathrm{s}}}{2\pi} \cdot [\cos(30° + \alpha) - \cos(150° + \alpha)]$$

$$U_{\mathrm{d}\alpha} = \frac{3 \cdot \hat{U}_{\mathrm{s}}}{2\pi} \cdot [\cos\alpha \cdot \cos 30° - \sin\alpha \cdot \sin 30° - \cos\alpha \cdot \cos 150° + \sin\alpha \cdot \sin 150°]$$

$$U_{\mathrm{d}\alpha} = \frac{3 \cdot \hat{U}_{\mathrm{s}}}{2\pi} \cdot \sqrt{3} \cdot \cos\alpha = \frac{3 \cdot \sqrt{3} \cdot \sqrt{2} \cdot U_{\mathrm{s}}}{2\pi} \cdot \cos\alpha$$

$$U_{\mathrm{d}\alpha} = U_{\mathrm{di0}} \cdot \cos\alpha \quad \text{für } 0° \leq \alpha < 30°; \text{ ohmsche Last} \tag{3.18}$$

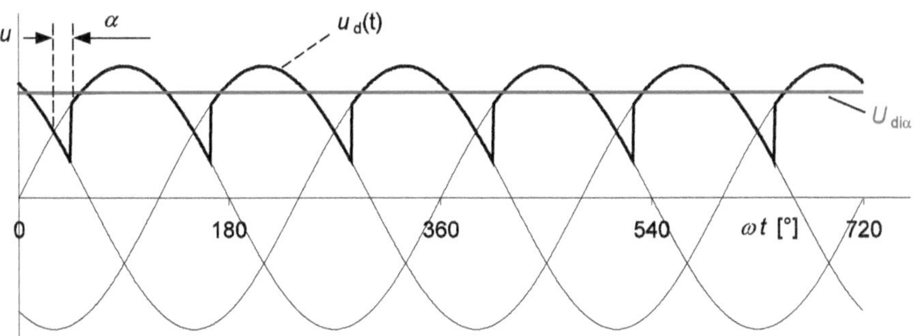

Bild 3.17 Ausgangsspannung der M3C im nicht lückenden Bereich

3.3.1.2 Steuergesetz im Lückbetrieb

Bei rein ohmscher Last beginnt der Lückbereich ab einem Steuerwinkel von $\alpha > 30°$. Den Zeitverlauf der Ausgangsspannung zeigt Bild 3.18.

Der Mittelwert ergibt sich wiederum aus dem Integral über eine Periode. Der Zündwinkel wird erst ab $\omega t = 30°$ gezählt. Damit verwendet man den folgenden Ansatz:

$$U_{\mathrm{d}\alpha} = \frac{3}{2\pi} \cdot \int\limits_{30+\alpha}^{180°} \hat{U}_{\mathrm{s}} \sin(\omega t) \cdot \mathrm{d}(\omega t) = \frac{3 \cdot \hat{U}_{\mathrm{s}}}{2\pi} \cdot \left[-\cos(\omega t)\right]_{30+\alpha}^{180°}$$

$$U_{\mathrm{d}\alpha} = \frac{3 \cdot \hat{U}_{\mathrm{s}}}{2\pi} \cdot [-\cos(180) - (-\cos(30 + \alpha))] = \frac{3 \cdot \hat{U}_{\mathrm{s}}}{2\pi} \cdot [-(-1) + \cos(30 + \alpha)]$$

$$U_{\mathrm{d}\alpha} = \frac{3 \cdot \hat{U}_{\mathrm{s}}}{2\pi} \cdot [1 + \cos(30 + \alpha)] \qquad 30° \leq \alpha \leq 150°; \text{ ohmsche Last}$$

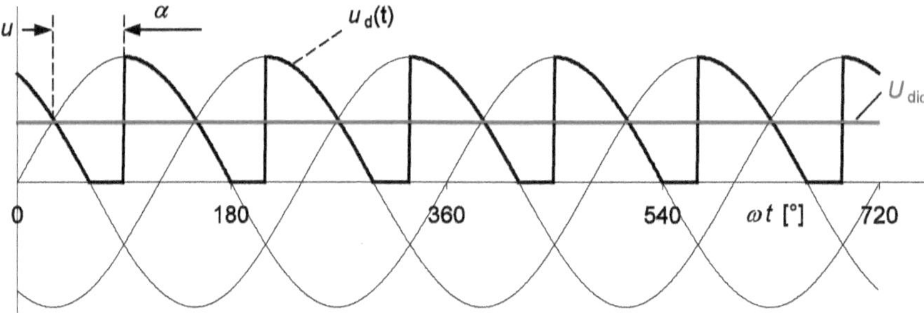

Bild 3.18 Ausgangsspannung der M3C mit ohmscher Last im lückenden Bereich

Übung 3.10

Warum sind bei ohmscher Last Steuerwinkel größer als 150° nicht möglich?

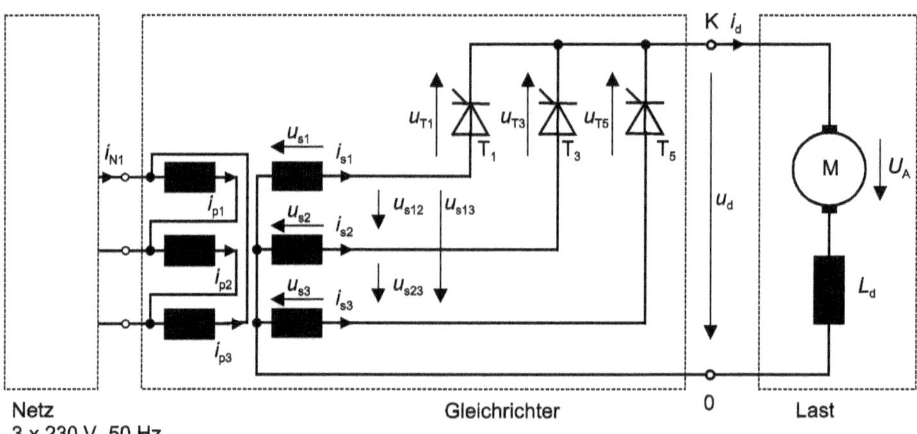

Bild 3.19 M3C-Schaltung am Ankerkreis einer fremderregten Gleichstrommaschine

3.3.2 M3-Schaltung bei idealer Glättung

Bei antriebstechnischen Anwendungen arbeitet die M3C-Schaltung über eine Glättungsdrossel L_d auf den Ankerkreis einer fremderregten Gleichstrommaschine. Der Motor in Bild 3.19 dreht sich im Uhrzeigersinn.

Die Drossel L_d ist so bemessen, dass der Strom $i_d(t)$ vollständig geglättet ist. Nach den Ausführungen in Abschnitt 3.2.2 ist dies nur möglich, wenn weder Induktivität noch Ankerwicklung einen ohmschen Widerstand aufweisen. Erst dann gilt Gl. (3.19):

$$T_L = \frac{L_d}{R} \approx \infty \tag{3.19}$$

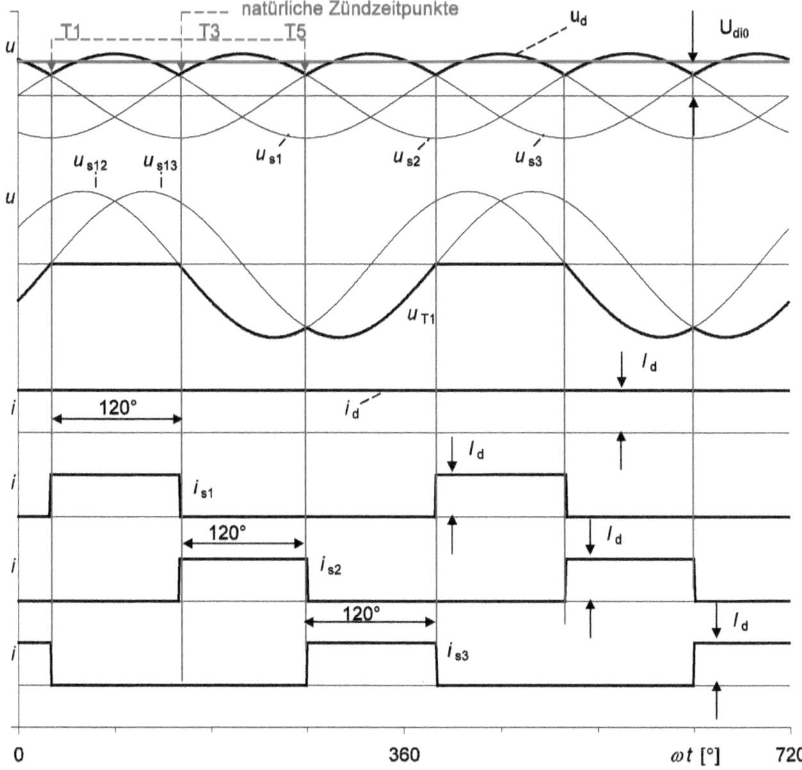

Bild 3.20 Zeitverläufe der M3C-Schaltung bei Vollaussteuerung und idealer Stromglättung; oben: ungeglättete Ausgangsspannung $u_d(t)$ und arithmetischer Mittelwert $U_{di\alpha}$, Mitte oben: Zeitverlauf der Spannung am Thyristor T1, Mitte unten: Zeitverlauf des ideal geglätteten Gleichstroms, unten: Zeitverläufe der Strangströme i_{s1} bis i_{s3}

Der Gleichstrom setzt sich aus den Strömen der jeweils leitenden Thyristoren zusammen. Bei einer idealen Gleichstromglättung ist $i_d(t) = I_d$ = const. und es treten auch bei Teilaussteuerung keine Stromlücken mehr auf. Die Thyristorströme sind jetzt einzelne rechteckförmige Stromblöcke mit der Amplitude I_d und einer Leitdauer von 360°/3 = 120°. Für das Steuergesetz kann Gl. (3.18) übernommen werden. Bild 3.20 zeigt die Zusammenhänge bei Voll-, Bild 3.21 bei Teilaussteuerung.

Beispiel 3.7 Mittel- und Effektivwert der Ventilströme bei der M3C-Schaltung

Berechnen Sie Mittel- und Effektivwert der M3C-Ventilströme.

Lösung:
Mittel- und Effektivwert der Ventilströme werden wiederum mit Beispiel 1.4 ermittelt.

$$I_{TAV} = D \cdot I_d = \frac{120°}{360°} \cdot I_d = \frac{I_d}{3} \qquad I_{TRMS} = \sqrt{D} \cdot I_d = \sqrt{\frac{120°}{360°}} \cdot I_d = \frac{I_d}{\sqrt{3}}$$

■

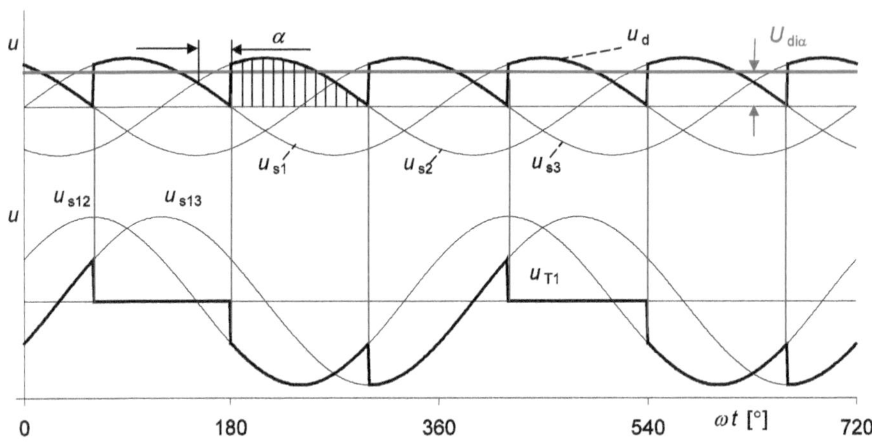

Bild 3.21 Zeitverläufe der M3C-Schaltung bei Teilaussteuerung und idealer Stromglättung; oben: ungeglättete Ausgangsspannung $u_d(t)$ und arithmetischer Mittelwert $U_{di\alpha}$, unten: Ventilspannung u_{T1}

Wird der Steuerwinkel über 30° hinaus erhöht, so treten wie schon bei der M2C-Schaltung in Bild 3.12 auch bei der M3C-Schaltung negative Spannungszeitflächen auf. Erreicht er 90°, werden die positiven und die negativen Spannungszeitflächen gleich groß. Dies bedeutet, dass $U_{di\alpha}$ für $\alpha = 90°$ zu null wird. Das gleiche Ergebnis erhält man auch durch Anwendung des Steuergesetzes aus Gl. (3.18).

Bild 3.22 stellt die Spannungszeitverläufe für die Steuerwinkel 0°, 60° und 90° unter der Voraussetzung idealer Stromglättung dar. Beim Steuerwinkel 60° sind die negativen Spannungszeitflächen bereits deutlich zu erkennen.

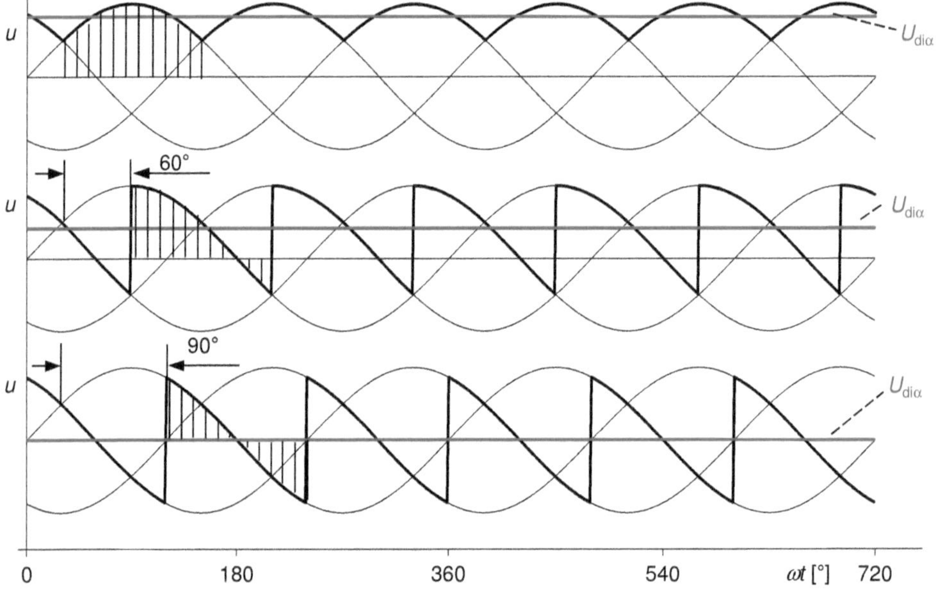

Bild 3.22 Spannungsverläufe der M3C-Schaltung für Steuerwinkel von 0°, 60° und 90°

Übung 3.11

Berechnen Sie den Mittelwert der Gleichspannung bei Teilaussteuerung von $\alpha = 30°$ durch Integration des schraffierten Bereichs in Bild 3.21.

Übung 3.12

Die M3C-Schaltung aus Bild 3.19 ist an das 230-V-Netz angeschlossen und speist den Motor mit einer Ankerspannung von 200 V. Wie groß ist der Steuerwinkel?

Übung 3.13

Berechnen Sie mit Hilfe von Kapitel 1 Mittel- und Effektivwert der Ventilströme (s. Bild 3.20) einer M3C-Schaltung bei idealer Stromglättung in Abhängigkeit von I_d.

Übung 3.14

Zeichnen Sie in das Liniendiagramm von Bild 3.23 den Verlauf der Gleichspannung $u_d(t)$ der M3C-Schaltung aus Übung 3.12 für einen Steuerwinkel von $\alpha = 45°$ unter der Annahme ein, dass der Gleichstrom sehr gut geglättet ist.

Verwenden Sie für die Lösung das Applet „M3-Schaltung mit idealer Glättung“.

Berechnen Sie für diesen Steuerwinkel den Gleichspannungsmittelwert $U_{\mathrm{d}\alpha}$.

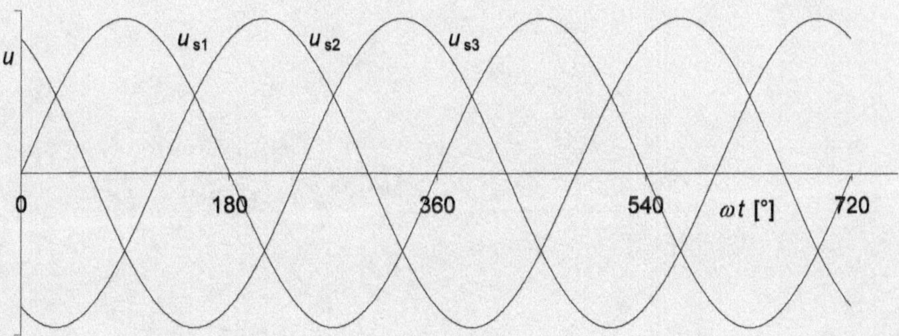

Bild 3.23 Liniendiagramm zur Übung 3.14

3.3.3 Glättungsdrossel

Eine ideale Stromglättung ist in der Praxis nicht erreichbar. Man begnügt sich mit einer Glättungsdrossel, die eine bestimmte Restwelligkeit des Stromes sicherstellt. Eine Berechnung der Drossel bei kleiner Restwelligkeit gelingt mit Hilfe von Bild 3.24. Die dortigen Angaben beziehen sich auf die Schaltung in Bild 3.19.

Dargestellt sind die Ausgangsspannung $u_d(t)$ der M3C-Schaltung bei Vollaussteuerung und die Klemmenspannung U_A des Gleichstrommotors. Die Differenz zwischen beiden Spannungen $u_L(t) = u_d(t) - U_A$ liegt an der Drossel und ist in der Bildmitte gezeichnet. Unten ist der wellige Gleichstrom $i_d(t)$ abgebildet.

An den Punkten A und B wird die Drosselspannung $u_L(t)$ null. Dies sind die Zeitpunkte, an denen der wellige Gleichstrom ein Minimum oder Maximum erreicht. Ist u_L positiv, dann nimmt $i_d(t)$ zu. Ist u_L negativ, dann wird $i_d(t)$ kleiner. Für $i_d(t)$ gilt:

$$i_d(t) = \frac{1}{L} \cdot \int u_L(\omega t) \mathrm{d}(\omega t) \tag{3.20}$$

Um die Stromänderung ΔI_d zu berechnen, muss das Integral zwischen den Punkten A und B ausgewertet werden. Mit dieser Rechnung kann die erforderliche Größe der Drossel L_d abgeschätzt werden, wenn die maximal zulässige Stromänderung ΔI_d vorgegeben wird.

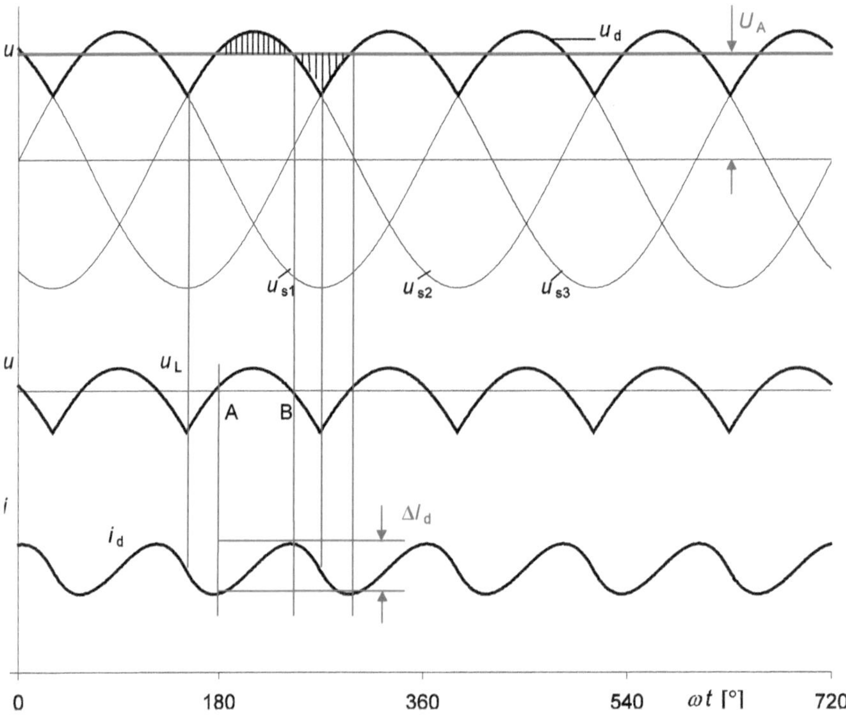

Bild 3.24 Abschätzung der Restwelligkeit; oben: Gleichrichterausgangsspannung u_d, Klemmenspannung des Motors U_A, Mitte: Spannung u_L an der Drossel, unten: welliger Gleichstrom i_d

Beispiel 3.8 Abschätzung der Glättungsdrossel

Berechnen Sie die erforderliche Induktivität der Glättungsdrossel so, dass bei der M3C-Schaltung nach Bild 3.19 bei Vollaussteuerung $\Delta I_d/I_d$ = 8 % beträgt. Daten der Anlage sind U_{di0} = 220 V, I_d = 120 A.

Lösung:

Für ΔI_d ergibt sich

$$\frac{\Delta I_d}{I_d} = 8\,\% = 0.08 \quad \Rightarrow \quad \frac{\Delta I_d}{120\,\text{A}} = 0.08$$
$$\Delta I_d = 0.08 \cdot 120\,\text{A} = 9.6\,\text{A} \tag{3.21}$$

Im stationären Betrieb wird der Motor mit U_{di0} als Klemmenspannung versorgt. Daher ist $U_A = U_{di0}$. Zunächst müssen die Integrationsgrenzen A und B in Bild 3.24 ermittelt werden. Diese Zeitpunkte ergeben sich dann, wenn $u_d(\omega t) = U_{di0}$ ist. Zunächst wird Punkt A berechnet:

$$u_d(\omega t_A) = \hat{U}_s \cdot \sin(\omega t_A) = U_{di0} = 1.17 \cdot U_s = 1.17 \cdot \frac{\hat{U}_s}{\sqrt{2}}$$

$$\sin(\omega t_A) = \frac{1.17}{\sqrt{2}} \quad \Rightarrow \quad \omega t_A = \arcsin\left(\frac{1.17}{\sqrt{2}}\right) = 55.8°$$

Der Punkt A liegt ca. 55.8° hinter dem positiven Nulldurchgang der Sinus-Kurve. Aufgrund der Symmetrie muss sich der Punkt B 55.8° vor dem negativen Nulldurchgang der Sinus-Kurve befinden.

$$\omega t_B = 180° - 55.8° = 124.2°$$

Damit wird

$$t_A = \frac{55.8°}{180°} \cdot 10\,\text{ms} = 3.1\,\text{ms} \qquad t_B = \frac{124.2°}{180°} \cdot 10\,\text{ms} = 6.9\,\text{ms}$$

Die Integrationsgrenzen t_A und t_B liegen jetzt fest. Mit Gl. (3.20) und diesen Werten berechnet man ΔI_d. Dies ergibt den nachfolgenden Ansatz:

$$\Delta I_d = \frac{1}{L_d} \cdot \int_{3.1\,\text{ms}}^{6.9\,\text{ms}} u_L(t) \cdot dt = \frac{1}{L_d} \cdot \int_{3.1\,\text{ms}}^{6.9\,\text{ms}} \left(\hat{U}_s \cdot \sin(\omega t) - U_{di0}\right) \cdot dt \quad \text{mit} \quad U_{di0} = 1.17 \cdot \frac{\hat{U}_s}{\sqrt{2}}$$

Der Scheitelwert $\hat{U}_s$ der Netzspannung ist nicht gegeben und wird daher durch U_{di0} ausgedrückt. Die Differenz zwischen der Phasenspannung $u_s(t)$ und der Spannung U_{di0} beschreibt den Spannungsverlauf $u_L(t)$ an der Drossel (vgl. Bild 3.24, Mitte).

$$\Delta I_d = \frac{1}{L_d} \cdot \int_{3.1\,\text{ms}}^{6.9\,\text{ms}} \left(\hat{U}_s \cdot \sin(\omega t) - U_{di0}\right) \cdot dt = \frac{1}{L_d} \cdot \int_{3.1\,\text{ms}}^{6.9\,\text{ms}} \left(\sqrt{2} \cdot \frac{U_{di0}}{1.17} \cdot \sin(\omega t) - U_{di0}\right) \cdot dt$$

$$\Delta I_d = \frac{1}{L_d} \cdot \left(\sqrt{2} \cdot \frac{U_{di0}}{1.17} \cdot \left[\frac{-\cos(\omega t)}{\omega} \right]_{3.1ms}^{6.9ms} - U_{di0} \cdot [t]_{3.1ms}^{6.9ms} \right)$$

$$\Delta I_d = \frac{U_{di0}}{L_d} \cdot \left(\frac{\sqrt{2}}{1.17} \cdot \left[\frac{-\cos(\omega \cdot 3.1ms) - (-\cos(\omega \cdot 6.9ms)}{\omega} \right] - [6.9ms - 3.1ms] \right)$$

Bei 50 Hz Netzfrequenz ist $\omega = 314\ s^{-1}$

$$\Delta I_d = \frac{U_{di0}}{L_d} \cdot \left(\frac{\sqrt{2}}{1.17} \cdot \left[\frac{-\cos(\omega \cdot 3.1ms) - (-\cos(\omega \cdot 6.9ms)}{\omega} \right] - [6.9ms - 3.1ms] \right)$$

$$\Delta I_d = \frac{U_{di0}}{L_d} \cdot \left(\frac{\sqrt{2}}{1.17} \cdot \left[\frac{-(-0.562) - (-0.562)}{\omega} \right] - [6.9ms - 3.1ms] \right)$$

$$\Delta I_d = \frac{U_{di0}}{L_d} \cdot \left(\frac{\sqrt{2}}{1.17} \cdot \left[\frac{(0.562) + (0.562)}{314 s^{-1}} \right] - [3.8ms] \right)$$

$$\Delta I_d = \frac{U_{di0}}{L_d} \cdot \left(\frac{\sqrt{2}}{1.17} \cdot \left[\frac{1.124}{314 s^{-1}} \right] - [3.8ms] \right)$$

$$\Delta I_d = \frac{U_{di0}}{L_d} \cdot \left(\frac{\sqrt{2}}{1.17} \cdot \left[\frac{1.124}{314 s^{-1}} \right] - [3.8ms] \right)$$

$$\Delta I_d = \frac{U_{di0}}{L_d} \cdot (0.0043267 s - 0.0038 s) = \frac{U_{di0}}{L_d} \cdot 0.00005267 s$$

Dieses Ergebnis entspricht der linken schraffierten Fläche in Bild 3.24, oben. Diese Gleichung wird nach L_d aufgelöst, so dass mit Gl. (3.21) die Drossel berechnet werden kann.

$$L_d = \frac{U_{di0}}{\Delta I_d} \cdot 0.00005267 s = \frac{220 V}{9.6 A} \cdot 0.00005267\ s \approx 0.012 H = 12 mH$$

Die Drossel benötigt eine Induktivität von 12 mH, damit bei Vollaussteuerung die Stromwelligkeit $\Delta I_d / I_d$ bei 8 % bleibt. ■

3.3.4 Wechselrichterbetrieb

Setzt man in Gl. (3.16) für den Steuerwinkel α Werte größer als 90° ein, so wird der Gleichspannungsmittelwert $U_{di\alpha}$ sogar negativ. Dies bestätigt auch der Spannungszeitverlauf aus Bild 3.25 für diesen Fall. Für $\alpha = 120°$ ist die negative Spannungszeitfläche bereits deutlich größer als die positive. Dies heißt nichts anderes, als dass es durch Steuerwinkel größer als 90° möglich ist, die Ausgangsgleichspannung $U_{di\alpha}$ umzupolen. Die Stromrichtung kann sich aufgrund der Ventile nicht ändern und bleibt positiv.

Steuerwinkel größer als 90° ermöglichen es, die Stromrichterausgangsspannung umzupolen.

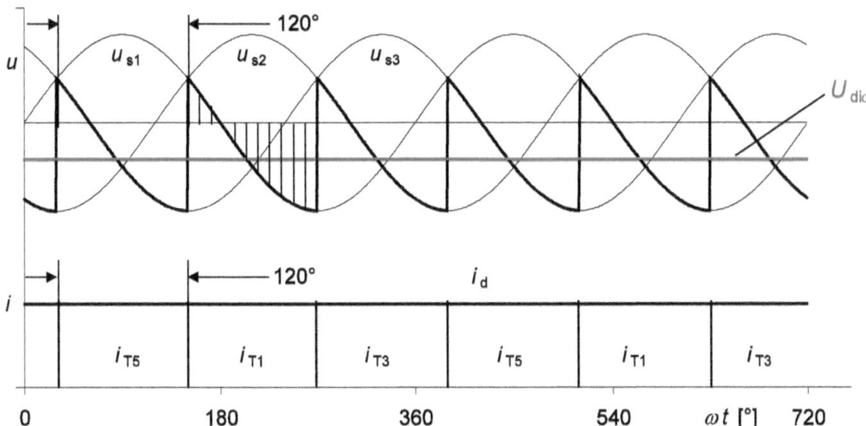

Bild 3.25 Zeitverlauf der Gleichspannung sowie der ideal geglätteten Ventilströme für $\alpha = 120°$

Die Zeitverläufe aus Bild 3.25 sind nur möglich, wenn der an die M3C-Schaltung angeschlossene Gleichstrommotor angetrieben wird und als Generator arbeitet. Bild 3.26 zeigt einen solchen Fall.

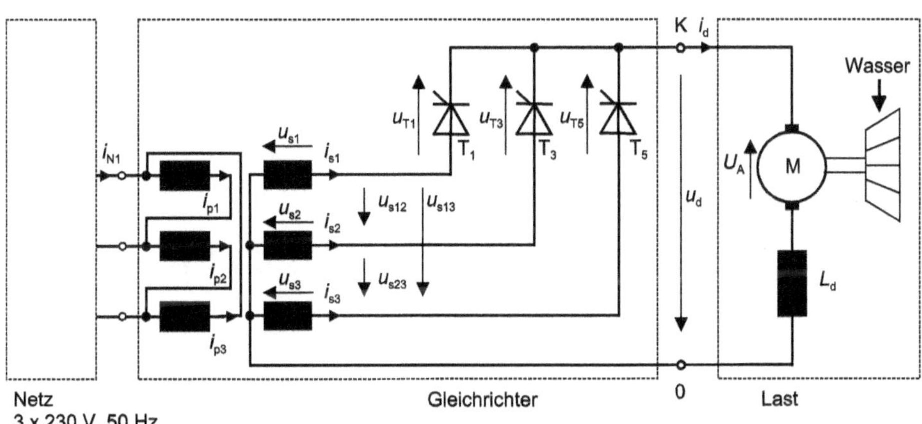

Bild 3.26 M3C-Schaltung mit Gleichstromgenerator für Wechselrichterbetrieb

Hier wird der Generator beispielsweise durch eine Turbine in Bewegung gesetzt. Die induzierte Spannung erscheint gegenüber dem Motorbetrieb aus Bild 3.19 umgekehrt an den Generatorklemmen. Diese Generatorspannung treibt jetzt den Strom i_d entgegen der Ausgangsspannung $u_d(t)$ des Stromrichters. Deren Werte sind bezogen auf den Zählpfeil in Bild 3.26 negativ, da der Steuerwinkel größer als 90° ist.

Der Stromrichter arbeitet jetzt als Verbraucher. Er nimmt die vom Generator erzeugte Energie auf und speist sie ins Drehstromnetz ein. Bei Steuerwinkeln größer als 90° arbeitet der Stromrichter im Wechselrichterbetrieb und wandelt die Energie des Gleichstromkreises in Energie um, die im Drehstromnetz verfügbar ist. Auch die M3C-Schaltung ist demnach ein Zweiquadrantenstromrichter.

Beispiel 3.9 Berechnung des Steuerwinkels

Ein Gleichstromgenerator mit $U_N = 220$ V, $I_{AN} = 63$ A, $R_A = 0.179\ \Omega$, $n_N = 1400\ \text{min}^{-1}$ bremst mit dem Nenndrehmoment ausgehend von einer Drehzahl $n_{br} = 800\ \text{min}^{-1}$ ab. Die M3C-Schaltung liefert für $\alpha = 0°$ eine Ausgangsspannung von 220 V. Welcher Steuerwinkel muss zu Beginn des Bremsvorgangs eingestellt werden?

Lösung:

Die Rotationsspannung der Gleichstrommaschine im Bremsbetrieb $U_{A,br}$ ist um den Spannungsabfall am Ankerwiderstand größer als die Klemmenspannung. Sie hat den Wert

$$U_{A,br} = \frac{n_{br}}{n_N} \cdot (U_N + R_A \cdot I_{AN})$$

$$U_{A,br} = \frac{800}{1400} \cdot (220\,\text{V} + 0.179\,\Omega \cdot 63\,\text{A}) = 132.15\,\text{V}$$

Damit Nennstrom fließt, ist folgende Klemmenspannung im Generatorbetrieb U_{br} nötig:

$$U_{br} = U_{A,br} - R_A \cdot I_{AN} = 132.15\,\text{V} - 0.179\,\Omega \cdot 63\,\text{A} = 120.87\,\text{V}$$

Die Maschengleichung aus Bild 3.26 ergibt $u_d = -U_A$. Dies gilt auch für den Mittelwert $U_{di\alpha}$.

$$U_{di\alpha} = -U_{br} \Rightarrow \alpha_{br} = \arccos\frac{-U_{br}}{U_{di0}} = \arccos\frac{-120.87\,\text{V}}{220\,\text{V}} = 123.3°$$

Der Stromrichter muss demnach mit $\alpha = 123.3°$ angesteuert werden. ■

3.3.5 Auswirkung und Berechnung der Kommutierung

3.3.5.1 Kommutierung bei netzgeführten Stromrichtern

Bisher wurde bei den betrachteten Schaltungen unterstellt, dass der leitende Thyristor schlagartig den Strom an den neu gezündeten Thyristor abgibt und dadurch abschaltet. Aus dieser Annahme ergeben sich die sprungförmigen Stromübergänge zwischen den Thyristorströmen i_{T1}, i_{T3} und i_{T5} in Bild 3.25 unten.

In der Realität sind in jedem Stromkreis jedoch Induktivitäten vorhanden, die sprungförmige Stromänderungen nicht zulassen. Der Stromübergang von einem Ventil auf das nächste heißt Kommutierung. Anhand des Ersatzschaltbildes in Bild 3.27 wird die Kommutierung von T1 auf T3 erläutert. Aus Gründen der Übersichtlichkeit unterstellt man $i_d(t) = I_d$ = const., also eine ideale Stromglättung.

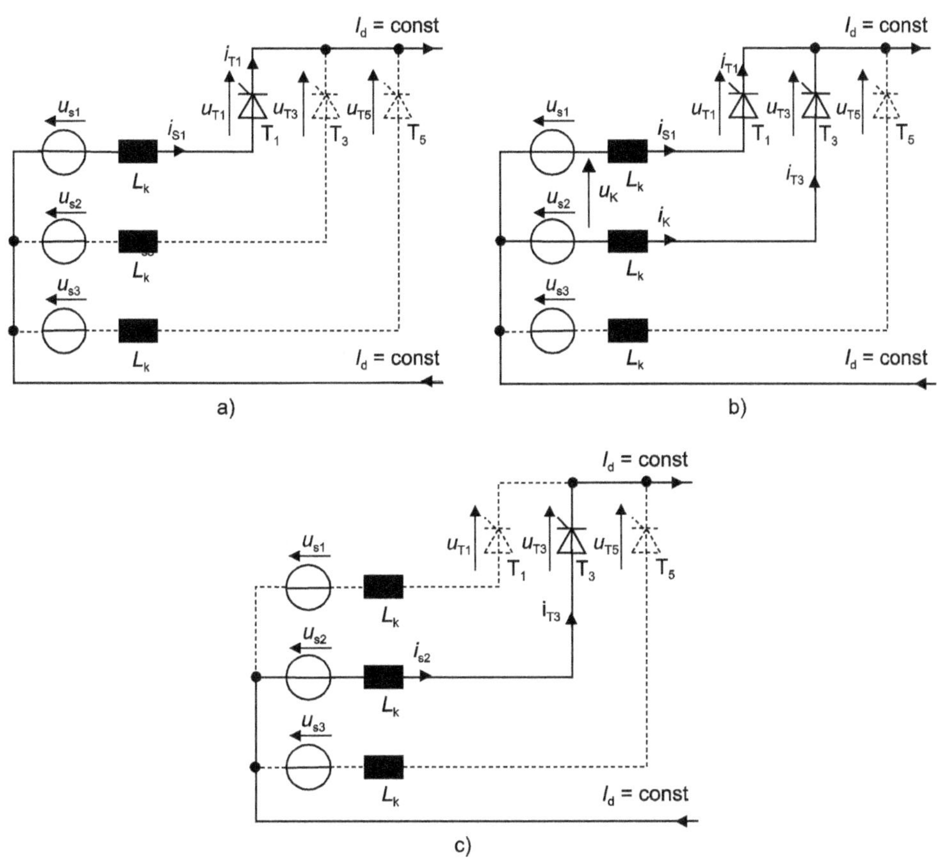

Bild 3.27 Ersatzschaltbild zur Erläuterung der Kommutierung; a) Ersatzschaltbild während der Alleinzeit von T1, b) Ersatzschaltbild während der Überlappungszeit von T1 und T3, c) Ersatzschaltbild während der Alleinzeit von T3

In Teilbild a) führt T1 zunächst allein den Strom I_d. Dieser Zeitraum wird Alleinzeit genannt. Die Zweige, in denen T3 und T5 sperren, sind gestrichelt gezeichnet. Mit der Zündung von T3 gilt das Schaltbild von Bild 3.27 b). Die Induktivität L_k, die im Ventilzweig von T1 vorhanden ist, verhindert, dass i_{T1} nach der Zündung von T3 schlagartig null wird. Für einen gewissen Zeitraum, der Überlappungszeit genannt wird, leiten beide Thyristoren T1 und T3.

Der Stromkreis in Teilbild b) schließt die Netzspannung über L_K, T_1, T_3 und L_K kurz. Der Kurzschluss hat einen Kurzschlussstrom zur Folge, der hier Kommutierungsstrom i_K genannt wird. Er fließt in Richtung von i_{T3} und aufgrund des konstanten Gleichstroms I_d entgegen i_{T1} wieder zurück. Die Kommutierungsspannung u_K ergibt sich aus der Differenz der Phasenspannungen, deren Thyristoren an der Kommutierung beteiligt sind. Sie sorgt dafür, dass der Kommutierungsstrom i_K fließt. Während des Kommutierungsvorganges wird i_{T1} durch den Kurzschlussstrom i_K bis auf null abgebaut. Dagegen steigt i_{T3} auf I_d an. Man spricht bei T3 von Auf-, bei T1 von Abkommutieren. Aus dem während dieser Überlappungszeit gültigen Teilbild b) leitet man folgende Maschengleichungen ab:

$$u_K = u_{s2} - u_{s1} = u_{s21}$$
$$u_K = u_{s21} = L_K \cdot \frac{di_K}{dt} + u_{T3} - u_{T1} - L_K \cdot \frac{di_{s1}}{dt} = L_K \cdot \left(\frac{di_K}{dt} - \frac{di_{s1}}{dt}\right) \tag{3.22}$$

www Diese Aussagen können mit dem Applet „Kommutierung bei der M3-Schaltung" nachvollzogen werden.

T1 und T3 leiten beide während der Überlappung und schließen die Strangspannungen in diesem Zeitraum quasi kurz. Auch beide Ventilspannungen sind während dieser Zeit null, da sowohl T1 als auch T3 leitet. Somit begrenzen nur die beiden Induktivitäten L_K den Kommutierungsstrom i_K.

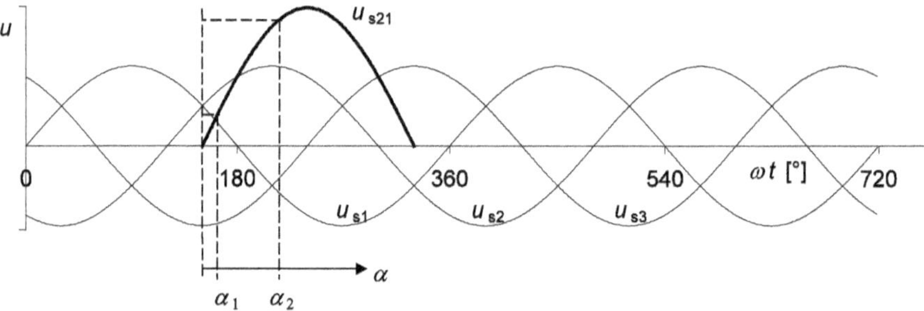

Bild 3.28 Kommutierungsspannung $u_K = u_{s21}$ in Abhängigkeit des Steuerwinkels

Aus der Knotengleichung von Teilbild b) erhält man:

$$i_K + i_{s1} = I_d = \text{const} \quad \Rightarrow \quad \frac{di_K}{dt} + \frac{di_{s1}}{dt} = \frac{dI_d}{dt} = 0 \quad \Rightarrow \quad \frac{di_K}{dt} = -\frac{di_{s1}}{dt}$$

Für die Ventilströme gilt daher

$$i_{T3}(\omega t) = i_K(\omega t) \quad \text{und} \quad i_{T1}(\omega t) = I_d - i_K(\omega t) = I_d - i_{T3}(\omega t)$$

Bei konstantem Gleichstrom I_d bedeutet dies, dass sich bei Vergrößerung von i_K und damit auch von i_{s2} der Strom i_{s1} um denselben Betrag verringern muss. Sobald $i_K = I_d$ wird, ist i_{s1} und damit i_{T1} null und T1 schaltet ab. In diesem Moment ist die Kommutierung beendet. Jetzt gilt Teilbild c). Der gesamte Gleichstrom fließt nun durch T3.

Der Kommutierungsvorgang wird durch Gl. (3.22) beschrieben und verläuft für jeden Steuerwinkel etwas anders. Bestimmende Größen sind die Kommutierungsinduktivität L_K sowie die verkettete Spannung u_{s21}. Es ist einleuchtend, dass der Augenblickswert dieser Spannung zum Zündzeitpunkt und damit auch die Dauer des Kommutierungsvorgangs vom Steuerwinkel abhängen. In Bild 3.28 erkennt man, dass $u_{s21}(\alpha_1)$ wesentlich kleiner als $u_{s21}(\alpha_2)$ ist. Damit ergibt sich bei α_1 eine andere Kommutierungsdauer als bei α_2.

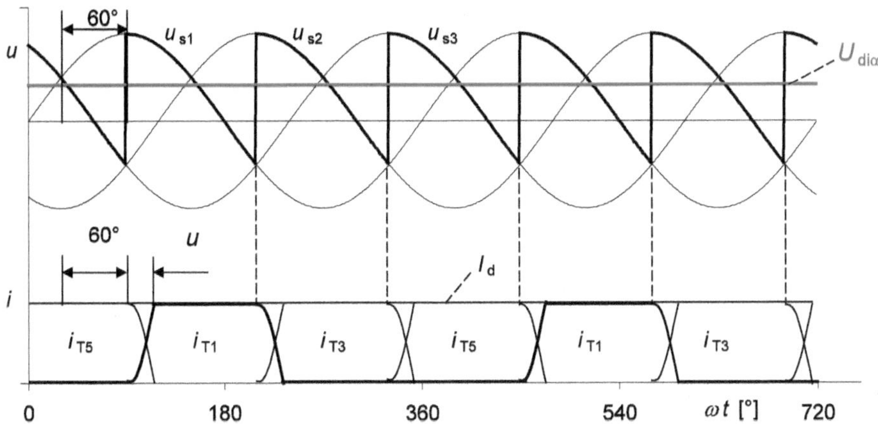

Bild 3.29 Ventilstromverläufe unter Berücksichtigung der Kommutierung; oben: Zeitverlauf der pulsierenden Spannung $u_d(t)$ und arithmetischer Mittelwert $U_{di\alpha}$ (beide hier noch ohne Berücksichtigung der Kommutierung), unten: Ventilströme i_{T1} bis i_{T5} unter Berücksichtigung der Kommutierung

In Bild 3.29 sind beispielhaft die Stromverläufe einer M3C-Schaltung während der Kommutierung bei einem Steuerwinkel von 60° angegeben. Der Überlappungswinkel u ist hier übertrieben groß dargestellt. Während der Kommutierung entspricht die Summe der Ventilströme dem Gleichstrom I_d.

Bei netzgeführten Stromrichtern wird der leitende Thyristor durch das Zünden des folgenden Thyristors gelöscht. Diesen Vorgang bezeichnet man als *Kommutierung* (commutation). Für die Dauer der Kommutierung leiten beide Thyristoren. Die Dauer der Kommutierung heißt *Überlappungszeit* (commutation time). Der zugehörige Winkel wird Überlappungswinkel u (commutation angle) genannt.

Dauer der Überlappung

Die Dauer der Überlappung kann entweder als Überlappungswinkel u oder als Überlappungszeit t_u angegeben werden. Die Herleitung erfolgt für die bisher schon betrachtete Kommutierung von T1 auf T3.

Während der Überlappung gilt für die Thyristorströme $i_{T1} = i_{s1}$ und $i_{T3} = i_{s2} = i_K$ sowie

$$i_{s1} + i_{s2} = I_d \qquad \Rightarrow \qquad \frac{di_{s1}}{dt} + \frac{di_{s2}}{dt} = \frac{dI_d}{dt} = 0 \qquad \Rightarrow \qquad \frac{di_{s1}}{dt} = -\frac{di_{s2}}{dt}$$

Ausgehend von Gl. (3.22) erhält man die Bestimmungsgleichung für $i_K(t)$.

$$u_K = u_{s21} = L_K \cdot \frac{di_K}{dt} + u_{T3} - u_{T1} - L_K \cdot \frac{di_{s1}}{dt} = L_K \cdot \left(\frac{di_K}{dt} - \frac{di_{s1}}{dt}\right) = 2 \cdot L_K \cdot \frac{di_K}{dt} \qquad (3.23)$$

$$\mathrm{d}i_\mathrm{K} = \frac{u_\mathrm{K}}{2 \cdot L_\mathrm{K}} \mathrm{d}t$$

Die Kommutierung beginnt am Zündzeitpunkt von T3, also bei $t = \alpha/\omega$. An diesem Zeitpunkt ist der Anfangswert von $i_\mathrm{K}(\alpha/\omega)$ null. Als Lösung der Differentialgleichung (3.23) erhält man:

$$i_\mathrm{K}(t) = \frac{\hat{u}_\mathrm{K}}{2\omega L_\mathrm{K}}(\cos\alpha - \cos(\omega t)) \quad \text{mit} \quad \hat{u}_\mathrm{K} = \hat{u}_{\mathrm{s}12}$$

Die Kommutierung endet zum Zeitpunkt $t_\mathrm{u} = (\alpha + u)/\omega$, wenn der aufkommutierende Strom den Betrag des Gleichstroms erreicht hat. An diesem Zeitpunkt t_u gilt:

$$i_\mathrm{K}(t_\mathrm{u}) = \frac{\hat{u}_\mathrm{K}}{2\omega L_\mathrm{K}}(\cos\alpha - \cos(\omega t_\mathrm{u})) = \frac{\hat{u}_\mathrm{K}}{2\omega L_\mathrm{K}}(\cos\alpha - \cos(\alpha + u)) = I_\mathrm{d} \qquad (3.24)$$

Mit Hilfe von Gl. (3.24) können die Dauer der Überlappung und auch der Überlappungswinkel errechnet werden. Er ergibt sich zu

$$\cos(\alpha + u) = \cos\alpha - \frac{I_\mathrm{d} \cdot 2\omega L_\mathrm{K}}{\hat{u}_\mathrm{K}}$$

$$u = \arccos\left(\cos\alpha - \frac{I_\mathrm{d} \cdot 2\omega L_\mathrm{K}}{\hat{u}_\mathrm{K}}\right) - \alpha$$

Übung 3.15

Überlegen und begründen Sie anhand von Bild 3.28, welchen Wertebereich der Steuerwinkel α bei der M3C-Schaltung annehmen kann. ■

Übung 3.16

Wie verändert sich der Überlappungswinkel u, wenn

1. der Steuerwinkel vergrößert wird,
2. die Kommutierungsinduktivität L_K erhöht wird,
3. der Laststrom I_d zunimmt? ■

3.3.5.2 Auswirkung der Überlappung

Die Überlappung, die bei jeder Kommutierung auftritt, vermindert die Ausgangsspannung des Stromrichters gegenüber dem idealen Wert $U_{\mathrm{di}\alpha}$. Zur Erläuterung dieses Sachverhaltes dient Bild 3.30.

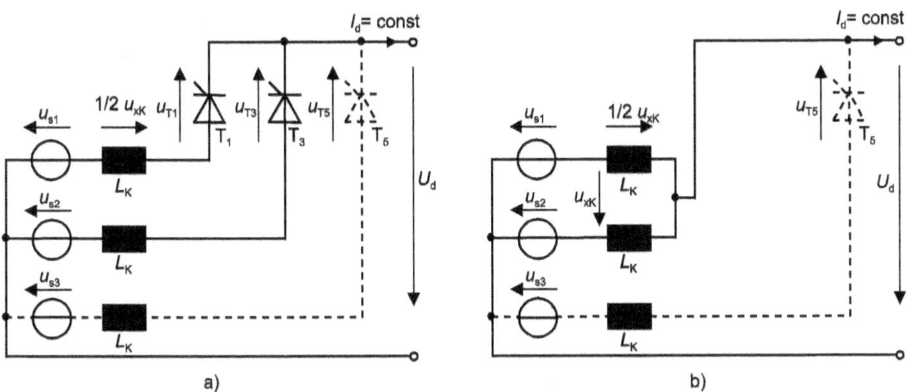

Bild 3.30 Spannungsabfall während der Überlappungszeit; a) leitende Ventile während der Kommutierung von T1 auf T3, b) Ersatzschaltbild für die Dauer der Kommutierung von T1 auf T3

In Teilbild a) ist der Stromkreis während der Überlappung dargestellt. Die leitenden Thyristoren T1 und T3 verursachen einen Kurzschluss der beteiligten Strangspannungen u_{s1} und u_{s2}. Strombegrenzend wirken lediglich die Reaktanzen $X_K = \omega L_K$. Beide Thyristorspannungen u_{T1} und u_{T3} sind während der Kommutierung null. Somit erhält man das vereinfachte Ersatzschaltbild aus Teilbild b).

An den Reaktanzen entsteht der Spannungsabfall u_{xK}, der über die Maschengleichung ermittelt wird.

$$u_{xK} = u_{s1} - u_{s2}$$

$$\frac{1}{2} u_{xK} = \frac{1}{2} \cdot (u_{s1} - u_{s2}) = \frac{u_{s1} - u_{s2}}{2}$$

In der Regel sind die Induktivitäten L_K und damit die Reaktanzen X_K gleich groß. Daher beträgt der Spannungsabfall an der Reaktanz im Zweig von T1 genau die Hälfte von u_{xK}. Für die Dauer der Kommutierung ist der Ausgang des Stromrichters mit dem Mittelpunkt beider Reaktanzen verbunden. Daher ist an diesem Ausgang während der Überlappung nicht mehr die volle Strangspannung, sondern nur noch die Strangspannung vermindert um 0.5 u_{xK} verfügbar.

Mit Gl. (3.25) wird die Ausgangsspannung des Stromrichters während der Überlappung berechnet. Man erkennt, dass die Gleichspannung $u_d(t)$ für die Dauer der Kommutierung von T1 auf T3 auf den Mittelwert von u_{s1} und u_{s2} einbricht. Diese Spannungseinbrüche sind in Bild 3.31 schraffiert dargestellt.

$$u_d(t) = u_{s1} - \frac{1}{2} \cdot u_{xK} = u_{s1} - \frac{1}{2} \cdot (u_{s1} - u_{s2}) = \frac{2u_{s1} - (u_{s1} - u_{s2})}{2} = \frac{u_{s1} + u_{s2}}{2} \qquad (3.25)$$

Berechnet man auf dieser Grundlage den Mittelwert von $u_d(t)$, so stellt man fest, dass er kleiner ist als bei unberücksichtigter Kommutierung. Dies ist auch unmittelbar einleuchtend, weil die schraffierten und mit ψ bezeichneten Spannungszeitflächen bei der Mittelwertberechnung jetzt nicht mehr einbezogen werden.

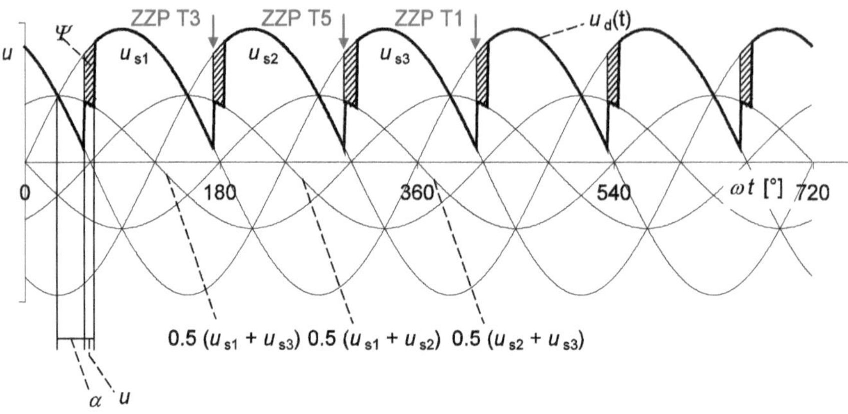

Bild 3.31 Spannungsverlauf der M3C-Schaltung mit Berücksichtigung der Kommutierung

Die Zündzeitpunkte (ZZP) der Thyristoren sind in Bild 3.31 eingezeichnet. Nach der Zündung von T3 (ZZP T3) folgt die Ausgangsspannung $u_d(t)$ während der Überlappung zunächst dem Mittelwert von $u_{s1}(t)$ und $u_{s2}(t)$. Am Ende der Überlappung springt $u_d(t)$ auf die Phasenspannung u_{s2}. Diese Erkenntnis kann verallgemeinert werden:

Die Kommutierung bewirkt eine Verminderung der Ausgangsspannung. Während der Überlappungszeit bricht die Stromrichterausgangsspannung auf den Mittelwert der Phasenspannungen ein, die an der Kommutierung beteiligt sind. ■

Berechnung der Spannungsänderung D_x

In Bild 3.31 wird eine Spannungszeitfläche, die durch die Überlappung verloren geht, mit ψ bezeichnet. Pro Periode treten bei der M3-Schaltung drei dieser Flächen auf. Der Mittelwert von ψ ist der Spannungsbetrag D_x, um den die Ausgangsspannung durch Berücksichtigung der Überlappung kleiner wird. Es gilt:

$$D_x = \frac{3}{T} \cdot \int_{\alpha/\omega}^{(\alpha+u)/\omega} \left[u_{s1}(t) - \frac{1}{2} \cdot u_{xK}(t) \right] d(t) = \frac{3}{T} \cdot \int_{\alpha/\omega}^{(\alpha+u)/\omega} \frac{u_{s1}(t) + u_{s2}(t)}{2} d(t)$$

Der Wert des Integrals in obiger Gleichung hat die Einheit Vs (<u>V</u>olt · <u>S</u>ekunde) und entspricht einem magnetischen Fluss. Dieser Fluss kann genauso auch durch die Stromänderung in der Induktivität L_K, also durch $\psi = L_K \, \Delta i$, berechnet werden.

Während der Kommutierung ändert sich der Strom i_{T3} um Δi von null auf I_d. Somit ergibt sich mit $T = 2\pi/\omega$

$$D_x = \frac{3}{T} \cdot \int_{\alpha/\omega}^{(\alpha+u)/\omega} \frac{u_{s1}(t) + u_{s2}(t)}{2} d(t) = \frac{3}{T} \cdot \Psi = \frac{3}{T} \cdot L_K \cdot I_d = \frac{3}{2\pi} \cdot \omega L_K \cdot I_d \tag{3.26}$$

Der Betrag, um den der Mittelwert der Ausgangsspannung durch die Kommutierung absinkt, wird demnach umso größer sein, je größer der Wert der Kommutierungsinduktivität und je höher der zu kommutierende Gleichstrom I_d ist.

Die relative Spannungsänderung d_x beträgt

$$d_x = \frac{D_x}{U_{di}}$$

Aufgrund der Kommutierung verringert sich der Mittelwert der Ausgangsgleichspannung eines Stromrichters um den Wert D_x. Dieser Wert ist umso größer, je höher der Gleichstrom und je größer die Kommutierungsinduktivität ist.

3.3.5.3 Wechselrichtergrenze

Bei einem idealen Stromrichter, dessen Ventile unendlich schnell ein- und abschalten und bei dem keine Überlappung auftritt, könnte der Steuerwinkel α zwischen 0° und 180° verstellt werden. Dies ergibt sich unmittelbar aus Bild 3.28. Der natürliche Zündzeitpunkt für T3 fällt mit dem positiven Nulldurchgang der Kommutierungsspannung u_{s21} zusammen. Eine Zündung von T3 kann im Idealfall daher so lange erfolgen, wie diese Kommutierungsspannung größer als null bleibt. Dies ist für einen Winkel von 180° der Fall. Bei praktischen Anwendungen kann dieser Spielraum allerdings nicht vollständig ausgenutzt werden. Zur Erläuterung dient Bild 3.32.

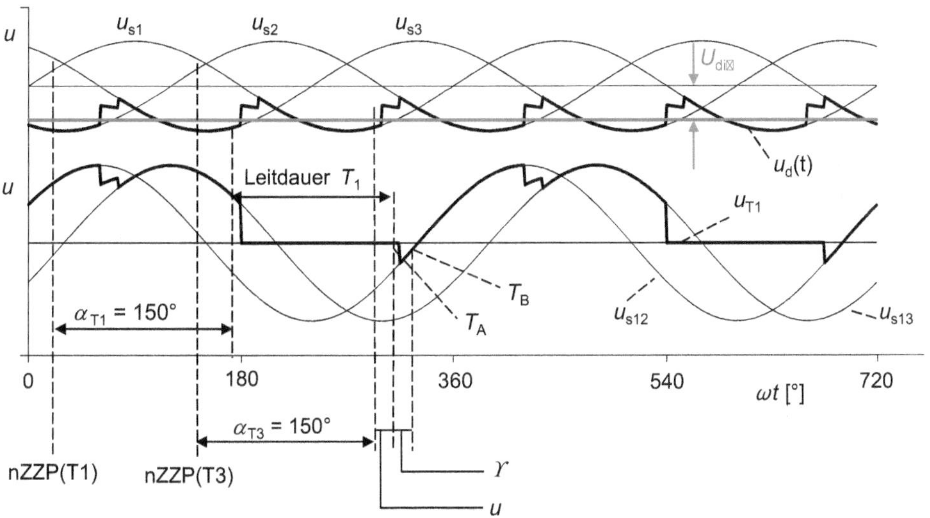

Bild 3.32 Kommutierung von T1 auf T3; α = 150° und u = 15°

Beispiel 3.10 Maximaler Steuerwinkel einer M3C

Schätzen Sie den maximal möglichen Steuerwinkel ab, mit dem eine M3C-Schaltung betrieben werden kann, wenn der zulässige Überlappungswinkel maximal 15° beträgt.

Lösung:
Ausgehend vom natürlichen Zündzeitpunkt nZZP(T3) in Bild 3.32 erfolgt die tatsächliche Zündung von T3 mit $\alpha_{T3} = 150°$. Die Überlappung beträgt 15°, so dass die Kommutierung zum Zeitpunkt T_A beendet ist. T3 leitet nun allein, T1 hat abgeschaltet.

Zum Zeitpunkt T_B wird die Ventilspannung T1 wieder positiv. Bis dahin müssen die Ladungsträger, die in T1 gespeichert sind (vgl. Abschnitte 2.4 und 2.5), noch aus dem Bauelement ausgeräumt werden. Dies ist erforderlich, damit die Blockierfähigkeit von T1 wiederhergestellt wird. Für das Ausräumen steht als sog. Schonzeit der Zeitraum $T_B - T_A$ zur Verfügung. Die Leitdauer von T1 ist im vorliegenden Fall um den Winkel u größer als 120°. Ist die zum Ausräumen der Ladungsträger erforderliche Zeit t_{rr}(T1) größer als die verfügbare Schonzeit $T_B - T_A$, dann schaltet T1 nicht ordnungsgemäß ab, sondern beginnt zum Zeitpunkt T_B erneut zu leiten. In diesem Fall steigt der Strom durch T1 immer weiter an. Der Effekt wird als Kippen des Wechselrichters bezeichnet und muss unbedingt vermieden werden.

Aus Sicherheitsgründen wählt man die Schonzeit t_c um 50 % größer, als es die Freiwerdezeit t_q der Ventile erfordert. Diese Schonzeit kann auch als Winkel angegeben werden. Er wird Löschwinkel genannt. Für den einzuhaltenden Löschwinkel γ erhält man somit

$$t_c = 1.5 \cdot t_q \qquad \Rightarrow \qquad \gamma = \omega \cdot t_c = \omega \cdot 1.5 \cdot t_q$$

■

Um ein Kippen des Wechselrichters zu vermeiden, muss der Steuerwinkel bei allen netzgeführten Stromrichtern auf $0° < \alpha < 180° - (u + \gamma)$ begrenzt werden. ■

3.3.5.4 Gleichspannungsersatzschaltbild für Mittelwerte

Der Spannungsabfall D_x wird nach Gl. (3.26) bestimmt durch L_K und I_d. Üblicherweise ist L_K konstant. Dann hängt der Spannungsabfall D_x nur vom Gleichstrom ab. Dies legt es nahe, den Ausdruck $3 \cdot \omega L_K / 2\pi$ aus Gl. (3.26) als eine Art Innenwiderstand R_i des Stromrichters aufzufassen. Dieser Innenwiderstand wird R_{ix} genannt. Der zusätzliche Index x deutet an, dass die Reaktanz $X_K = \omega L_K$ in dessen Berechnung eingeht.

Natürlich sind bei realen Stromrichtern weitere ohmsche Widerstände vorhanden. Zum einen sind dies die Wicklungswiderstände der Transformatorwicklungen. Zum anderen treten die Durchlasswiderstände der Ventile in Erscheinung (vgl. Ersatzschaltbild der Diode, Bild 2.10). Alle ohmschen Innenwiderstände werden unter der Bezeichnung R_{ir} zusammengefasst.

Neben den Durchlasswiderständen trägt auch die Durchlassspannung der Ventile zum nicht idealen Verhalten des Stromrichters bei. Nach Abschnitt 2.4 muss die Durchlassspannung der Ventile aufgebracht werden, bevor ein Stromfluss zustande kommt. Daher geht auch die Summe aller Durchlassspannungen D_V dem Mittelwert der Stromrichterausgangsspannung verloren.

Betrachtet man ausschließlich die Mittelwerte der Ausgangsspannung für den nicht lückenden Betrieb, dann kann der netzgeführte Stromrichter durch das Ersatzschaltbild in Bild 3.33 beschrieben werden.

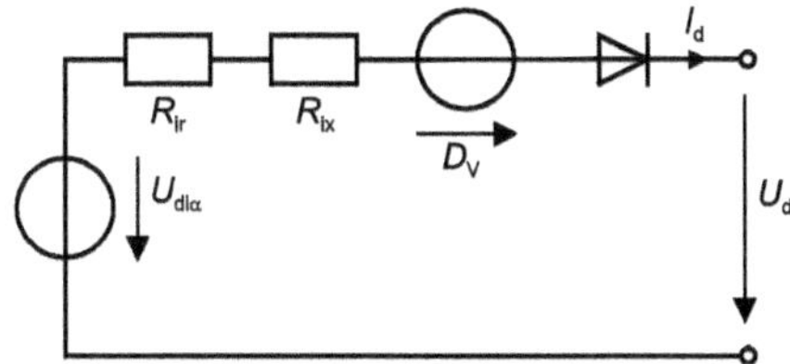

Bild 3.33 Ersatzschaltbild für Mittelwerte

Die Spannungsquelle ist hier der Mittelwert $U_{di\alpha}$, der sich bei einem idealen Stromrichter und dem Einfluss des Steuerwinkels ergeben würde. Dieser muss größer als die Summe aller Durchlassspannungen sein, damit ein Stromfluss zustande kommt. Der Gleichstrom verursacht Spannungsabfälle an den Innenwiderständen R_{ir} und R_{ix}. Die ideale Diode symbolisiert letztlich die gleichrichtende Wirkung. Am Ausgang des Stromrichters steht der Mittelwert U_d zur Verfügung.

$$U_d = U_{di\alpha} - I_d \cdot (R_{ir} + R_{ix}) - D_v$$

Beispiel 3.11 Berechnung des Steuerwinkels

Gegeben ist ein Stromrichter in M3C-Schaltung, der über einen Transformator an das Drehstromnetz angeschlossen ist. Die Daten der Anlage lauten:

Transformator: Streuinduktivität L_s = 1 mH, Wicklungswiderstand R_T = 0.3 Ω verkettete Spannung, sekundärseitig U_{s12} = 400 V

Ventile: Durchlassspannung D_V = 1.5 V, differentieller Widerstand R_d = 0.2 Ω

Ermitteln Sie den erforderlichen Steuerwinkel für eine Ausgangsspannung U_d = 188 V bei einem Gleichstrom von 50 A.

Lösung:

$R_{ir} = R_T + R_d = 0.3\ \Omega + 0.2\ \Omega = 0.5\ \Omega$

$D_V = 1.5$ V

$U_{di} = 1.17 \cdot 400\ \text{V} / \sqrt{3} = 270$ V

$R_{ix} = 3 \cdot 50\ \text{Hz} \cdot 1\ \text{mH} = 0.15\ \Omega$

$U_{di\alpha} = U_d + I_d\,(R_{ir} + R_{ix}) + D_V = 188\ \text{V} + 50\ \text{A} \cdot 0.65\ \Omega + 1.5\ \text{V} = 222$ V

$U_{di\alpha} = U_{di} \cos\alpha = 270\ \text{V} \cdot \cos\alpha = 222\ \text{V}$

$\alpha = \arccos(222 / 270) = 34.75°$

■

3.3.6 Mittelpunktschaltungen mit verbundenen Anoden

Sowohl die M2- als auch die M3-Schaltungen können auch so aufgebaut werden, dass die Anoden der Ventile ein gemeinsames Potenzial haben. Die bisherigen Überlegungen zur Kommutierung, zum Wechselrichterbetrieb und zur Stromglättung gelten weiterhin ohne Einschränkungen.

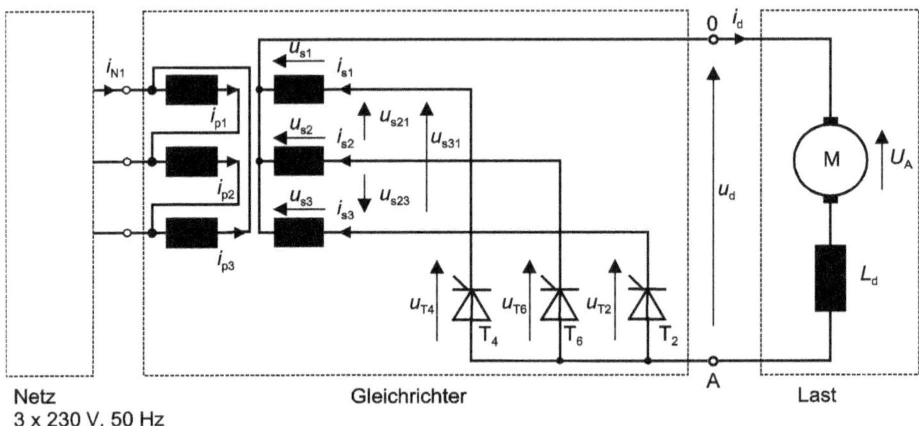

Bild 3.34 M3C-Schaltung mit verbundenen Anoden

In Bild 3.34 ist eine M3C-Schaltung mit verbundenen Anoden dargestellt. Hier kann das Ventil gezündet werden, das das negativste Kathodenpotential aufweist. Leitet beispielsweise T2, so lässt sich T4 frühestens dann zünden, wenn u_{T4} größer als null wird. In diesem Fall liefert die Maschengleichung:

$$u_{T4} = u_{T2} + u_{s3} - u_{s1} = u_{T2} + u_{s31} = u_{s31}$$

Der natürliche Zündzeitpunkt für u_{T4} liegt also dann vor, wenn die verkettete Spannung u_{s31} ihren positiven Nulldurchgang hat. Die Bedingung für den natürlichen Zündzeitpunkt kann auch folgendermaßen formuliert werden:

$$u_{s31} = u_{s3} - u_{s1} > 0 \Rightarrow \qquad u_{s3} > u_{s1} \tag{3.27}$$

Beispiel 3.12 Ausgangsspannung bei M3C-Schaltung mit verbundenen Anoden

Konstruieren Sie den Verlauf der Gleichspannung $u_d(t)$ für Vollaussteuerung bei der M3-Schaltung aus Bild 3.34.

Lösung:
Die natürlichen Zündzeitpunkte liegen nach Gl. (3.27) an den negativen Schnittpunkten der Phasenspannungen. Daraus ergibt sich der dreipulsige Spannungsverlauf in Bild 3.35. Gegenüber dem Verlauf bei der M3-Schaltung mit verbundenen Kathoden und Vollaussteuerung in Bild 3.20 ist er um 60° verschoben. Dies liegt daran, dass die positiven und negativen Schnittpunkte der Phasenspannungen um 60° gegeneinander versetzt sind.

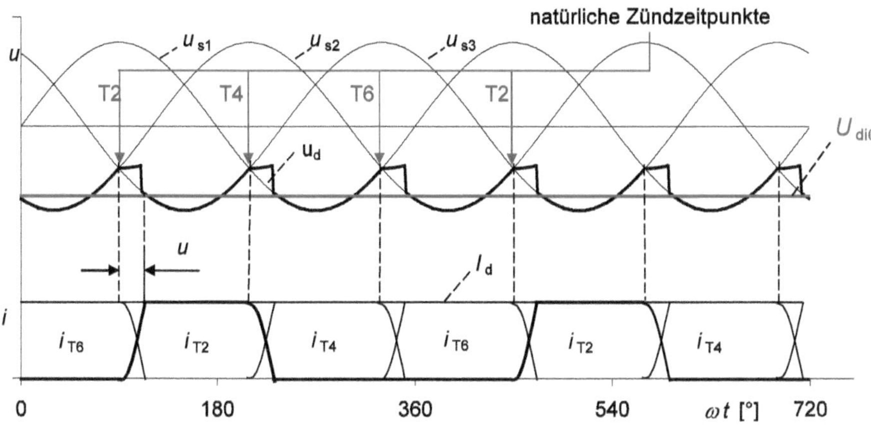

Bild 3.35 Spannungs- und Stromverläufe für die M3C-Schaltung mit verbundenen Anoden bei $\alpha = 0°$ und Berücksichtigung der Überlappung

Im unteren Teil von Bild 3.35 sind die Ventilströme unter Berücksichtigung der Überlappung dargestellt. Auch hier ist der Überlappungswinkel übertrieben groß wiedergegeben. Der Mittelwert U_{di0} der Ausgangsgleichspannung ist bei vollausgesteuerten Schaltungen mit verbundenen Anoden negativ.

Übung 3.17

Konstruieren und zeichnen Sie in Bild 3.36 den Verlauf der Gleichspannung $u_d(t)$ für α = 60° bei der M3C-Schaltung aus Bild 3.34. Gehen Sie von einer idealen Glättung aus und stellen Sie qualitativ die Überlappung dar. Kennzeichnen Sie den Ventilstrom i_{T6}.

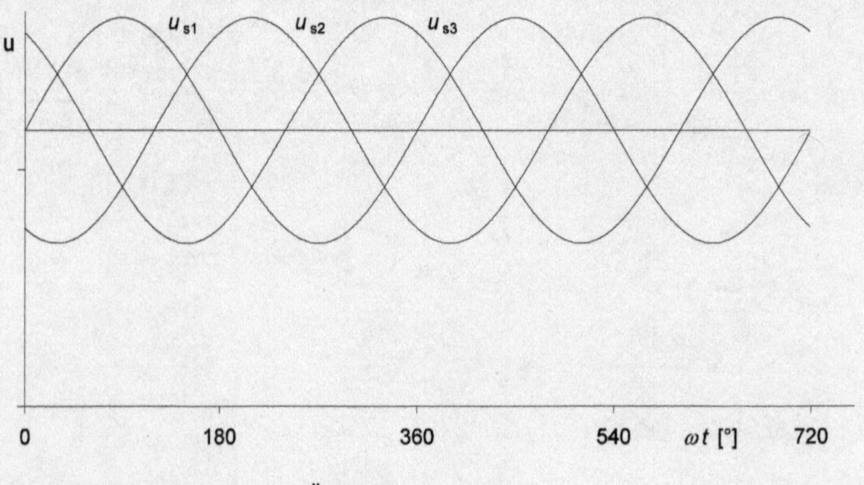

Bild 3.36 Liniendiagramm zur Übung 3.17

3.3.7 Netzströme und Transformatorbauleistung

Transformatoren können nur Wechsel-, aber keine Gleichgrößen übertragen. Dies führt bei Stromrichtertransformatoren zu primärseitigen Wicklungsströmen, die sich von denen der Sekundärseite erheblich unterscheiden können.

Beispiel 3.13 Berechnung der primärseitigen Transformatorströme

Konstruieren Sie die primärseitigen Transformatorströme der M3-Schaltung aus Bild 3.13, wenn das Übersetzungsverhältnis *ü* beträgt. Berechnen Sie die Effektivwerte der primären und sekundären Strangströme für den Sonderfall *ü* = 1.

Lösung:

Die sekundären Strangströme i_{s1} bis i_{s3} werden mit dem Übersetzungsverhältnis auf die Primärseite transformiert. Der Gleichanteil wird nicht übertragen. Dies bedeutet, dass der Mittelwert der primären Strangströme i_{p1} bis i_{p3} null betragen muss.

Der Netzstrom i_{N1} ergibt sich aus der Knotengleichung

$$i_{N1} + i_{p3} = i_{p1} \qquad \Rightarrow \qquad i_{N1} = i_{p1} - i_{p3}$$

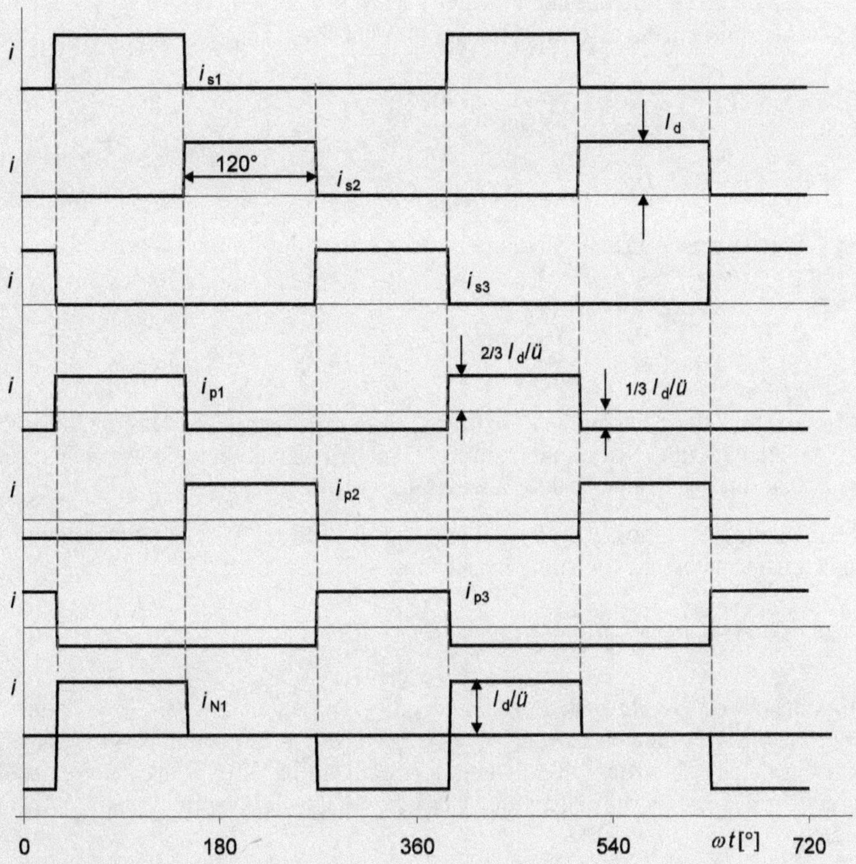

Bild 3.37 Liniendiagramm zu Beispiel 3.13; oben: sekundäre Strangströme i_{s1} bis i_{s3}, Mitte: primäre Wicklungsströme i_{p1} bis i_{p3}, unten: Netzstrom i_{N1}

Die primären Wicklungs- und auch die Netzströme sind reine Wechselgrößen. Zur Berechnung des Effektivwertes können die Ergebnisse von Beispiel 1.4 und Beispiel 1.5 verwendet werden. Für den Effektivwert der sekundären Strangströme erhält man

$$I_{s1,RMS} = I_{s2,RMS} = I_{s3,RMS} = I_d \cdot \sqrt{D} = \frac{I_d}{\sqrt{3}}$$

Der Effektivwert der primären Strangströme errechnet sich zu

$$I_{p1,RMS} = I_{p2,RMS} = I_{p3,RMS} = \sqrt{\left(\frac{2}{3} \cdot \frac{I_d}{ü}\right)^2 \cdot \frac{120°}{360°} + \left(-\frac{1}{3} \cdot \frac{I_d}{ü}\right)^2 \cdot \frac{240°}{360°}}$$

$$I_{p1,RMS} = \frac{\sqrt{2}}{3} \cdot \frac{I_d}{ü} \quad \text{mit } ü=1 \text{ folgt:} \quad I_{p1,RMS} = \frac{\sqrt{2}}{3} \cdot I_d$$

Die Scheinleistung S, die auf der Transformatorsekundärseite erforderlich ist, entspricht der sekundären Transformatorleistung $S_{2\mathrm{Tr}}$ und beträgt

$$S = 3 \cdot U_{\mathrm{s1}} \cdot I_{\mathrm{s1,RMS}} = 3 \cdot \frac{U_{\mathrm{di0}}}{1.17} \cdot \frac{I_{\mathrm{d}}}{\sqrt{3}} = 1.48 \cdot U_{\mathrm{di0}} \cdot I_{\mathrm{d}} \tag{3.28}$$

$$S_{2\mathrm{Tr}} = S = 1.48 \cdot U_{\mathrm{di0}} \cdot I_{\mathrm{d}}$$

Die Scheinleistung der Primärwicklung berechnet man durch einen vergleichbaren Ansatz. Es ergibt sich

$$S_{1\mathrm{Tr}} = 3 \cdot U_{\mathrm{p1}} \cdot I_{\mathrm{p1,RMS}} = 3 \cdot \frac{U_{\mathrm{di0}}}{1.17} \cdot \frac{\sqrt{2} \cdot I_{\mathrm{d}}}{3} = 1.2 \cdot U_{\mathrm{di0}} \cdot I_{\mathrm{d}} \tag{3.29}$$

Am Unterschied der Gleichungen (3.28) und (3.29) wird deutlich, dass die Scheinleistungen von Primär- und Sekundärwicklung erheblich voneinander abweichen, wenn ein Stromrichter an den Transformator angeschlossen wird.

Als Bauleistung S_{Tr} eines Transformators wird der Mittelwert aus primärer und sekundärer Transformatorscheinleistung bezeichnet.

$$S_{\mathrm{Tr}} = \frac{S_{\mathrm{Tr1}} + S_{\mathrm{Tr2}}}{2} = \frac{1.48 + 1.2}{2} \cdot U_{\mathrm{di0}} \cdot I_{\mathrm{d}} = 1.34 \cdot U_{\mathrm{di0}} \cdot I_{\mathrm{d}} \tag{3.30}$$

Erstaunlicherweise muss nach dieser Auslegung die Bauleistung des Transformators um 34 % größer sein als die übertragene Gleichstromleistung. Der Grund dafür ist, dass Stromrichter im Betrieb prinzipiell Blindleistung benötigen. In Verbindung mit der zu übertragenden Wirkleistung ergibt sich eine erforderliche Gesamtleistung, die die Wirkleistung übersteigt.

3.4 Brückenschaltungen netzgeführter Stromrichter

Lernziele

Die Lernenden ...

- erläutern die Entstehung von Brückenschaltungen aus Mittelpunktschaltungen,
- zeichnen die Liniendiagramme für die B6C- und die B2C-Schaltung,
- übertragen die Gleichungen der Mittelpunktschaltungen auf die Brückenschaltungen.

3.4.1 Vollgesteuerte Drehstrombrückenschaltung B6C

Brückenschaltungen entstehen durch die gleichstromseitige Reihenschaltung von Mittelpunktschaltungen. In der Gleichstromantriebstechnik ist die Drehstrombrückenschaltung die am meisten verwendete Variante. Auch Brückenschaltungen arbeiten - wie die Mittelpunktschaltungen - in zwei Quadranten.

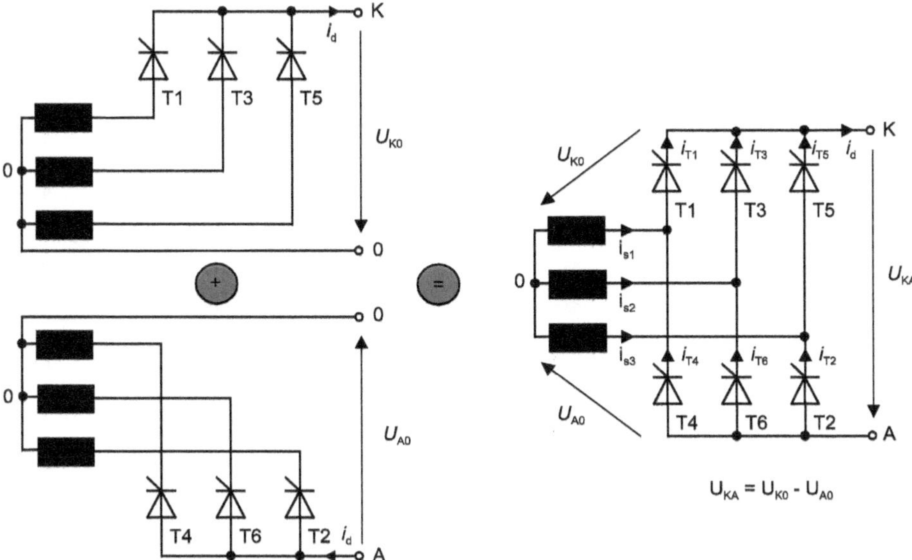

Bild 3.38 Grundlegender Aufbau der Brückenschaltung B6C

Die Schaltung B6C besteht laut Bild 3.38 aus der Reihenschaltung von zwei M3C-Schaltungen. Eine der beiden ist mit verbundenen Kathoden, die andere mit verbundenen Anoden ausgeführt. Beide Schaltungen werden mit demselben Netzanschluss gekoppelt. Üblicherweise wird die obere Brückenhälfte als Kathodenseite bezeichnet. Die untere heißt dagegen Anodenseite. Soll ein Transformator zur Spannungsanpassung eingesetzt werden, lässt sich für beide M3-Schaltungen dieselbe Transformatorsekundärwicklung verwenden. Ein Y-Y-Transformator ist ausreichend.

Die Teilspannungen U_{K0} und U_{A0} beider Mittelpunktschaltungen addieren sich zur Gesamtspannung U_{KA}. Demzufolge wird bei Brückenschaltungen die Gleichspannung gegenüber den Mittelpunktschaltungen verdoppelt. Die Spannungsbelastung der Ventile bleibt unverändert die verkettete Netzspannung, da Anoden- und Kathodenseite voneinander unabhängig kommutieren. Im Unterschied zu Mittelpunktschaltungen erfordern Brückenschaltungen keinen Transformatormittelpunkt und eignen sich daher auch zum direkten Netzanschluss. Dies wird bei vielen Anwendungen ausgenutzt.

Während des nicht lückenden Betriebs leitet immer je ein Ventil der oberen und ein Ventil der unteren Brückenhälfte. Bei Vollaussteuerung liegt das jeweils höchste Potenzial der Anschlussspannung über dem stromführenden Ventil der oberen Brückenhälfte an der Klemme K. Deren Potenzial ist durch die obere Hüllkurve der drei Strangspannungen

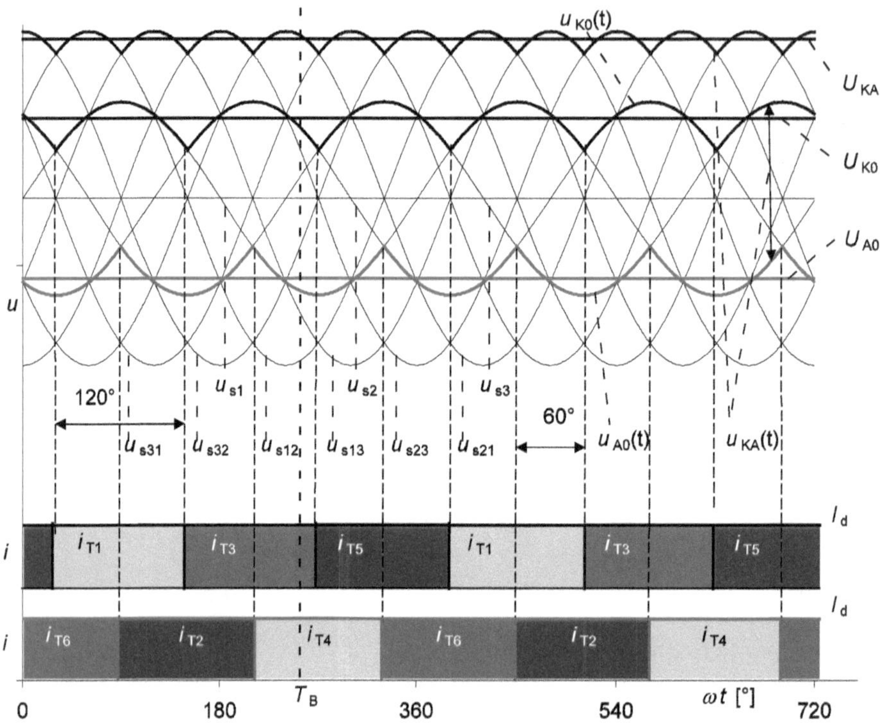

Bild 3.39 Zeitverläufe der B6C-Schaltung bei α = 0° ohne Darstellung der Überlappung

gegeben. Entsprechend liegt das Potenzial der Klemme A auf der unteren Hüllkurve. Die Gleichspannung U_d ergibt sich als Differenz der Potenziale von K und A. Infolge der Phasenverschiebung von 60° zwischen den Spannungen beider Brückenhälften erhält die Ausgangsspannung sechspulsigen Charakter. Die Welligkeit bei Vollaussteuerung ist gering und beträgt w_{U0} = 0.042.

Bild 3.39 zeigt die Zeitverläufe der B6C-Schaltung für Vollaussteuerung und ideal geglätteten Gleichstrom. Die Überlappung ist hier vernachlässigt. Im oberen Bildteil sind dünn ausgezogen die Strangspannungen u_{s1} bis u_{s3} und die insgesamt sechs verketteten Spannungen u_{s12} bis u_{s32} dargestellt. Der Mittelwert der Ausgangsspannung der oberen Brückenhälfte heißt U_{K0}. Zusammen mit der zugehörigen Hüllkurve $u_{K0}(t)$ ist er dick schwarz gezeichnet.

Die untere Brückenhälfte ist im Prinzip eine M3-Schaltung mit verbundenen Anoden, deren Ausgangsspannung negativ ist. Ihre natürlichen Zündzeitpunkte und damit die Hüllkurve $u_{A0}(t)$ sind gegenüber denen der oberen Brückenhälfte um 60° verschoben. Die Hüllkurve sowie der zugehörige Mittelwert U_{A0} sind dick grau dargestellt.

Die Gesamtausgangsspannung $u_{KA}(t)$ ergibt sich aus der Differenz von $u_{K0}(t)$ - $u_{A0}(t)$. Gleiches gilt für die Berechnung des Gesamtmittelwertes der B6C-Schaltung.

$$U_d = U_{KA} = U_{K0} - U_{A0}$$

Es kommen insgesamt sechs verschiedene Kombinationen von leitenden Ventilen vor. Jede Kombination schaltet eine verkettete Spannung an den Ausgang. Die Gesamtspannung setzt sich aus diesen verketteten Spannungsverläufen zusammen.

Die Leitdauer eines Ventils und damit die Zeitdauer eines solchen Stromblockes beträgt wie bei den M3-Schaltungen 120°. Die Stromblöcke von oberer und unterer Brückenhälfte sind ebenfalls um 60° gegeneinander versetzt. Ihre Amplituden betragen jeweils I_d. Die Schattierung der Stromblöcke in Bild 3.39 symbolisiert die stromführende Phase. Helles Grau steht für Phase 1, mittleres Grau für Phase 2 und Dunkelgrau kennzeichnet, dass Phase 3 leitet. Daran erkennt man, dass bei der B6C-Schaltung immer zwei Phasen leiten und die dritte stromlos ist.

Die B6-Brückenschaltung entsteht aus der Reihenschaltung zweier M3-Mittelpunktschaltungen. Der Mittelwert der 6-pulsigen Ausgangsspannung ist doppelt so hoch wie bei der M3-Schaltung. Die Welligkeit bei Vollaussteuerung ist gegenüber den Mittelpunktschaltungen gering. ■

Beispiel 3.14 Bestimmung der leitenden Ventile einer Brückenschaltung

Betrachtet wird der Zeitpunkt T_B in Bild 3.39. Welche Ventile leiten zu diesem Zeitpunkt, und welchen Betrag haben die einzelnen Strangströme i_{s1} bis i_{s3}?

Lösung:

Zum betrachteten Zeitpunkt T_B gilt $i_{T3} = I_d$ sowie $i_{T4} = I_d$. Dies bedeutet, dass die Ventile T3 und T4 leiten und den Gleichstrom führen. Bezogen auf die Zählpfeile in Bild 3.38 ergibt sich daraus $i_{s1} = -I_d$, $i_{s2} = I_d$, $i_{s3} = 0$. ■

Übung 3.18

Berechnen Sie mit Hilfe von Beispiel 1.4 Mittel- und Effektivwert der Ventilströme (s. Bild 3.39) einer B6-Schaltung in Abhängigkeit von I_d bei idealer Stromglättung und unter Vernachlässigung der Überlappung. ■

Übung 3.19

Wie lauten die möglichen Leitkombinationen der Ventile bei der B6C-Schaltung? Geben Sie diese Leitkombinationen in der korrekten zeitlichen Reihenfolge an.

Verwenden Sie für die Lösung das Applet „B6C-Schaltung“. ■

Übung 3.20

Wie groß wird die maximale Ausgangsspannung bei der B6C-Schaltung im nicht lückenden Betrieb, wenn diese an ein Drehstromnetz mit U_{s12} = 400 V angeschlossen wird?

In der Teilaussteuerung werden obere und untere Brückenhälfte in der Regel mit demselben Steuerwinkel betrieben. Bild 3.40 zeigt die Ausgangsspannungen $u_d(t)$, U_d sowie den Strangstrom i_{s1} für α = 30°. Der natürliche Zündzeitpunkt eines jeden Ventils entspricht dem Schnittpunkt zweier verketteter Spannungen. Auch hier ist die Überlappung nicht dargestellt.

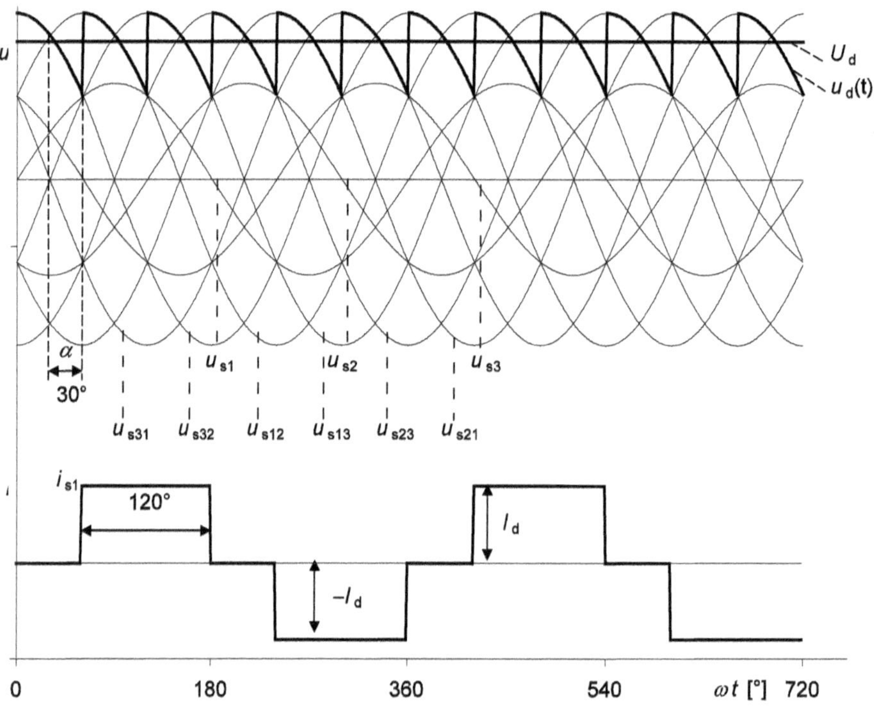

Bild 3.40 Ausgangsspannung und Strangstrom einer B6C-Schaltung für α = 30° ohne Überlappung

Übung 3.21

Begründen Sie, warum der Steuerwinkel bei der B6C-Schaltung ausgehend von den Schnittpunkten der verketteten Spannung u_{s12} bis u_{s31} gezählt wird.

Übung 3.22

Warum müssen bei jedem Zündvorgang einer B6C-Schaltung immer zwei Ventile gezündet werden?

Übung 3.23

Wie lauten die Gleichungen zur Ermittlung der Ventilspannung u_{T1}? Konstruieren Sie die Ventilspannung für das Ventil T1 bei nicht lückendem Betrieb und Teilaussteuerung mit α =30° und zeichnen Sie den Verlauf in Bild 3.40.

Verwenden Sie für die Lösung das Applet „B6C-Schaltung“.

3.4.2 Brückenschaltung B2C

Schaltet man eine M2-Schaltung mit verbundenen Kathoden in Reihe mit einer M2-Schaltung mit verbundenen Anoden, so erhält man die B2C-Schaltung. Bei Netzteilen wird als Netzgleichrichter aus Kostengründen oft die ungesteuerte Variante einer Diodenbrücke eingesetzt. Anwendung findet die B2-Schaltung im Leistungsbereich bis etwa 10 kW.

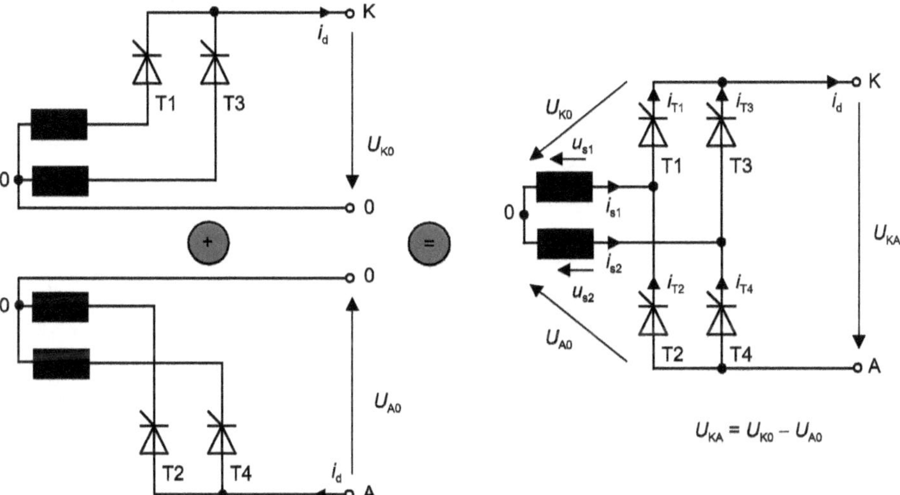

Bild 3.41 B2C-Schaltung bestehend aus der Reihenschaltung zweier M2C-Schaltungen

Im Unterschied zur B6C-Schaltung kommutieren bei der B2-Schaltung allerdings obere und untere Brückenhälfte gleichzeitig.

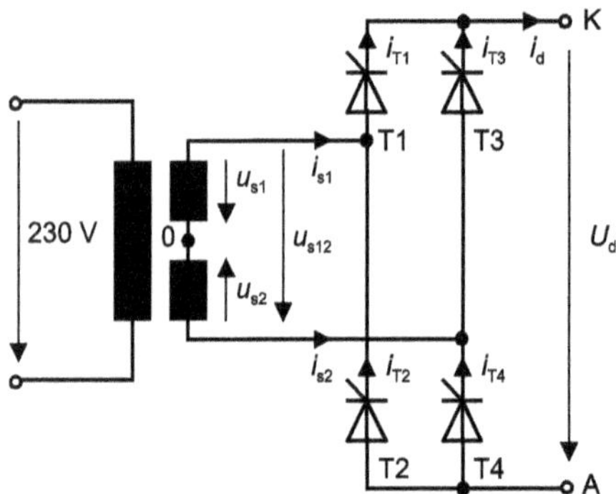

Bild 3.42 B2C-Schaltung mit Transformator

Beispiel 3.15 Ausgangsspannung der B2C-Schaltung

Die B2C-Schaltung in Bild 3.42 ist an das 230-V-Wechselstromnetz über einen Transformator angeschlossen.

Konstruieren Sie den Verlauf der Ausgangsspannung $u_d(t)$ für die B2C-Schaltung bei einem Steuerwinkel von 0° sowie idealer Stromglättung. Berechnen Sie die Ausgangsspannung U_{di0}, wenn das Spannungsübersetzungsverhältnis $N_1:N_2 = 5:1$ beträgt. Wie groß wird die Welligkeit bei Vollaussteuerung? Verwenden Sie das Applet „B2C-Schaltung“.

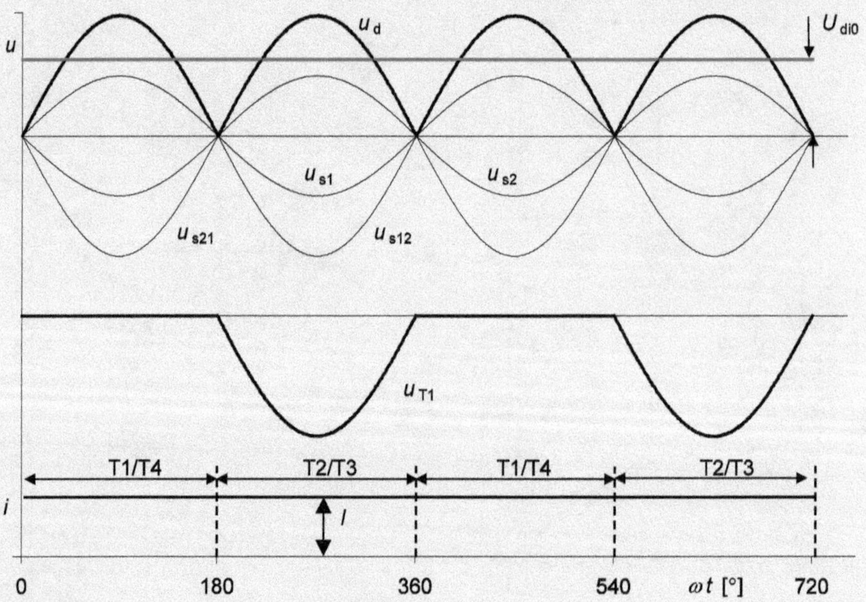

Bild 3.43 Ausgangsspannung und Ventilströme der B2C-Schaltung für Vollaussteuerung ohne Berücksichtigung der Überlappung; oben: pulsierende Gleichspannung $u_d(t)$; Gleichspannungsmittelwert U_{di0}, Mitte: Ventilspannung u_{T1}, unten: Ventilströme und Gleichstrom

Lösung:

Für den Effektivwert der Spannung U_{s12} erhält man

$$U_{s12} = 230\,\text{V} \cdot \frac{1}{5} = 46\,\text{V}$$

Die sekundärseitigen Phasenspannungen sind halb so groß wie U_{s12}.

$$U_{s1} = U_{s2} = \frac{1}{2} \cdot 46\,\text{V} = 23\,\text{V}$$

Die Ausgangsspannung U_{di0} ergibt sich damit nach folgendem Zusammenhang:

$$U_{di0} = U_{KA} = U_{K0} - U_{A0} = 0.9 \cdot U_{s1} - (-0.9 \cdot U_{s2}) = 1.8 \cdot U_{s1} = 41.4\,\text{V}$$

Zur Berechnung der Welligkeit wird Gl. (3.8) verwendet. Der Gesamteffektivwert der Ausgangsspannung bei Vollaussteuerung beträgt U_{s12}, da $u_d(t) = u_{s12}(t)$.

$$w_{U0} = \sqrt{\left(\frac{U_{dRMS}}{U_{di0}}\right)^2 - 1} = \sqrt{\left(\frac{U_{s12}}{1.8 \cdot U_{s1}}\right)^2 - 1} = \sqrt{\left(\frac{2 \cdot U_{s1}}{1.8 \cdot U_{s1}}\right)^2 - 1} = \sqrt{\left(\frac{2}{1.8}\right)^2 - 1} = 0.48$$

Die Welligkeit ist mit 0.483 also genauso groß wie bei der M2-Schaltung. ■

Wie bei der B6C-Schaltung leiten immer zwei Ventile gleichzeitig. Die möglichen Leitkombinationen sind T1T4 und T3T2. Leitet T1T4, so folgt die Ausgangsspannung der verketteten Spannung u_{s12}. Leitet das Ventilpaar T3T2, so ist $u_d(t) = -u_{s12}(t) = u_{s21}(t)$.

Die B2-Brückenschaltung entsteht aus der Reihenschaltung zweier M2-Mittelpunktschaltungen. Der Mittelwert der zweipulsigen Ausgangsspannung ist doppelt so hoch wie bei der M2-Schaltung. Die Welligkeit bei Vollaussteuerung bleibt gegenüber der M2-Schaltung unverändert. ■

Die wesentlichen Unterschiede der wichtigsten netzgeführten Schaltungen fasst Tabelle 3.2 zusammen.

Tabelle 3.2 Eigenschaften der netzgeführten Schaltungen

	M1	M2	M3	B2C	B6C
U_{di0}/U_s	0.45	0.9	1.17	1.8	2.34
Steuergesetz	$U_{di0}\cos\alpha$	$U_{di0}\cos\alpha$	$U_{di0}\cos\alpha$	$U_{di0}\cos\alpha$	$U_{di0}\cos\alpha$
Welligkeit w_{u0}	1.21	0.48	0.183	0.48	0.042

3.5 Umkehrstromrichter

Lernziele

Die Lernenden ...

- zeichnen den Schaltungsaufbau,
- erläutern, warum bei Anwendungen der Antriebstechnik ein Umkehrstromrichter vorteilhaft eingesetzt werden kann,
- nennen Einsatzgebiete für Umkehrstromrichter.

Anwendungen der Antriebstechnik

Bei vielen Anwendungen der Antriebstechnik besteht die Forderung, einen Gleichstrommotor in beiden Drehrichtungen elektrisch beschleunigen und bremsen zu können. Dies entspricht dem Betrieb des Stromrichters in allen vier Quadranten.

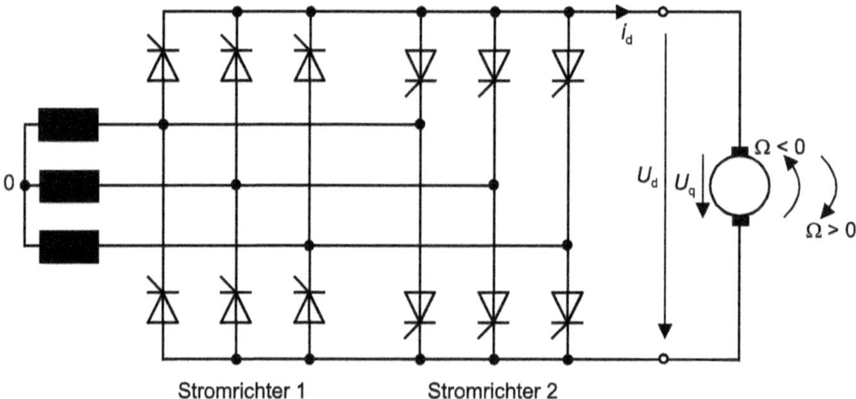

Bild 3.44 Umkehrstromrichter bestehend aus zwei gegenparallel geschalteten B6C-Brücken

Eine solche Betriebsart ist weder mit den bislang besprochenen Mittelpunkt- noch mit den Brückenschaltungen möglich. Vollgesteuerte netzgeführte Stromrichter können nur das Vorzeichen der Ausgangsspannung verändern. Sie erlauben lediglich eine Stromrichtung und können so nur den Zweiquadrantenbetrieb realisieren (positive Stromrichtung, positive und negative Spannungspolarität, also Quadranten I und IV in Bild 1.23, Kapitel 1).

Sind zur Lösung der Antriebsaufgabe die beiden verbleibenden Quadranten ebenfalls erforderlich, so muss der Stromrichter auch eine negative Stromrichtung zulassen. Dies ist nach Bild 3.44 möglich, wenn ein weiterer Stromrichter gegenparallel dazugeschaltet wird.

Eine solche Anordnung heißt Umkehrstromrichter, da neben der Spannungspolarität auch die Richtung des Ausgangsstromes I_d geändert werden kann. Üblicherweise werden solche Umkehrstromrichter kreisstromfrei angesteuert. Kreisstromfrei bedeutet, dass immer nur einer der beiden Stromrichter Zündimpulse erhält. Die Ventile des jeweils anderen bleiben gesperrt. Ein solcher Antrieb kann ein positives und negatives Drehmoment in beiden Drehrichtungen liefern und wird daher als Vierquadrantenantrieb bezeichnet.

Jeder der beiden Stromrichter deckt zwei Betriebsquadranten ab. Dabei arbeitet der Stromrichter im einen der beiden Quadranten als Gleichrichter und im anderen als Wechselrichter. Einzelheiten sind in Bild 3.45 dargestellt.

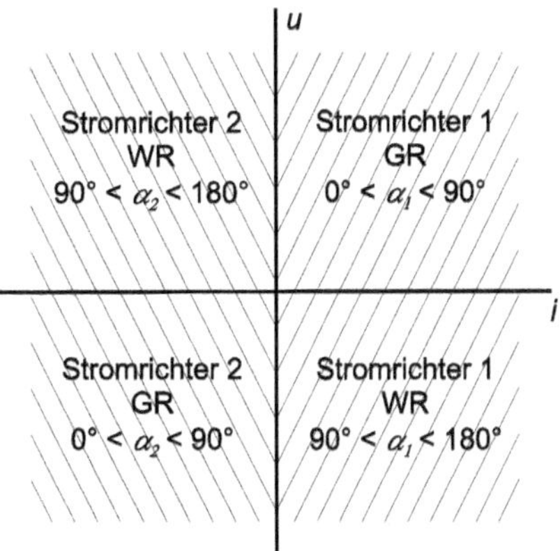

Bild 3.45 Quadranten beim Umkehrstromrichter

Beispiel 3.16 Umkehrstromrichter

In Bild 3.44 entsteht eine positive Rotationsspannung u_q, wenn die positive Drehrichtung $\Omega > 0$ vorliegt. In welchem Quadranten arbeitet der Antrieb, wenn der Motor in positiver Drehrichtung beschleunigt wird? Welcher der beiden Stromrichter ist aktiv?

Lösung:
Zum Beschleunigen des Motors in positiver Drehrichtung ist ein positiver Strom erforderlich. Dies ist nur realisierbar, wenn I_d größer als null ist. Ein Gleichstrom mit dieser Stromrichtung kann nur von Stromrichter 1 geliefert werden. Demnach ist Stromrichter 1 aktiv und erhält Zündimpulse; die Ventile des Stromrichters 2 bleiben gesperrt.

Der Antrieb arbeitet hierbei im ersten Quadranten der *u*-*i*-Ebene, da sowohl die Spannung U_d als auch der Strom I_d positiv sind. ■

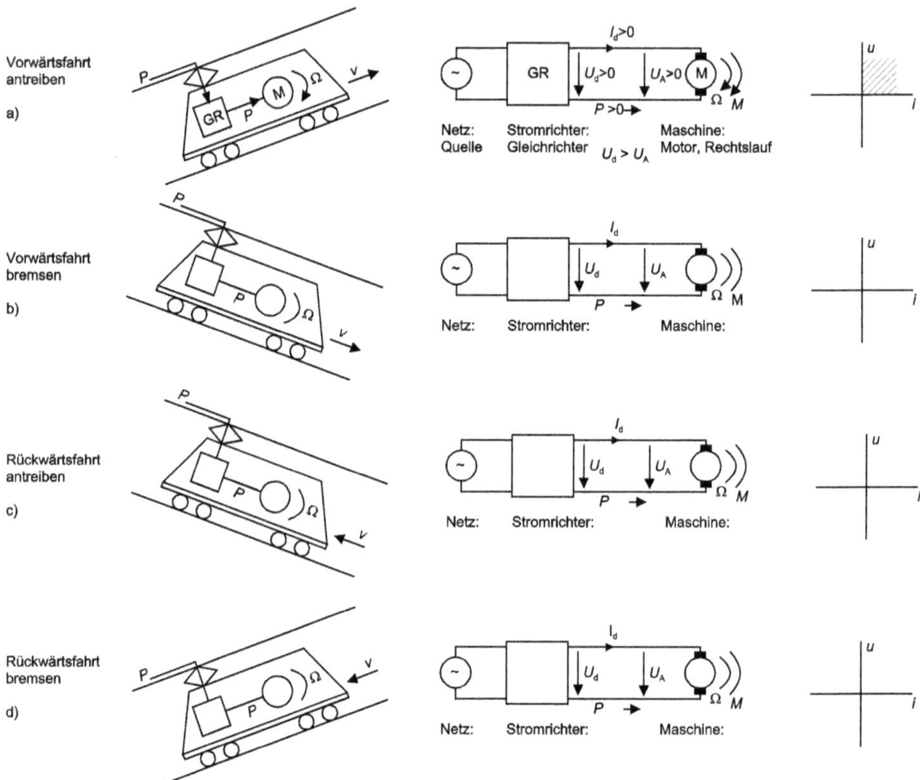

Bild 3.46 Erläuterung des Vierquadrantenstromrichterbetriebs

Übung 3.24

In Bild 3.46 ist eine Lokomotive dargestellt, die über einen stromrichtergespeisten Gleichstrommotor angetrieben und gebremst werden kann. Je nachdem, ob die Lokomotive beschleunigt oder bremst, wird die Leistung *P* aus dem Netz aufgenommen oder in das Netz zurückgespeist. Für den Fall der Vorwärtsfahrt im Motorbetrieb sind im Teilbild a) die Leistungsrichtung und die Betriebsarten für den Motor sowie den Stromrichter eingetragen. Des Weiteren ist angegeben, ob der Strom und die Spannungen bezogen auf die eingezeichneten Zählpfeile positiv oder negativ sind. Ergänzen Sie die fehlenden Angaben für die Teilbilder b) bis d). Kennzeichnen Sie, in welchem Quadranten der Stromrichter jeweils arbeitet. ■

3.6 Lösungen

Übung 3.1

Ein ungesteuerter Stromrichter ist mit Dioden ausgestattet. Ein frei wählbarer Zündzeitpunkt ist nicht möglich; daher kann die Ausgangsspannung nicht gesteuert werden.

Übung 3.2

Der natürliche Zündzeitpunkt eines Ventils ist der Moment, in dem die Ventilspannung größer wird als null. Er entspricht also dem Zeitpunkt, an dem eine Diode beginnen würde zu leiten.

Übung 3.3

Für die M1-Schaltung gilt

$$U_{\mathrm{di}\alpha} = 0.45 \cdot U_{\mathrm{s}} \frac{(1+\cos\alpha)}{2}$$

mit U_{s} = 230 V folgt

$U_{\mathrm{di}\alpha}(0°)$ = 103.5 V; $U_{\mathrm{di}\alpha}(30°)$ = 96.57 V; $U_{\mathrm{di}\alpha}(45°)$ = 88.34 V;
$U_{\mathrm{di}\alpha}(120°)$ = 25.88 V

Übung 3.4

Jeder der beiden Thyristoren beginnt bei positivem Nulldurchgang der zugehörigen Phasenspannung zu leiten. Die Leitdauer beträgt 180° und endet beim negativen Nulldurchgang der Phasenspannung. Eine positive Ventilspannung - und damit der Blockierbetrieb - tritt bei Vollaussteuerung an der M2C-Schaltung nicht auf (vgl. Bild 3.6).

Übung 3.5

Bei idealer Stromglättung beträgt die Leitdauer beider Ventile jeweils 180°. Die Ventilströme sind rechteckförmig mit einer Amplitude von I_{d}.

Übung 3.6

Mit dem genannten Beispiel erhält man

$$I_{\mathrm{TAV}} = D \cdot I_{\mathrm{d}} = \frac{180°}{360°} \cdot I_{\mathrm{d}} = \frac{I_{\mathrm{d}}}{2} \qquad I_{\mathrm{TRMS}} = \sqrt{D} \cdot I_{\mathrm{d}} = \sqrt{\frac{180°}{360°}} \cdot I_{\mathrm{d}} = \frac{I_{\mathrm{d}}}{\sqrt{2}}$$

Übung 3.7

Eine Gleichrichterschaltung heißt dann vollgesteuert, wenn alle Ventile steuerbar sind, also zu gezielten Zeitpunkten eingeschaltet werden können. Dioden sind keine steuerbaren Ventile.

Unter Vollaussteuerung versteht man einen Zündwinkel von 0°. Die Thyristoren werden bei Vollaussteuerung also zum frühestmöglichen Zeitpunkt gezündet. ■

Übung 3.8

Natürlicher Zündzeitpunkt für T3, wenn $u_{s2} > u_{s1}$ bzw. wenn $u_{s21} > 0$

Natürlicher Zündzeitpunkt für T5, wenn $u_{s3} > u_{s2}$ bzw. wenn $u_{s32} > 0$ ■

Übung 3.9

Zunächst wird die sekundärseitige Phasenspannung berechnet. Bei der M3C gilt:

$$U_{\mathrm{di0}} = 1.17 \cdot U_{\mathrm{s}} \qquad \Rightarrow \qquad U_{\mathrm{s}} = \frac{U_{\mathrm{di0}}}{1.17} = \frac{230\,\mathrm{V}}{1.17} = 196.6\,\mathrm{V}$$

Der Transformator der M3C-Schaltung ist vom Typ D-y; die primäre Wicklungsspannung ist gleich der verketteten Netzspannung und beträgt 400 V. Damit wird das erforderliche Übersetzungsverhältnis

$$\ddot{u} = \frac{w_1}{w_2} = \frac{400\,\mathrm{V}}{196{,}6\,\mathrm{V}} = 2.03$$

Die maximal auftretende Ventilspannung ist der Scheitelwert der sekundären verketteten Spannung. Diese liegt im vorliegenden Fall bei

$$\hat{U}_{\mathrm{s12}} = \sqrt{2} \cdot \sqrt{3} \cdot U_{\mathrm{s}} = \sqrt{2} \cdot \sqrt{3} \cdot 196.6\,\mathrm{V} = 481\,\mathrm{V}$$

Mit k = 2.5 und der Netzspannungstoleranz 1.1 ermittelt man U_{RRM} mit Gl. (2.6) aus Kapitel 2.

$$U_{\mathrm{RRM}} = k \cdot 1.1 \cdot \hat{U}_{\mathrm{s12}} = 2.5 \cdot 1.1 \cdot 481\,\mathrm{V} = 1322\,\mathrm{V}$$

Der maximale Gleichstrom ergibt sich bei Vollaussteuerung und beträgt

$$I_{\mathrm{d}} = \frac{U_{\mathrm{di0}}}{R} = \frac{230\,\mathrm{V}}{20\,\Omega} = 11.5\,\mathrm{A}$$

Dieser Gleichstrom fließt jeweils 120° lang über einen Thyristor. Der Strommittelwert beträgt dann

$$I_{\mathrm{TAVM}} > \frac{I_{\mathrm{d}}}{3} = \frac{11.5\,\mathrm{A}}{3} = 3.83\,\mathrm{A}$$

■

Übung 3.10

Ein Steuerwinkel von $\alpha = 150°$ entspricht einem Winkel $\omega t = (30° + \alpha) = 180°$. Bei diesem Winkel wird die Spannung $\hat{U} \cdot \sin(\omega t)$ über dem Thyristor gerade wieder negativ. Damit ist ein wichtiger Teil der Einschaltbedingung – positive Spannung über dem Thyristor – nicht mehr erfüllt.

Übung 3.11

Die Zündung beginnt bei $\alpha = 30°$; relativ zum Kurvenverlauf von $u_{s1}(t)$ ist dies der Winkel $\omega t = 60°$. Daher lautet der Ansatz:

$$U_{di\alpha} = \frac{3}{2\pi} \cdot \int_{60°}^{180°} \hat{U}_s \sin(\omega t) \cdot d(\omega t) = \frac{3 \cdot \hat{U}_s}{2\pi} \cdot \left[-\cos(\omega t) \right]_{60°}^{180°}$$

$$U_{di\alpha} = \frac{3 \cdot \hat{U}_s}{2\pi} \cdot [-\cos(180) - (-\cos 60)] = \frac{3 \cdot \hat{U}_s}{2\pi} \cdot [-(-1) - (-\frac{1}{2})] = \frac{3 \cdot \hat{U}_s}{2\pi} \cdot \frac{3}{2}$$

Mit Gl. (3.17) ergibt sich daraus

$$U_{di\alpha} = \frac{3 \cdot \sqrt{2} \cdot \sqrt{3} \cdot U_s}{2\pi} \cdot \frac{\sqrt{3}}{2} = 0.866 \cdot U_{di0}$$

Schneller verläuft die Rechnung allerdings mit dem Steuergesetz für den nicht lückenden Betrieb, das auch für die M3-Schaltung gilt:

$$U_{di\alpha} = U_{di0} \cdot \cos\alpha = U_{di0} \cdot \cos 60° = 0.866 \cdot U_{di0}$$

Übung 3.12

Für den Anschluss an 230 V ergibt sich mit Gl. (3.17) $U_{di0} = 269.1$ V. Damit die Ankerspannung 200 V beträgt, muss gelten:

$$U_{di\alpha} = 200\,\text{V} = 269.1\,\text{V} \cdot \cos\alpha$$

$$\cos\alpha = \frac{200\,\text{V}}{269.1\,\text{V}} = 0.7432$$

$$\alpha = \arccos(0.7432) = 42°$$

Übung 3.13

$$I_{TAV} = D \cdot I_d = \frac{120°}{360°} \cdot I_d = \frac{I_d}{3} \qquad I_{TRMS} = \sqrt{D} \cdot I_d = \sqrt{\frac{120°}{360°}} \cdot I_d = \frac{I_d}{\sqrt{3}}$$

Übung 3.14

$U_{di\alpha}$ = 269.1 V cos(45°) = 190.3 V

Zeitverlauf s. Applet „M3-Schaltung".

Übung 3.15

Der Wertebereich für den Steuerwinkel beträgt für alle kommutierenden netzgeführten Stromrichter 0° < α < 180°. Das liegt daran, dass nur innerhalb dieses Bereiches eine positive Kommutierungsspannung u_K vorliegt. Nur eine solche Spannung u_K kann einen Kommutierungsstrom i_K treiben, der den noch leitenden Ventilstrom verringern und damit das Ventil abschalten kann.

Übung 3.16

1. $u = f(\alpha)$: Für kleine Steuerwinkel ist die Kommutierungsspannung klein und damit auch die von ihr bewirkte Änderung des Kommutierungsstromes i_K. Daher ist der Überlappungswinkel u in diesem Bereich groß. Bei $\alpha = 90°$ hat die Kommutierungsspannung ein Maximum, d. h. der Überlappungswinkel wird minimal und steigt für $\alpha > 90°$ wieder an.
2. $u = f(L_K)$: Je größer L_K, umso größer wird der Überlappungswinkel, weil ein größeres L_K den Stromauf- und -abbau verzögert.
3. $u = f(I_d)$: Je größer I_d, desto länger dauert es, bis $i_K = I_d$, d. h. desto größer wird der Überlappungswinkel u

Übung 3.17

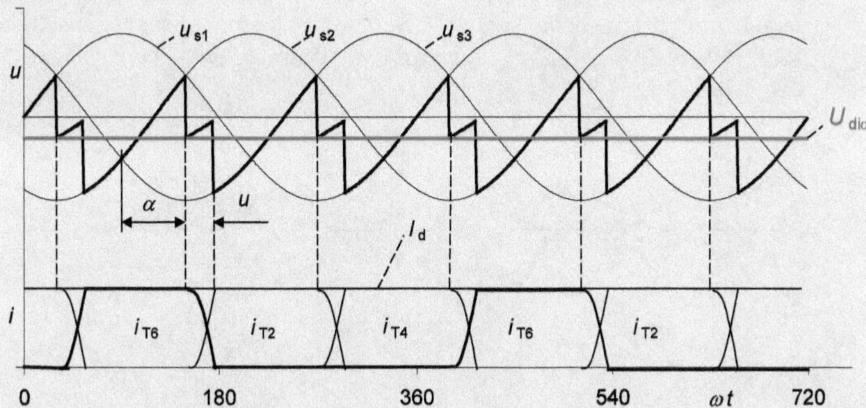

Bild 3.47 Strom- und Spannungsverläufe bei der M3-Schaltung mit verbundenen Anoden und $\alpha = 60°$ unter Berücksichtigung der Überlappungszeit

Übung 3.18

Mittel- und Effektivwert der Ventilströme sind identisch mit denen der M3-Schaltung.

$$I_{\mathrm{TAV}} = D \cdot I_{\mathrm{d}} = \frac{120°}{360°} \cdot I_{\mathrm{d}} = \frac{I_{\mathrm{d}}}{3} \qquad I_{\mathrm{TRMS}} = \sqrt{D} \cdot I_{\mathrm{d}} = \sqrt{\frac{120°}{360°}} \cdot I_{\mathrm{d}} = \frac{I_{\mathrm{d}}}{\sqrt{3}}$$

Übung 3.19

Leitkombinationen: T3T4 - T5T4 - T5T6 - T1T6 - T1T2 - T3T2 - T3T4 - usw.

Übung 3.20

Der Maximalwert der Gleichspannung einer M3-Schaltung beträgt $1.17 \cdot U_{\mathrm{s}}$. Die Reihenschaltung zweier M3-Schaltungen liefert also $2 \cdot 1.17 \cdot U_{\mathrm{s}} = 2.34 \cdot U_{\mathrm{s}}$. Somit ergibt sich für $\alpha = 0°$ als maximale Gleichspannung $U_{\mathrm{d}} = 2.34 \cdot 400\ \mathrm{V} / \sqrt{3} = 540\ \mathrm{V}$.

Übung 3.21

Als Beispiel dient der Leitzustand T3T2. Die Ausgangsspannung der Kathodenseite beträgt wegen T3 $u_{K0} = u_{s2}$, die Ausgangsspannung der Anodenseite wegen T2 $u_{A0} = u_{s3}$. Die Gesamtausgangsspannung während dieses Leitzustandes ergibt sich daher zu

$$u_d(t) = u_{KA}(t) = u_{K0}(t) - u_{A0}(t) = u_{s2}(t) - u_{s3}(t) = u_{s23}(t)$$

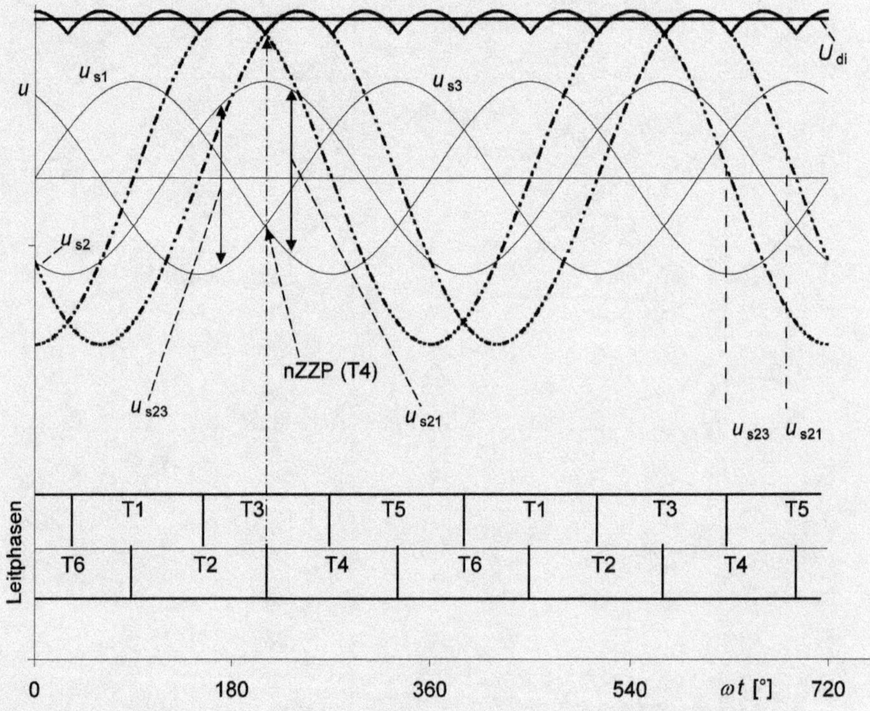

Bild 3.48 Zusammenhang natürlicher Zündzeitpunkt mit Liniendiagramm der Ausgangsspannung

Das nächste zu zündende Ventil ist gemäß Übung 3.19 der Thyristor T4. Die Bedingung für den natürlichen Zündzeitpunkt von T4 lautet $u_{s1} < u_{s3}$. Wird T4 mit $\alpha = 0°$, also im natürlichen Zündzeitpunkt, gezündet, so beträgt die Gesamtausgangsspannung dann

$$u_d(t) = u_{KA}(t) = u_{K0}(t) - u_{A0}(t) = u_{s2}(t) - u_{s1}(t) = u_{s21}(t)$$

Der natürliche Zündzeitpunkt von T4 entspricht also dem Schnittpunkt von u_{s23} und u_{s21} im Liniendiagramm der Gesamtausgangsspannung $u_d(t)$. Diese Ergebnisse gelten analog für alle anderen Thyristoren. ■

Übung 3.22

Ein Unterschied gegenüber den Mittelpunktschaltungen besteht für die B6C-Schaltung bezüglich der Zündung. Die gewählte Nummerierung der Ventilzweige entspricht der zeitlichen Folge der Stromführung, also auch der Zündimpulsfolge. Da aber jeweils zwei Ventilzweige gleichzeitig stromführend sind, müssen beim ersten Einschalten des Stromrichters auch zwei Ventile gezündet werden. Damit zu jedem Zeitpunkt eingeschaltet werden kann, erhält jedes Ventil außer dem eigentlichen Zündimpuls einen zweiten, der nur zum ersten Einschalten dient und mit dem Impuls des in der Stromführung folgenden Ventils synchron ist. Daraus ergeben sich Doppelimpulse mit einem Abstand von 60°. Auch für den Betrieb mit lückendem Strom sind die Doppelimpulse erforderlich. ■

Übung 3.23

Die Gleichungen zur Bestimmung der Ventilspannung u_{T1} lauten:

T1 leitet: $u_{T1} = 0$ T3 leitet: $u_{T1} = u_{s12}$ T5 leitet: $u_{T1} = u_{s13}$

Die Sprünge im Verlauf der Ventilspannung, während T1 nicht leitet, resultieren aus der Kommutierung von T3 auf T5. Die zeitlichen Verläufe sind in Bild 3.49 dargestellt.

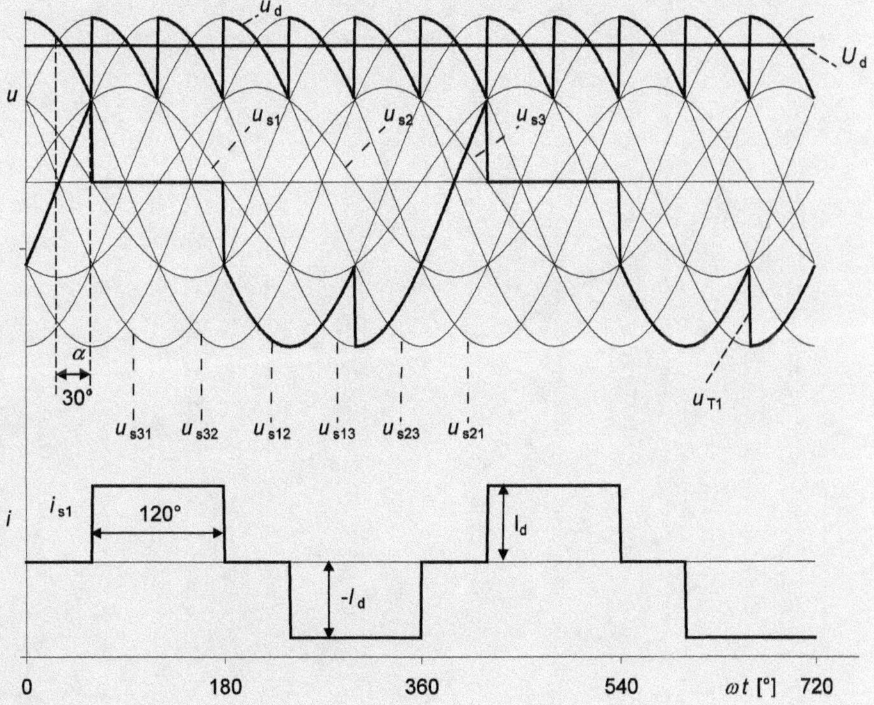

Bild 3.49 Ventilspannung u_{T1} für $\alpha = 30°$ ■

Übung 3.24

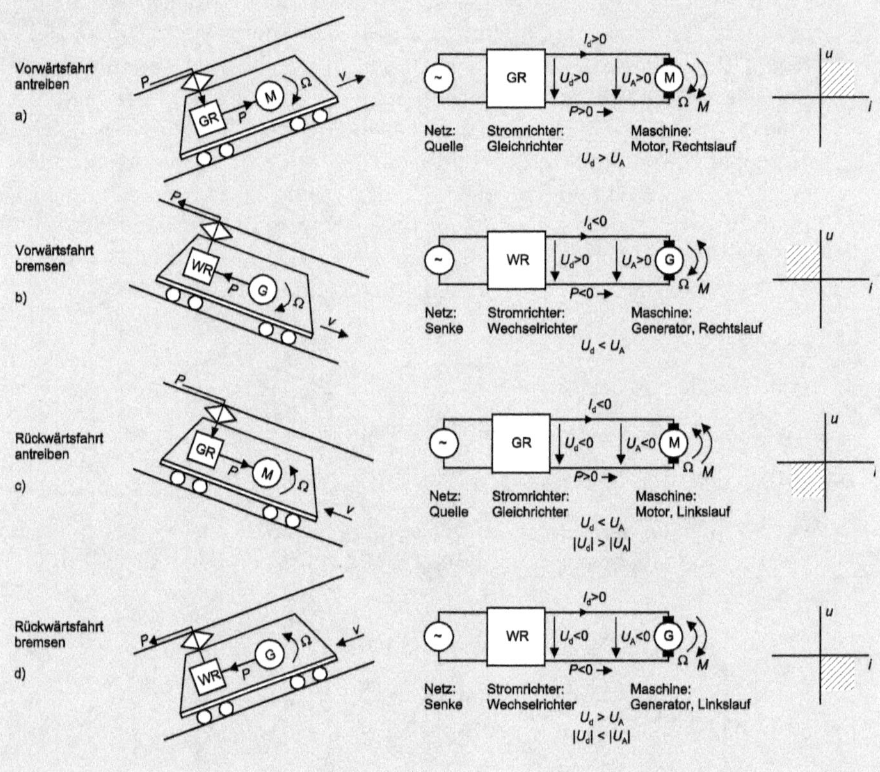

Bild 3.50 Lösungsvorschlag zur Übung 3.24

4 Gleichstromsteller

4.1 Einführung

Lernziele

Die Lernenden ...

- begründen, welche Bauelemente zum Einsatz kommen,
- unterscheiden die Begriffe Pulsen und Takten,
- nennen Anwendungsgebiete für Gleichstromsteller.

Grundlagen

Schaltungen, bei denen die Kommutierungsvorgänge, also Umschaltungen von einem leitenden Schaltungszweig auf einen anderen, in ihrem zeitlichen Ablauf und in ihrer Reihenfolge von äußeren Spannungen beeinflusst werden, heißen fremdgeführte Stromrichter. Bei den Stromrichtern aus Kapitel 3 wird die Kommutierung durch die Netzspannung gesteuert. Fremdgeführte Stromrichter dieser Art werden *netzgeführte Stromrichter* genannt.

Ein fremdgeführter Betrieb ist dann nicht möglich, wenn entweder eine solche Wechselspannung nicht zur Verfügung steht oder eine Zündung bzw. Löschung von Ventilzweigen erforderlich wird, die unabhängig von der Frequenz des speisenden Netzes sein muss. Stromrichter, die Kommutierungen ohne Verwendung äußerer Spannungen bewerkstelligen, werden als *selbstgeführte Stromrichter* bezeichnet. Bei ihnen hängen Änderungen des Schaltzustandes nicht von der speisenden Wechsel- oder Drehspannung ab.

Thyristoren können zwar durch ein Steuersignal ein-, aber nicht durch den Steuerkreis wieder abgeschaltet werden. Die Netzspannungen sorgen daher in der beschriebenen Weise dafür, dass der Strom im abkommutierenden Ventil zu null wird und das Ventil beim Nulldurchgang des Stromes löscht. Zur Umwandlung einer Gleichspannung eines Mittelwertes in eine Gleichspannung mit anderem Mittelwert können netzgeführte Stromrichter allerdings nicht verwendet werden.

Für solche Anwendungen werden stattdessen Gleichstromsteller eingesetzt. Kernstück eines solchen Stellers ist ein elektronischer Schalter, üblicherweise ein Transistor. Ein solcher Transistor muss im Schaltbetrieb arbeiten, also abwechselnd ideal leiten oder den Stromfluss vollständig sperren. Als Schalttransistoren können bipolare Transistoren (NPN, PNP) oder unipolare MOSFETs verwendet werden. Bei mittleren und hohen Leistungen kommen heutzutage fast ausschließlich IGBTs zum Einsatz. Sehr große Leistungen im MW-Bereich sind den GTOs und IGCTs vorbehalten.

Der Schalttransistor muss ständig (mehrere Tausend Mal pro Sekunde) zwischen leitendem und sperrendem Zustand umgeschaltet werden. Im Umschaltmoment ändert sich der Innenwiderstand eines MOSFET von nahezu 0 Ω auf unendlich. In dieser Übergangszeit treten gleichzeitig hohe Ströme und Spannungen entlang der Drain-Source-Strecke des MOSFET auf. Das führt zu Verlusten und zur Erwärmung des Bauelements. Diese Umschaltverluste sind oft höher als die Verluste im leitenden Zustand. Um sie so klein wie möglich zu halten, muss das Umschalten so schnell es geht erfolgen.

Man spricht bei solchen Anwendungen von selbstgeführten Stromrichtern, da keine Netzwechselspannung mehr zur Kommutierung benötigt wird.

Selbstgeführte Stromrichter, die Gleichspannungen umwandeln, werden *Gleichstromsteller* genannt. Sie verwenden Transistoren oder GTOs als Schaltelemente. Im Gegensatz zu Thyristoren können diese Schalter zu beliebigen Zeiten ein- und wieder ausgeschaltet werden. ■

Übung 4.1

Warum können Thyristoren bei Gleichstromstellern im Allgemeinen nicht eingesetzt werden? ■

Takten und Pulsen

Bei selbstgeführten Stromrichtern gibt es zwei grundsätzlich verschiedene Steuerverfahren, den getakteten Betrieb und den Pulsbetrieb. Beim getakteten Betrieb bleibt der betreffende Schalter während des gesamten Taktes eingeschaltet. Beim gepulsten Betrieb wird der Schalter zusätzlich während eines Taktes periodisch ein- und ausgeschaltet. Man erhält dadurch die Möglichkeit, die Amplitude der Ausgangsspannung zu verändern.

Anwendungen von Gleichstromstellern

Gleichstromsteller sind selbstgeführte Stromrichter, die weit verbreitete Anwendung in geregelten Schaltnetzteilen und bei Gleichstromantrieben finden. Sie dienen in beiden Fällen dazu, die am Eingang angelegte ungeregelte Gleichspannung in eine geregelte Gleichspannung am Ausgang zu wandeln. Ihren grundlegenden Aufbau zeigt Bild 4.1.

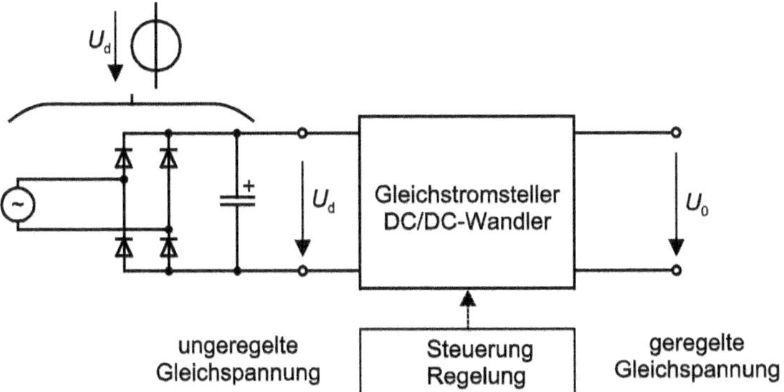

Bild 4.1 Allgemeine Anordnung beim Gleichstromsteller

Die Netzwechselspannung wird mit einer B2-Diodenbrücke gleichgerichtet. Die wellige Ausgangsgleichspannung des Gleichrichters glättet der nachgeschaltete Siebkondensator. Der Kondensator stellt die Eingangsgleichspannung für den Gleichstromsteller zur Verfügung. Seine Spannung hängt direkt von der Netzspannung ab. Da Letztere sich ändern kann, ist auch die Kondensatorspannung nicht konstant. Sie wird daher als ungeregelte Gleichspannung bezeichnet. Vereinfachend wird diese ungeregelte Gleichspannung gemäß Bild 4.1 in den nachfolgenden Betrachtungen als Gleichspannungsquelle mit der Bezeichnung U_d nachgebildet.

Bei Gleichstromantrieben muss die Ausgangsspannung des Stellers entsprechend der gewünschten Drehzahl des Motors in ihrer Höhe verändert werden können. Beim Aufbau von Netzteilen mit Hilfe von Gleichstromstellern ist die Ausgangsspannung dagegen konstant. Dies bedingt eine unterschiedliche Steuerung des Stellers abhängig vom jeweiligen Anwendungszweck.

Übung 4.2

Warum müssen Schaltnetzteile abweichend zum allgemeinen Aufbau in Bild 4.1 mit einem Transformator ausgestattet werden? ■

In diesem Kapitel werden nur die transformatorlosen Steller besprochen. Die Analyse der Gleichstromsteller erfolgt im stationären Zustand. Die Schalter werden dabei als ideal angenommen und Verluste in den Speicherelementen *L* und *C* vernachlässigt. Ebenso wird unterstellt, dass die Eingangsspannung keinen Innenwiderstand aufweist. Um diese niedrige Impedanz in der Praxis zu erreichen, schaltet man daher an den Eingang des Stellers einen ausreichend groß dimensionierten Kondensator.

4.2 Tiefsetzsteller

Lernziele

Die Lernenden ...

- erläutern die Grundschaltung eines Gleichstromstellers,
- leiten das Steuergesetz ab,
- dimensionieren das erforderliche Filter,
- schätzen die Qualität der Ausgangsspannung ab,
- unterscheiden lückenden und nicht lückenden Betrieb.

4.2.1 Grundschaltung

Ziel der Gleichstromstellerschaltungen ist es, den Mittelwert der Ausgangsgleichspannung auf dem gewünschten Sollwert zu halten, unabhängig von Änderungen der Eingangsspannung und des Strombedarfs der Last. Um dies zu erreichen, werden ein oder mehrere leistungselektronische Bauelemente als elektronische Schalter eingesetzt. Bei gegebener Eingangsspannung verstellt man den Mittelwert der Ausgangsspannung durch Steuerung der Ein- und Ausschaltdauer des Schalters (t_{ein} und t_{aus}). Die Frequenz, mit der der Schalter periodisch ein- und ausgeschaltet wird, bezeichnet man als Schaltfrequenz f_S. Bild 4.2 zeigt den Grundaufbau eines Gleichstromstellers am Beispiel des Tiefsetzstellers (Abwärtswandler, Buck Converter, Step-Down Converter). Als Schalter ist ein N-Kanal-MOSFET eingezeichnet. Dieser wird durch eine positive Gate-Source-Spannung $U_{GS} > 0$ eingeschaltet (vgl. Abschnitt 2.6.1). Die Spannung $U_{GS} > 0$ wird innerhalb des Blocks „Steuerkreis" durch eine Ansteuerschaltung aus dem Schaltsignal des Komparators K erzeugt. Ansteuerschaltungen für MOSFETs werden in Abschnitt 4.6 besprochen.

Der Schalter wird periodisch für eine bestimmte Einschaltzeit t_{ein} geschlossen. Am Ausgang des Wandlers erscheint in dieser Zeit die Eingangsspannung U_d. Anschließend wird der Schalter für die Ausschaltzeit t_{aus} geöffnet; währenddessen ist die Ausgangsspannung null. Wie der Name schon ausdrückt, erzeugt dieser Wandler eine Ausgangsspannung, deren Mittelwert U_0 niedriger als die Eingangsspannung U_d ist.

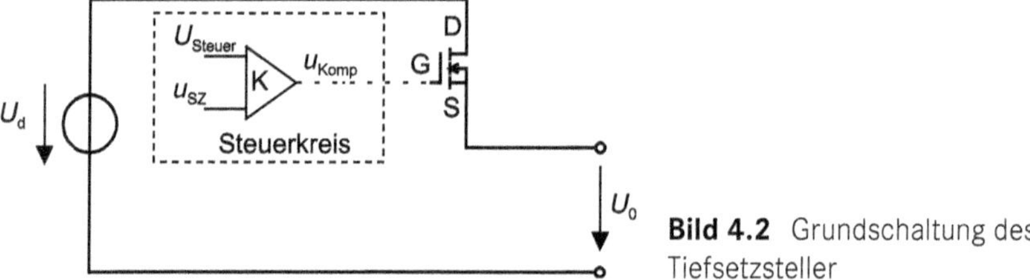

Bild 4.2 Grundschaltung des Tiefsetzsteller

Bild 4.3 zeigt die grundlegenden Zeitverläufe. Der Komparator K in Bild 4.2 vergleicht die Sägezahnspannung u_{SZ} mit der Steuergleichspannung U_{Steuer}. Solange die Sägezahnspannung kleiner als die Steuerspannung ist, bleibt der Ausgang u_{Komp} des Komparators gesetzt.

Wird die Sägezahnspannung schließlich größer als die Steuerspannung, schaltet der Komparator u_{Komp} auf null. Der Schaltpunkt und damit die Dauer der Einschaltzeit t_{ein} ergibt sich aus dem Schnittpunkt zwischen Sägezahnspannung und Steuerspannung.

$$\text{Schaltbedingung:} \quad u_{SZ}(t) = \frac{\hat{U}_{SZ}}{T_S} \cdot t \overset{!}{=} U_{Steuer}$$
$$\frac{\hat{U}_{SZ}}{T_S} \cdot t_{ein} = U_{Steuer} \quad \Rightarrow \quad t_{ein} = \frac{U_{Steuer}}{\hat{U}_{SZ}} \cdot T_S \tag{4.1}$$

Das Verhältnis zwischen der Einschaltdauer t_{ein} und der Periodendauer T_S der Schaltfrequenz f_S wird Einschaltverhältnis oder Tastgrad D genannt.

Die Ausgangsspannung des Komparators schaltet mit Hilfe der hier nicht dargestellten Steuereinrichtung den MOSFET ein und aus. Für die Ausgangsspannung $u_0(t)$ ergibt sich demnach:

$u_{Komp} > 0$: $\Rightarrow$ MOSFET eingeschaltet $\Rightarrow$ $u_0(t) = U_d$

$u_{Komp} = 0$: $\Rightarrow$ MOSFET ausgeschaltet $\Rightarrow$ $u_0(t) = 0$

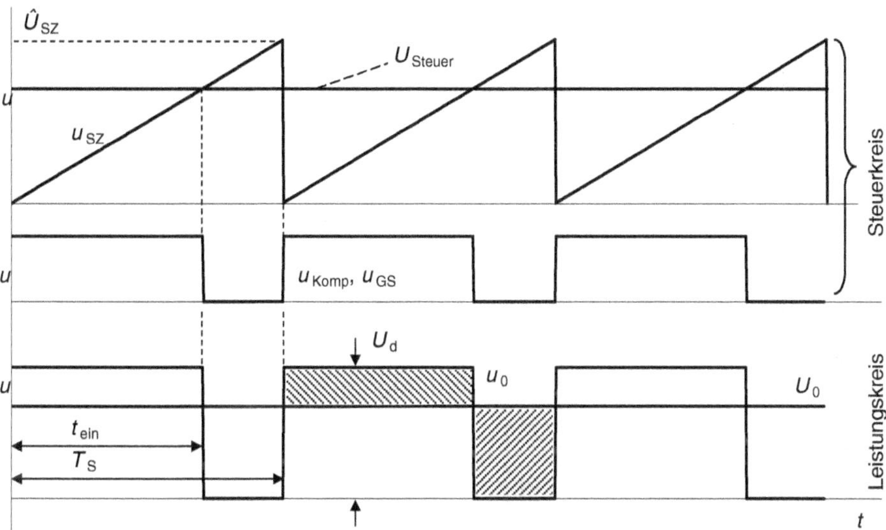

Bild 4.3 Grundlegende Zeitverläufe beim Tiefsetzsteller; oben: Sägezahnspannung, Steuerspannung, Mitte: Komparatorsignal u_{Komp}, Gate-Source-Spannung U_{GS}, unten: Ausgangsspannung $u_0(t)$ und darin enthaltener Mittelwert U_0

Dies führt zum rechteckförmigen Zeitverlauf von $u_0(t)$ in Bild 4.3, unten. In diesem Zeitverlauf ist der Mittelwert U_0 enthalten. Dieser Mittelwert der Ausgangsspannung hängt von U_d und der Einschaltzeit t_{ein} ab:

$$U_0 = \frac{t_{ein}}{T_S} \cdot U_d = D \cdot U_d$$

Setzt man hier für t_{ein} den Ausdruck aus Gl. (4.1) ein, dann erhält man die fundamentale Beziehung

$$U_0 = \frac{U_{Steuer}}{\hat{U}_{SZ} \cdot T_S} \cdot T_S \cdot U_d = \frac{U_{Steuer}}{\hat{U}_{SZ}} \cdot U_d = D \cdot U_d \tag{4.2}$$

Gl. (4.2) beschreibt den Zusammenhang zwischen der Steuerspannung und dem Mittelwert der Ausgangsspannung des Tiefsetzstellers.

Bei einer Sägezahnspannung mit festem Scheitelwert $\hat{U}_{SZ}$ kann der Mittelwert U_0 der Ausgangsspannung eines Tiefsetzstellers linear durch Beeinflussung von U_{Steuer} angepasst werden. Die geänderte Steuerspannung wird in eine Änderung der Pulsweite von $u_0(t)$ umgesetzt. Dieses Steuerverfahren wird als *Pulsweitenmodulation* (PWM, pulse-width modulation) bezeichnet. ■

Die Frequenz der Sägezahnspannung $f_S = 1/T_S$ bestimmt die Schaltfrequenz, mit der der MOSFET betrieben wird.

Verwenden Sie für die Lösung der Übung 4.3 und Übung 4.4 das Applet „Tiefsetzsteller". ■

Übung 4.3

Ermitteln Sie die Einschaltdauer t_{ein} bei einer Schaltfrequenz von 10 kHz, wenn die Steuerspannung 6.75 V beträgt und die Sägezahnspannung einen Scheitelwert von 10 V aufweist. ■

Übung 4.4

Welcher Mittelwert der Ausgangsspannung ergibt sich bei einem Tastverhältnis von $D = 0.34$, wenn die Eingangsspannung 600 V beträgt? ■

4.2.2 Realer Tiefsetzsteller

Eine wichtige Erkenntnis des vorangegangenen Abschnittes ist, dass die Spannung U_0 wie bei einem Linearverstärker proportional zur Steuerspannung U_{Steuer} verändert werden kann. Die Schaltung aus Bild 4.2 besitzt allerdings zwei Nachteile:

1. Selbst wenn die Last nur ein ohmscher Widerstand ist, gibt es immer Streuinduktivitäten im Schaltkreis. Dies bedeutet, dass der Schalter beim Abschalten die in dieser

Induktivität gespeicherte Energie aufnehmen muss und dadurch unter Umständen zerstört wird.

2. Die Ausgangsspannung $u_0(t)$ springt zwischen null und U_d hin und her, was in den meisten Anwendungen nicht akzeptiert werden kann. Die unerwünschten Sprünge in der Ausgangsspannung können durch ein vor den Ausgang geschaltetes Tiefpassfilter, bestehend aus einer Induktivität und einem Kondensator, stark gedämpft werden.

Deshalb wird die Grundschaltung aus Bild 4.2 um eine Freilaufdiode und ein LC-Filter erweitert. Es entsteht die Schaltung nach Bild 4.4. Ausgangsspannung und Ausgangsstrom können - bezogen auf die angegebenen Zählpfeile - ausschließlich positive Werte annehmen. Daher handelt es sich bei dieser Schaltung um einen Einquadrantgleichstromsteller, der im ersten Quadranten arbeitet.

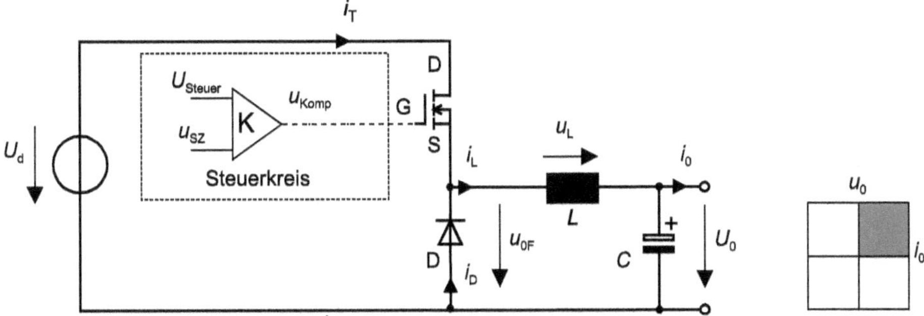

Bild 4.4 Tiefsetzsteller mit Freilaufdiode und LC-Filter

Für den praxisgerechten Betrieb eines Tiefsetzstellers sind eine Freilaufdiode und ein Tiefpassfilter am Ausgang erforderlich.

4.2.3 Dimensionierung des LC-Filters

Die Kurvenform der Spannung $u_{0F}(t)$, die am Filtereingang anliegt, entspricht dem Verlauf von $u_0(t)$ in Bild 4.3 unten. Sie setzt sich aus dem Mittelwert U_0 und zusätzlichen Oberschwingungsanteilen zusammen. Die Frequenzen der unerwünschten Oberschwingungen sind ganzzahlige Vielfache der Schaltfrequenz. Die Filterdaten werden so festgelegt, dass die Oberschwingungen am Ausgang des Tiefpassfilters deutlich unterdrückt werden.

Hierzu wählt man die Parameter L und C des Filters so, dass für das Verhältnis der Resonanzfrequenz f_C des Filters zur Schaltfrequenz f_S des Stellers gilt:

$$f_C = \frac{1}{2\pi \cdot \sqrt{L \cdot C}} \qquad \text{mit} \qquad \frac{f_C}{f_S} = 0.01$$

$$\frac{1}{2\pi \cdot \sqrt{L \cdot C}} = 0.01 \cdot f_S \qquad \Rightarrow \qquad L = \frac{1}{C \cdot (2\pi \cdot 0.01 \cdot f_S)^2}$$

Damit in der Ausgangsspannung die Schaltfrequenz und ihre Vielfachen ausreichend gedämpft werden, wird die Eck- oder Resonanzfrequenz f_c des Tiefpassfilters auf 1% der Schaltfrequenz gelegt.

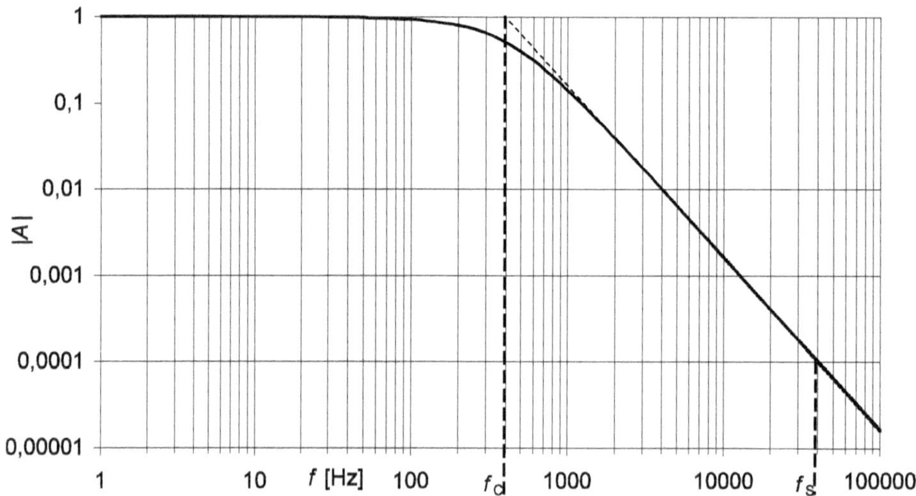

Bild 4.5 Amplitudengang des LC-Tiefpassfilters

Kondensatoren sind nur in abgestuften Größen erhältlich. Daher wird die Induktivität passend zur benötigten Resonanzfrequenz gefertigt. Insgesamt weist das Filter einen Amplitudengang nach Bild 4.5 auf.

Übung 4.5

Der kommerziell verwendete Schaltregler vom Typ LM 2575 arbeitet mit einer Schaltfrequenz von 51 kHz. Dimensionieren Sie das Ausgangsfilter bestehend aus L und C unter Verwendung von Kondensatoren der E6-Reihe.

4.2.4 Stromwelligkeit

Bild 4.6 zeigt die Zeitverläufe im stationären Betrieb beim Tiefsetzsteller, wenn sich der Filterkondensator auf den Spannungsmittelwert U_0 aufgeladen hat.

Transistor eingeschaltet

Während der Schalter eingeschaltet ist, wird die Diode in Sperrrichtung belastet und führt daher keinen Strom ($i_D = 0$). Am Filtereingang liegt die Eingangsspannung U_d. Die Spannung u_L der Induktivität ist die Differenz aus Eingangsspannung U_d und Kondensatorspannung U_0 ($u_L = U_d - U_0$) und damit positiv. Der Strom i_L durch die Filterinduktivität entspricht dem Transistorstrom i_T und nimmt zu. Die Quelle gibt in dieser Phase Energie an die Induktivität und die Last ab.

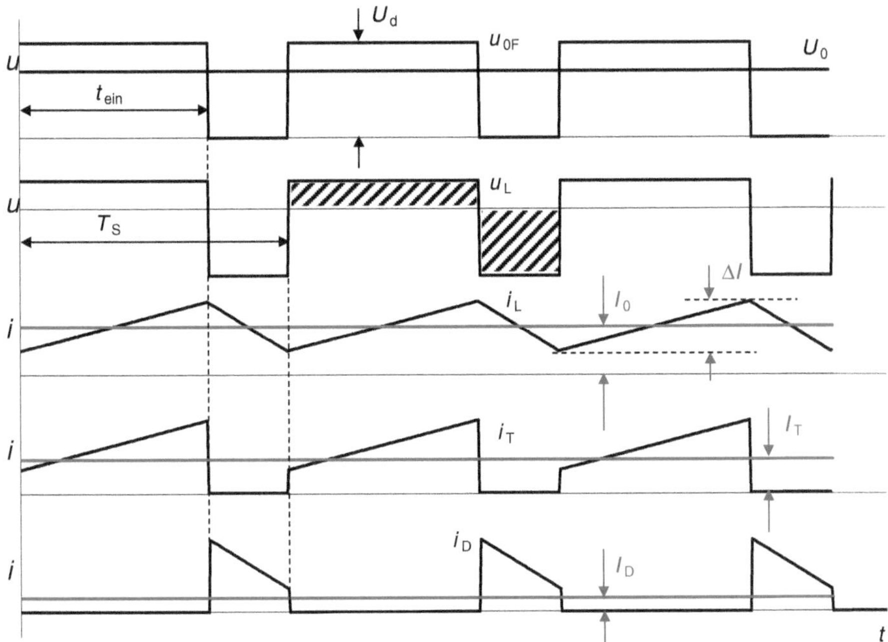

Bild 4.6 Strom- und Spannungsverläufe beim Tiefsetzsteller

Transistor ausgeschaltet

Wird der Transistor abgeschaltet, so treibt die Filterinduktivität den Strom durch die Freilaufdiode. Am Filtereingang liegt nun nicht mehr die Eingangsspannung U_d, sondern lediglich die Durchlassspannung der Diode. Der Strom durch die Filterinduktivität muss jetzt also gegen die Kondensatorspannung arbeiten und nimmt daher ab. In dieser Phase wird die in der Induktivität gespeicherte Energie an die Last abgegeben.

Beim Tiefsetzsteller wird Energie von der Eingangsspannung an den Lastkreis dann übertragen, wenn der MOSFET eingeschaltet ist und ein Transistorstrom fließt. Aus diesem Grund nennt man die Schaltung auch Flusswandler.

Die schraffierten Flächen in Bild 4.6 stellen die Spannungszeitflächen an der Induktivität dar. Die Welligkeit ΔI des Stromes kann mit dem Induktionsgesetz berechnet werden.

$$\frac{\mathrm{d}i_L}{\mathrm{d}t} = \frac{u_L}{L} \quad \Rightarrow \quad \mathrm{d}i_L = \frac{u_L}{L} \cdot \mathrm{d}t \quad \Rightarrow \quad \int \mathrm{d}i_L = \int \frac{u_L}{L} \cdot \mathrm{d}t$$

$$\int \mathrm{d}i_L = \Delta I_L = \frac{u_L}{L} \cdot t_{ein} = \frac{U_d - U_0}{L} \cdot t_{ein}$$

Die maximale Stromschwankung tritt dann ein, wenn die Einschaltzeit t_{ein} die Hälfte der Schaltperiode T_S umfasst. Damit die Stromwelligkeit einen vorgegebenen Wert ΔI_{soll} nicht übersteigt, kann die dafür erforderliche Induktivität folgendermaßen abgeschätzt werden:

$$\Delta I_L = \frac{u_L}{L} \cdot t_{ein} = \frac{U_d - U_0}{L} \cdot t_{ein}$$

$$\text{für } t_{ein} = \frac{T_S}{2} \text{ ist } U_0 = \frac{T_S}{2 \cdot T_S} \cdot U_d$$

$$L_{min} = \frac{U_d - U_0}{\Delta I_{L,soll}} \cdot \frac{T_S}{2} = \frac{U_d - \frac{U_d}{2}}{\Delta I_{L,soll}} \cdot \frac{T_S}{2} = \frac{U_d}{\Delta I_{L,soll}} \cdot \frac{T_S}{4} = \frac{U_d}{4 \cdot f_S \cdot \Delta I_{L,soll}}$$

Beispiel 4.1 Berechnung der Induktivität

Ein Gleichstromsteller speist aus einer Batterie einen Gleichstrommotor. Die Batteriespannung beträgt 150 V. Der Schalttransistor wird mit 1000 Hz betrieben. Die Ankerspannung des Motors beträgt im betrachteten Lastfall 75 V, der mittlere Ankerstrom I_A liegt bei 200 A. Welchen Wert muss die Induktivität aufweisen, damit die Welligkeit des Ankerstroms unter 10 % bleibt?

Lösung:

Aus den Angaben können die absolute Stromänderung ΔI_L sowie der Tastgrad D und die Schaltperiodendauer T_S ermittelt werden.

$$T_S = \frac{1}{f_S} = \frac{1}{1000\,\text{Hz}} = 0.001\,\text{s} \quad D = \frac{U_A}{U_d} = \frac{75\,\text{V}}{150\,\text{V}} = 0.5$$

$$\frac{\Delta I_L}{I_L} = 0.1 \quad \Rightarrow \quad \Delta I_L = 0.1 \cdot I_L = 0.1 \cdot 200\,\text{A} = 20\,\text{A}$$

Diese Angaben werden verwendet, um die minimal erforderliche Induktivität zu berechnen:

$$L_{min} = \frac{U_d - U_A}{\Delta I_{L,soll}} \cdot \frac{T_S}{2} = \frac{U_d - \frac{U_d}{2}}{\Delta I_{L,soll}} \cdot \frac{T_S}{2} = \frac{U_d}{\Delta I_{L,soll}} \cdot \frac{T_S}{4} = \frac{150\,\text{V} \cdot 0.001\,\text{s}}{20\,\text{A} \cdot 4} = 0.0018\,\text{H}$$

■

Aus Beispiel 4.1 geht hervor, dass die Induktivität, die für das Einhalten einer geforderten Stromwelligkeit benötigt wird, stark von der Schaltfrequenz abhängt, mit der der Steller arbeitet. Daraus ergibt sich folgender Merksatz:

Je größer die Schaltfrequenz des Transistors ist, desto kleiner kann die Filterinduktivität werden, um eine geforderte Stromwelligkeit einzuhalten. ■

Beispiel 4.2 Berechnung der Welligkeit der Ausgangsspannung

Ein Tiefsetzsteller nach Bild 4.4 liefert eine Ausgangsspannung von U_0 = 5 V bei einer Eingangsspannung von U_d = 12.6 V. Der Steller arbeitet mit einer Schaltfrequenz von f_s = 20 kHz. Welche Welligkeit ΔU_0 der Ausgangsspannung ergibt sich bei einem Filter mit den Komponenten L = 1 mH sowie C = 470 µF?

Lösung:

Aus den gegebenen Betriebsdaten der Schaltung ermittelt man

$$D = \frac{U_0}{U_d} = \frac{5\,\text{V}}{12.6\,\text{V}} = 0.397 \qquad \Rightarrow \qquad t_{\text{ein}} = \frac{D}{f_S} = \frac{0.396}{20\,\text{kHz}} = 19.8\,\mu\text{s}$$

$$\Delta i_L = \frac{U_d - U_0}{L} \cdot t_{\text{ein}} = \frac{12.6\,\text{V} - 5\,\text{V}}{1\,\text{mH}} \cdot 19.8\,\mu\text{s} = 0.150\,\text{A}$$

Der Drosselstrom verläuft ähnlich dem, der in Bild 4.6 dargestellt ist. Während der Einschaltzeit steigt der Drosselstrom zeitlinear um Δi_L an und fällt um denselben Wert während t_{aus} wieder ab. Auch hier ist dem Mittelwert I_0 ein Wechselanteil $i_{L\sim}(t)$ überlagert.

Zur Berechnung der Spannungswelligkeit betrachtet man den ungünstigsten Fall. Dieser liegt vor, wenn der gesamte Wechselanteil des Drosselstroms über den Kondensator fließt und die Last lediglich den Mittelwert I_0 führt. Der über den Kondensator fließende Wechselstrom transportiert eine Ladung ΔQ auf den Kondensator, wenn $i_{L\sim}(t) > 0$ ist. Für $i_{L\sim}(t) < 0$ wird diese Ladung wieder entfernt. Im Mittel bleibt die Ladung auf dem Kondensator zwar unverändert, für $i_{L\sim}(t) > 0$ erhöht sich die Kondensatorspannung allerdings um ΔU, da die Ladung ΔQ zusätzlich aufgebracht wird:

$$C = \frac{Q}{U} \qquad \Rightarrow \qquad U = \frac{Q}{C} \qquad \Rightarrow \qquad U + \Delta U = \frac{Q + \Delta Q}{C}$$

Ausgehend von diesen Überlegungen ergeben sich die prinzipiellen Zeitverläufe aus Bild 4.7.

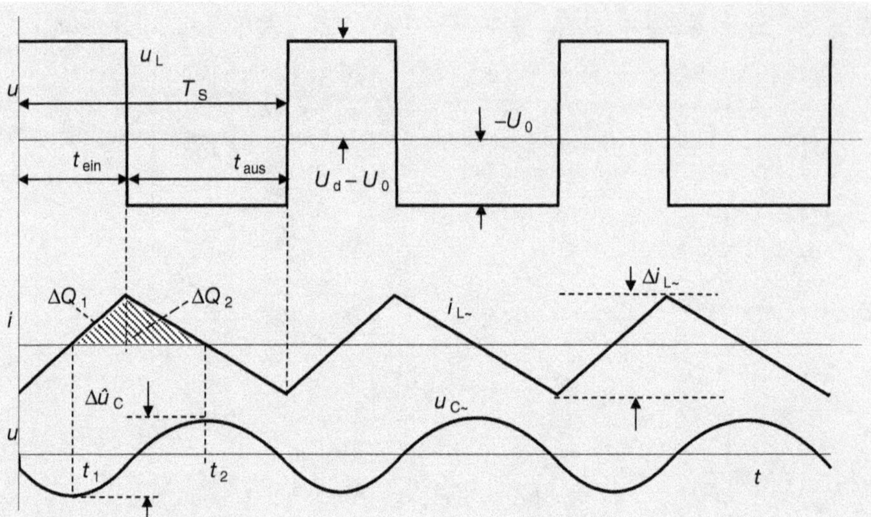

Bild 4.7 Zur Ermittlung der Spannungswelligkeit der Ausgangsspannung

Während der Zeit $t_1 < t < t_{ein}$ ist $i_{L\sim}(t)$ größer als null mit positiver Steigung und lädt den Kondensator um ΔQ_1. Während $t_{ein} < t < t_2$ nimmt $i_{L\sim}(t)$ mit negativer Steigung ab, ist aber immer noch größer als null und lädt daher nach wie vor den Kondensator um ΔQ_2. Die gesamte auf den Kondensator gebrachte Ladung beläuft sich auf $\Delta Q = \Delta Q_1 + \Delta Q_2$. Im Einzelnen betragen die Ladungen

$$\Delta Q_1 = \frac{1}{2} \cdot \frac{t_{ein}}{2} \cdot \frac{\Delta i_{L\sim}}{2} \quad \text{und} \quad \Delta Q_2 = \frac{1}{2} \cdot \frac{t_{aus}}{2} \cdot \frac{\Delta i_{L\sim}}{2}$$

$$\Delta Q = \frac{1}{8} \cdot \Delta i_{L\sim} \cdot (t_{ein} + t_{aus}) = \frac{1}{8} \cdot 150\,\text{mA} \cdot 50\,\mu\text{s} = 937.5\,\text{nAs}$$

Die Kapazität beträgt 470 µF; somit erhält man für die Spannungsänderung

$$\Delta U = \frac{\Delta Q}{C} = \frac{937.5\,\text{nAs}}{470\,\mu\text{F}} = 2\,\text{mV}$$

Hier wurde der ungünstigste Fall betrachtet; daher beträgt die Spannungswelligkeit w_U maximal 2 mV / 5 V = 0.04 %. ■

4.2.5 Betrieb mit lückendem Strom

Bei kleinen Strömen arbeitet der Wandler im Lückbetrieb. Hierbei geht der lineare Zusammenhang, der nach Gl. (4.2) zwischen Steuerspannung und Ausgangsspannung besteht, verloren.

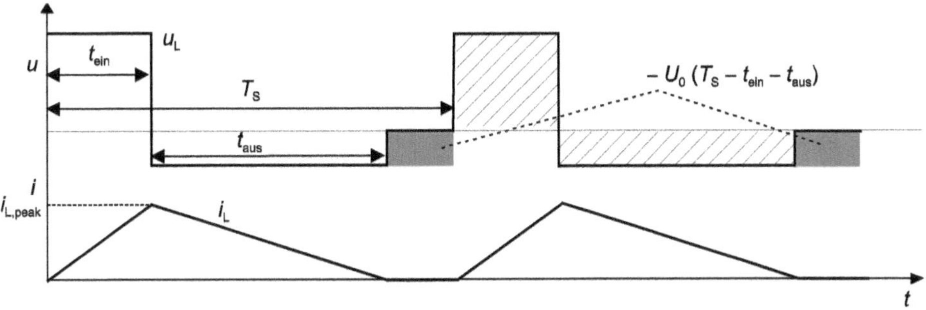

Bild 4.8 Strom- und Spannungsverlauf an der Induktivität beim Tiefsetzsteller im Lückbetrieb

Die Nichtlinearität im Lückbetrieb entsteht dadurch, dass der Drosselstrom bei kleinen Strommittelwerten zeitweise den Wert null annimmt. Dann löscht die Diode und die Spannung $u_L(t)$ über der Induktivität wird null. Die in Bild 4.8 dargestellte negative graue Spannungszeitfläche tritt beim Lückbetrieb im Gegensatz zum nicht lückenden Betrieb nicht mehr auf und fehlt sozusagen bei der Mittelwertbildung. Als Folge steigt der Mittelwert U_0 der Ausgangsspannung an.

Erreicht der Drosselstrom $i_L(t)$ in Bild 4.6 am Ende der Schaltperiode gerade den Wert null, so arbeitet die Schaltung genau an der Grenze zwischen lückendem und nicht lückendem Betrieb. An dieser Grenze, Lückgrenze genannt, hat der Drosselstrom den Mittelwert $I_{L,g}$, der folgendermaßen berechnet wird:

$$I_{L,g} = \frac{1}{2} \cdot i_{L,peak} = \frac{t_{ein}}{2L} \cdot (U_d - U_0) = \frac{D \cdot T_S}{2L} \cdot (U_d - U_0) = I_{0,g} \tag{4.3}$$

Wenn bei gegebenen Werten von T_S, U_d, U_0, L und D ein Betriebspunkt mit einem mittleren Drosselstrom kleiner als $I_{L,g}$ eingestellt wird, dann geht der Steller in den Lückbetrieb über. Der Zusammenhang zwischen dem Tastgrad D und $I_{L,g}$ ist durch Gl. (4.3) festgelegt.

Die Ausgangsspannung des Tiefsetzstellers hängt im nicht lückenden Betrieb nur vom Tastgrad D und der Eingangsspannung U_d, aber nicht vom Gleichstrom I_d ab. Im Lückbetrieb geht dieser lineare Zusammenhang verloren. Auch bei konstantem Tastgrad und konstanter Eingangsspannung steigt die Ausgangsspannung an, wenn der Gleichstrom verringert wird. ■

Bei Anwendungen des Tiefsetzstellers in der Antriebstechnik muss der Mittelwert der Ausgangsspannung U_0 entsprechend der gewünschten Motordrehzahl eingestellt werden. Die Eingangsspannung U_d ist weitgehend konstant. Arbeitet die Schaltung dagegen im Rahmen eines Schaltnetzteils, dann muss die Ausgangsspannung U_0 auch bei variabler Eingangsspannung konstant bleiben. Die Konsequenzen dieser beiden Anforderungen im Lückbetrieb werden nachfolgend untersucht.

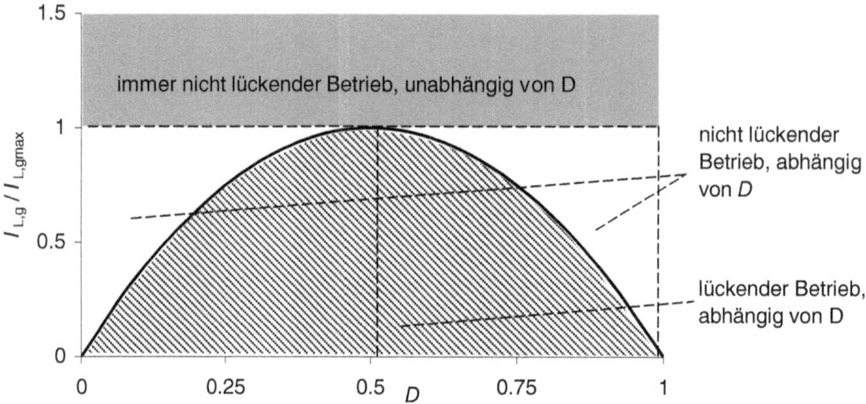

Bild 4.9 Grenze zwischen lückendem und nicht lückendem Betrieb in Abhängigkeit vom Tastgrad

Lückbetrieb mit konstanter Eingangsspannung U_d

In Anwendungen als Stellglied für Gleichstrommotoren wird U_0 über den Tastgrad D gesteuert. Der Mittelwert des Drosselstroms an der Lückgrenze ergibt sich aus Gl. (4.3) zu

$$U_0 = D \cdot U_d$$

$$I_{L,g} = \frac{1}{2} \cdot i_{L,peak} = \frac{t_{ein}}{2L} \cdot (U_d - U_0) = \frac{D \cdot T_S}{2L} \cdot U_d \cdot (1-D) = \frac{T_S \cdot U_d}{2L} \cdot D \cdot (1-D)$$

$$I_{L,g} = 4 \cdot I_{L,gmax} \cdot D \cdot (1-D) \text{ mit } I_{L,gmax} = \frac{T_S \cdot U_d}{2L} \cdot \frac{1}{2} \cdot (1 - \frac{1}{2}) = \frac{T_S \cdot U_d}{8L} \text{ für } D = 0.5$$

Dieser Zusammenhang ist in Bild 4.9 dargestellt. Für den Tastgrad $D = 0.5$ erreicht der Stromwert, bei dem der Lückbetrieb eintritt, seinen Maximalwert $I_{L,gmax}$. Ist der tatsächliche Tastgrad größer oder kleiner als dieser Wert, so arbeitet die Schaltung auch bei geringeren Strömen noch im nicht lückenden Bereich. Ist der Laststrom größer als $I_{L,gmax}$, dann liegt immer nicht lückender Betrieb vor.

Während des Intervalls, in dem der Drosselstrom im Lückbetrieb null ist, wird die Ausgangsleistung allein vom Filterkondensator an die Last geliefert. Die Spannung an der Drossel ist in dieser Zeit null. Betrachtet man das Gleichgewicht der Spannungszeitflächen über der Induktivität, kann der Zusammenhang zwischen der Ausgangsspannung U_0 und der Eingangsspannung U_d im Lückbereich abgeleitet werden. Ohne den Rechnungsgang wird hier nur das Ergebnis angegeben [Mohan03].

$$\frac{U_0}{U_d} = \frac{D^2}{D^2 + \frac{1}{4} \cdot \frac{I_0}{I_{L,gmax}}} \tag{4.4}$$

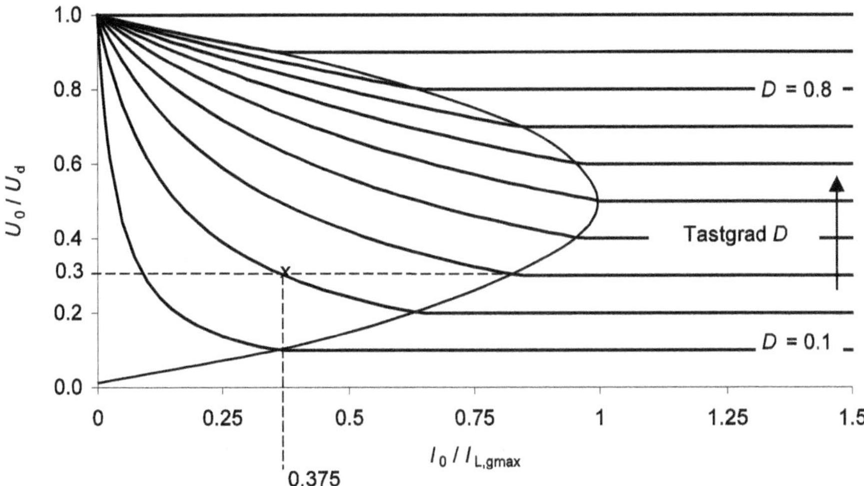

Bild 4.10 Kennlinien des Tiefsetzstellers bei konstanter Eingangsspannung U_d

Bild 4.10 zeigt die Kennlinien des Tiefsetzstellers nach Gl. (4.4) in den Betriebsarten lückend/nicht lückend für eine konstante Eingangsspannung U_d. Der Aussteuergrad U_0/U_d ist dabei als Funktion von $I_0/I_{L,gmax}$ für verschiedene Tastgrade D aufgetragen. Die Lückgrenze ist durch die parabelförmige Kurve gekennzeichnet.

Bei Arbeitspunkten mit hohem Laststrom I_0 rechts der parabelförmigen Grenzkurve arbeitet der Steller im nicht lückenden Bereich. Der Zusammenhang zwischen Ausgangsspannung U_0 und Eingangsspannung U_d ist über den Tastgrad bestimmt. Wenn der Motor bei gleicher Drehzahl weniger Drehmoment aufbringen muss, nimmt der Laststrom I_0 ab. Unterschreitet der Laststrom den Wert $I_{0,g}$ aus Gl. (4.3), so geht der Steller in den Lückbetrieb und die Ausgangsspannung erhöht sich bei unverändertem Tastgrad. Als Folge wird der Motor mit einer höheren Ankerspannung versorgt; seine Drehzahl steigt demzufolge an.

Man erkennt, dass die Ausgangsspannung U_0 im Lückbereich bei sehr kleinen Strömen tatsächlich bis auf die Größe der Eingangsspannung U_d ansteigen kann. Dieser prinzipbedingte Anstieg der Ausgangsspannung muss von einer geeigneten Regelung des Tiefsetzstellers aufgefangen werden. Die Regelung muss in diesem Bereich den Tastgrad so reduzieren, dass die Ausgangsspannung - und damit die Motordrehzahl - unabhängig von der Belastung auf dem geforderten Wert bleibt.

Beispiel 4.3 Tastgradreduktion beim Gleichstrommotorantrieb

Ein Tiefsetzsteller speist einen Gleichstrommotor. Im nicht lückenden Betrieb beträgt die Ausgangsspannung U_0 des Stellers 180 V bei einer Eingangsspannung U_d von 600 V. Bestimmen Sie den erforderlichen Tastgrad unter der Bedingung, dass der Laststrom auf 0.375 $I_{L,gmax}$ zurückgeht und die Motordrehzahl unverändert bleiben soll.

Lösung:
Zunächst arbeitet der Motor mit einem Tastgrad D = 180 V/600 V = 0.3. Um die Ausgangsspannung auch im Lückbetrieb bei $I_0/I_{L,gmax}$ = 0.375 zu halten, muss der Tastgrad auf D = 0.2 zurückgenommen werden (vgl. Bild 4.10). ■

Lückbetrieb mit konstanter Ausgangsspannung U_0

Netzteilanwendungen erfordern eine Ausgangsspannung, die auch dann konstant bleiben muss, wenn die Eingangsspannung aus dem netzseitigen Gleichrichter aufgrund der zulässigen Toleranz der Netzspannung variiert oder aber der Laststrom soweit absinkt, dass die Schaltung im lückenden Betrieb arbeitet. Dies gelingt wiederum über eine Anpassung des Tastgrades. Im Lückbetrieb muss der Tastgrad aufgrund der stark ansteigenden Ausgangsspannung nach Bild 4.10 überproportional zurückgenommen werden. Die Rechnung wird ausgehend von Gl. (4.3) durchgeführt [Mohan03]. Auch hier ist lediglich das Ergebnis angegeben:

$$D = \frac{U_0}{U_d} \cdot \sqrt{\frac{I_0 / I_{L,gmax}}{1 - U_0 / U_d}}$$

Diese Gleichung ist in Bild 4.11 als Funktion von $I_0/I_{L,gmax}$ mit U_0/U_d als Parameter dargestellt.

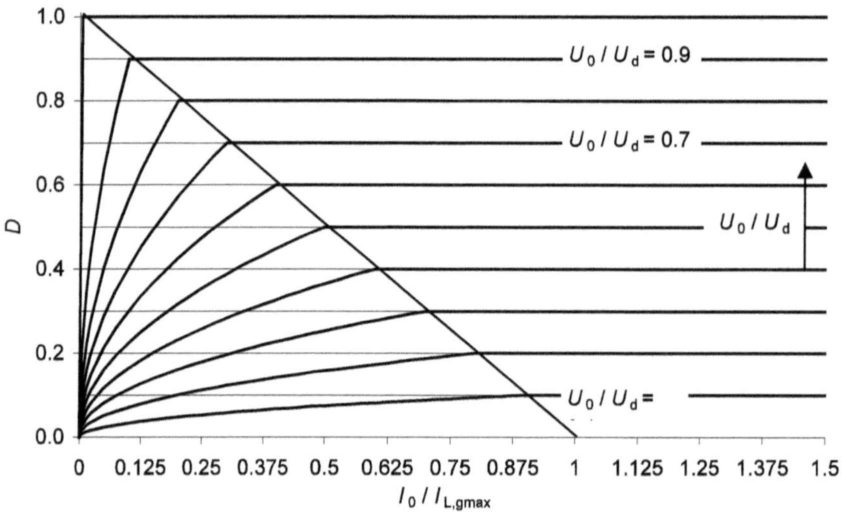

Bild 4.11 Kennlinien des Tiefsetzstellers bei konstanter geregelter Ausgangsspannung U_0

Die Grenze zwischen lückendem und nicht lückendem Betrieb ist hier eine Gerade. Die oben angesprochene Regelung verändert im Lückbereich den Tastgrad so, dass stets U_0 = const eingehalten wird. Für Netzteilanwendungen werden solche Reglerbausteine als hoch integrierte Bauteile [LM2575] von verschiedenen Herstellern angeboten.

Übung 4.6

Gegeben ist ein Tiefsetzsteller mit idealen Komponenten der als Schaltnetzteil verwendet wird. Die Ausgangsspannung U_0 wird durch Steuerung des Tastgrades D konstant auf 5 V gehalten. Berechnen Sie den Mindestwert der Induktivität L so, dass der Steller unter nachfolgenden Bedingungen immer im nicht lückenden Betrieb arbeitet: $10\text{ V} < U_d < 40\text{ V}; P_0 > 5\text{ W}; \quad f_s = 50\text{ kHz}$

Überprüfen Sie Ihre Lösung mit dem Applet „Tiefsetzsteller".

4.3 Hochsetzsteller

Lernziele

Die Lernenden ...

- erläutern Unterschiede zwischen Hoch- und Tiefsetzsteller,
- ermitteln das Steuergesetz,
- unterscheiden zwischen lückendem und nicht lückendem Betrieb.

4.3.1 Grundlegende Arbeitsweise

Ist die ungeregelte Gleichspannung U_d geringer als die erforderliche Ausgangsspannung U_0, so wird ein Hochsetzsteller verwendet. Dieser entsteht aus dem Tiefsetzsteller nach Bild 4.4 durch Vertauschen von Schalter und Freilaufdiode. Haupteinsatzgebiete dieses Stromrichters sind geregelte Gleichspannungsnetzteile sowie Anwendungen in der Antriebstechnik. Das Schaltbild ist in Bild 4.12 unter Vernachlässigung des Steuerkreises dargestellt.

Wie der Name schon andeutet, ist der Mittelwert U_0 der Ausgangsspannung höher als die Eingangsspannung U_d. Ebenso wie beim Tiefsetzsteller wird zur Erläuterung der prinzipiellen Funktionsweise auch hier der stationäre Zustand unter der Annahme eines sehr großen Filterkondensators C betrachtet, der die Ausgangsspannung konstant auf ihrem Mittelwert hält ($u_0(t) = U_0$). Bezogen auf die in Bild 4.12 angegebenen Zählpfeile sind auch beim Hochsetzsteller Ausgangsspannung und -strom immer positiv. Daher handelt es sich auch hierbei um einen Einquadrantgleichstromsteller.

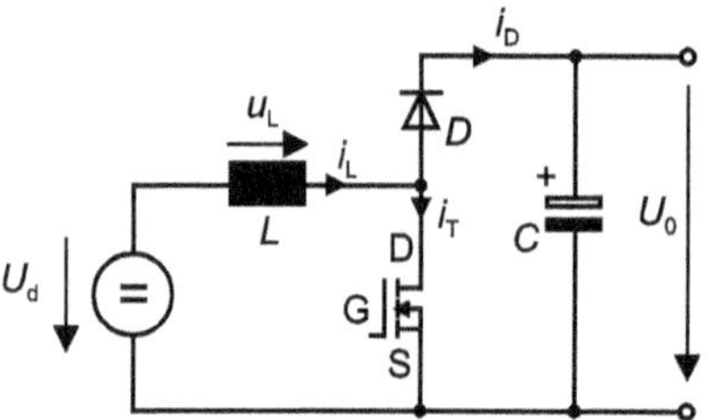

Bild 4.12 Schaltbild des Hochsetzstellers

Ist der Transistor eingeschaltet, so sperrt die Diode, weil ihr Kathodenpotenzial der Spannung U_0 entspricht und diese größer ist als die Eingangsspannung U_d. Der Ausgangskreis ist damit gemäß Bild 4.13 vom Eingangskreis abgetrennt; die Last wird in diesem Schaltzustand allein vom Kondensator mit Energie versorgt.

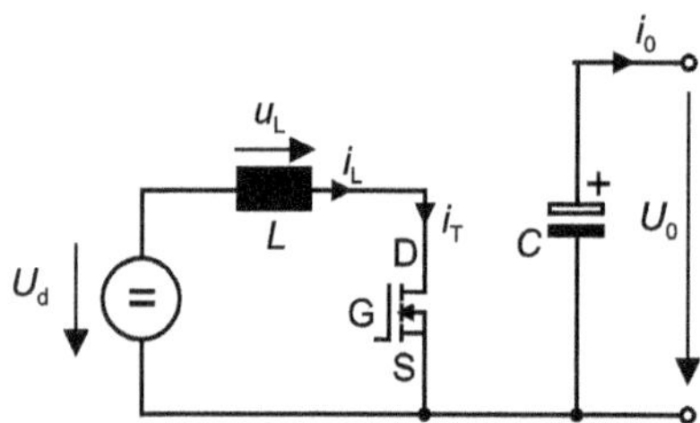

Bild 4.13 Stromführende Schaltungsteile des Hochsetzstellers bei eingeschaltetem Transistor

In diesem Schaltzustand wird die Energie, die die Quelle U_d liefert, in der Induktivität gespeichert. Unterstellt man einen idealen MOSFET und einen widerstandsfreien Eingangskreis, so liegt die Eingangsspannung U_d als Spannung an der Induktivität.

$$U_d = U_L = L \cdot \frac{di_L}{dt} \quad \Rightarrow \quad i_L = \frac{1}{L} \cdot \int U_d \cdot dt = \frac{U_d}{L} \cdot \int dt = \frac{U_d}{L} \cdot t$$

Dies führt dazu, dass der Strom durch den Transistor und die Induktivität linear mit der Zeit ansteigt. Der Anstieg ist umso steiler, je kleiner die Induktivität und je größer die Eingangsspannung U_d ist.

Wird der Schalter geöffnet, so kommt zwar der Transistorstrom i_T schlagartig zum Erliegen. Eine solch abrupte Änderung ist aber aufgrund des Induktionsgesetzes für den Drosselstrom i_L nicht möglich. In der Drossel wird daher eine Spannung induziert, die *zusammen* mit der Eingangsspannung U_d größer wird als die Kondensatorspannung U_0. Als Folge davon schaltet die Diode ein.

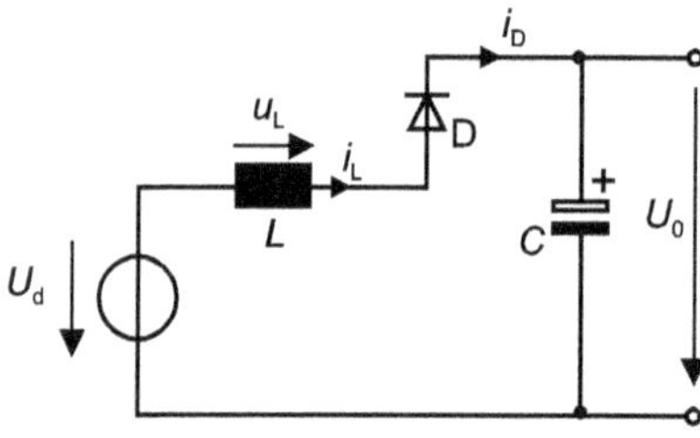

Bild 4.14 Stromführende Schaltungsteile des Hochsetzstellers bei abgeschaltetem Transistor

Es entsteht der Schaltzustand nach Bild 4.14. Die Eingangsspannung U_d und der Kondensator sind jetzt über die Diode leitend miteinander verbunden. Die in der Drossel während der Einschaltzeit gespeicherte Energie wird an den Kondensator abgegeben. Diese Energieübertragung geschieht während der Sperrphase des Transistors; daher heißt der Hochsetzsteller auch Sperrwandler. Für die Drosselspannung gilt jetzt:

$$U_L = U_d - U_0 = L \cdot \frac{di_L}{dt} \quad \Rightarrow \quad i_L = \frac{1}{L} \cdot \int (U_d - U_0) \cdot dt = \frac{(U_d - U_0)}{L} \cdot \int dt$$

$$i_L = \frac{(U_d - U_0)}{L} \cdot t$$

Da die Kondensatorspannung U_0 größer ist als die Eingangsspannung U_d, wird der Drosselstrom linear mit der Zeit abnehmen. Erreicht er den Wert null, so löscht die Diode. Die sich ergebenden Zeitverläufe zeigt Bild 4.15.

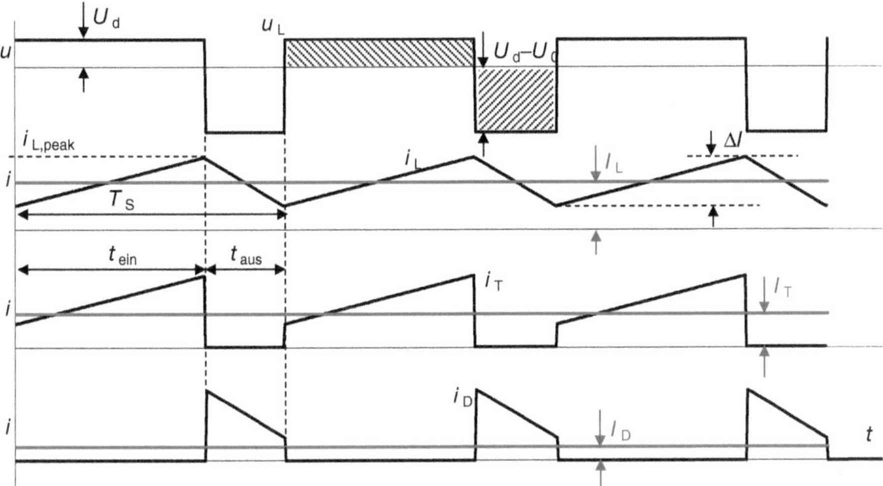

Bild 4.15 Zeitverläufe beim Hochsetzsteller im stationären Betrieb

Im stationären Zustand sind die in Bild 4.15 schraffierten Spannungszeitflächen an der Drossel gleich groß. Daraus ergibt sich der Zusammenhang zwischen Eingangsspannung U_d und Ausgangsspannung U_0 beim Hochsetzsteller:

$$U_d \cdot t_{ein} + (U_d - U_0) \cdot t_{aus} = U_d \cdot t_{ein} + (U_d - U_0) \cdot (T_S - t_{ein}) = 0$$

$$U_d \cdot T_S - U_0 \cdot (T_S - t_{ein}) = 0 \quad \Rightarrow \quad U_d \cdot T_S = U_0 \cdot (T_S - t_{ein})$$

$$\frac{U_0}{U_d} = \frac{T_S}{T_S - t_{ein}} = \frac{1}{1 - D}$$

Dieser Zusammenhang ist in Bild 4.16 dargestellt. Hier wird deutlich, dass im Gegensatz zum Tiefsetzsteller kein linearer Zusammenhang zwischen Ein- und Ausgangsspannung besteht. Stattdessen steigt die Ausgangsspannung des Hochsetzstellers bei Tastgraden nahe eins sehr stark an und erreicht für $D = 0.9$ bereits den zehnfachen Wert der Eingangsspannung. Im steilen Bereich der Kennlinie aus Bild 4.16 führen bereits geringe Veränderungen des Tastgrades zu großen Änderungen der Ausgangsspannung U_0. Dies macht den stabilen Betrieb der Schaltung in diesem Bereich sehr schwierig.

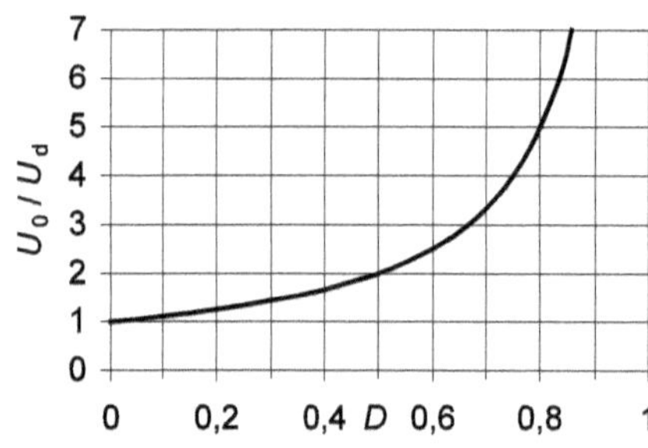

Bild 4.16 Ausgangsspannung des Hochsetzstellers als Funktion des Tastgrades *D*

Der Kondensator wird nur während der Sperrphase des Transistors mit dem Diodenstrom i_D nachgeladen. Der Mittelwert des Diodenstroms und damit des Kondensatorladestroms ergibt sich formal nach

$$I_D = \frac{1}{T_S} \cdot \int_0^{T_S} i_D(t) \cdot dt = \frac{1}{T_S} \cdot \int_{T_S - t_{aus}}^{T_S} i_D(t) \cdot dt$$

Bei einem verlustfreien Wandler muss die Leistung P_d, die die Quelle abgibt, der Leistung P_0 entsprechen, die die Last aufnimmt. Mit Hilfe dieser Überlegung und den Gleichungen

$$U_0 = \frac{1}{1-D} \cdot U_d, \quad P_d = U_d \cdot I_L \quad \text{sowie} \quad P_0 = U_0 \cdot I_D$$

erhält man für den Mittelwert des Diodenstroms über eine Schaltperiode T_S den Zusammenhang

$$\begin{aligned} P_d &= P_0 \quad \Rightarrow \quad U_d \cdot I_L = U_0 \cdot I_D \\ I_D &= \frac{U_d \cdot I_L}{U_0} = I_L \cdot (1-D) = I_0 \end{aligned} \tag{4.5}$$

Der Mittelwert des Diodenstroms I_D entspricht gleichzeitig dem Mittelwert des Laststroms I_0.

! Der *Hochsetzsteller* ermöglicht den Energietransport von einer Quelle mit niedriger Spannung zu einer Last hoher Spannung. Die Energieübertragung geschieht während der Sperrphase des Transistors; daher wird der Hochsetzsteller auch als Sperrwandler (Boost Converter) bezeichnet. ■

4.3.2 Betrieb mit lückendem Strom

Ebenso wie beim Tiefsetzsteller müssen für den Hochsetzsteller die Betriebszustände lückend und nicht lückend unterschieden werden. Hier wie dort wird die Lückgrenze dann erreicht, wenn der Drosselstrom i_L am Ende der Periodendauer T_S gerade den Wert null annimmt. Der Mittelwert $I_{L,g}$ des Drosselstromes an der Lückgrenze beträgt

$$I_{L,g} = \frac{1}{2} \cdot i_{L,peak} = \frac{t_{ein}}{2L} \cdot U_d = \frac{t_{ein}}{2L \cdot T_S} \cdot T_S \cdot U_d = \frac{D}{2L} \cdot T_S \cdot U_d = \frac{T_S}{2L} \cdot D \cdot U_0 \cdot (1-D) \tag{4.6}$$

Unter Anwendung von Gl. (4.5) fließt an der Lückgrenze der mittlere Laststrom I_0:

$$I_{0,g} = I_{D,g} = I_{L,g} \cdot (1-D) = \frac{T_S}{2L} \cdot D \cdot U_0 \cdot (1-D)^2 \tag{4.7}$$

Beispiel 4.4 Lückbetrieb beim Hochsetzsteller

Zu ermitteln ist der Tastgrad D, bei dem der Drosselstrom $I_{L,g}$ an der Lückgrenze sein Maximum erreicht.

Lösung:

Zur Berechnung muss der Strom an der Lückgrenze gemäß Gl. (4.6) nach D differenziert werden:

$$\frac{d(I_{L,g})}{dD} = \frac{d\left(\frac{T_S}{2L} \cdot D \cdot U_0 \cdot (1-D)\right)}{dD} = \frac{T_S}{2L} \cdot U_0 \cdot \frac{d(D \cdot (1-D))}{dD} = \frac{T_S}{2L} \cdot U_0 \cdot \frac{d(D-D^2)}{dD}$$

$$\frac{d(I_{L,g})}{dD} = \frac{T_S}{2L} \cdot U_0 \cdot (1-2D)$$

$$\frac{d(I_{L,g})}{dD} = 0 \quad \Rightarrow \quad (1-2D) = 0 \quad \Rightarrow \quad D = \frac{1}{2}$$

Dieser Ausdruck nimmt den Wert null an, wenn $(1-2D)$ null wird. Der Strom an der Lückgrenze erreicht daher sein Maximum für $D = 0.5$. ■

Übung 4.7

Ermitteln Sie den Tastgrad, bei dem der Laststrom an der Lückgrenze seinen Maximalwert erreicht.

Überprüfen Sie Ihre Lösung mit dem Applet „Hochsetzsteller". ■

Die meisten Anwendungen des Hochsetzstellers verlangen auch bei variabler Eingangsspannung und unterschiedlicher Belastung eine konstante Ausgangsspannung U_0. Verringert sich beim Hochsetzsteller die Belastung, ohne dass der Tastgrad nachgeführt wird, so steigt die Ausgangsspannung sehr stark an. Bei sehr kleinen Lasten kann dies dazu führen, dass die Spannung so hohe Werte erreicht, dass der Filterkondensator zerstört wird. Aus diesem Grund muss auch beim Hochsetzsteller der Tastgrad im Lückbetrieb reduziert werden, um die Ausgangsspannung konstant zu halten. Meist werden hierzu integrierte Schaltkreise eingesetzt.

Die Kennlinien, nach denen die Verringerung des Tastgrades durchgeführt werden muss, sind in Bild 4.17 dargestellt. Ebenso ist die Lückgrenze gezeichnet. Deutlich ist zu erkennen, dass der Laststrom an der Lückgrenze sein Maximum $I_{0,g} / I_{0,g,max} = 1$ bei einem Tastgrad von $D = 1/3$ erreicht.

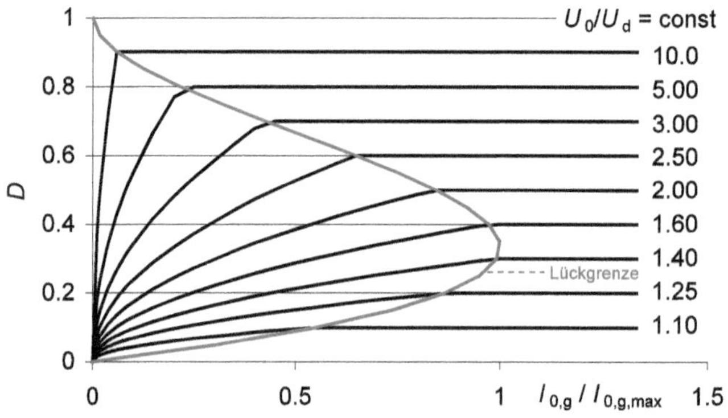

Bild 4.17 Anpassung des Tastgrades beim Hochsetzsteller im Lückbetrieb

Im Lückbetrieb muss auch beim Hochsetzsteller der Tastgrad zurückgenommen werden, um die Ausgangsspannung konstant zu halten.

4.4 Mehrquadrantensteller

Lernziele

Die Lernenden ...

- kombinieren die Einquadrantensteller zu Mehrquadrantenstellern und erläutern die daraus resultierenden weiteren Nutzungsmöglichkeiten,
- erläutern unterschiedliche Steuerverfahren,
- berechnen die jeweiligen Steuergesetze,
- zeichnen die charakteristischen Zeitverläufe in Liniendiagrammen.

Die bislang besprochenen Grundschaltungen sind unter den Bezeichnungen Tief- und Hochsetzsteller bekannt. Aus Kombinationen dieser Schaltungen lassen sich solche aufbauen, die in mehr als einem Quadranten arbeiten. Dadurch wird es möglich, die Energieflussrichtung bei Antrieben umzukehren und - wie bei den netzgeführten Stromrichtern im Wechselrichterbetrieb - eine Nutzbremsung vorzunehmen oder den Betrieb in beiden Drehrichtungen zu ermöglichen.

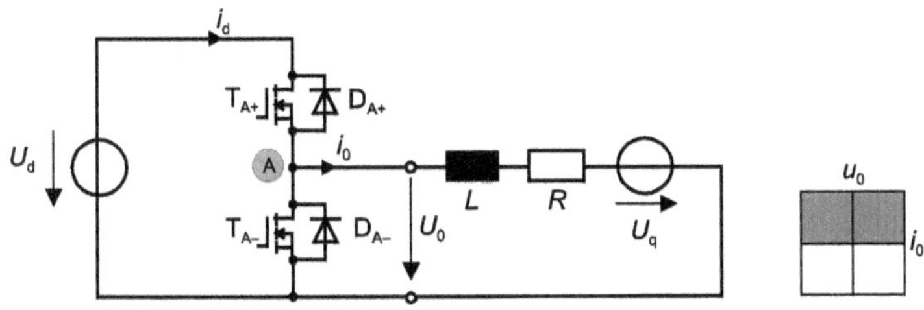

Bild 4.18 Zweiquadrantensteller mit Stromumkehr

4.4.1 Zweiquadrantensteller mit Stromumkehr

Aus der Kombination eines Tief- und eines Hochsetzstellers entsprechend Bild 4.18 entsteht ein Gleichstromsteller für zwei Stromrichtungen. Die im Lastkreis wirksame Spannung U_q ist z. B. die induzierte Ankerspannung einer Gleichstrommaschine. Sie wirkt im motorischen Betrieb (Strom im 1. Quadranten) als Gegenspannung. Bei Nutzbremsung, also generatorischem Betrieb des Motors mit unveränderter Drehrichtung (Strom im 2. Quadranten), tritt sie dagegen als Quellenspannung in Erscheinung.

Zur besseren Orientierung wird der Anschlusspunkt der Last zwischen den beiden Transistoren mit A bezeichnet. Die beiden oberen Leistungshalbleiter T_{A+} und D_{A+} in Bild 4.18 sind mit dem positiven Pol der Spannungsquelle U_d verbunden; sie erhalten daher den Index +. Die Bauelemente, die am negativen Pol von U_d angeschlossen sind, werden demzufolge mit dem Index - gekennzeichnet. Die Anordnung zweier Transistoren mit antiparallelen Dioden und Mittelabgriff der Last wird Halbbrücke genannt.

Beispiel 4.5 Zweiquadrantensteller im motorischen Betrieb

Welche Bauelemente kommen beim motorischen Betrieb im ersten Quadranten zum Einsatz? Welche Funktion erfüllt die Schaltung?

Lösung:
Bei Motorbetrieb arbeiten der Schalter T_{A+} und die Freilaufdiode D_{A-} als Tiefsetzsteller; die Eingangsspannung U_d dient als Quellenspannung für den Motorbetrieb. Die Bauelemente T_{A-} und D_{A+} führen bei Betrieb im ersten Quadranten keinen Strom.

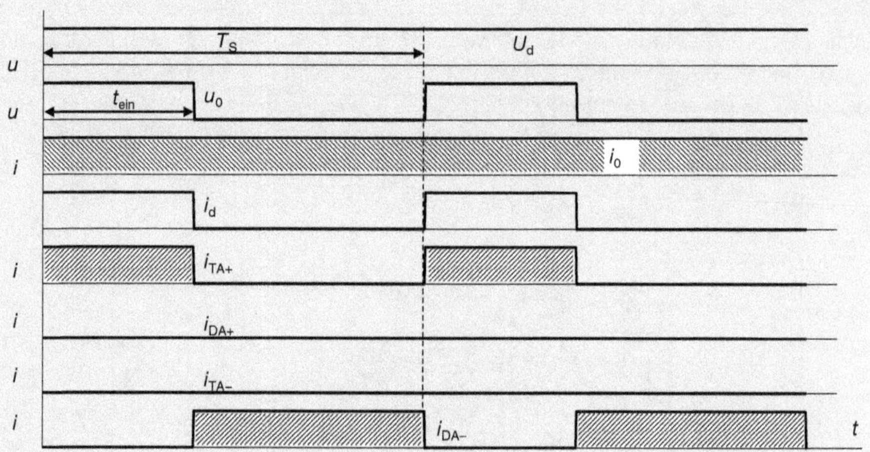

Bild 4.19 Zeitverläufe zu Beispiel 4.6, Zweiquadrantensteller mit Stromumkehr

Beispiel 4.6 Bestimmung von Zeitverläufen

Ermitteln Sie die Zeitverläufe für $u_0(t)$, $i_d(t)$, $i_{TA+}(t)$, $i_{DA-}(t)$, $i_{TA-}(t)$ sowie $i_{DA+}(t)$ für motorischen Betrieb und einen Tastgrad $D = 0.4$, wenn der durch den Schaltbetrieb hervorgerufene Wechselanteil des Stromes $i_0(t)$ vernachlässigt werden kann. Die Ströme in Durchlassrichtung der Ventile sollen positiv gezählt werden.

Lösung:

Im motorischen Betrieb arbeiten ausschließlich die Ventile T_{A+} und D_{A-}. Daher sind die Stromverläufe $i_{TA-}(t)$ sowie $i_{DA+}(t)$ immer null. Die Vernachlässigung des Wechselanteiles von $i_0(t)$ bedeutet, dass der Laststrom $i_0(t) = I_0$ = const ist. Dies wiederum heißt, dass während der Einschaltzeit von T_{A+} $i_{TA+}(t) = I_0$ gilt. Ist T_{A+} ausgeschaltet, so wird $i_{DA-}(t) = I_0$. Damit erhält man die Zeitverläufe nach Bild 4.19. Hierbei sind die Ventilströme und der Laststrom $i_0(t)$ zur Verdeutlichung schraffiert unterlegt.

Übung 4.8

Beschreiben Sie die Wirkungsweise beim elektrischen Bremsen des Motors. Welche der Leistungsbauelemente führen Strom? Welchem Schaltungstyp entspricht dies?

Übung 4.9

Ermitteln Sie die Zeitverläufe für $u_0(t)$, $i_d(t)$, $i_{TA+}(t)$, $i_{DA-}(t)$, $i_{TA-}(t)$, sowie $i_{DA+}(t)$ für generatorischen Betrieb, also $i_0(t) < 0$, und einen Tastgrad von $D = 0.4$, wenn der durch den Schaltbetrieb hervorgerufene Wechselanteil des Stromes $i_0(t)$ vernachlässigt werden kann. Die Ströme in Durchlassrichtung der Ventile sollen positiv gezählt werden.

Der Zweiquadrantensteller mit Stromumkehr ist aus einer Halbbrücke aufgebaut. Es handelt sich um einen Zweiquadrantenstromrichter, der im ersten und zweiten Quadranten arbeitet.

4.4.2 Zweiquadrantensteller mit Spannungsumkehr

Ein Zweiquadrantensteller für zwei Spannungsrichtungen entsteht nach Bild 4.20. Gegenüber dem Zweiquadrantensteller mit Stromumkehr werden D_{A+} und T_{A-} durch die Leistungshalbleiter D_{B+} und T_{B-} ersetzt. Der Lastanschlusspunkt zwischen den beiden neu hinzugekommenen Bauelementen erhält die Bezeichnung B.

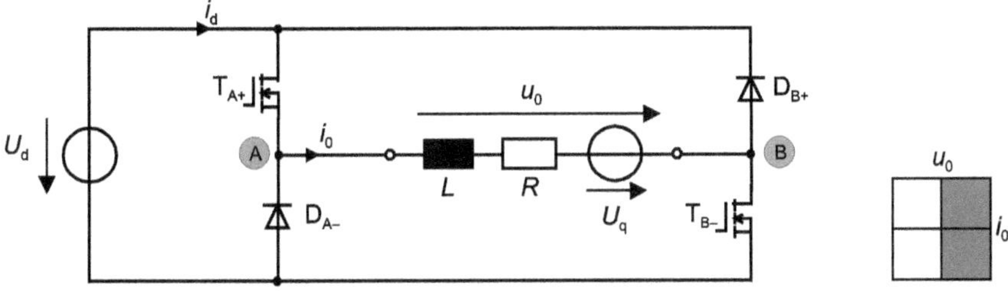

Bild 4.20 Zweiquadrantensteller mit Spannungsumkehr

Für diese Schaltungsvariante gibt es verschiedene Möglichkeiten der Ansteuerung. Die einzelnen Verfahren unterscheiden sich darin, in welchem zeitlichen Zusammenhang die Schalter T_{A+} und T_{B-} eingeschaltet werden. Die nachfolgenden Betrachtungen geschehen unter der Randbedingung, dass der Laststrom $i_0(t)$ konstant ist und daher nicht lückt. In diesem Fall leitet beim Öffnen eines Schalters jeweils die zugehörige Freilaufdiode. Auch hier werden die durch den Schaltbetrieb des Stromrichters hervorgerufenen Wechselanteile von $i_0(t)$ vernachlässigt.

Synchrone Taktung von T_{A+} und T_{B-}

Beispiel 4.7 Synchrone Ansteuerung

Für den Fall der synchronen Ansteuerung von T_{A+} und T_{B-} sollen das Ansteuergesetz und die wesentlichen Zeitverläufe ermittelt werden.

Lösung:
Werden beide Schalter T_{A+} und T_{B-} synchron ein- und ausgeschaltet, dann gilt:

T_{A+}, T_{B-} eingeschaltet und D_{A-}, D_{B+} gesperrt $u_0(t) = U_d$

T_{A+}, T_{B-} ausgeschaltet und D_{A-}, D_{B+} leitend $u_0(t) = -U_d$

Die im Lastkreis enthaltene Induktivität bewirkt, dass der Laststrom $i_0(t)$ kontinuierlich fließt. Werden T_{A+} und T_{B-} gleichzeitig ausgeschaltet, dann müssen die Dioden den Strom übernehmen. Daher nimmt die Ausgangsspannung $u_0(t)$ nur einen der beiden Werte $+U_d$ oder $-U_d$ an.

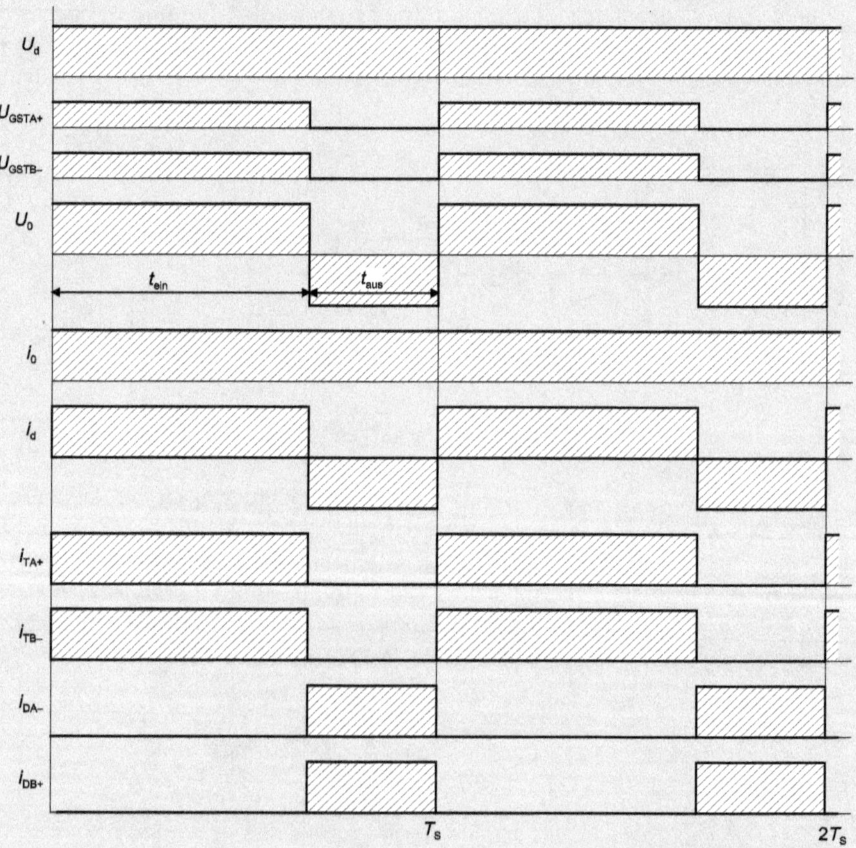

Bild 4.21 Zeitverläufe beim Zweiquadrantensteller mit Spannungsumkehr und synchroner Ansteuerung

Das Steuergesetz wird aus dem Zeitverlauf $u_0(t)$ in Bild 4.21 abgeleitet. Während beide Transistoren leiten, ist die Ausgangsspannung positiv, ansonsten negativ. Daher gilt für den Mittelwert U_0 der Ausgangsspannung:

$$U_0 = \frac{1}{T_S} \cdot \int_0^{T_S} u_0(t) \cdot dt = \frac{1}{T_S} \cdot \left(u_0(t) \cdot t \,|_0^{t_{ein}} + u_0(t) \cdot t \,|_{t_{ein}}^{T_S} \right)$$

$$U_0 = \frac{1}{T_S} \cdot \left(U_d \cdot t \,|_0^{t_{ein}} + (-U_d) \cdot t \,|_{t_{ein}}^{T_S} \right) = \frac{1}{T_S} \cdot \left[U_d \cdot t_{ein} + (-U_d) \cdot t_{aus} \right]$$

Ersetzt man t_{aus} durch $T_S - t_{ein}$, so erhält man

$$U_0 = \frac{1}{T_S} \cdot \left[U_d \cdot t_{ein} + (-U_d \cdot (T_S - t_{ein}) \right] = \left[U_d \cdot \frac{t_{ein}}{T_S} + (-U_d \cdot (\frac{T_S}{T_S} - \frac{t_{ein}}{T_S}) \right]$$

$$U_0 = U_d \cdot \left[\frac{t_{ein}}{T_S} - (\frac{T_S}{T_S} - \frac{t_{ein}}{T_S}) \right] = U_d \cdot \left[2 \cdot \frac{t_{ein}}{T_S} - \frac{T_S}{T_S} \right] = U_d \cdot \left[2 \cdot D_{TA+} - 1 \right]$$

Das Tastverhältnis D ist für beide Schalter gleich. Mit $D_{TA+} = D_{TB-} = t_{ein}/T_S$ ergibt sich das gesuchte Steuergesetz für den nicht lückenden Betrieb zu

$$\frac{U_0}{U_d} = 2 \cdot D_{TA+} - 1$$

■

Zeitlich versetzte Taktung von T_{A+} und T_{B--}

Statt beide Schalter synchron zu betreiben, kann man sie auch versetzt zueinander takten. In diesem Fall weisen die Schalter zwar ebenfalls dasselbe Tastverhältnis $D_{TA+} = D_{TB-}$ auf; allerdings erfolgt das Einschalten des einen Schalters jeweils um eine Schaltperiode T_S versetzt zum anderen. Dieses Steuerverfahren führt dazu, dass die Ausgangsspannung $u_0(t)$ neben den Werten $+U_d$ und $-U_d$ auch den Wert null annehmen kann. Dies ist immer dann der Fall, wenn nur einer der beiden Transistoren eingeschaltet ist. Bild 4.23 zeigt die charakteristischen Zeitverläufe für diese Art der Ansteuerung.

Beispiel 4.8 Versetzte Taktung

Für den Fall der versetzten Taktung ist das Steuergesetz zu ermitteln. Die zu den Abschnitten A bis D in Bild 4.23 gehörenden leitenden Ventile der Schaltung sollen gezeichnet werden.

Lösung:

Die leitenden Ventile in den genannten Abschnitten sind in Bild 4.22 dargestellt. Im Abschnitt B leiten nur die unteren Ventile D_{A-} und T_{B-}. Die Spannung $u_0(t)$ ist dann null. Der Laststrom fließt in dieser Phase nicht über die Quelle U_d, sondern im Freilauf unten daran vorbei.

Im Abschnitt D ist die Spannung $u_0(t)$ ebenfalls null. Es leiten T_{A+} und D_{B+}. Der Laststrom $i_0(t)$ fließt in dieser Phase wiederum nicht über die Quelle U_d, sondern diesmal im Freilauf oben daran vorbei.

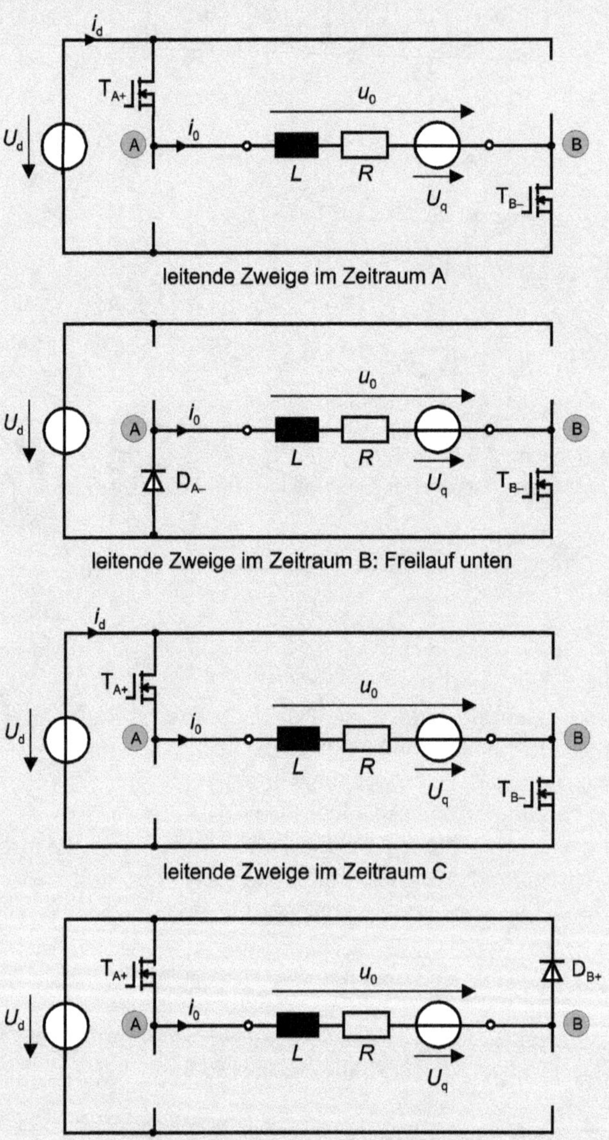

Bild 4.22 Leitende Ventile beim Zweiquadrantensteller mit versetzter Taktung der Schalter T_{A+} und T_{B-}

Zur Ermittlung des Steuergesetzes wird der Mittelwert U_0 berechnet. Der Ansatz lautet mit Hilfe von Bild 4.23:

$$U_0 = \frac{1}{T_S} \cdot \int_0^{T_S} u_0(t) \cdot dt = \frac{1}{T_S} \cdot \left(u_0(t) \cdot t \,|_0^{t_1} + u_0(t) \cdot t \,|_{t_1}^{T_S} \right)$$

$$U_0 = \frac{1}{T_S} \cdot \left(U_d \cdot t \,|_0^{t_1} + 0 \,|_{t_1}^{T_S} \right) = U_d \cdot \frac{t_1}{T_S} \tag{4.8}$$

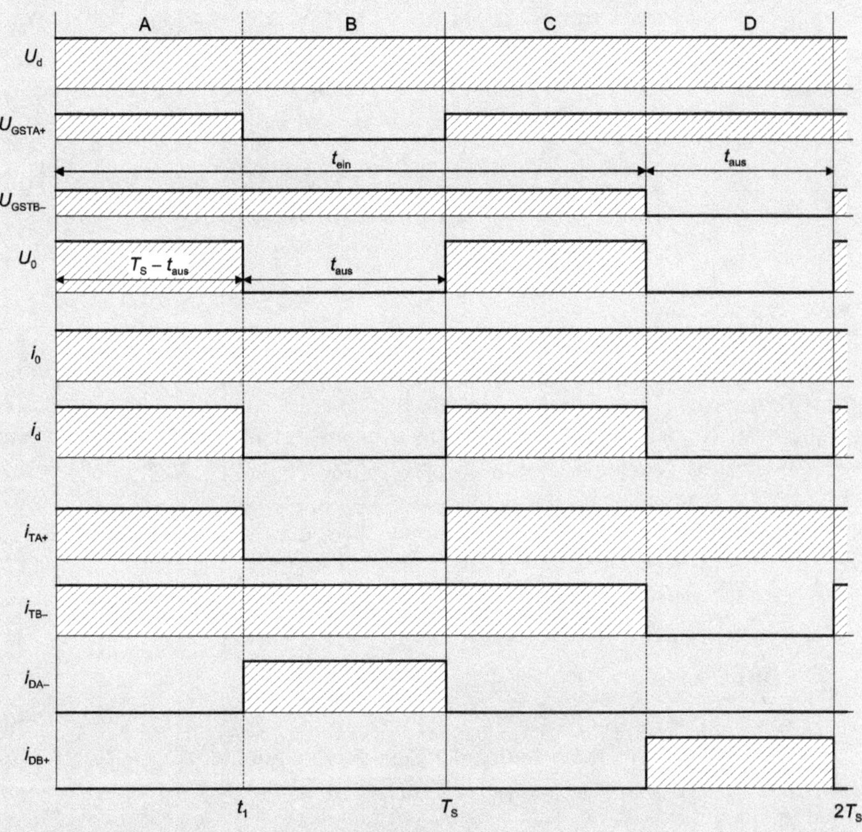

Bild 4.23 Zeitverläufe beim Zweiquadrantensteller mit Spannungsumkehr und versetzter Taktung

Aus Bild 4.23 erhält man $t_1 = T_S - t_{aus}$; Gl. (4.8) wird damit weiterentwickelt zu

$$U_0 = U_d \cdot \frac{t_1}{T_S} = U_d \cdot \frac{T_S - t_{aus}}{T_S} = U_d \cdot \frac{T_S - (2T_S - t_{ein})}{T_S}$$

$$U_0 = U_d \cdot \frac{-T_S + t_{ein}}{T_S} = U_d \cdot \frac{t_{ein} - T_S}{T_S} = U_d \cdot (D - 1)$$

$$\frac{U_0}{U_d} = (D-1) \quad \text{mit} \quad D = \frac{t_{ein}}{T_S} \quad \text{sowie} \quad 0 \le D \le 2 \tag{4.9}$$

Gl. (4.9) ist das gesuchte Steuergesetz, das auch in Bild 4.24 dargestellt ist. Bei diesem Steuerverfahren kann der Tastgrad D zwischen 0 und 2 liegen. Tastgrade kleiner als eins führen zu einem negativen Mittelwert U_0 der Ausgangsspannung.

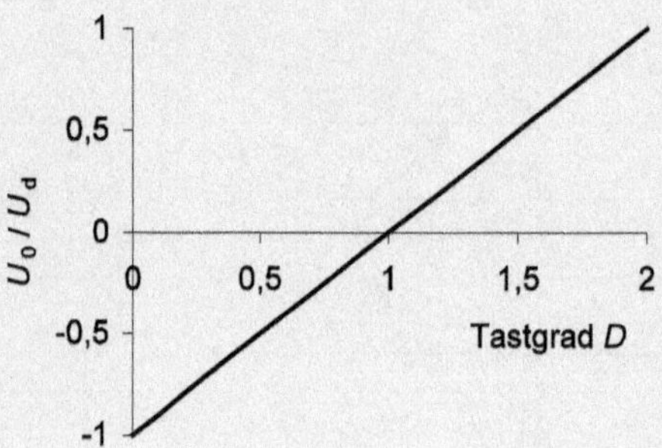

Bild 4.24 Steuergesetz beim Zweiquadrantensteller mit Spannungsumkehr und versetzter Taktung

Taktung eines Transistors

Bei den bisher betrachteten Steuerverfahren werden *beide* Schalter getaktet, um den Mittelwert U_0 der Ausgangsspannung einzustellen. Dies ist aber nicht zwingend notwendig. Der Mittelwert U_0 kann auch mit nur einem gepulsten Transistor verändert werden. Je nach gewünschter Ausgangsspannung - positiv oder negativ - bleibt der jeweils andere Transistor dauernd aus- oder dauernd eingeschaltet. Soll beispielsweise ein positiver Mittelwert durch Pulsen von T_{A+} eingestellt werden, bleibt T_{B-} dauernd eingeschaltet. Ein negativer Mittelwert wird bei diesem Verfahren erreicht, wenn T_{A+} dauernd ausgeschaltet bleibt und T_{B-} gepulst wird.

Übung 4.10

Zeichnen Sie in Bild 4.25 die charakteristischen Zeitverläufe von $u_0(t)$, $i_0(t)$, $i_d(t)$ sowie allen Ventilströmen und den Ansteuersignalen der Transistoren für $U_0 > 0$, wenn ausschließlich T_{A+} gepulst wird. Geben Sie die jeweils leitenden Schaltungsteile an.

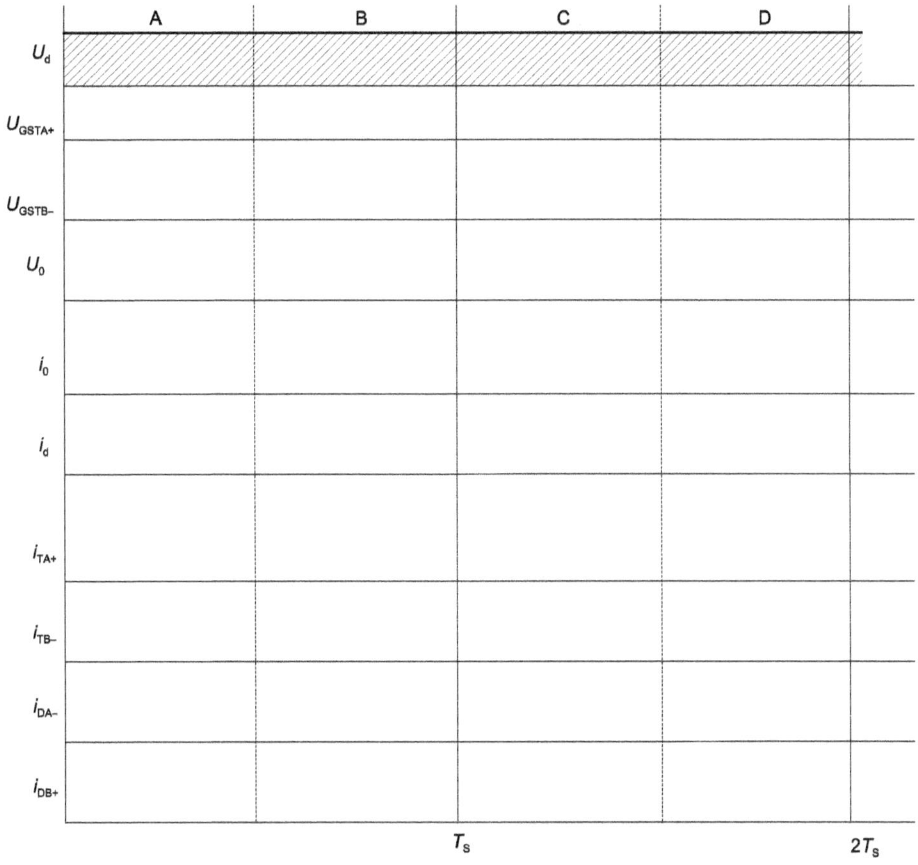

	A	B	C	D
U_d				
U_{GSTA+}				
U_{GSTB-}				
U_0				
i_0				
i_d				
i_{TA+}				
i_{TB-}				
i_{DA-}				
i_{DB+}				

T_s $2T_s$

Bild 4.25 Liniendiagramm zur Übung 4.10

Übung 4.11

Was ändert sich an den Ergebnissen von Übung 4.10, wenn $U_0 > 0$ ausschließlich durch das Pulsen von T_{B-} eingestellt wird und T_{A+} immer eingeschaltet bleibt? Zeichnen Sie auch hierfür die jeweils leitenden Schaltungsteile.

4.5 Vollbrücke

Lernziele

Die Lernenden ...

- nennen Einsatzgebiete der Vollbrücke,
- unterscheiden zwischen *Schalter eingeschaltet* und *Schalter stromführend,*
- unterscheiden unipolare und bipolare Pulsweitenmodulation.

4.5.1 Allgemeine Einführung

Große Bedeutung hat eine Schaltung erlangt, die im Gegensatz zu den Ein- und Zweiquadrantenstellern in allen 4 Quadranten arbeiten kann. Sie wird Vierquadrantensteller (4QS) oder auch Vollbrücke genannt und entsteht aus dem Zweiquadrantensteller mit Stromumkehr. Dessen Grundschaltung nach Bild 4.18 wird um eine zusätzliche Halbbrücke ergänzt; sie ermöglicht negative Ausgangsspannungen $u_0(t) = -U_d$ für beide Stromrichtungen $i_0(t)$. Das Schaltbild des 4QS ist in Bild 4.26 dargestellt.

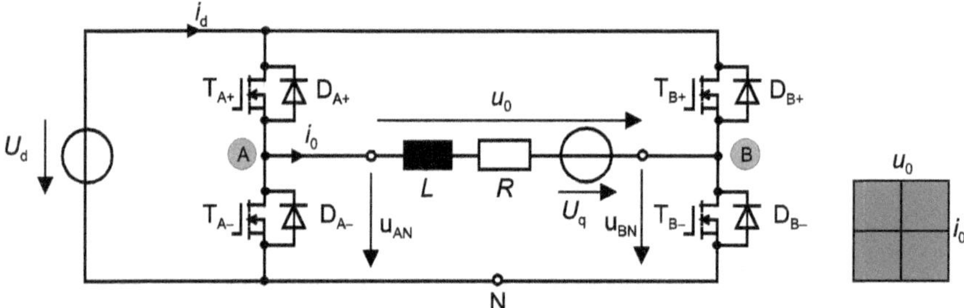

Bild 4.26 Vierquadrantensteller mit Gleichstrommotor als Last

Die Vollbrücke wird in folgenden Anwendungen eingesetzt:

a) Gleichstromantriebe

b) einphasige Wechselrichter zur Speisung von Wechselstromverbrauchern aus Gleichspannungsquellen (z.B. unterbrechungsfreie Stromversorgungen, Photovoltaikwechselrichter am einphasigen Wechselstromnetz)

c) Gegentaktwandler mit hoher Schaltfrequenz zur galvanischen Trennung über Transformatoren bei Schaltnetzteilen

Die Schaltungstopologie nach Bild 4.26 bleibt dabei für alle Einsatzgebiete gleich. Lediglich die Art der Transistoransteuerung ändert sich mit der Anwendung.

Hier soll zunächst die Nutzung zur Speisung einer Gleichstromlast betrachtet werden. Dazu wird in der Brückendiagonalen A–B als Last die Nachbildung eines Gleichstrommotors bestehend aus Ankerwiderstand R, Ankerinduktivität L und Gegenspannung U_q angenommen. In einem späteren Abschnitt wird sich zeigen, dass dieser Steller nicht nur zur Umformung zwischen zwei Gleichstromsystemen, sondern auch zwischen einem Gleich- und einem Wechselstromsystem eingesetzt werden kann.

Wie bei den vorab behandelten Gleichstromstellern auch wird am Eingang des 4QS eine konstante Gleichspannung U_d bereitgestellt. Die Ausgangsspannung ist ebenfalls eine Gleichspannung U_0, deren Höhe und Polarität durch die gezielte Steuerung der Transistoren eingestellt werden kann. Des Weiteren lassen sich die Höhe und die Richtung des Ausgangsstromes i_0 beeinflussen. Der Vierquadrantensteller kann also, wie der Name schon sagt, in allen vier Quadranten der Strom-Spannungs-Ebene arbeiten. Damit ist die Richtung des Energieflusses beliebig wählbar.

Der 4QS entsteht aus zwei Halbbrücken (A und B), die wiederum aus je zwei Schaltern und ihren antiparallelen Dioden bestehen. Beide Schalter jeder Halbbrücke werden so gesteuert, dass immer einer eingeschaltet und der andere ausgeschaltet ist.

Übung 4.12

Warum werden die Schalter einer Halbbrücke nicht gleichzeitig eingeschaltet? Was versteht man unter der Verriegelungszeit? ■

Im Folgenden wird die Verriegelungszeit vernachlässigt, da ideale Schalter angenommen werden, die augenblicklich vom Leit- in den Sperrzustand umschalten.

Schalter eingeschaltet und Schalter stromführend

Wird der 4QS in der Art und Weise gesteuert, dass beide Schalter eines Zweiges nie gleichzeitig abgeschaltet sind, fließt der Ausgangsstrom $i_0(t)$ kontinuierlich. Damit ist die Ausgangsspannung $u_0(t)$ allein durch den Zustand der Schalter bestimmt.

In einer Schaltung wie dem 4QS, bei dem Dioden antiparallel zu den Schaltern angeordnet sind, muss unterschieden werden, ob ein Schalter lediglich eingeschaltet ist (Schalter eingeschaltet) oder ob er eingeschaltet ist *und* auch tatsächlich Strom führt (Schalter stromführend). Aufgrund der antiparallelen Diode kann der Schalter im eingeschalteten Zustand Strom führen oder auch nicht, entsprechend der Flussrichtung des Stromes $i_0(t)$. Erst wenn er Strom führt, ist er im Leitzustand.

Betrachtet man in Bild 4.26 die linke Halbbrücke, so wird deren Ausgangsspannung u_{AN} vom Schaltzustand des Transistors T_{A+} beeinflusst. Es gilt:

$$\begin{array}{ll} T_{A+} \text{ eingeschaltet} & u_{AN} = U_d \\ T_{A-} \text{ eingeschaltet} & u_{AN} = 0 \end{array} \tag{4.10}$$

Ist T_{A+} eingeschaltet, so fließt ein positiver Ausgangsstrom $i_0(t) > 0$ über den Transistor T_{A+}. Ein negativer Ausgangsstrom $i_0(t) < 0$ nimmt bei gleichem Schaltzustand von T_{A+} dagegen den Weg über dessen antiparallele Diode D_{A+}. In beiden Fällen beträgt die Spannung u_{AN} jedoch U_d. Demnach ist es für die Ausgangsspannung einer Halbbrücke unerheblich, ob der Ausgangsstrom $i_0(t)$ positiv oder negativ ist. Sie wird eindeutig durch den Schaltzustand der Halbbrückentransistoren festgelegt.

Gleichermaßen gilt für die Ausgangsspannung u_{BN} der rechten Halbbrücke:

$$\begin{array}{l} T_{B+} \text{ eingeschaltet}\, u_{BN} = U_d \\ T_{B-} \text{ eingeschaltet}\, u_{BN} = 0 \end{array} \tag{4.11}$$

Die Ausgangsspannung $u_0(t)$ in der Brückendiagonalen A-B kann für jeden Schaltzustand aus der Differenz von $u_{AN}(t)$ und $u_{BN}(t)$ gebildet werden.

$$u_0(t) = u_{AN} - u_{BN}$$

Je nach Schaltzustand der einzelnen Transistoren nimmt $u_0(t)$ also einen der drei Werte $+U_d$, $-U_d$ oder 0 an.

Übung 4.13

Vervollständigen Sie die Schaltzustandstabelle und tragen Sie die Werte ein, die U_{AN}, U_{BN} und $u_0(t)$ jeweils annehmen. ■

Verwenden Sie zur Bearbeitung von Übung 4.13 und Übung 4.14 das Applet „Vollbrücke mit PWM". ■

Tabelle 4.1 Schaltzustände der Vollbrücke

T_{A+}	T_{A-}	T_{B+}	T_{B-}	U_{AN}	U_{BN}	$u_0(t)$
ein	aus	ein	aus			
ein	aus	aus	ein			
aus	ein	ein	aus			
aus	ein	aus	ein			

Übung 4.14

Vervollständigen Sie Bild 4.27. Markieren Sie dazu in den Schaltbildern die jeweils leitenden Zweige des Vierquadrantenstellers, die für die unter den Schaltbildern angegebenen Ausgangsspannungen und Stromrichtungen erforderlich sind. ■

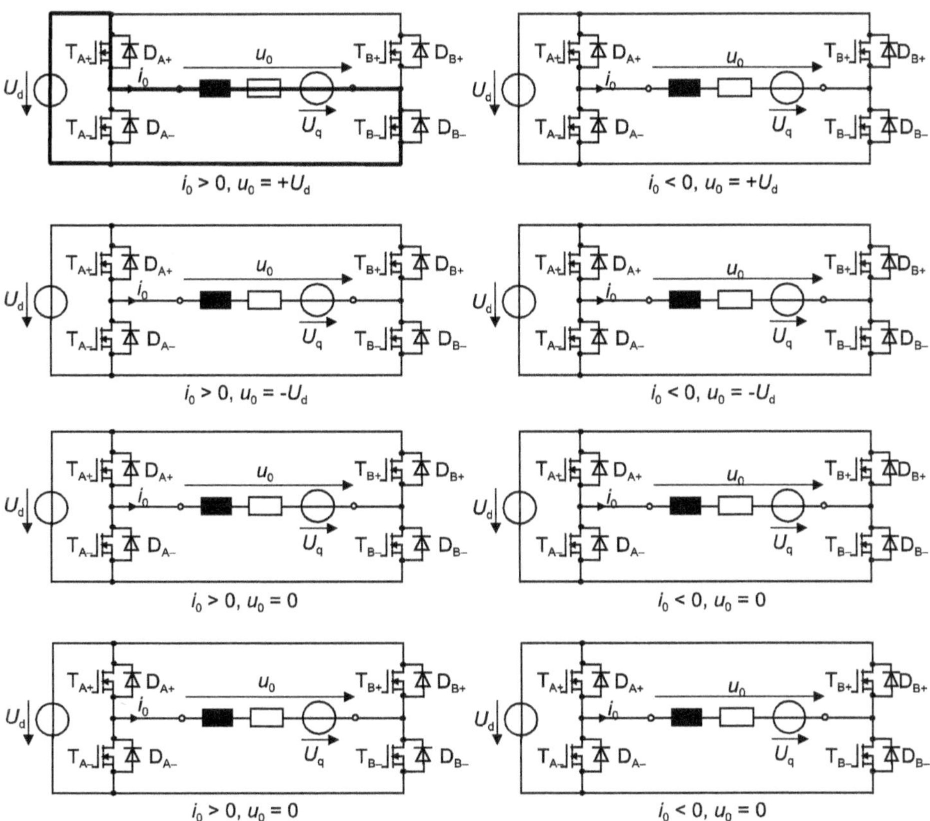

Bild 4.27 Mögliche Leitzustände beim Vierquadrantensteller (Übung 4.14)

4.5.2 Pulsweitenmodulation

Die Gleichungen (4.10) und (4.11) zeigen, dass sowohl u_{AN} als auch u_{BN} nur vom Schaltzustand der Schalter abhängen und nicht von der Stromrichtung. Deshalb ist der Mittelwert der Ausgangsspannung des Zweiges A über eine Periodendauer T_S nur von der Eingangsspannung U_d und dem Tastgrad D_{TA+} des Schalters T_{A+} abhängig. Sinngemäß gelten die Aussagen für den Zweig B. Somit kann die Ausgangsspannung des Stellers $u_0(t) = (u_{AN} - u_{BN})$ unabhängig von Höhe und Polarität des Ausgangsstromes i_0 ausschließlich über die Tastgrade der beiden Zweige gesteuert werden.

Für den Mittelwert U_0 des Spannungsverlaufs $u_0(t)$ erhält man unter Verwendung der Mittelwerte U_{AN} sowie U_{BN}

$$U_{AN} = \frac{U_d \cdot t_{ein} + 0 \cdot t_{aus}}{T_S} = \frac{U_d \cdot t_{ein}}{T_S} + \frac{0 \cdot t_{aus}}{T_S} = U_d \cdot \frac{t_{ein}}{T_S} = U_d \cdot D_{TA+}$$

$$U_{BN} = \frac{U_d \cdot t_{ein} + 0 \cdot t_{aus}}{T_S} = \frac{U_d \cdot t_{ein}}{T_S} + \frac{0 \cdot t_{aus}}{T_S} = U_d \cdot \frac{t_{ein}}{T_S} = U_d \cdot D_{TB+} \tag{4.12}$$

$$U_0 = U_{AN} - U_{BN} = U_d \cdot D_{TA+} - U_d \cdot D_{TB+}$$

Bei den Einquadrantgleichstromstellern ist die Polarität der Ausgangsspannung unidirektional. Dort wird daher die Pulsweitenmodulation durch den Vergleich zwischen einer Sägezahnspannung und einer Steuerspannung realisiert. Beim Zweiquadrantensteller mit Spannungsumkehr und beim Vierquadrantensteller kann sich die Polarität der Ausgangsspannung jedoch umkehren. Daher arbeitet die Pulsweitenmodulation bei der Vollbrücke mit einem Dreieckssignal als Referenzspannung.

4.5.2.1 Pulsweitenmodulation mit zwei Spannungsniveaus (PWM2)

Bei dieser Form der Pulsweitenmodulation werden die Schalter (T_{A+}, T_{B-}) und (T_{A-}, T_{B+}) als zwei Schalterpaare behandelt. Beide Schalter eines Paares werden *gleichzeitig* ein- und ausgeschaltet. Eines der beiden Paare ist dabei immer eingeschaltet. Wie beim Tiefsetzsteller werden auch hier die Schaltsignale für die Transistoren durch Vergleich der Referenzspannung u_Δ mit einer Steuerspannung u_{Steuer} erzeugt. In Anlehnung an Bild 4.3 gilt

- T_{A+} und T_{B-} werden eingeschaltet, wenn $u_{Steuer} > u_\Delta$.
- T_{B+} und T_{A-} werden eingeschaltet, wenn $u_{Steuer} \leq u_\Delta$.

Bild 4.28 zeigt unter dieser Voraussetzung die Zeitverläufe der Pulsweitenmodulation. Für den aufsteigenden Ast der Dreieckspannung gilt ausgehend von $t = 0$ ms die Gleichung

$$u_\Delta = \hat{U}_\Delta \cdot \frac{t}{T_S/4} \quad \text{für} \; -\frac{T_S}{4} < t < \frac{T_S}{4}$$

Die Dreieckspannung u_Δ schneidet die Steuerspannung u_{steuer} zum Zeitpunkt t_1. Mathematisch ist dieser Zeitpunkt festgelegt durch

$$t_1 = \frac{u_{Steuer}}{\hat{U}_\Delta} \cdot \frac{T_S}{4} \tag{4.13}$$

Solange die Steuerspannung größer ist als die Dreieckspannung, bleibt das Schalterpaar (T_{A+}, T_{B-}) eingeschaltet. Dies gilt demnach für $t < t_1$, und auch für $t > (T_S/2 - t_1)$. Lediglich während der Zeitspanne $T_S/2 - 2t_1$ ist das Schalterpaar (T_{A+}, T_{B-}) aus- und stattdessen (T_{A-}, T_{B+}) eingeschaltet.

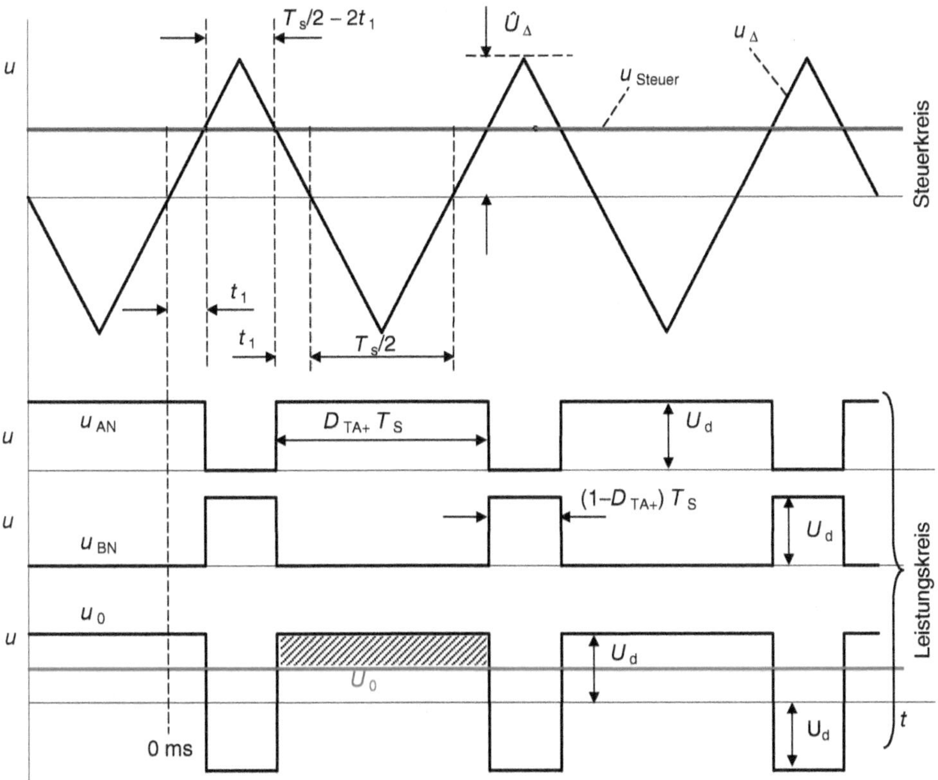

Bild 4.28 Zeitverläufe bei der Pulsweitenmodulation mit zwei Spannungsniveaus; oben: Steuer- und Dreieckspannung, Mitte: Teilspannungen u_{AN}, u_{BN}, unten: Ausgangsspannung $u_0(t)$ und darin enthaltener Mittelwert U_0

Die Einschaltzeit t_{ein} des Schalterpaares (T_{A+}, T_{B-}) ergibt sich folglich aus

$$t_{ein} = 2 \cdot t_1 + \frac{T_S}{2}$$

Somit erhält man für den Tastgrad D_{TA+}:

$$D_{TA+} = \frac{t_{ein}}{T_S} = \frac{2 \cdot t_1 + \frac{T_S}{2}}{T_S} = 2 \cdot \frac{t_1}{T_S} + \frac{1}{2} \tag{4.14}$$

Unter Verwendung von Gl. (4.13) kann t_1 ersetzt werden. Damit ergibt sich der Tastgrad D_{TA+} in Abhängigkeit der Steuerspannung:

$$D_{TA+} = 2 \cdot \frac{t_1}{T_S} + \frac{1}{2} = 2 \cdot \frac{\frac{u_{Steuer}}{\hat{U}_\Delta} \cdot \frac{T_S}{4}}{T_S} + \frac{1}{2} = \frac{u_{Steuer}}{\hat{U}_\Delta} \cdot \frac{1}{2} + \frac{1}{2} = \frac{1}{2} \cdot \left(1 + \frac{u_{Steuer}}{\hat{U}_\Delta}\right)$$

Die Schalterpaare (T_{A+}, T_{B-}) sowie (T_{A-}, T_{B+}) werden alternierend ein- und ausgeschaltet. Daher kann der Tastgrad D_{TB+} von (T_{A-}, T_{B+}) aus D_{TA+} berechnet werden:

$$D_{TB+} = 1 - D_{TA+}$$

Der Mittelwert U_0 der Gesamtausgangsspannung wird nun unter Verwendung von Gl. (4.12) berechnet. Man erhält

$$\begin{aligned}
U_0 &= U_{AN} - U_{BN} = U_d \cdot D_{TA+} - U_d \cdot D_{TB+} \\
U_0 &= U_d \cdot \frac{1}{2} \cdot \left(1 + \frac{u_{Steuer}}{\hat{U}_\Delta}\right) - U_d \cdot \left(1 - \frac{1}{2} \cdot \left(1 + \frac{u_{Steuer}}{\hat{U}_\Delta}\right)\right) \\
U_0 &= U_d \cdot \left(\frac{1}{2} \cdot \left(1 + \frac{u_{Steuer}}{\hat{U}_\Delta}\right) - 1 + \frac{1}{2} \cdot \left(1 + \frac{u_{Steuer}}{\hat{U}_\Delta}\right)\right) \\
U_0 &= U_d \cdot \left(2 \cdot \frac{1}{2} \cdot \left(1 + \frac{u_{Steuer}}{\hat{U}_\Delta}\right) - 1\right) = U_d \cdot \left(\left(1 + \frac{u_{Steuer}}{\hat{U}_\Delta}\right) - 1\right) = U_d \cdot \frac{u_{Steuer}}{\hat{U}_\Delta}
\end{aligned} \tag{4.15}$$

Bei konstanter Eingangsspannung U_d und konstanter Amplitude $\hat{U}_\Delta$ der Dreieckspannung ist der Mittelwert U_0 der Ausgangsspannung bei der Pulsweitenmodulation mit zwei Spannungsniveaus proportional zur Amplitude der Steuerspannung u_{Steuer}. Der Momentanwert der Ausgangsspannung $u_0(t)$ beträgt entweder $+U_d$ oder $-U_d$.

An die Last werden abwechselnd beide Polaritäten der Eingangsspannung U_d angelegt. Daraus leitet sich die Bezeichnung Pulsweitenmodulation mit zwei Spannungsniveaus (PWM2) ab. Bisweilen wird dieses Steuerverfahren auch bipolare Pulsweitenmodulation genannt, weil der Momentanwert der Ausgangsspannung entweder $+U_d$ oder $-U_d$, aber niemals den Wert 0 annimmt.

Übung 4.15

Ein Vierquadrantensteller ist an eine Batterie mit 24 V angeschlossen. Die Amplitude der Dreieckspannung beträgt $\hat{U}_\Delta$ = 10 V. Zeichnen Sie den Verlauf der Ausgangsspannung in das Diagramm ein.

WWW Wie groß wird der Mittelwert der Ausgangsspannung, wenn die Steuerspannung 3 V beträgt? Überprüfen Sie Ihre Lösung mit dem Applet „Vollbrücke mit PWM".

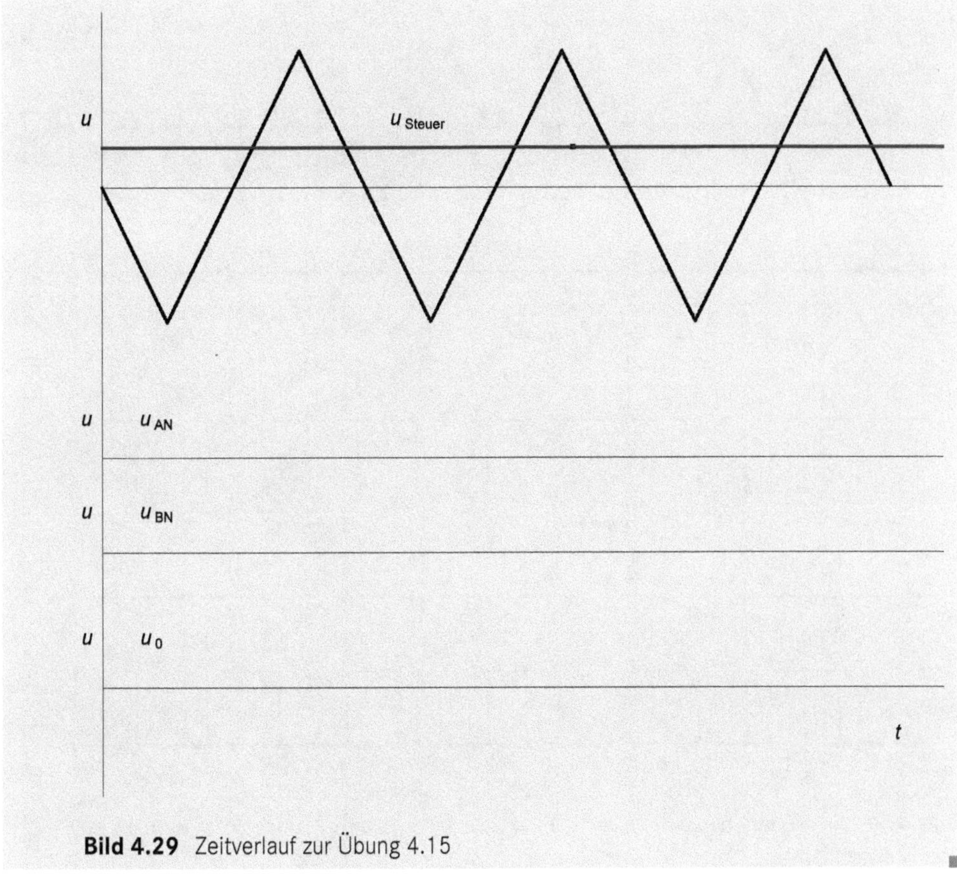

Bild 4.29 Zeitverlauf zur Übung 4.15

4.5.2.2 PWM mit drei Spannungsniveaus (PWM3)

Bei der zuvor besprochenen Pulsweitenmodulation mit zwei Spannungsniveaus werden (T_{A+}, T_{B-}) sowie (T_{A-}, T_{B+}) als Paare behandelt und gleichzeitig geschaltet. Allerdings nutzt man so nicht alle Möglichkeiten des Stellers aus, da die beiden Schalter eines Schalterpaares ja grundsätzlich *unabhängig* voneinander geschaltet werden können. Dies wird bei der Pulsweitenmodulation mit drei Spannungsniveaus berücksichtigt. Dazu vergleicht man die Dreieckspannung wie oben mit der Steuerspannung u_{Steuer}. Zusätzlich erfolgt der Vergleich aber auch mit der negativen Steuerspannung $-u_{\text{Steuer}}$.

In Bild 4.30 ist u. a. der Zeitverlauf von $u_0(t)$ dargestellt. Man erkennt, dass bei diesem Steuerverfahren die Ausgangsspannung $u_0(t)$ bei positivem Mittelwert U_0 zwischen $+U_\text{d}$ und 0 hin- und hergeschaltet wird. Ein negativer Mittelwert - in Bild 4.30 nicht dargestellt - entsteht durch ein Schalten der Ausgangsspannung zwischen $-U_\text{d}$ und 0. Weil die Spannungspulse immer nur positiv *oder* negativ sind, wird diese Modulationstechnik auch unipolare Pulsweitenmodulation genannt.

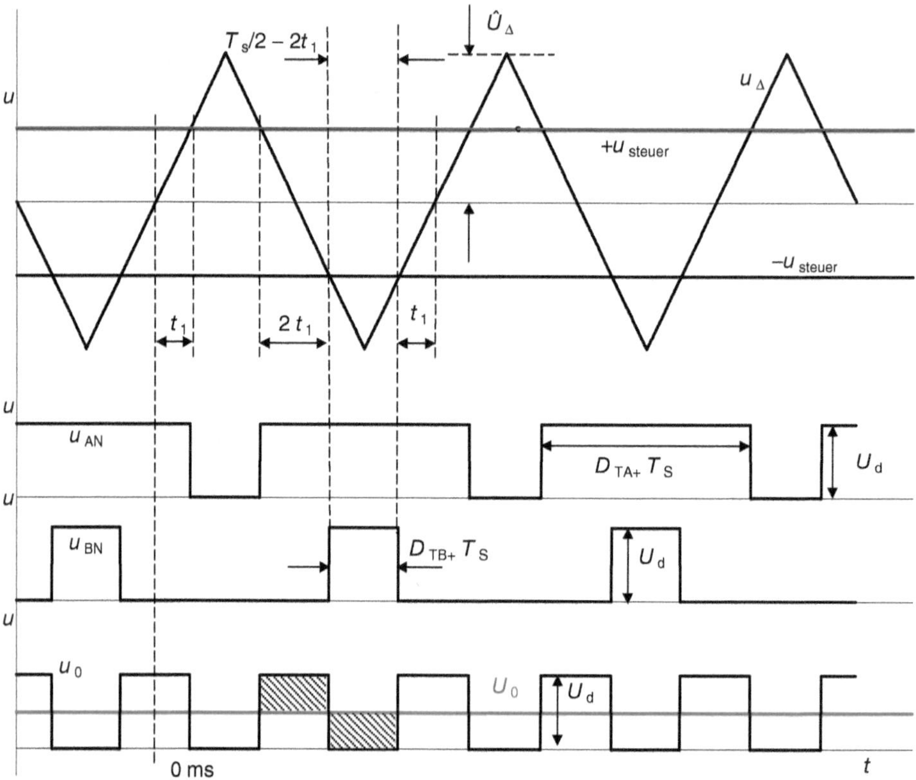

Bild 4.30 Zeitverläufe bei der Pulsweitenmodulation mit drei Spannungsniveaus; oben: Steuer- und Dreieckspannung, Mitte: Teilspannungen u_{AN}, u_{BN}, unten: Ausgangsspannung $u_0(t)$ und darin enthaltener Mittelwert U_0

Die Einschaltbedingungen für die einzelnen Schalter lauten nun:

- T_{A+} wird eingeschaltet, wenn $u_{Steuer} \geq u_\Delta$.
- T_{A-} wird eingeschaltet, wenn $u_{Steuer} < u_\Delta$.
- T_{B+} wird eingeschaltet, wenn $-u_{Steuer} \geq u_\Delta$.
- T_{B-} wird eingeschaltet, wenn $-u_{Steuer} < u_\Delta$.

Damit entstehen die Zeitverläufe von Bild 4.30. Die Spannung $u_{AN}(t)$ ist identisch mit der aus Bild 4.28. Der Verlauf $u_{BN}(t)$ wird jetzt allerdings von den Schnittpunkten von $-u_{Steuer}$ mit der Dreieckspannung bestimmt. Immer dann, wenn $-u_{Steuer} > u_\Delta$ ist, wird T_{B+} eingeschaltet. Dies ist unter den in Bild 4.30 dargestellten Randbedingungen immer während des Zeitraums $T_S/2 - 2t_1$ der Fall.

Für den Tastgrad D_{TA+} gilt in Analogie zu Gl. (4.14):

$$D_{TA+} = \frac{t_{ein}}{T_S} = \frac{2 \cdot t_1 + \frac{T_S}{2}}{T_S} = 2 \cdot \frac{t_1}{T_S} + \frac{1}{2}$$

Der Tastgrad D_{TB+} ergibt sich aus

$$D_{TB+} = \frac{\frac{T_S}{2} - 2 \cdot t_1}{T_S} = \frac{1}{2} - \frac{2 \cdot t_1}{T_S}$$

Der Mittelwert U_0 der Gesamtausgangsspannung wird wiederum unter Verwendung von Gl. (4.12) und Gl. (4.13) berechnet. Man erhält danach

$$U_0 = U_{AN} - U_{BN} = U_d \cdot D_{TA+} - U_d \cdot D_{TB+}$$

$$U_0 = U_d \cdot \left(2 \cdot \frac{t_1}{T_S} + \frac{1}{2}\right) - U_d \cdot \left(\frac{1}{2} - \frac{2 \cdot t_1}{T_S}\right)$$

$$U_0 = U_d \cdot \left(2 \cdot \frac{t_1}{T_S} + \frac{1}{2} - \left(\frac{1}{2} - \frac{2 \cdot t_1}{T_S}\right)\right) = U_d \cdot \left(2 \cdot \frac{t_1}{T_S} + \frac{1}{2} - \frac{1}{2} + \frac{2 \cdot t_1}{T_S}\right)$$

$$U_0 = U_d \cdot \left(2 \cdot \frac{t_1}{T_S} + \frac{2 \cdot t_1}{T_S}\right) = U_d \cdot \left(\frac{4 \cdot t_1}{T_S}\right) = U_d \cdot \left(\frac{4 \cdot \frac{u_{Steuer}}{\hat{U}_\Delta} \cdot \frac{T_S}{4}}{T_S}\right)$$

$$U_0 = U_d \cdot \frac{u_{Steuer}}{\hat{U}_\Delta} \tag{4.16}$$

Bei konstanter Amplitude $\hat{U}_\Delta$ der Dreieckspannung und konstanter Eingangsspannung U_d ist der Mittelwert U_0 der Ausgangsspannung bei der Pulsweitenmodulation mit drei Spannungsniveaus ebenfalls proportional zur Amplitude der Steuerspannung u_{Steuer}. Hinsichtlich der Mittelwerte gibt es keine Abweichungen zwischen uni- und bipolarer PWM. ■

Der Unterschied beider Verfahren liegt in den Momentanwerten von $u_0(t)$. Hier erzeugt das versetzte Schalten von T_{A+} und T_{B+} verglichen mit dem Steuerverfahren PWM2 die doppelte Frequenz der Ausgangsgröße $u_0(t)$. Für $+u_{Steuer} > 0$ beträgt der Momentanwert der Ausgangsspannung $u_0(t)$ entweder $+U_d$ oder 0. Negative Steuerspannungen $+u_{Steuer} < 0$ führen dazu, dass entweder $-U_d$ oder 0 an die Last angelegt werden. Weil die Momentanwerte der Lastspannung $u_0(t)$ $+U_d$, $-U_d$ oder 0 betragen können, wird die unipolare Pulsweitenmodulation auch als Pulsweitenmodulation mit drei Spannungsniveaus (PWM3) bezeichnet.

Beispiel 4.9 Stromverlauf bei unipolarer Pulsweitenmodulation

Ein Gleichstrommotor wird von einer Vollbrücke versorgt und soll durch seine Ankerinduktivität L und eine Gegenspannung U_q nachgebildet werden. Geben Sie das Schaltbild der Anordnung an. Für den gegebenen Verlauf der Steuerspannungen sind die Zeitverläufe der Lastspannung $u_0(t)$ sowie des Laststromes $i_0(t)$ zu ermitteln. Berechnen Sie den Mittelwert U_0. Wie groß wird die Schwankung Δi_0 des Ausgangsstromes?

Verwenden Sie zur Lösung das Applet „VQS-GM“.

Daten der Anlage:	$\lvert U_{Steuer} \rvert = 7.5$ V	$\hat{U}_\Delta = 10$ V	$U_d = 100$ V
	$L = 10$ mH	$U_q = 75$ V	$T_S = 20$ µs

Lösung:

Wird der Ankerwiderstand des Gleichstrommotors vernachlässigt, so verwendet man das Schaltbild aus Bild 4.31.

Die Zeitverläufe der Lastspannung $u_0(t)$ ergeben sich nach den Erläuterungen zur unipolaren Pulsweitenmodulation. Der Mittelwert U_0, der sich bei dieser Steuerspannung einstellt, ist positiv. Daher beträgt $u_0(t)$ entweder $+U_d$ oder 0 V.

Die Spannung an der Induktivität bestimmt wesentlich den Zeitverlauf des Laststromes. Für diese gilt allgemein:

$$u_L = u_0 - U_q$$

Die Lastspannung $u_0(t)$ kann in Abhängigkeit vom Schaltzustand lediglich die Werte $+U_d$ und 0 V annehmen. Die Spannung U_q des Motors ist bei unveränderter Drehzahl ebenfalls konstant. Damit ergeben sich für die Spannung $u_L(t)$ die beiden Werte:

$$u_L = -U_q \quad \text{für } u_0 = 0, \text{ also } T_{A+} \text{ und } T_{B+} \text{ leitend}$$

$$u_L = U_d - U_q \quad \text{für } u_0 = U_d, \text{ also } T_{A+} \text{ und } T_{B-} \text{ leitend}$$

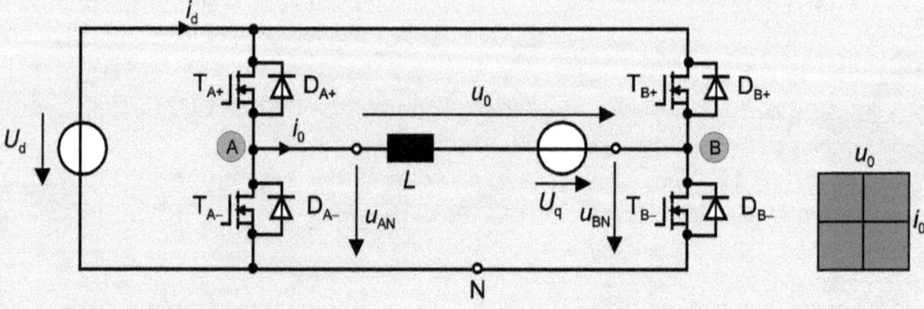

Bild 4.31 Vollbrücke mit vereinfachter Nachbildung des Gleichstrommotors

Über das Induktionsgesetz hängt die Spannung an der Induktivität mit dem fließenden Strom zusammen, da hier der Laststrom und der Strom durch die Induktivität identisch sind.

$$u_L = L \cdot \frac{di_L}{dt} = L \cdot \frac{di_0}{dt} = u_0 - U_q \tag{4.17}$$

Dieser Zusammenhang wird so umgestellt, dass $i_0(t)$ berechnet werden kann.

$$di_0 = \frac{u_0 - U_q}{L} \cdot dt \qquad \text{und damit} \qquad \int di_0 = \int \frac{u_0 - U_q}{L} \cdot dt$$

Als Zeitverlauf für den Laststrom ergeben sich demnach Geradenteilstücke. Immer dann, wenn $u_0(t)$ umgeschaltet wird, ändert sich ebenso die Steigung dieser Geraden.

Der Laststrom kann aufgrund der Induktivität L nicht beliebig schnell verstellt werden. Man sagt, der Laststrom ist „nicht sprungfähig". Mathematisch wird dies bei der Integration durch den jeweiligen Anfangswert $I_{0,A}$ und $I_{0,B}$ ausgedrückt. Für die beiden möglichen Werte der Lastspannung $u_0(t)$ erhält man so die nachfolgenden Gleichungen zur Beschreibung des Laststromverlaufes.

$$u_0 = +U_d \qquad i_0(t) = \int \frac{u_0 - U_q}{L} \cdot dt = \int \frac{U_d - U_q}{L} \cdot dt = \frac{U_d - U_q}{L} \cdot t + I_{0,A}$$

$$u_0 = 0\,\text{V} \qquad i_0(t) = \int \frac{u_0 - U_q}{L} \cdot dt = \int \frac{0 - U_q}{L} \cdot dt = -\frac{U_q}{L} \cdot t + I_{0,B}$$

Demnach schwankt der Laststrom $i_0(t)$, wie in Bild 4.32 gezeigt, zeitlinear um seinen Mittelwert $I_0 = 0.5 \cdot (I_{0,A} + I_{0,B})$. Dessen absoluter Wert I_0 ist nicht gegeben und wird auch nicht berechnet. Er hängt u. a. davon ab, mit welchem Drehmoment der Motor belastet wird. Die Schwankungsbreite Δi_0, also der Wechselanteil, den der Laststrom aufweist, wird durch die Größe der Induktivität L, die Höhe der Spannung U_d sowie die Zeitdauer t_1 bestimmt.

Unter Anwendung von Gl. (4.13) und den vorliegenden Zahlenwerten erhält man:

$$t_1 = \frac{u_{\text{Steuer}}}{\hat{U}_\Delta} \cdot \frac{T_S}{4} = \frac{7.5\,\text{V}}{10\,\text{V}} \cdot \frac{20\,\mu\text{s}}{4} = 3.75\,\mu\text{s}$$

Die Lastspannung nimmt gemäß Bild 4.32 den Wert $+U_d$ für die Dauer von $2\,t_1$ an. Mit dieser Information kann die Schwankungsbreite berechnet werden:

$$\Delta i_0 = \frac{U_d - U_q}{L} \cdot 2 \cdot t_1 = \frac{100\,\text{V} - 75\,\text{V}}{0.01\,\text{H}} \cdot 7.5\,\mu\text{s} \qquad \text{somit} \qquad \Delta i_0 = 18.75\,\text{mA}$$

Der Mittelwert U_0 der Lastspannung ergibt sich nach Gl. (4.16) und ist gleich der Gegenspannung U_q des Motors.

$$U_0 = U_d \cdot \frac{u_{Steuer}}{\hat{U}_\Delta} = 100\,V \cdot \frac{7.5\,V}{10\,V} = 0.75 \cdot 100\,V = 75\,V$$

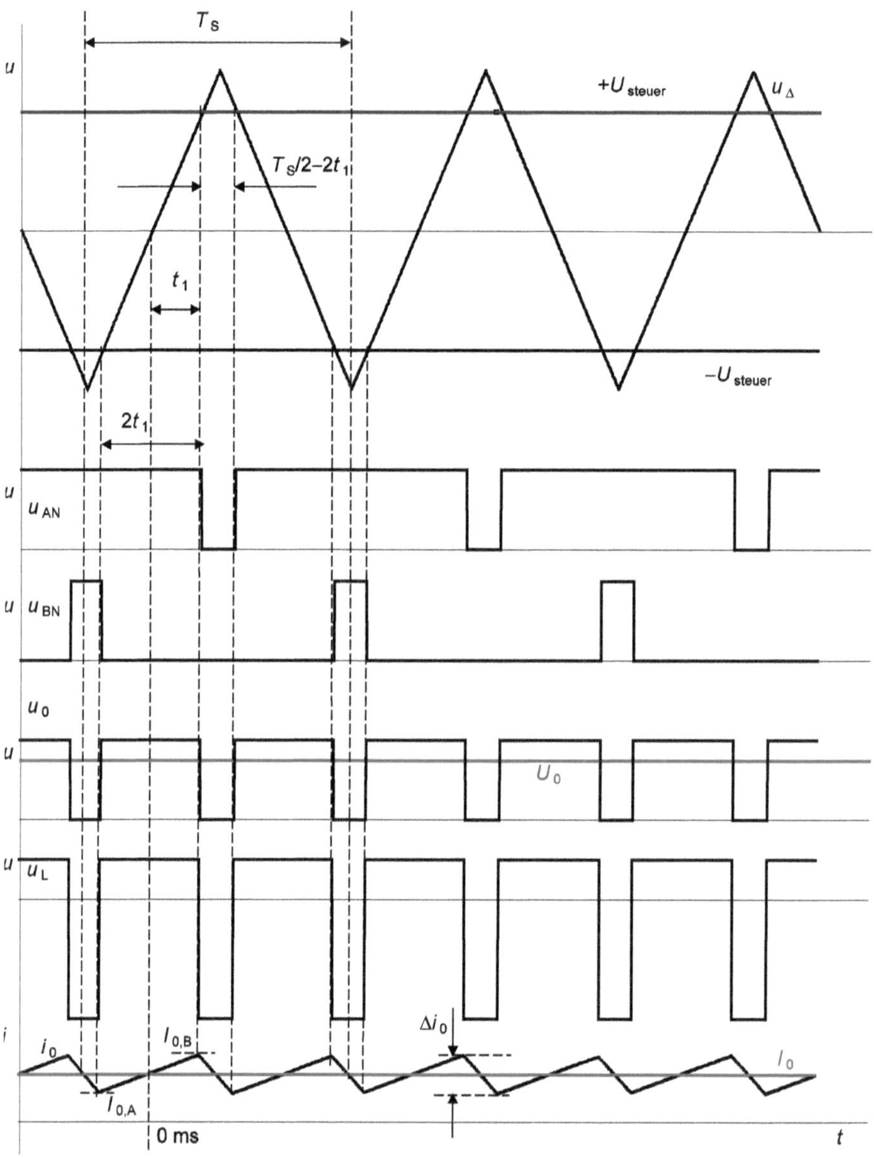

Bild 4.32 Strom- und Spannungszeitverläufe bei der unipolaren Ansteuerung eines Gleichstrommotors oben: Steuer- und Dreieckspannung, Mitte: Teilspannungen u_{AN}, u_{BN}, Ausgangsspannung $u_0(t)$ und darin enthaltener Mittelwert U_0, unten: Drosselspannung u_L, Laststrom i_0

Übung 4.16

Ermitteln Sie aus Bild 4.32 die Frequenz des Wechselanteils von $i_0(t)$. Vergleichen Sie diesen mit der Frequenz der Dreieckspannung. Welchen Unterschied stellen Sie fest? Ziehen Sie daraus eine grundlegende Schlussfolgerung bezüglich der Schaltfrequenzen bei PWM2 und PWM3.

Überprüfen Sie Ihre Lösung mit dem Applet „Vollbrücke mit PWM".

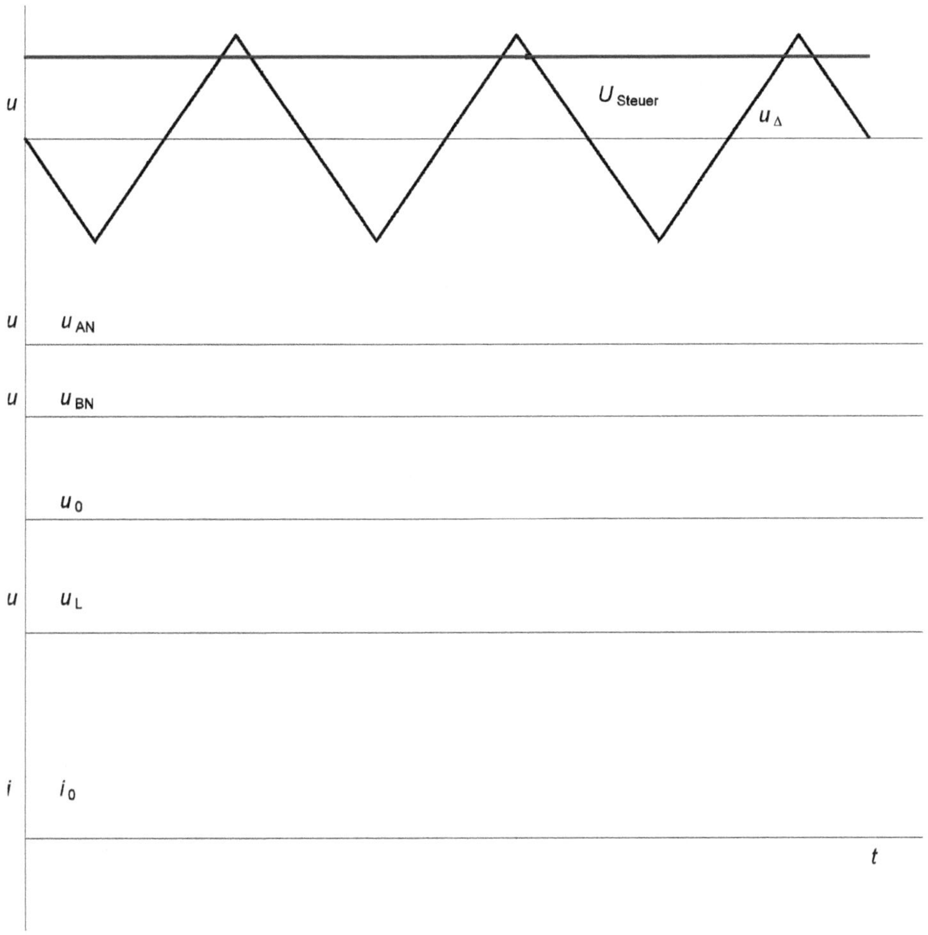

u U_{Steuer} u_Δ

u u_{AN}

u u_{BN}

u_0

u u_L

i i_0

t

Bild 4.33 Zur Übung 4.17

Übung 4.17

Ein Gleichstrommotor wird von einer Vollbrücke versorgt und soll durch seine Ankerinduktivität L und eine Gegenspannung U_q nachgebildet werden. Die Ansteuerung erfolgt nach dem Verfahren der bipolaren Pulsweitenmodulation. Zeichnen Sie das Schaltbild der Anordnung und berechnen Sie den Mittelwert U_0. Welche Ankerinduktivität muss der Motor aufweisen, damit die Schwankungsbreite Δi_0 des Ankerstroms kleiner als 100 mA bleibt?

Daten der Anlage: $|U_{Steuer}| = 8$ V, $\hat{U}_\Delta = 10$ V, $U_d = 100$ V, $U_q = 80$ V, $T_S = 100$ µs

Ermitteln Sie für den gegebenen Verlauf der Steuerspannung die Zeitverläufe der Lastspannung $u_0(t)$ sowie des Laststromes $i_0(t)$. Verwenden Sie zur Lösung das Applet „Vollbrücke mit PWM".

Beispiel 4.10 Abbremsen eines Gleichstrommotors

Mit der Vollbrücke nach Bild 4.31 kann ein Motor auch abgebremst werden. Ein beispielhafter Verlauf der elektrischen Größen ist in Bild 4.34 dargestellt. Um ein Bremsmoment zu erzeugen, muss zunächst der Ankerstrom des Motors umgekehrt werden. Dies gelingt dadurch, dass die Lastspannung U_0 negativ wird. Um dies zu erreichen, erniedrigt man die Steuerspannung.

In Bild 4.34 wird diese Veränderung im Zeitraum T_{UA} bis T_{UE} zeitlinear durchgeführt.

Anmerkung: Üblicherweise ist die Steuerspannung die Ausgangsgröße eines Reglers. Im Allgemeinen wird eine solche Spannungsumkehr nichtlinear verlaufen.

Als Folge der variierenden Steuerspannung ändern sich ebenso deren Schnittpunkte mit der Dreieckspannung. Dies führt dazu, dass sich die Pulsbreite von u_{AN} verringert und die von u_{BN} erhöht. Somit verkleinert sich der Mittelwert U_0 der Ausgangsspannung in gleichem Maße wie die Steuerspannung.

Selbstverständlich hängt die Stromwelligkeit, die sich für $t < T_{UA}$, also bei zunächst unveränderter Steuerspannung, während einer Schaltperiode einstellt, von der Induktivität ab. In Bild 4.34 ist die Größe der Induktivität L so angenommen, dass sich die eingezeichneten, gut darstellbaren Stromänderungsgeschwindigkeiten di_0/dt ergeben. In diesem Zeitraum ist der Mittelwert U_L gleich null.

Die abweichende Pulsweite von $u_0(t)$ führt für $t > T_{UA}$ zwangsläufig zu einem anderen Zeitverlauf der Spannung $u_L(t)$ an der Induktivität. Allerdings ändern sich nicht die Amplitudenwerte der Spannung U_L, sondern lediglich deren Einschaltverhältnis. Daher bleibt auch bei veränderlicher Steuerspannung die Steigung di_0/dt gleich. Die variablen Einschaltverhältnisse bewirken aber, dass der Mittelwert U_L für $t > T_{UA}$ nicht mehr null ist, sondern negativ wird. Nach Gl. (4.17) ist eine Änderung des Laststroms $i_0(t)$ die Folge. Daher wird auch der Mittelwert I_0

dieses Stroms kleiner und ab einem bestimmten Zeitpunkt sogar negativ. Dieser negative Strom führt dann zu einem beginnenden Bremsmoment am Motor.

Bei dieser Darstellung wird unterstellt, dass im betrachteten Zeitraum trotz des bremsenden Drehmomentes die Drehzahl des Gleichstrommotors und damit auch dessen induzierte Spannung U_q unverändert bleibt.

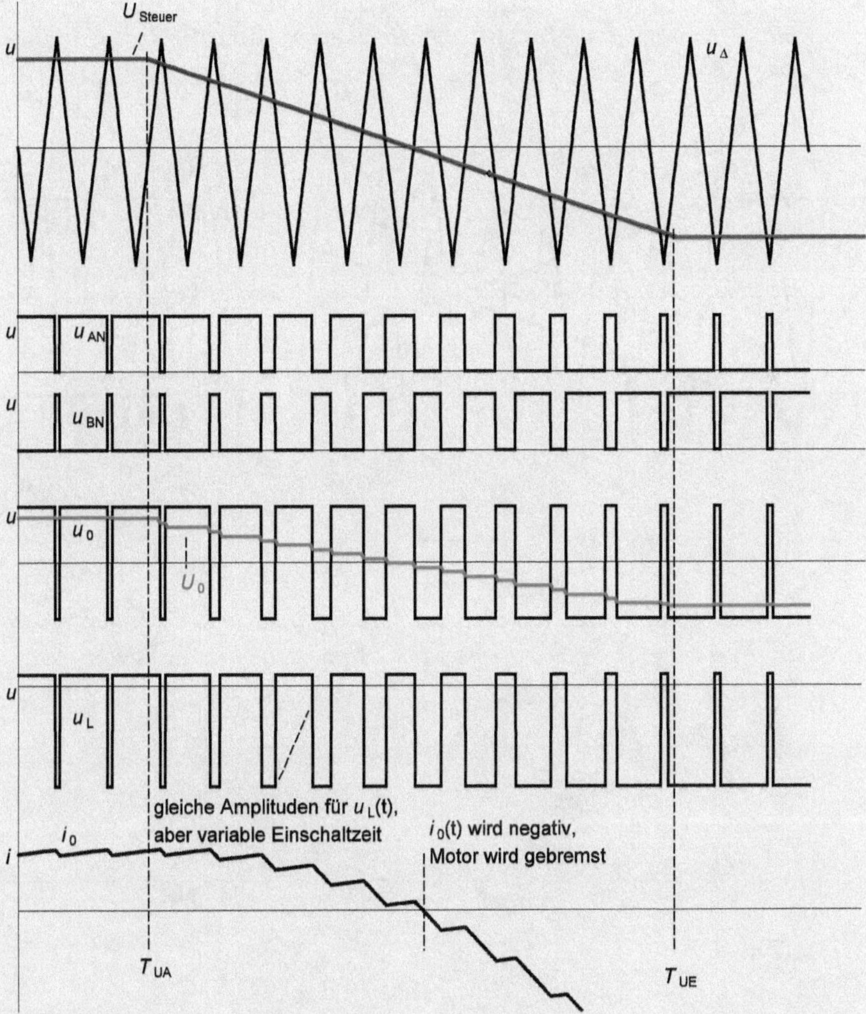

Bild 4.34 Zeitverläufe während der Spannungsumkehr bei einer Vollbrücke mit PWM2; oben: Steuer- und Dreieckspannung, Mitte: Teilspannungen u_{AN}, u_{BN}, Ausgangsspannung u_0 und darin enthaltener Mittelwert U_0, unten: Drosselspannung u_L, Laststrom i_0

Übung 4.18

Ermitteln Sie analog zu Beispiel 4.10 anhand von Bild 4.35 die prinzipiellen Zeitverläufe bei der Stromumkehr für den Fall, dass die unipolare Pulsweitenmodulation PWM3 zum Einsatz kommt. Gehen Sie davon aus, dass sich die Drehzahl des Motors und damit dessen induzierte Spannung im betrachteten Zeitraum noch nicht verändern. Wählen Sie zum Zeichnen des Stromverlaufs eine Stromänderung, die sich im Bild gut darstellen lässt. Kennzeichnen Sie, ab welchem Zeitpunkt ein bremsendes Drehmoment am Motor vorliegt. ■

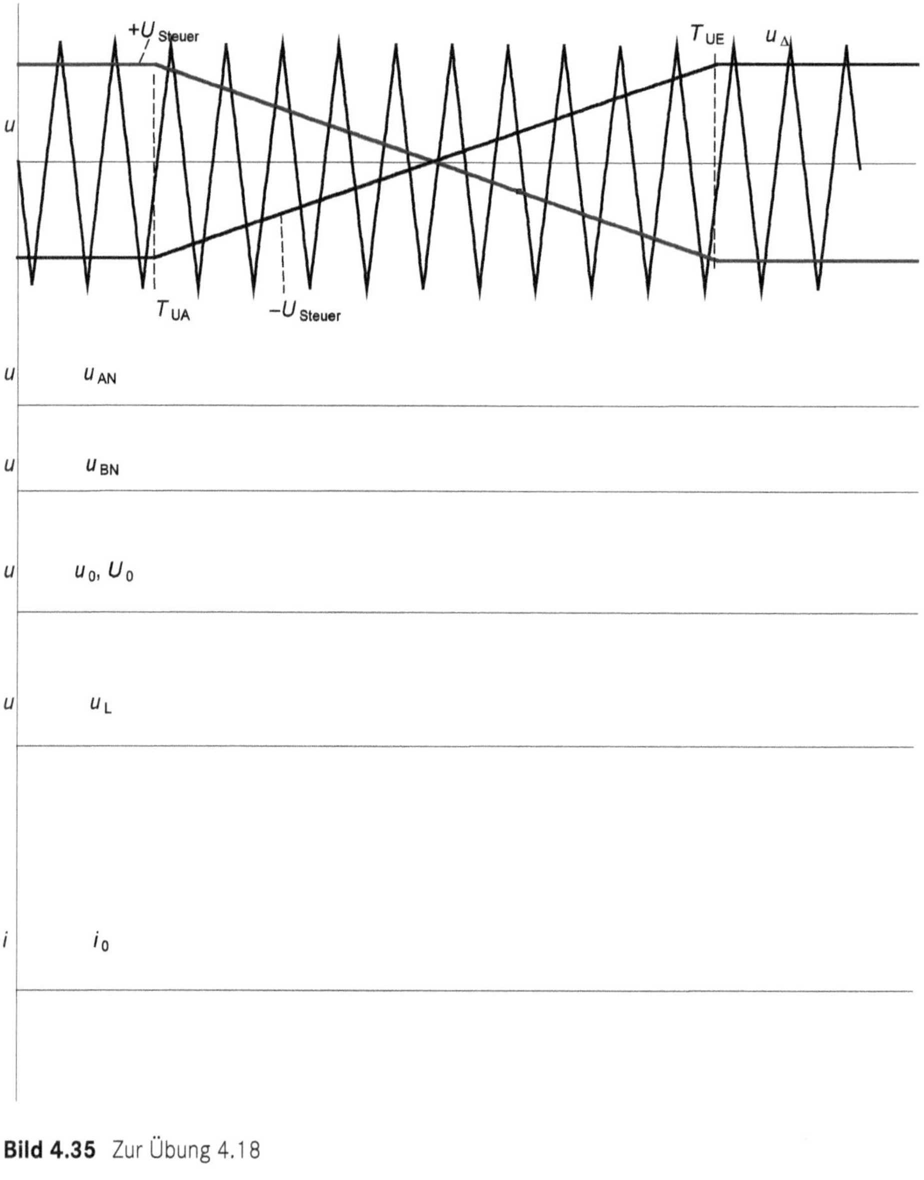

Bild 4.35 Zur Übung 4.18

4.6 Ansteuerschaltungen für MOS-Transistoren

Lernziele

Die Lernenden ...

- erläutern die Notwendigkeit eines hohen Einschalt- und Abschaltstromes,
- beschreiben unterschiedliche Ansteuerkreise,
- verstehen, in welchen Fällen potenzialfreie Ansteuerkreise erforderlich sind.

4.6.1 Grundlagen

In den vorangegangenen Abschnitten wurde das Klemmenverhalten von verschiedenen Gleichstromstellerschaltungen im lückenden und nicht lückenden Betrieb besprochen. Ohne nähere Erläuterung galt die Voraussetzung, dass an den Schnittpunkten zwischen Steuerspannung und Sägezahn- bzw. Dreieckspannung ein bestimmter Transistor ein- bzw. ausschaltet. Im Folgenden werden einige Schaltungen besprochen, mit denen N-Kanal-MOS-Transistoren gezielt ein- und ausgeschaltet werden können. Diese Schaltungen werden in [Schlienz03] vorgestellt und dort ausführlich diskutiert. Sie können prinzipiell auch auf andere spannungsgesteuerte Bauelemente wie beispielsweise den IGBT übertragen werden.

MOSFETs benötigen im Gegensatz zum Bipolartransistor keinen Steuerstrom, sondern eine Steuerspannung. Die Spannung am Gate-Anschluss steuert den Innenwiderstand zwischen dem Drain- und dem Source-Anschluss. Ist die Gate-Source-Spannung null, dann beträgt der Innenwiderstand einige MΩ. Der MOSFET sperrt. Bei Spannungen um 12 V erreicht der Innenwiderstand eines N-Kanal-MOSFET seinen Minimalwert, der deutlich unter 1 Ω liegt. Der MOSFET leitet. Spezielle LL-Typen (Logic Level) können schon mit Pegeln, wie sie bei TTL-Schaltungen auftreten, eingeschaltet werden.

Ein MOSFET besitzt keine Schleusenspannung wie Diode oder Thyristor, sondern nur einen Innenwiderstand. Spitzentypen erreichen im voll angesteuerten Zustand einen Innenwiderstand von weniger als 10 mΩ. Ein Strom von 10 A bewirkt hier einen Spannungsabfall von 0.1 V und folglich eine Durchlassverlustleistung von 1W. Schaltet man zwei solcher MOSFETs parallel, halbiert sich der Innenwiderstand, wodurch sich die Verlustleistung auf insgesamt 0.5 W reduziert. Auf jeden MOSFET entfallen also nur 0.25 W.

Allerdings sind die Schaltverluste oft höher als die Verluste im leitenden Zustand. Um sie so klein wie möglich zu halten, muss das Schalten des Bauelements so schnell wie möglich erfolgen.

Im eingeschalteten Zustand wird das Gate des Transistors mit positiver Spannung versorgt. Aufgrund der Isolierschicht ist es wie ein Kondensator geladen. Zum Abschalten müssen diese Ladungsträger in kürzester Zeit aus dem Gate entfernt und nach Masse abgeleitet werden. Die dafür erforderliche Zeit (die Ausschaltzeit) wird zum einen von der Gate-Kapazität und zum anderen vom Innenwiderstand der Ansteuerstufe bestimmt. Je kleiner die Gate-Kapazität und der Innenwiderstand sind, desto höher wird der Entladestrom und desto schneller erfolgt der Schaltvorgang.

Um einen großen MOSFET schnell abzuschalten, sind demnach beachtliche Gateströme nötig, wenn auch nur für einen kurzen Augenblick. Die Ansteuerstufen sind daher i. Allg. recht kräftig ausgelegt und sorgen für eine niederohmige Ansteuerung des Gates.

Im Einschaltkreis der Ansteuerstufe lässt sich der MOSFET durch eine Kapazität zwischen Gate und Source nachbilden. Zum Ein-Ausschalten muss die Kapazität geladen/entladen werden. Dies erfordert teilweise hohe Ladeströme, die aber nur während des Schaltvorganges notwendig sind. ■

Beispiel 4.11 MOSFET-Gate-Treiber

Ein MOSFET weist im eingeschalteten Zustand eine Gate-Ladung von 50 nC auf. Wie groß wird der Gatestrom, wenn der Schaltvorgang 20 ns dauern soll?

Lösung:

Die Ladung von 50 nC verteilt sich auf die Kapazitäten zwischen Gate und Drain C_{GD} sowie zwischen Gate und Source C_{GS}. Die Schaltzeit muss so kurz sein, dass der Transistor während des Schaltvorganges nur kurze Zeit im aktiven Bereich arbeitet. Andererseits darf eine Mindestdauer nicht unterschritten werden, damit die aus den steilen Schaltflanken resultierenden EMV-Probleme beherrschbar bleiben. Passende Schaltzeiten können den Datenblättern der Schalttransistoren entnommen werden; Zeiten zwischen 10 ns und 40 ns sind üblich. Der mittlere Strom beim Schalten berechnet sich aus dem Quotienten von Gate-Ladung und Schaltzeit zu

$$I_G = \frac{Q_{Gate}}{t_{Schalt}} = \frac{50\,\text{nC}}{20\,\text{ns}} = 2.5\,\text{A}$$

■

Die Ansteuerstufen, oder auch Treiberschaltungen genannt, sind die Schnittstellen zwischen dem pulsweitenmodulierten Signal und dem eigentlichen Leistungsschalter. Zur Erläuterung der Funktionsweise werden nachfolgend verschiedene Möglichkeiten der Ansteuerung am Beispiel eines Hochsetzstellers aufgezeigt. Alle dargestellten Treiberstufen sind für einen selbstsperrenden N-Kanal-MOSFET konzipiert.

Am Eingang der Treiberschaltung aus Bild 4.36 liegt ein Logiksignal, das aus einer meist hochohmigen Quelle (in Bild 4.36 ein Komparator) stammt. Der hier verwendete Komparator vom Typ LM339 besitzt einen Ausgang mit offenem Kollektor. Für eine korrekte Funktionsweise wird dieser Ausgang mit dem Pull-Up-Widerstand R_1 auf 12 V gelegt. Der Komparator vergleicht die Steuerspannung mit einem Sägezahnverlauf. Immer dann, wenn die Steuerspannung größer als die Sägezahnspannung ist, schaltet der Komparatorausgang auf High. Ist die Steuerspannung kleiner als die Sägezahnspannung, so ist der Ausgang des Komparators Low. Dieses Schaltverhalten erzeugt am Komparatorausgang ein unipolares pulsweitenmoduliertes Rechtecksignal. Dessen Tastgrad ist nach Gl. (4.1) vom Verhältnis Steuerspannung/Sägezahnspannungsscheitelwert abhängig.

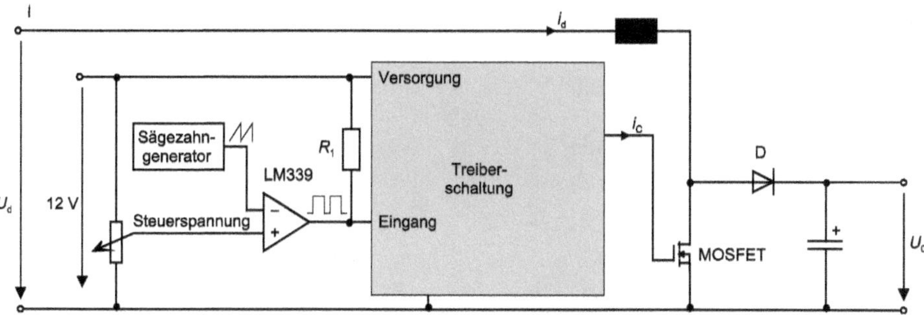

Bild 4.36 Ansteuerung eines MOSFET mit Pulsweitenmodulation und Treiberschaltung

Zum Schalten des Leistungstransistors muss dessen Eingangskapazität umgeladen werden. Der Ausgangsstrom i_C der Treiberstufe ist daher mit guter Näherung als Ladestrom eines Kondensators aufzufassen. Die Treiberschaltung selbst stellt die für den Ladevorgang notwendige Energie zur Verfügung. Je nach Anwendung sind diese Treiberstufen unterschiedlich aufgebaut [Schlienz07].

4.6.2 CMOS-Gatter

Langsam schaltende Transistoren können direkt von CMOS-Gattern aus angesteuert werden. Parallel geschaltete Gatter wie in Bild 4.37 erhöhen den Ausgangsstrom, den die Treiberschaltung liefern kann. Welche Gatterfamilie verwendet werden muss, hängt von der notwendigen Höhe der Gate-Source-Spannung des MOSFET ab. Beträgt diese 8 V, so können Gatter der 4000er-Familie Verwendung finden.

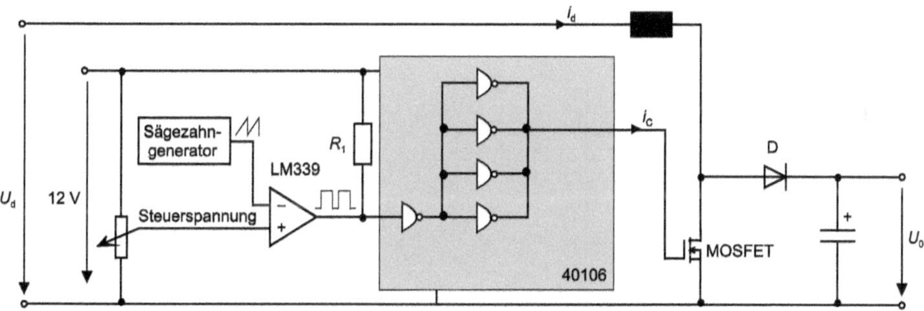

Bild 4.37 Ansteuerung eines MOSFET mit Pulsweitenmodulation und CMOS-Gattern als Treiberstufe

Neben Standard-MOSFETs gibt es auch sog. Logic-Level-Transistoren (IRL1004, IRL3705N u. a.). Für deren Ansteuerung genügen 5-V-Pegel, wie sie von konventionellen TTL-Bausteinen geliefert werden. Transistoren dieser Art sind auch über HC-MOS-Bausteine ansteuerbar. Bei geringen Anforderungen an ihre Schaltgeschwindigkeit reicht bisweilen sogar die Ausgangsleistung aus, die der Port eines Mikrocontrollers zur Verfügung stellt.

4.6.3 Gegentaktstufe

Ein höherer Bedarf an Treiberleistung wird durch eine Gegentaktstufe nach Bild 4.38 bestehend aus dem NPN-Transistor T_1 und dem PNP-Transistor T_2 gedeckt. Den Widerstand R_3 fügt man - falls erforderlich - zur Dämpfung von Schwingungen ein. Weist der Ausgang des Komparators LM339 High-Pegel auf, wird der MOSFET über T_1 eingeschaltet. Ein Low-Pegel am Ausgang des LM339 führt über T_2 zum Abschalten des MOSFET.

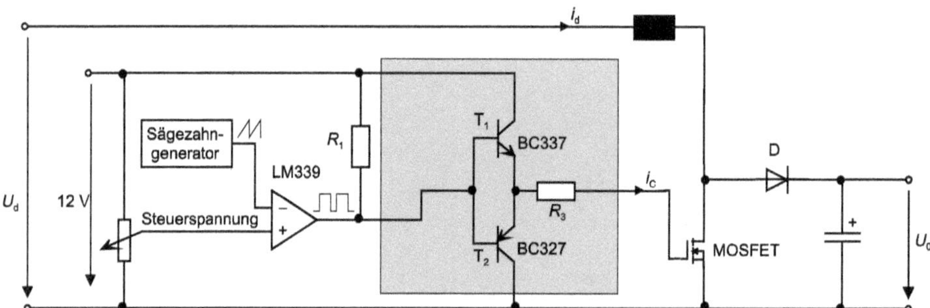

Bild 4.38 Ansteuerung eines MOSFET mit Pulsweitenmodulation und Gegentaktstufe

4.6.4 Beschleunigtes Abschalten

Hin und wieder ist es erforderlich, den Transistor schnell abzuschalten, obwohl ein langsames Einschalten ausreichend ist. In diesem Fall sind die Ein- und Ausschaltzeiten deutlich verschieden, und es kann die Schaltung aus Bild 4.39 verwendet werden.

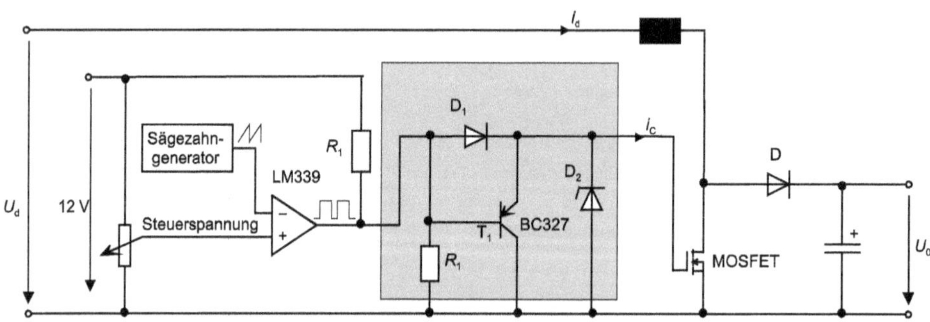

Bild 4.39 Ansteuerung eines MOSFET mit Pulsweitenmodulation und aktiver Abschaltung

Im vorliegenden Fall wird zum Einschalten des MOSFETs das PWM-Signal direkt über die Diode D_1 an das Gate gelegt. Aufgrund des in der Regel hochohmigen Komparatorausgangs schaltet der MOSFET vergleichsweise langsam ein, da die Gate-Source-Kapazität nur über den Pull-Up-Widerstand des Komparators geladen werden kann. Nimmt der Komparatorausgang Low-Pegel an, sperrt die Diode D_1. Stattdessen schaltet T_1 ein und führt die Gate-Ladung des MOSFET gegen Masse ab. Damit schaltet der MOSFET schnell aus. Das Gate eines MOSFET reagiert empfindlich auf Überspannungen. Einen zuverlässigen Schutz gegen zu hohe Spannungen bietet eine Spannungsbegrenzung durch die Zenerdiode D_2.

4.6.5 Treiber-ICs

Zum Einschalten eines N-Kanal-MOSFET ist eine positive Gate-Source-Spannung erforderlich. Selbstverständlich muss diese Spannung während der gesamten Leitdauer in voller Höhe anliegen, damit der Transistor eingeschaltet bleibt. Die bisher behandelten Treiberschaltungen sind in der Lage, eine solche Spannung für den Transistor eines Hochsetzstellers zu erzeugen, dessen Source-Elektrode auf *konstantem* Potenzial liegt (Bild 4.36 bis Bild 4.39).

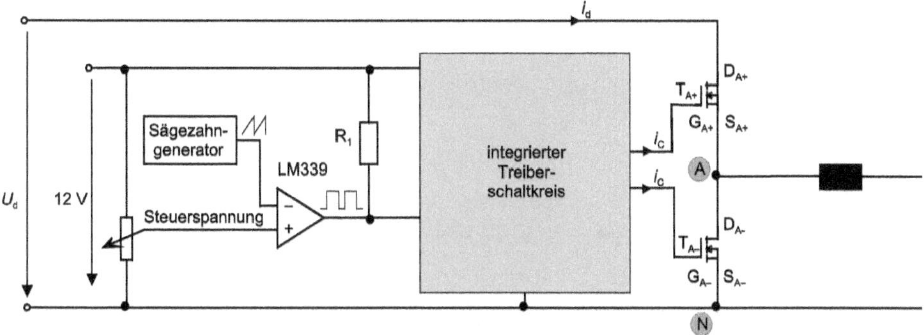

Bild 4.40 Ansteuern einer Halbbrücke

Die Verhältnisse werden komplizierter, wenn sich nach dem Einschalten das Potenzial der Source-Elektrode des Transistors gravierend verändert. Dies ist beispielsweise beim Tiefsetzsteller und auch beim oberen Transistor T_{A+} einer Halbbrücke der Fall. Einzelheiten zeigt Bild 4.40.

Das Einschalten des unteren Transistors T_{A-} ist immer unproblematisch. Dies liegt daran, dass dessen Source-Potenzial unabhängig von seinem Schaltzustand immer gleich dem Bezugspotenzial N ist. Für den oberen Transistor ergeben sich jedoch andere Verhältnisse. Leitet T_{A-}, so hat die Source-Elektrode S_{A+} während dieser Zeit ebenfalls das Potenzial N. Allerdings ändert sich dieses Potenzial schlagartig, wenn T_{A+} selbst eingeschaltet wird. In diesem Fall nimmt es den Wert von U_d an. Damit die Gate-Source-Spannung U_{GA+SA+} von T_{A+} positiv und der Transistor T_{A+} eingeschaltet bleibt, muss das Gate-Potenzial G_{A+} um denselben Betrag wie das Potenzial von S_{A+} ansteigen.

Für solche Anwendungen sind integrierte Treiberbausteine von verschiedenen Herstellern erhältlich. Solche Schaltkreise zur Ansteuerung der oberen Transistoren werden auch *High-Side-Treiber* genannt. Bild 4.41 stellt den schematischen Anschluss eines solchen Treiber-ICs dar.

Die Spannungsversorgung des High-Side-Treibers (HS-Floating-Supply) ist mit einer Ladungspumpe realisiert. Das Bezugspotenzial dieser Versorgung (HS-Bezugspotenzial) hängt vom Potenzial der Source-Elektrode S_{A+} des oberen Transistors ab und ist daher

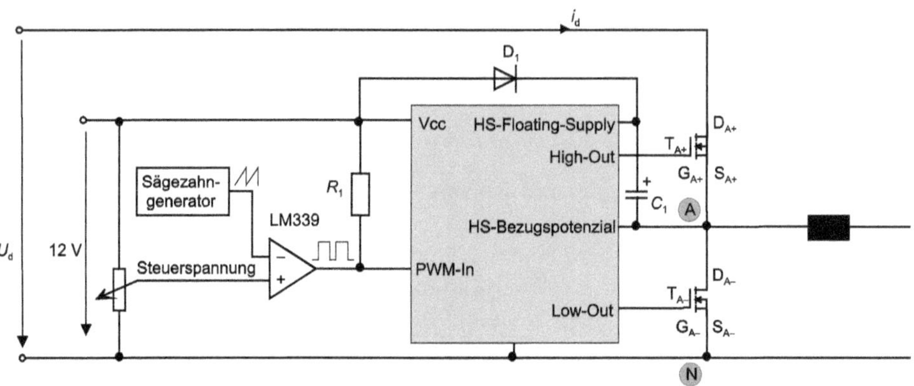

Bild 4.41 schematischer Anschluss eines High-Side-Treibers am Beispiel des IR2151

„floatend". HS-Floating-Supply und ihr zugehöriges Bezugspotenzial sind kapazitiv über C_1 gekoppelt.

Die Diode D_1 entkoppelt die Spannungsversorgung von High-Side- und Low-Side-Treiber. Als Sperrspannung tritt an ihr die Eingangsspannung U_d auf. Daher muss D_1 ein Sperrvermögen in der Größe der Eingangsspannung aufweisen.

Treiberintern wird das angelegte PWM-Signal invertiert. Mit dem Originalsignal wird T_{A+}, mit dem invertierten Signal T_{A-} angesteuert. Invertiertes und nicht invertiertes Signal werden durch eine Totzeit entkoppelt, damit nicht beide Transistoren einer Halbbrücke gleichzeitig eingeschaltet sind.

Neben High-Side-Treibern gibt es auch integrierte MOSFET-Ansteuerschaltkreise (z. B. MIC442x) für normale Low-Side-Anwendungen, die 1.5 A Ausgangsstrom bereitstellen und damit einen MOSFET innerhalb von 35 ns schalten können.

4.6.6 Potenzialfreie Ansteuerung mit Impulsübertrager

Anstelle von integrierten High-Side-Treibern können MOSFETs auch durch potenzialfreie Ansteuerungen mit Impulsübertragern geschaltet werden. Der Transformator sorgt dabei für die Entkopplung zwischen Elektronikmasse und dem Potenzial der MOSFET-Source-Elektrode. In [Schlienz07] wird eine ganze Reihe unterschiedlicher Schaltungsvorschläge diskutiert. Hier folgt die Darstellung einer Lösung, die für die meisten Wandler verwendet werden kann und ein Tastverhältnis zwischen 0 und 100 % zulässt. Bild 4.42 zeigt den diskreten Aufbau der Schaltung zur Ansteuerung des oberen Transistors.

Eingangssignal des Treibers ist wiederum ein pulsweitenmoduliertes Rechtecksignal. Daraus bildet eine elektronische Schaltung, die in Bild 4.42 in Form eines programmierbaren logischen Schaltkreises (PLD) realisiert wird, an den Flanken des Rechtecksignals kurze Rechteckimpulse. Die steigenden Flanken ergeben Impulse für U_{TP2}; aus den fallenden Flanken entstehen Impulse für U_{TP1}. Diese kurzen Impulse steuern den Übertrager; aufgrund der geringen Impulsdauern von einigen µs kann der Übertrager sehr klein ausgeführt werden. Der Kondensator C_{GS} dient hierbei dazu, eine evtl. zu kleine Gate-Source-

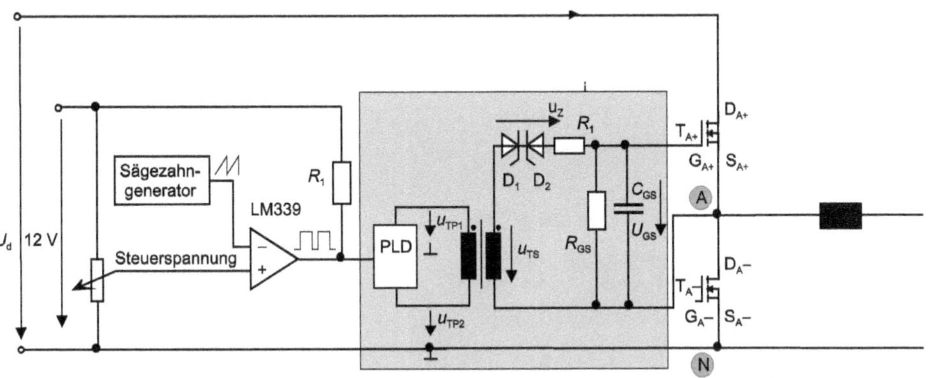

Bild 4.42 Potenzialfreie Ansteuerung des oberen Transistors mit Impulsübertrager

Kapazität des Transistors extern zu vergrößern. Der Widerstand R_{GS} sorgt dafür, dass bei abgeschalteter Betriebsspannung die Gate-Source-Spannung sicher auf null gezogen wird und der Transistor abschaltet. R_1 bedämpft Schwingungen, die aufgrund des Resonanzkreises entstehen, der aus der Übertragerstreuinduktivität und der externen Kapazität C_{GS} gebildet wird.

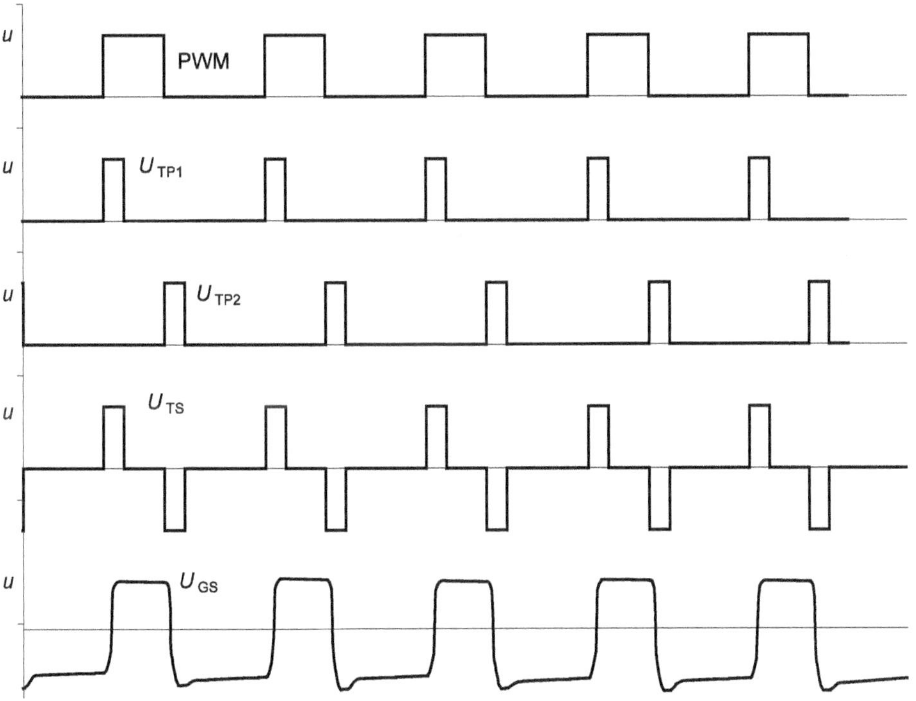

Bild 4.43 Wichtige Zeitverläufe bei der potenzialfreien Ansteuerung nach Bild 4.42; oben: PWM-Signal, obere Mitte: primäre Eingangssignale U_{TP1}, U_{TP2} des Übertragers, untere Mitte: sekundäre Ausgangsspannung U_{TS} des Übertragers, unten: Gate-Source-Spannung U_{GS}

Die Schaltung aus Bild 4.42 wurde mit einem Simulationsprogramm nachgebildet und untersucht. Bild 4.43 zeigt die sich ergebenden Zeitverläufe. Aus den Flanken des PWM-Signals generiert die D/M-Logik kurze Spannungsimpulse U_{TP1} und U_{TP2}. Diese Impulse erscheinen als U_{TS} auch auf der Sekundärseite des Übertragers.

Einschalten

Eine positive Flanke des PWM-Signals erzeugt einen positiven Spannungspuls U_{TS}. Während dieser Puls ansteht, gilt

$$U_{TS} = U_Z + U_{GS}$$

Die Diode D_1 wird in Durchlassrichtung beansprucht. D_2 arbeitet als Zenerdiode. Wird die Zenerspannung der antiseriell geschalteten Zenerdioden halb so groß wie U_{TS} gewählt, dann beträgt die Gate-Source-Spannung U_{GS} ebenfalls $U_{TS}/2$ und der Transistor schaltet ein. Die Spannung U_{GS} bleibt weitgehend erhalten, da D_1 sperrt.

Ausschalten

Die fallende Flanke des PWM-Signals bewirkt einen negativen Spannungspuls U_{TS}. Jetzt arbeitet D_1 als Zenerdiode und D_2 wird in Durchlassrichtung betrieben. Die Spannung U_Z kehrt sich daher um. Für diesen Fall gilt

$$-U_{TS} = -U_Z + U_{GS} = -\frac{U_{TS}}{2} + U_{GS}$$

$$U_{GS} = -\frac{U_{TS}}{2}$$

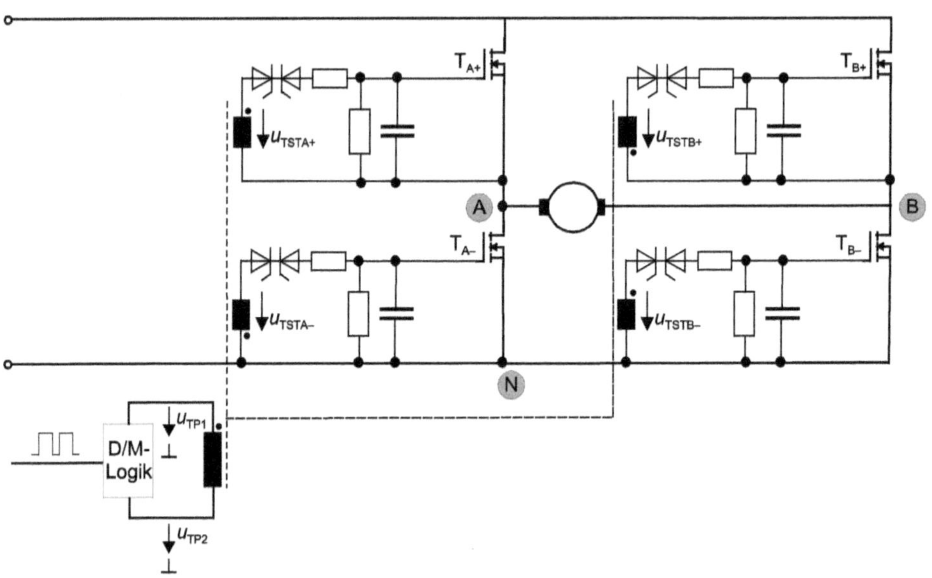

Bild 4.44 Potenzialfreie Ansteuerung einer Vollbrücke

Die Gate-Source-Spannung wird daher negativ und der Transistor schaltet ab. Deutlich ist zu erkennen, dass der Zeitverlauf U_{GS} der Gate-Source-Spannung am Transistor dem Verlauf des eigentlichen rechteckförmigen PWM-Signales entspricht.

Bei einer Vollbrücke hat u. U. jeder der vier Transistoren ein völlig unterschiedliches Source-Potenzial. Die Schaltung aus Bild 4.42 kann wie in Bild 4.44 dargestellt aufgrund ihrer Potenzialfreiheit auch für deren Ansteuerung eingesetzt werden. Es ist lediglich dafür zu sorgen, dass (T_{A+}, T_{B-}) phasenversetzt zu (T_{B+}, T_{A-}) eingeschaltet werden.

In den Abschnitten 4.6.2 bis 4.6.6 wurde eine Reihe von Schaltungen beschrieben, mit denen sich MOS-Transistoren ansteuern lassen. Diese Schaltungen können teilweise kombiniert werden, um komplexere Funktionen zu realisieren.

Beispiel 4.12 Komplexe Ansteuerschaltung eines MOSFET

Bild 4.45 zeigt die Ansteuerschaltung für den Schalttransistor eines Tiefsetzstellers. Aus welchen Bauelementen besteht der Leistungskreis? Erläutern Sie Aufgabe und Funktionsweise aller Bauelemente in der Schaltung.

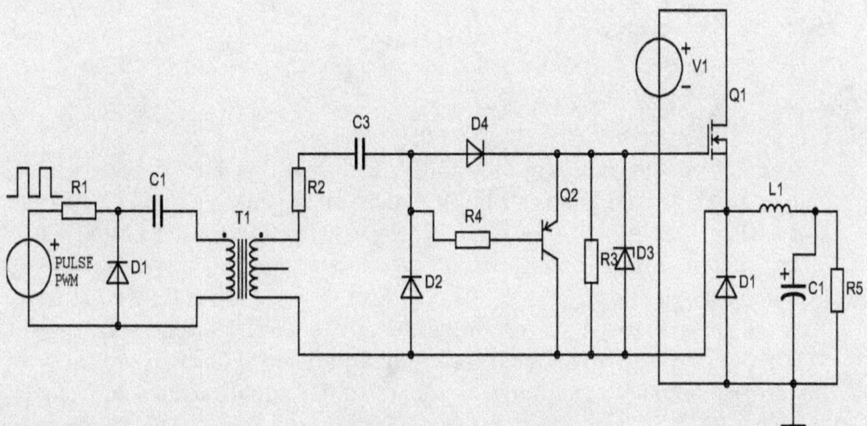

Bild 4.45 Ansteuerung eines MOSFET für einen Tiefsetzsteller

Lösung:
Der Leistungskreis wird aus der Spannungsquelle V_1 versorgt und besteht aus den Bauelementen Q_1, D_1, L_1, C_1 sowie dem Lastwiderstand.

- Q_1: Schalttransistor; D_1: Freilaufdiode; L_1 und C_1: Tiefpassfilter; R_5: Lastwiderstand

Die restlichen Bauelemente bilden den Steuerkreis; als Quelle für das PWM-Signal ist das Element PULSE-PWM dargestellt. Das Übersetzungsverhältnis des Übertragers muss so bestimmt werden, dass die resultierende Gate-Source-Spannung für den verwendeten MOSFET ausreichend groß bemessen ist.

- T_1: Der Übertrager sorgt für die Potenzialtrennung zwischen Steuer- und Leistungskreis. Diese ist erforderlich, da es sich beim Transistor um einen N-Kanal-MOSFET handelt, dessen Source-Elektrode beim Tiefsetzsteller kein festes Potenzial hat.
- R_3: sorgt für ein sicheres Aus des MOSFET wenn die Betriebsspannung fehlt.
- D_3: begrenzt als Zenerdiode die maximal am Gate auftretende Spannung.
- Q_2, R_4, D_4: wirken als aktives Abschaltnetzwerk (vgl. Bild 4.39).
- D_1, D_2: gewährleisten die Entmagnetisierung der jeweiligen Übertragerwicklung.
- Primärseitiges C_1, C_3: ermöglichen zu Beginn eines Pulses einen schnellen Stromanstieg.
- R_1, R_2: stellen eine Strombegrenzung dar.

4.7 Lösungen

Übung 4.1

Soll eine Gleichspannung mit einem elektronischen Schalter abgeschaltet werden, so können Thyristoren hierfür nicht ohne weiteres zum Einsatz kommen. Dies liegt daran, dass sie nur elektronisch eingeschaltet werden können. Die Abschaltung erfolgt normalerweise dann, wenn der Anodenstrom durch das Bauelement aufgrund äußerer Umstände (z. B. Wechselspannungen bei netzgeführten Gleichrichtern) den Wert null erreicht. Statt Thyristoren kommen bei Gleichstromstellern daher Bauelemente in Frage, die elektronisch ein- *und* ausgeschaltet werden können. Dies sind beispielsweise der Bipolar-Transistor, ein MOSFET oder IGBT.

Übung 4.2

Netzteile liefern Ausgangsspannungen im Bereich von 5 V bis 48 V. Schließt man Gleichrichter ohne Transformator an die Netzspannung an, so ergeben sich Gleichspannungsmittelwerte von ca. 207 V. Für normale Netzteilanwendungen sind sie zu hoch, so dass ein Transformator verwendet wird um Spannungen mit geringerer Amplitude zu erzeugen.

Ein weiterer Aspekt ist, dass aus Sicherheitsgründen meistens eine galvanische Trennung zwischen Netzwechselspannung und Ausgangsgleichspannung vorgeschrieben wird.

Übung 4.3

$$T_S = \frac{1}{f_S} = \frac{1}{10\,\text{kHz}} = 100\,\mu\text{s} \qquad t_{ein} = \frac{U_{Steuer}}{\hat{U}_{SZ}} \cdot T_S = \frac{6.75\,\text{V}}{10\,\text{V}} \cdot 100\,\mu\text{s} = 67.5\,\mu\text{s}$$

Übung 4.4

$$U_0 = D \cdot U_d = 0.34 \cdot 600\,\text{V} = 204\,\text{V}$$

Übung 4.5

Die Schaltfrequenz beträgt 51 kHz, also sollte die Resonanzfrequenz des Filters ca. 510 Hz betragen. Die internationale E6-Reihe enthält Kondensatoren in den Abstufungen 1.0, 1.5, 2.2, 3.3, 4.7 und 6.8. Wählt man für den Kondensator den Wert 330 µF, so erhält man für die Induktivität einen Wert von etwa 295 µH.

$$L = \frac{1}{C \cdot (2\pi \cdot 0.01 \cdot f_S)^2} = \frac{1}{330\,\mu\text{F} \cdot (2\pi \cdot 0.01 \cdot 51\,\text{kHz})^2} = \frac{1}{3388}\,\text{H} = 295\,\mu\text{H}$$

Übung 4.6

Wegen $P_0 > 5$ W ist der Laststrom immer $I_0 > (5\text{ W}/5\text{ V}) = 1$ A. Die Schaltfrequenz beträgt 50 kHz, also ist $T_S = 20$ µs. Für den Strom an der Lückgrenze gilt

$$I_{L,g} = \frac{1}{2} \cdot i_{L,peak} = \frac{t_{ein}}{2L} \cdot (U_d - U_0) = \frac{D \cdot T_S}{2L} \cdot (U_d - U_0) = I_{0,g}$$

Diese Gleichung wird umgestellt, so dass L berechnet werden kann

$$L = \frac{D \cdot T_S}{2 \cdot I_{L,g}} \cdot (U_d - U_0)$$

Für beide Grenzwerte der Eingangsspannung U_d wird die Induktivität berechnet, mit der der Lückbetrieb bei $I_0 = 1$ A gerade vermieden werden kann:

a) $U_d = 10\,\text{V}$

$$D = \frac{U_0}{U_d} = \frac{5\,\text{V}}{10\,\text{V}} = 0.5 \Rightarrow L(U_d = 10\,\text{V}) = \frac{0.5 \cdot 20\,\mu\text{s}}{2 \cdot 1\,\text{A}} \cdot (10\,\text{V} - 5\,\text{V}) = 25\,\mu\text{H}$$

b) $U_d = 40\,\text{V}$

$$D = \frac{U_0}{U_d} = \frac{5\,\text{V}}{40\,\text{V}} = 0.125 \Rightarrow L(U_d = 40\,\text{V}) = \frac{0.125 \cdot 20\,\mu\text{s}}{2 \cdot 1\,\text{A}} \cdot (40\,\text{V} - 5\,\text{V}) = 43.75\,\mu\text{H}$$

Die Induktivitäten sind jetzt so festgelegt, dass mit der jeweiligen Eingangsspannung die Schaltung immer im nicht lückenden Betrieb arbeitet. Nun wird überprüft, was passiert, wenn man die Induktivität mit 25 μH bei U_d = 40 V und umgekehrt verwendet. Dazu wird die Lückgrenze für beide Fälle ermittelt.

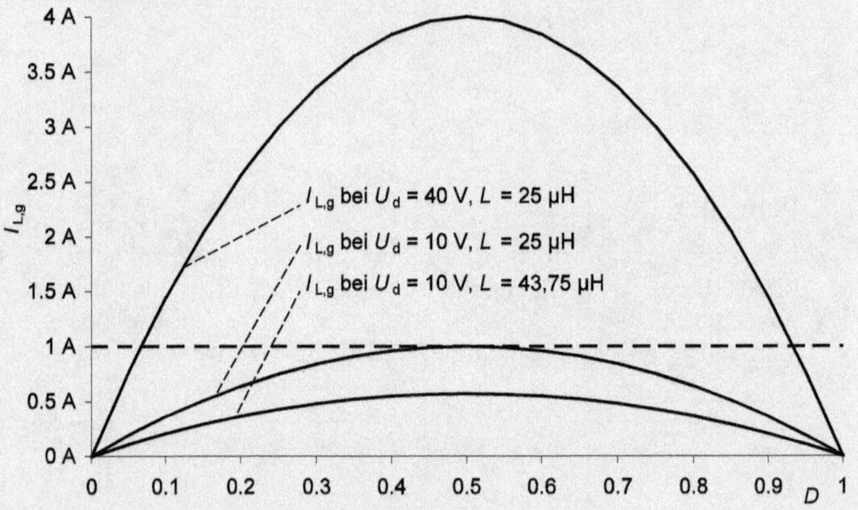

Bild 4.46 Lösungsvorschlag zur Übung 4.6

Man sieht, dass bei 25 μH und 40 V Eingangsspannung die Schaltung auch bei Strömen deutlich über 1 A im Lückbereich arbeitet. Daher ist die Induktivität mit 43,75 μH die richtige Wahl. ■

Übung 4.7

Aus Gl. (4.7) erhält man folgenden Rechnungsgang:

$$\frac{\mathrm{d}(I_{0,g})}{\mathrm{d}D} = \frac{\mathrm{d}\left(\frac{T_S}{2L} \cdot D \cdot U_0 \cdot (1-D)^2\right)}{\mathrm{d}D} = \frac{T_S}{2L} \cdot U_0 \cdot \frac{\mathrm{d}(D \cdot (1-D)^2)}{\mathrm{d}D}$$

$$\frac{\mathrm{d}(I_{0,g})}{\mathrm{d}D} = \frac{T_S}{2L} \cdot U_0 \cdot \frac{\mathrm{d}(D \cdot (1-2D+D^2))}{\mathrm{d}D} = \frac{T_S}{2L} \cdot U_0 \cdot \frac{\mathrm{d}(D-2D^2+D^3)}{\mathrm{d}D}$$

$$\frac{\mathrm{d}(I_{0,g})}{\mathrm{d}D} = \frac{T_S}{2L} \cdot U_0 \cdot (1-4D+3D^2)$$

$$\frac{\mathrm{d}(I_{0,g})}{\mathrm{d}D} = 0 \quad \Rightarrow \quad (1-4D+3D^2) = 0 \quad \Rightarrow \quad D = \frac{4 \pm \sqrt{16-12}}{6}$$

Als Lösung ergeben sich die beiden Tastgrade D = 1/3 und D = 1. Das Maximum des Laststroms an der Lückgrenze stellt sich für D = 1/3 ein. ■

Übung 4.8

Soll der Motor elektrisch gebremst werden, so muss sich die Stromrichtung von i_0 umkehren. Dies gelingt durch Verwendung von T_{A-} und D_{A+}. Hierdurch entsteht ein Hochsetzsteller. Bei eingeschaltetem Schalter T_{A-} wird ein negativer Strom i_0 aufgebaut und Energie in der Drossel gespeichert. Das Abschalten von T_{A-} bewirkt ein Leiten der Diode D_{A+}. Dies ermöglicht im Rahmen der Nutzbremsung ein Rückspeisen der Energie von der niedrigen Spannung U_q in die höhere Quellenspannung U_d.

Übung 4.9

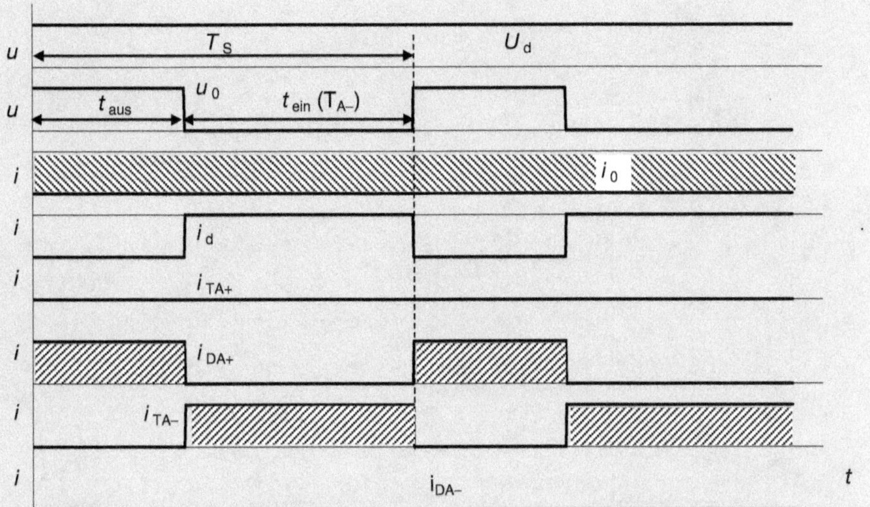

Bild 4.47 Zeitverläufe von Strömen und Spannungen im generatorischen Betrieb bei Übung 4.9

Übung 4.10

Für die angegebenen Bedingungen wird T_{A+} gepulst; T_{B-} ist dauernd eingeschaltet. Damit entspricht $u_0(t)$ immer dann der Eingangsspannung U_d, wenn T_{A+} eingeschaltet ist. Es gibt in diesem Fall zwei unterschiedliche Leitzustände. Entweder leiten T_{A+} und T_{B-} gemeinsam oder aber der Laststrom fließt im Freilauf unten über T_{B-} und D_{A-}.

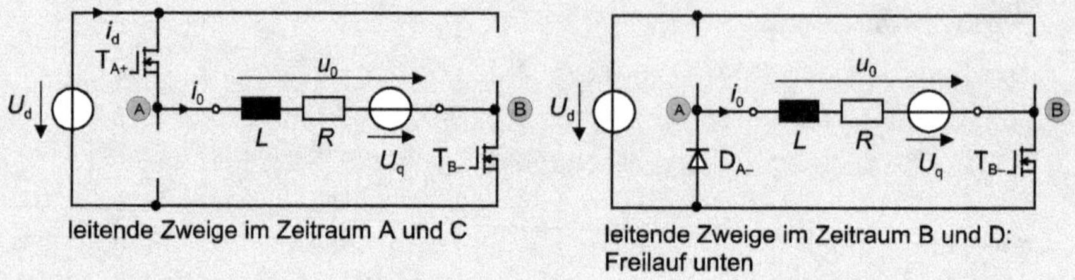

Bild 4.48 Leitzustände beim Zweiquadrantensteller mit Spannungsumkehr; T_{A+} gepulst, T_{B-} dauernd ein

Der Ansatz zur Ermittlung des Steuergesetzes für den hier dargestellten Fall lautet:

$$U_0 = \frac{1}{T_S} \cdot \int_0^{T_S} u_0(t) \cdot \mathrm{d}t = \frac{1}{T_S} \cdot \left(u_0(t) \cdot t \,|_0^{t_{ein}} + u_0(t) \cdot t \,|_{t_{ein}}^{T_S} \right)$$

$$U_0 = \frac{1}{T_S} \cdot \left(U_d \cdot t \,|_0^{t_{ein}} + 0 \,|_{t_{ein}}^{T_S} \right) = U_d \cdot \frac{t_{ein}}{T_S} = U_d \cdot D_{TA+} \qquad (4.18)$$

Soll ein negativer Mittelwert U_0 eingestellt werden, so wird T_{A+} dauernd ausgeschaltet und T_{B-} gepulst. Die dann möglichen Leitzustände sind in Bild 4.50 dargestellt.

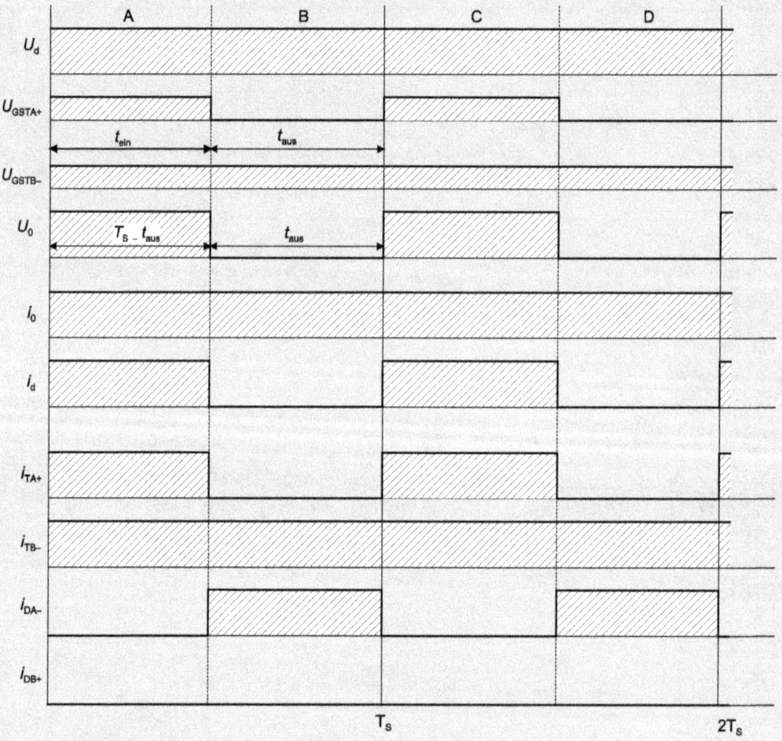

Bild 4.49 Zeitverläufe beim Zweiquadrantensteller mit Spannungsumkehr; T_{A+} gepulst, T_{B--} dauernd ein

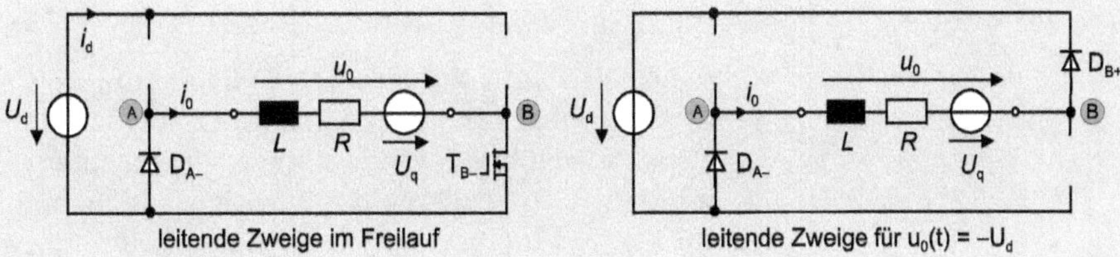

Bild 4.50 Leitzustände beim Zweiquadrantensteller mit Spannungsumkehr; T_{A+} dauernd aus, T_{B-} gepulst

Offensichtlich ist hierbei $u_0(t)$ gleich null, solange T_{B-} eingeschaltet ist. Für das Steuergesetz erhält man mit vergleichbaren Überlegungen wie in Gl. (4.18) den nachfolgenden Zusammenhang:

$$U_0 = \frac{1}{T_S} \cdot \int_0^{T_S} u_0(t) \cdot dt = \frac{1}{T_S} \cdot \left(u_0(t) \cdot t \,|_0^{t_{ein}} + u_0(t) \cdot t \,|_{t_{ein}}^{T_S} \right)$$
$$U_0 = \frac{1}{T_S} \cdot \left(0 \,|_0^{t_{ein}} + (-U_d) \,|_{t_{ein}}^{T_S} \right) = -U_d \cdot \frac{T_S - t_{ein}}{T_S} = -U_d \cdot (1 - \frac{t_{ein}}{T_S}) = U_d \cdot (D_{TB-} - 1) \tag{4.19}$$

Kombiniert man die Gl. (4.18) und (4.19), so erhält man das Steuergesetz für dieses Verfahren, das für positive und negative Mittelwerte angewendet werden kann.

$$\frac{U_0}{U_d} = (D_{TA+} + D_{TB-} - 1) \tag{4.20}$$

Übung 4.11

Ist T_{A+} dauernd eingeschaltet, so ergeben sich, je nach Leitzustand von T_{B-}, die folgenden leitenden Schaltungszweige.

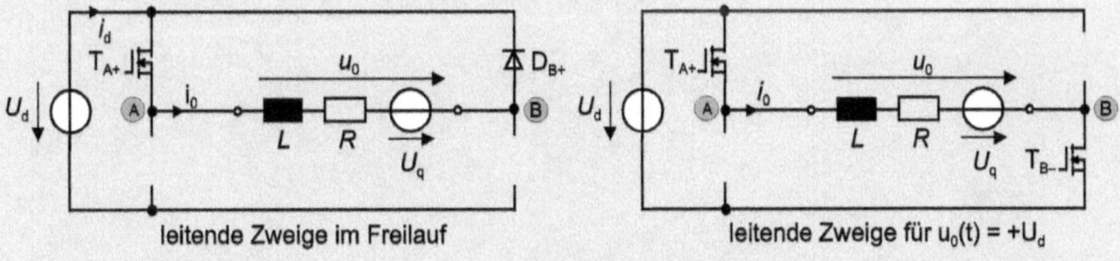

Bild 4.51 Leitzustände beim Zweiquadrantensteller mit Spannungsumkehr; T_{A+} dauernd ein, T_{B-} gepulst

Ist T_{B-} ausgeschaltet, so liegt Freilauf oben vor. Bei eingeschaltetem Transistor T_{B-} liegt die Spannung U_d an der Last. Insgesamt ergibt sich aber auch hier dasselbe Steuergesetz nach Gl. (4.20).

Übung 4.12

Die beiden Transistoren einer Halbbrücke dürfen nicht gleichzeitig eingeschaltet werden, weil man dadurch die Eingangsspannung U_d kurzschließen würde. Um dies sicher zu gewährleisten, wird die sog. Verriegelungszeit eingeführt. Hierunter versteht man, dass nach dem Abschalten eines Transistors eine kurze Zeit - die Verriegelungszeit - gewartet wird, bevor der andere Transistor eingeschaltet wird. Die Dauer der Verriegelungszeit hängt vom Schalterverhalten des verwendeten Transistors ab. Die Verriegelungszeit bezeichnet also das kurze Intervall, in dem beide Schalter einer Halbbrücke gleichzeitig abgeschaltet sind. Durch sie soll der Kurzschluss der Halbbrücke verhindert werden. ■

Übung 4.13

$$u_0(t) = U_{AN} - U_{BN}$$

T_{A+}	T_{A-}	T_{B+}	T_{B-}	U_{AN}	U_{BN}	$u_0(t)$
ein	aus	ein	aus	U_d	U_d	0
ein	aus	aus	ein	U_d	0	U_d
aus	ein	ein	aus	0	U_d	$-U_d$
aus	ein	aus	ein	0	0	0

■

Übung 4.14

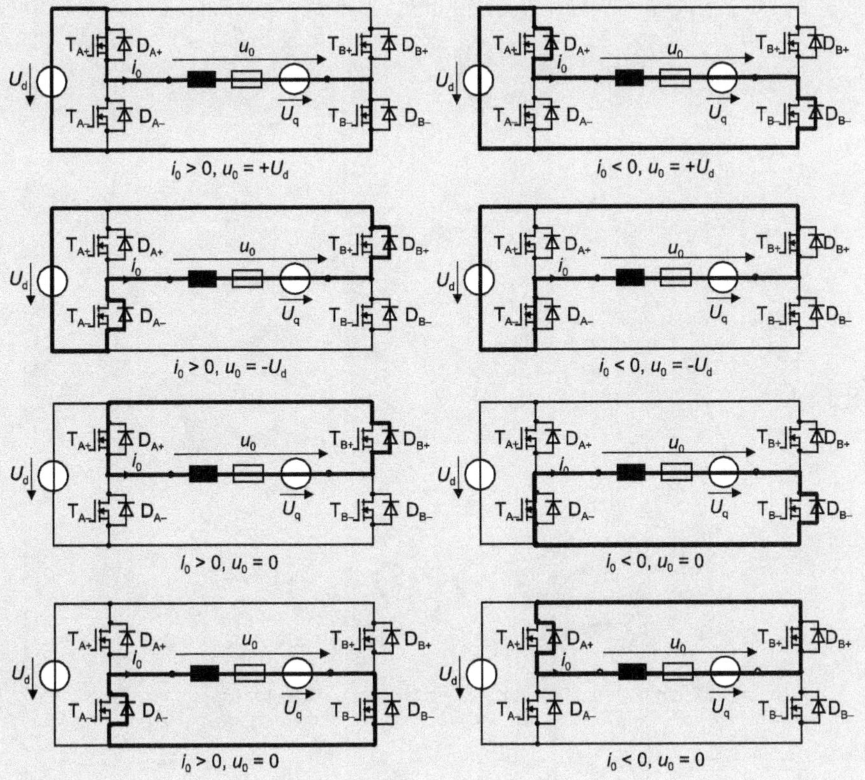

Bild 4.52 Lösungsvorschlag zu Übung 4.14

Übung 4.15

Mit den gegebenen Werten erhält man nach der Gl. (4.15)

$$U_0 = U_d \cdot \frac{u_{\text{Steuer}}}{\hat{U}_\Delta} = 24\,\text{V} \cdot \frac{3\,\text{V}}{10\,\text{V}} = 24\,\text{V} \cdot 0.3 = 7.2\,\text{V}$$

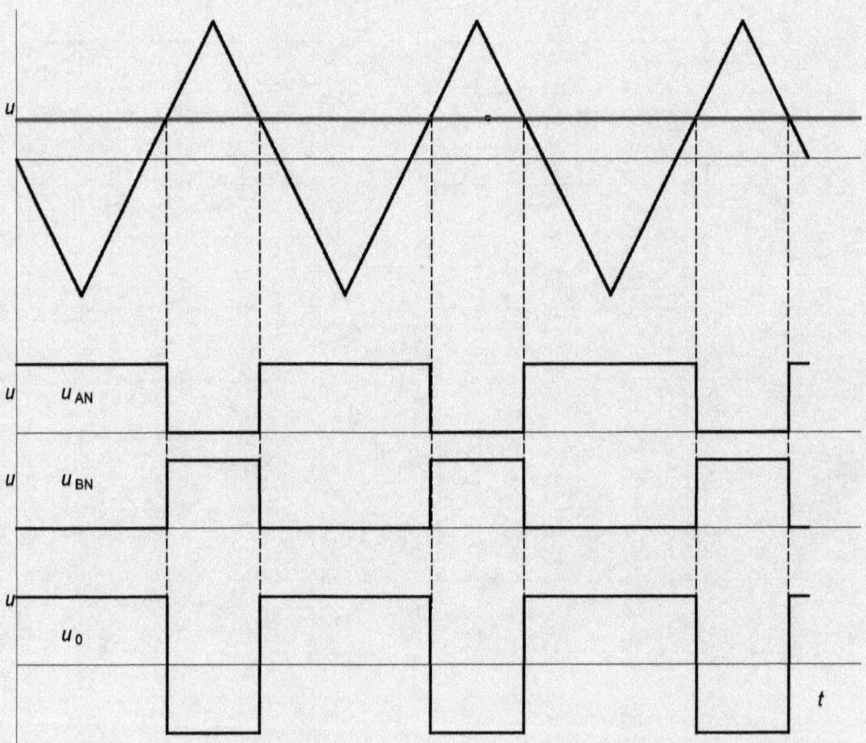

Bild 4.53 Lösungsvorschlag zur Übung 4.15

Übung 4.16

Die Periodendauer der Dreieckspannung in Bild 4.32 beträgt 20 µs. Ihre Frequenz ergibt sich damit zu 1/20 µs = 50 kHz. Die Frequenz des Wechselanteils $i_{0,\sim}(t)$ ist doppelt so hoch wie die Dreieckfrequenz und hat den Wert 100 kHz. Bei gleicher Frequenz des Dreiecksignals ist die tatsächliche Schaltfrequenz, die in den Strom- und Spannungssignalen auftritt, bei PWM3 (unipolare PWM) doppelt so groß wie bei PWM2 (bipolare PWM).

Übung 4.17

Das Schaltbild der Anordnung ist identisch mit Bild 4.31. Es ändert sich lediglich das Ansteuerverfahren, das im Schaltbild aber nicht gezeigt ist. Statt PWM3 wird hier PWM2 betrachtet. Der Mittelwert U_0 der Lastspannung ergibt sich nach Gl. (4.16) und ist gleich der Gegenspannung U_q des Motors.

$$U_0 = U_d \cdot \frac{u_{Steuer}}{\hat{U}_\Delta} = 100\,V \cdot \frac{8\,V}{10\,V} = 0.8 \cdot 100\,V = 80\,V$$

Unter Anwendung von Gl. (4.13) und den vorliegenden Zahlenwerten erhält man für den Zeitraum t_1:

$$t_1 = \frac{u_{Steuer}}{\hat{U}_\Delta} \cdot \frac{T_S}{4} = \frac{8\,V}{10\,V} \cdot \frac{100\,\mu s}{4} = 20\,\mu s$$

Somit ergibt sich für die Einschaltzeit von T_{A+}, T_{B-} der Wert

$$t_{ein} = 2 \cdot t_1 + \frac{T_S}{2} = 2 \cdot 20\,\mu s + \frac{100\,\mu s}{2} = 90\,\mu s$$

Während dieser Einschaltzeit ist die Lastspannung $u_0(t)$ gleich der Eingangsspannung U_d. Die Spannung an der Lastinduktivität entspricht daher dieser Eingangsspannung vermindert um die Gegenspannung U_q des Motors. Während der Einschaltzeit steigt der Strom in der Lastinduktivität deshalb linear an. Damit berechnet sich die Schwankungsbreite Δi_0 zu

$$\Delta i_0 = \frac{U_d - U_q}{L} \cdot t_{ein} = \frac{100\,V - 80\,V}{L} \cdot 90\,\mu s \overset{!}{=} 100\,mA$$

Die Induktivität soll so bemessen werden, dass die Schwankungsbreite des Induktivitätsstromes 100 mA nicht übersteigt. Dazu wird obige Gleichung so umgestellt, dass L berechnet werden kann.

$$L = \frac{100\,V - 80\,V}{100\,mA} \cdot 90\,\mu s = \frac{20\,V}{0.1\,A} \cdot 90 \cdot 10^{-6}\,s = 18 \cdot 10^{-3}\,\Omega s = 0.18\,H$$

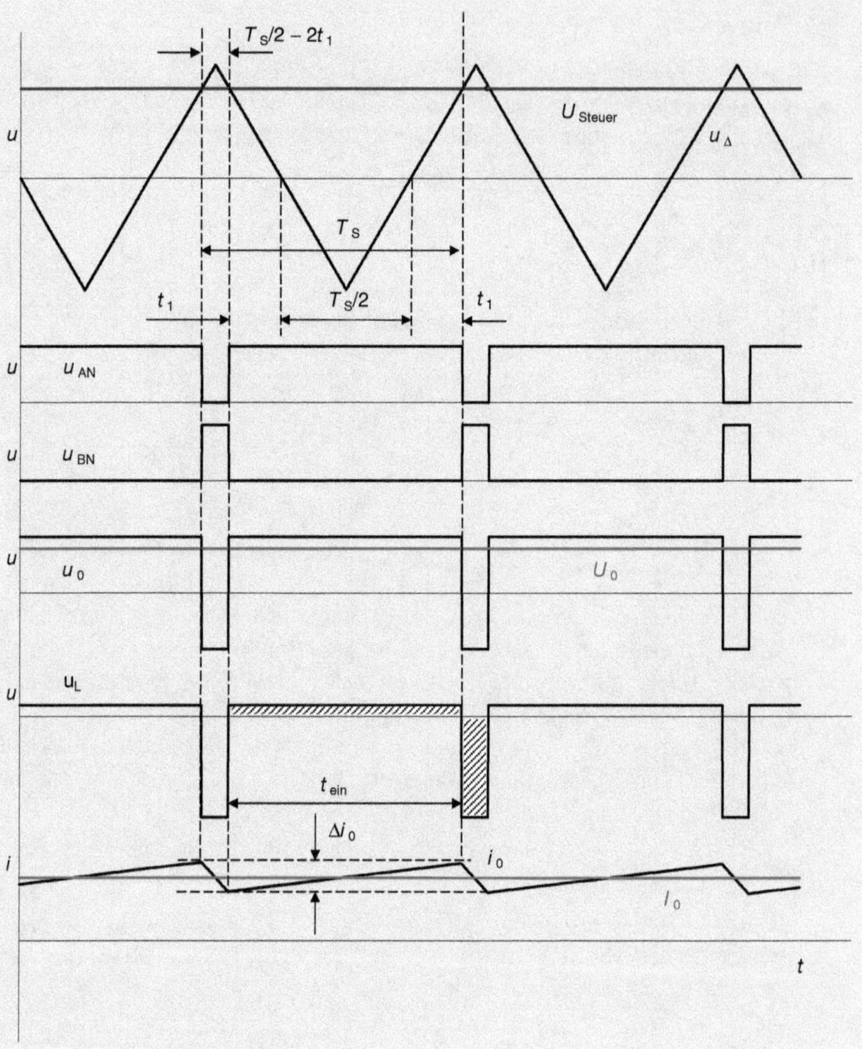

Bild 4.54 Strom- und Spannungszeitverläufe bei der bipolaren Ansteuerung eines Gleichstrommotors

Übung 4.18

Die Zeitverläufe werden in Bild 4.55 dargestellt. Auch hier wird davon ausgegangen, dass sich die Drehzahl des Gleichstrommotors und damit dessen induzierte Spannung U_q im betrachteten Zeitraum nicht verändern.

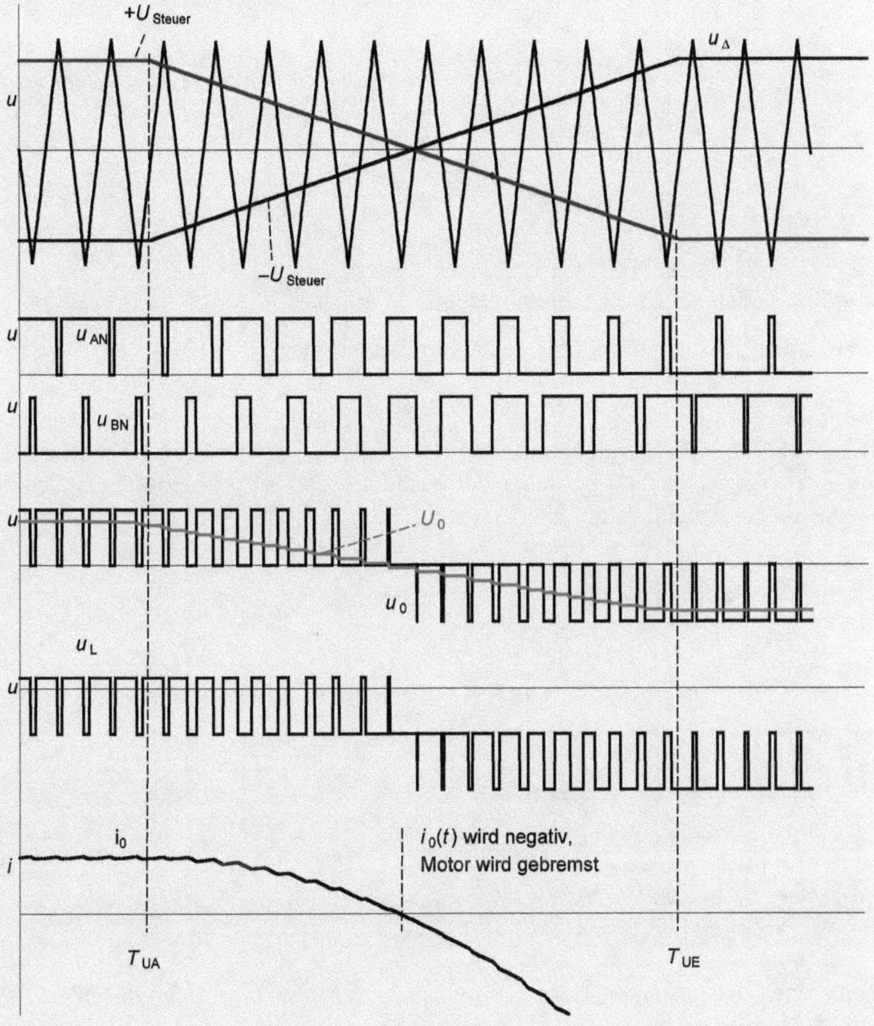

Bild 4.55 Lösungsvorschlag zur Übung 4.18

5 Umrichter mit Gleichspannungs-Zwischenkreis

5.1 Einführung

Lernziele

Die Lernenden ...

- erläutern den Begriff Zwischenkreisumrichter,
- benennen Einsatzgebiete für Zwischenkreisumrichter.

Grundlagen

In Kapitel 5 wird die Energieumformung zwischen den Punkten A und D in Bild 5.1 besprochen. Es zeigt nochmals das Schema der leistungselektronischen Energieumformung, das bereits aus Kapitel 1 bekannt ist.

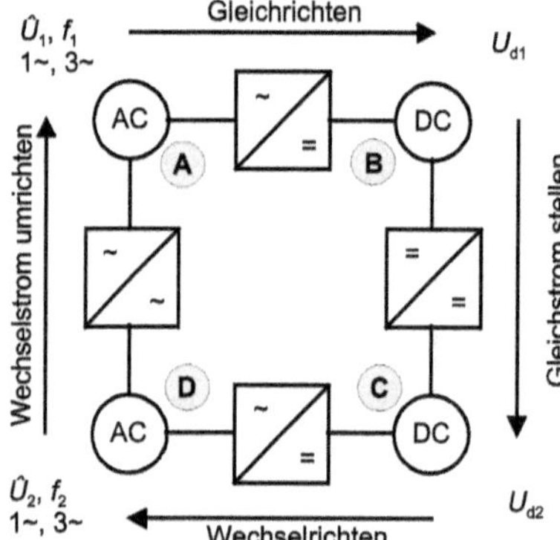

Bild 5.1 Leistungselektronische Möglichkeiten zur Energieumformung

Direktumrichter führen die Umwandlung der Energie durch Umrichten von Wechselstrom auf direktem Wege von A nach D durch. Sie unterliegen einigen Einschränkungen hinsichtlich der mit ihnen erreichbaren Ziele und werden an dieser Stelle nicht vertieft.

Umrichter mit Gleichspannungs-Zwischenkreis bewerkstelligen die Umformung dagegen in zwei Stufen. In einer solchen Anwendung entspricht der Punkt A in Bild 5.1 dem Anschluss des speisenden Netzes. Die erste Stufe der Energieumformung von A nach B wird durch einen netzgeführten Stromrichter (vgl. Kapitel 3) vorgenommen, der als Gleichrichter arbeitet. Die zweite Stufe der Energieumformung wandelt die Gleichspannung in eine Wechsel- oder Drehspannung um und arbeitet daher als Wechselrichter. Dies entspricht dem Übergang zwischen den Punkten C und D. Die Spannung auf der Eingangsseite des Wechselrichters wird als konstant angenommen; daher kommt die Bezeichnung Wechselrichter mit eingeprägter Gleichspannung. Ein solcher Wechselrichter wird als selbstgeführter Stromrichter realisiert.

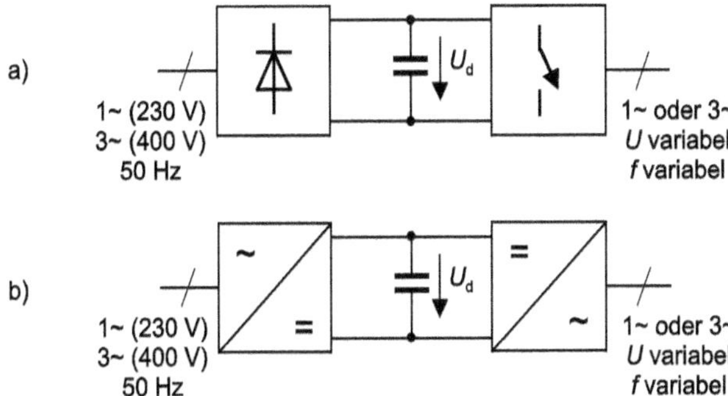

Bild 5.2 Schematischer Aufbau eines selbstgeführten Wechselrichters mit eingeprägter Gleichspannung; a) Prinzipaufbau mit Schaltsymbolen, b) Blockschaltbild

Der schematische Aufbau von Stromrichtern mit Spannungszwischenkreis ist in Bild 5.2 dargestellt. Sie bestehen aus einem Netzgleichrichter, der je nach erforderlicher Leistung ein- oder dreiphasig ausgeführt ist. Ausgangsgröße des Gleichrichters ist die wellige Gleichspannung U_d, die in einem Kondensator, der den Spannungszwischenkreis bildet, geglättet wird.

Die Gleichspannung U_d ist die Eingangsgröße des eigentlichen Wechselrichters und wird im Folgenden als weitgehend konstant angenommen. Sie wird durch gezieltes Zerhacken vom Wechselrichter in eine Wechsel- oder Drehspannung umgewandelt. Sowohl Frequenz als auch Effektivwert der entstehenden Wechselspannungen können unabhängig voneinander verstellt werden. Ein solcher Stromrichter heißt auch Zwischenkreisumrichter mit eingeprägter Gleichspannung oder kurz Spannungszwischenkreisumrichter (voltage source inverter).

Beispiel 5.1 Netzanschluss eines Wechselrichters

Die Drehzahl eines Drehstromasynchronmotors (ASM) soll mittels eines Stromrichters verändert werden können. Wählen Sie eine einfache Schaltung aus, die für den Anschluss an das einphasige Wechselstromnetz geeignet ist.

Lösung:
Zum Anschluss an das einphasige Wechselstromnetz eignen sich netzgeführte Stromrichter. Im einfachsten Fall kommt eine B2-Brückenschaltung zum Einsatz, die nur mit Dioden aufgebaut ist. Das Schaltbild des Netzanschlusses zeigt Bild 5.3.

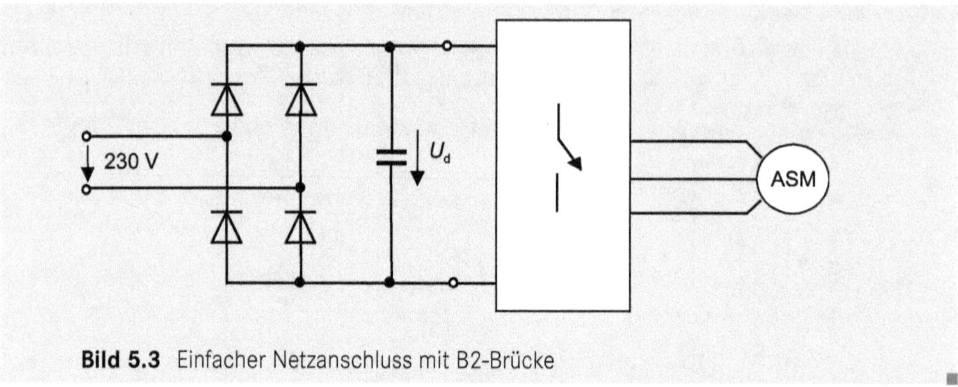

Bild 5.3 Einfacher Netzanschluss mit B2-Brücke

Bei manchen Anwendungen – beispielsweise bei Elektrofahrzeugen – ist ein Netzanschluss zur Erzeugung der Gleichspannung hinderlich. In solchen Fällen wird die Gleichspannung U_d von einer Batterie bereitgestellt. Bei Solargeneratoren wird die Gleichspannung von den Solarzellen geliefert. Hier dient der Wechselrichter als Bindeglied zwischen den Photovoltaikmodulen, die die Gleichspannung liefern, und dem Wechsel- oder Drehstromnetz, das die von der Sonne erzeugte Energie aufnimmt.

Anwendungsgebiete

In Anwendungen der elektrischen Antriebstechnik speisen leistungselektronische Schaltungen Drehstrommotoren, die mit veränderlichen Drehzahlen arbeiten sollen. Zwischen den Phasenspannungen und Phasenströmen des Motors muss eine beliebige Phasenlage eingestellt werden können. Dies bedeutet, dass an den Ausgangsklemmen des Wechselrichters beide Spannungspolaritäten und Stromrichtungen möglich sein sollen. Die Hauptziele, die mit solchen Stromrichtern erreicht werden müssen sind:

a) freie Einstellbarkeit der Frequenz der erzeugten Dreh- bzw. Wechselspannung.

b) freie Einstellbarkeit des Effektivwertes der erzeugten Dreh- bzw. Wechselspannung.

c) eine möglichst sinusförmige erzeugte Spannung mit wenigen Oberschwingungen.

Ein weiteres Einsatzgebiet selbstgeführter Stromrichter ist die unterbrechungsfreie Stromversorgung. Hierbei sollen Verbraucher – beispielsweise medizinische Geräte, Server usw. – auch bei Netzausfall für eine begrenzte Zeit mit elektrischer Energie versorgt werden. In diesem Fall wird als Energielieferant eine Batterie eingesetzt, die die Eingangsspannung für den Wechselrichter bereitstellt. Der Stromrichter kann ein- oder dreiphasig aufgebaut sein. Derartige Anwendungen erfordern nur in geringem Umfang die Variation von Frequenz und Effektivwert, da die Verbraucher ja für 230 V/50 Hz ausgelegt sind. Wichtig ist hierbei vielmehr, dass nur sehr wenige Oberschwingungen erzeugt werden.

5.2 Einphasige spannungseinprägende Wechselrichter

Lernziele

Die Lernenden ...

- unterscheiden Halb- und Vollbrückenwandler,
- erläutern die Steuerverfahren Grundfrequenztaktung, Puls-Amplitudenmodulation und sinusförmige Pulsweitenmodulation,
- schätzen auftretende Oberschwingungsspektren ab,
- unterscheiden zwischen linearem Steuerbereich, Übermodulation und Grundfrequenztaktung.

5.2.1 Halbbrücke mit Grundfrequenztaktung

In diesem Abschnitt wird zunächst ein Steuerverfahren vorgestellt, mit dem die Frequenz einer Wechselspannung frei eingestellt werden kann. Weitere Vorgaben (Einstellung des Spannungseffektivwertes, geringer Oberschwingungsgehalt) können damit nicht erreicht werden.

Den schaltungstechnischen Grundaufbau für die Speisung einer einphasigen Last aus dem Wechselstromnetz zeigt Bild 5.4. Hier wird die Netzspannung mit Hilfe einer ungesteuerten B2-Brückenschaltung gleichgerichtet.

Zur Spannungsglättung werden zwei Kondensatoren verwendet. Sind beide Kondensatoren gleich, so wird sich jeder auf den halben Mittelwert der Gleichspannung U_d aufladen.

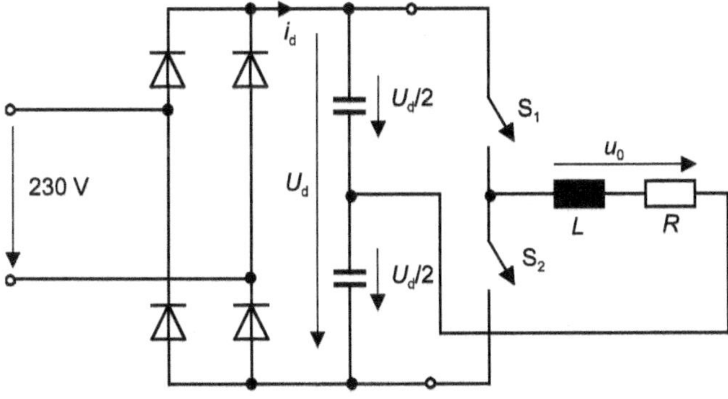

Bild 5.4 Grundaufbau eines einphasigen Wechselrichters

Der eigentliche Wechselrichter besteht aus einer Halbbrücke mit den idealisiert dargestellten Schaltern S_1 und S_2 und verwendet als Eingangsgröße die Kondensatorspannung. Die einphasige Last wird durch Induktivität und Widerstand nachgebildet.

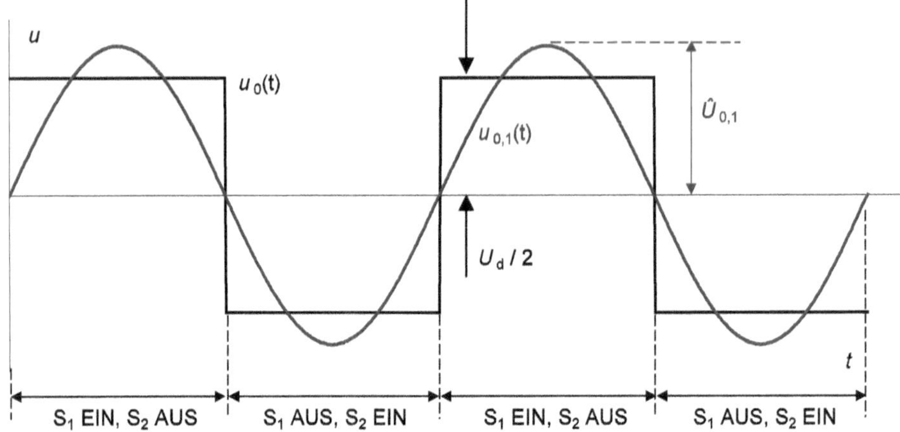

Bild 5.5 Zeitverlauf der Ausgangsspannung des einphasigen Wechselrichters

Grundlegende Funktionsweise

Wird der obere Schalter S_1 geschlossen und gleichzeitig S_2 geöffnet, so liegt die Spannung des oberen Kondensators, der auf $+U_d/2$ aufgeladen ist, als Spannung $u_0(t)$ an der Last. Wird der obere Schalter S_1 geöffnet und der untere Schalter S_2 geschlossen, dann liegt die Spannung des unteren Kondensators so an der Last, dass $u_0(t)$ in diesem Fall $-U_d/2$ beträgt. Abwechselndes Öffnen und Schließen der Schalter erzeugt aus der Gleichspannung U_d ganz offensichtlich die rechteckförmige Wechselspannung aus Bild 5.5. Man sagt, die Gleichspannung U_d wird in eine rechteckförmige Wechselspannung der Höhe $U_d/2$ zerhackt.

Die Frequenz der Rechteckspannung, die sich durch das Zerhacken ergibt, bezeichnet man als Grundfrequenz. Nach Fourier (vgl. Abschnitt 1.3.2) setzt sich diese Rechteckspannung aus unendlich vielen sinusförmigen Teilspannungen zusammen. Die Frequenzen dieser Teilspannungen sind immer ganzzahlige Vielfache der Grundfrequenz, also ganzzahlige Vielfache der Rechteckspannung. Daher enthält $u_0(t)$ unter anderem auch eine sinusförmige Spannung mit *derselben* Frequenz wie die Rechteckspannung Diese wird mit $u_{0,1}(t)$ bezeichnet und ist in Bild 5.5 ebenfalls dargestellt. Sie heißt sinusförmige Grundschwingung und hat einen Scheitelwert $\hat{U}_{0,1}$, der direkt von der Amplitude der Rechteckspannung, also von $U_d/2$, abhängt:

$$\hat{U}_{0,1} = \frac{4}{\pi} \cdot \frac{U_d}{2} = \frac{2}{\pi} \cdot U_d$$

Aus Bild 5.5 geht hervor, dass jeder der beiden Schalter S_1 und S_2 im Laufe einer Grundschwingungsperiode ein vollständiges Schaltspiel (AUS – EIN – AUS) durchläuft. In dieser Betriebsart ist die Schaltfrequenz daher gleich der Grundfrequenz. Der jeweilige Schalter bleibt während des gesamten Taktes eingeschaltet und wird nicht gepulst (vgl. Abschnitt 4.1). Aufgrund dessen wird dieses Steuerverfahren Grundfrequenztaktung genannt.

Neben der Grundschwingung $u_{0,1}(t)$ sind in der Rechteckspannung weitere sinusförmige Teilspannungen $u_{0,3}(t)$, $u_{0,5}(t)$, $u_{0,7}(t)$, usw. enthalten. Diese heißen Oberschwingungen. Der

Index j der Oberschwingung $u_{0,j}(t)$ heißt Ordnungszahl und gibt die Ausgangsfrequenz dieser Oberschwingung in Abhängigkeit der Grundschwingungsfrequenz an.

Beispiel 5.2 Oberschwingungen und Ordnungszahl

Der einphasige Wechselrichter aus Bild 5.4 wird so angesteuert, dass eine rechteckförmige Ausgangsspannung nach Bild 5.5 mit einer Frequenz von 23 Hz entsteht. Berechnen Sie die Frequenz der Grundschwingung und die der 7. Oberschwingung.

Lösung:
Die Grundschwingung der Ausgangsspannung hat dieselbe Frequenz wie die rechteckförmige Wechselspannung. Daher beträgt $f_{0,1}$ ebenfalls 23 Hz. Die Frequenz der 7. Oberschwingung ergibt sich aus

$$f_{0,7} = 7 \cdot f_{0,1} = 7 \cdot 23\,\mathrm{Hz} = 161\,\mathrm{Hz}$$

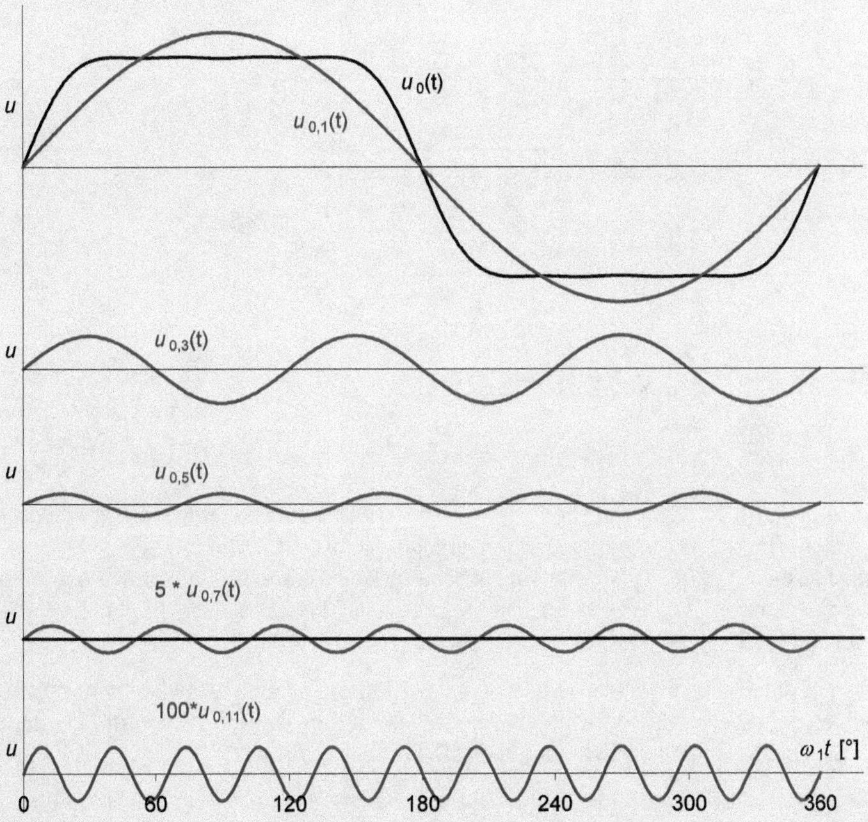

Bild 5.6 Grund- und Oberschwingungen des Zeitverlaufs $u_0(t)$

Die Oberschwingungen sind unerwünscht, weil sie nichts zum Leistungsumsatz beitragen und zudem die Kurvenform der Ausgangsspannung verzerren. Werden alle sinusförmigen Teilspannungen addiert, so ergibt sich wieder der Zeitverlauf der Rechteckspannung. Für die Grundschwingung sowie die Oberschwingungen der Ordnungszahlen 3, 5, 7 und 11 ist der Zusammenhang in Bild 5.6 dargestellt. Zur Verdeutlichung sind die einzelnen Zeitverläufe von $u_{0,7}(t)$ um den Faktor 5 und von $u_{0,11}(t)$ um den Faktor 100 vergrößert wiedergegeben. Man erkennt, dass bereits die Addition dieser wenigen Teilspannungen einen Rechteckverlauf gut annähern kann.

Selbstverständlich sollen in der Praxis die Oberschwingungen so gut wie möglich unterdrückt werden. Dieses Ziel wird mit Steuerverfahren erreicht, die ab Abschnitt 5.2.3 besprochen werden.

Nachteilig an der Schaltung ist, dass die Amplitude der Rechteckspannung nur $U_d/2$ beträgt. Zudem müssen zwei Kondensatoren in Reihe geschaltet werden, um mit ihrem Mittelpunkt einen weiteren Anschlusspunkt für die Last verfügbar zu haben. Daher findet man obige Schaltung in industriellen Anwendungen eher selten. Stattdessen wird der Vierquadrantensteller aus Bild 5.7 auch als einphasiger Wechselrichter eingesetzt.

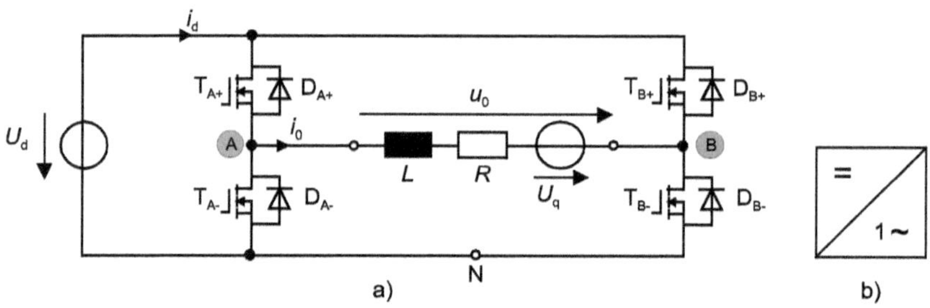

Bild 5.7 Vierquadrantensteller als einphasiger Wechselrichter; a) Schaltbild; b) Kurzzeichen

5.2.2 Vierquadrantensteller mit Grundfrequenztaktung

Ein 4QS kann mit einer veränderten Ansteuerung auch als einphasiger Wechselrichter arbeiten. Hierzu werden – wie bei der bipolaren Pulsweitenmodulation – die Schalter T_{A+} und T_{B-} sowie T_{B+} und T_{A-} wiederum als Schalterpaare betrachtet und abwechselnd geöffnet und geschlossen. Ist das Schalterpaar (T_{A+}, T_{B-}) geschlossen, so ist $u_0(t)$ gleich $+U_d$. Im anderen Fall (T_{B+}, T_{A-} geschlossen) ist $u_0(t)$ gleich $-U_d$.

Wie bei der Halbbrücke ergibt das Steuerverfahren für die Ausgangsspannung $u_0(t)$ den Zeitverlauf einer rechteckförmigen Wechselspannung. Verändert man die Leitdauern der Schalterpaare, so ändert sich auch hier die Frequenz von $u_0(t)$.

Dieses Verhalten ist in Bild 5.8 und Bild 5.9 wiedergegeben. Im oberen Bildteil ist bei beiden Bildern die rechteckförmige Ausgangswechselspannung $u_0(t)$ dargestellt. Ihre Amplitude beträgt jetzt U_d, da jeweils die volle Gleichspannung an die Last geschaltet wird. Erneut ist in diesem rechteckförmigen Spannungsverlauf eine sinusförmige Grundschwingung enthalten. Auch hier hängt der Scheitelwert $\hat{U}_{0,1}$ ausschließlich von der Höhe der Rechteckspannung ab. Er ist doppelt so groß wie bei der Halbbrücke.

$$\hat{U}_{0,1} = \frac{4}{\pi} \cdot U_{\mathrm{d}} \tag{5.1}$$

Eine Grundschwingung mit einem Scheitelwert größer als $\hat{U}_{0,1}$ kann nicht erzeugt werden. Daher ist $\hat{U}_{0,1}$ auch der beim einphasigen Wechselrichter maximal erreichbare Scheitelwert der Grundschwingung.

Neben der erwünschten Grundschwingung enthält die Ausgangsspannung auch hier Oberschwingungen. Die Zeitverläufe der Oberschwingungen $u_{0,\mathrm{OS}}(t)$ sind in den unteren Bildteilen dargestellt.

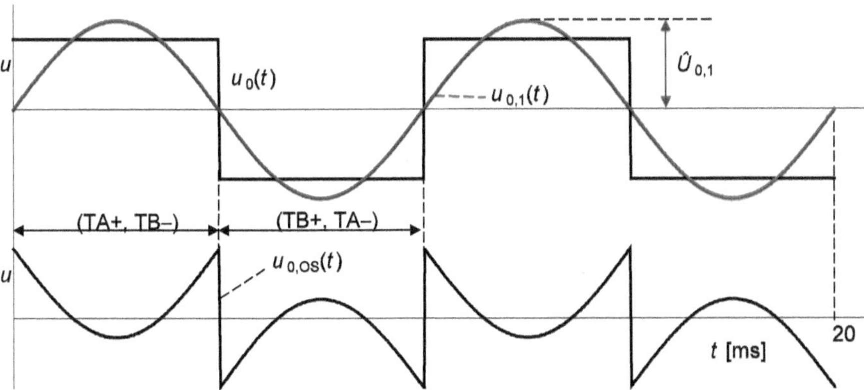

Bild 5.8 Ausgangsspannung des einphasigen Wechselrichters mit f = 100 Hz; oben: Ausgangsspannung $u_0(t)$ und darin enthaltene Grundschwingung $u_{0,1}(t)$, unten: Oberschwingungsspannung $u_{0,\mathrm{OS}}(t)$

Auch hier durchlaufen alle Schalterpaare ein ganzes Schaltspiel pro Periode der Grundschwingung. Daher ist die Schaltfrequenz der Schalter wiederum gleich der Ausgangsfrequenz der erzeugten Wechselspannung. Der Vierquadrantensteller kann demnach ebenfalls in Grundfrequenztaktung betrieben werden. Rechnerisch ergeben sich die Oberschwingungsanteile aus der Differenz von rechteckförmiger Ausgangsspannung und Grundschwingung.

$$u_{0,\mathrm{OS}}(t) = u_0(t) - u_{0,1}(t)$$

Bis zu einer Ordnungszahl von j = 17 sind die Scheitelwerte der Oberschwingungen in Bild 5.10 aufgetragen.

Oberschwingungen mit gerader Ordnungszahl treten nicht auf. Bezogen auf die Grundschwingung erreichen die Oberschwingungsanteile bei der Grundfrequenztaktung eine nennenswerte Größe. So beträgt der Scheitelwert der 3. Oberschwingung bei diesem Steuerverfahren $0.4/(4/\pi) \approx 31\,\%$ der Grundschwingungsamplitude. Daher kommt die Grundfrequenztaktung als Steuerverfahren nur dort zum Einsatz, wo der maximal mögliche Scheitelwert der Grundschwingungsspannung unbedingt erreicht werden muss.

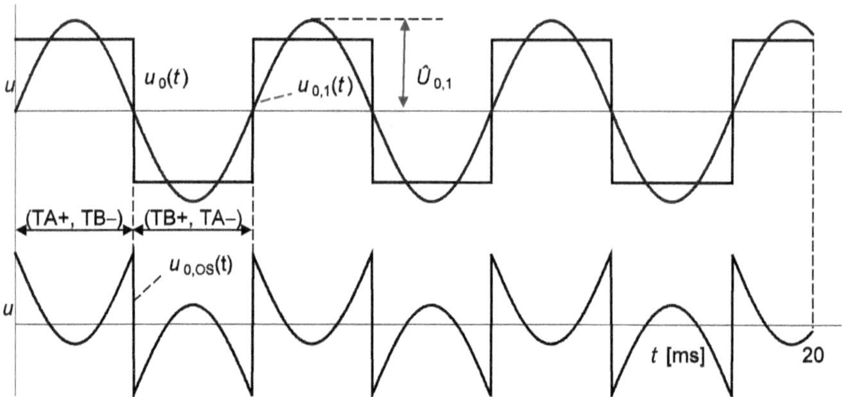

Bild 5.9 Ausgangsspannung des einphasigen Wechselrichters mit $f \approx 175$ Hz; oben: Ausgangsspannung $u_0(t)$ und darin enthaltene Grundschwingung $u_{0,1}(t)$, unten: Oberschwingungsspannung $u_{0,OS}(t)$

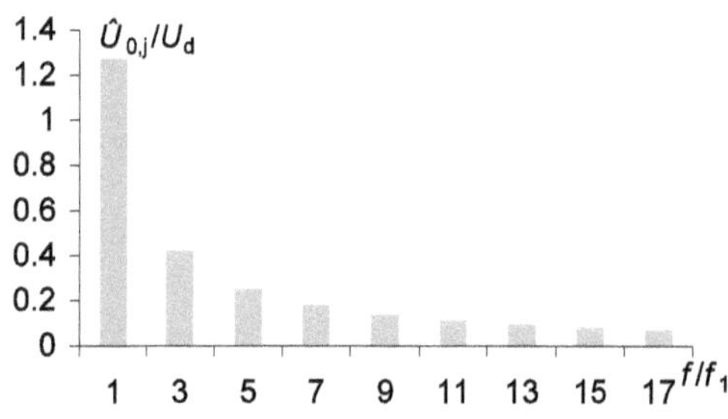

Bild 5.10 Scheitelwerte der Oberschwingungen bei der Grundfrequenztaktung der Vollbrücke

Beispiel 5.3 Einphasiger Wechselrichter mit Vierquadrantensteller

Ein einphasiger Wechselrichter wird mit einem Vierquadrantensteller realisiert und aus einer B2-Schaltung gespeist, die an das einphasige Wechselstromnetz (230 V) angeschlossen ist. Wie groß ist der maximal erreichbare Scheitelwert der Grundschwingungsspannung?

Lösung:

Wenn der Gleichrichter im nicht lückenden Betrieb arbeitet und seine Ausgangsspannung gut geglättet ist, ergibt sich für eine B2-Brücke am 230-V-Wechselstromnetz ein maximaler Gleichspannungsmittelwert von

$$U_{\mathrm{di},0} = 0.9 \cdot 230\,\mathrm{V} = 207\,\mathrm{V}$$

Diese Gleichspannung speist den Vierquadrantensteller und legt die Höhe der Rechteckwechselspannung fest. Der maximale Scheitelwert der Ausgangsspannung ist nur in Grundfrequenztaktung zu erreichen und beträgt daher

$$\hat{U}_{0,1} = \frac{4}{\pi} \cdot U_{\mathrm{di},0} = \frac{4}{\pi} \cdot 0.9 \cdot 230\,\mathrm{V} = \frac{4}{\pi} \cdot 207\,\mathrm{V} = 264\,\mathrm{V}$$

■

Die Verwendung des Vierquadrantenstellers anstelle der Halbbrücke erhöht die Ausgangsspannung auf das Doppelte. Auf die Reihenschaltung der Kondensatoren kann verzichtet werden. Dennoch wird auch beim Vierquadrantensteller mit dem Steuerverfahren der Grundfrequenztaktung lediglich die Frequenz der Ausgangsspannung eingestellt. Der Scheitelwert der Grundschwingungsspannung beträgt bei diesem Steuerverfahren unabhängig von der Ausgangsfrequenz konstant $4/\pi \cdot U_d$. Der Oberschwingungsanteil ist vergleichsweise hoch. ■

5.2.3 Steuerverfahren zur Verstellung von Frequenz und Amplitude

5.2.3.1 Pulsamplitudenmodulation

Das Ziel, den Effektivwert der Ausgangsspannung zu verstellen, kann grundsätzlich auf verschiedenen Wegen erreicht werden. Eine Möglichkeit besteht darin, die Zwischenkreisspannung U_d zu verändern. Zu diesem Zweck ist auf der Netzseite ein steuerbarer Stromrichter - beispielsweise eine B2-Brücke mit Thyristoren - erforderlich. Diese ermöglicht durch Variation des Steuerwinkels α unterschiedliche Werte der Zwischenkreisspannung. Der eigentliche Wechselrichter kann nach wie vor in Grundfrequenztaktung betrieben werden. Da sich U_d über den netzseitigen Stromrichter verstellen lässt, und die Veränderung der Frequenz mit dem Wechselrichter vorgenommen wird, sind Amplitude und Frequenz der Lastspannung prinzipiell unabhängig voneinander veränderbar.

Die Verstellung der Zwischenkreisspannung durch Auf- und Entladen des Zwischenkreiskondensators ist ein vergleichsweise langsamer Vorgang, wenn der Kondensator nicht besonders klein und der Ladestrom nicht besonders groß gemacht werden soll. Des Weiteren bleibt die Problematik der hohen Oberschwingungsanteile bei der Grundfrequenztaktung bestehen. Somit wird dieses Verfahren nur dann eingesetzt, wenn eine langsame Verstellung der Spannungsamplitude akzeptabel ist und der hohe Oberschwingungsgehalt toleriert werden kann.

5.2.3.2 Vierquadrantensteller mit Unterschwingungsverfahren

Derzeit wird bei den meisten Anwendungen der lastseitige selbstgeführte Wechselrichter alleine zur Veränderung von Frequenz *und* Amplitude der Grundschwingung herangezogen. Dies gelingt mit Hilfe der Pulsweitenmodulation.

In Kapitel 4 wurde die Pulsweitenmodulation einer Vollbrücke in der Anwendung als Gleichstromsteller vorgestellt. Sie ermöglicht es, den Mittelwert U_0 der Brückenausgangsspannung entsprechend einer vorgegebenen Steuerspannung einzustellen. Der Zusammenhang zwischen der Steuerspannung und dem Mittelwert der Ausgangsspannung ist hierbei durch Gl. (5.2) gegeben.

$$U_0 = U_d \cdot \frac{u_{\text{Steuer}}}{\hat{U}_\Delta} \tag{5.2}$$

Grundidee des hier vorgestellten Unterschwingungsverfahrens ist es, die Steuer*gleich*spannung u_{Steuer}, die bei den Gleichstromstellern verwendet wird, durch eine sinusförmige Steuerspannung zu ersetzen.

Qualitative Beschreibung des Verfahrens

Zunächst wird mit Hilfe von Bild 5.11 erläutert, welche Auswirkungen eine veränderliche Steuerspannung auf die Ausgangsspannung hat.

Verwenden Sie das Applet „Sinusförmige PWM“, um die folgenden Erläuterungen nachzuvollziehen.

In Bild 5.11 wird die Steuerspannung zeitgleich zum negativen Nulldurchgang der Dreieckspannung in drei Schritten verändert. Es entsteht der zeit- und amplitudendiskrete Zeitverlauf der Steuerspannung im oberen Bildteil. Er weist einen treppenförmigen Charakter auf; die Treppenstufen beginnen jeweils an den negativen Nulldurchgängen der Dreieckspannung. Mit den Bezeichnungen der Vollbrücke aus Bild 5.7 gilt für die Ansteuerung der Leistungstransistoren hier (ebenso wie bei der Vollbrücke aus Abschnitt 4.5.2.1):

- T_{A+} und T_{B-} werden eingeschaltet, wenn $u_{Steuer} > u_{\Delta}$.
- T_{B+} und T_{A-} werden eingeschaltet, wenn $u_{Steuer} \leq u_{\Delta}$.

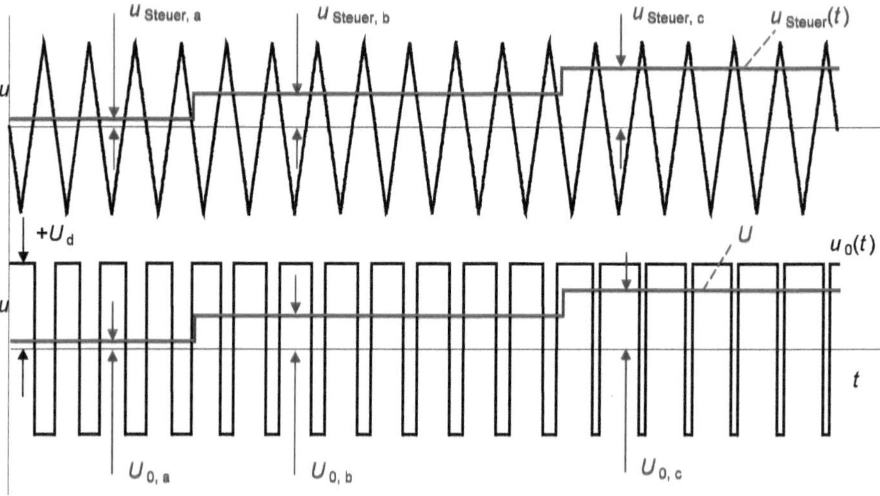

Bild 5.11 Pulsweitenmodulation mit zeitdiskret veränderter Steuerspannung; oben: Dreieckspannung und veränderliche Steuerspannung u_{Steuer}, unten: Ausgangsspannung der Vollbrücke $u_0(t)$ und darin enthaltener Mittelwert U_0

Diese Vorgehensweise führt zum Zeitverlauf der Ausgangsspannung $u_0(t)$ im unteren Bildteil. Man erkennt, dass sich die Breite der Spannungspulse immer dann verändert, wenn die Steuerspannung einen neuen Wert annimmt. Gleichzeitig ist dort der Mittelwert U_0 des gepulsten Verlaufs dargestellt. Bezugsgröße für die Mittelwertbildung ist eine ganze Schaltperiode T_S. Der Mittelwert verändert sich synchron zur Steuerspannung. Dies bedeutet, dass sich eine veränderliche Steuerspannung im Pulsmuster der Ausgangsspannung und dem darin enthaltenen Mittelwert abbildet. Zur Berechnung des aktuellen Mittelwertes kann für jeden Wert der Steuerspannung, der kleiner als $\hat{U}_\Delta$ ist, Gl. (5.2) angewendet werden. Somit erhält man für die einzelnen Mittelwerte:

$$U_{0,a} = U_d \cdot \frac{u_{\text{Steuer,a}}}{\hat{U}_\Delta} \quad U_{0,b} = U_d \cdot \frac{u_{\text{Steuer,b}}}{\hat{U}_\Delta} \quad U_{0,c} = U_d \cdot \frac{u_{\text{Steuer,c}}}{\hat{U}_\Delta} \tag{5.3}$$

Auch hier sind die Zwischenkreisspannung U_d und der Scheitelwert der Dreieckspannung $\hat{U}_\Delta$ konstant. Der Mittelwert U_0 ist demnach immer proportional zu dem Wert, den die Steuerspannung in dieser Schaltperiode hat.

Die oben erläuterten Zusammenhänge, insbesondere Gl. (5.3), gelten auch dann, wenn die Steuerspannung einen periodischen Verlauf aufweist. Bild 5.12 zeigt die Verhältnisse, wenn die Steuerspannung treppenförmig verändert wird. Die nächste Treppenstufe wird immer dann vorgegeben, wenn die Dreieckspannung ihren positiven Scheitelwert aufweist. Die Steuerspannung ist somit während einer Schaltperiode wiederum konstant und der Mittelwert in dieser Schaltperiode kann erneut nach Gl. (5.3) berechnet werden.

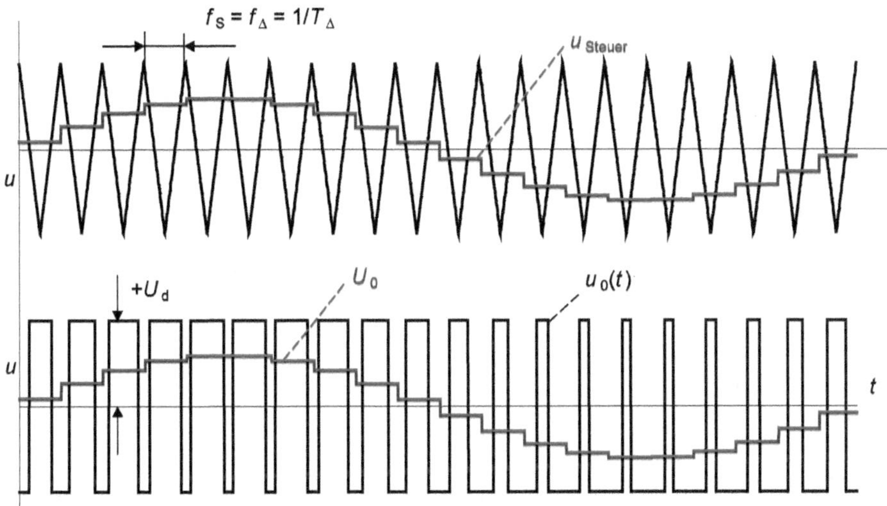

Bild 5.12 Pulsweitenmodulation mit treppenförmig veränderter Steuerspannung; oben: Dreieckspannung und veränderliche Steuerspannung u_{Steuer}, unten: Ausgangsspannung der Vollbrücke $u_0(t)$ und darin enthaltener Mittelwert U_0

Unterschwingungsverfahren

Wird die Frequenz der Dreieckspannung in Bild 5.12 weiter vergrößert, so wird die Dauer einer Schaltperiode $T_\Delta = 1/f_\Delta$ immer kleiner. Wird weiterhin eine Änderung der Steuerspannung immer dann durchgeführt, wenn die Dreieckspannung ihren positiven Scheitelwert annimmt, so geht eine steigende Frequenz der Dreieckspannung mit einer verringerten Breite der Steuerspannungstreppenstufen einher. Ist die Breite der Treppenstufen hinreichend klein, also die Frequenz der Dreieckspannung – und damit die Schaltfrequenz – hinreichend groß, so kann die treppenförmige Steuerspannung durch eine sinusförmige Steuerspannung ersetzt werden. Diese Vorgehensweise wurde in den 60er-Jahren des 20. Jahrhunderts entwickelt und Unterschwingungsverfahren genannt.

Unter dem Aussteuergrad m_a versteht man beim Unterschwingungsverfahren das Verhältnis zwischen dem Scheitelwert der Steuerspannung und dem Scheitelwert der Dreieckspannung.

$$m_a = \frac{\hat{U}_{\text{Steuer}}}{\hat{U}_{\Delta}}$$

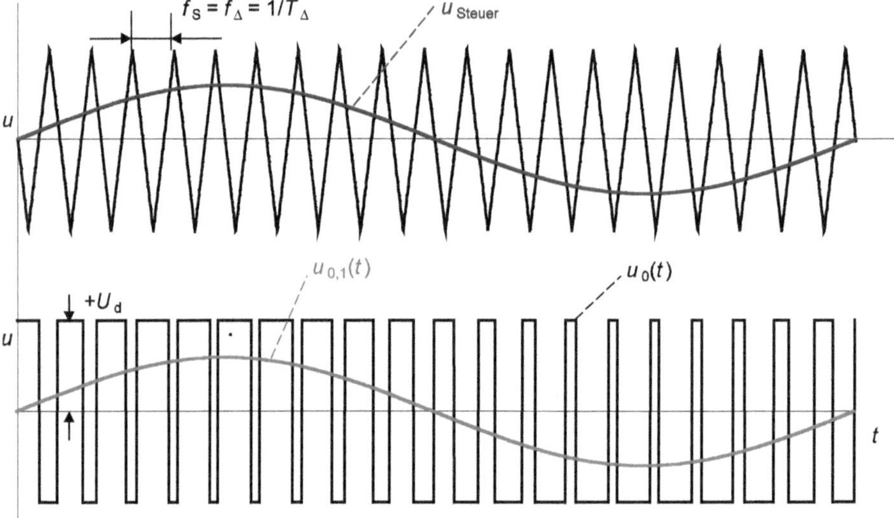

Bild 5.13 Pulsweitenmodulation nach dem Unterschwingungsverfahren; oben: Dreieckspannung und sinusförmige Steuerspannung u_{Steuer}, unten: Ausgangsspannung der Vollbrücke $u_0(t)$, in $u_0(t)$ enthaltene Grundschwingung $u_{0,1}(t)$

Das Verhältnis zwischen Schaltfrequenz und Grundschwingungsfrequenz wird mit m_f bezeichnet. Zur allgemeinen Anwendung des Unterschwingungsverfahrens muss m_f immer größer als 10 sein.

$$m_f = \frac{f_S}{f_1}$$

In Bild 5.13 sind die Verhältnisse für einen Aussteuergrad $m_a = 0.6$ und ein Frequenzverhältnis $m_f = 20$ dargestellt. Der obere Bildteil zeigt Steuer- und Dreieckspannung. Der untere Bildteil gibt die Ausgangsspannung $u_0(t)$ und die darin enthaltene Grundschwingungskomponente $u_{0,1}(t)$ wieder.

Solange die Steuerspannung größer als die Dreieckspannung ist, werden T_{A+} und T_{B-} eingeschaltet. An den Ausgangsklemmen liegt die Spannung $+U_d$. Wird die Dreieckspannung größer als die Steuerspannung, werden T_{B+} und T_{A-} eingeschaltet. Die Ausgangsspannung beträgt nun $-U_d$.

Die Steuerspannung ist dabei folgendermaßen definiert:

$$u_{\text{Steuer}}(t) = \hat{U}_{\text{Steuer}} \cdot \sin(\omega_1 t); \quad \omega_1 = 2\pi f_1 \quad \hat{U}_{\text{Steuer}} \leq \hat{U}_{\Delta} \tag{5.4}$$

Zu jedem Zeitpunkt gilt Gl. (5.2). Da die Steuerspannung nun einen zeitabhängigen Verlauf hat, trifft dies auch auf die Ausgangsspannung zu. Setzt man Gl. (5.4) in Gl. (5.2) ein und verwendet die Definition des Aussteuergrades m_a, so ergibt sich:

$$u_{0,1}(t) = U_d \cdot \frac{u_{\text{Steuer}}(t)}{\hat{U}_{\Delta}} = U_d \cdot \frac{\hat{U}_{\text{Steuer}} \cdot \sin(\omega_1 t)}{\hat{U}_{\Delta}}$$

$$u_{0,1}(t) = U_d \cdot \frac{\hat{U}_{\text{Steuer}}}{\hat{U}_{\Delta}} \cdot \sin(\omega_1 t) = U_d \cdot m_a \cdot \sin(\omega_1 t) \tag{5.5}$$

Für $m_a \leq 1$ (linearer Steuerbereich) gilt:

$$u_{0,1}(t) = U_d \cdot m_a \cdot \sin(\omega_1 t) \overset{!}{=} \hat{U}_{0,1} \cdot \sin(\omega_1 t)$$

Demnach ist der auf die Zwischenkreisspannung U_d bezogene Scheitelwert der Grundschwingung gleich dem Aussteuergrad m_a. Ändert sich der Scheitelwert der Steuerspannung, so wird sich proportional hierzu auch der Scheitelwert der Ausgangsgrundschwingung verändern. Der Zusammenhang gilt, solange m_a kleiner als eins ist. Dieser Bereich wird linearer Steuerbereich genannt.

Beim *Unterschwingungsverfahren* wird eine sinusförmige Steuerspannung verwendet. Die Frequenz der Dreieckspannung muss deutlich größer als die der Steuerspannung sein. Die gepulste Ausgangsspannung enthält dann ebenfalls eine sinusförmige Grundschwingung. Im linearen Steuerbereich ist der Scheitelwert dieser Grundschwingung proportional zum Scheitelwert der Steuerspannung.

Beispiel 5.4 Unterschwingungsverfahren

Eine Vollbrücke wird mit dem Unterschwingungsverfahren betrieben. Bei einer Schaltfrequenz von 2 kHz und einem Aussteuergrad von m_a = 0.8 soll eine Ausgangsfrequenz von 200 Hz entstehen. Berechnen Sie das Frequenzverhältnis m_f. Zeichnen Sie die Verläufe von Dreieck- und Steuerspannung sowie den entstehenden Verlauf der Ausgangsspannung. Wie groß wird der Scheitelwert der Grundschwingung, wenn die Zwischenkreisspannung U_d 200 V beträgt?

Lösung:

Für das Frequenzverhältnis ergibt sich

$$m_f = \frac{f_S}{f_1} = \frac{2\,\text{kHz}}{200\,\text{Hz}} = 10$$

Der Aussteuergrad m_a ist kleiner als eins, also wird die Anlage im linearen Steuerbereich betrieben. Damit gilt folgender Zusammenhang:

$$\hat{U}_{0,1} = U_d \cdot m_a = 0.8 \cdot 200\,\text{V} = 160\,\text{V}$$

Der Scheitelwert der Grundschwingung beträgt in diesem Betriebsfall 160 V. Mit den Angaben der Aufgabenstellung können die Verläufe von Dreieck- und Steuerspannung gezeichnet werden.

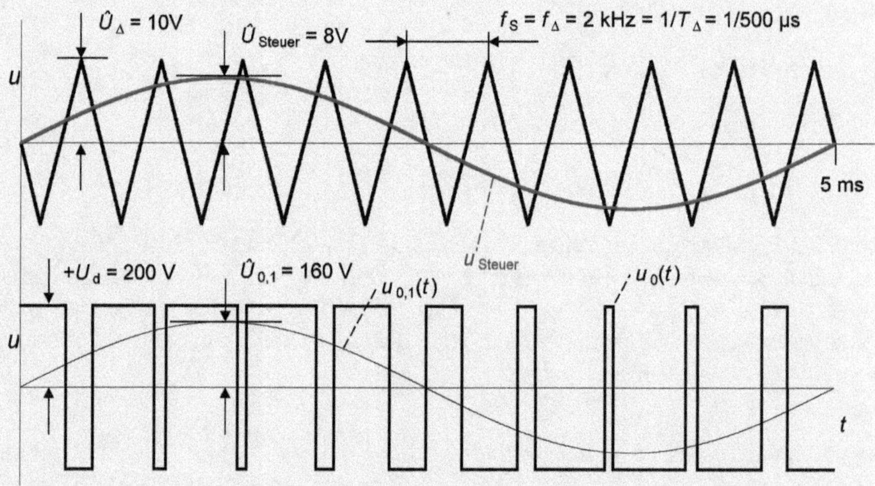

Bild 5.14 Lösungsvorschlag zu Beispiel 5.4; oben: Dreieckspannung und sinusförmige Steuerspannung u_{Steuer}, unten: Ausgangsspannung der Vollbrücke $u_0(t)$, in $u_0(t)$ enthaltene Grundschwingung $u_{0,1}(t)$

■

Oberschwingungen beim Unterschwingungsverfahren

Auch das Unterschwingungsverfahren erzeugt neben der gewünschten Grundschwingung unerwünschte Oberschwingungen. Frequenzen und Amplituden der einzelnen Oberschwingungen können durch Beachtung einiger Randbedingungen eingegrenzt werden. Tiefer gehende Informationen finden sich in [Mohan03].

Zur Erläuterung zeigt Bild 5.15 nochmals die Verläufe von Steuerspannung, Ausgangsspannung und Grundschwingung. Im unteren Bildteil ist zusätzlich der zeitliche Verlauf der Oberschwingungsspannung $u_{0,\text{OS}}(t)$ dargestellt. Dieser ergibt sich, wenn die Grundschwingung $u_{0,1}(t)$ von der Ausgangsspannung $u_0(t)$ subtrahiert wird.

Wendet man auf den Verlauf der Ausgangsspannung $u_0(t)$ ein Rechenprogramm zur Fourier-Analyse an, so erhält man das Spektrum der Ausgangsspannung. Bild 5.16 zeigt ein solches Spektrum für den Aussteuergrad 0.8 bei einem Frequenzverhältnis von 15. Dargestellt sind die Scheitelwerte $\hat{U}_{\text{OS},n}$ der einzelnen Oberschwingungen bezogen auf die Zwischenkreisspannung U_d. Der Index n bezeichnet die Ordnung der Oberschwingung; deren Frequenz beträgt das n-fache der Grundschwingungsfrequenz.

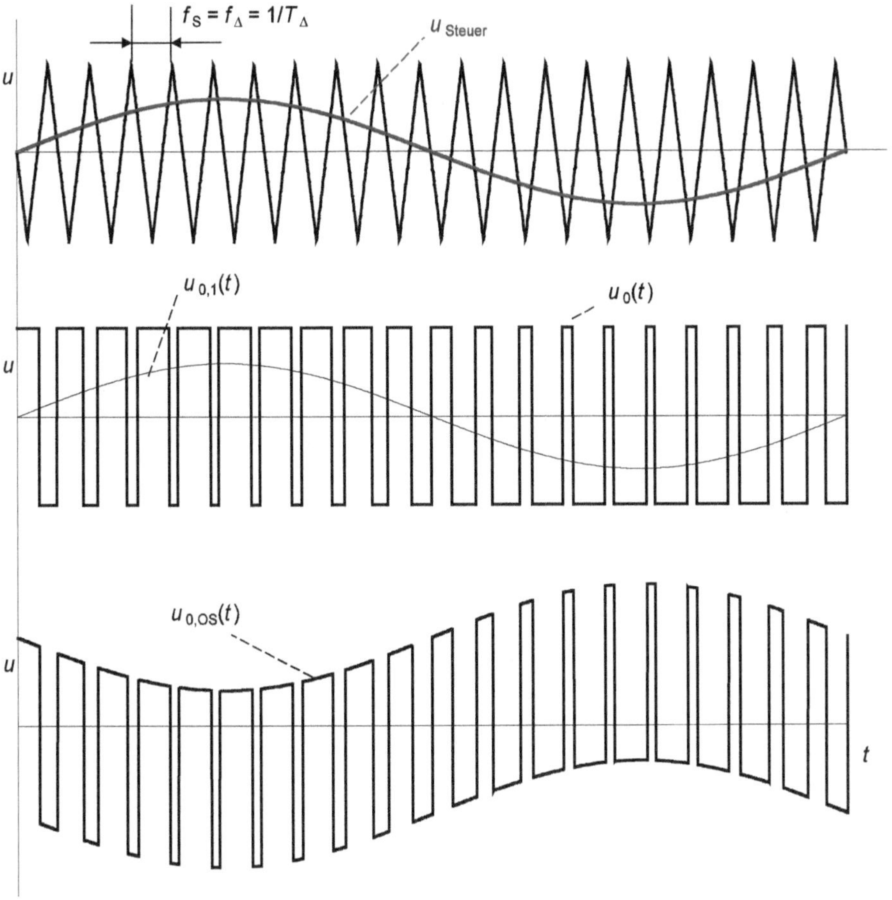

Bild 5.15 Pulsweitenmodulation nach dem Unterschwingungsverfahren; oben: Dreieckspannung und sinusförmige Steuerspannung u_{Steuer}, Mitte: Ausgangsspannung der Vollbrücke $u_0(t)$, in $u_0(t)$ enthaltene Grundschwingung $u_{0,1}(t)$, unten: Oberschwingungen $u_{0,OS}(t)$

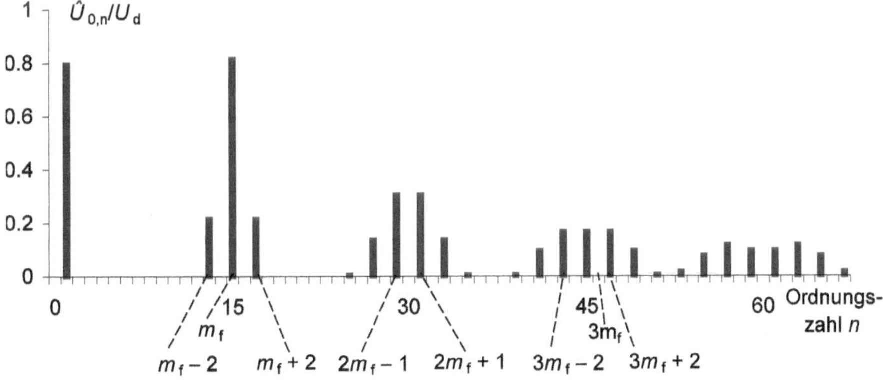

Bild 5.16 Spektrum beim Unterschwingungsverfahren mit $m_a = 0.8$; $m_f = 15$; $n = f_n / f_1$

Wird der Wechselrichter im linearen Steuerbereich betrieben, so liegen die Frequenzen der durch die Modulation erzeugten Oberschwingungen bei der Schaltfrequenz und ihren Vielfachen. Ist das gewählte Frequenzverhältnis m_f größer als 10, dann sind die Scheitelwerte dieser Oberschwingungen weitgehend unabhängig von der Höhe der Schaltfrequenz.

Allerdings weisen die Amplituden der einzelnen Oberschwingungen eine Abhängigkeit vom Aussteuergrad auf. Diese Abhängigkeit wird in Bild 5.17 gezeigt; aus Gründen der Übersichtlichkeit ist die Darstellung der Abszisse im Unterschied zu Bild 5.16 hier an den gekennzeichneten Stellen (//) unterbrochen. Die Amplituden der Oberschwingungen sind nur bis zur Ordnungszahl 35 aufgezeichnet. Mit zunehmender Aussteuerung m_a wächst auch die Anzahl der Oberschwingungsfrequenzen, bei denen noch relevante Scheitelwerte in den Seitenbändern der Schaltfrequenz zu erkennen sind. Beispielsweise ist beim Aussteuergrad m_a = 0.4 im Seitenband bei der Ordnungszahl 29 noch eine Amplitude von 0.2 nachweisbar. Beim Aussteuergrad m_a = 0.8 beträgt die Amplitude bei dieser Ordnungszahl immerhin noch 0.31. Zusätzlich sind in diesem Seitenband weitere Oberschwingungen mit den Ordnungszahlen 27 und 25 vorhanden.

Sowohl bei der Grundfrequenztaktung als auch bei der Pulsweitenmodulation entstehen neben der gewünschten Grundschwingung unerwünschte Oberschwingungen. Die Frequenzen der Oberschwingungen sind abhängig vom Frequenzverhältnis m_f; die Oberschwingungsamplituden werden vom Aussteuergrad m_a beeinflusst.

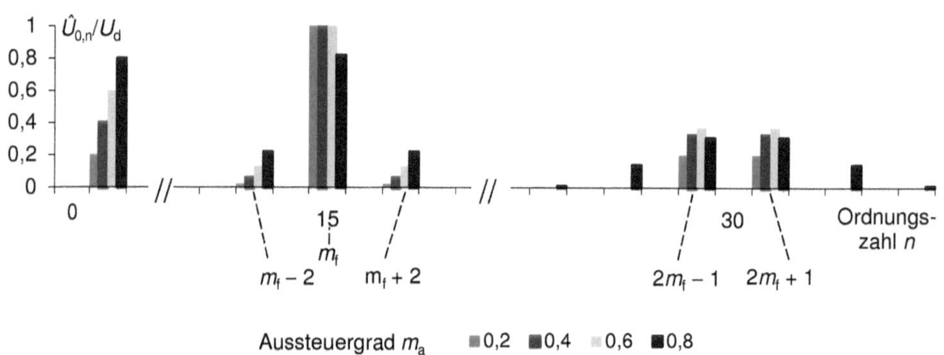

Bild 5.17 Spektren beim Unterschwingungsverfahren für m_f = 15 sowie unterschiedlichen Aussteuergraden m_a: $n = f_n/f_1$

Synchronisierte Taktung

Solange die Schaltfrequenz hinreichend groß in Bezug zur Ausgangsfrequenz ist, hat die Phasenlage zwischen Dreieck- und Steuerspannung praktisch keine Bedeutung. Dies ändert sich entscheidend, wenn m_f kleiner als 10 wird. Ab diesem Frequenzverhältnis muss die Steuerspannung auf die Dreieckspannung synchronisiert werden. Bild 5.18 und Bild 5.19 verdeutlichen exemplarisch die Wirkung von synchronisiertem und unsynchronisiertem Betrieb.

Bild 5.18 zeigt den synchronisierten Betrieb bei einem Frequenzverhältnis von $m_f = 3$. Die Anlage arbeitet im linearen Betrieb, da $m_a = 0.8$ und damit kleiner als 1 ist. Hier ist die Schaltfrequenz als ungeradzahliges ganzes Vielfaches der Grundfrequenz (hier $f_S = 3\,f_1$) gewählt. Gleichzeitig wird die Dreieckspannung so eingestellt, dass ihr positiver Nulldurchgang mit dem negativen Nulldurchgang der Steuerspannung zusammenfällt. Unter diesen Bedingungen werden die Umschaltungen der Ausgangsspannung, die zum Erreichen des Aussteuergrades 0.8 erforderlich sind, symmetrisch zum positiven Scheitelwert der Dreieckspannung gelegt. Dadurch werden bei kleinen Frequenzverhältnissen $m_f < 10$ Schwebungen in der Ausgangsspannung verhindert.

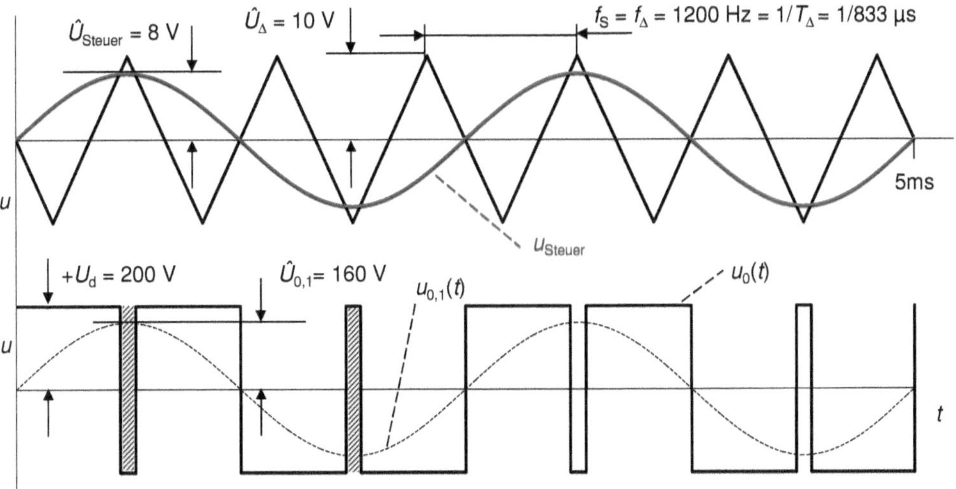

Bild 5.18 Synchronisierte Pulsweitenmodulation für $m_f = 3$ und $m_a = 0.8$; oben: Dreieckspannung 1200 Hz, Steuerspannung 400 Hz, unten: Ausgangsspannung $u_0(t)$, Grundschwingung $u_{0,1}(t)$

Bild 5.19 zeigt im Vergleich zu Bild 5.18 den unsynchronisierten Betriebsfall bei kleinen Frequenzverhältnissen. Zwar liegt der Aussteuergrad nach wie vor bei 0.8. Die Schaltfrequenz wurde allerdings so verändert, dass m_f nur noch 2.25 beträgt. Die Konsequenzen sind unmittelbar einsichtig. Nulldurchgänge von Dreieck- und Steuerspannung fallen jetzt nicht mehr automatisch zusammen. Damit geht die angesprochene Symmetrie der Umschaltpunkte verloren. So unterscheiden sich im unteren Bildteil von Bild 5.19 beispielsweise die beiden schraffierten Spannungspulse in der ersten dargestellten Periode der Ausgangsspannung $u_0(t)$ erheblich in der Breite. Eine Symmetrie ist nicht zu erkennen.

In der nächsten Periode der Grundschwingung sind die Verhältnisse anders, aber nicht besser. Hier scheint in der positiven Halbperiode zwar eine gewisse Symmetrie vorzuliegen. Die negative Halbperiode hingegen besteht aus einem breiten negativen und einem deutlich schmaleren positiven Spannungspuls. Letztendlich führt die Asynchronität zwischen Steuer- und Dreieckspannungen zu einer Schwebung. Dies ist eine Ausgangsspannung mit einer Frequenz, die nur einen Bruchteil der eigentlich gewünschten Grundfrequenz aufweist. Eine Spannung mit einer so niedrigen Frequenz führt in der angeschlossenen Last aufgrund deren frequenzabhängiger induktiver Reaktanz ωL zu sehr großen und störenden Strömen [Mohan03]. Motorische Lasten reagieren darauf mit außerordentlich unruhigem Laufverhalten.

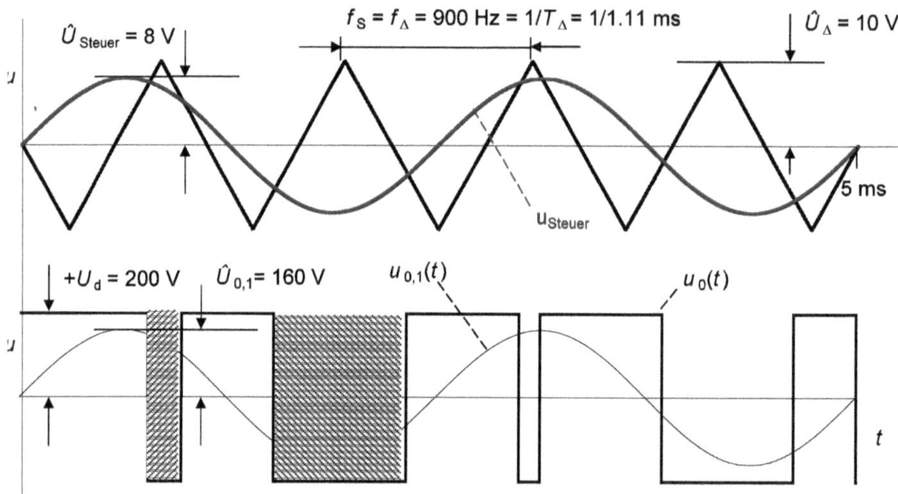

Bild 5.19 Unsynchronisierte Pulsweitenmodulation für m_f = 2.7 und m_a = 0.8

Die Synchronisation zwischen Dreieck- und Steuerspannung muss laufend erfolgen und bei Änderungen der Steuerspannungsfrequenz nachgeführt werden. Diese Maßnahmen sind insbesondere dann erforderlich, wenn die eingesetzten Halbleiterschalter nur geringe Schaltfrequenzen zulassen.

Beispiel 5.5 GTO-Stromrichter

Ein Wechselrichter für einen ICE-Bahnantrieb ist mit GTOs aufgebaut. Die maximal zulässige Schaltfrequenz beträgt 250 Hz. Es sollen Ausgangsfrequenzen bis zu 70 Hz möglich sein. Ab welcher Ausgangsfrequenz muss die Schaltfrequenz auf die Steuerspannung synchronisiert werden? Welche Schaltfrequenzen sind für eine Ausgangsfrequenz von 34 Hz möglich?

Lösung:

Eine Synchronisation zwischen Steuerspannung und Schaltfrequenz muss spätestens bei einer Ausgangsfrequenz von 25 Hz erfolgen. Dann beträgt das Frequenzverhältnis $m_f = f_S / f_1$ genau 10.

Die Schaltfrequenz sollte ein ungeradzahliges ganzes Vielfaches der Ausgangsfrequenz sein (also m_f = 3, m_f = 5, m_f = 7 usw.). Bei einer Ausgangsfrequenz von 34 Hz wären demnach Schaltfrequenzen von 102 Hz, 170 Hz und 238 Hz möglich.

Die beschriebenen Effekte können vom Leser auch mit Hilfe des Applets „Einphasiger WR mit PWM“ nachvollzogen werden. ■

Wird dort PWM2 ausgewählt und die Schaltfrequenz gemäß Bild 5.18 vorgegeben, so erkennt man einen Stromverlauf, der zwar stark oberschwingungsbehaftet, aber immer noch symmetrisch ist. Wird ausgehend von diesem Zustand die Dreieckspannung so verringert, dass die Symmetrie verloren geht, sind die negativen Effekte auf den dargestellten Stromverlauf deutlich sichtbar. Er wird erheblich unsymmetrischer und seine Amplitude steigt stark an. Ein solcher Stromverlauf ist für elektrische Antriebe völlig unbrauchbar.

Bei kleinen Frequenzverhältnissen, d.h. wenn die Frequenz der Dreieckspannung nur wenig größer als die der Steuerspannung ist ($m_f < 10$), muss beim Unterschwingungsverfahren die Dreieckfrequenz auf die Steuerspannung synchronisiert werden. Diese Synchronisation ist bei Änderungen der Steuerspannungsfrequenz kontinuierlich nachzuführen. Dies bewirkt veränderliche Schaltfrequenzen. ■

Übermodulation

Erreicht die Amplitude der Steuerspannung den Scheitelwert der Dreieckspannung, so wird m_a gleich eins und das Ende des linearen Aussteuerbereiches ist erreicht. Der Scheitelwert der Grundschwingung ist in diesem Betriebspunkt gleich der Zwischenkreisspannung U_d.

$$\hat{U}_{0,1}\Big|_{m_a=1} = U_d$$

Die Ausgangsspannung, die mit der Vollbrücke maximal möglich ist, liegt nach Gl. (5.1) um ca. 27 % höher und wird bei der Grundfrequenztaktung erreicht. Der Abschnitt zwischen dem linearen Steuerbereich und der Grundfrequenztaktung wird auch der Bereich der Übermodulation genannt. Dort ist der lineare Zusammenhang zwischen dem Scheitelwert der Steuerspannung $\hat{U}_{\text{Steuer}}$ und dem Scheitelwert der Grundschwingung $\hat{U}_{0,1}$ allerdings nicht mehr vorhanden.

Einzelheiten verdeutlicht Bild 5.20. Dargestellt sind im oberen Bildteil jeweils Dreieck- und Steuerspannung; im unteren Bildteil ist die pulsweitenmodulierte Ausgangsspannung $u_0(t)$ wiedergegeben. Oben ist ein Betriebsfall aus dem linearen Steuerbereich aufgezeichnet. Die Amplitude der Steuerspannung ist kleiner als der Scheitelwert der Dreieckspannung; dadurch wird der Aussteuergrad m_a kleiner als eins. Der Zusammenhang zwischen Steuer- und Ausgangsspannung ist linear.

Der mittlere Bildteil zeigt einen Betriebsfall aus dem Bereich der Übermodulation. Der Scheitelwert der Steuerspannung übersteigt den Scheitelwert der Dreieckspannung. Dadurch entfallen im Bereich des Steuerspannungsscheitelwertes drei Schnittpunkte zwischen Steuerspannung und Dreieckspannung. Dies hat zur Folge, dass auch die Ausgangsspannung $u_0(t)$ Spannungspulse einbüßt. Der Zusammenhang zwischen Steuer- und Ausgangsspannung ist in diesem Bereich nicht mehr linear: Trotz Vergrößerung der Steuerspannungsamplitude wächst die Grundschwingung der Ausgangsspannung nicht mehr in gleichem Maße wie die Steuerspannung.

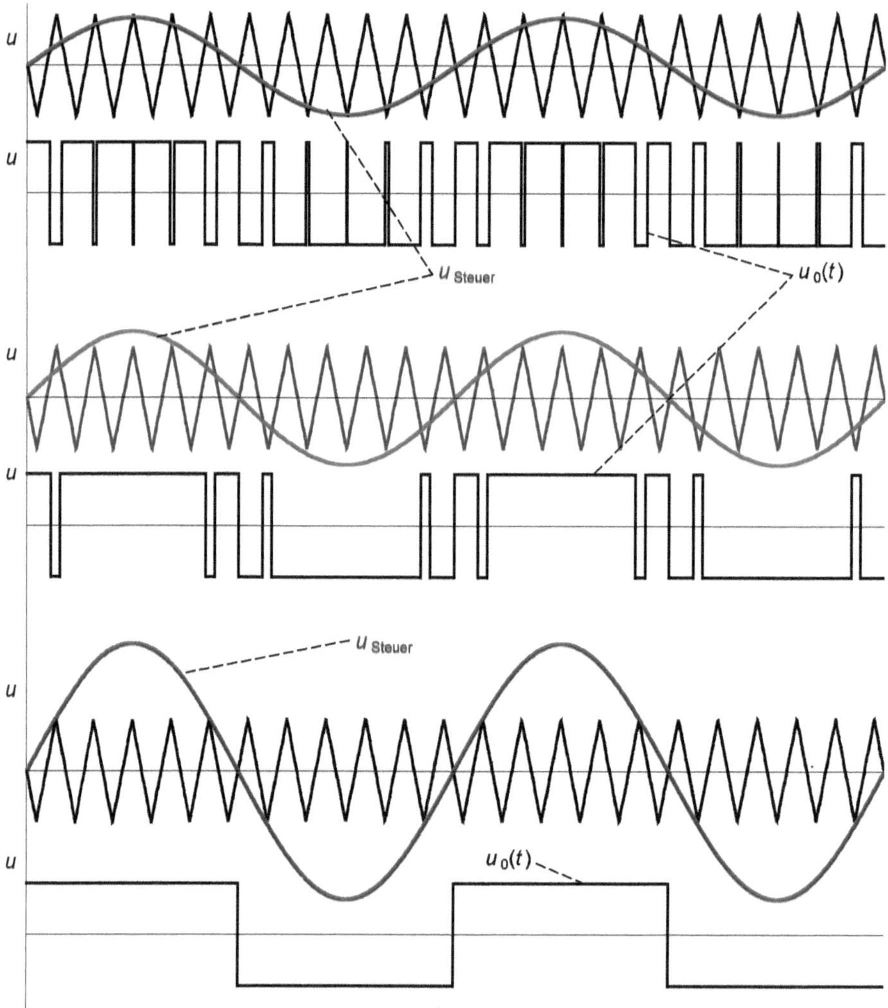

Bild 5.20 Steuerbereiche der Pulsweitenmodulation beim einphasigen Wechselrichter; oben: linearer Steuerbereich, Mitte: Bereich der Übermodulation, unten: Grundfrequenztaktung

Der untere Bildteil zeigt den Fall, dass die Schalter nicht gepulst, sondern nur noch getaktet werden, und wiederholt die schon bekannte Situation der Grundfrequenztaktung. Der Scheitelwert der Steuerspannung ist hier so groß, dass mit Ausnahme der Nulldurchgänge der Steuerspannung überhaupt keine Schnittpunkte mit der Dreieckspannung mehr vorliegen. Umschaltungen in der Ausgangsspannung entstehen daher nur noch zweimal pro Periode der Steuerspannung. Der Scheitelwert der Grundschwingung berechnet sich jetzt nach Gl. (5.1).

5.2.4 Anwendungen

Einphasige Wechselrichter kommen als Halb- oder Vollbrückenwandler in unterschiedlichen Anwendungen zum Einsatz:

- Schaltnetzteile,
- PV-Wechselrichter,
- Antriebstechnik (Schrittmotoren).

5.3 Dreiphasiger spannungseinprägender Wechselrichter

Lernziele

Die Lernenden ...

- zeichnen das Schaltbild einschließlich der Komponenten, die für einen praxisgerechten Betrieb erforderlich sind,
- schätzen auftretende Oberschwingungsspektren ab,
- unterscheiden zwischen linearem Steuerbereich, Übermodulation und Grundfrequenztaktung.

5.3.1 Grundlegender Aufbau und Steuerverfahren

Zur Speisung von Drehstrommotoren, die mit veränderlicher Drehzahl arbeiten, oder auch bei unterbrechungsfreien Stromversorgungen größerer Leistung muss typischerweise eine dreiphasige Last betrieben werden. Grundsätzlich wäre eine Lösung mit drei einphasigen Wechselrichtern zwar möglich. Allerdings müssten die Mittelpunkte der Zwischenkreise sowie die Sternpunkte der Last zugänglich sein. Bei dieser Lösung wären 12 Schalter erforderlich.

Der dreiphasige Wechselrichter entsteht aus dem einphasigen Wechselrichter nach Abschnitt 5.2.1, der mit einer Halbbrücke aufgebaut ist. Das Prinzipschaltbild aus Bild 5.4 wird um zwei weitere Halbbrücken ergänzt. Jede Halbbrücke ist mit einem Pol der dreiphasigen Last verbunden. Bild 5.21 zeigt das Schaltbild eines solchen dreiphasigen Wechselrichters, der mit sechs Schaltern im Wechselrichterteil auskommt. Je nach geforderter elektrischer Leistung kann der Netzanschluss einphasig oder dreiphasig ausgeführt sein.

Als Last wird in Bild 5.21 für jede Phase eine Induktivität und eine Wechselspannungsquelle angesetzt. Eine derartige Last dient als Nachbildung einer Drehfeldmaschine. Alle Induktivitäten haben den gleichen Wert und ergeben zusammen mit den Wechselspannungsquellen ein symmetrisches System. Die Wechselspannungen bilden die Rotationsspannungen des Motors nach.

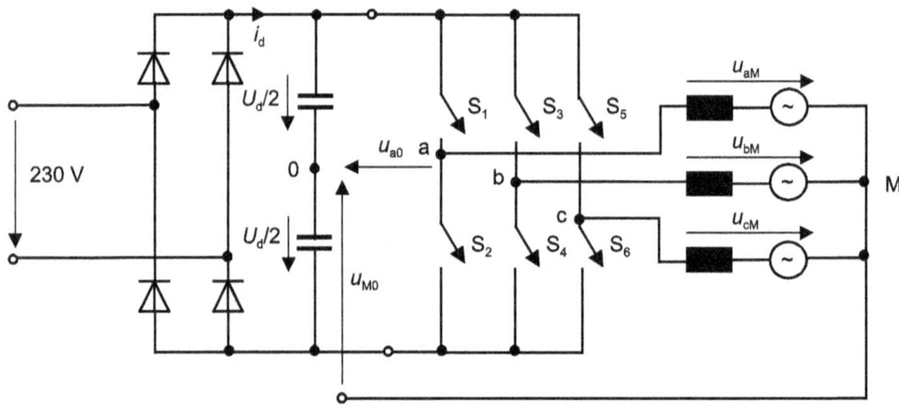

Bild 5.21 Prinzipaufbau eines dreiphasigen spannungseinprägenden Wechselrichters mit einphasiger Einspeisung

Schaltungstechnisch wird der Mittelpunkt des Zwischenkreises hier nicht benötigt. Zum einfachen Verständnis der Schaltung ist es aber sinnvoll, ihn als gedanklichen Bezugspunkt für Spannungen zu verwenden. In Bild 5.21 ist er daher eingezeichnet und mit der Ziffer 0 kenntlich gemacht. Er dient als Bezugspunkt der Spannungen U_{a0}, U_{b0}, U_{c0} und U_{M0}.

5.3.1.1 Grundfrequenztaktung

Die prinzipielle Funktionsweise wird am Beispiel der Grundfrequenztaktung erläutert. Ebenso wie beim einphasigen Wechselrichter entspricht hierbei eine Schaltperiode genau einer Periodendauer T der Ausgangswechselspannung U_{aM}. Um ein symmetrisches Drehspannungssystem zu erzeugen, werden die Schalterpaare (S_1, S_2), (S_3, S_4) und (S_5, S_6) gegeneinander um jeweils 120° versetzt angesteuert.

In jeder Halbbrücke ist immer genau ein Schalter geschlossen und der andere geöffnet. Ist der obere Schalter der ersten Halbbrücke geschlossen, so ist

$$u_{a0}(t) = \frac{U_d}{2} \tag{5.6}$$

Ist der obere Schalter geöffnet und stattdessen der untere geschlossen, so wird

$$u_{a0}(t) = -\frac{U_d}{2} \tag{5.7}$$

Die Spannung zwischen der Lastklemme a und dem Mittelpunkt 0 des Zwischenkreises ist unabhängig vom Schaltzustand der anderen beiden Halbbrücken. Für die beiden Spannungen U_{b0} und U_{c0} gelten vergleichbare Zusammenhänge, allerdings jeweils um 120° - also den dritten Teil der Periodendauer T - gegeneinander verschoben. Die Zeitverläufe der drei Spannungen sind im oberen Teil von Bild 5.22 abgedruckt.

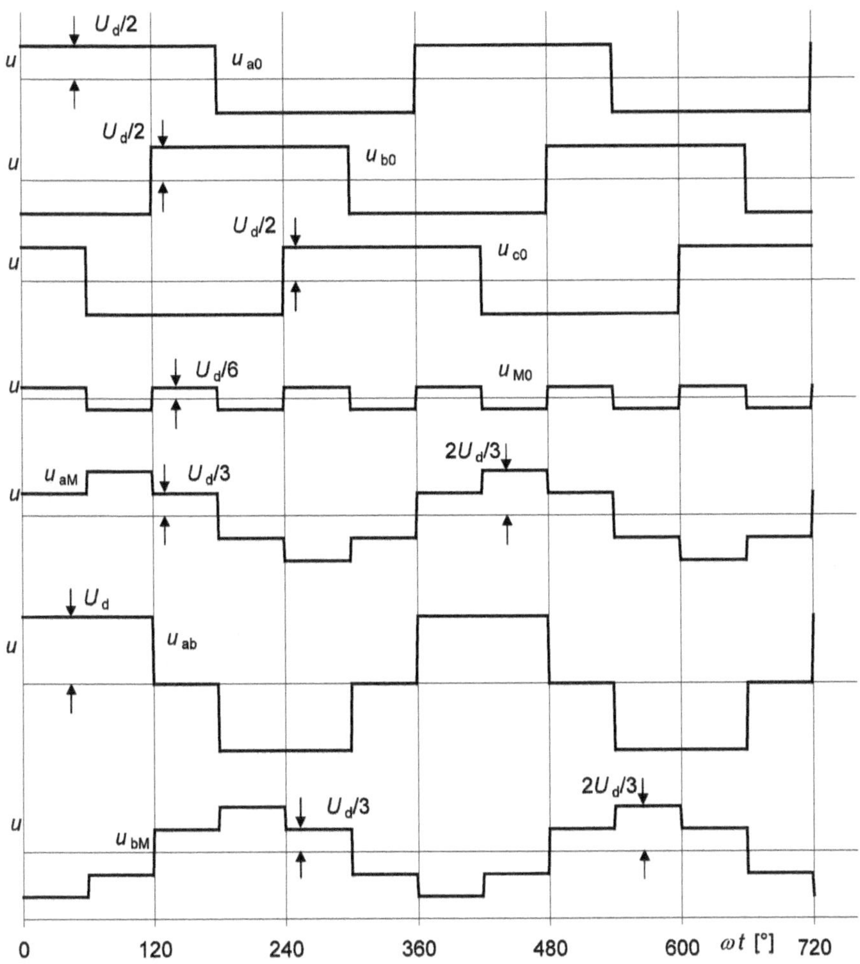

Bild 5.22 Grundfrequenztaktung beim dreiphasigen Wechselrichter; oben: Spannungsverläufe $u_{a0}(t)$, $u_{b0}(t)$, $u_{c0}(t)$, Mitte: Spannungsverlauf $u_{M0}(t)$, Phasenspannung $u_{aM}(t)$, unten: verkettete Spannung $u_{ab}(t)$, Phasenspannung $u_{bM}(t)$

Die eigentlich gesuchten Zeitverläufe sind die der Phasenspannungen $u_{aM}(t)$, $u_{bM}(t)$ und $u_{cM}(t)$. Sie werden über die Hilfsgröße $u_{M0}(t)$ ermittelt. Diese Hilfsgröße bezeichnet die Spannung zwischen dem Sternpunkt der Last und dem Mittelpunkt 0 des Zwischenkreises. Unter Verwendung dieser Hilfsgröße kann für jede Phasenspannung eine Gleichung abgeleitet werden. Es gelten:

$$\begin{aligned} u_{aM} &= u_{a0} - u_{M0} \\ u_{bM} &= u_{b0} - u_{M0} \\ u_{cM} &= u_{c0} - u_{M0} \end{aligned} \tag{5.8}$$

Für ein symmetrisches Drehspannungssystem gilt zusätzlich

$$u_{aM} + u_{bM} + u_{cM} = 0 \tag{5.9}$$

Man kann nun die drei Teilgleichungen aus Gl. (5.8) addieren und die Summe mit Gl. (5.9) gleichsetzen; dann ergibt sich

$$u_{aM} + u_{bM} + u_{cM} = u_{a0} - u_{M0} + u_{b0} - u_{M0} + u_{c0} - u_{M0} \stackrel{!}{=} 0$$

Daraus erhält man eine Bestimmungsmöglichkeit für die Hilfsgröße u_{M0}:

$$\begin{aligned} u_{a0} + u_{b0} + u_{c0} &= 3 \cdot u_{M0} \\ u_{M0} &= \frac{1}{3}\left(u_{a0} + u_{b0} + u_{c0}\right) \end{aligned} \tag{5.10}$$

Die Addition nach Gl. (5.10) wird grafisch mit den drei oberen Zeitverläufen in Bild 5.22 durchgeführt; daraus ergibt sich der Zeitverlauf für die Hilfsgröße u_{M0}, der in der Bildmitte dargestellt ist.

Die erste Zeile aus Gl. (5.8) liefert eine Möglichkeit zur Bestimmung der Strangspannung $u_{aM}(t)$. Eine grafische Lösung dieser Beziehung ist im mittleren Bildteil gezeigt. Die Phasenspannung hat einen charakteristischen treppenförmigen Verlauf. Die einzelnen Stufen beanspruchen eine Zeitdauer von $T/6$ und haben die Amplituden $\pm U_d/3$ und $\pm 2U_d/3$.

Die Phasenspannungen u_{bM} und u_{cM} haben prinzipiell die gleiche Kurvenform wie u_{aM}, nur eben um jeweils 120° verschoben. Sie können wie u_{aM} aus Gl. (5.8) grafisch abgeleitet werden. Eine weitere Möglichkeit ist in den unteren beiden Teilbildern dargestellt. Hier wird zunächst der Zeitverlauf der verketteten Spannung u_{ab} ermittelt. Diese erhält man aus

$$u_{ab} = u_{a0} - u_{b0}$$

Unter Kenntnis von u_{aM} und u_{ab} kann daraus ebenso u_{bM} bestimmt werden

$$u_{bM} = u_{aM} - u_{ab}$$

Die grafischen Additionen sind in Bild 5.22 durchgeführt worden. Aus dieser Analyse geht hervor, dass der Laststernpunkt M sowie der Mittelpunkt des Zwischenkreises nicht auf gleichem Potenzial liegen. Zwischen beiden Punkten liegt eine Potenzialdifferenz; diese Spannung u_{M0} ist eine Rechteckspannung. Sie hat die dreifache Frequenz und ein Drittel der Amplitude der Spannung zwischen Last und Zwischenkreismittelpunkt. Sternpunkt und Mittelpunkt des Zwischenkreises dürfen daher auf keinen Fall miteinander verbunden werden.

Ersatzschaltbilder

Aus dem vorigen Abschnitt ist ersichtlich, dass die Strangspannungen nur die vier diskreten Werte $\pm U_d/3$ und $\pm 2U_d/3$ annehmen können. Dieses Verhalten ist charakteristisch für den dreiphasigen spannungseinprägenden Wechselrichter in der vorliegenden Form nach Bild 5.21. Eine anschauliche Begründung anhand von Ersatzschaltbildern wird nachfolgend gegeben.

Schaltungen, die sich aus ein oder mehreren Halbbrücken zusammensetzen, werden stets so gesteuert, dass immer genau ein Schalter pro Halbbrücke geschlossen und der verbleibende Schalter geöffnet ist. Beim dreiphasigen Wechselrichter liegen die drei Lastklemmen a, b und c daher entweder auf dem Potenzial $+U_d/2$ oder auf $-U_d/2$. In Bild 5.23 ist ein Schaltzustand dargestellt, bei dem S_1, S_4 und S_6 geschlossen sind. Der linke Bildteil zeigt den Schaltzustand in der Darstellungsweise von Bild 5.21. Im rechten Bildteil ist der Gleichrichter weggelassen und es sind lediglich der Zwischenkreis und der Wechselrichter gezeichnet. Der abgebildete Schaltzustand ist identisch zum linken Bildteil; allerdings ist die Last anders dargestellt. Zur Verbesserung der Übersichtlichkeit wird die dreiphasige Last hier unter Vernachlässigung der Wechselspannungen nur durch die Induktivitäten L_a, L_b und L_c nachgebildet. Der obere Anschlusspunkt des Zwischenkreises wird mit ZKO der untere mit ZKU bezeichnet.

In diesem Schaltzustand liegt die Phase a auf dem Potenzial $+U_d/2$. Die beiden Phasen b und c hingegen liegen auf dem Potenzial $-U_d/2$. Alle drei Phasen sind über den Sternpunkt M miteinander verbunden. Zwischen ZKO und M liegt die Induktivität L_a der Phase a. Aufgrund des momentanen Schaltzustandes wirkt als sichtbare Reaktanz zwischen ZKU und M allerdings die Parallelschaltung der Induktivitäten L_b und L_c.

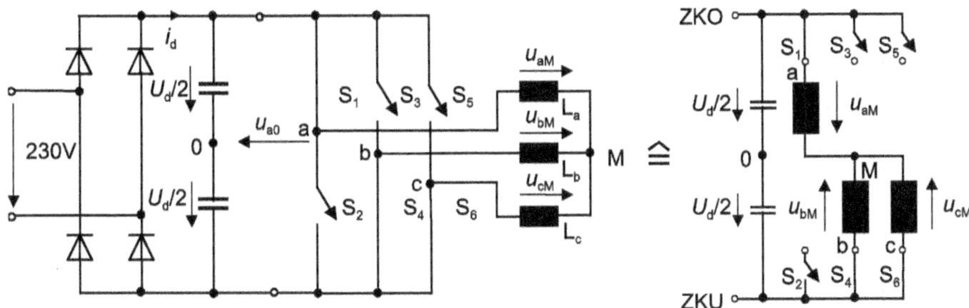

Bild 5.23 Ersatzschaltbild für einen Schaltzustand beim dreiphasigen Wechselrichter

Sind alle Induktivitäten der Last gleich groß, dann erhält man nach Gl. (5.11) für die wirksame Induktivität der Parallelschaltung den Wert $L/2$.

$$\text{mit } L_a = L_b = L_c = L$$
$$(L_b \,||\, L_c) = \frac{L_b \cdot L_c}{L_b + L_c} = \frac{L}{2} \tag{5.11}$$

Damit kann man sagen, dass für den Schaltzustand aus Bild 5.23 die Zwischenkreisspannung U_d über ZKO, M und ZKU an der Reihenschaltung zweier Induktivitäten liegt. Die erste Induktivität hat die Größe L, die zweite die Größe $L/2$. Mit der bekannten Formel für den Spannungsteiler können somit die Spannungen u_{aM}, u_{bM} und u_{cM} aus dem Verhältnis der Induktivitäten und der Zwischenkreisspannung U_d ermittelt werden. Mit den Zählpfeilen aus Bild 5.23 erhält man

$$\frac{u_{\text{aM}}}{U_{\text{d}}} = \frac{L_{\text{a}}}{(L_{\text{b}} \,||\, L_{\text{c}}) + L_{\text{a}}} = \frac{L_{\text{a}}}{\frac{L_{\text{b}} \cdot L_{\text{c}}}{L_{\text{b}} + L_{\text{c}}} + L_{\text{a}}} = \frac{L}{\frac{L}{2} + L} = \frac{L}{\frac{3}{2}L} = \frac{2}{3}$$

$$u_{\text{aM}} = \frac{2}{3} \cdot U_{\text{d}}$$

Bei der Berechnung von u_{bM} und u_{cM} muss beachtet werden, dass deren Zählpfeil entgegengesetzt zu U_{d} liegt. Dies wird durch das Minuszeichen berücksichtigt.

$$\frac{-u_{\text{bM}}}{U_{\text{d}}} = \frac{-u_{\text{cM}}}{U_{\text{d}}} = \frac{(L_{\text{b}} \,||\, L_{\text{c}})}{(L_{\text{b}} \,||\, L_{\text{c}}) + L_{\text{a}}} = \frac{\frac{L_{\text{b}} \cdot L_{\text{c}}}{L_{\text{b}} + L_{\text{c}}}}{\frac{L_{\text{b}} \cdot L_{\text{c}}}{L_{\text{b}} + L_{\text{c}}} + L_{\text{a}}} = \frac{\frac{L}{2}}{\frac{L}{2} + L} = \frac{\frac{L}{2}}{\frac{3}{2}L} = \frac{1}{3}$$

$$u_{\text{bM}} = u_{\text{cM}} = -\frac{1}{3} \cdot U_d$$

Die oben berechneten Werte gelten allerdings nur für den Schaltzustand, der in Bild 5.23 gezeichnet ist. Jede Umschaltung in einer Halbbrücke bewirkt eine Änderung des Schaltzustandes und damit eine veränderte Spannungsaufteilung auf die drei Phasen. Bei den drei Halbbrücken des dreiphasigen Wechselrichters ergeben sich insgesamt acht mögliche Schaltzustände für die Last. Diese sind in Bild 5.24 dargestellt. Sie werden mit Z_0 bis Z_7 bezeichnet.

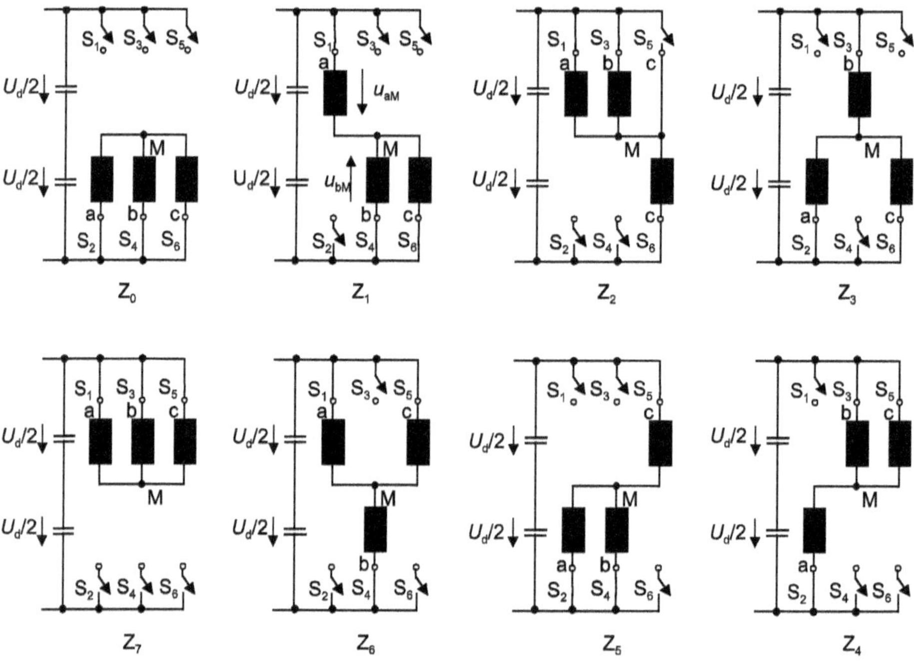

Bild 5.24 Mögliche Schaltzustände beim dreiphasigen Wechselrichter

In den Zuständen Z_1 bis Z_6 sind jeweils zwei Induktivitäten parallel geschaltet. Damit betragen die Strangspannungen in diesen Fällen immer $\pm U_d/3$ oder $\pm 2U_d/3$. Im Zustand Z_0 sind alle unteren, im Zustand Z_7 alle oberen Schalter geschlossen. Somit liegen in beiden Fällen alle Lastklemmen auf gleichem Potenzial. Damit ist die Phasenspannung bei diesen beiden Schaltzuständen immer null.

Beispiel 5.6 Ermittlung der Phasenspannungen für alle Schaltzustände

Geben Sie für jeden Schaltzustand an, welche Schalter geschlossen sind und ob das Potenzial der jeweiligen Phase (a, b, c) bezogen auf den Punkt 0 $+U_d/2$ oder $-U_d/2$ beträgt. Wie groß werden die Phasenspannungen u_{aM}, u_{bM} und u_{cM}?

Lösung:

Zustand	U_{a0}	U_{b0}	U_{c0}	Schalter	U_{aM}	U_{bM}	U_{cM}
Z_0	$-U_d/2$	$-U_d/2$	$-U_d/2$	S_2, S_4, S_6	0	0	0
Z_1	$+U_d/2$	$-U_d/2$	$-U_d/2$	S_1, S_4, S_6	$2/3\ U_d$	$-1/3\ U_d$	$-1/3\ U_d$
Z_2	$+U_d/2$	$+U_d/2$	$-U_d/2$	S_1, S_3, S_6	$1/3\ U_d$	$1/3\ U_d$	$-2/3\ U_d$
Z_3	$-U_d/2$	$+U_d/2$	$-U_d/2$	S_2, S_3, S_6	$-1/3\ U_d$	$2/3\ U_d$	$-1/3\ U_d$
Z_4	$-U_d/2$	$+U_d/2$	$+U_d/2$	S_2, S_3, S_5	$-2/3\ U_d$	$1/3\ U_d$	$1/3\ U_d$
Z_5	$-U_d/2$	$-U_d/2$	$+U_d/2$	S_2, S_4, S_5	$-1/3\ U_d$	$-1/3\ U_d$	$2/3\ U_d$
Z_6	$+U_d/2$	$-U_d/2$	$+U_d/2$	S_1, S_4, S_5	$1/3\ U_d$	$-2/3\ U_d$	$1/3\ U_d$
Z_7	$+U_d/2$	$+U_d/2$	$+U_d/2$	S_1, S_3, S_5	0	0	0

■

Nach Beispiel 5.6 kann das Potenzial jeder Wechselrichterklemme durch die beiden Schalter einer Halbbrücke lediglich zwei mögliche Werte annehmen. Daher wird der Wechselrichter *Zweipunkt-Wechselrichter* genannt. ■

Oberschwingungen bei Grundfrequenztaktung

Wendet man ein Rechenprogramm zur Fourier-Analyse auf den Spannungsverlauf u_{aM} aus Bild 5.22 an, so erhält man das Oberschwingungsspektrum der Strangspannungen u_{aM}, u_{bM} und u_{cM} des dreiphasigen Wechselrichters in Grundfrequenztaktung, das in Bild 5.26 dargestellt ist. Bemerkenswert ist, dass neben den Oberschwingungen geradzahliger Ordnung auch alle Oberschwingungen mit durch drei teilbaren Ordnungszahlen verschwinden. Dies ist eine Eigenschaft des symmetrischen Drehspannungssystems.

Beispiel 5.7 Anwenden der Fourier-Analyse zur Berechnung von $\hat{U}_{aM,1}$

Bestimmen Sie den Scheitelwert der Grundschwingung für den Zeitverlauf von u_{aM} aus Bild 5.25.

Lösung:

Um den gesuchten Scheitelwert zu berechnen, muss eine Fourier-Analyse nach Abschnitt 1.3.2 durchgeführt werden. Die allgemeine Darstellung von $u_{aM}(t)$ als Fourier-Reihe lautet:

$$u_{aM}(t) = \frac{a_0}{2} + \sum_{k=1}^{\infty} \left[a_k \cdot \cos(k \cdot t) + b_k \cdot \sin(k \cdot t) \right]$$

Die Parameter a_k und b_k werden Fourier-Koeffizienten genannt. Der Parameter k heißt Ordnungszahl. Die Koeffizienten a_k und b_k berechnen sich nach [Bronstein08] zu

$$a_k = \frac{1}{\pi} \cdot \int_{-\pi}^{\pi} \left[u_{aM}(\omega t) \cdot \cos(k \cdot \omega t) \right] \cdot \mathrm{d}\omega t$$

$$b_k = \frac{1}{\pi} \cdot \int_{-\pi}^{\pi} \left[u_{aM}(\omega t) \cdot \sin(k \cdot \omega t) \right] \cdot \mathrm{d}\omega t$$

In der Darstellung aus Bild 5.25 ist $u_{aM}(t)$ symmetrisch zur vertikalen Achse und wird *gerade* Funktion genannt. Für solche Funktionen sind die Werte von b_k alle null.

Aufgrund der angesprochenen Symmetrie reicht es aus, den schwarz ausgezogenen Kurvenverlauf zur Berechnung der gesuchten Koeffizienten heranzuziehen, also die Integration lediglich zwischen 0 und π durchzuführen.

$$a_k = 2 \cdot \left(\frac{1}{\pi} \cdot \int_{0}^{\pi} \left[u_{aM}(\omega t) \cdot \cos(k \cdot \omega t) \right] \cdot \mathrm{d}\omega t \right)$$

Für den Koeffizienten a_1 der gesuchten Grundschwingung ergibt sich mit $k = 1$:

$$a_1 = \frac{2}{\pi} \cdot U_d \cdot \int_{0}^{\pi} \left[u_{aM}(\omega t) \cdot \cos(\omega t) \right] \cdot \mathrm{d}\omega t$$

$$a_1 = \frac{2}{\pi} \cdot U_d \cdot \left[\int_{0}^{\pi/6} \frac{2}{3} \cdot \cos(\omega t) \cdot \mathrm{d}\omega t + \int_{\pi/6}^{\pi/2} \frac{1}{3} \cdot \cos(\omega t) \cdot \mathrm{d}\omega t + \int_{\pi/2}^{5\pi/6} -\frac{1}{3} \cdot \cos(\omega t) \cdot \mathrm{d}\omega t + \right.$$

$$\left. \int_{5\pi/6}^{\pi} -\frac{2}{3} \cdot \cos(\omega t) \cdot \mathrm{d}\omega t \right]$$

$$a_1 = \frac{2}{3\cdot\pi}\cdot U_d \cdot \left[2\cdot\sin(\omega t)\Big|_0^{\pi/6} + 1\cdot\sin(\omega t)\Big|_{\pi/6}^{\pi/2} - 1\cdot\sin(\omega t)\Big|_{\pi/2}^{5\pi/6} - 2\cdot\sin(\omega t)\Big|_{5\pi/6}^{\pi}\right]$$

$$a_1 = \frac{2}{3\cdot\pi}\cdot U_d \cdot \left[2\cdot\left(\sin(\frac{\pi}{6}) - \sin(0)\right) + 1\cdot\left(\sin(\frac{\pi}{2}) - \sin(\frac{\pi}{6})\right) - \right.$$

$$\left. 1\cdot\left(\sin(\frac{5\pi}{6}) - \sin(\frac{\pi}{2})\right) - 2\cdot\left(\sin(\pi) - \sin(\frac{5\pi}{6})\right)\right]$$

$$a_1 = \frac{2}{3\cdot\pi}\cdot U_d \cdot \left[2\cdot\left(\frac{1}{2} - 0\right) + 1\cdot\left(1 - \frac{1}{2}\right) - 1\cdot\left(\frac{1}{2} - 1\right) - 2\cdot\left(0 - \frac{1}{2}\right)\right]$$

$$a_1 = \frac{2}{3\cdot\pi}\cdot U_d \cdot \left[1 + \frac{1}{2} + \frac{1}{2} + 1\right] = \underline{\underline{\frac{2}{\pi}\cdot U_d}}$$

■

Der Fourierkoeffizient a_1 der Grundschwingung beträgt $2\cdot U_d/\pi$ und entspricht dem gesuchten Scheitelwert der Grundschwingung $\hat{U}_{aM,1}$.

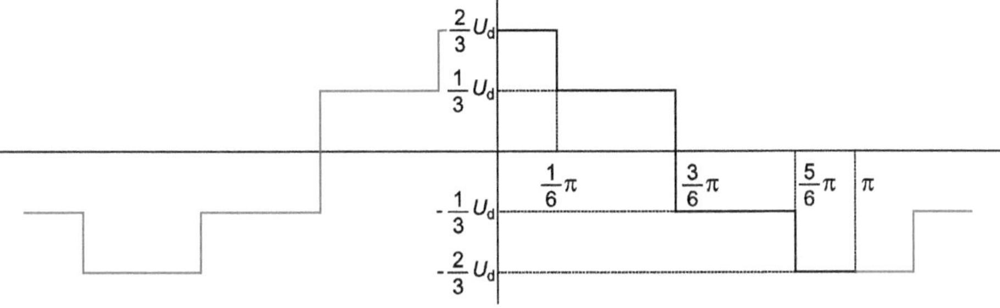

Bild 5.25 Phasenspannung $u_{aM}(t)$ zur Bestimmung des Scheitelwertes $\hat{U}_{aM,1}$ der Grundschwingung

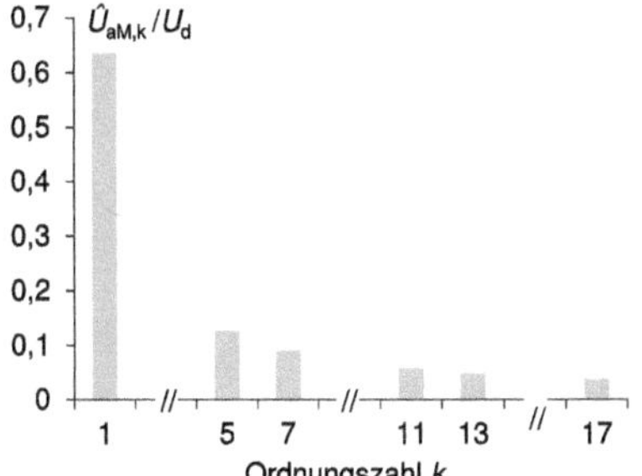

Bild 5.26 Oberschwingungsspektrum des dreiphasigen Wechselrichters bei der Grundfrequenztaktung

5.3.1.2 Unterschwingungsverfahren

Beim einphasigen Wechselrichter wurde das Unterschwingungsverfahren eingeführt. Der Vergleich der Dreieckspannung mit *einer* sinusförmigen Spannung ergibt dort die Umschaltzeitpunkte so, dass eine gepulste Ausgangsspannung entsteht, die *eine* sinusförmige Grundschwingungskomponente enthält. Beim dreiphasigen Wechselrichter sind drei um 120° verschobene Ausgangsspannungen mit sinusförmiger Grundschwingung gefordert. Daher werden dort drei Steuerspannungen $u_{Steuer1}$, $u_{Steuer2}$ und $u_{Steuer3}$ mit gleichen Scheitelwerten verwendet, die ihrerseits aber ebenfalls um 120° gegeneinander verschoben sind. Dieses Verfahren ist schaltungstechnisch einfach umzusetzen und erzeugt ein akzeptables Oberschwingungsspektrum. In der analogen Praxis spielt es immer noch eine bedeutende Rolle. Hierzu gibt es zahlreiche Weiterentwicklungen, die besonders auf die digitale Realisierung mittels Mikroprozessoren zugeschnitten sind.

Die drei Steuerspannungen werden mit *einer* Dreieckspannung verglichen. An den Schnittpunkten zwischen der Dreieck- und der jeweiligen Steuerspannung ergeben sich die Umschaltzeitpunkte für die betreffende Halbbrücke. Mit den Bezeichnungen aus Bild 5.21 gilt für die drei Steuerspannungen aus Bild 5.27 folgender qualitativer Zusammenhang:

- Der obere Schalter (S_1) der ersten Halbbrücke wird dann eingeschaltet, wenn die Steuerspannung $u_{Steuer1}$ größer als die Dreieckspannung ist; ist die Dreieckspannung größer als $u_{Steuer1}$, wird der untere Schalter (S_2) eingeschaltet.
- Der obere Schalter (S_3) der mittleren Halbbrücke wird dann eingeschaltet, wenn die Steuerspannung $u_{Steuer2}$ größer als die Dreieckspannung ist; ist die Dreieckspannung größer als $u_{Steuer2}$, wird der untere Schalter (S_4) eingeschaltet.
- Der obere Schalter (S_5) der rechten Halbbrücke wird dann eingeschaltet, wenn die Steuerspannung $u_{Steuer3}$ größer als die Dreieckspannung ist; ist die Dreieckspannung größer als $u_{Steuer3}$, wird der untere Schalter (S_6) eingeschaltet.

Die Kurvenformen der jeweiligen Strangspannungen u_{aM}, u_{bM} und u_{cM} werden mit derselben Vorgehensweise abgeleitet, wie sie bei der Erläuterung der Grundfrequenztaktung gewählt wurde. Die unten beschriebenen Zeitverläufe sind in Bild 5.27 dargestellt.

Aus dem Vergleich der Steuerspannungen mit der Dreieckspannung ergeben sich die gepulsten Ausgangsspannungen u_{a0}, u_{b0} und u_{c0}, da die Gl. (5.8) bis (5.10) unverändert gelten. Wie bei der Analyse der Grundfrequenztaktung sind auch diese Spannungen auf den Mittelpunkt 0 des Zwischenkreises bezogen. Ihre Amplitude beträgt jeweils $U_d/2$.

Aus diesen Verläufen kann wiederum der Zeitverlauf der Hilfsspannung u_{M0} ermittelt werden. So erhält man aus u_{M0} und den Zeitverläufen von u_{a0}, u_{b0} und u_{c0} die gesuchten Strangspannungen u_{aM}, u_{bM} und u_{cM}. Die verkettete Spannung zwischen zwei Lastklemmen ergibt sich, indem man die Differenz der Spannungen zwischen den Lastklemmen und dem Zwischenkreismittelpunkt bildet. Ihre Amplitude ist gleich der Zwischenkreisspannung U_d (Bild 5.27 unten).

$$u_{ab} = u_{a0} - u_{b0} = u_{aM} - u_{bM} \qquad (5.12)$$

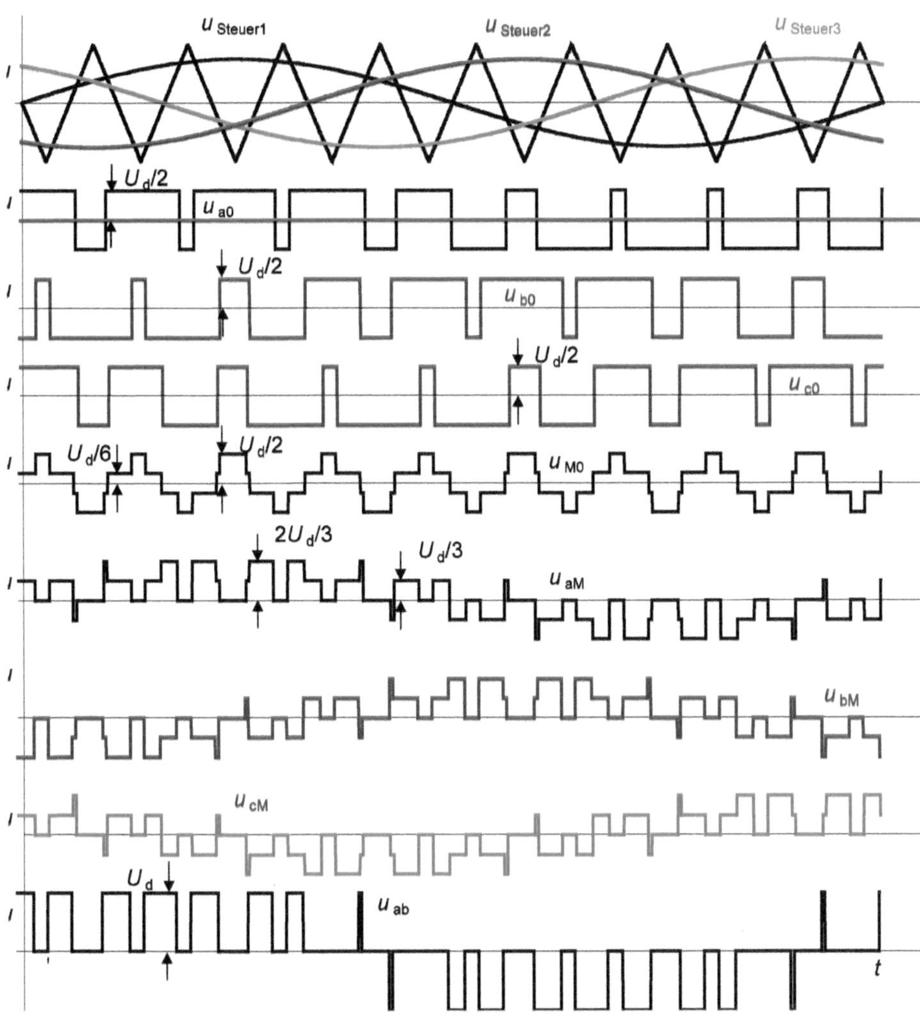

Bild 5.27 Pulsweitenmodulation nach dem Unterschwingungsverfahren beim dreiphasigen Wechselrichter; oben: Steuerspannung, Dreieckspannung und Spannungsverläufe $u_{a0}(t)$, $u_{b0}(t)$, $u_{c0}(t)$, Mitte: Spannungsverlauf $u_{M0}(t)$, Phasenspannung $u_{aM}(t)$, unten: Phasenspannung $u_{bM}(t)$, Phasenspannung $u_{cM}(t)$, verkettete Spannung $u_{ab}(t)$

Wie bei der Grundfrequenztaktung hat die Hilfsspannung u_{M0} eine deutlich höhere Frequenz als die Grundschwingung. Auch beim Unterschwingungsverfahren dürfen der Mittelpunkt des Zwischenkreises und der Laststernpunkt auf keinen Fall miteinander verbunden werden.

Die Strangspannungen der Last u_{aM}, u_{bM} und u_{cM} haben prinzipiell denselben Verlauf, sind gegeneinander aber um 120° verschoben. Damit bilden sie - wie gefordert - ein symmetrisches Drehspannungssystem. Als einhüllende Kurvenform ist bei allen Phasenspannungen die treppenförmige Struktur zu erkennen, die sich für die Grundfrequenztaktung ergibt. Die Amplituden der einzelnen Treppenstufen betragen auch hier $\pm U_d/3$ und $\pm 2U_d/3$. Im Vergleich zur reinen Treppenform der Grundfrequenztaktung werden je nach Aussteuergrad durch die Pulsweitenmodulation zusätzliche Umschaltungen eingefügt.

Linearer Steuerbereich

Für die drei Spannungsgrundschwingungen zwischen Lastklemmen und Zwischenkreismittelpunkt gelten prinzipiell die Beziehungen des einphasigen Wechselrichters. Allerdings beträgt die Amplitude der gepulsten Ausgangsspannungen u_{a0}, u_{b0} und u_{c0} beim dreiphasigen Wechselrichter gemäß Bild 5.27 nicht U_d, sondern nur $U_d/2$. Dies wird bei der Ableitung des Steuergesetzes dadurch berücksichtigt, dass man in Gl. (5.5) U_d durch $U_d/2$ ersetzt. Für die Grundschwingung $u_{a0,1}$ erhält man

$$u_{a0,1}(t) = \frac{U_d}{2} \cdot \frac{u_{Steuer}(t)}{\hat{U}_\Delta} = \frac{U_d}{2} \cdot \frac{\hat{U}_{Steuer} \cdot \sin(\omega_1 t)}{\hat{U}_\Delta}$$

$$u_{a0,1}(t) = \frac{U_d}{2} \cdot \frac{\hat{U}_{Steuer}}{\hat{U}_\Delta} \cdot \sin(\omega_1 t) = \frac{U_d}{2} \cdot m_a \cdot \sin(\omega_1 t)$$

Die beiden verbleibenden Spannungen $u_{b0,1}$ und $u_{c0,1}$ sind gegenüber $u_{a0,1}$ prinzipiell identisch, aber auch um 120° phasenverschoben.

$$u_{b0,1}(t) = \frac{U_d}{2} \cdot \frac{\hat{U}_{Steuer}}{\hat{U}_\Delta} \cdot \sin(\omega_1 t - 120°) = \frac{U_d}{2} \cdot m_a \cdot \sin(\omega_1 t - 120°)$$

$$u_{c0,1}(t) = \frac{U_d}{2} \cdot \frac{\hat{U}_{Steuer}}{\hat{U}_\Delta} \cdot \sin(\omega_1 t + 120°) = \frac{U_d}{2} \cdot m_a \cdot \sin(\omega_1 t + 120°)$$

Die verkettete Spannung kann nach Gl. (5.12) beispielsweise aus der Differenz von u_{a0} und u_{b0} berechnet werden. Diese Gleichung lässt sich auch dann verwenden, wenn lediglich die Grundschwingung der verketteten Spannung zu berechnen ist. Für diese ergibt sich Folgendes:

$$u_{ab,1}(t) = u_{a0,1}(t) - u_{b0,1}(t)$$

$$u_{ab,1}(t) = \frac{U_d}{2} \cdot m_a \cdot \sin(\omega_1 t) - \frac{U_d}{2} \cdot m_a \cdot \sin(\omega_1 t - 120°) \qquad (5.13)$$

$$u_{ab,1}(t) = \frac{U_d}{2} \cdot m_a \cdot \left(\sin(\omega_1 t) - \sin(\omega_1 t - 120°)\right)$$

Eine mathematische Formelsammlung [Bronstein08], die die Additionstheoreme für trigonometrische Funktionen enthält, liefert

$$\sin(x)-\sin(x-120°)=2\cdot\cos\left(\frac{x+(x-120°)}{2}\right)\cdot\sin\left(\frac{x-(x-120°)}{2}\right)$$

$$\sin(x)-\sin(x-120°)=2\cdot\cos\left(\frac{(2x-120°)}{2}\right)\cdot\sin\left(\frac{+120°)}{2}\right)$$

$$\sin(x)-\sin(x-120°)=2\cdot\cos(x-60°)\cdot\sin(60°)=2\cdot\cos(x-60°)\cdot\frac{\sqrt{3}}{2}$$

$$\sin(x)-\sin(x-120°)=2\cdot\frac{\sqrt{3}}{2}\cdot\cos(x-60°)=\sqrt{3}\cdot\cos(x-60°)$$

Hierbei wurde zur Vereinfachung x statt $\omega_1 t$ geschrieben. Mit dieser Hilfe kann die letzte Zeile in Gl. (5.13) umgeformt werden:

$$u_{\mathrm{ab},1}(t)=\frac{U_\mathrm{d}}{2}\cdot m_\mathrm{a}\cdot\left(\sin(\omega_1 t)-\sin(\omega_1 t-120°)\right)$$

$$u_{\mathrm{ab},1}(t)=\frac{U_\mathrm{d}}{2}\cdot m_\mathrm{a}\cdot\sqrt{3}\cdot\cos(\omega_1 t-60°)$$

$$\hat{U}_{\mathrm{ab},1}=\frac{U_\mathrm{d}}{2}\cdot m_\mathrm{a}\cdot\sqrt{3}$$

Für den Scheitelwert der verketteten Spannung erhält man letztendlich

$$\hat{U}_{\mathrm{ab},1}=\sqrt{3}\cdot\hat{U}_{\mathrm{a0},1}=\sqrt{3}\cdot\frac{U_\mathrm{d}}{2}\cdot m_\mathrm{a}=0.866\cdot U_\mathrm{d}\cdot m_\mathrm{a} \tag{5.14}$$

Auch hier ist der Zusammenhang zwischen Steuerspannung und Grundschwingung der verketteten Spannung linear, solange der Aussteuergrad m_a kleiner als 1 ist. Wie beim einphasigen Wechselrichter wird dieser Bereich als linearer Steuerbereich bezeichnet.

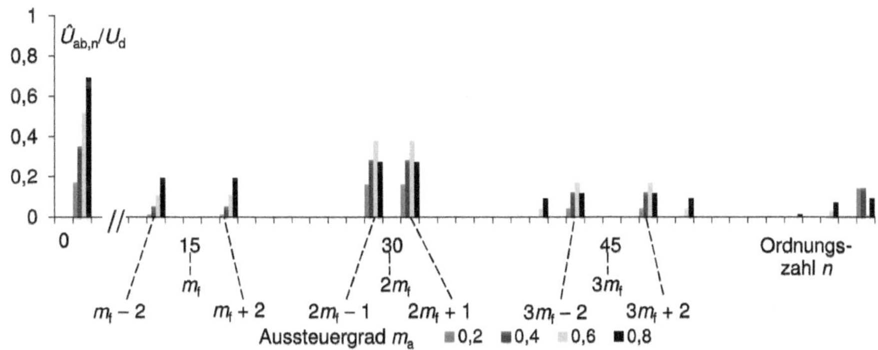

Bild 5.28 Spektren beim dreiphasigen Wechselrichter für $m_\mathrm{f} > 10$ und verschiedene Aussteuergrade m_a

Oberschwingungen

Ebenso wie beim einphasigen Wechselrichter enthalten die verketteten Spannungen und somit auch die Strangspannungen u_{aM}, u_{bM} und u_{cM} aufgrund der Pulsweitenmodulation neben der gewünschten Grundschwingung auch unerwünschte Oberschwingungen.

In Bild 5.28 sind die auf die Zwischenkreisspannung U_{d} bezogenen Scheitelwerte der verketteten Spannung für die Ordnungszahlen n dargestellt. Diese Werte ergeben sich für Frequenzverhältnisse $m_{\mathrm{f}} > 10$, die sowohl ungeradzahlig als auch durch drei teilbar sind ($m_{\mathrm{f}} = 15$, $m_{\mathrm{f}} = 21$ usw.). Oberschwingungen mit durch drei teilbaren Vielfachen der Schaltfrequenz liegen nicht vor. Lediglich die Seitenbänder sind besetzt, wenn deren Ordnungszahl nicht durch drei teilbar ist. Die Amplituden der einzelnen Oberschwingungen hängen jeweils stark vom Aussteuergrad ab.

Übung 5.1

Ein dreiphasiger Wechselrichter wird mit einer Schaltfrequenz von 8 kHz betrieben. Die Ausgangsfrequenz beträgt 200 Hz, der Aussteuergrad liegt bei 0.8. Schätzen Sie Amplitude und Frequenz der Oberschwingung mit dem höchsten Scheitelwert ab. ■

Synchronisierte Taktung

Um Schwebungen in der Ausgangsspannung zu verhindern, wird beim einphasigen Wechselrichter die synchronisierte Taktung verwendet. Diese Vorgehensweise muss auch beim dreiphasigen Wechselrichter genutzt werden, wenn die Ausgangsfrequenz so groß wird, dass Frequenzverhältnisse $m_{\mathrm{f}} < 10$ entstehen. Gegenüber dem einphasigen Wechselrichter sind zusätzliche Einschränkungen erforderlich, weil die nachfolgenden Bedingungen für alle drei Steuerspannungen gleichermaßen erfüllt werden müssen.

- Die Frequenz der Dreieckspannung f_{S} ist ein ungerades ganzzahliges Vielfaches der Ausgangsfrequenz f_1.
- Die Nulldurchgänge aller Steuerspannungen fallen mit den Nulldurchgängen der Dreieckspannung so zusammen, dass beide dort entgegengesetzte Steigungen aufweisen.

Diese Bedingungen können nur dann für alle Steuerspannungen eingehalten werden, wenn das Frequenzverhältnis m_{f} ein ungeradzahlig ganzzahliges Vielfaches von drei ist.

$$m_{\mathrm{f}} = \frac{f_{\mathrm{S}}}{f_1} = 3 \cdot (2 \cdot m - 1) \qquad \text{mit } m = 1{,}2{,}3 \text{ usw.}$$

Bei drehzahlveränderlichen Drehstromantrieben muss die Grundfrequenz der Ausgangsspannung verändert werden können. Im Bereich der synchronisierten Taktung, also bei hohen Ausgangsfrequenzen und damit kleinen Frequenzverhältnissen, ist die Schaltfrequenz ebenfalls zu variieren. Dies bedeutet, dass die Dreieckspannung passend zu den sinusförmigen Steuerspannungen unter Berücksichtigung aller Symmetriebedingungen nachgeführt werden muss.

Bei großen Frequenzverhältnissen $m_f > 10$ ist dieses Vorgehen im Allgemeinen nicht erforderlich. In diesen Fällen wird die freie Taktung angewandt. Darunter versteht man den Einsatz einer Dreieckspannung deren Frequenz hoch, konstant und unabhängig von der Steuerspannung ist.

Übung 5.2

Gegeben ist in Bild 5.29 der Verlauf von Dreieck- und Steuerspannungen eines dreiphasigen Wechselrichters, der nach dem Unterschwingungsverfahren arbeitet.

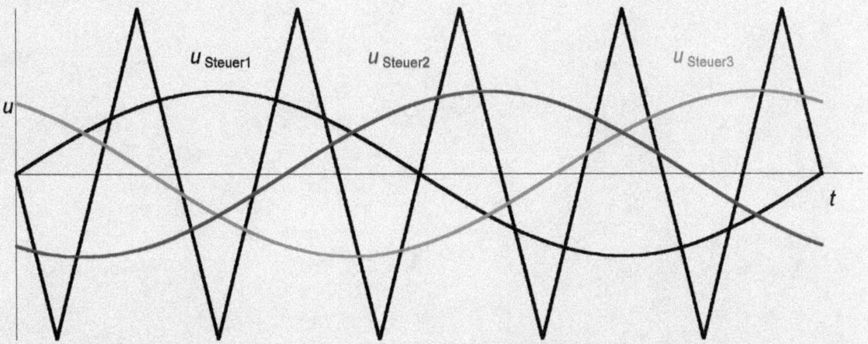

Bild 5.29 Dreieck- und Steuerspannungen zur Übung 5.2

Ermitteln Sie den Aussteuergrad m_a sowie das Frequenzverhältnis m_f. Beurteilen Sie, ob die ermittelten Werte technisch sinnvoll sind.

Übung 5.3

Die Drehzahl eines Drehstrommotors soll stufenlos verändert werden. Bei unterschiedlichen Drehzahlen müssen unterschiedliche Strangspannungen an den Motor angelegt werden.

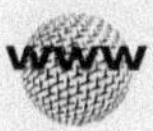

Verwenden Sie zur Lösung das Applet „Dreiphasiger Wechselrichter mit Raumzeiger“.

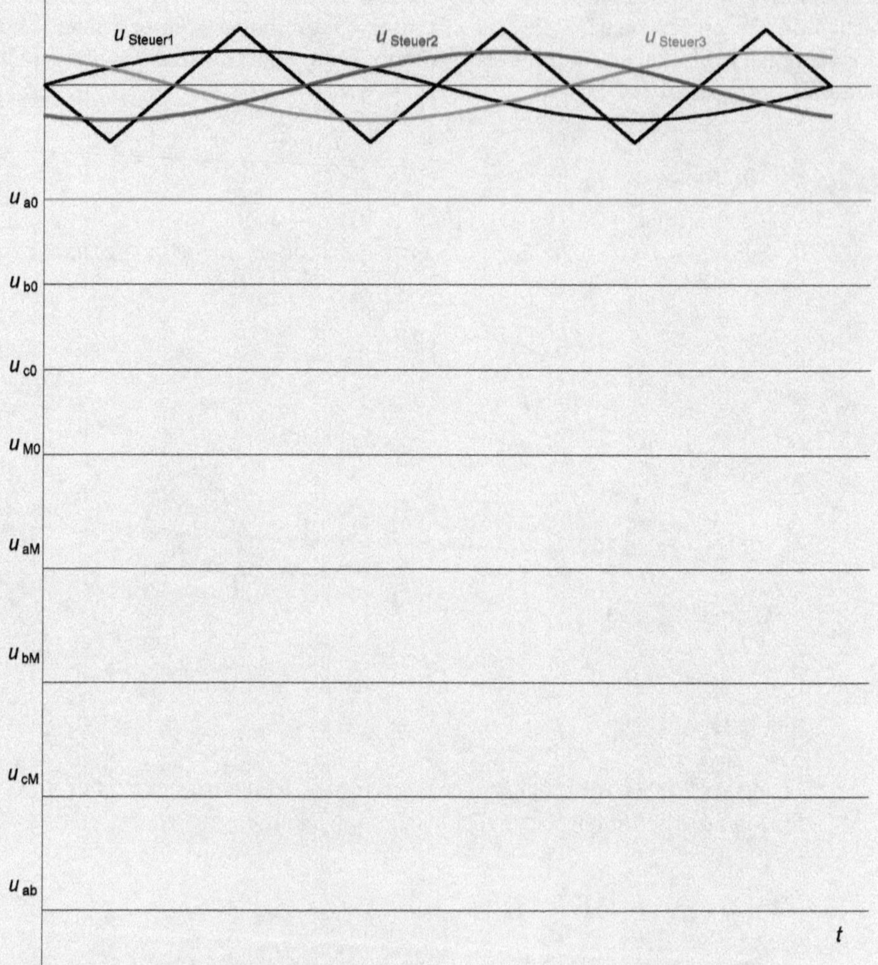

Bild 5.30 Liniendiagramm zur Übung 5.3

a) Welche prinzipiellen Möglichkeiten existieren, die Amplituden der Strangspannungen zu verändern?

b) Die Zwischenkreisspannung beträgt U_d = 540 V. Welche Amplitude der Phasenspannung U_{aM} ergibt sich, wenn $\hat{u}_{Steuer} = 0.6 \cdot \hat{u}_{\Delta}$ ist?

c) Ermitteln Sie in Bild 5.30 Liniendiagramm zur Übung 5.3 aus den gegebenen Verläufen zunächst $u_{a0}(t)$, $u_{b0}(t)$, und $u_{c0}(t)$. Bestimmen Sie danach $u_{M0}(t)$ und anschließend $u_{aM}(t)$, $u_{bM}(t)$, $u_{cM}(t)$ sowie den Zeitverlauf der verketteten Spannung $u_{ab}(t)$. Geben Sie die Höhe der einzelnen Spannungspulse an. ■

Übermodulation

Auch beim dreiphasigen Wechselrichter ergibt sich die maximale Ausgangsspannung nicht bei $m_a = 1$, sondern erst bei der Grundfrequenztaktung. Werden die Amplituden der Steuerspannungen über den Scheitelwert der Dreieckspannung hinaus erhöht, so ist der Zusammenhang zwischen dem Aussteuergrad m_a und der Grundschwingungsamplitude der Wechselrichterausgangsspannung ebenfalls nicht mehr linear. Der Abschnitt zwischen dem linearen Steuerbereich und der Grundfrequenztaktung wird auch beim dreiphasigen Wechselrichter der Bereich der Übermodulation genannt. Dort ändert sich auch das Oberschwingungsspektrum. Im Vergleich zum Spektrum aus Bild 5.28, das für den linearen Aussteuerbereich gilt, ergeben sich andere Amplituden. In den Seitenbändern kommen weitere Ordnungszahlen hinzu.

Für ein Frequenzverhältnis von $m_f = 15$ sind in Bild 5.31 die Steuerbereiche des dreiphasigen Wechselrichters gezeigt. Dargestellt ist die Amplitude der verketteten Spannung bezogen auf die Zwischenkreisspannung U_d in Abhängigkeit vom Aussteuergrad m_a.

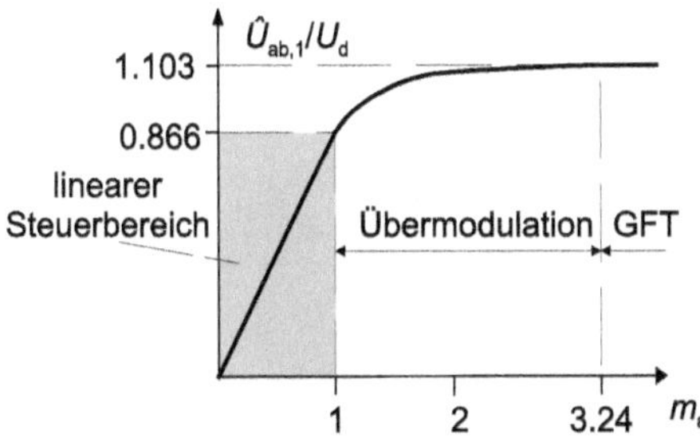

Bild 5.31 Steuerbereiche beim dreiphasigen Wechselrichter für $m_f = 15$; GFT: Grundfrequenztaktung

Der lineare Aussteuerbereich ist grau schraffiert und liegt vor, solange m_a kleiner eins ist. An der Grenze zur Übermodulation beträgt der Scheitelwert der verketteten Spannung lt. Gl. (5.14) das 0.866-Fache der Zwischenkreisspannung U_d. Beim hier zugrunde liegenden Frequenzverhältnis $m_f = 15$ wird der Steuerbereich der Grundfrequenztaktung (GFT) bei einem Aussteuergrad von 3.24 erreicht.

Übung 5.4

Die Frässpindel einer Feinfräsmaschine wird durch einen Drehstromasynchronmotor mit einem Polpaar angetrieben und soll eine maximale Drehzahl von 120000 min^{-1} erreichen. Die maximale Leistung beträgt 500 W. Wählen Sie einen passenden Stromrichter und ein geeignetes Steuerverfahren.

5.3.1.3 Raumzeigermodulation

Als *Raumzeiger* (RZ) wird eine mathematische Darstellungsweise bezeichnet, die für Berechnungen in Dreileitersystemen geeignet ist, welche in der Antriebstechnik häufig auftreten. Ihr Einsatz erlaubt eine sehr einfache, übersichtliche und anschauliche Beschreibung von stationären und dynamischen Vorgängen. Es hat in den letzten Jahren vor allem bei der Behandlung dynamischer Vorgänge in Drehfeldmaschinen stark an Bedeutung gewonnen [Probst16].

Eine Drehstromwicklung besteht aus drei einzelnen Wicklungen nach Bild 5.32, die über den Umfang des Stators räumlich um 120° gegeneinander versetzt angebracht sind. Die räumliche Verschiebung der drei Wicklungen wird mathematisch durch das abc-Koordinatensystem ausgedrückt, dessen Achsen mit den Wicklungsachsen zusammen fallen und ebenfalls um 120° gegeneinander verdreht sind.

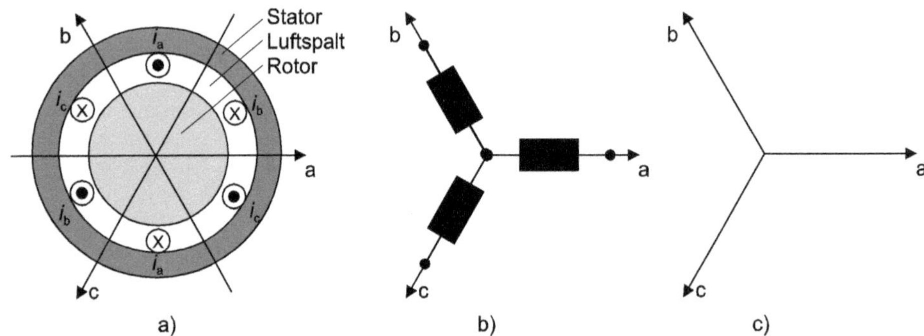

Bild 5.32 Mathematische Behandlung einer Drehstromwicklung; a) Modell der dreiphasigen Statorwicklung einer Maschine mit einem Polpaar; b) Darstellung der Wicklung durch je eine konzentrierte Wicklungsspule; c) zugehöriges dreiphasiges abc-Koordinatensystem der Drehstromwicklung

Bild 5.32 zeigt im Teilbild a) den Querschnitt einer dreiphasigen Maschine mit einem Polpaar bestehend aus Stator, Rotor und dazwischen liegendem Luftspalt, deren Wicklungen räumlich um 120° versetzt sind und mit a, b und c bezeichnet werden. Fließt ein Strom i_a durch die Wicklung *a* in der eingezeichneten Richtung (oben aus der Zeichenebene heraus und unten in die Zeichenebene hinein), so wird eine Durchflutung Θ in Richtung der Wicklungsachse a erzeugt; entsprechendes gilt für die Wicklungen *b* und *c*.

RZ werden zur Beschreibung von Strömen und Spannungen verwendet und entstehen dadurch, dass jedem Wicklungsstrom bzw. jeder Wicklungsspannung ein Vektor in der betreffenden Wicklungsachse des abc-Koordinatensystems zugeordnet wird. Die Länge dieses Vektors entspricht der Amplitude des Wicklungsstroms bzw. der Wicklungsspannung. Ändert sich die Amplitude, so ändert sich zwar seine Länge, die Richtung bleibt jedoch durch die Wicklungsachse festgelegt. Solange die Wicklung und damit auch die Wicklungsachse ortsfest bleiben, bleibt die Richtung des Raumzeigers konstant. Abhängig davon, ob Ströme oder Spannungen betrachtet werden, spricht man von Strom- oder Spannungsraumzeigern. Bei einer dreiphasigen Maschine wird jeder Wicklung ein RZ zugeordnet, deren geometrische Addition den resultierenden Gesamtraumzeiger ergibt.

Verwenden Sie das Applet „Dreiphasiger Wechselrichter mit Raumzeiger“, um die folgenden Erläuterungen nachzuvollziehen. ■

Beispiel 5.8 Verlauf des Spannungsraumzeigers bei Grundfrequenztaktung

Ermitteln Sie die möglichen Positionen des Spannungsraumzeigers, wenn der dreiphasige Wechselrichter in Grundfrequenztaktung betrieben wird.

Lösung:
Im o. g. Applet wird zunächst die Betriebsart *Grundfrequenztaktung* (GFT) ausgewählt. Verschiebt man die rote vertikale Linie von links nach rechts, werden die Änderung der Schaltzustände sowie die zugehörige Lage des Spannungsraumzeigers im animierten Schaltbild als Funktion der Zeit dargestellt. Man erkennt, dass jedem Schaltzustand des Wechselrichters und damit jedem Amplitudenwert der Strangspannungen eine mögliche Position des Spannungsraumzeigers (blau) entspricht. Insgesamt erhält man die grafische Darstellung aus Bild 5.33, wobei bei GFT lediglich die RZ u_1 bis u_6 auftreten, die jeweils für dieselbe Zeitdauer bestehen bleiben. ■

Bild 5.33 stellt alle möglichen Schaltzustände aus Beispiel 5.6 grafisch dar. Dazu werden die zu den Zuständen Z_0 bis Z_7 gehörenden RZ u_0 bis u_7, in das abc-Koordinatensystem eingetragen.

Die Schaltzustände Z_0 bis Z_7 beschreiben die Positionen der Raumzeiger u_0 bis u_7, die durch die 8 diskreten Schaltzustände des Zweipunkt-Wechselrichters eingestellt werden können. Sie werden direkt einschaltbare Raumzeiger genannt. Die Raumzeiger u_1 bis u_6 haben eine Länge von 2/3 U_d; u_0 und u_7 haben den Betrag 0 und heißen Nullzeiger. ■

Beispiel 5.9 Verlauf des Spannungsraumzeigers bei Pulsweitenmodulation

Ermitteln Sie die möglichen Positionen des Spannungsraumzeigers, wenn der dreiphasige Wechselrichter mit Pulsweitenmodulation betrieben wird.

Lösung:
Im o. g. Applet wird zunächst die Betriebsart *Pulsweitenmodulation* (PWM) ausgewählt und mit $\hat{U}_{\text{Steuer}} < \hat{U}_{\Delta}$ der lineare Steuerbereich eingestellt. Verschiebt man die rote vertikale Linie von links nach rechts, so erkennt man, dass neben den Zuständen Z_1 bis Z_6 nun auch Z_0 und Z_7 immer dann auftreten, wenn der Momentanwert der Strangspannungen den Wert 0 annimmt. Die Zeitdauer, für die die einzelnen Zustände bestehen bleiben, ist jetzt im Gegensatz zur GFT nicht mehr identisch.

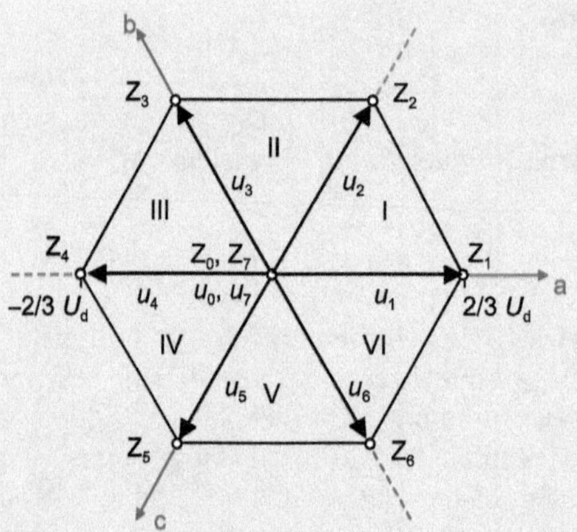

Bild 5.33 Grafische Darstellung der direkt einschaltbaren Raumzeiger u_0 bis u_7 sowie der Schaltzustände Z_0 - Z_7 beim dreiphasigen Wechselrichter, die die Ebene in die Sektoren I - VI unterteilen

Zusätzlich zum blauen Spannungsraumzeiger, der nur die diskreten Zustände Z_0 bis Z_7 annimmt, wird im Applet ein roter Spannungsraumzeiger dargestellt. Dessen Amplitude hängt vom aktuellen Scheitelwert der Steuerspannungen ab. Im Gegensatz zum blauen Raumzeiger bewegt sich der rote kontinuierlich in Abhängigkeit der Zeit. Er beschreibt offensichtlich den Betrag und die Lage des RZ u_{Soll}, der aufgrund der aktuellen Augenblickswerte der drei Steuerspannungen eingestellt werden soll.

Übung 5.5

Wie bewegt sich der Spannungsraumzeiger u_{Soll}, wenn die Strangspannungen einen sinusförmigen Verlauf mit konstantem Scheitelwert aufweisen?

Grundidee des Verfahrens

Obwohl der Wechselrichter aufgrund seiner Arbeitsweise nicht in der Lage ist, den geforderten Raumzeiger u_{Soll} kontinuierlich einzustellen, kann u_{Soll} durch eine Mittelwertbildung über die Zeit ΔT angenähert werden. Dieses Verfahren ist unter dem Namen *Raumzeigermodulation* (space vector modulation) bekannt.

Zunächst wird ermittelt, in welchem der sechs Sektoren u_{Soll} liegen soll. Für den in Bild 5.34 dargestellten Fall ist dies das grau unterlegte Dreieck, das durch die RZ u_1 zur rechten und u_2 zur linken begrenzt wird. Damit neben der korrekten Winkellage auch der gewünschte Betrag von u_{Soll} angenähert wird, werden auch die beiden RZ der Länge null u_0 und u_7 mit in die Mittelwertbildung aufgenommen. Sie sorgen dafür, dass im Mittel über die Zeit ΔT der Betrag des eingestellten Raumzeigers dem von u_{Soll} entspricht.

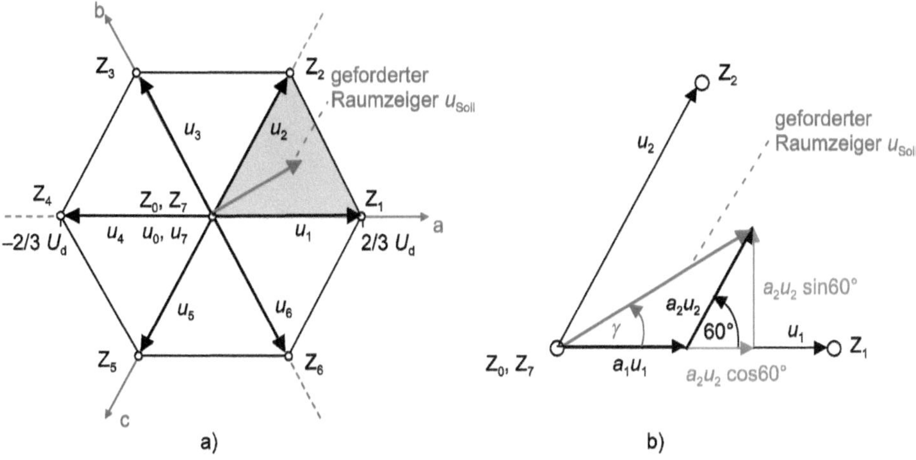

Bild 5.34 Erläuterung des Raumzeigerverfahrens; a) Lage des geforderten Raumzeigers u_{Soll} im ersten Sektor der Raumzeigerebene; b) vergrößerte Darstellung des ersten Sektors

Für die praktische Umsetzung der Raumzeigermodulation müssen demnach die Einschaltzeiten t_{l} bzw. t_{r} des linken bzw. rechten Raumzeigers sowie t_0 des Nullzeigers ermittelt werden. Die Zeit ΔT setzt sich aus der Summe der drei Zeiten zusammen:

$$\Delta T = t_0 + t_{\text{l}} + t_{\text{r}}$$

Mathematisch ergibt sich der geforderte Raumzeiger u_{Soll} nach Bild 5.34, b) aus einer Linearkombination des linken und rechten Raumzeigers, die jeweils nur für einen Bruchteil von ΔT eingeschaltet sind. Es gelten Gl. (5.15) und (5.16), die die Basis zur Berechnung von t_{l} und t_{r} bilden.

$$\begin{aligned} u_{\text{Soll}} \cdot \cos\gamma \cdot \Delta T &= u_1 \cdot t_{\text{r}} + u_2 \cdot t_{\text{l}} \cdot \cos 60° \\ u_{\text{Soll}} \cdot \cos\gamma &= u_1 \cdot \underbrace{\frac{t_{\text{r}}}{\Delta T}}_{a_1} + u_2 \cdot \underbrace{\frac{t_{\text{l}}}{\Delta T}}_{a_2} \cdot \cos 60° \end{aligned} \tag{5.15}$$

$$\begin{aligned} u_{\text{Soll}} \cdot \sin\gamma \cdot \Delta T &= u_2 \cdot t_{\text{l}} \cdot \sin 60° \\ u_{\text{Soll}} \cdot \sin\gamma &= u_2 \cdot \frac{t_{\text{l}}}{\Delta T} \cdot \sin 60° \end{aligned} \tag{5.16}$$

Beispiel 5.10 Bestimmung der Zeit ΔT

Ermitteln Sie den Zusammenhang zwischen ΔT und der Schaltfrequenz f_{S} der Transistoren. Bestimmen Sie zunächst mit Beispiel 5.6, welche Schaltzustände Z_i für die Einstellung von u_{Soll} aus Bild 5.34, b) verwendet werden können. Schlagen Sie anschließend eine Reihenfolge der einzustellenden Schaltzustände für u_{Soll} so vor, dass die Schaltfrequenz möglichst gering wird. Geben Sie dann den Zusammenhang zwischen ΔT und f_{S} an.

Lösung:

Zur Approximation von u_{Soll} werden Z_0, Z_1, Z_2 und Z_7 eingesetzt. Die Tatsache, dass für die Einstellung des Nullzeigers Z_0 und Z_7 zur Verfügung stehen, wird ausgenutzt, um die Schaltfrequenz zu begrenzen. Verwendet man bei zwei aufeinander folgenden Intervallen ΔT abwechselnd Z_0 und Z_7, so kann u_{Soll} nach Beispiel 5.6 durch folgende Schaltspiele angenähert werden:

$u_{Soll}(t_x)$			$u_{Soll}(t_x+\Delta T)$			$u_{Soll}(t_x+2\Delta T)$		
Z_0	Z_1	Z_2	Z_7	Z_2	Z_1	Z_0	Z_1	Z_2
S_2, S_4, S_6	S_1, S_4, S_6	S_1, S_3, S_6	S_1, S_3, S_5	S_1, S_3, S_6	S_1, S_4, S_6	S_2, S_4, S_6	S_1, S_4, S_6	S_1, S_3, S_6
t_0	t_r	t_l	t_0	t_l	t_r	t_0	t_r	t_l

Man erkennt, dass bei der oben gewählten Abfolge pro Änderung eines Schaltzustands immer nur ein Transistor des Wechselrichters geschaltet werden muss. Für jeden Transistor sind demnach zwei Intervalle ΔT für einen Ein- und Ausschaltvorgang erforderlich. Somit gilt:

$$f_S = \frac{1}{2 \cdot \Delta T} \tag{5.17}$$

Mit Gl. (5.16) und (5.17) kann die Einschaltzeit t_l ermittelt werden:

$$t_l = \frac{u_{Soll} \cdot \sin\gamma \cdot \Delta T}{u_2 \cdot \sin 60°} = \frac{u_{Soll} \cdot \sin\gamma \cdot \Delta T}{\frac{2}{3} \cdot U_d \cdot \sin 60°} = \frac{u_{Soll} \cdot \sin\gamma \cdot \Delta T}{\frac{2}{3} \cdot U_d \cdot \frac{\sqrt{3}}{2}}$$

$$t_l = \frac{u_{Soll} \cdot \sin\gamma \cdot \Delta T}{\frac{2}{3} \cdot U_d \cdot \frac{\sqrt{3}}{2}} = \sqrt{3} \cdot \frac{u_{Soll} \cdot \sin\gamma \cdot \Delta T}{U_d} = \sqrt{3} \cdot \frac{u_{Soll} \cdot \sin\gamma}{U_d \cdot 2 \cdot f_S} \tag{5.18}$$

Setzt man Gl. (5.18) in Gl. (5.15) ein und löst nach t_r auf, erhält man

$$t_r = \frac{u_{Soll} \cdot \cos\gamma \cdot \Delta T - u_2 \cdot t_l \cdot \cos 60°}{u_1} = \frac{u_{Soll} \cdot \cos\gamma \cdot \Delta T - u_2 \cdot t_l \cdot \frac{1}{2}}{u_1}$$

$$t_r = \frac{u_{Soll} \cdot \cos\gamma \cdot \Delta T - u_2 \cdot \sqrt{3} \cdot \frac{u_{Soll} \cdot \sin\gamma \cdot \Delta T}{U_d} \cdot \frac{1}{2}}{u_1}$$

$$t_r = \frac{u_{Soll} \cdot \cos\gamma \cdot \Delta T - \frac{2}{3} U_d \cdot \sqrt{3} \cdot \frac{u_{Soll} \cdot \sin\gamma \cdot \Delta T}{U_d} \cdot \frac{1}{2}}{\frac{2}{3} U_d}$$

$$t_{\mathrm{r}} = \frac{u_{\mathrm{Soll}} \cdot \cos\gamma \cdot \Delta T - \frac{1}{\sqrt{3}} \cdot u_{\mathrm{Soll}} \cdot \sin\gamma \cdot \Delta T}{\frac{2}{3} U_{\mathrm{d}}} = \frac{u_{\mathrm{Soll}}}{U_{\mathrm{d}}} \cdot \Delta T \frac{3 \cdot \cos\gamma - \sqrt{3} \cdot \sin\gamma}{2}$$

$$t_{\mathrm{r}} = \sqrt{3} \cdot \frac{u_{\mathrm{Soll}}}{U_{\mathrm{d}}} \cdot \Delta T \cdot \underbrace{\left[\underbrace{\frac{\sqrt{3}}{2}}_{\sin 60^\circ} \cdot \cos\gamma - \underbrace{\frac{1}{2}}_{\cos 60^\circ} \cdot \sin\gamma \right]}_{\sin(60^\circ - \gamma)} = \underline{\underline{\sqrt{3} \cdot \frac{u_{\mathrm{Soll}}}{U_{\mathrm{d}}} \cdot \Delta T \cdot \sin(60^\circ - \gamma)}} \quad (5.19)$$

$$\underline{\underline{t_0 = \Delta T - t_{\mathrm{r}} - t_1}} \quad (5.20)$$

Gl. (5.18), (5.19) und (5.20) legen die Einschaltzeiten für die direkt einschaltbaren Raumzeiger fest, mit denen der Sollraumzeiger approximiert wird. Sie gelten für alle Sektoren der Raumzeigerebene, wobei γ dem Winkel zwischen der rechten Sektorgrenze und u_{Soll} entspricht. Ein vollständiger Umlauf des Sollraumzeigers u_{Soll} entspricht einer Grundschwingungsperiode der Motorspannung.

Spannungsausnutzung

Beim Unterschwingungsverfahren (USV) ergibt sich der maximale Scheitelwert der Strangspannung, der im linearen Aussteuerbereich eingestellt werden kann, nach Gl. (5.14) und beträgt

$$\hat{U}_{\mathrm{aM,1,USV}} = \frac{\hat{U}_{\mathrm{ab,1}}}{\sqrt{3}} = \frac{U_{\mathrm{d}}}{2} \cdot m_{\mathrm{a}}$$

Beim Raumzeigerverfahren (RZV) ist *der* Sollraumzeiger gerade noch einstellbar, dessen Spitze auf dem Innenkreis des Sechsecks liegt. Seine Länge entspricht dem maximalen Scheitelwert der Strangspannung. Aus Bild 5.35 liest man ab:

$$u_{\mathrm{Soll,max}} = \frac{2}{3} \cdot U_{\mathrm{d}} \cdot \cos(30^\circ) = \frac{2}{3} \cdot U_{\mathrm{d}} \cdot \frac{\sqrt{3}}{2} = \frac{U_{\mathrm{d}}}{\sqrt{3}} = \hat{U}_{\mathrm{aM,1,RZV}}$$

Setzt man beide Werte ins Verhältnis, so ergibt sich:

$$\frac{\hat{U}_{\mathrm{aM,1,RZV}}}{\hat{U}_{\mathrm{aM,1,USV}}} = \frac{\frac{U_{\mathrm{d}}}{\sqrt{3}}}{\frac{U_{\mathrm{d}}}{2}} = \frac{2}{\sqrt{3}} = 1.15$$

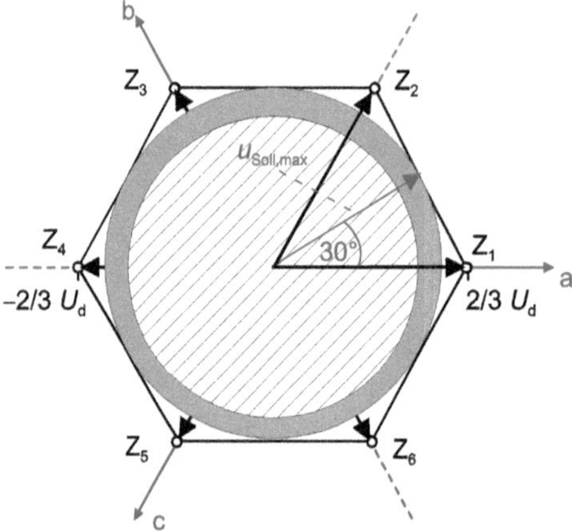

Bild 5.35 Spannungsausnutzung unterschiedlicher Modulationsverfahren beim dreiphasigen Wechselrichter; schraffiert: mögliche Spannungsraumzeiger beim Unterschwingungsverfahren; grau: mögliche Spannungsraumzeiger bei Vorliegen einer Nullkomponente

Das Raumzeigerverfahren ermöglicht eine Spannungsausnutzung des Wechselrichters, die rund 15 % höher liegt als beim Unterschwingungsverfahren. Es ist besonders gut für eine Realisierung mit µ-Rechnern geeignet und bietet sich für digital geregelte Antriebe an.

Übung 5.6

Gegeben ist ein Sollspannungsraumzeiger der Länge 0.38 U_d unter einem Winkel von 138° zur α-Achse. Ermitteln Sie den Sektor, in dem der Raumzeiger liegt und den zugehörigen Winkel γ. Berechnen Sie die Einschaltzeiten der Raumzeiger, die den Sektor begrenzen, wenn die Schaltfrequenz der Transistoren 20 kHz beträgt.

Überprüfen Sie Ihre Lösung mit dem Applet „Raumzeigerverfahren“.

5.3.1.4 Weitere Steuerverfahren

Aus der Literatur ist eine Fülle weiterer Steuerverfahren bekannt, die neben der Erhöhung der Spannungsausnutzung auch das Ziel haben, die Schaltfrequenzen zu reduzieren. Ein solches Verhalten wird grundsätzlich dadurch erreicht, dass eine Nullkomponente u_0 zu den Steuerspannungen addiert wird, die aber aufgrund des dreiphasigen Wechselrichters in dessen Ausgangsspannungen nicht mehr auftritt. Bild 5.36, oben, verdeutlicht das Prinzip. Zu den drei sinusförmigen Steuerspannungen $u_{Ref,a}$, $u_{Ref,b}$ und $u_{Ref,c}$ wird eine ebenfalls sinusförmige Spannung mit dreifacher Frequenz addiert. Die resultierenden Steuerspannungen $u_{Steuer,a}$, $u_{Steuer,b}$ und $u_{Steuer,c}$ enthalten dadurch alle diese dritte Oberschwingung und weisen dieselbe charakteristische Einbuchtung jeweils bei ωt = 90° auf.

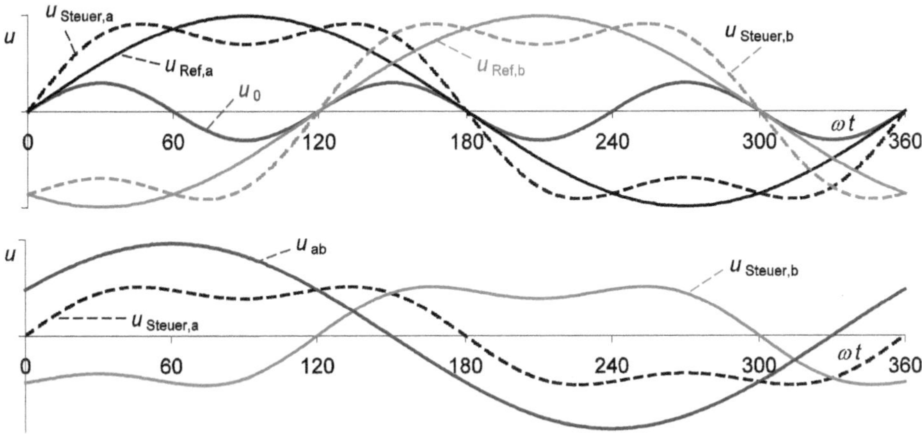

Bild 5.36 Addition einer Nullkomponente; oben: Steuerspannungen $u_{Ref,a}$, $u_{Ref,b}$, Nullkomponente u_0 sowie resultierende Steuerspannungen $u_{Steuer,a}$, und $u_{Steuer,b}$; unten: Steuerspannungen $u_{Steuer,a}$, $u_{Steuer,b}$ und verkettete Spannung u_{ab}

Werden die resultierenden Steuerspannungen zur Durchführung der Pulsweitenmodulation verwendet, so enthalten die Spannungen u_{a0}, u_{b0} und u_{c0} die Nullkomponente ebenfalls. In den verketteten Spannungen u_{ab} und u_{bc}, die sich aus der Differenz zweier Klemmenspannungen ergeben, ist diese Nullkomponente nach Bild 5.36, unten, allerdings nicht mehr enthalten.

Die verbesserte Spannungsausnutzung kommt dadurch zustande, dass die Grundschwingungsamplitude der originalen Steuerspannungen $u_{Ref,a}$, $u_{Ref,b}$ und $u_{Ref,c}$ über den Scheitelwert der Dreieckspannung hinaus erhöht werden kann, *ohne* dass die Übermodulation eintritt. Grund sind die genannten charakteristischen Einbuchtungen bei $\omega t = 90°$. Sie verhindern, dass der Momentanwert der resultierenden Steuerspannungen den Scheitelwert der Dreieckspannung übersteigt.

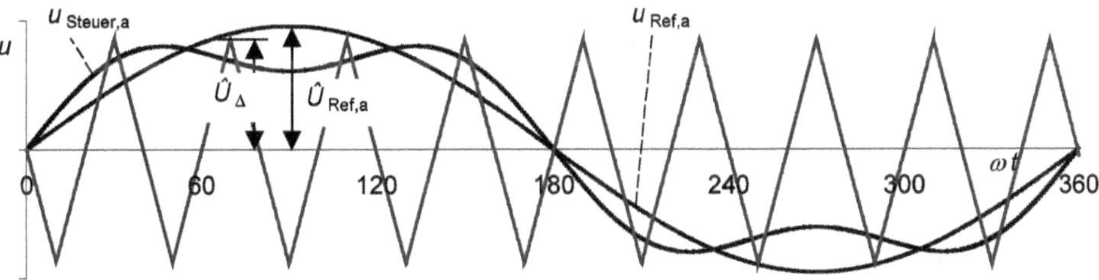

Bild 5.37 Steigerung der Spannungsausnutzung durch Addition einer Nullspannung

In Bild 5.37 erkennt man, dass der Scheitelwert der ursprünglichen Steuerspannung $\hat{U}_{Ref,a}$ deutlich größer als der Scheitelwert der Dreieckspannung $\hat{U}_{\Delta}$ ist. Dennoch arbeitet die PWM nicht im Bereich der Übermodulation, da für die Ermittlung der Schaltzeitpunkte nicht $u_{Ref,a}(t)$ sondern stattdessen $u_{Steuer,a}(t)$ verwendet wird. Sie weist aufgrund der addierten Nullkomponente die charakteristische Einbuchtung an der Stelle auf, an der die ursprüngliche Steuerspannung $u_{Ref,a}(t)$ ihren Scheitelwert hat. Im besten Fall wird die Spannungsausnutzung im linearen Aussteuerbereich – wie beim Raumzeigerverfahren – um etwa 15 % gegenüber dem Unterschwingungsverfahren erhöht.

5.3.1.5 Flattop-Verfahren

Bestimmte Kurvenformen der Nullkomponente bewirken zusätzlich zur besseren Ausnutzung der Spannung eine Reduktion der mittleren Schaltfrequenz und somit eine Verringerung der Schaltverluste. Bei Flattop-Modulationsverfahren wird eine Ausgangsspannung über einen zusammenhängenden Winkelbereich von 60° in der Vollaussteuerung belassen [Kerk99]. Erreicht wird dieses Verhalten durch die Addition einer charakteristischen Nullkomponente u_0 zu den jeweiligen Steuerspannungen.

Im oberen Teil von Bild 5.38 ist die Steuerspannung u_{Steuer} sowie die zugehörige Nullkomponente u_0 abgebildet, die addiert die resultierende Steuerspannung ergeben, die für die Pulsweitenmodulation verwendet wird. Im unteren Bildteil erkennt man, dass in den Bereichen I und II die resultierende Steuerspannung keine Schnittpunkte mit der Dreieckspannung aufweist und somit keine Umschaltungen vorgenommen werden. Dadurch sinken die mittlere Schaltfrequenz und die Schaltverluste. Weitergehende Informationen finden sich in [Rei96].

> www Verwenden Sie das Applet „PWM mit modifizierten Steuerspannungen", um die vorangegangenen Erläuterungen nachzuvollziehen. ■

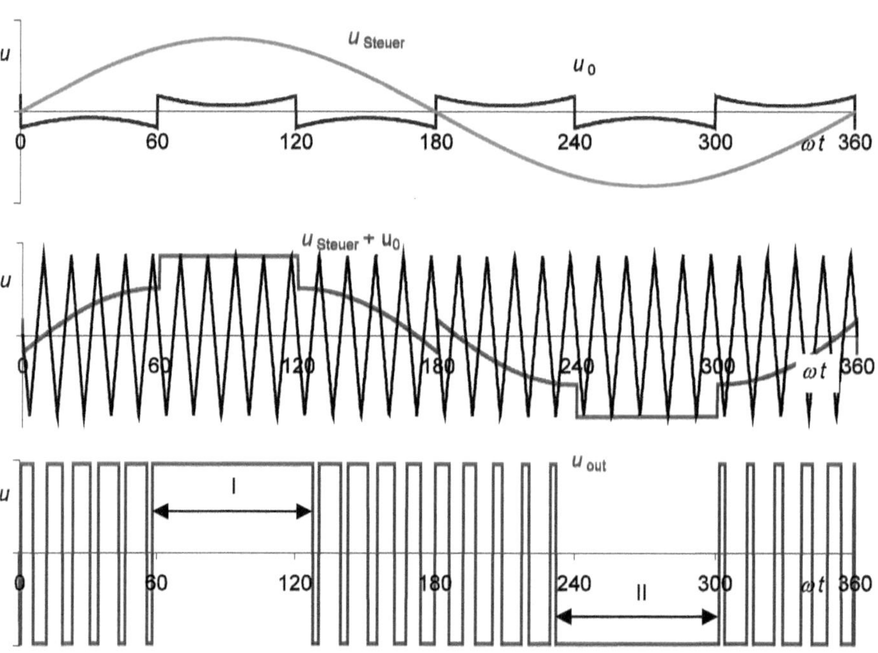

Bild 5.38 Flattopmodulation; oben: sinusförmige Steuerspannung und Nullkomponenten u_0; Mitte: Dreieckspannung und gesamte Steuerspannung; unten: erzeugtes Pulsmuster

5.3.2 Ergänzende Komponenten

Für industrielle Anwendungen ist der in Bild 5.21 dargestellte Aufbau des dreiphasigen Wechselrichters in der vorliegenden Form nicht ausreichend.

Zum einen werden Zwischenkreiskondensatoren mit vergleichsweise großen Kapazitätswerten verwendet. Diese Kapazitäten sind beim Zuschalten der Netzspannungen noch ungeladen. Sie stellen im ersten Moment gewissermaßen einen Kurzschluss dar und führen zu hohen Ladeströmen, die den Netzgleichrichter gefährden. Daher wird ein Ladewiderstand in den Zwischenkreis eingebracht, der den Ladestrom auf unkritische Werte begrenzt. An diesem Widerstand entstehen natürlich stromabhängige Verluste. Diese Verluste sind im Dauerbetrieb unerwünscht. Deshalb wird der Ladewiderstand nach dem Aufladen der Kondensatoren kurzgeschlossen.

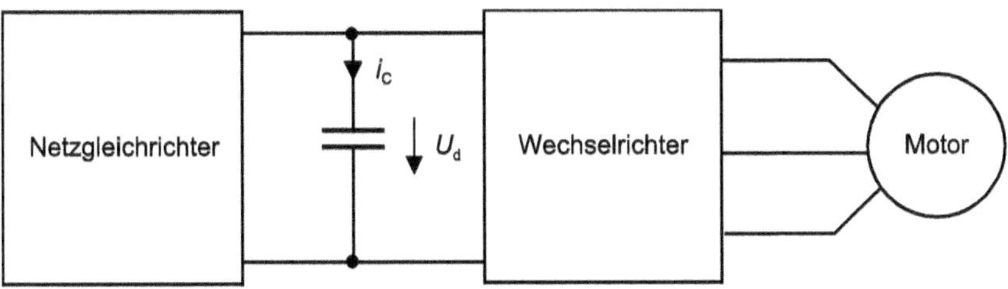

Bild 5.39 Vereinfachte Betrachtung beim Bremsbetrieb des Motors

Zum anderen müssen unzulässige Überhöhungen der Zwischenkreisspannung vermieden werden. Bei Antriebsanwendungen besteht die Last des Wechselrichters aus einem Drehstrommotor. Ein Erhöhen der Motordrehzahl erfordert zusätzliche Energie, die aus dem Zwischenkreis entnommen wird und den Motor beschleunigt. Vermindert man die Drehzahl, so wird diese Energie wieder frei und über den Wechselrichter zurück in den Zwischenkreis gespeist.

Vereinfachend kann man sich vorstellen, dass beim Abbremsen des Motors ein Strom vom Wechselrichter in den Zwischenkreiskondensator zurückfließt, da der Netzgleichrichter aus Bild 5.21 ja mit Dioden aufgebaut ist und ein Rückspeisen in das Wechselstromnetz nicht zulässt. In Bild 5.39 wird dieser Strom mit i_C bezeichnet.

Wie jeder Strom, der in einen Kondensator fließt, transportiert auch i_C Ladungsträger auf die Kapazität. Am Kondensator gilt folgende Gleichung

$$i_C = C \cdot \frac{dU_C}{dt} = C \cdot \frac{dU_d}{dt} \qquad \Rightarrow \qquad dU_d = \frac{i_C}{C} \cdot dt$$

$$\Delta U_d = \frac{i_C}{C} \cdot \Delta t$$

Daraus ergibt sich, dass der Spannungsanstieg ΔU_d am Kondensator umso größer ist, je länger der Strom i_C in den Kondensator fließt und je kleiner der Kondensator ist. Beim Bremsbetrieb steigt die Zwischenkreisspannung daher an. Eine Erhöhung der Spannung über einen Maximalwert hinaus muss aufgrund der begrenzten Spannungsfestigkeit von

Kondensator und Wechselrichtertransistoren unterbunden werden. Hierzu wird ein Tiefsetzsteller verwendet. Er besteht aus dem Schalter S_{Br} und dem zugehörigen Lastwiderstand R_{Br}. Dieser Steller entlädt den Zwischenkreiskondensator über den Widerstand R_{Br}, so dass die Zwischenkreisspannung U_d stets kleiner als der zulässige Maximalwert bleibt. Er wird auch Bremssteller genannt.

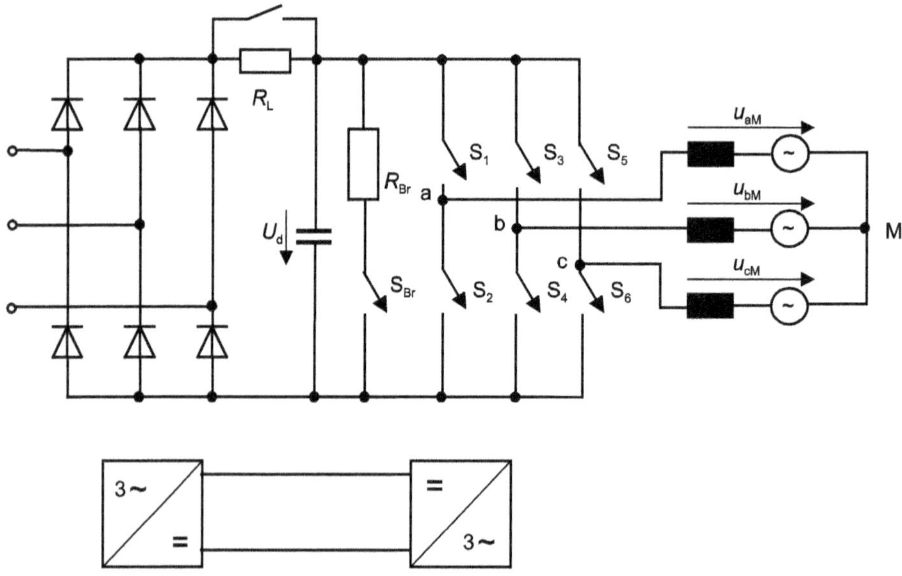

Bild 5.40 Frequenzumrichter bestehend aus B6-Brückengleichrichter, dreiphasigem Wechselrichter und Zusatzkomponenten; oben: Schaltbild; unten: Kurzzeichen

Bild 5.40 zeigt den dreiphasigen Wechselrichter mit den erläuterten Zusatzkomponenten und einem dreiphasigen Netzanschluss mittels einer netzgeführten B6-Brücke.

Übung 5.7

Welche Alternativen zum Bremssteller gibt es, um die vom Motor im Bremsbetrieb zurück gespeiste Energie zu beherrschen?

5.4 Einsatzgebiete und Anwendungen

Hauptsächliche Anwendungsgebiete der ein- und dreiphasigen Wechselrichter sind die elektronische Antriebstechnik sowie die Einspeisung regenerativer Energien in das Versorgungsnetz. Zudem wird insbesondere die einphasige Variante bei bestimmten Schaltnetzteiltopologien verwendet [Schlienz07].

5.4.1 Elektronische Antriebstechnik

Bis in die 1980er-Jahre war die Gleichstrommaschine mit vorgeschaltetem Thyristorstromrichter (vgl. Kapitel 3) der klassische Motor bei drehzahlvariablen Antrieben. Danach begann der breite Einsatz Drehstromantriebstechnik vorwiegend mit Drehstromasynchronmotoren. Seit einigen Jahren haben sich auch permanent erregte Synchronmaschinen als Antriebsmotoren etabliert.

Beiden Antriebsarten ist gemeinsam, dass die Motoren nicht mehr am Versorgungsnetz mit der starren Netzfrequenz von 50 Hz betrieben werden. Stattdessen wird zwischen Netz und Motor ein Frequenzumrichter nach Bild 5.40 geschaltet, der das Drehspannungssystem für den Motor elektronisch erzeugt. In Bild 5.40 ist die Drehstromwicklung des Motors durch ein elektrisches Ersatzschaltbild bestehend aus Wicklungsinduktivität und induzierter sinusförmiger Gegenspannung im rechten Bildteil wiedergegeben.

Die aktuelle Synchrondrehzahl n_S des Motors ergibt sich aus der Frequenz f_{FU}, des Drehspannungssystems, das vom Frequenzumrichter erzeugt wird.

$$n_S = \frac{f_{FU}}{n_p}$$

Eine Veränderung der Ausgangsfrequenz f_{FU} ermöglicht somit eine stufenlose Änderung der Synchrondrehzahl.

Während bei permanent erregten Synchronmaschinen die Synchrondrehzahl gleichzeitig auch die Motordrehzahl n_{SM} darstellt, unterscheidet sich die tatsächliche Drehzahl n_{ASM} des Asynchronmotors von seiner Synchrondrehzahl durch den Schlupf s.

$$\text{Asynchronmotor:}\; n_{ASM} = n_S \cdot (1-s) \;\text{ mit }\; s = \frac{n_S - n_{ASM}}{n_S}$$

$$\text{Synchronmotor:}\; n_{SM} = n_S$$

Die Drehzahlregelung der Asynchronmaschine wird durch die Schlupfabhängigkeit der Drehzahl aufwändiger als bei der Synchronmaschine. Dennoch erreichen beide Motorarten mit Hilfe der sogenannten feld- bzw. polradorientierten Regelung hochwertige Regeleigenschaften, die die der geregelten Gleichstromantriebe übertreffen [Probst11].

Einphasige Wechselrichter können nach Bild 5.41 in Verbindung mit zweiphasigen Schrittmotoren ebenfalls für Antriebszwecke verwendet werden. Typischerweise versorgt dann je eine Vollbrücke eine Statorwicklung des Schrittmotors. Die Ansteuerung der beiden Vollbrücken erfolgt so, dass beide Ausgangsspannungen sinusförmig sind und denselben Scheitelwert, aber eine Phasenverschiebung von 90° gegeneinander aufweisen.

Dreiphasige Wechselrichter werden als Stellglied auch bei elektronisch kommutierten Antrieben eingesetzt. Das Prinzipschaltbild entspricht dem aus Bild 5.40. Obwohl die dort verwendeten permanent erregten Motoren ebenfalls mit einer Drehstromwicklung ausgestattet sind, werden in Abhängigkeit der Rotorstellung immer nur zwei Wicklungen bestromt. Eine ausführliche Darstellung der Zusammenhänge findet sich in [Probst11].

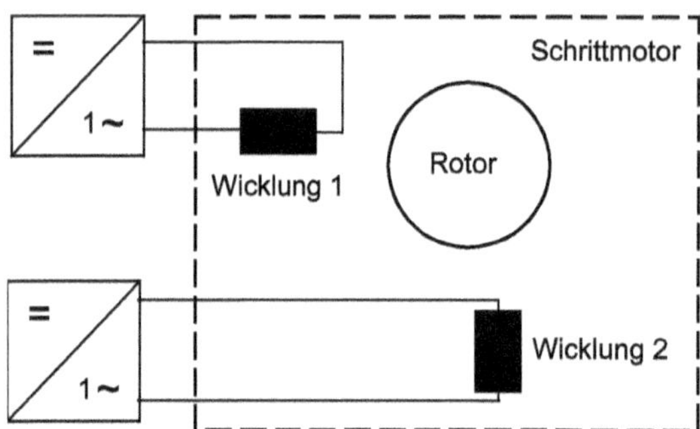

Bild 5.41 Anwendung des einphasigen Wechselrichters am zweiphasigen Schrittmotor

5.4.2 Netzeinspeisung regenerativ erzeugter Energien

Photovoltaik

Eine Reihen- und Parallelschaltung von Photovoltaik-Modulen (PV-Module) bildet gem. Bild 5.42 den PV-Generator. Dessen Ausgangsgröße ist die Gleichspannung U_{PV}, die aufgrund von Temperatur und Belastung in weiten Grenzen schwanken kann. Bei niedrigen Außentemperaturen und geringer Belastung ist die Leerlaufspannung der Solarzellen groß, nimmt aber mit steigender Temperatur und Belastung ab.

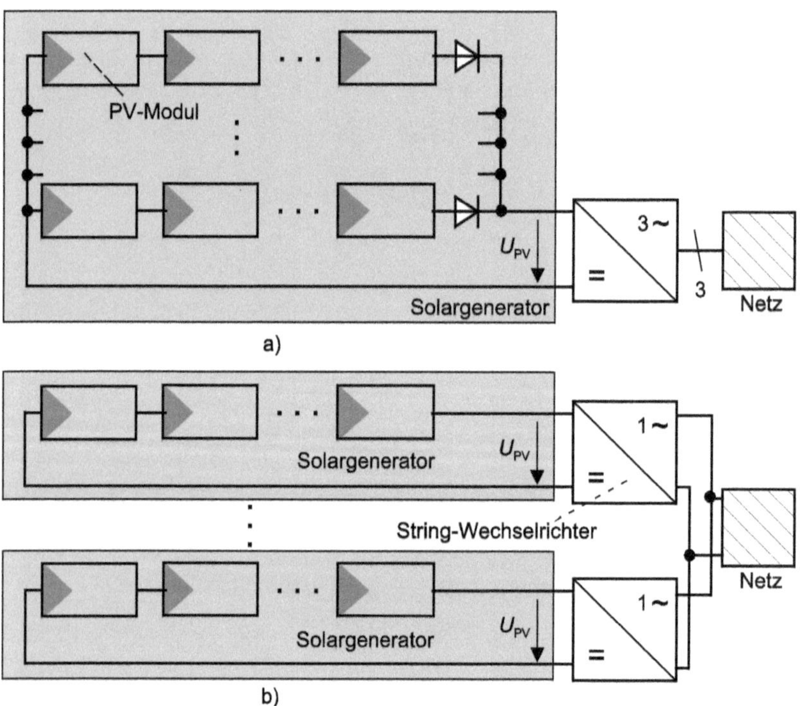

Bild 5.42 Aufbaukonzepte einer Photovoltaik-Anlage; a) Zentralwechselrichter mit dreiphasiger Einspeisung; b) Stringwechselrichter mit einphasiger Einspeisung

Große Leistungen im MW-Bereich werden mit einem Zentralwechselrichter ausgeführt (Bild 5.42 a). Die einzelnen Stränge des PV-Generators werden über Dioden parallel geschaltet und mit dem Wechselrichter verbunden.

Während große Anlagen dadurch eine aufwändige DC-Verteilung erfordern, benötigt die stringorientierte Konfiguration eine komplexe AC-Verdrahtung gem. Bild 5.42 b). Nach [Engel11] kann mit einem String eine installierte Leistung von 3 bis 4 kW_p erreicht werden.

Windkraft

Bei Windkraftanlagen entziehen die Rotorblätter der strömenden Luftmasse Energie und treiben einen Generator an. Ihre Drehzahl wird von der Leistung der Anlage bestimmt und reicht von 1000 min^{-1} bei kleinen Leistungen bis zu 5 min^{-1} bei Leistungen über 3 MW.

Die von der Windkraftanlage erzeugte Leistung P hängt vom Drehmoment M der Rotorblätter und der Generatordrehzahl n ab, wobei letztere umgekehrt proportional zur Windgeschwindigkeit v ist.

$$P = M \cdot 2 \cdot \pi \cdot n \text{ mit } n \sim \frac{1}{v}$$

Für jede Windgeschwindigkeit gibt es eine optimale Rotordrehzahl, bei der die übertragene Leistung maximal wird. Aus diesem Grund bietet es sich an, die aktuelle Rotordrehzahl an der momentanen Windgeschwindigkeit zu orientieren. Da sich mit der Rotordrehzahl auch die Generatordrehzahl und damit die Frequenz des erzeugten Stromes ändert, ist eine direkte Einspeisung der so gewonnenen Energie ins öffentliche Netz nicht möglich. Auch in diesem Fall werden daher Umrichter eingesetzt.

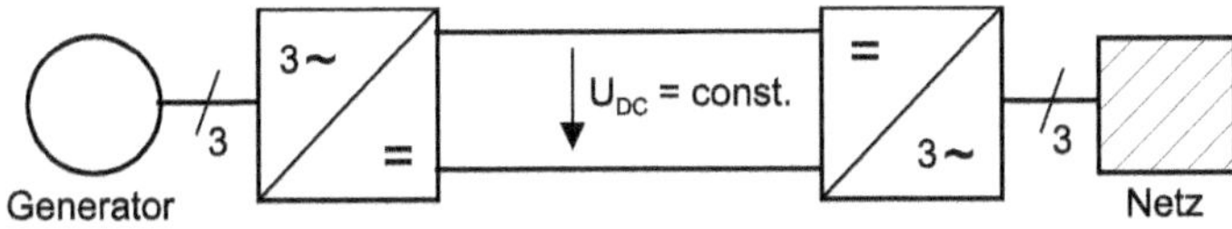

Bild 5.43 Prinzipaufbau des elektrischen Teils einer Windkraftanlage

Der Generator erzeugt dreiphasigen Wechselstrom, dessen Frequenz windabhängig ist. Dieser wird gleichgerichtet und oft auf eine konstante Zwischenkreisspannung geregelt. Ein dreiphasiger Wechselrichter speist die erzeugte Energie mit 50 Hz ggf. über einen Transformator ins Netz.

5.4.3 Aktive Gleichrichter

5.4.3.1 Einführung

Moderne Antriebssteller werden immer häufiger mit Netzrückspeisefähigkeit ausgeführt. Hierzu können etwa mit Thyristoren ausgestattete ein- oder dreiphasige netzgeführte Umkehrstromrichter eingesetzt werden, wie sie in Abschnitt 3.5 besprochen werden. Diese Technik hat sich in den vergangenen Jahrzehnten bewährt und ist regelungstechnisch gut beherrschbar.

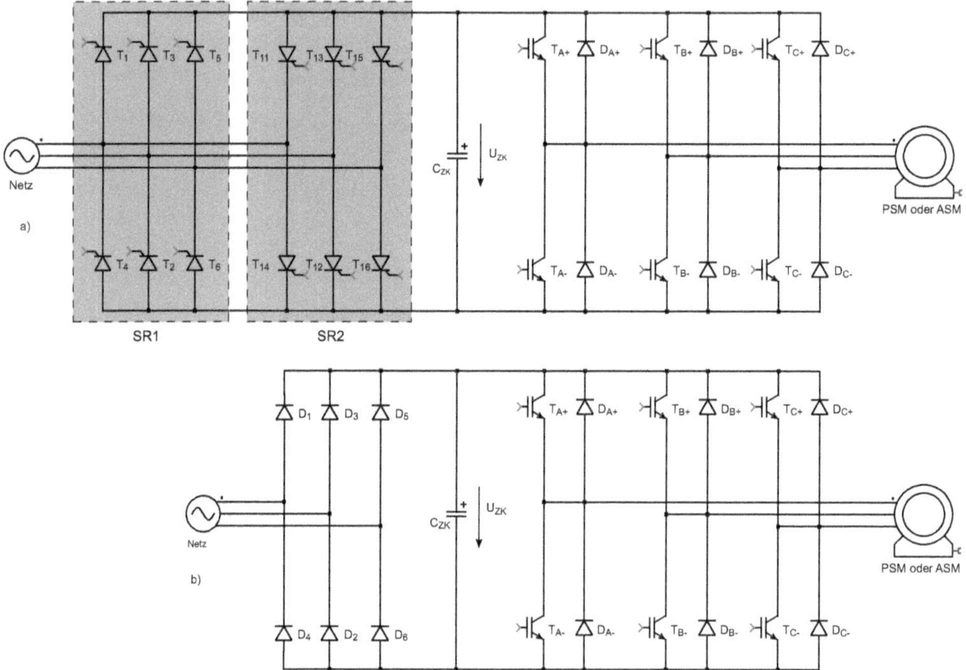

Bild 5.44 Speisung eines dreiphasigen Wechselrichters mit Spannungszwischenkreis durch a) einen netzgeführten Umkehrstromrichter und b) einen passiven ungesteuerten B6U-Gleichrichter

Für den motorischen Betrieb einer permanent erregten Synchronmaschine (PSM) oder eines Asynchronmotors (ASM) wird Energie aus dem Netz bezogen. Der Umkehrstromrichter aus Bild 5.44 a) arbeitet in diesem Fall mit SR1 als Gleichrichter, die Zündimpulse für die Thyristoren von SR2 bleiben gesperrt. Bremst der Drehstrommotor ab, wird dessen kinetische Energie in den Zwischenkreiskondensator übertragen und über SR2 wieder ins Drehstromnetz zurückgespeist. Jetzt dient SR2 als Wechselrichter und arbeitet mit einem Steuerwinkel $\alpha > 90°$, SR1 wird nicht angesteuert. Weil SR1 und SR2 nicht gleichzeitig angesteuert werden, kann kein Kreisstrom über die Thyristoren von SR1 und SR2 fließen. Eine solche Anordnung wird daher kreisstromfreier Umkehrstromrichter genannt.

Problematisch an dieser Konfiguration ist die Tatsache, dass im Fall a) der netzseitige Gleichrichter SR1 mit einem Steuerwinkel α ungleich null betrieben wird, was grundsätzlich einen Blindleistungsbedarf zur Folge hat. Eine vereinfachte Analyse des netzseitigen Stromrichters zeigt, dass dieser Bedarf direkt vom Steuerwinkel α abhängt. Näherungsweise gilt

$$\cos\varphi = \cos\alpha$$

Ein Betrieb mit einem Grundschwingungsleistungsfaktor $\cos\varphi$ nahe eins ist mit dieser Konfiguration im Allgemeinen nicht möglich.

Bei einem ungesteuerten B6U-Gleichrichter wie in Bild 5.44 b) ist eine Netzrückspeisung gänzlich ausgeschlossen. Hinzu kommt, dass der Netzstrom weder beim kreisstromfreien

Umkehrstromrichter noch bei der ungesteuerten B6U-Schaltung sinusförmig ist, sondern einen hohen Oberschwingungsgehalt aufweist und Netzrückwirkungen hervorruft. Ohne Einsatz von geeigneten Filtern ist ein Netzanschluss nicht möglich.

Aus diesem Grunde kommen selbstgeführte Stromrichter vermehrt auch als Netzgleichrichter zum Einsatz. Sie werden als aktive Gleichrichter oder Active Front End (AFE) bezeichnet und erlauben - wie auch die motorseitigen Schaltungen gleicher Bauart - Stellmöglichkeiten mit mehr als einem Freiheitsgrad. Ziel solcher Anlagen ist es, durch eine geeignete Ansteuerung der Transistoren T_{AN+} bis T_{CN-} der netzseitigen Schaltung die Zwischenkreisspannung U_{ZK} auf einen vorgegebenen Wert zu regeln und die Leistungsaufnahme aus dem speisenden Drehstromnetz mit einem Leistungsfaktor von eins sicherzustellen. Bild 5.45 zeigt den schematischen Aufbau und Netzanschluss eines AFE zur Versorgung eines umrichtergespeisten Drehstrommotors.

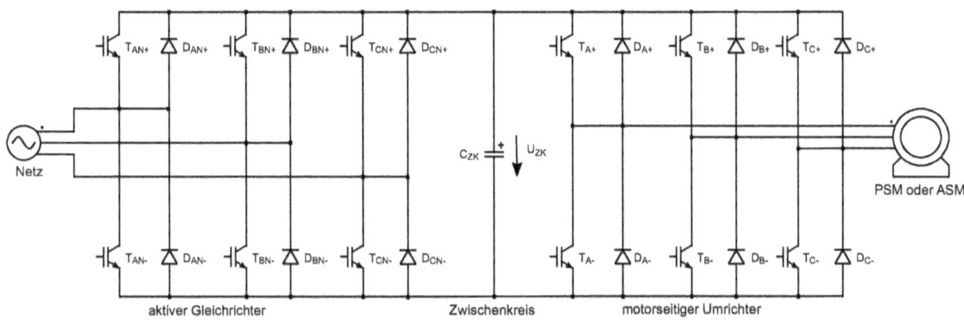

Bild 5.45 Netzanschluss eines Zwischenkreisumrichters mit aktivem Gleichrichter zur Versorgung des Zwischenkreiskondensators, an den der motorseitige Umrichter angeschlossen ist

Netz- und motorseitiger Umrichter sind schaltungstechnisch identisch aufgebaut. Die Anlage ist direkt mit dem Netz verbunden und lädt den Zwischenkreiskondensator C_{ZK} auf die Zwischenkreisspannung U_{ZK}. Im Gegensatz zur Einspeisung nach Bild 5.44 a) und b) muss sie allerdings deutlich höher gewählt werden als der Scheitelwert der verketteten Netzspannung. Dies ist notwendig, damit die Dioden der passiven B6U-Schaltung, die in jedem dreiphasigen Wechselrichter enthalten sind, nicht als ungesteuerter Gleichrichter arbeiten, sondern der Energietransport allein durch die steuerbaren Schalter erfolgt. Aus diesem Grund wird die Zwischenkreisspannung U_{ZK} geregelt, wobei als Stellglied der aktive Gleichrichter zum Einsatz kommt. Dessen Ansteuerung erfolgt ebenfalls durch eine sinusförmige Pulsweitenmodulation, deren Steuerspannungen Stellgrößen der überlagerten Regelung von Netzströmen und Zwischenkreisspannung sind.

Beispiel 5.11 Dioden der passiven B6U-Diodenbrücke

Kennzeichnen Sie in Bild 5.45 diejenigen Dioden, die den B6U-Gleichrichter bilden, der dem netzseitigen Umrichter parallel geschaltet ist.

Lösung:
Die B6U-Schaltung besteht aus den Dioden D_{AN+}, D_{BN+}, D_{CN+}, D_{AN-}, D_{BN-} sowie D_{CN-}. ■

Beispiel 5.12 Zwischenkreisspannung beim ungesteuerten B6U-Gleichrichter

Schätzen Sie ab, auf welchen Wert sich die Zwischenkreisspannung eines ungesteuerten B6U-Gleichrichters maximal aufladen kann, wenn ideale Dioden eingesetzt werden.

Lösung:
Bei der B6U-Brücke leitet eine Diode der Kathodenseite jeweils zusammen mit einer Diode der Anodenseite. Insgesamt ergeben sich sechs verschiedene Leitkombinationen: (D_{AN+}, D_{BN-}), (D_{AN+}, D_{CN-}), (D_{BN+}, D_{AN-}), (D_{BN+}, D_{CN-}), (D_{CN+}, D_{AN-}), (D_{CN+}, D_{BN-}). Am Zwischenkreiskondensator C_{ZK} liegt demnach bei leitenden Dioden immer eine der verketteten Netzspannungen an. Der maximal mögliche Wert der Zwischenkreisspannung bei Verwendung idealer Dioden beträgt daher

$$U_{d,max} = \sqrt{2} \cdot \sqrt{3} \cdot U_{S,RMS} = \sqrt{2} \cdot \sqrt{3} \cdot 230\,\text{V} \approx 562\,\text{V}$$

■

Um das Einschalten der antiparallelen Dioden D_{AN+}, D_{BN+}, D_{CN+}, D_{AN-}, D_{BN-} und D_{CN-} zuverlässig zu verhindern, muss die geregelte Zwischenkreisspannung U_{ZK} beim AFE stets deutlich größer sein als dieser Maximalwert.

5.4.3.2 Netzanschluss und Ersatzschaltbilder

Prinzipielle Funktionsweise am einphasigen Beispiel

Zum grundlegenden Verständnis ist in Bild 5.46 a) das Schaltbild gezeichnet, bei dem zwei sinusförmige Spannungsquellen u_N und u_{aM} über eine Impedanz miteinander verbunden sind. Der fließende Phasenstrom i_a ergibt sich aus der Spannungsdifferenz sowie dem Wert der Impedanz:

$$i_a = \frac{u_N - u_{aM}}{R + j\omega L} \tag{5.21}$$

Ist u_{aM} verstellbar, so können darüber Betrag und Phasenlage von i_a vorgegeben werden.

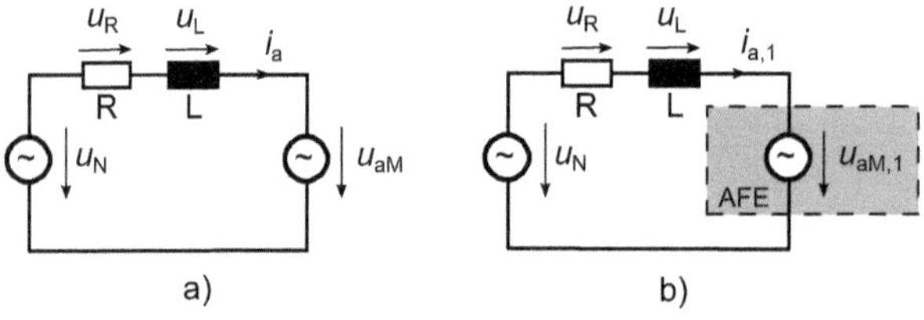

Bild 5.46 a) Zwei sinusförmige Spannungsquellen, die auf eine ohmsch-induktive Last arbeiten; b) einphasiges Ersatzschaltbild des aktiven Gleichrichters, bei dem der geregelte AFE durch eine sinusförmige Spannungsquelle dargestellt ist

Der sinusförmige Spannungsverlauf u_{aM} kann auch durch ein leistungselektronisches Stellglied erzeugt werden. Diesen Fall zeigt Bild 5.46 b). Aufgabe des AFE im einphasigen Fall wäre es demnach, eine möglichst sinusförmige Spannungsquelle $u_{aM,1}$ nachzubilden, deren Scheitelwert und Phasenwinkel durch eine Regelung eingestellt werden können, und wie im Teilbild a) einen sinusförmigen Strom $i_{a,1}$ bewirken.

Aufgrund der schaltenden Arbeitsweise der Leistungselektronik gelingt dies allerdings nur teilweise: neben der gewünschten Grundschwingung $u_{aM,1}$ entstehen auch unerwünschte Oberschwingungen $u_{aM,OS}$, die in der Praxis durch entsprechende Filter entfernt werden müssen.

Dreiphasige Praxisanwendung

Im dreiphasigen Fall soll der AFE ein möglichst sinusförmiges Drehspannungssystem erzeugen, dessen Scheitelwerte und Phasenlage bezogen auf das speisende Drehstromnetz ebenfalls veränderbar sind.

Aus elektrischer Sicht kann ein Drehstrommotor durch ein dreiphasiges Ersatzschaltbild bestehend aus Wicklungswiderstand R und Wicklungsinduktivität L nachgebildet werden, das um die in den Motorwicklungen induzierten Spannungen u_{aM}, u_{bM} und u_{cM} erweitert wird. Deren Scheitelwerte und Frequenz sind nicht konstant, sondern hängen von der Motordrehzahl ab. Bild 5.47 zeigt im rechten Teil das elektrische Ersatzschaltbild einer PSM bzw. ASM sowie dessen Verschaltung mit dem motorseitigen Umrichter.

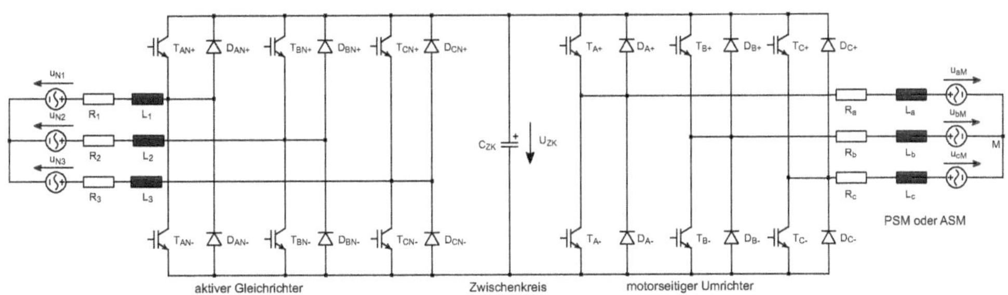

Bild 5.47 Elektrisches Ersatzschaltbild für den Anschluss von Netz und Motor an den Zwischenkreisumrichter mit aktiver Gleichrichtung

Das Drehstromnetz wird ebenfalls als dreiphasige Spannungsquelle modelliert. Die wirksame Netzimpedanz am jeweiligen Anschlusspunkt wird pro Phase durch eine ohmsch-induktive Reihenschaltung berücksichtigt. Zwischen Netz und AFE sind zusätzliche Induktivitäten erforderlich, da ein „Hochsetzen" der Strangspannungen auf das Zwischenkreispotential erfolgen muss. Im linken Teil von Bild 5.47 ist ein solcher Netzanschluss ebenfalls in Form eines elektrischen Ersatzschaltbildes dargestellt. R und L fassen die Netzimpedanz und die zusätzlichen Induktivitäten zusammen. Aufgabe des aktiven Gleichrichters samt der zugehörigen Regelung ist es, aus Sicht des Netzes eine dreiphasige, sinusförmige Spannungsquelle zu realisieren, die dem Netz einen möglichst sinusförmigen Stromverlauf entnimmt, dessen Wirk- und Blindkomponente einstellbar sind.

Aus der elektrischen Ersatzdarstellung in Bild 5.47 geht hervor, dass sowohl netz- als auch motorseitiger Umrichter auf eine Reihenschaltung aus Widerstand und Induktivität ergänzt um eine sinusförmige Gegenspannung arbeiten. Daher sind die grundlegenden Ansätze der Regelverfahren für beide Stromrichter weitgehend identisch.

Für einen permanent erregten Synchronmotor (PSM) am dreiphasigen Umrichter wird in [Probst16] ein einfaches Regelverfahren vorgestellt, dessen Blockschaltbild Bild 5.48 wiedergibt. Es besteht aus zwei ineinander geschachtelten Regelkreisebenen. Die innere Regelschleife kontrolliert mit drei separaten PI-Reglern die Wicklungsströme des Motors. Die äußere Regelschleife stellt die Motordrehzahl ein, deren Istwert mit einem passenden Encoder gemessen wird. Im motorischen Betrieb arbeitet der motorseitige Umrichter als Wechselrichter, entnimmt Energie aus dem Zwischenkreis und treibt den Motor an. Beim Bremsen kehrt sich die Energieflussrichtung um: Der Umrichter richtet die Wechselströme des Motors gleich, wandelt die Rotationsenergie von Motor und Schwungmasse in elektrische Energie um und speist sie in den Zwischenkreis zurück.

Für die PSM ist dieses Regelverfahren unter dem Namen „polrad-orientierte Regelung“ bekannt. Für die Asynchronmaschine (ASM) wird es - etwas verändert und an die andere Funktionsweise des Asynchronmotors angepasst - als „feldorientierte Regelung“ bezeichnet. Das Konzept der polrad-orientierten Regelung des motorseitigen Wechselrichters kann auf den netzseitigen aktiven Gleichrichter übertragen werden, sofern man die ursprüngliche Drehzahlregelschleife durch die Regelung der Zwischenkreisspannung ersetzt.

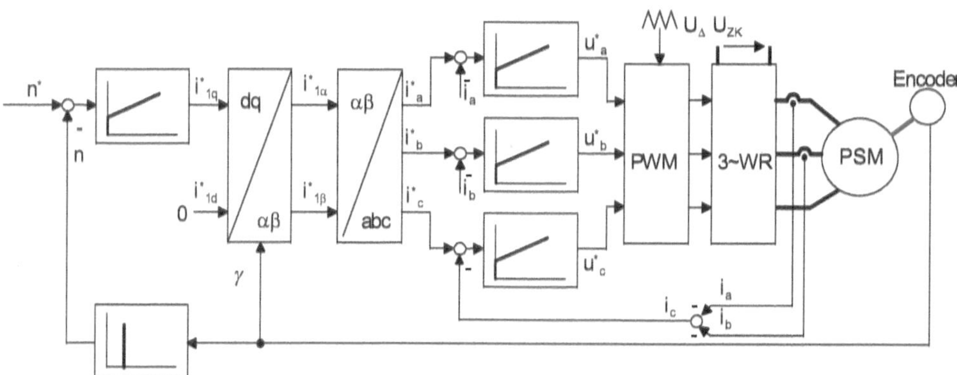

Bild 5.48 Strukturbild einer einfachen polrad-orientierten Regelung für die PSM [Probst16]

5.4.3.3 Raumzeiger und Koordinatensysteme

Nachteilig am Regelkonzept aus Bild 5.48 ist, dass die Stromsollwerte sinusförmige Zeitverläufe darstellen, deren Frequenzen mit steigender Motordrehzahl linear zunehmen. Geschlossene Regelkreise weisen ein Zeitverhalten auf, das durch ein Verzögerungsglied erster bzw. zweiter Ordnung angenähert werden kann, bei dem der jeweilige Sollwert das Eingangs- und der geregelte Istwert das Ausgangssignal darstellt. Systembedingt unterscheiden sich daher die Istwerte in Amplitude und Phase von den Sollwerten. Insbesondere bei höheren Drehzahlen - und damit höheren Frequenzen - entstehen systematische Regelabweichungen.

Verwenden Sie die Applets „PT1-Verhalten“ sowie „PT2-Verhalten“, um Amplituden- und Phasenfehler von Verzögerungsgliedern zu beurteilen. ■

Eine Transformation der relevanten Größen in verschiedene ortsfeste und bewegliche Koordinatensysteme ermöglicht es, die sinusförmigen Stromsollwerte durch Gleichgrößen zu ersetzen und systematische Regelabweichungen zu vermeiden.

In Abschnitt 5.3.1.3 wurde die mathematische Darstellung des Raumzeigers eingeführt. Dort dient der Raumzeiger der Steuerspannungen zur Erläuterung des *Raumzeigermodulationsverfahrens*. In diesem Abschnitt wird der Begriff des Raumzeigers verallgemeinert und auf Wicklungsströme angewandt.

Raumzeiger werden zur mathematischen Darstellung von Spannungen, Strömen und magnetischen Flüssen verwendet und sind speziell für Drei- und Vierleitersysteme geeignet, wie sie in der Energie- und Antriebstechnik häufig auftreten. Ihr Einsatz erlaubt eine sehr einfache, übersichtliche und anschauliche Beschreibung und Berechnung von stationären und dynamischen Vorgängen und ist vor allem bei der Regelung von Drehfeldmaschinen von großer Bedeutung. Sie entstehen bildlich gesprochen dadurch, dass jedem Wicklungsstrom bzw. jeder Wicklungsspannung gem. Bild 5.32 ein Vektor in der betreffenden Wicklungsachse des abc-Koordinatensystems zugeordnet wird.

Die Länge eines solchen Vektors entspricht der Amplitude der jeweiligen Größe. Ändert sich die Amplitude, so ändert sich zwar der Betrag des Vektors. Seine Richtung bleibt jedoch erhalten, da sie durch die Wicklungsachse festgelegt ist. Solange die Wicklung ortsfest bleibt, ist die Wirkrichtung des Vektors konstant. Abhängig davon, ob Ströme, Spannungen oder magnetische Flüsse betrachtet werden, spricht man von Strom-, Spannungs- oder Flussraumzeigern. Bei einer dreiphasigen Anordnung wird jeder Phase ein Raumzeiger zugeordnet. Die geometrische Addition der drei Raumzeiger liefert den resultierenden Gesamtraumzeiger.

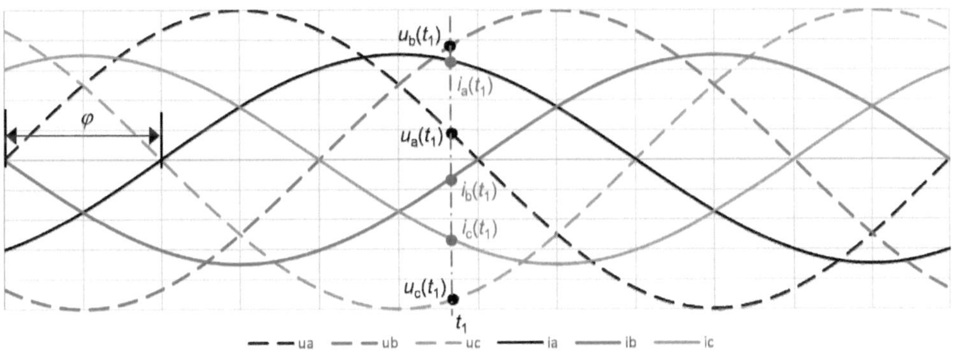

Bild 5.49 Typische Verläufe von Spannungen und Strömen in einem Dreiphasensystem, die um den induktiven Phasenwinkel φ verschoben sind. Spannungs- und Stromwerte zum Zeitpunkt t_1 sind durch schwarze bzw. graue Markierungen gekennzeichnet.

Bei praktisch allen Anwendungen sind die Zeitverläufe von Strangströmen und Strangspannungen gegeneinander verschoben. Eilen die Ströme den Spannungen um den Phasenwinkel φ nach, spricht man von induktivem Verhalten. Beim kapazitiven Betrieb dagegen sind die Ströme bezogen auf die Spannungen voreilend. In Stromkreisen mit Leitungen, Filterdrosseln, Motorwicklungen usw. dominieren meist die induktiven Anteile.

Bild 5.49 zeigt sinusförmige Zeitverläufe von Spannungen und nacheilenden Strömen in einem Dreiphasensystem. Zum Zeitpunkt t_1 nehmen die Spannungen die Werte $u_a(t_1)$, $u_b(t_1)$ und $u_c(t_1)$ an. Jedem Spannungswert wird ein Vektor entsprechender Länge in der jeweiligen Achse des abc-Systems zugeordnet. Die geometrische Addition der Vektoren ist in Bild 5.50 a) dargestellt und liefert den Vektor u_{RZ}. Man würde erwarten, dass die orthogonale Projektion dieses Zeigers auf die Koordinatenachsen a, b und c wieder die ursprünglichen Spannungswerte $u_a(t_1)$, $u_b(t_1)$ und $u_c(t_1)$ ergibt. Dies ist jedoch nicht der Fall, da sein Betrag $|u_{RZ}|$ um den Faktor 1.5 zu groß ist. Aus diesem Grund wird stattdessen der Spannungsraumzeiger $u_{SRZ,t1}$ verwendet. Er hat dieselbe Richtung wie u_{RZ}, sein Betrag $|u_{SRZ,t1}|$ ist gegenüber u_{RZ} jedoch um den Faktor 1.5 kleiner. In der mathematischen Transformation nach Gl. (5.22) wird dieser Sachverhalt durch den Faktor 2/3 berücksichtigt. In gleicher Weise ergibt sich der Stromraumzeiger $i_{SRZ,t1}$ in Teilbild b) aus den Momentanwerten der Strangströme für denselben Zeitpunkt t_1.

Beide Raumzeiger sind in Teilbild c) dargestellt. Zeichnet man Spannungs- und Stromraumzeiger für verschiedene Zeitpunkte innerhalb einer Periode, so drehen sich beide mit einer Winkelgeschwindigkeit um den Koordinatenursprung, die ihrer Frequenz entspricht. Eine Variation der Strom- bzw. Spannungsscheitelwerte beeinflusst die Länge des jeweiligen Raumzeigers. Man erkennt, dass die zeitliche Verschiebung zwischen Strom- und Spannungszeitverläufen aus Bild 5.49 als Differenzwinkel φ zwischen Strom- und Spannungsraumzeiger in Erscheinung tritt.

Verwenden Sie die Applets „Raumzeiger“ sowie „rotierendes Koordinatensystem“, um die Positionen der Raumzeiger zu verschiedenen Zeitpunkten nachzuvollziehen. ■

Die Angabe der Raumzeigerkoordinaten kann in einem beliebigen Koordinatensystem erfolgen. Da in einer Ebene höchstens zwei Vektoren voneinander linear unabhängig sind, ist das abc-System aus Bild 5.50 c) in dieser Hinsicht überbestimmt.

In Bild 5.50 d) erfolgt die Angabe der beiden Raumzeiger daher im zweiachsigen, kartesischen αβ-System. Es ist gegenüber dem abc-System so ausgerichtet, dass a-Achse und α-Achse direkt aufeinanderliegen. Die β-Achse steht orthogonal dazu; dadurch wird die Umrechnung der Raumzeigerkoordinaten vom αβ- in das abc-System und umgekehrt sehr einfach.

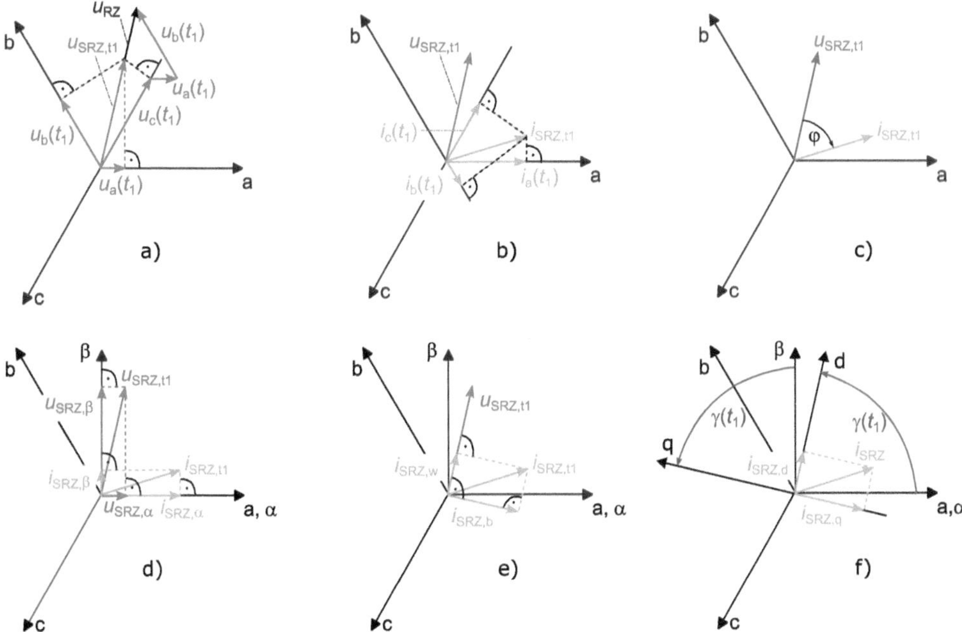

Bild 5.50 Darstellung und Ausrichtung von Koordinatensystemen zur Regelung von aktiven Gleichrichtern

Nach [Thur06] gilt für die Umrechnung von beliebigen Raumzeigerkomponenten G aus dem abc- in das αβ-System die allgemeingültige Matrixschreibweise nach Gl. (5.22).

$$\begin{pmatrix} G_\alpha \\ G_\beta \end{pmatrix} = \frac{2}{3} \cdot \begin{pmatrix} 1 & -\frac{1}{2} & -\frac{1}{2} \\ 0 & \frac{\sqrt{3}}{2} & -\frac{\sqrt{3}}{2} \end{pmatrix} \cdot \begin{pmatrix} G_a \\ G_b \\ G_c \end{pmatrix} \tag{5.22}$$

Bei einem symmetrischen Drehsystem sind lediglich zwei Komponenten linear unabhängig voneinander.

$$G_a + G_b + G_c = 0 \rightarrow G_c = -G_a - G_b$$

Die Matrix aus Gl. (5.22) vereinfacht sich zur quadratischen Transformationsmatrix T. Mit ihrer Hilfe werden Größen vom dreiphasigen ortsfesten abc-System ohne Verlust von Informationen in das zweiphasige kartesische und ebenfalls ortsfeste αβ-Koordinatensystem umgerechnet.

$$\begin{pmatrix} G_\alpha \\ G_\beta \end{pmatrix} = \underbrace{\begin{pmatrix} 1 & 0 \\ \frac{1}{\sqrt{3}} & \frac{2}{\sqrt{3}} \end{pmatrix}}_{T} \cdot \begin{pmatrix} G_a \\ G_b \end{pmatrix} = T \cdot \begin{pmatrix} G_a \\ G_b \end{pmatrix} \tag{5.23}$$

Die Transformation ist umkehrbar durch Inversion der Matrix T was zu Gl. (5.24) führt:

$$\begin{pmatrix} G_a \\ G_b \end{pmatrix} = \underbrace{\begin{pmatrix} 1 & 0 \\ -\frac{1}{2} & \frac{\sqrt{3}}{2} \end{pmatrix}}_{T^{-1}} \cdot \begin{pmatrix} G_\alpha \\ G_\beta \end{pmatrix} = T^{-1} \cdot \begin{pmatrix} G_\alpha \\ G_\beta \end{pmatrix} \tag{5.24}$$

In der Praxis werden Strom- bzw. Spannungswerte zum Messzeitpunkt erfasst und daraus mit Hilfe der Transformationsmatrix T die zugehörigen Raumzeigerkomponenten gem. Gl. (5.23) direkt im αβ-System bestimmt.

Bei induktiver Last folgt der Stromraumzeiger versetzt um den Phasenwinkel φ dem der Spannung. Man kann ersteren daher auch so in zwei Bestandteile zerlegen, dass eine Komponente in Phase mit dem Spannungsraumzeiger ist und die zweite orthogonal dazu steht. Dies wird in Bild 5.50 e) gezeigt. In diesem Fall ist der Anteil von $i_{\text{SRZ,t1}}$, der parallel zum Spannungsraumzeiger $u_{\text{SRZ,t1}}$ liegt, der Wirkstrom $i_{\text{SRZ,w}}$. Induktiver Blindstrom wird der Anteil $i_{\text{SRZ,b}}$ genannt, der $u_{\text{SRZ,t1}}$ um 90° nacheilt.

Für Frequenzen ungleich Null sind die Raumzeiger nicht ortsfest, sondern rotieren um den Ursprung. Daher ist ein drittes, ebenfalls kartesisches Koordinatensystem hilfreich, das dq-System genannt und in Bild 5.50 f) abgebildet wird. Im Gegensatz zum abc- bzw. αβ-System ist es nicht ortsfest. Stattdessen wird die d-Achse immer an der augenblicklichen Lage des Spannungsraumzeigers orientiert. Dieser – und damit das dq-System – rotieren um den gemeinsamen Koordinatenursprung mit der Winkelgeschwindigkeit der Netzfrequenz. Zum Zeitpunkt t_1 ist das dq-System gegenüber der ortsfesten a-Achse um den Winkel $\gamma(t_1)$ verdreht. In Bezug auf das dq-System ändert sich weder die Position des Strom- noch die des Spannungsraumzeigers; ihre Komponenten in der d- bzw. q-Achse sind im eingeschwungenen Zustand daher konstant und können als Gleichgrößen angesehen werden.

Beispiel 5.13 Bahnübergang

Ein Fußgänger steht an einem Bahnübergang, der gerade von West nach Ost von einem Zug passiert wird. In einem Abteil sitzen zwei Fahrgäste einander gegenüber. Wie groß sind die Geschwindigkeiten, die die beiden Passagiere und der Fußgänger beobachten?

Lösung:

Das kommt drauf an: Aus Sicht des Fußgängers, also der des unbewegten Beobachters, fahren beide Passagiere mit der Geschwindigkeit des Zuges in Richtung Osten. Die beiden Reisenden dagegen stellen relativ zueinander überhaupt keine Ortsveränderung fest, und bewegen sich scheinbar nicht. Dagegen verschwindet der Fußgänger aus Sicht der Passagiere langsam im Westen. ■

Selbstverständlich können die Strom- und Spannungswerte zum Messzeitpunkt t_1 auch vom αβ- in das dq-System umgerechnet werden. Dazu muss die Verdrehung des dq-Systems gegenüber dem αβ-System – also der Winkel $\gamma(t_1)$ – bekannt sein. Diese Transformation wird mit Hilfe der Drehmatrix D durchgeführt. Der Winkel γ, den die d-Achse mit der a-Achse einschließt, wird Transformationswinkel γ genannt.

$$\begin{pmatrix} G_d \\ G_q \end{pmatrix} = \begin{pmatrix} \cos\gamma & \sin\gamma \\ -\sin\gamma & \cos\gamma \end{pmatrix} \cdot \begin{pmatrix} G_\alpha \\ G_\beta \end{pmatrix} = D \cdot \begin{pmatrix} G_\alpha \\ G_\beta \end{pmatrix} \tag{5.25}$$

Mit der inversen Drehmatrix D^{-1} ist auch diese Transformation umkehrbar.

$$\begin{pmatrix} G_\alpha \\ G_\beta \end{pmatrix} = \begin{pmatrix} \cos\gamma & -\sin\gamma \\ \sin\gamma & \cos\gamma \end{pmatrix} \cdot \begin{pmatrix} G_d \\ G_q \end{pmatrix} = D^{-1} \cdot \begin{pmatrix} G_d \\ G_q \end{pmatrix} \tag{5.26}$$

Die Lage der d-Achse zum Messzeitpunkt t_1 wird durch den Spannungsraumzeiger festgelegt und mit dem Transformationswinkel γ beschrieben. Dieser errechnet sich aus den Spannungsmesswerten $u_a(t_1)$ und $u_b(t_1)$ am Netzanschlusspunkt nach ihrer Umrechnung in $u_\alpha(t_1)$ und $u_\beta(t_1)$.

$$\gamma = \arctan\left(\frac{u_\beta(t_1)}{u_\alpha(t_1)}\right) \tag{5.27}$$

Beispiel 5.14 Berechnung des Transformationswinkels γ bei einer Netzfrequenz von 50 Hz

Zum Zeitpunkt t_m werden die folgenden Spannungswerte am Netzanschlusspunkt gemessen: $u_a(t_m) = 191$ V, $u_b(t_m) = 132.2$ V. Bestimmen Sie die Position des dq-Systems zum Zeitpunkt t_m. Zeichnen Sie das dq-System für die Zeitpunkte t_m sowie $t_k = t_m + 6$ ms in Bild 5.8 a) und b) ein.

Lösung:
Zunächst erfolgt die Umrechnung der Messwerte in das αβ-System:

$$\begin{pmatrix} 191\text{ V} \\ 262.9\text{ V} \end{pmatrix} = \begin{pmatrix} 1 & 0 \\ 1/\sqrt{3} & 2/\sqrt{3} \end{pmatrix} \cdot \begin{pmatrix} 191\text{ V} \\ 132.2\text{ V} \end{pmatrix}$$

Daraus wird der Transformationswinkel $\gamma(t_m)$ ermittelt:

$$54° = \arctan\left(\frac{262.9\text{V}}{191\text{ V}}\right)$$

Unterstellt man eine konstante Netzfrequenz von 50 Hz mit der Periodendauer $T = 20$ ms, so hat sich der Spannungsraumzeiger und damit das dq-System nach 6 ms um $360° \cdot 20/6 = 108°$ weitergedreht, so dass der gesamte Transformationswinkel $\gamma(t_k) = 162°$ beträgt.

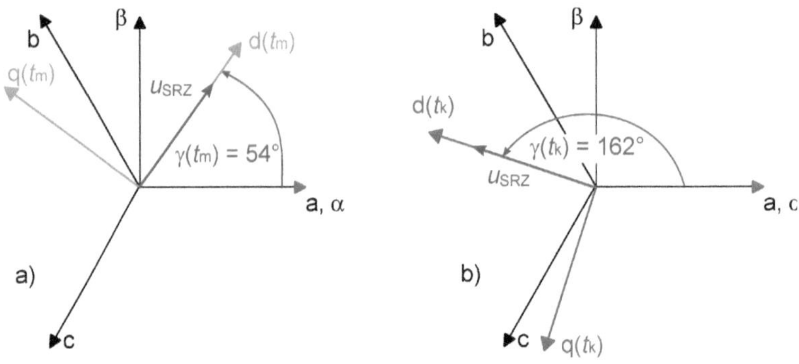

Bild 5.51 Positionen des dq-Systems zu den Zeitpunkten a) t_m, b) $t_k = t_m + 6\,\text{ms}$

5.4.3.4 Regelung des aktiven Gleichrichters

Strukturbild der Regelung

Da die elektrischen Ersatzschaltbilder gemäß Bild 5.47 für den motorseitigen und den netzseitigen Umrichter weitgehend identisch sind, kann der grundsätzliche Aufbau der polrad-orientierten Regelung der PSM auf die Regelung des aktiven Gleichrichters übertragen werden. Auch hier werden die inneren Stromregelschleifen um einen äußeren Regelkreis ergänzt. Dessen Aufgabe ist es, die Zwischenkreisspannung auf einem konstanten Wert zu halten, um das Einschalten der ungesteuerten B6U-Brücke zu unterbinden. Wird Energie aus dem Netz bezogen, arbeitet der aktive Gleichrichter im Vergleich zur ungesteuerten B6U-Schaltung als „hochsetzender Gleichrichter". Im Einspeisebetrieb dagegen wird die hohe Zwischenkreisspannung vom „tiefsetzenden Wechselrichter" auf den jeweiligen Augenblickswert der niedrigeren Strangspannungen angepasst.

Zur Vermeidung sinusförmiger Stromsollwerte werden beim Regelkonzept aus Bild 5.52 abweichend von Bild 5.48 nicht die Strangströme geregelt. Stattdessen erfolgt die Stromregelung im dq-System, da deren Sollwerte im stationären Fall Gleichgrößen darstellen, also die Frequenz 0 Hz aufweisen und keine systematischen Regelabweichungen hervorrufen.

Im oberen Teil von Bild 5.52 ist das Strukturbild einer polrad-orientiert drehzahlgeregelten PSM dargestellt. Die gezeigte Stromregelung im dq-System wird „Regelung auf Feldkoordinaten" genannt, da in diesem Fall die d-Achse an der Lage des Erregerfelds ausgerichtet ist, das durch die auf dem Polrad montierten Permanentmagnete bestimmt wird. Bei der ASM wird das Rotorfeld durch Ströme erzeugt, die im Käfigläufer fließen. Um elektrische Größen im Rotor von gleichnamigen Größen in den Statorwicklungen zu unterscheiden, erhalten letztere den zusätzlichen Index '1'. Demnach heißen die statorseitigen Wicklungsströme i_{1a}, i_{1b}, wenn sie auf das abc-System bezogen sind. Dieselben Ströme im αβ-System werden $i_{1\alpha}$, $i_{1\beta}$ und im dq-System i_{1d}, i_{1q} genannt. Gleiches gilt sinngemäß für die Bezeichnung der Spannungen.

Der Raumzeiger der in den Statorwicklungen durch das Rotorfeld induzierten Spannungen eilt der d-Achse – je nach Drehrichtung des Rotors – um 90° vor oder nach und liegt somit in der ±q-Achse. Aus diesem Grund stellt bei der Antriebsregelung der Strom in der q-Achse die Wirkkomponente dar. Bei der Regelung des aktiven Gleichrichters dagegen wird die d-Achse am Raumzeiger der Netzspannung ausgerichtet. Aus diesem Grund liegt der Wirkstrom jetzt in der d-Achse. Die q-Komponente des Stromes ist nun der Blindstromanteil.

Grundidee des AFE-Regelkonzeptes aus dem unteren Teil von Bild 5.52 ist es, eine vorhandene Regelabweichung der Zwischenkreisspannung schnell auszugleichen. Zu diesem Zweck errechnet der PI-Spannungsregler der äußeren Regelschleife den Wert des Wirkstroms i_d^*, der die Höhe der Zwischenkreisspannung verändert. Soll der aktive Gleichrichter mit einem $\cos\varphi = 1$ betrieben werden, so müssen Netzspannung und -strom phasengleich sein und es ist kein Blindstromanteil notwendig; daher wird dessen Sollwert i_q^* auf null gesetzt. Mit i_q^* wird der Phasenwinkel des Netzstroms zur Netzspannung an den Netzanschlusspunkten beeinflusst und damit die vom Netz aufgenommene bzw. an das Netz abgegebene Blindleistung verstellt. Für ein gutes Regelverhalten sind weitere regelungstechnische Maßnahmen wie z. B. Entkopplungsterme hilfreich, die in [Bor99] beschrieben sind.

Im stationären Fall sind die Vorgabewerte für Wirk- und Blindstrom Gleichgrößen und stellen die Sollwerte i_d^*, i_q^* der beiden unterlagerten Stromregelkreise dar. Stellgrößen der Stromregler, die ebenfalls PI-Verhalten haben, sind die Steuerspannungen u_d^*, u_q^*. Für die Pulsweitenmodulation können diese allerdings erst nach der Umrechnung in das abc-System verwendet werden. Dies leisten die beiden Koordinatentransformationen dq/αβ und αβ/abc, die letztendlich die erforderlichen Steuerspannungen u_a^*, u_b^* und u_c^* zur Erzeugung der Ansteuersignale des Wechselrichters errechnen.

Für die PWM können das Unterschwingungsverfahren, die Raumzeigermodulation oder ein anderes Verfahren aus Abschnitt 5.1.3. benutzt werden.

Zusätzlich zu den zwei Strangströmen i_a und i_b werden die beiden Strangspannungen u_a und u_b über einen künstlichen Sternpunkt gemessen und in das αβ-System umgerechnet. Sie liefern die Eingangsgrößen zur Berechnung des Transformationswinkels γ nach Gl. (5.7). Mit seiner Hilfe werden die beiden Drehtransformationen dq/αβ im Sollwertzweig sowie αβ/dq zur Ermittlung der Stromistwerte im dq-System ausgeführt.

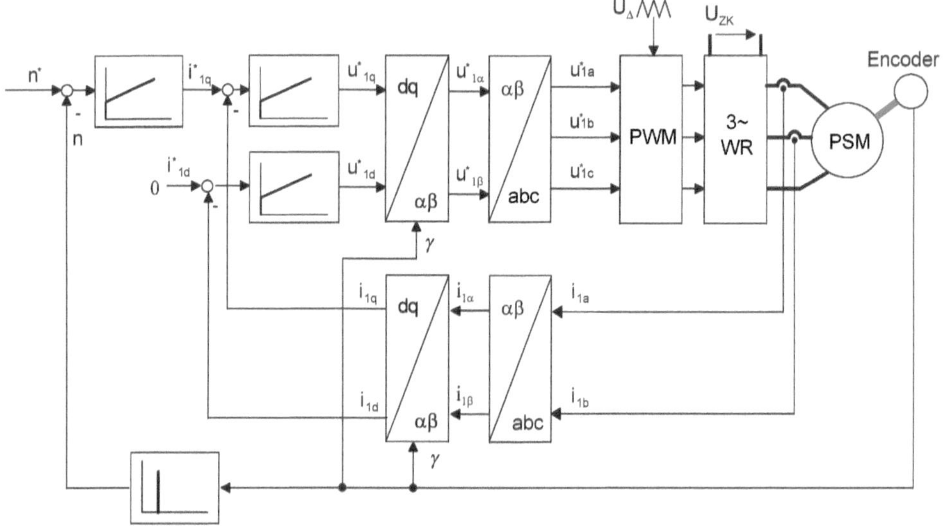

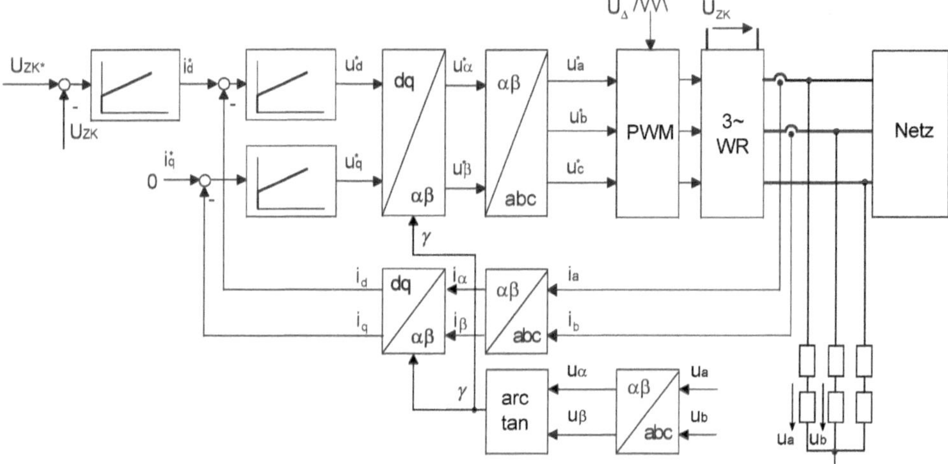

Bild 5.52 Oben: Strukturbild der polrad-orientierten Regelung der PSM mit einer Stromregelung im dq-System; unten: Strukturbild für die Regelung der Zwischenkreisspannung eines aktiven Gleichrichters mit einer Stromregelung im dq-System sowie einer PWM nach dem Unterschwingungsverfahren

Ausgewählte Zeitverläufe

Die nachfolgenden Zeitverläufe werden mit dem Simulationsprogramm PLECS berechnet. Grundlage der Rechnungen ist das Modell eines geregelten AFE gemäß Bild 5.53, der an ein Drehspannungsnetz angeschlossen ist.

Im Simulationsmodell wird allerdings nur der aktive Gleichrichter detailliert betrachtet. An die Stelle des motorseitigen Umrichters sowie der PSM mit zugehöriger polrad-orientierter Regelung tritt eine Gleichstromquelle. Bei motorischem Betrieb bezieht die Anordnung als Verbraucher Energie aus dem Zwischenkreis; dies entspricht einem Quellenstrom i_{Last}>0. Bei Nutzbremsung arbeitet der Antrieb als Generator und liefert wegen i_{Last}<0 Energie in den Zwischenkreiskondensator und über den aktiven Gleichrichter ins Netz zurück. Die Vorgabe des Stromsollwertes i_q^* bestimmt den Grundschwingungsleistungsfaktor cosφ; wird i_q^* auf null gesetzt, so liegt cosφ bei eins.

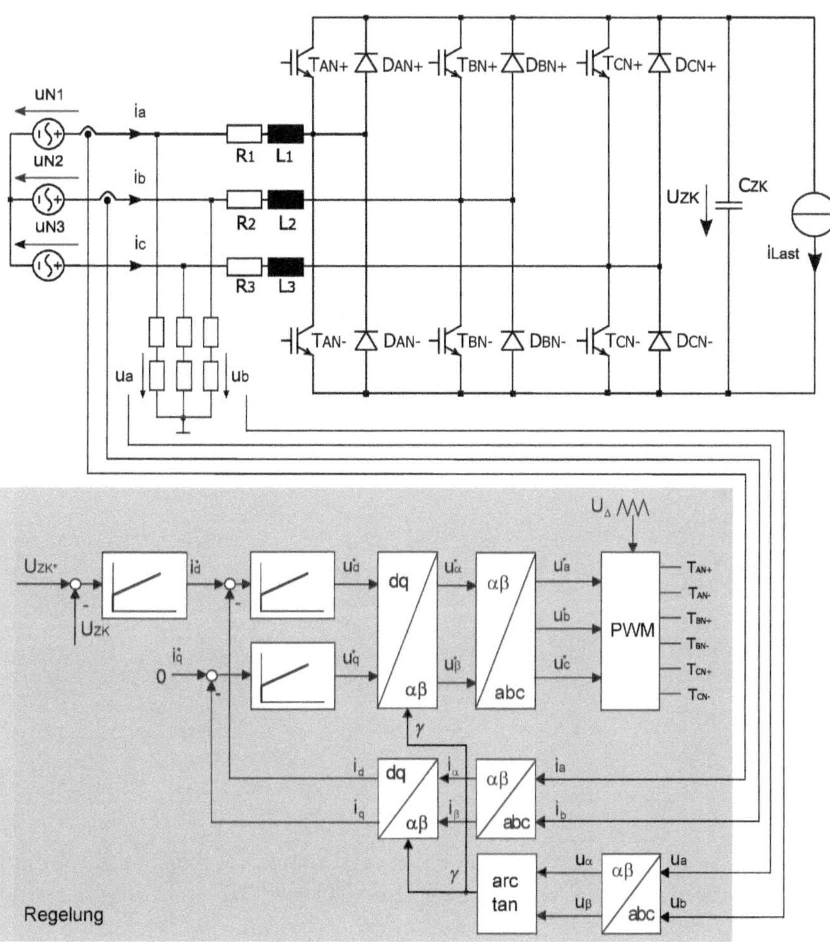

Bild 5.53 Simulationsmodell eines aktiven Gleichrichters mit Regelung von Zwischenkreisspannung, unterlagerter Stromregelung und Stromquelle als Lastnachbildung

Alle Simulationen zeigen das Systemverhalten des geregelten aktiven Gleichrichters, wenn sich einzelne Sollwerte bzw. der Laststrom ändern. Ausgehend von einem eingeschwungenen Zustand erfolgen die sprungförmigen Änderungen jeweils zum Zeitpunkt $t = 0.2$ s. Die Sprunghöhen werden bewusst groß gewählt, damit die Effekte deutlich erkennbar sind.

Bild 5.54 bis Bild 5.56 zeigen alle dieselben Größen. Die drei oberen Diagramme geben Soll- und Istwerte der drei Regelgrößen Zwischenkreisspannung U_{ZK}, Wirkstrom i_d sowie Blindstrom i_q wieder. Die beiden unteren Verläufe stellen die drei Strangspannungen sowie die zugehörigen Strangströme dar.

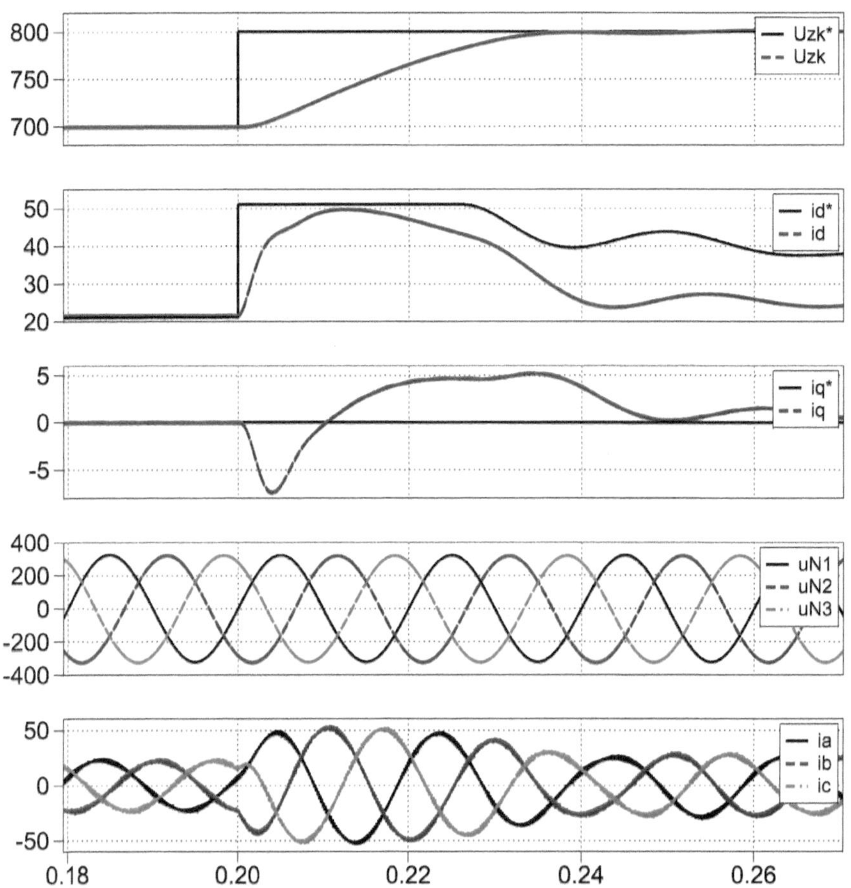

Bild 5.54 Sprungförmige Änderung von U_{ZK}^* von 700 V auf 800 V bei $i_{Last} = 15$ A, $i_q^* = 0$ A

In Bild 5.54 ändert sich der Sollwert der Zwischenkreisspannung. Vor dem Sollwertsprung sorgt die Regelung dafür, dass i_q null ist, das Netz also nicht mit Grundschwingungsblindleistung belastet wird. Man erkennt das daran, dass die Zeitverläufe der Netzspannungen (z. B. u_{N1}) gegenüber denen der Netzströme (z. B. i_a) praktisch überhaupt nicht verschoben sind. Um die Zwischenkreisspannung U_{ZK} für t < 0.2 s trotz der Belastung mit $i_{Last} = 15$ A auf 700 V zu halten, ist ein Wirkstrom i_d von ca. 20 A erforderlich.

Beispiel 5.15 Umgesetzte Leistung

Schätzen Sie den erforderlichen Effektivwert des Netzstroms ab, wenn der aktive Gleichrichter im stationären Betrieb bei einer Zwischenkreisspannung von 800 V mit einem Laststrom von $i_{Last} = 15\,A$ belastet wird.

Lösung:

Geht man von einem verlustfreien Gleichrichter aus, so müssen Ein- und Ausgangsleistung identisch sein.

$$P_{ZK} = U_{ZK} \cdot i_{Last} = 800\,V \cdot 15\,A = 12\,kW$$

$$P_{ZK} = P_{Netz} = 3 \cdot 230\,V \cdot i_{Netz,\,RMS}$$

$$i_{Netz,\,RMS} = \frac{12\,kW}{3 \cdot 230\,V} = 17.4\,A$$

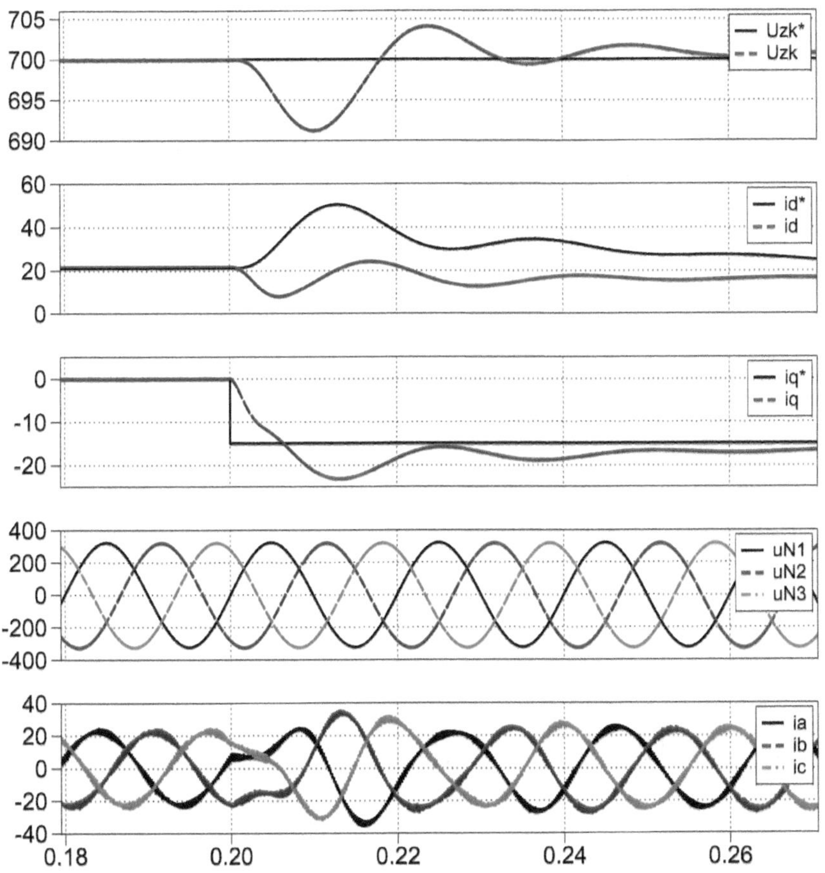

Bild 5.55 Sprungförmige Änderung von i_q^* von null auf −15 A bei $i_{Last} = 15\,A$, $U_{ZK}^* = 700\,V$

Die Erhöhung der Zwischenkreisspannung auf 800 V bei gleichbleibender Belastung von 15 A führt zu einer höheren Ausgangsleistung. Sie kann mit einem höheren Wirkstrom i_d gedeckt werden. Zum Zeitpunkt 0.2 s wird daher vom Regler der Zwischenkreisspannung ein neuer Sollwert für den Wirkstrom i_d^* vorgegeben und bewirkt geänderte Netzströme. Sobald die Zwischenkreisspannung bei $t = 0.26$ s den neuen Sollwert erreicht hat, gehen die Netzströme auf den zur Deckung der Ausgangsleistung erforderlichen stationären Wert zurück.

Bild 5.55 zeigt die Verhältnisse, wenn der Blindstromanteil i_q verstellt wird. Für $t<0.2$ s ist i_q^* null, so dass der Phasenwinkel zwischen Netzströmen und -spannungen ebenfalls null beträgt. Man erkennt für $t = 0.18$ s den zeitgleichen Nulldurchgang von u_{N1} sowie i_a. Ein negativer Wert für i_q^* bedeutet, dass der Stromraumzeiger dem der Spannung nacheilt. Selbstverständlich führt der geänderte Blindstromanteil insgesamt zu einem höheren Netzstrom, der zusätzlich einen nacheilenden Phasenwinkel gegenüber Netzspannung aufweist. Obwohl für $t = 0.24$ s noch kein eingeschwungener Zustand erreicht wurde, ist die entstandene Phasenverschiebung zwischen u_{N1} und i_a deutlich zu erkennen.

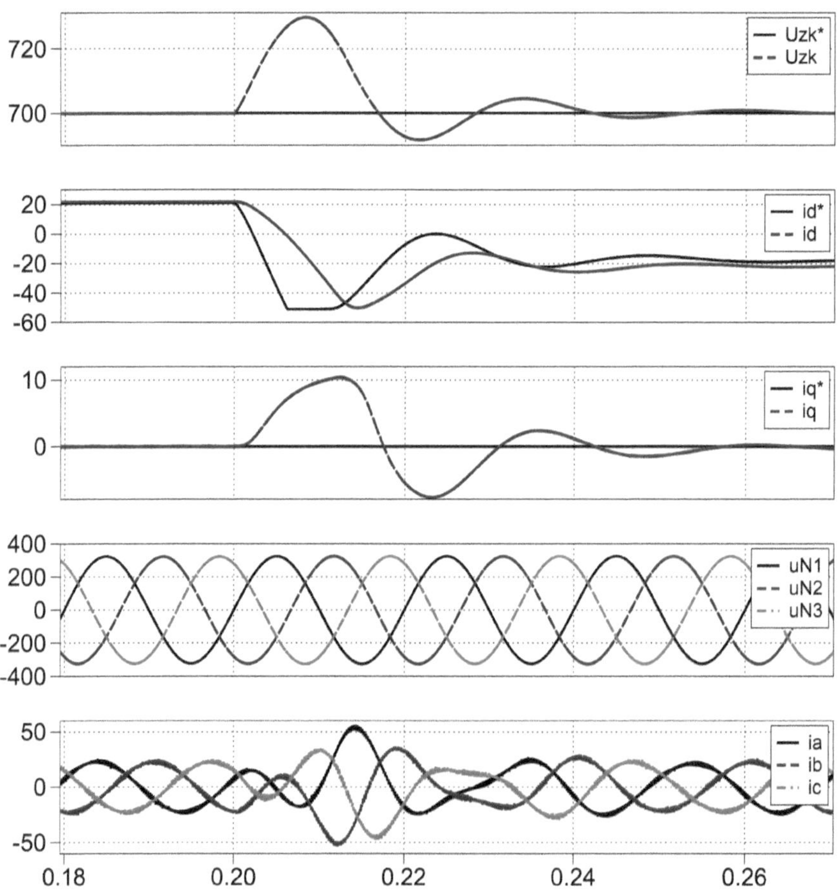

Bild 5.56 Sprungförmige Änderung von i_{Last} von 15 A auf −15 A $U_{ZK} = 700$ V, $i_q^* = 0$ A

Der Übergang vom motorischen in den generatorischen Betrieb eines Motors kann durch die Umkehr des Laststroms von 15 A auf -15 A simuliert werden. Bild 5.56 zeigt die zugehörigen Zeitverläufe. Während für t<0.2 s die Phasenverschiebung noch null beträgt, das Netz also Wirkstrom in den aktiven Gleichrichter einspeist, hat sich nach der Lastumkehr auch der Phasenwinkel zwischen Netzströmen und Netzspannungen auf 180° geändert. Auch in dieser Darstellung ist für t = 0.26 s noch kein eingeschwungener Zustand erreicht. Dennoch ist der neue Phasenwinkel deutlich erkennbar.

5.5 Lösungen

Übung 5.1

Bei den in der Aufgabe angegebenen Werten beträgt das Frequenzverhältnis

$$m_f = \frac{8000}{200} = 40$$

Dieser hohe Wert erlaubt die Verwendung von Bild 5.28 zur Abschätzung der entstehenden Oberschwingungen. Für den Aussteuergrad $m_a = 0.8$ liegen die Oberschwingungen mit der höchsten Amplitude in den Seitenbändern der doppelten Schaltfrequenz an den Stellen $2m_f \pm 1$. Die Ordnungszahlen der gesuchten Oberschwingungen betragen demnach 79 und 81.

Daraus bestimmt man deren Frequenz zu

$$f_{OS,79} = 79 \cdot f_1 = 79 \cdot 200\,\text{Hz} = 15.8\,\text{kHz}$$
$$f_{OS,81} = 81 \cdot f_1 = 81 \cdot 200\,\text{Hz} = 16.2\,\text{kHz}$$

Den Scheitelwert dieser Oberschwingungen liest man ab zu 0.27 U_d. Angegeben ist hier der Scheitelwert der verketteten Spannung. Die zugehörige Strangspannung ist um $\sqrt{3}$ kleiner.

Übung 5.2

Aus den Zeitverläufen liest man ab:

$m_a = 0.5$ $\qquad m_f = 5$

Bei einem Frequenzverhältnis von fünf müssen Dreieck- und Steuerspannungen synchronisiert werden. Eine wichtige Randbedingung bei der Synchronisation ist, dass das Frequenzverhältnis ungerade und ein Vielfaches von drei sein muss. Dies ist hier nicht erfüllt. Aus diesem Grunde fallen die Nulldurchgänge der Steuerspannungen $u_{Steuer2}$ und $u_{Steuer3}$ nicht mit denen der Dreieckspannung zusammen. Daher ist das Frequenzverhältnis für diese Anwendung nicht geeignet.

Übung 5.3

a) Grundsätzlich existieren mehrere Möglichkeiten zur Veränderung der Amplitude der Ausgangsspannung:

- Pulsamplitudenmodulation: Mit einer Stelleinrichtung, beispielsweise dem eingangsseitigen steuerbaren Gleichrichter, wird die Amplitude der Zwischenkreisspannung verstellt. Der ausgangsseitige Wechselrichter kann in Grundfrequenztaktung oder mit einem vorher berechneten Pulsmuster betrieben werden und dient lediglich zur Verstellung der Ausgangsfrequenz. Die Höhe der Ausgangsspannung wird über die Änderungen der Zwischenkreisspannung erreicht.
- Pulsweitenmodulation: Bei der Pulsweitenmodulation nutzt man den ausgangsseitigen Wechselrichter zur Verstellung der Frequenz *und* der Amplitude. Der Eingangsgleichrichter kann ungesteuert ausgeführt sein. Die Zwischenkreisspannung wird nicht gezielt verändert. Die Veränderung der Ausgangsspannungsamplitude kann z. B. mit dem Unterschwingungsverfahren erfolgen.

b) Mit den gegebenen Zahlenwerten erhält man den Aussteuergrad $m_a = 0.6$. Er ist kleiner als eins, daher arbeitet der Stromrichter im linearen Steuerbereich. Hier gilt für den Scheitelwert der verketteten Spannung:

$$\hat{U}_{ab,1} = \frac{U_d}{2} \cdot m_a \cdot \sqrt{3} = \frac{540\,\text{V}}{2} \cdot 0.6 \cdot \sqrt{3} = 280.6\,\text{V}$$

Teilt man die verkettete Spannung durch $\sqrt{3}$, so erhält man die Strangspannung. Somit ergibt sich der Scheitelwert der Strangspannung aus

$$\hat{U}_{aM} = \frac{\hat{U}_{ab,1}}{\sqrt{3}} = \frac{\frac{U_d}{2} \cdot m_a \cdot \sqrt{3}}{\sqrt{3}} = \frac{540\,\text{V}}{2} \cdot 0.6 = 162\,\text{V}$$

Die geforderten Zeitverläufe können aus den Schnittpunkten zwischen Dreieck- und Steuerspannungen nacheinander konstruiert werden. Die Strangspannung $u_{bM}(t)$ ist gegenüber $u_{aM}(t)$ um 120° nach rechts verschoben. Die Strangspannung $u_{cM}(t)$ ist gegenüber $u_{bM}(t)$ ebenfalls um 120° nach rechts verschoben. Die verkettete Spannung erhält man aus der Differenz der Strangspannungen $u_{aM}(t) - u_{bM}(t)$.

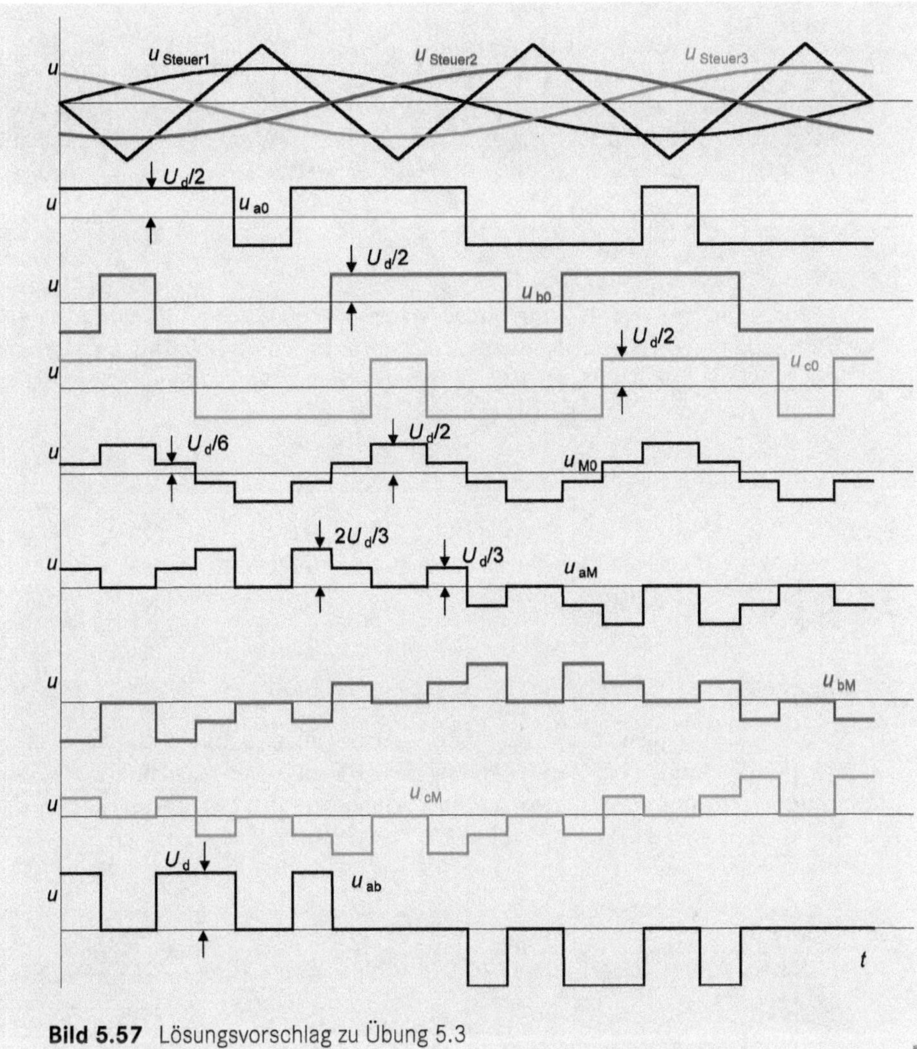

Bild 5.57 Lösungsvorschlag zu Übung 5.3

Übung 5.4

Damit der Asynchronmotor eine Drehzahl von 120000 min^{-1} erreicht, muss er mit einem Drehspannungssystem passender Grundfrequenz f_1 versorgt werden. Dieses Drehspannungssystem wird von einem dreiphasigen Wechselrichter erzeugt. Die erforderliche Frequenz f_1 berechnet sich aus

$$f_1 = \frac{120000\,\text{min}^{-1}}{60} = 2000\frac{1}{\text{s}} = 2000\,\text{Hz}$$

Eine Leistung von 500 W kann ohne weiteres mit MOSFET-Transistoren erreicht werden. Bei diesen Transistoren sind Schaltfrequenzen größer als 40 kHz möglich. Daher ergibt sich selbst bei der hohen Ausgangsfrequenz von 2000 Hz ein Frequenzverhältnis deutlich größer als 10.

$$m_\text{f} = \frac{f_\text{S}}{f_1} = \frac{40000\,\text{Hz}}{2000\,\text{Hz}} = 20$$

Unter diesen Voraussetzungen lässt sich das Unterschwingungsverfahren im linearen Steuerbereich einsetzen. ■

Übung 5.5

Weisen die Strangspannungen einen sinusförmigen Verlauf mit konstantem Scheitelwert auf, so hat der Spannungsraumzeiger in der Maschine einen konstanten Betrag und bewegt sich mit einer gleichförmigen Winkelgeschwindigkeit, die der Frequenz der Steuerspannungen entspricht. ■

Übung 5.6

Der vorgegebene Sollraumzeiger liegt in Sektor 3; γ beträgt 138° - 120° = 18°.

$$f_\text{S} = 20\,\text{kHz} = \frac{1}{2\cdot\Delta T} \quad\Rightarrow\quad \Delta T = \frac{1}{40\,\text{kHz}} = \underline{\underline{25\,\mu\text{s}}}$$

$$t_1 = \sqrt{3}\cdot\frac{u_\text{Soll}\cdot\sin\gamma\cdot\Delta T}{U_\text{d}} = \sqrt{3}\cdot 0.38\cdot\sin(138°-120°)\cdot\Delta T = 0.203\cdot 25\,\mu\text{s} = \underline{\underline{5.08\,\mu\text{s}}}$$

$$t_\text{r} = \sqrt{3}\cdot\frac{u_\text{Soll}}{U_\text{d}}\cdot\Delta T\cdot\sin(60°-\gamma) = \sqrt{3}\cdot 0.38\cdot\Delta T\cdot\sin(60°-(138°-120°))$$

$$t_\text{r} = \sqrt{3}\cdot 0.38\cdot\Delta T\cdot\sin(42°) = 0.44\cdot\Delta T = 0.44\cdot 25\,\mu\text{s} = \underline{\underline{11\,\mu\text{s}}}$$

$$t_0 = \Delta T - t_\text{r} - t_1 = 25\,\mu\text{s} - 11\,\mu\text{s} - 5.08\,\mu\text{s} = \underline{\underline{8.92\,\mu\text{s}}}$$

■

Übung 5.7

a) Antriebsanwendungen, bei denen mehrere Motoren betrieben werden, sind beispielsweise Verpackungsmaschinen, Werkzeugmaschinen oder Roboter. Bisweilen werden in solchen Anlagen mehrere Wechselrichter an einem gemeinsamen Zwischenkreis betrieben. Dann existiert lediglich ein gemeinsamer Netzgleichrichter, der den Zwischenkreis und alle daran angeschlossenen Wechselrichter und Motoren mit Energie versorgt. Im Allgemeinen bremsen und beschleunigen hier nicht alle Motoren gleichzeitig. Somit kann teilweise die erforderliche Energie zum Beschleunigen eines Motors durch die beim Bremsen eines anderen Motors am selben Zwischenkreis frei werdende Energie gedeckt werden. Trotzdem wird man auch hier auf einen Bremssteller nicht völlig verzichten können.

b) Alternativ zu einem Diodengleichrichter kann ein Stromrichter eingesetzt werden, der Energie aus dem Zwischenkreis in das Netz zurückspeisen kann. Ein solcher Stromrichter ist beispielsweise der in Abschnitt 3.5 vorgestellte B6-Umkehrstromrichter. Dieser muss mit Thyristoren ausgeführt sein und ist erheblich aufwändiger als eine passive Diodenbrücke. Wirtschaftlich lohnt der Zusatzaufwand nur bei höheren Leistungen. ■

6 Mehrpunkt-Wechselrichter

Lernziele

Die Lernenden ...

- beschreiben Mehrpunkt-Wechselrichter durch einfache Schaltermodelle,
- setzen die Schaltermodelle in konkrete Schaltbilder um,
- übertragen das Ansteuerverfahren vom ein- auf den dreiphasigen Fall,
- kennen die Grundlagen digitaler Pulsweitenmodulation.

6.1 Grundlagen und Schaltungsvarianten

Bei den klassischen spannungseinprägenden Zweipunkt-Wechselrichtern ist die Ausgangsspannung sowohl hinsichtlich ihrer Frequenz als auch des Scheitelwerts variabel. Sie ergibt sich dadurch, dass die Lastklemmen über geschaltete Halbleiter alternierend mit dem positiven und dem negativen Pol der Zwischenkreisspannung verbunden werden. Bei dieser Technik kann der Momentanwert der Ausgangsspannung u_{a0} entweder den Wert $+U_d/2$ oder $-U_d/2$ annehmen. Ein einfaches Schaltermodell einer solchen Topologie ist zunächst für den einphasigen Fall im linken Teil von Bild 6.1 dargestellt. Es enthält einen Schalter, der den Wechselrichterausgang, also den Lastanschlusspunkt, entweder mit dem positiven oder dem negativen Pol der Zwischenkreisspannung verbindet.

Der Zeitverlauf der Ausgangsspannung $u_{a0}(t)$ setzt sich aus Rechteckblöcken unterschiedlicher Dauer aber konstanter Amplitude zusammen. Im zugehörigen Frequenzspektrum der Ausgangsspannung treten verhältnismäßig hohe Anteile an Oberschwingungen auf, die bei ganzzahligen Vielfachen der Schaltfrequenz und deren Seitenbändern liegen.

Selbstverständlich bewirkt eine Steigerung der Schaltfrequenz die Verlagerung der Oberschwingungen hin zu höheren Frequenzen. Allerdings nehmen proportional zur Schaltfrequenz auch die Schaltverluste zu. Die thermische Verlustenergie, die über die installierten Kühler abgeführt werden kann, ist jedoch begrenzt. Ein Anstieg der Schaltverluste limitiert daher die zulässigen Durchlassverluste und damit den Ausgangsstrom und die Ausgangsleistung des Wechselrichters.

Beim Betrieb von Motoren wirken deren Wicklungsinduktivitäten als Filter erster Ordnung, so dass die Harmonischen im Ausgangsstrom gegenüber denen der Ausgangsspannung bedämpft werden. Dennoch entstehen in den Wicklungen unerwünschte oberschwingungsbedingte Zusatzverluste.

Prinzipiell gelten diese Aussagen auch für Wechselrichter, die direkt am Netz arbeiten. Dies ist der Fall bei der beständig zunehmenden dezentralen Einspeisung elektrischer Energie, die aus regenerativen Quellen gewonnen wird (PV-Anlagen, Windturbinen, Blockheizkraftwerke BHKW). Die am Netzanschlusspunkt der Einspeisewechselrichter auftretenden Oberschwingungen unterliegen im Bereich zwischen 150 KHz und 30 MHz strikten Grenzwerten. Der Einsatz von Zweipunktwechselrichtern erfordert daher aufwendige Filtermaßnahmen, die neben steigenden Kosten und größerem Bauraum auch regelungstechnische Probleme aufwerfen [Dan12].

Die Wahl der richtigen Schaltfrequenz ist aus diesem Grund immer ein Abwägen zwischen den zulässigen Oberschwingungsanteilen, der notwendigen Ausgangsleistung und der Baugröße, die u. a. durch Kühleinrichtungen sowie die notwendigen Filter maßgeblich bestimmt wird.

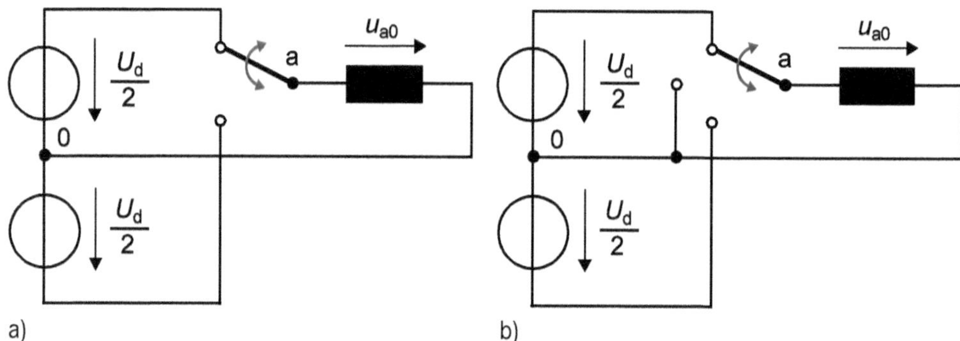

Bild 6.1 Schaltermodell einphasiger Wechselrichter; a) Zweipunkt-Wechselrichter b) Dreipunkt-Wechselrichter

Eine wesentliche Reduktion sowohl der oberschwingungsbedingten Motor- als auch der Schaltverluste im Wechselrichter wird erreicht, wenn man bei der Erzeugung der Wechselrichterausgangsspannung zusätzliche Freiheitsgrade einführt: Statt wie beim Zweipunktwechselrichter lediglich zwei Niveaus ($\pm U_d/2$) kann das Potential einer Lastklemme bei Mehrpunkt-Umrichtern (multi level converter) mehrere Werte annehmen. Dies führt zu einer verbesserten Kurvenform der vom Wechselrichter erzeugten Ausgangsspannung. Bild 6.1 zeigt im rechten Teilbild die einphasige Variante eines Wechselrichters, dessen Ausgangsspannung u_{a0} neben den herkömmlichen Werten $\pm\, U_d/2$ zusätzlich den Wert 0 annehmen kann. Man spricht in diesem Fall aufgrund der drei möglichen Spannungspegel von einem Dreipunkt-Wechselrichter. Das Schaltermodell enthält daher einen Umschalter mit drei möglichen Stellungen. Die Anzahl der Schalterstellungen ist prinzipiell nicht begrenzt: Jeder zusätzliche Schalterabgriff erhöht die Anzahl der erreichbaren Spannungsniveaus der entsprechenden Phase.

Im oberen Teil von Bild 6.2 wird das Schaltermodell aus Bild 6.1 auf dreiphasige Anlagen übertragen. Nun liegt *pro Strang* ein Schalter vor, der die jeweilige Phase mit dem positiven oder dem negativen Pol der Zwischenkreisspannung und beim Dreipunkt-Wechselrichter zusätzlich mit dem Spannungspegel 0 verbinden kann. Bei dreiphasigen Anlagen bestimmt die *jeweilige* Schalterstellung zunächst lediglich das Potential *ihrer* Ausgangsspannung

$u_{a0}(t)$, $u_{b0}(t)$ und $u_{c0}(t)$ bezogen auf den Mittelpunkt 0 des Zwischenkreises. Die Werte der Strangspannungen $u_{aM}(t)$, $u_{bM}(t)$ und $u_{cM}(t)$ hängen von der Stellung aller drei Schalter ab. Sie können mit dem Verfahren aus Abschnitt 5.3.1.1 auch für den Dreipunkt-Wechselrichter ermittelt werden.

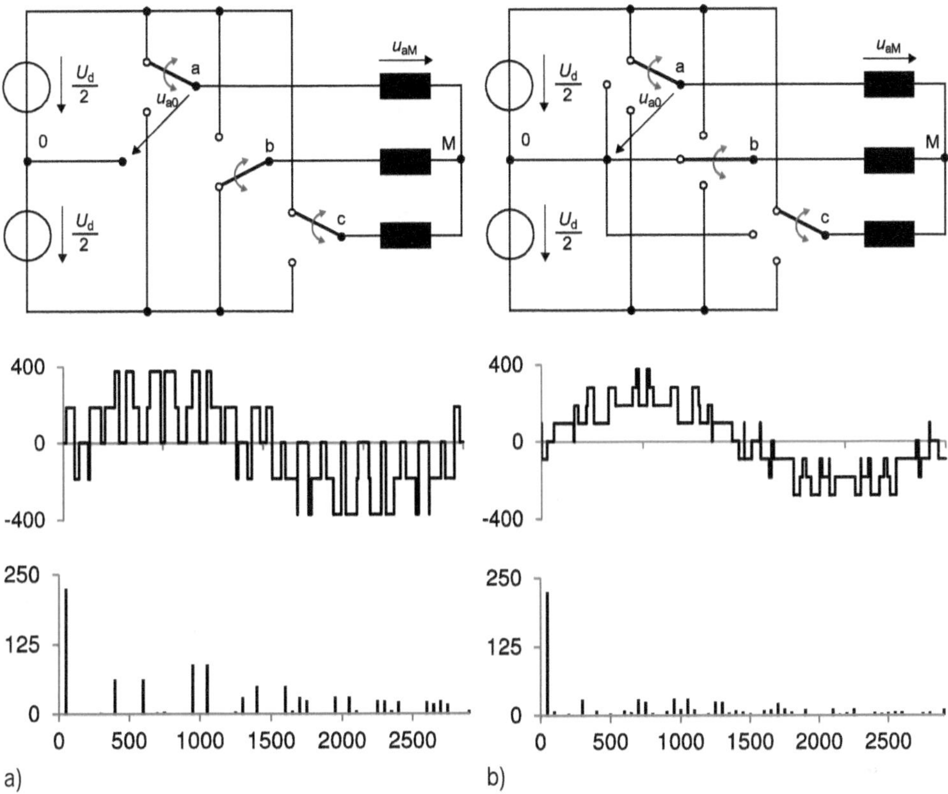

Bild 6.2 oben: Schaltermodell für a) Zweipunkt-Wechselrichter b) Dreipunkt-Wechselrichter: mitte: zugehörige Strangspannungen $u_{aM}(t)$; unten: Oberschwingungsspektrum; zugrunde liegende Daten der Anlage sind: Zwischenkreisspannung U_d = 560 V, m_a = 0.8, f_S = 500 Hz

Die beiden unteren Bildteile von Bild 6.2 zeigen die charakteristischen Verläufe der Strangspannungen $u_{aM}(t)$ und die zugehörigen Oberschwingungsspektren. In beiden Fällen wurde die Schaltfrequenz von 500 Hz mit Rücksicht auf die hier darstellbare Auflösung bewusst sehr niedrig gewählt. Dennoch ist die Ausgangsspannung des Dreipunkt-Wechselrichters aus dem mittleren Teilbild b) erkennbar näher an der Sinusform als die des Zweipunkt-Wechselrichters aus Teilbild a). Diesen Sachverhalt unterstreicht auch die quantitative Analyse des Oberschwingungsspektrums. Sie liefert mit Hilfe eines Rechenprogramms:

$$THD_{\text{U,Dreipunkt-WR}} = 0.41 \qquad << \qquad THD_{\text{U,Zweipunkt-WR}} = 0.91$$

Der Gesamteffektivwert der Oberschwingungen bezogen auf den Effektivwert der Grundschwingung wird beim Dreipunkt-Wechselrichter gegenüber dem Zweipunkt-Wechselrichter mehr als halbiert.

Die qualitative Beurteilung der Harmonischen von $u_{\mathrm{aM}}(t)$ im unteren Teilbild lässt den gleichen Schluss zu: Beim Dreipunkt-Wechselrichter liegen die Amplituden der jeweiligen Harmonischen weit unter denen des Zweipunkt-Wechselrichters.

Die Kurvenform der Strangspannungen kann durch die Mehrpunkttechnik wesentlich besser der gewünschten idealen Sinusform angenähert werden. Dadurch sinkt die Belastung mit Harmonischen. Bei vorgegebenen Oberschwingungsgrenzwerten kann die Schaltfrequenz bei Mehrpunkt-Wechselrichtern gegenüber der des Zweipunkt-Wechselrichters verringert werden. ■

Als weiterer Vorteil der Mehrpunkttechnik gilt die geringere Spannungsbeanspruchung der abschaltbaren Elemente in Blockierrichtung. Bei diesen Topologien werden die IGBTs nur mit einem Bruchteil der Zwischenkreisspannung beaufschlagt. Die Zwischenkreisspannung von 565 V, wie sie standardmäßig im Niederspannungsbereich auftritt, erlaubt bei Dreipunkt-Wechselrichtern den Einsatz von Bauelementen mit einer Blockierspannung von 600 V. Transistoren dieser Baugröße besitzen wesentlich bessere Schalteigenschaften und weisen geringere Schaltverluste auf als diejenigen, deren Blockierspannung 1200 V beträgt.

Begriffe und Definitionen

Bild 6.3 zeigt im linken Teilbild das prinzipielle Schaltermodell eines einphasigen Mehrpunkt-Wechselrichters, dessen Schalter viele Abgriffe aufweist. Seine Ausgangsspannung kann bei $n+1$ möglichen Abgriffen n verschiedene Werte annehmen. Je nach Stellung des mehrpoligen Umschalters gilt für die Ausgangsspannung $u_{\mathrm{a0}}(t)$:

$$u_{\mathrm{a0}} = s \cdot \frac{U_{\mathrm{d}}}{n} \quad \text{mit } s = 0, 1, 2, \dots n$$

In dieser Darstellung bilden die Klemmen der einzelnen Spannungsquellen die Anschlusspunkte für den Wechselrichter. Ein Umschalter mit $(n + 1)$ Kontakten bildet demnach eine Phase eines N-Punkt-Wechselrichters.

Im rechten Teilbild ist der allgemeine Aufbau von einem Strang eines N-Punkt-Wechselrichters wiedergeben. Auf der Gleichspannungsseite finden sich die n in Reihe geschalteten Teilspannungsquellen U_1 bis U_n, die in der Praxis durch Kondensatoren realisiert werden. Bei symmetrischem Zwischenkreis stellen alle Kondensatoren denselben Bruchteil der Zwischenkreisspannung bereit.

$$U_1 = U_2 = \dots = U_{\mathrm{n}} = \frac{U_{\mathrm{d}}}{n}$$

Zusammen mit ihren zugehörigen antiparallelen Freilaufdioden bilden die IGBTs einer Halbbrücke den Umschalter aus dem Schaltermodell. Der obere Zweigteil *eines* Stranges besteht aus n in Reihe geschalteten IGBTs (T_1 bis T_n) mit den zugehörigen antiparallelen

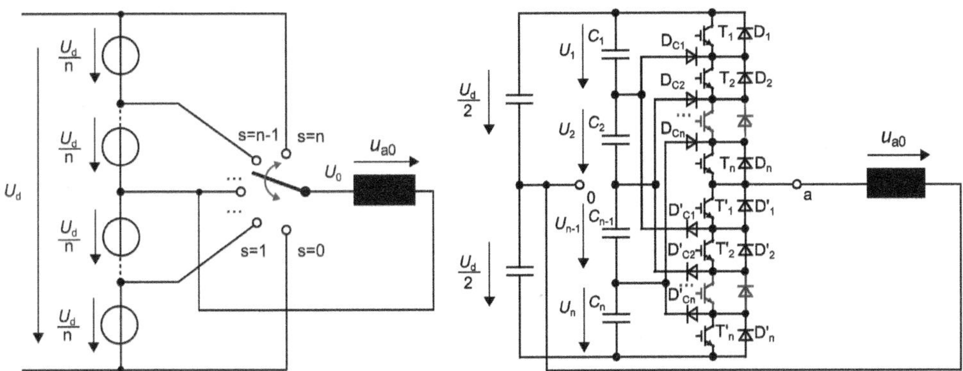

Bild 6.3 Allgemeiner Aufbau eines Mehrpunkt-Wechselrichterstranges mit den $n + 1$ Schalterkontakten 0, 1, ..., n; links: Schaltermodell rechts: Schaltbild mit IGBTs

Freilaufdioden (D_1 bis D_n). Die Blockierspannung an einem IGBT wird durch die Klemmdioden (Clamping-Diode) D_{C1} bis D_{Cn} auf den Maximalwert U_d/n begrenzt. Der untere Zweigteil enthält die identische Anzahl von Leistungsbauelementen T'_1 bis T'_n und D'_1 bis D'_n mit den zugehörigen Klemmdioden D'_{C1} bis D'_{Cn}.

Nach [Ruf95] gilt: Die Ausgangsspannung u_{a0} zwischen dem Lastanschlusspunkt a und dem Mittelpunkt 0 des Zwischenkreises kann bei einem N-Punkt-Wechselrichter mit n abschaltbaren Bauelementen pro Zweigteil insgesamt N verschiedene Werte annehmen:

$$N = n + 1$$

Ein solcher Wechselrichterzweig bildet *einen* Strang eines dreiphasigen Wechselrichters und enthält insgesamt N_T abschaltbare Bauelemente und ebenso viele Freilaufdioden.

$$N_T = 2 \cdot n \tag{6.1}$$

Die Einhaltung der maximalen Blockierspannung für die eingesetzten IGBTs wird durch N_{DC} Clamping-Dioden sichergestellt:

$$N_{DC} = 2 \cdot (n - 1)$$

6.2 Dreipunkt-Wechselrichter

Im Unterschied zur allgemeinen Darstellung des N-Punkt-Wechselrichters aus Bild 6.3 werden die Bauelemente in diesem Abschnitt kompakter indiziert: Der erste Index bezeichnet die jeweilige Phase. Mit dem zweiten Index werden die Bauelemente eines Strangs durchnummeriert. Einander entsprechende Bauelemente verschiedener Stränge erhalten dieselben Nummern.

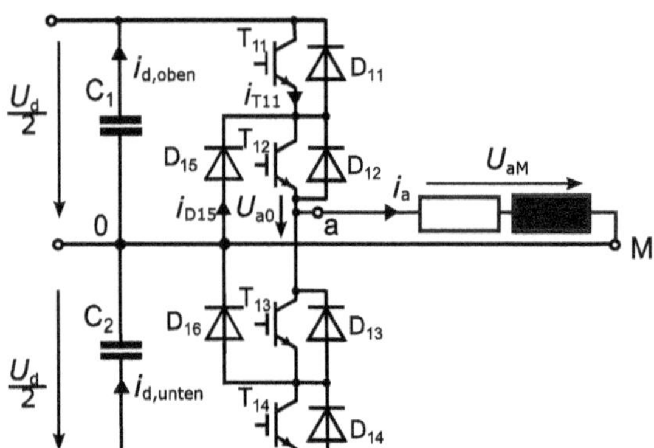

Bild 6.4 Einphasiger Wechselrichter mit Dreipunkt-Halbbrücke und ohmsch-induktiver Last

6.2.1 Einphasiger Dreipunkt-Halbbrücken-Wechselrichter

Zum besseren Verständnis wird zunächst der einphasige Wechselrichter bestehend aus der Dreipunkt-Halbbrücke und einer ohmsch-induktiven Last aus Bild 6.4 betrachtet. Die Last wird zwischen dem Mittelpunkt der Halbbrücke und dem Mittelpunkt des Zwischenkreises angeschlossen. Für den einphasigen Halbbrücken-Wechselrichter gilt wie schon bei der Zweipunktvariante auch für die Dreipunkt-Halbbrücke:

$$u_{a0} = u_{aM}$$

Beispiel 6.1 Ermittlung möglicher Leitzustände

Kennzeichnen Sie die stromführenden Zweige der Dreipunkt-Halbbrücke in Bild 6.5 für die genannten Schaltzustände („1“: eingeschaltet, „0“: ausgeschaltet). Wie groß wird die Ausgangsspannung u_{a0}?

Verwenden Sie für die Lösung das Applet „Dreipunkt-Halbbrücken-Wechselrichter“.

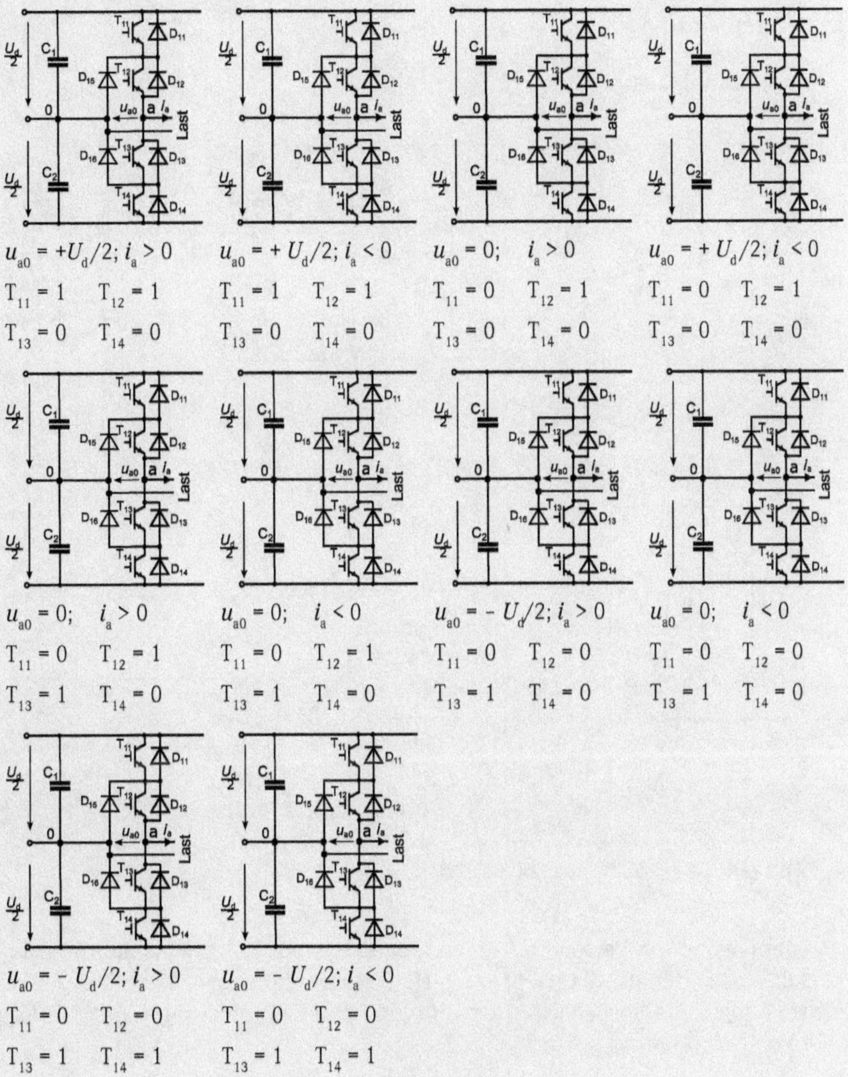

$u_{a0} = +U_d/2;\ i_a > 0$
$T_{11} = 1 \quad T_{12} = 1$
$T_{13} = 0 \quad T_{14} = 0$

$u_{a0} = +U_d/2;\ i_a < 0$
$T_{11} = 1 \quad T_{12} = 1$
$T_{13} = 0 \quad T_{14} = 0$

$u_{a0} = 0;\ i_a > 0$
$T_{11} = 0 \quad T_{12} = 1$
$T_{13} = 0 \quad T_{14} = 0$

$u_{a0} = +U_d/2;\ i_a < 0$
$T_{11} = 0 \quad T_{12} = 1$
$T_{13} = 0 \quad T_{14} = 0$

$u_{a0} = 0;\ i_a > 0$
$T_{11} = 0 \quad T_{12} = 1$
$T_{13} = 1 \quad T_{14} = 0$

$u_{a0} = 0;\ i_a < 0$
$T_{11} = 0 \quad T_{12} = 1$
$T_{13} = 1 \quad T_{14} = 0$

$u_{a0} = -U_d/2;\ i_a > 0$
$T_{11} = 0 \quad T_{12} = 0$
$T_{13} = 1 \quad T_{14} = 0$

$u_{a0} = 0;\ i_a < 0$
$T_{11} = 0 \quad T_{12} = 0$
$T_{13} = 1 \quad T_{14} = 0$

$u_{a0} = -U_d/2;\ i_a > 0$
$T_{11} = 0 \quad T_{12} = 0$
$T_{13} = 1 \quad T_{14} = 1$

$u_{a0} = -U_d/2;\ i_a < 0$
$T_{11} = 0 \quad T_{12} = 0$
$T_{13} = 1 \quad T_{14} = 1$

Bild 6.5 Leitende Zweige bei der Dreipunkt-Halbbrücke

Lösung:

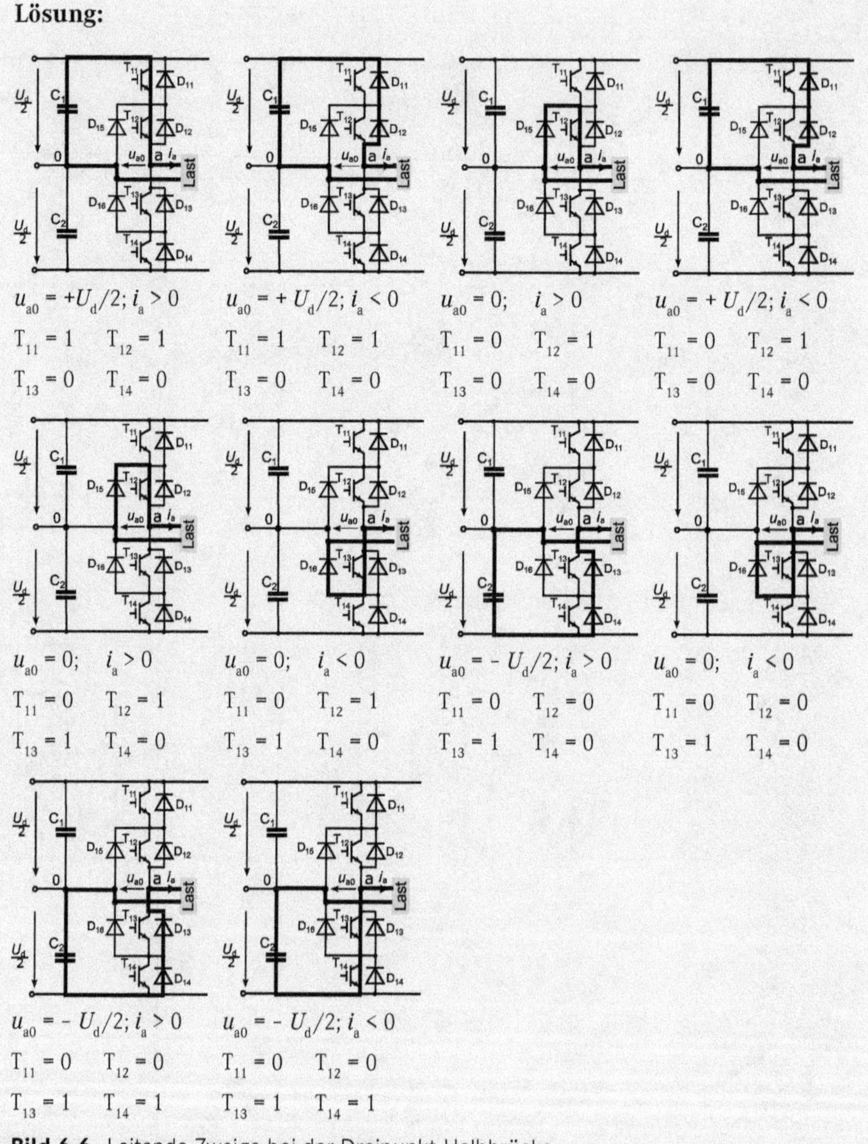

Bild 6.6 Leitende Zweige bei der Dreipunkt-Halbbrücke

Anhand der Lösung von Beispiel 6.1 erkennt man, dass die Ausgangsspannung einer Dreipunkt-Halbbrücke die drei Werte $+U_d/2$, $-U_d/2$ oder 0 annehmen kann. Als Ersatzschaltbild für eine solche Halbbrücke kann aus diesem Grund ein Umschalter mit drei Kontakten nach Bild 6.7 verwendet werden.

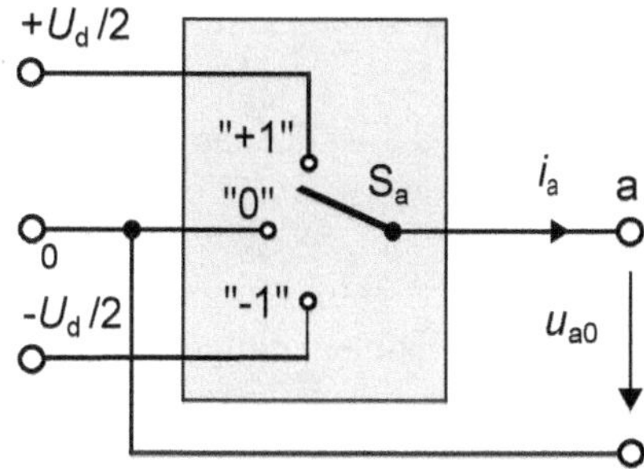

Bild 6.7 Schaltermodell einer Dreipunkt-Halbbrücke mit den Schaltzuständen „1“, „0“ und „-1“

Beispiel 6.2 Schaltzustände und Ausgangsspannungen

Ermitteln Sie für alle sinnvollen Schaltzustände der Transistoren in Bild 6.4 tabellarisch den Wert der Ausgangsspannung u_{a0} zwischen der Lastklemme a und dem Mittelpunkt 0 des Zwischenkreises. Ordnen Sie diesen Wert einer der Schalterstellungen aus Bild 6.7 zu.

Lösung:
In seiner oberen Stellung „+1“ legt der Schalter das Potential der zugehörigen Anschlussklemme auf $+U_d/2$. In diesem Fall sind beide oberen Transistoren T_{i1} und T_{i2} eines Zweiges eingeschaltet. Befindet sich der Schalter in der Mittelstellung „0“, ist das Ausgangspotential identisch mit dem Mittelpunkt des Zwischenkreises. Hierzu müssen die Transistoren T_{i2} und T_{i3} der Phase *i* leiten. Im unteren Schaltzustand „-1“ beträgt die Ausgangsspannung $-U_d/2$. Dies wird nach Tabelle 6.1 durch Einschalten der beiden unteren Zweigtransistoren T_{i3} und T_{i4} erreicht.

Ist nur einer der beiden Transistoren T_{i2} oder T_{i3} einer Halbbrücke im Ein-Zustand, so hängt die Ausgangsspannung von der Stromrichtung ab. Diese Fälle sind in Tabelle 6.1 mit *) gekennzeichnet.

Tabelle 6.1 Schaltzustände und Ausgangsspannungen der Dreipunkt-Halbbrücke

T_{i1}	T_{i2}	T_{i3}	T_{i4}	u_{a0} ($i_a > 0$)	u_{a0} ($i_a < 0$)	Schaltzustand
1	1	0	0	$+U_d/2$	$+U_d/2$	1
0	1	0	0	0	$+U_d/2$	*)
0	1	1	0	0	0	0
0	0	1	0	$-U_d/2$	0	*)
0	0	1	1	$-U_d/2$	$-U_d/2$	1

Übung 6.1

Wie viele Schaltkombinationen der IGBTs sind in einer Dreipunkt-Halbbrücke möglich? Welche davon sind sinnvoll?

6.2.1.1 Pulsweitenmodulation der Dreipunkt-Halbbrücke

Analoge Pulsweitenmodulation

Die Einstellung der Ausgangsspannung einer Dreipunkt-Halbbrücke erfolgt nach dem Verfahren der Pulsweitenmodulation. Die grundlegende Funktionsweise mit *analoger* Technik entspricht auch bei Mehrpunkt-Halbbrücken dem Prinzip, das beim Zweipunkt-Wechselrichter in Abschnitt 5.2.3 erläutert wurde: Der gewünschte Spannungssollwertverlauf wird mit einer hohen Frequenz abgetastet, die der Schaltfrequenz der Halbleiter entspricht. Der geforderte Sollwert wird als *Mittelwert* innerhalb einer Periode der Schaltfrequenz durch die Halbbrücke eingestellt.

Bei der Dreipunkt-Halbbrücke muss der Steuerkreis die Ausgangsspannung auch auf das Potential des Zwischenkreismittelpunktes, also den Spannungswert null, einstellen können. Dies gelingt, wenn für den oberen und unteren Zweig einer Halbbrücke ausgehend von Bild 6.8 je eine eigene Dreieckspannung $u_{\Delta,\text{oben}}$ und $u_{\Delta,\text{unten}}$ mit identischer Frequenz und Phasenlage bezogen auf die Steuerspannung vorgesehen wird. Für die Steuer- und Referenzspannungen gilt im linearen Aussteuerbereich:

$$\begin{aligned} &u_{\Delta,\text{oben}}(t) > 0 \,\text{mit}\, \hat{U}_{\text{soll,max}} \leq \max(u_{\Delta,\text{oben}}) \\ &u_{\Delta,\text{unten}}(t) < 0 \,\text{mit} - \hat{U}_{\text{soll,max}} \geq \min(u_{\Delta,\text{unten}}) \end{aligned} \tag{6.2}$$

Für die IGBTs der Halbbrücke werden folgende Schaltbedingungen vereinbart:

- Einschalten von T_{i1}, wenn $u_{\text{soll}}(t) > u_{\Delta,\text{oben}}(t)$.
- Einschalten von T_{i2}, wenn $u_{\text{soll}}(t) > u_{\Delta,\text{unten}}(t)$.
- Einschalten von T_{i3}, wenn $u_{\text{soll}}(t) < u_{\Delta,\text{oben}}(t)$.
- Einschalten von T_{i4}, wenn $u_{\text{soll}}(t) < u_{\Delta,\text{unten}}(t)$.

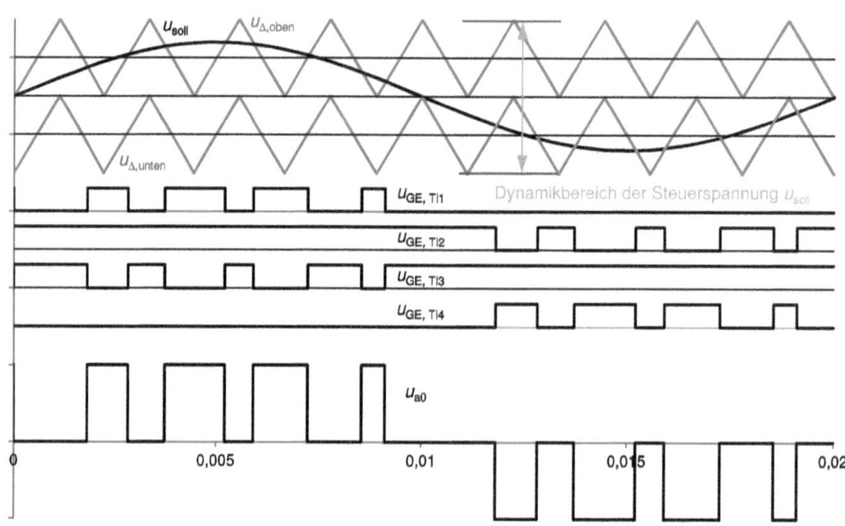

Bild 6.8 Pulsweitenmodulation der Dreipunkt-Halbbrücke; oben: Steuerspannung u_{soll} und Referenzspannungen $u_{\Delta,\text{oben}}$ sowie $u_{\Delta,\text{unten}}$; mitte: Gate-Emitterspannungen der IGBTs T_{i1}, T_{i2}, T_{i3}, T_{i4}; unten: Ausgangsspannung u_{a0}

Während der positiven Halbperiode der Steuerspannung wird T_{i2} dauerhaft eingeschaltet; T_{i1} und T_{i3} werden gegenphasig gepulst und T_{i4} bleibt vollständig abgeschaltet. In der negativen Halbperiode kehren sich die Verhältnisse um: Nun ist T_{i3} dauerhaft ein- und T_{i1} immer ausgeschaltet; T_{i4} und T_{i2} werden gegenphasig gepulst. Dadurch nimmt die Ausgangsspannung immer dann den Wert null an, wenn T_{i1} bzw. T_{i4} abgeschaltet werden.

Wie schon beim Zweipunktwechselrichter ist es für kleine Frequenzverhältnisse erforderlich, dass Steuer- und Modulationsspannungen aufeinander synchronisiert werden. Ganzzahlige ungerade Frequenzverhältnisse $m_f = f_S / f_{Steuer}$ liefern gem. Bild 6.8 für u_{a0} eine wechselsymmetrische Funktion, die mittelwertfrei ist.

Digitale Pulsweitenmodulation

Die PWM nach Bild 6.8 kann gem. Bild 6.9 mit analoger Signalverarbeitung aufgebaut werden. Komparatoren vergleichen die Steuerspannung u_{soll} mit der oberen bzw. unteren Dreieckspannung und erzeugen die Einschaltsignale für T_{i1} und T_{i2} gem. den o. g. Schaltbedingungen. Mit Hilfe von Invertern werden daraus die logischen Pegel für T_{i3} und T_{i4} generiert.

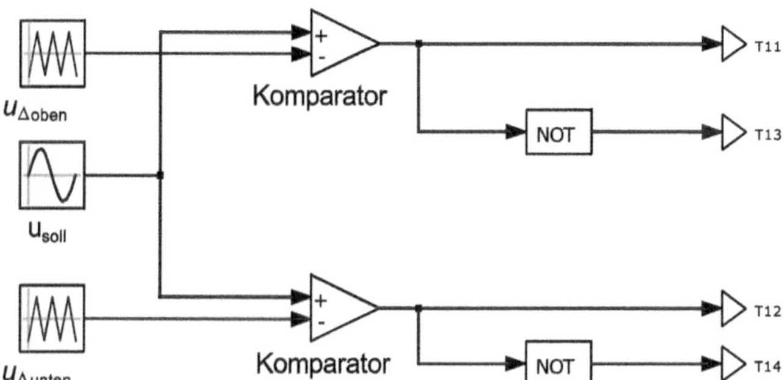

Bild 6.9 Analoge Signalverarbeitung für die Pulsweitenmodulation einer Halbbrücke

Neuentwicklungen werden heute nahezu ausschließlich mit digitaler Signalverarbeitung auf der Basis von Mikroprozessoren durchgeführt. Die Steuer- und Regelalgorithmen sind in Form von Programmen implementiert. Daher liegt es nahe, auch die Pulsweitenmodulation digital zu realisieren.

Der Übergang von analogen auf digitale Werteverläufe erfordert sowohl eine Amplituden- als auch eine Zeitdiskretisierung. Bild 6.10 a) zeigt einen analogen Zeitverlauf. Wird dieses Signal in regelmäßigen Abständen abgetastet, entsteht die zeitdiskrete Wertefolge aus Teilbild b). Der zeitliche Abstand zwischen zwei Abtastwerten wird Abtastintervall T genannt. Nach diesem Schritt liegt das Signal zwar zeitdiskret vor. Allerdings sind die abgetasteten Amplitudenwerte noch kontinuierlich. Im folgenden Schritt werden die möglichen Signalwerte eingeschränkt. Es sind nur noch Pegel möglich, die ein ganzzahliges Vielfaches des Quantisierungsschritts sind. Der kontinuierliche Wertebereich des analogen Signals geht in Teilbild c) in einen amplitudendiskreten Wertebereich über. Das amplituden- und zeitdiskrete Signal ist in Teilbild d) dargestellt. Die Wertänderungen eines solchen Signals erfolgen nur zu den Abtastzeitpunkten T_k. Als Amplitudenwerte kommen ausschließlich ganzzahlige Vielfache des Quantisierungsschritts vor.

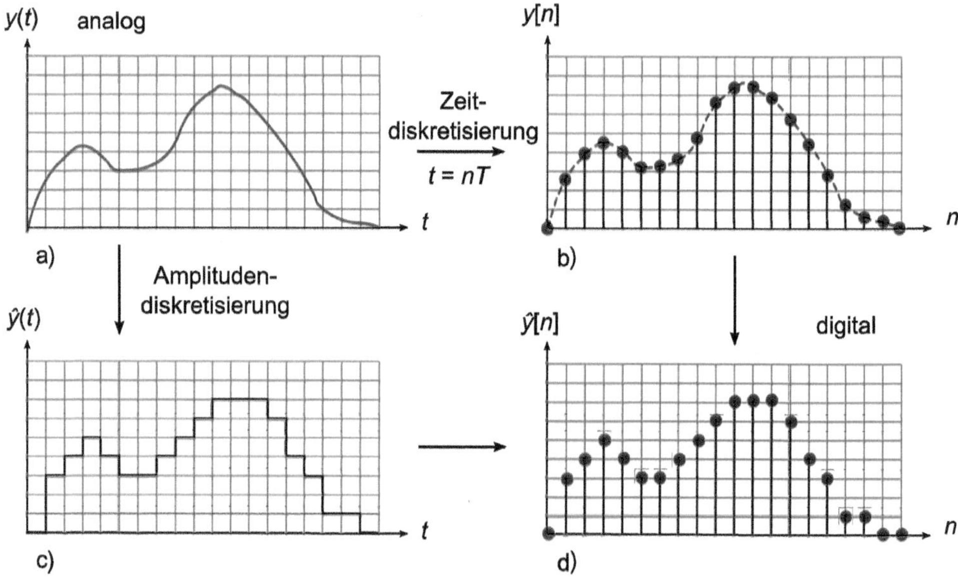

Bild 6.10 Umwandlung eines analogen in ein amplituden- und zeitdiskretes Signal

Bei der digitalen Variante des Unterschwingungsverfahrens wird das analoge dreieckförmige Trägersignal nach Bild 6.11 durch einen digitalen Zähler ersetzt, der mit der konstanten Zählfrequenz f_{cnt} ausgehend vom Zählerstand 0 hochgezählt wird. Beim Erreichen eines einstellbaren maximalen Zählerstandes $z_{cnt,max}$ wird die Zählrichtung umgekehrt und der Zählerstand wieder bis auf null vermindert. Eine vollständige Zählperiode entspricht der Schaltperiode T_{PWM}:

$$f_{PWM} = \frac{1}{T_{PWM}} = \frac{f_{cnt}}{2 \cdot z_{cnt,max}} \tag{6.3}$$

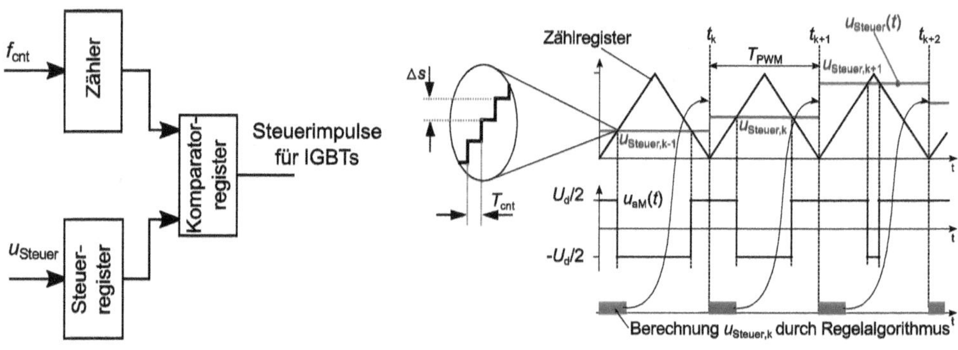

Bild 6.11 Funktionsweise der digitalen Pulsweitenmodulation; links: Blockschaltbild; rechts: prinzipielle Zeitverläufe

Dem kontinuierlichen Dreiecksignal der analogen PWM entspricht bei der digitalen Variante daher das treppenförmige Signal aus dem rechten Teilbild. Die Breite einer solchen Treppenstufe und damit der zeitliche Quantisierungsschritt wird durch die Periodendauer T_{cnt} der Zählfrequenz bestimmt. Sie kann als Abtastfrequenz des analogen Dreiecksignals interpretiert werden.

Die analoge Steuerspannung U_{Steuer} wird für die Dauer der k-ten Dreiecksperiode konstant gehalten, in den binären Wert $U_{Steuer,k}$ umgerechnet und im Steuerregister gespeichert. Ist der momentane Zählerstand gleich dem Wert des Steuerregisters, leitet das Komparatorregister ein Umschalten der jeweiligen IGBTs ein.

Digitale PWM mit modernen Mikrocontrollern

Heutzutage wird eine digitale PWM nach Bild 6.11 nicht mehr aus diskreten Komponenten aufgebaut. Moderne Mikroprozessoren beinhalten alle notwendigen Funktionsblöcke. Sie sind in der Lage, im laufenden Zählbetrieb den Stand von Zähl- und Steuerregister mit einem digitalen Komparator (compare unit) zu vergleichen. An den Schnittpunkten beider Signale erzeugen diese Einheiten selbstständig die Schaltsignale für die IGBTs der betreffenden Halbbrücke. Den Spannungssollwert $U_{Steuer}(k)$, mit dem der aktuelle Wert des Zählregisters verglichen werden soll, hat die Regelung des Stromrichters im vorhergehenden Abtastzeitraum k-1 berechnet. Die Übergabe dieses Wertes an das Steuerregister erfolgt immer dann, wenn das Zählregister wieder den Wert null erreicht hat. Während der Schaltperiode k wird $U_{Steuer}(k)$ konstant gehalten und nicht verändert. Jedem Wechselrichterstrang ist eine dieser Compare-Einheiten zugeordnet.

Natürlich hat der Quantisierungsfehler einen direkten Einfluss auf die Genauigkeit dieses Verfahrens: Der vergrößerte Ausschnitt im rechten Teil von Bild 6.11 verdeutlicht, dass der Ausgang des Zählregisters keine analoge Dreieckfunktion mehr ist. Stattdessen entsteht ein treppenförmiges Signal, dessen Wert sich immer nur zu diskreten Zeitpunkten um den ganzzahligen Zählschritt $\Delta s = 1$ ändern kann. Auch der Vergleichswert $U_{Steuer}(k)$ ist eine ganzzahlige Größe und liegt im Wertebereich zwischen 0 und $z_{cnt,max}$. Dies bedeutet, dass die erreichbare Genauigkeit der Modulation vom Maximalwert des Trägersignals $z_{cnt,max}$ abhängt.

Beispiel 6.3 Einfluss des Quantisierungsfehlers

Schätzen Sie den relativen Quantisierungsfehler als Funktion von $z_{cnt,max}$ für eine digitale PWM ab.

Lösung:

Der Quantisierungsfehler beträgt ±1 Zählschritt. Je nach Wert des maximalen Zählerstandes $z_{cnt,max}$ ergeben sich unterschiedliche relative Fehler f_{rel}:

$$f_{rel} = \frac{\Delta s}{z_{cnt,max}}$$

$$z_{cnt,max} = 100 \quad \Rightarrow \quad f_{rel} = \frac{1}{100} = 1\%$$

$$z_{cnt,max} = 10000 \quad \Rightarrow \quad f_{rel} = \frac{1}{10000} = 0.01\%$$

■

Übung 6.2

Mit welcher Frequenz f_{cnt} muss das Zählregister betrieben werden, damit der Quantisierungsfehler kleiner als 0.01% bleibt und der Wechselrichter mit einer Schaltfrequenz von 20 kHz arbeitet? ■

6.2.1.2 Steuergesetz und Ausgangsspannung

Ein positiver Mittelwert $U_{a0,AVG}$ der Ausgangsspannung $u_{a0}(t)$ wird durch Pulsen des Schalters S_a in Bild 6.7 zwischen den Positionen ‚+1' und ‚0' eingestellt. Wird ein negativer Mittelwert gefordert, so erfolgt das Takten zwischen den Positionen ‚0' und ‚-1'.

Am Zeitverlauf von $u_a(t)$ im unteren Teil von Bild 6.8 erkennt man folgende Gesetzmäßigkeiten:

$$\begin{aligned} &\text{wenn } u_{soll}(t) > 0 \quad \Rightarrow \quad 0 \le u_{a0}(t) \le \frac{U_d}{2} \\ &\text{wenn } u_{soll}(t) < 0 \quad \Rightarrow \quad -\frac{U_d}{2} \le u_{a0}(t) \le 0 \end{aligned} \tag{6.4}$$

Bezeichnet man die Tastgrade für die Schalterstellungen ‚+', ‚0' und ‚-' mit d_{a+}, d_0 und d_{a-}, so bestimmt sich der Mittelwert $U_{a0,AVG}$ der Ausgangsspannung zu

$$U_{a0,AVG} = d_{a+} \cdot \frac{U_d}{2} + d_0 \cdot 0 + d_{a-} \cdot \left[-\frac{U_d}{2} \right]$$

Aufgrund von Gl. (6.4) ist entweder d_{a+} oder d_{a-} gleich null. Daher definiert man den allgemeinen Tastgrad d_a, der einen Wertebereich zwischen -1 und 1 aufweist. Mit $d_a = d_{a+} + d_{a-}$ gilt für das Steuergesetz der Dreipunkt-Halbbrücke:

$$U_{a0,AVG} = d_{a+} \cdot \frac{U_d}{2} + d_0 \cdot 0 + d_{a-} \cdot \left[-\frac{U_d}{2} \right] = \left[d_{a+} + d_{a-} \right] \cdot \frac{U_d}{2} = d_a \cdot \frac{U_d}{2} \quad \text{mit } -1 \le d_a \le 1$$

Durch die Variation des Tastgrades d_a kann der Mittelwert der Ausgangsspannung einer Dreipunkt-Halbbrücke stufenlos zwischen $+U_d/2$ und $-U_d/2$ verändert werden. ■

6.2.1.3 Spannungs- und Stromverläufe bei der PWM

Basierend auf dem Schaltbild und den Zählpfeilen aus Bild 6.4 zeigt Bild 6.12 Spannungs- und Stromverläufe während der PWM. Die Schaltfrequenz ist mit Rücksicht auf die Auflösung erneut sehr niedrig gewählt worden.

Neben der Ausgangsspannung u_{aM} werden die Zeitverläufe aller Transistorströme (grau) und der zugehörigen Gate-Emitter-Spannungen (schwarz) für eine Periode von 20 ms wiedergegeben. Zusätzlich sind die Kurven der Quellenströme $i_{d,oben}$ und $i_{d,unten}$ sowie der Klemmdiode i_{D15} dargestellt.

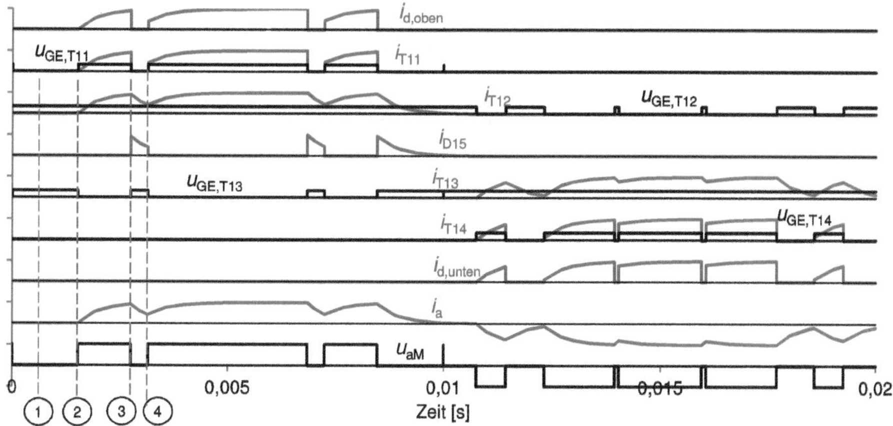

Bild 6.12 Zeitverläufe der PWM einer Dreipunkt-Halbbrücke nach Bild 6.4 mit ohmsch-induktiver Last

Zu Beginn (1) sind lediglich die beiden mittleren Transistoren T_{12} und T_{13} eingeschaltet; ein Stromverlauf kommt noch nicht zu Stande. Zum Zeitpunkt (2) wird auch T_{11} aktiviert, so dass ein Stromfluss aus der oberen Zwischenkreishälfte über T_{11} und T_{12} in die Last einsetzt. Bei (3) wird T_{11} abgeschaltet. Die Lastinduktivität erzwingt jedoch einen weiteren Stromfluss. Dies führt zum Einschalten der Klemmdiode D_{15}. Die Lastklemme wird dadurch mit dem Zwischenkreismittelpunkt verbunden, die Ausgangsspannung u_{aM} nimmt den Wert 0 an, bis T_{11} zum Zeitpunkt (4) erneut eingeschaltet wird.

6.2.1.4 Bedeutung der Klemmdioden

Die beiden Klemmdioden (clamping diode) D_{15} und D_{16} verbinden den Mittelpunkt des Zwischenkreises mit den Emitter-Anschlüssen der Transistoren T_{11} und T_{13}. Immer dann, wenn lediglich die beiden inneren Transistoren T_{12} und T_{13} eingeschaltet sind, soll der Lastanschlusspunkt mit dem Mittelpunkt des Zwischenkreises verbunden werden. Positiver Laststrom fließt nach Beispiel 6.1 über D_{15} und T_{12}; negativen Laststrom ermöglichen die Bauelemente T_{13} und D_{16}.

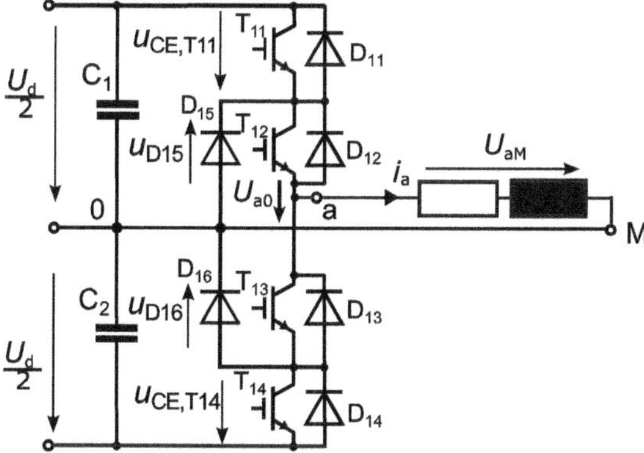

Bild 6.13 Wirkung der Klemmdioden beim einphasigen Dreipunkt-Halbbrücken-Wechselrichter

Einen weiteren wichtigen Effekt der Dioden erkennt man durch Analyse von Bild 6.13. Mit den eingezeichneten Spannungszählpfeilen erhält man folgende Beziehungen:

$$\frac{U_\mathrm{d}}{2} + u_{\mathrm{D15}} - u_{\mathrm{CE,T11}} = 0 \quad \Rightarrow \quad u_{\mathrm{D15}} = u_{\mathrm{CE,T11}} - \frac{U_\mathrm{d}}{2}$$

$$\frac{U_\mathrm{d}}{2} - u_{\mathrm{CE,T14}} + u_{\mathrm{D16}} = 0 \quad \Rightarrow \quad u_{\mathrm{D16}} = u_{\mathrm{CE,T14}} - \frac{U_\mathrm{d}}{2}$$

Dioden schalten immer dann ein, wenn ihr Anodenpotential größer als das der Kathode ist. Dies ist hier der Fall, wenn die Kollektor-Emitter-Spannungen der Transistoren T_{11} bzw. T_{14} größer als die halbe Zwischenkreisspannung werden. Das Leiten dieser Dioden verhindert aber den weiteren Spannungsanstieg der Transistorspannungen. Man sagt, diese werden auf $U_\mathrm{d}/2$ geklemmt (clamped).

6.2.2 Dreiphasiger Dreipunkt-Wechselrichter

Der dreiphasige Dreipunktwechselrichter aus Bild 6.14 wird im englischen als Neutral-Point-Clamped Inverter (NPC) bezeichnet. Er entsteht aus der Kombination von drei Dreipunkt-Halbbrücken nach Bild 6.4. Jede Halbbrücke versorgt eine Phase der Last, deren Sternpunkt M frei bleibt

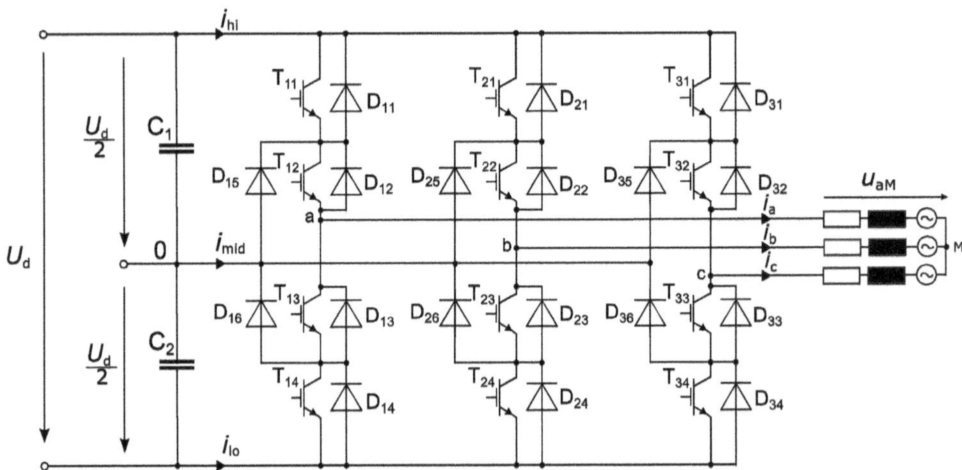

Bild 6.14 Kombination von 3 Halbbrücken zum dreiphasigen Dreipunkt-Wechselrichter (NPC-Diode-Clamped)

Beispiel 6.4 Schaltermodell des dreiphasigen NPC-Wechselrichters

Entwickeln Sie in Anlehnung an Bild 6.3 das Schaltermodell des dreiphasigen NPC-Umrichters aus Bild 6.14. Wie viele Schaltzustände kann ein dreiphasiger Dreipunkt-Wechselrichter annehmen?

Lösung:
Ausgehend von Bild 6.3 ergibt sich die Lösung nach Bild 6.15, die in Bild 6.2 b) bereits vorgestellt worden ist. Jede Phase hat drei mögliche Schaltzustände $+U_d/2$, $-U_d/2$ oder 0. Bei drei Phasen ergeben sich für den gesamten Wechselrichter insgesamt 3^3, also 27 mögliche Schaltzustandskombinationen.

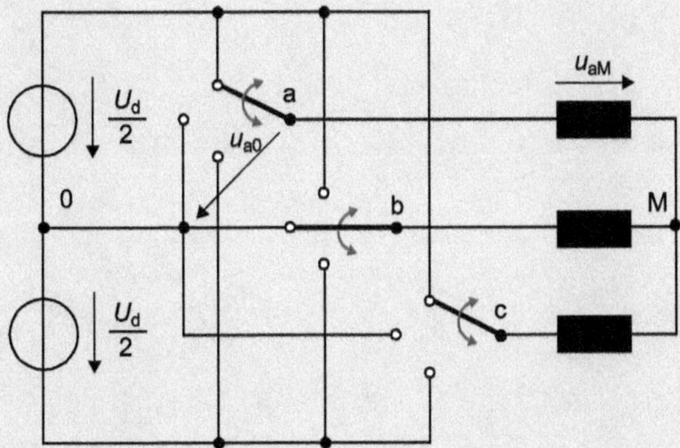

Bild 6.15 Schaltermodell des dreiphasigen NPC-Wechselrichter

Auch in diesem Fall nimmt die Ausgangsspannung u_{a0} der Phase a je nach Schalterstellung *ihrer* Halbbrücke einen der Werte $\pm U_d/2$ oder 0 an. Üblicherweise wird die Last eines Wechselrichters aber mit freiem Sternpunkt betrieben. Daher unterscheiden sich auch beim Dreipunktwechselrichter wie schon beim Zweipunktwechselrichter (vgl. Abschnitt 5.3.1.1) die zeitlichen Verläufe der Strangspannungen u_{aM}, u_{bM} und u_{cM} von u_{a0}, u_{b0} und u_{c0} durch die Spannung u_{M0}. Hier wie dort gilt:

$$\begin{aligned} u_{aM} &= u_{a0} - u_{M0} \\ u_{bM} &= u_{b0} - u_{M0} \\ u_{cM} &= u_{c0} - u_{M0} \end{aligned} \tag{6.5}$$

6.2.2.1 Schaltzustände und Ausgangsspannungen

Beim Dreipunkt-Wechselrichter kann jede Halbbrücke drei Schaltzustände annehmen. Dadurch ermöglicht der Dreipunkt-Wechselrichter viel mehr Schaltzustandskombinationen als der Zweipunkt-Wechselrichter.

Beispiel 6.5 Ermittlung der Strangspannung u_{aM}

Die vorgegebenen Verläufe von u_{a0}, u_{b0} und u_{c0} in Bild 6.16 entstehen bei einem Aussteuergrad von 0.8 und einer Schaltfrequenz von 150 Hz. Ermitteln Sie mit Hilfe von Gl. (6.5) den Zeitverlauf von u_{aM}. Bestimmen Sie die die Spannungspegel, die $u_{aM}(t)$ annimmt.

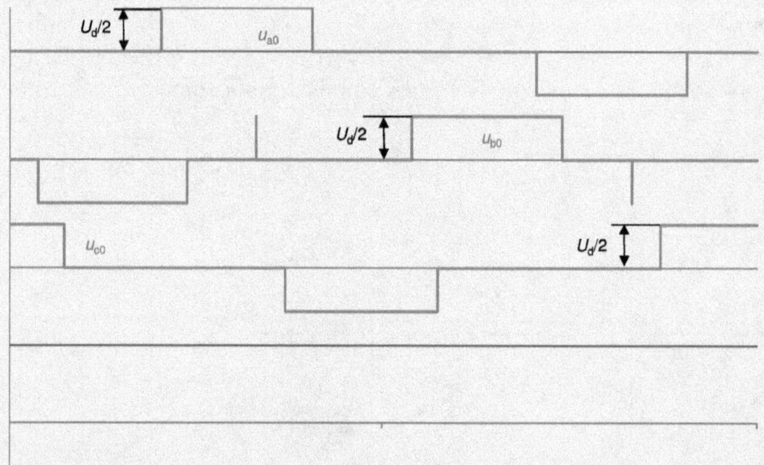

Bild 6.16 Grafische Bestimmung der Strangspannung $u_{aM}(t)$ für einen Dreipunkt-Wechselrichter; $m_a = 0.8$, $f_1 = 50$ Hz, $f_S = 150$ Hz

Lösung:

Diese Hilfsgröße u_{M0} bezeichnet die Spannung zwischen dem Sternpunkt der Last und dem Mittelpunkt 0 des Zwischenkreises. Unter Verwendung dieser Hilfsgröße kann wie beim Zweipunkt-Wechselrichter (vgl. Abschnitt 5.3.1) für jede Phasenspannung eine Bestimmungsgleichung abgeleitet werden. Hier wie dort ergeben sich für ein symmetrisches Drehspannungssystem die Beziehungen

$$u_{M0} = \frac{1}{3}\left(u_{a0} + u_{b0} + u_{c0}\right)$$

$$u_{aM} = u_{a0} - u_{M0} = u_{a0} - \frac{1}{3}\left(u_{a0} + u_{b0} + u_{c0}\right)$$

Diese Berechnungen werden in Bild 6.17 für jeden Schaltzustand grafisch durchgeführt. Aufgrund des Aussteuergrades von 0.8 nimmt $u_{aM}(t)$ lediglich die Werte 0, $\pm U_d/6$, $\pm U_d/3$ und $\pm U_d/2$ an. Die Werte $\pm 2U_d/3$ werde hierbei nicht erreicht.

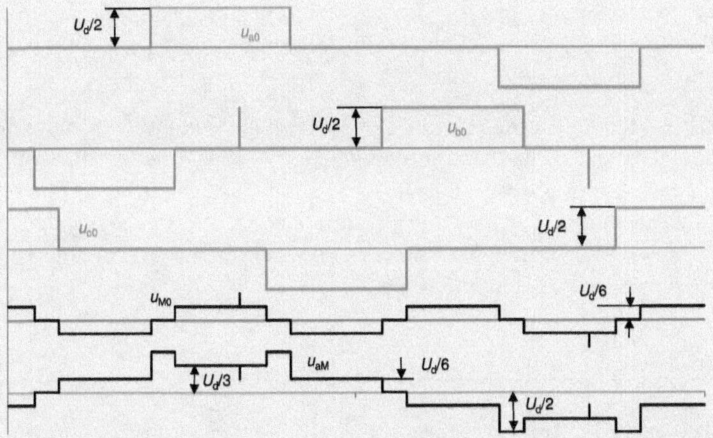

Bild 6.17 Strangspannung $u_{aM}(t)$ bei einem Dreipunkt-Wechselrichter; $m_a = 0.8$, $f_1 = 50$ Hz, $f_S = 150$ Hz

Beispiel 6.6 Ersatzschaltbilder zur Ermittlung der Strangspannung u_{aM}

Ermitteln Sie anhand von geeigneten Schaltzuständen und den zugehörigen Ersatzschaltbildern alle möglichen Werte, die $u_{aM}(t)$ annehmen kann.

Lösung:

Ausgehend von Beispiel 6.4 kann jede Dreipunkt-Halbbrücke genau 3 stabile Schaltzustände annehmen, so dass sich für den Dreipunkt-Wechselrichter insgesamt 27 mögliche Schaltzustände ergeben. Mit dem Modell aus Bild 6.15 können sie durch die Angabe der Schalterstellung $S_i = +1$, $S_i = 0$ und $S_i = -1$ für jeden der drei Schalter S_a, S_b und S_c kodiert dargestellt werden.

Tabelle 6.2 Ausgewählte Schaltzustände mit zugehörigen Werten der Strangspannungen u_{aM}, u_{bM}, u_{cM}

	Z_1	Z_9	Z_{15}	Z_{22}	Z_7	Z_{17}	Z_{24}	Z_7	Z_4
S_a	1	1	1	0	1	0	-1	-1	-1
S_b	-1	0	0	0	1	1	0	1	1
S_c	-1	-1	0	-1	1	0	0	0	1
$\underline{U}_{aM}/\underline{U}_d$	+4/6	+3/6	+2/6	+1/6	0	-1/6	-2/6	-3/6	-4/6
$\underline{U}_{bM}/\underline{U}_d$	-2/6	0	-1/6	+1/6	0	2/6	+1/6	+3/6	-4/6
$\underline{U}_{cM}/\underline{U}_d$	-2/6	-3/6	-1/6	-2/6	0	-1/6	+1/6	0	-4/6

In Tabelle 6.2 sind 9 dieser 27 Schaltzustände wiedergegeben, bei denen die Spannung u_{aM} alle denkbaren Werte annimmt. Die hier und in Bild 6.18 angegebenen Zustände Z_i beziehen sich auf Bild 6.21 und bezeichnen den entsprechenden Raumzeiger. Es fällt auf, dass die Leitzustände Z_1 und Z_{22} zwar verschiedene

Werte der Strangspannungen u_{aM} und u_{bM} liefern, die Spannung u_{cM} in beiden Fällen allerdings auf demselben Wert $-2U_d/6$ verharrt. Dies trifft bei den Zuständen Z_{22} und Z_{24} ebenso auf u_{bM} zu.

Beim Dreipunkt-Wechselrichter gibt es offensichtlich *redundante* Schaltzustände: Bestimmte Werte der Strangspannungen u_{aM}, u_{bM} und u_{cM} können durch mehrere Schaltzustände eingestellt werden. Dies gilt beispielsweise für den Fall, dass alle drei Strangspannungen den Wert null annehmen sollen: Dies ist mit dem Schaltzustand Z_7 aus Bild 6.18 möglich. Gleiches gilt aber auch bei den Schaltkombinationen $S_a = S_b = S_c = 0$ oder $S_a = S_b = S_c = -1$. ■

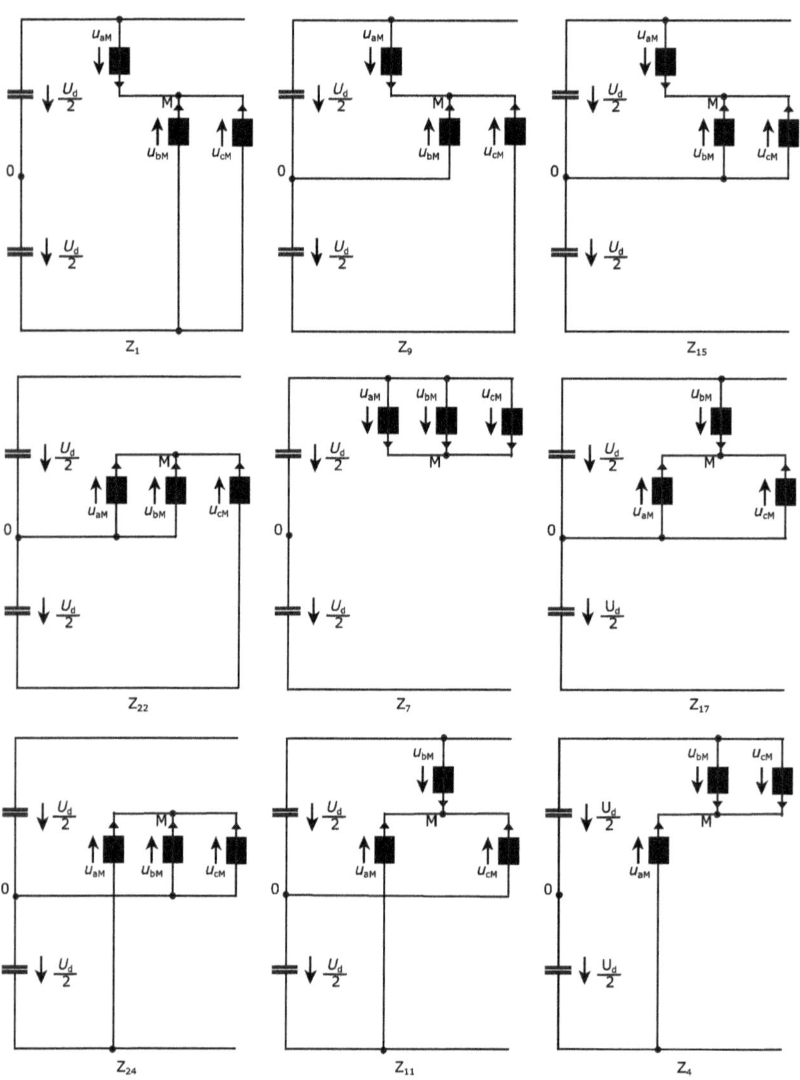

Bild 6.18 Ersatzschaltbilder zu den Schaltzuständen Z_i aus Tabelle 6.2

Die bisherigen Bilder und Beispiele verdeutlichen, dass beim Dreipunkt-Wechselrichter eine Einstellung der Strangspannungen mit *höherer* Auflösung möglich ist als beim Zweipunkt-Wechselrichter. Zusätzlich zu den Strangspannungswerten null, $\pm U_d/3$ und $\pm 2U_d/3$ können beim Dreipunkt-Wechselrichter die Werte $\pm U_d/6$ und $\pm U_d/2$ ausgegeben werden.

Übung 6.3

Ermitteln und zeichnen Sie den Zeitverlauf der verketteten Spannung $u_{ab}(t)$ in Bild 6.19. Wie viele verschiedene Werte nimmt dieser Zeitverlauf beim Dreipunkt-Wechselrichter an?

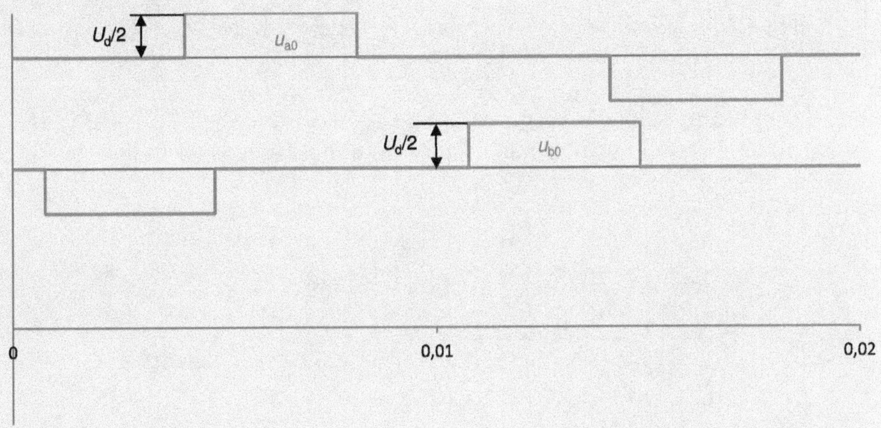

Bild 6.19 Ermittlung der verketteten Spannung beim Dreipunkt-Wechselrichter; $m_a = 0.8$, $f_1 = 50$ Hz, $f_S = 150$ Hz

6.2.2.2 Spannungsraumzeiger

Auch beim Dreipunkt-Wechselrichter können die Ausgangsspannungen der 27 möglichen Schaltzustände des als Vektoren in das abc-Koordinatensystem eingetragen werden.

Beispiel 6.7 Ermittlung von Spannungsraumzeigern

Zeichnen Sie die Spannungsraumzeiger, die zu den Schaltzuständen Z_1 und Z_{24} aus Tabelle 6.2 gehören, in Bild 6.20 ein.

Lösung:

Der resultierende Spannungsraumzeiger ist schwarz dargestellt. Er entsteht aus der geometrischen Addition der drei grauen Raumzeiger für die Strangspannungen u_{aM}, u_{bM} und u_{cM}. Man erkennt, dass der resultierende Raumzeiger – wie beim Zweipunkt-Wechselrichter – durch eine Änderung der Schaltzustände betragsmäßig verändert und auch in der Ebene gedreht werden kann.

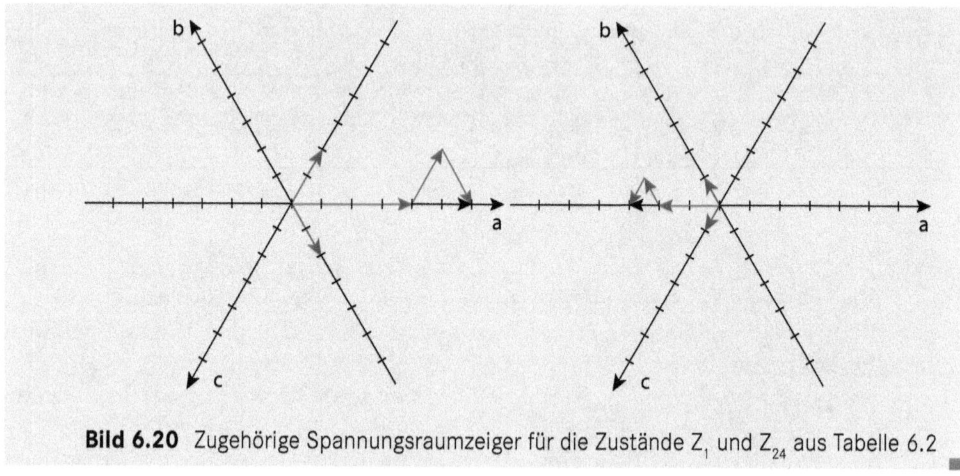

Bild 6.20 Zugehörige Spannungsraumzeiger für die Zustände Z_1 und Z_{24} aus Tabelle 6.2

Wendet man das prinzipielle Vorgehen aus Beispiel 6.7 auf alle 27 Schaltzustände an, so erhält man die Darstellung aller möglichen Spannungsraumzeiger in der abc-Ebene nach Bild 6.21.

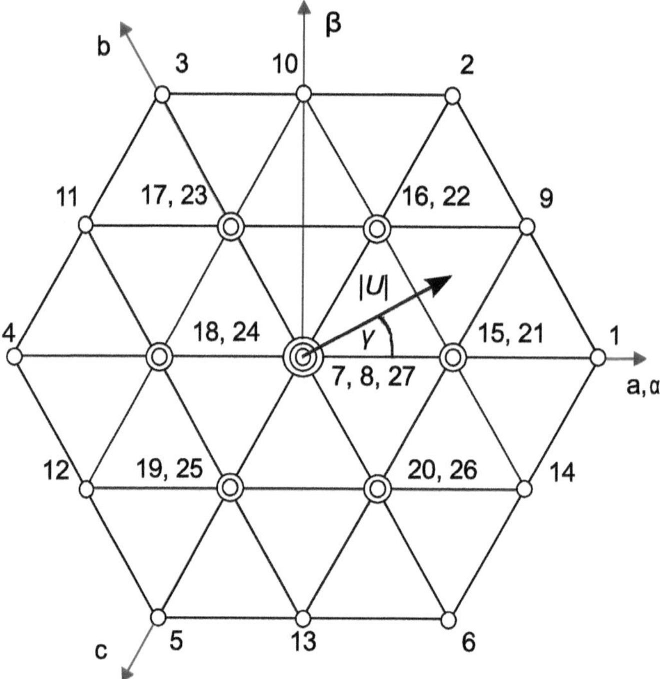

Bild 6.21 Raumzeigerebene mit insgesamt 19 einstellbaren Raumzeigern beim Dreipunkt-Wechselrichter

Jedem Schaltzustand des Wechselrichters kann genau ein Spannungsraumzeiger bestehend aus den Komponenten u_{aM}, u_{bM} und u_{cM} zugeordnet werden. Allerdings können *verschiedene* Schaltzustände *denselben* Raumzeiger ergeben. Aus den prinzipiell möglichen 27 Schaltzuständen des Dreipunkt-Wechselrichters resultieren daher nur 19 unterschiedliche Spannungsraumzeiger.

Jeder Eckpunkt der abgebildeten Dreiecke stellt die Spitze eines Spannungsraumzeigers dar, der im *Ursprung* des Koordinatensystems beginnt und vom Wechselrichter direkt eingeschaltet werden kann. Jeder Schaltzustand wird durch einen Kreis repräsentiert. Anhand dieser Darstellung erkennt man, dass die inneren Raumzeiger durch je zwei und der Nullvektor sogar durch drei Schaltzustände gebildet werden kann.

Die Raumzeiger 1 bis 8 entsprechen denen des Zweipunkt-Wechselrichters aus Bild 5.32. Die Raumzeiger 9 bis 14 liegen auf den Mittelpunkten der Verbindungslinien des äußeren Sechsecks. Ein Sechseck, das die halbe Seitenlänge des äußeren Hexagons aufweist, wird von den Raumzeigern 15 bis 26 aufgespannt.

Trotzdem die geometrische Position Raumzeiger 15 bis 20 und 21 bis 26 identisch ist, gibt es einen wichtigen Unterschied: die erstgenannte Raumzeigergruppe verbindet das Potential der Ausgangsklemme entweder mit $+U_d/2$ oder mit null. Die zweite Gruppe legt die Klemme dagegen auf null oder $-U_d/2$.

Die Raumzeiger 7, 8 und 27 ergeben sich durch einen Kurzschluss der Ausgangsklemmen.

Man kann sich den resultierenden Raumzeiger statt durch die echten Strangspannungen u_{aM}, u_{bM} und u_{cM} auch durch Spannungskomponenten aus zwei virtuellen Wicklungen entstanden denken. Da in einer Ebene genau zwei Vektoren linear unabhängig sind, können die Achsen der beiden virtuellen Wicklungen unter einem beliebigen Winkel angeordnet sein. Damit die Vektoren der einen Achse die der anderen Achse nicht beeinflussen, werden die Achsen der virtuellen Wicklungen so gewählt, dass sie gegeneinander um 90° versetzt sind.

Diesen Wicklungsachsen wird ebenfalls ein Koordinatensystem zugeordnet, dessen Achsen die Bezeichnungen α und β erhalten. Seine Ausrichtung in der Ebene ist zwar prinzipiell beliebig, allerdings werden die mathematischen Operationen zur Umrechnung zwischen dem dreiphasigen abc- und dem zweiphasigen αβ-Koordinatensystem einfacher, wenn man die α-Achse in Richtung der a-Achse legt. Dieser Zusammenhang ist unter dem Namen Clarke-Transformation bekannt.

Tabelle 6.3 Clarke-Transformation

Hintransformation	Rücktransformation
$\begin{pmatrix} G_\alpha \\ G_\beta \end{pmatrix} = \begin{pmatrix} 1 & 0 \\ \frac{1}{\sqrt{3}} & \frac{2}{\sqrt{3}} \end{pmatrix} \cdot \begin{pmatrix} G_a \\ G_b \end{pmatrix} = T \cdot \begin{pmatrix} G_a \\ G_b \end{pmatrix}$	$\begin{pmatrix} G_a \\ G_b \end{pmatrix} = \begin{pmatrix} 1 & 0 \\ -\frac{1}{2} & \frac{\sqrt{3}}{2} \end{pmatrix} \cdot \begin{pmatrix} G_\alpha \\ G_\beta \end{pmatrix} = T^{-1} \cdot \begin{pmatrix} G_\alpha \\ G_\beta \end{pmatrix}$
abc nach αβ	αβ nach abc

Mit Hilfe der Transformationsgleichung aus Tabelle 6.3 kann ein beliebiger Spannungsraumzeiger auch in αβ-Koordinaten angegeben werden. In Tabelle 6.4 sind für jeden der 27 darstellbaren Raumzeiger Betrag und Winkellage angegeben. Zusätzlich werden die Schaltzustände des Wechselrichters sowie die Spannungswerte in αβ-Koordinaten aufgeführt.

Tabelle 6.4 Schaltzustände und zugehörige Raumzeiger für den Dreipunkt-Wechselrichter

Raumzeiger Nummer	Schalterstellung S_a, S_b, S_c	Raumzeigerdarstellung			
		u_α/U_d	u_β/U_d	Betrag $\lvert u\rvert/U_d$	Winkel γ
1	1, -1, -1	2/3	0	2/3	0°
2	1, 1, -1	1/3	√3/3	2/3	60°
3	-1, 1, -1	-1/3	√3/3	2/3	120°
4	-1, 1, 1	-2/3	0	2/3	180°
5	-1, -1, 1	-1/3	-√3/3	2/3	240°
6	1, -1, 1	1/3	-√3/3	2/3	300°
7	1, 1, 1	0	0	0	0°
8	-1, -1, -1	0	0	0	0°
9	1, 0, -1	1/2	√3/6	√3/3	30°
10	0, 1, -1	0	√3/6	√3/3	90°
11	-1, 1, 0	-1/2	√3/6	√3/3	150°
12	-1, 0, 1	-1/2	-√3/6	√3/3	210°
13	0, -1, 1	0	-√3/6	√3/3	270°
14	1, -1, 0	½	-√3/6	√3/3	330°
15	1, 0, 0	1/3	0	1/3	0°
16	1, 1, 0	1/6	√3/6	1/3	60°
17	0, 1, 0	-1/6	√3/6	1/3	120°
18	0, 1, 1	-1/6	0	1/3	180°
19	0, 0, 1	-1/6	-√3/6	1/3	240°
20	1, 0, 1	1/6	-√3/6	1/3	300°
21	0, -1, -1	1/3	0	1/3	0°
22	0, 0, -1	1/6	√3/6	1/3	60°
23	-1, 0, -1	-1/6	√3/6	1/3	120°
24	-1, 0, 0	-1/3	0	1/3	180°
25	-1, -1, 0	-1/6	-√3/6	1/3	240°
26	0, -1, 0	1/6	-√3/6	1/3	300°
27	0, 0, 0	0	0	0	0°

6.2.2.3 Modulationsverfahren und Steuergesetz

Für den Dreipunkt-Wechselrichter sind mehrere PWM-Verfahren möglich [Vel88], [Kehl92], [Rat99]. Im vorliegenden Fall wird das analoge Modulationsverfahren nach [Rufer95] aus Bild 6.22 erläutert.

Es orientiert sich an dem der Dreipunkt-Halbbrücke aus Abschnitt 6.2.1.1. Die Signalverläufe im Steuerkreis werden um je eine sinusförmige Steuerspannung für die beiden zusätzlichen Phasen ergänzt. Die Schaltbedingungen entsprechen denen der Dreipunkt-Halbbrücke.

Bezogen auf eine Schaltperiode gilt für die Mittelwerte der Ausgangsspannungen zwischen Lastklemme und Zwischenkreismittelpunkt:

$$U_{a0} = d_a \cdot \frac{U_d}{2} \qquad \text{mit } -1 \le d_a \le 1$$

$$U_{b0} = d_b \cdot \frac{U_d}{2} \qquad \text{mit } -1 \le d_b \le 1$$

$$U_{c0} = d_c \cdot \frac{U_d}{2} \qquad \text{mit } -1 \le d_c \le 1$$

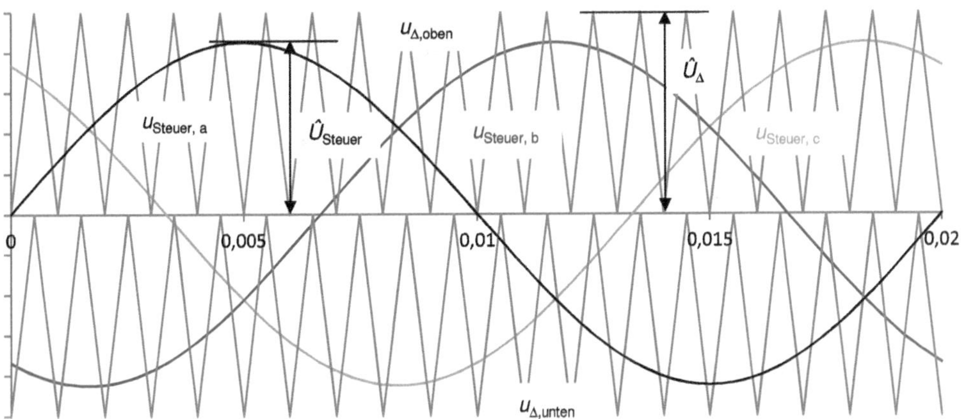

Bild 6.22 Zeitverläufe beim analogen Modulationsverfahren für Dreipunkt-Wechselrichter

Üblicherweise ist das Steuergesetz für die Strangspannungen an der Last gesucht. Dieses kann in gleicher Weise wie beim Zweipunkt-Wechselrichter bestimmt werden. Hier wie dort folgt nach der Vorgehensweise aus Abschnitt 5.3.1.2 für den linearen Steuerbereich:

$$u_{ab,1}(t) = \underbrace{\frac{U_d}{2} \cdot m_a \cdot \sqrt{3}}_{\hat{U}_{ab,1}} \cdot \cos(\omega_1 t - 60°)$$

$$\hat{U}_{aM,1} = \frac{\hat{U}_{ab,1}}{\sqrt{3}} = \frac{U_d}{2} \cdot m_a$$

Ebenso wie beim Zweipunkt-Wechselrichter beschreibt der Faktor m_a den Aussteuergrad. Es gilt:

$$m_a = \frac{\hat{U}_{Steuer}}{\hat{U}_\Delta}$$

6.2.2.4 Auswirkung von Verriegelungszeiten auf die Ausgangsspannung

Das Steuergesetz aus dem vorigen Abschnitt gilt dann, wenn man als Schaltelemente ideale Transistoren unterstellt. Solche idealen Bauelemente besitzen keinen Durchlasswiderstand, erzeugen keinerlei Verluste und schalten verzögerungsfrei ein und aus. In der vereinfachten Darstellung der Ansteuerschaltung aus Bild 6.9 werden die Gate-Signale der komplementären Transistoren von oberem und unterem Zweig daher durch einfache Inverter generiert. Dies bedeutet, dass die Ausschaltsignale des abschaltenden Zweiges mit den Einschaltsignalen des einzuschaltenden Zweigs zeitlich zusammenfallen.

In der Praxis ist die Schaltgeschwindigkeit leistungselektronischer Bauelemente jedoch begrenzt. Die Abschaltzeit eines Bauelements ist i. d. R. größer als die Zeit, die zum Einschalten erforderlich ist. Um einen Kurzschluss der Halbbrücke zu vermeiden, dürfen die Transistoren von oberem und unterem Halbbrückenzweig keinesfalls gleichzeitig eingeschaltet sein. Das Einschaltsignal der Transistoren des bislang gesperrten Zweigs muss daher solange verriegelt bleiben, bis die leistungselektronischen Schalter des bislang stromführenden Zweiges *sicher* abgeschaltet haben.

Für die Ansteuerschaltung bedeutet dies, dass nach dem Wegnehmen der Gate-Spannung der bislang stromführenden Transistoren eine Pause erforderlich wird, bevor das Einschaltsignal für den anderen Halbbrückenzweig angelegt werden darf. Während dieser Pausenzeit sollen die Transistoren der abzuschaltenden Zweighälfte einen sicheren Sperrzustand erreichen. Die einzuhaltende Wartezeit wird Verriegelungszeit genannt. Sie muss immer größer sein, als die maximal erforderliche Schaltzeit der verwendeten MOSFETs bzw. IGBTs. Für IGBTs liegt die notwendige Verriegelungszeit derzeit bei 1 bis 2 µs.

Verriegelungszeiten können dazu führen, dass der vom Wechselrichter *tatsächlich eingestellte* Spannungsmittelwert von dem für diese PWM-Periode *gewünschten* Mittelwert abweicht. ■

Zweipunkt-Vollbrücke

Die grundlegenden Effekte werden anhand der Zweipunkt-Vollbrücke erläutert und auf den Dreipunkt-Wechselrichter übertragen.

Beispiel 6.8 Auswirkungen der Verriegelungszeit auf den Spannungsmittelwert

Die Zweipunkt-Vollbrücke aus Bild 6.23 wird bei U_d = 200 V mit PWM3 und einem Tastgrad von 0.7 angesteuert. Die Schaltfrequenz beträgt 10 kHz. Zum Schutz der IGBTs wird eine Verriegelungszeit von 5 µs eingestellt. Ermitteln Sie $U_{0,AVG}$ bei einem positiven Strom $i_a > 0$.

Lösung:
Bei idealen Schaltern mit unendlich schnellen Schalthandlungen ist die Rechnung bekannt:

$$U_{0,\,\mathrm{AVG}} = D \cdot U_{\mathrm{d}} = 0.7 \cdot 200\,\mathrm{V} = 140\,\mathrm{V}$$

Werden Verriegelungszeiten mit in die Betrachtung einbezogen, sind die Verhältnisse komplexer. Die Ausgangsspannung hängt von den jeweiligen Schalthandlungen ab. Die dick ausgezogenen Gate-Anschlüsse der Transistoren in Bild 6.23 deuten an, dass die betreffenden IGBTs eingeschaltet sind. Beim Abschalten von T_{A+} gilt für den hier untersuchten Fall mit $i_a > 0$:

- Zum Zeitpunkt 1 wird T_{A+} abgeschaltet. Um einen Halbbrückenkurzschluss sicher zu verhindern, wird das Einschalten von T_{A-} um die Verriegelungszeit verzögert.
- Für $u_0(t)$ ist dies in diesem Fall unerheblich, da D_{A-} den positiven Strom $i_0(t)$ von T_{A+} sofort übernimmt und $u_0(t)$ auf den Wert 0 springt.
- Zum Zeitpunkt 2 ist die Verriegelungszeit T_V abgelaufen und T_{A-} wird jetzt eingeschaltet. Bei gleichbleibender Stromrichtung $i_0 > 0$ bleibt der Leitzustand von D_{A-} und damit auch $u_0(t)$ unverändert. Die Verriegelungszeit hat bei diesem Schaltvorgang keinen Einfluss auf die Ausgangsspannung.

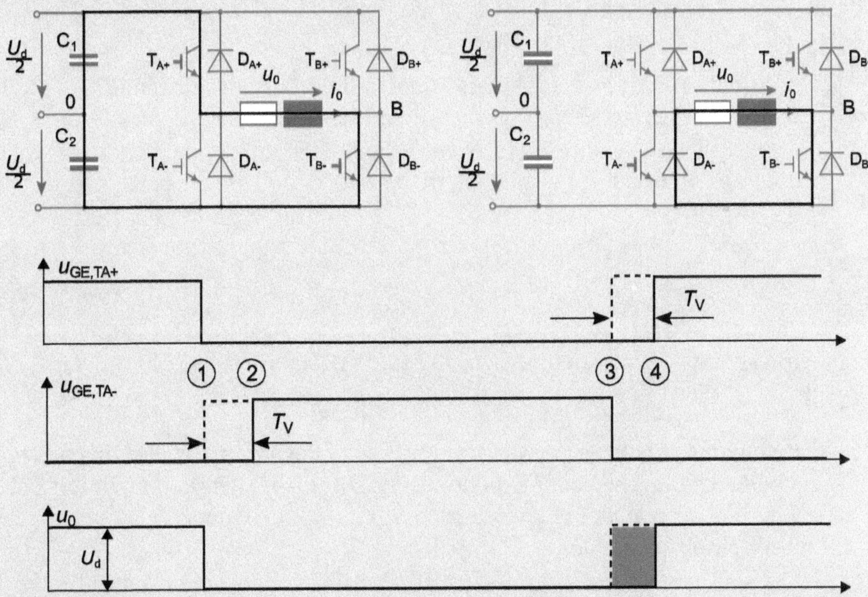

Bild 6.23 Auswirkungen von Verriegelungszeiten am Beispiel der Zweipunkt-Vollbrücke mit PWM3

- Folgen der Verriegelungszeit ergeben sich allerdings beim Abschalten von T_{A-} zum Zeitpunkt 3: Bei idealen Schaltern ohne Schaltverzugszeiten könnte T_{A+} sofort eingeschaltet werden; hier muss jedoch vor dem Einschalten von T_{A+} ebenfalls der Ablauf der Verriegelungszeit T_V abgewartet werden.
- Während dieser Zeit bleibt $u_0(t)$ weiterhin auf null und springt erst mit dem tatsächlichen Einschalten von T_{A+} zum Zeitpunkt 4 auf $+U_d$. Dadurch geht die grau unterlegte Spannungszeitfläche für die Mittelwertbildung von $u_0(t)$ verloren. $U_{0,AVG}$ nimmt aufgrund der einzuhaltenden Verriegelungszeit ab.

Mit den gegebenen Zahlenwerten kann der Einfluss der Verriegelungszeit abgeschätzt werden. Im Idealfall, also ohne Verriegelungszeit, wird die Einschaltzeit von T_{A+} folgendermaßen ermittelt:

$$t_{ein}\big|_{T_V=0} = \frac{D}{f_S} = \frac{0.7}{10\,\text{kHz}} = 70\,\mu\text{s}$$

Die tatsächliche Zeit, während der T_{A+} eingeschaltet und $u_0(t) = +U_d$ ist, beträgt dagegen:

$$t_{ein}\big|_{T_V=5\mu s} = \frac{D}{f_S} - T_V = \frac{0.7}{10\,\text{kHz}} - 5\,\mu\text{s} = 65\,\mu\text{s} \quad \Rightarrow \quad U_{0,AVG} = 0.65 \cdot 200\,\text{V} = 130\,\text{V}$$

Der Mittelwert der Ausgangsspannung geht dadurch zurück. ■

Während der Verriegelungszeiten entstehen Zwischenzustände, in denen der Momentanwert der Ausgangsspannung direkt von der Stromrichtung des Laststromes abhängen kann. Dies beeinflusst den Spannungsmittelwert $U_{0,AVG}$, der in einer Schaltperiode eingestellt werden soll. ■

Übung 6.4

Überprüfen Sie, welche Auswirkungen die Verriegelungszeit hat, wenn die Vollbrücke mit dem Modulationsverfahren PWM2 betrieben wird. ■

Die konkreten Konsequenzen der Verriegelungszeit hängen von der jeweiligen Schaltungstopologie und dem eingesetzten Modulationsverfahren ab. Sie treten nicht nur bei Gleichstromstellern sondern auch bei Wechselrichtern auf und kommen demzufolge auch beim Dreipunkt-Wechselrichter vor.

Dreipunkt-Wechselrichter

Beispielhaft wird in Bild 6.24 für eine Dreipunkt-Halbbrücke ein Umschaltvorgang vom Schaltzustand „1“ auf den Schaltzustand „0“ gezeigt. Auch hier verdeutlichen dick ausgezogene Gate-Anschlüsse, dass die betreffenden IGBTs eingeschaltet sind. Der Laststrom i_a ist größer null, so dass die eingeschalteten Transistoren tatsächlich auch leiten. Die Ausgangsspannung $u_{a0}(t)$ weist den positiven Wert $+U_d/2$ auf.

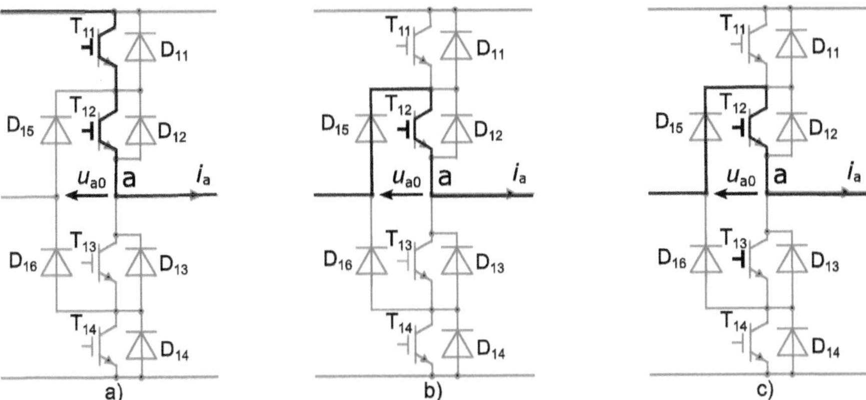

Bild 6.24 Umschaltvorgang vom Schaltzustand „1" in den Schaltzustand „0" bei positivem Laststrom $i_a > 0$; a) $T_{11} = T_{12} = 1$, $T_{13} = T_{14} = 0$, $u_{a0} = +U_d/2$; b) $T_{12} = 1$, $T_{11} = T_{13} = T_{14} = 0$, $u_{a0} = 0$; c) $T_{12} = T_{13} = 1$, $T_{11} = T_{14} = 0$, $u_{a0} = 0$

Im Teilbild b) ist T_{11} bereits ab- aber T_{13} aufgrund der laufenden Verriegelungszeit jedoch noch nicht eingeschaltet. In diesem Zustand leiten D_{15} und T_{12}. Wie gewünscht ändert sich die Ausgangsspannung u_{a0} unmittelbar beim Abschalten von T_{11} auf null.

Im Teilbild c) wird T_{13} nach Ablauf der Verriegelungszeit aktiviert. Der Leitzustand aus Teilbild b) bleibt jedoch unverändert, da T_{13} nur negativen Laststrom führen kann. Die Ausgangsspannung u_{a0} behält weiter den Wert null. Bei einem positiven Laststrom haben die wirksamen Verriegelungszeiten demnach keine Auswirkung auf den Zeitverlauf und damit den Mittelwert der Ausgangsspannung.

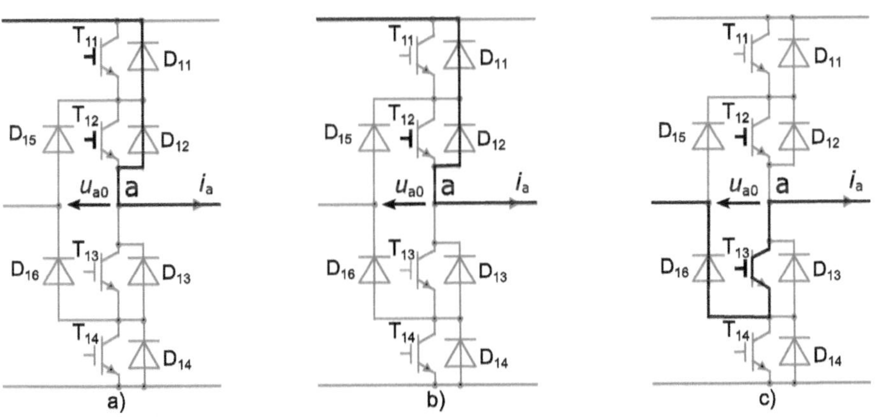

Bild 6.25 Umschaltvorgang vom Schaltzustand „1" in den Schaltzustand „0" bei negativem Laststrom $i_a < 0$; a) $T_{11} = T_{12} = 1$, $T_{13} = T_{14} = 0$, $u_{a0} = +U_d/2$; b) $T_{12} = 1$, $T_{11} = T_{13} = T_{14} = 0$, $u_{a0} = +U_d/2$; c) $T_{12} = T_{13} = 1$, $T_{11} = T_{14} = 0$, $u_{a0} = 0$

Die Verhältnisse ändern sich in Bild 6.25 bei negativem Laststrom. Im Teilbild a) sind erneut beide oberen IGBTs eingeschaltet. Aufgrund des negativen Laststroms leiten aber die antiparallelen Dioden D_{11} und D_{12}. Dennoch weist die Ausgangsspannung - wie durch den Schaltzustand der beiden oberen Transistoren vorgegeben - den Wert $+U_d/2$ auf.

In Teilbild b) wird T_{11} abgeschaltet. Da T_{13} aufgrund der Verrieglungszeit weiter inaktiv bleibt, die induktive Last den negativen Laststrom aber weiter erzwingt, ändert sich der Leitzustand aus Teilbild a) zunächst nicht. Obwohl T_{11} abgeschaltet wurde, behält die Ausgangsspannung ihren Wert von $+U_d/2$ bei.

Erst nach dem Ablauf der Verriegelungszeit in Teilbild c) wird T_{13} eingeschaltet und übernimmt den negativen Laststrom. Nun ändert sich auch die Ausgangsspannung auf den Wert null.

Die in der Praxis immer vorhandenen Verriegelungszeiten führen dazu, dass der tatsächliche Umschaltzeitpunkt einer Halbbrücke von der Stromrichtung abhängt. Die Verschiebung der Umschaltzeitpunkte bewirkt eine Veränderung des Ausgangsspannungsmittelwertes in der betreffenden Schaltperiode. Damit ist das Steuergesetz nicht mehr durchgehend linear.

6.3 Lösungen

Übung 6.1

Alle vier IGBTs einer Halbbrücke können entweder ein- oder ausgeschaltet sein. Damit existieren 4^2, also 16 mögliche Schaltkombinationen, die in Tabelle 6.5 [Kus14] zusammengefasst sind. Nur ein Bruchteil dieser Schaltzustände ist allerdings sinnvoll:

- Sind alle IGBTs abgeschaltet (Zustand 0), so ist die Endstufe insgesamt gesperrt und inaktiv.
- In den Schaltzuständen mit der Nummer 11 und 13 sind drei von vier IGBTs der Halbbrücke eingeschaltet. Damit liegt die gesamte Zwischenkreisspannung U_d an dem ausgeschalteten Transistor T_{i2} bzw. T_{i3}. Sind diese lediglich auf die *halbe* Zwischenkreisspannung ausgelegt, so wird deren zulässige Blockierspannung dadurch überschritten.
- Dieser Fall kann in den Schaltzuständen 1, 5, 8, 9 und 10 in Abhängigkeit der Stromrichtung ebenfalls auftreten: Im Schaltzustand 1 ist T_{i4} eingeschaltet. Die Zwischenkreisspannung teilt sich somit auf die ausgeschalteten Transistoren T_{i1}, T_{i2} und T_{i3} auf; im Idealfall trägt jeder IGBT $U_d/3$. Ist der Ausgangsstrom jedoch negativ, dann leiten die zu T_{i1} und T_{i2} antiparallelen Dioden D_{11} und D_{12}, so dass die gesamte Zwischenkreisspannung über T_{i3} liegt. Für die Schaltzustände 5, 8, 9 und 10 gilt entsprechendes.

- Der Kurzschluss eines Halbbrückenzweiges oder der gesamten Halbbrücke (Schaltzustände 7, 14, 15) ist auf jeden Fall zu vermeiden.

Von den 16 möglichen Schaltkombinationen sind lediglich 5 Zustände technisch sinnvoll. Hierbei sind nur die Ausgangsspannungen der Arbeitszustände 3, 6 und 12 unabhängig von der Stromrichtung. Die Zwischenzustände 2 und 4 werden nicht gezielt eingestellt, kommen aber in der Praxis vor und führen zu Ausgangsspannungen, die von der Stromrichtung abhängig sind.

Tabelle 6.5 Bewertung aller möglichen Schaltkombinationen der Dreipunkt-Halbbrücke nach Bild 6.4 [Kus14]

Nr	T_{i1}	T_{i2}	T_{i3}	T_{i4}	u_{a0} ($i_a > 0$)	u_{a0} ($i_a < 0$)	Bewertung der Schaltkombination
0	0	0	0	0	$-U_d/2$	$+U_d/2$	Endstufe ausgeschaltet und inaktiv
1	0	0	0	1	$-U_d/2$	$+U_d/2$	Überschreiten der max. Blockierspannung an T_{i3} möglich[1)]
2	**0**	**0**	**1**	**0**	$-U_d/2$	**0**	**Zwischenzustand Z_1**
3	**0**	**0**	**1**	**1**	$-U_d/2$	$-U_d/2$	**Arbeitszustand N**
4	**0**	**1**	**0**	**0**	**0**	$+U_d/2$	**Zwischenzustand Z_2**
5	0	1	0	1	–	–	Überschreiten der max. Blockierspannung an T_{i3} möglich[1)]
6	**0**	**1**	**1**	**0**	**0**	**0**	**Arbeitszustand 0**
7	0	1	1	1	–	–	Kurzschluss des unteren Halbbrückenzweiges
8	1	0	0	0	$-U_d/2$	$+U_d/2$	Überschreiten der max. Blockierspannung an T_{i2} möglich[2)]
9	1	0	0	1	$-U_d/2$	$+U_d/2$	Überschreiten der max. Blockierspannung an T_{i2} / T_{i3} möglich[2)]
10	1	0	1	0	–	–	Überschreiten der max. Blockierspannung an T_{i2} möglich[2)]
11	1	0	1	1	–	–	Überschreiten der max. Blockierspannung an T_{i2}
12	**1**	**1**	**0**	**0**	$+U_d/2$	$+U_{dv}/2$	**Arbeitszustand P**
13	1	1	0	1	–	–	Überschreiten der max. Blockierspannung an T_{i3}
14	1	1	1	0	–	–	Kurzschluss des oberen Halbbrückenzweiges
15	1	1	1	1	–	–	Kurzschluss der gesamten Halbbrücke

Übung 6.2

Um den relativen Fehler auf unter 0.01 % zu begrenzen, muss $z_{cnt,max}$ mindestens 10 000 betragen. Die notwendige Zählfrequenz bestimmt man unter Verwendung von Gl. (6.3):

$$f_{PWM} = \frac{1}{T_{PWM}} = \frac{f_{cnt}}{2 \cdot z_{cnt,max}} \quad \Rightarrow \quad f_{cnt} = f_{PWM} \cdot 2 \cdot z_{cnt,max} = 20\,\text{kHz} \cdot 20000 = \underline{\underline{400\,\text{MHz}}}$$

Übung 6.3

Die Lösung gelingt wiederum mit Hilfe von Maschengleichungen und Bild 6.16.

$$u_{ab} = u_{a0} - u_{b0}$$

Der Zeitverlauf aus Bild 6.26 zeigt die verkettete Spannung u_{ab}. Man erkennt, dass sie während einer Periode insgesamt 5 verschiedene Werte annimmt. Für n = 2 IGBTs pro Halbbrückenzweig wird Gl. (6.1) damit bestätigt.

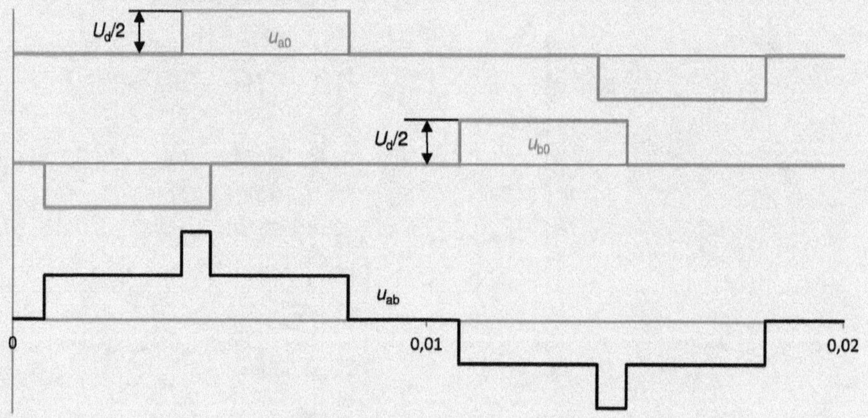

Bild 6.26 Zeitverlauf der verketteten Spannung u_{ab} beim Dreipunkt-Wechselrichter; m_a = 0.8, f_1 = 50 Hz, f_s = 150 Hz

Übung 6.4

Bei PWM2 werden die Transistoren der Vollbrücke als Schalterpärchen angesteuert und T_{A+}, T_{B-} sowie T_{B+}, T_{A-} zusammengeschaltet.

- Zum Zeitpunkt 1 werden T_{A+}, T_{B-} abgeschaltet. Um einen Halbbrückenkurzschluss sicher zu verhindern, bleiben T_{B+}, T_{A-} aber noch abgeschaltet.
- Für $u_0(t)$ ist dies in diesem Fall unerheblich, da die beiden Dioden D_{A-}, D_{B+} den positiven Strom $i_0(t)$ der beiden abgeschalteten Transistoren übernehmen und $u_0(t)$ auf den Wert $-U_d$ springt.
- Zum Zeitpunkt 2 ist die Verriegelungszeit T_V abgelaufen. T_{B+}, T_{A-} werden eingeschaltet. Bei gleichbleibender Stromrichtung $i_0 > 0$ bleiben der Leitzustand mit D_{A-}, D_{B+} und damit auch $u_0(t) = -U_d$ unverändert.
- Die Auswirkung der Verriegelungszeit zeigt sich allerdings beim Abschalten von T_{B+}, T_{A-} zum Zeitpunkt 3: Bei idealen Schaltern ohne Schaltverzugszeiten könnten die ursprünglich leitenden Transistoren T_{A+}, T_{B-} sofort eingeschaltet werden; hier muss jedoch vor dem Eischalten ebenfalls der Ablauf der Verriegelungszeit T_V abgewartet werden.
- Während dieser Zeitdauer bleibt $u_0(t)$ auf $-U_d$ und springt erst mit dem tatsächlichen Einschalten von T_{A+}, T_{B-} zum Zeitpunkt 4 auf $+U_d$. Dadurch geht die grau unterlegte Spannungszeitfläche für die Mittelwertbildung von $u_0(t)$ verloren. $U_{0,AVG}$ nimmt auch in diesem Fall aufgrund der einzuhaltenden Verriegelungszeit ab.

Mit den gegebenen Zahlenwerten kann der Einfluss der Verriegelungszeit abgeschätzt werden. Im Idealfall, also ohne Verriegelungszeit, wird die Einschaltzeit von folgendermaßen ermittelt:

$$t_{ein}\Big|_{T_V=0} = \frac{D}{f_S} = \frac{0.7}{10\,\text{kHz}} = 70\,\mu\text{s}$$

Die tatsächliche Zeit, während der T_{A+}, T_{B-} eingeschaltet sind und $u_0(t) = +U_d$ ist, beträgt dagegen:

$$t_{ein}\Big|_{T_V=5\mu s} = \frac{D}{f_S} - T_V = \frac{0.7}{10\,\text{kHz}} - 5\,\mu\text{s} = 65\,\mu\text{s} \quad\Rightarrow\quad U_{0,AVG} = 0.65 \cdot 200\,\text{V} = 130\,\text{V}$$

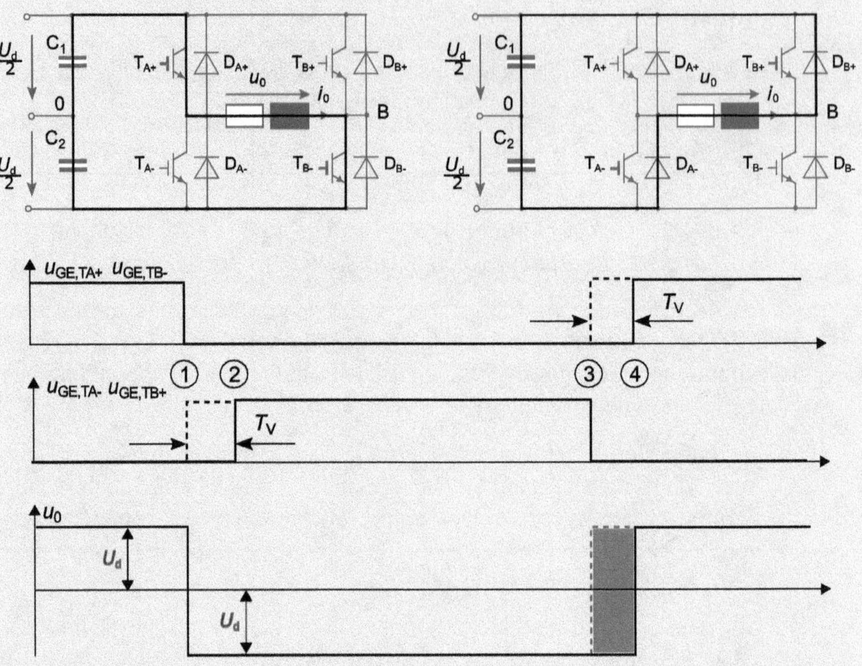

Bild 6.27 Auswirkungen von Verriegelungszeiten am Beispiel der Zweipunkt-Vollbrücke mit PWM2

7 Resonantes Schalten

Lernziele

Die Lernenden ...

- bestimmen Energieumsatz und Leistung für Alltagsbeispiele,
- berechnen LC-Resonanzkreise,
- wenden LC-Resonanzkreise an, um Schaltverluste zu senken,
- kennen den Unterschied zwischen ZCS und ZVS.

7.1 Motivation

In Zeiten ökologischen Umdenkens wird Energie bewusst als knappes Gut wahrgenommen. In vielen Bereichen ist man bestrebt, die Energieeffizienz zu erhöhen. Dies bedeutet: die Verluste, die bei der Umwandlung von einer Energieform in eine andere entstehen, so klein wie möglich zu machen. Ganz besonders interessant und nutzbringend ist dies natürlich bei Umwandlungsprozessen, bei denen die Effizienz aus physikalischen Gründen nicht sehr gut ist. Dies trifft auf viele thermodynamische Kreisprozesse zu, mit deren Hilfe chemische Energie durch Verbrennungsprozesse in mechanische oder elektrische Energie umgewandelt wird.

Beispiel 7.1 Wirkungsgrade einiger thermodynamischer Kreisprozesse

Die tatsächlichen Wirkungsgrade der nachfolgenden Prozesse hängen stark von den konkreten Prozessparametern ab. Dennoch werden Abschätzungen angegeben, um dem Leser die erreichbaren Größenordnungen zu vermitteln.

Clausius-Rankine Prozess: eingesetzt in thermischen Dampfkraftwerken. Abhängig von den konkreten Arbeitsbedingungen wie Dampftemperatur und Dampfdruck werden Wirkungsgrade bis ca. 45 % erreicht.

Otto-Prozess: eingesetzt im Benzinmotor in Kraftfahrzeugen. Der Wirkungsgrad hängt maßgeblich vom Kompressionsverhältnis ab. In der Praxis sinkt der theoretisch erzielbare Wirkungsgrad von 60 % auf unter 30 %.

Diesel-Prozess: eingesetzt im Dieselmotor in Kraftfahrzeugen. Der Wirkungsgrad ist zwar höher als beim Ottomotor, liegt in der Praxis aber ebenfalls unter 30 %. ■

Bei Schaltungen der Leistungselektronik treten Energieumformungen innerhalb *einer* Energieart auf. Im Vergleich zu den Prozessen aus Beispiel 7.1 sind mit den Grundschaltungen bereits sehr hohe Wirkungsgrade von über 90% erreichbar. Dennoch ist man bestrebt, die Effizienz durch verbesserte Schaltverfahren weiter zu steigern und die bei der Umwandlung entstehenden Verluste zu minimieren.

Beispiel 7.2, Beispiel 7.3 und Beispiel 7.4 dienen dazu, absolute Energieangaben in der gebräuchlichen Einheit kWh anhand von Alltagssituationen zu veranschaulichen.

Beispiel 7.2 Abschätzung von Leistung und Energie

Wie groß ist rechnerisch die Energie, die ein Bergwanderer aufwenden muss, um einen Höhenunterschied von 1000 m zu überwinden, wenn sein Gesamtgewicht inkl. Ausrüstung 100 kg beträgt? Geben Sie die Energie in der Einheit kWh an. Berechnen Sie die Leistung des Wanderers, wenn er diesen Höhenunterschied in 1 h bewältigt? Beurteilen Sie die erbrachte Leistung.

Lösung:
Die Überwindung des Höhenunterschieds erfordert einen Energieaufwand von

$$E_{\text{Wanderer}} = m \cdot g \cdot h = 100\,\text{kg} \cdot 9.81 \frac{\text{m}}{\text{s}^2} \cdot 1000\,\text{m} = 9.81 \cdot 10^5\,\text{kg} \cdot \frac{\text{m}^2}{\text{s}^2} = 9.81 \cdot 10^5\,\text{Ws}$$

$$\text{Einheiten:} \text{kg} \cdot \frac{\text{m}}{\text{s}^2} = \text{Nm} = \text{J} = \text{Ws} = \frac{\text{kWh}}{3.6 \cdot 10^6}$$

$$E_{\text{Wanderer}} = 9.81 \cdot 10^5\ \text{Ws} = \frac{9.81 \cdot 10^5}{3.6 \cdot 10^6}\,\text{kWh} = 0.2725\ \text{kWh}$$

$$P_{\text{Wanderer}} = \frac{E_{\text{Wanderer}}}{\text{t}} = \frac{0.2725\ \text{kWh}}{1\text{h}} = 252.5\,\text{W}$$

Eine Dauerleistung von 270 W ist für einen Erwachsenen nicht schlecht. Profi-Radfahrer erbringen bei professionellen Radrennen für einen begrenzten Zeitraum eine Tretleistung von ca. 400 W.

■

Beispiel 7.3 Energiespeicherung

Auf welche Höhe muss 1 m³ Wasser angehoben werden, um 1 kWh Energie zu speichern?

Lösung:
Das Gewicht des Wassers beträgt 1000 kg. Mit der Teillösung aus Beispiel 7.2 erhält man:

$$1\,\text{kWh} = 3.6 \cdot 10^6\,\text{Ws} = m \cdot g \cdot h$$

$$h = \frac{3.6 \cdot 10^6\,\text{Ws}}{m \cdot g} = \frac{3.6 \cdot 10^6\,\text{Ws}}{1000\,\text{kg} \cdot 9.81 \frac{\text{m}}{\text{s}^2}} = \frac{3.6 \cdot 10^6\,\text{Nm}}{\left[1000\,\text{kg} \cdot 9.81\right]\text{N}} = 367\,\text{m}$$

■

Beispiel 7.4 Energieverbrauch

Welchen Energieverbrauch hat eine 100 W Glühlampe, die an einem Winterabend zwischen 18 und 23 Uhr durchgehend brennt?

Lösung:

$$E_{\text{Glühlampe}} = 100\,\text{W} \cdot 5\,\text{h} = 500\,\text{Wh} = 0.5\,\text{kWh}$$

Der Verbrauch der Glühlampe beträgt also etwa das Doppelte dessen, was ein Wanderer zur Überwindung eines Höhenunterschieds von 1000 m aufwenden muss. Zur (verlustlosen) Erzeugung dieses Energiebetrags müssten 500 l Wasser in einem Speicherkraftwerk eine Fallhöhe von 367 m durchlaufen. ■

Hartes Schalten

Die bisher besprochenen pulsweitenmodulierten Steuerverfahren bei DC-DC und DC-AC Wandlern erfordern das Ein- und Ausschalten der Halbleiter zu klar definierten Zeitpunkten. Dabei wird keine Rücksicht auf die Momentanwerte von Strom und Spannung genommen: Bei jedem Schaltvorgang wird der gesamte Laststrom ein- oder ausgeschaltet. In Verbindung mit der anliegenden Spannung führt dies zu beträchtlichen Schaltenergien, die bei jedem Schaltvorgang im Halbleiterschalter in Wärme umgesetzt werden.

Eine Verringerung der Baugröße der passiven Induktivitäten und Kapazitäten und damit des gesamten Gerätes gelingt durch eine Steigerung der Schaltfrequenz. Damit geht jedoch zwangsläufig auch die Erhöhung der Schaltverlustleistung einher, die linear mit der Schaltfrequenz ansteigt. Zudem entstehen beim Schalten beträchtliche EMV-Probleme. Sie rühren von den hohen Strom- und Spannungssteilheiten her, die beim harten Schalten unvermeidlich sind und leitungsgebunden ins Netz zurückwirken oder abgestrahlt werden.

Entlastetes Schalten

Eine Möglichkeit zur Verringerung der Bauelementbelastung bieten Entlastungsnetzwerke (Snubber) (vgl. Abschnitt 2.9.2). Da sie den Stress auf die Bauelemente im Schaltaugenblick wirksam reduzieren, spricht man in diesem Zusammenhang vom entlasteten Schalten. Allerdings haben solche Beschaltungen den Nachteil, dass zum einen zusätzliche Verluste in diesen Netzwerken entstehen. Zum anderen werden die Leistungsverluste im Schalter nicht vermieden, sondern fallen stattdessen im Widerstand des Entlastungsnetzwerks an. Insgesamt führt dies meist zu einer *höheren* Gesamtverlustleistung, als sie ohne Beschaltung auftreten würde. Manche Beschaltungen sind zwar in der Lage, einen Teil der Schaltenergie zurückzuspeisen. Diese Varianten sind jedoch aufwändig und werden nur selten verwendet.

Weiches Schalten

Erfolgt das Schalten der Bauelemente dagegen dann, wenn entweder der zu schaltende Strom und/oder die Spannung über dem Schalter im Schaltaugenblick sehr klein oder gar null sind, können die Nachteile des harten Schaltens ebenfalls verringert werden. Man spricht in diesem Fall vom „weichen Schalten“ (soft switching). Topologien, die das weiche Schalten ermöglichen, verwenden zusätzliche LC-Resonanzkreise und werden resonant schaltende Wandler genannt. Man unterscheidet zwischen Quasi-Resonanz-Wandlern und Resonanz-Wandlern.

7.2 Grundlegende Analyse von LC-Kreisen

Zum besseren Verständnis werden grundlegende Eigenschaften von LC-Schwingkreisen wiederholt und mathematisch nach [Jötten77], Anhang D, behandelt. Die Ergebnisse erleichtern die Analyse der resonanten Schaltungsvarianten.

Bei der mathematischen Behandlung von LC-Kreisen dient eine Stromquelle zur Vereinfachung der realen Verhältnisse. Ihre Verwendung erleichtert die mathematische Betrachtung ungemein und wird in Beispiel 7.5 vorab begründet.

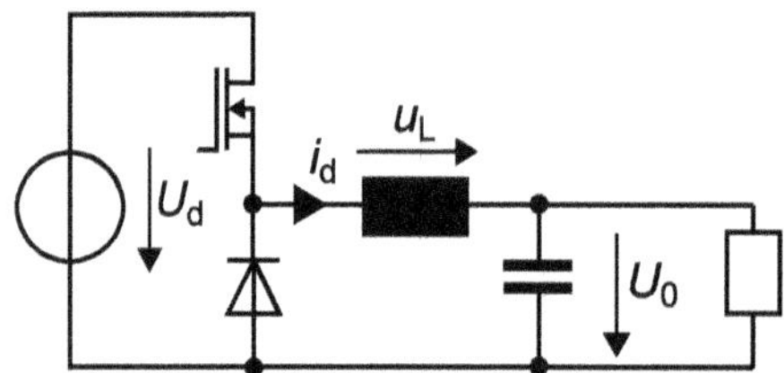

Bild 7.1 Einfacher Tiefsetzsteller

Beispiel 7.5 Bedeutung der Stromquelle

Der Tiefsetzsteller aus Bild 7.1 wird mit einer Schaltfrequenz von 100 kHz betrieben. Der Tastgrad der PWM beträgt 0.7 bei einer Eingangsspannung von U_d = 100 V. Wie groß wird die absolute Stromänderung Δi_d, durch die Filterinduktivität, wenn L = 300 µH beträgt? Ermitteln Sie die relative Stromänderung für R = 1 Ω.

Lösung:

$$U_0 = D \cdot U_d = 0.7 \cdot 100\,\text{V} = 70\,\text{V} \qquad \Rightarrow \qquad I_d = \frac{U_0}{R} = \frac{70\,\text{V}}{1\,\Omega} = 70\,\text{A}$$

$$t_{ein} = D \cdot \frac{1}{f_S} = \frac{0.7}{100\,\text{kHz}} = 7\,\mu\text{s}$$

$$\Delta i_d = \frac{U_d - U_0}{L} \cdot t_{ein} = \frac{30\,\text{V}}{300\,\mu\text{H}} \cdot 7\,\mu\text{s} = 0.7\,\text{A} \qquad \Rightarrow \qquad \frac{\Delta i_d}{I_d} = \frac{0.7}{70} = 1\%$$

Die relative Stromänderung beträgt im Zeitraum von 7 µs lediglich 1 % des Stroms I_d. I. Allg. ist die Resonanzfrequenz der LC-Kreise wesentlich größer als 100 kHz. Dies bedeutet, dass sich während einer Schwingperiode im Resonanzkreis der Strom im Filterkreis praktisch nicht ändert und als konstant angenommen werden kann. Aus diesem Grund kann der gesamte Filterkreis durch eine Stromquelle angenähert werden. ■

Gedämpfter Serienschwingkreis mit Strom- und Spannungsquelle

Der Schwingkreis in Bild 7.2 besteht aus einer Spannungsquelle, die den eigentlichen Resonanzkreis aus L_r, R_r und C_r versorgt. Der Resonanzkondensator wird durch eine Stromquelle belastet, die den konstanten Strom I_d entnimmt.

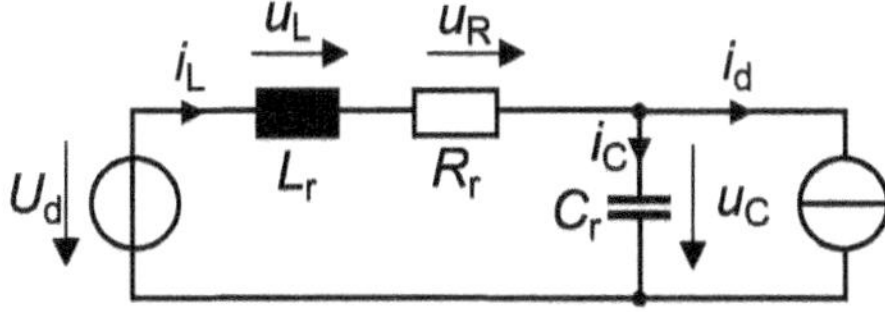

Bild 7.2 LC-Schwingkreis mit Konstantspannung U_d und Stromquelle I_d

Es gelten die grundlegenden Maschen- und Knotengleichungen:

$$\begin{aligned} u_d &= u_L(t) + u_R(t) + u_C(t) \\ i_C(t) &= i_L(t) - i_d \end{aligned} \tag{7.1}$$

Aus den Grundlagen sind die Beziehungen zwischen Strömen und Spannungen an den Energiespeichern bekannt:

$$\begin{aligned} i_C(t) &= C_r \cdot \frac{\mathrm{d}u_C(t)}{\mathrm{d}t} = C_r \cdot \dot{u}_C \\ u_L(t) &= L_r \cdot \frac{\mathrm{d}i_L(t)}{\mathrm{d}t} = L_r \cdot \dot{i}_L \end{aligned} \tag{7.2}$$

Setzt man Gl. (7.2) in Gl. (7.1) ein, erhält man das Differentialgleichungssystem (DGL-System) für den Schwingkreis.

$$\begin{aligned} u_d &= L_r \cdot \dot{i}_L + R_r \cdot i_L(t) + u_C(t) \\ C_r \cdot \dot{u}_C &= i_L(t) - i_d \end{aligned}$$

Dieses DGL-System wird nach den Ableitungen von Kondensatorspannung und Filterstrom aufgelöst:

$$\begin{aligned} & L_r \cdot \dot{i}_L = -R_r \cdot i_L(t) - u_C(t) + u_d \\ \Rightarrow \quad & \dot{i}_L = -\frac{R_r}{L_r} \cdot i_L(t) - \frac{1}{L_r} \cdot u_C(t) + \frac{1}{L_r} \cdot u_d \\ & C_r \cdot \dot{u}_C = i_L(t) - i_d \\ \Rightarrow \quad & \dot{u}_C = \frac{1}{C_r} \cdot i_L(t) + 0 \cdot u_C(t) - \frac{1}{C_r} \cdot i_d \end{aligned} \tag{7.3}$$

Zustandsgrößen können sich i. Allg. nicht schlagartig ändern und werden daher als *nicht sprungfähige Größen* bezeichnet. Die Kondensatorspannung sowie der Strom durch die Induktivität erfüllen diese Anforderungen und werden als Zustandsgrößen der Schaltung aus Bild 7.2 gewählt. Mit Hilfe der Matrixschreibweise ergibt sich aus Gl. (7.3) die übersichtliche Darstellung in Gl. (7.4).

$$\begin{pmatrix} \dot{i}_\mathrm{L} \\ \dot{u}_\mathrm{C} \end{pmatrix} = \underbrace{\begin{pmatrix} -\dfrac{R_\mathrm{r}}{L_\mathrm{r}} & -\dfrac{1}{L_\mathrm{r}} \\ \dfrac{1}{C_\mathrm{r}} & 0 \end{pmatrix}}_{(\underline{A})} \cdot \underbrace{\begin{pmatrix} i_\mathrm{L}(t) \\ u_\mathrm{C}(t) \end{pmatrix}}_{(\underline{x})} + \underbrace{\begin{pmatrix} \dfrac{1}{L_\mathrm{r}} & 0 \\ 0 & -\dfrac{1}{C_\mathrm{r}} \end{pmatrix}}_{(\underline{B})} \cdot \underbrace{\begin{pmatrix} u_\mathrm{d} \\ i_\mathrm{d} \end{pmatrix}}_{(\underline{u})} \tag{7.4}$$

Diese Darstellung wird Zustandsnormalform genannt. Sie erlaubt einerseits die numerische Berechnung der Zustandsgrößen mit Hilfe von Integrationsverfahren, ist aber andererseits auch zur Ermittlung von geschlossenen Lösungen geeignet. Die allgemeine Schreibweise eines DGL-Systems in Zustandsnormalform lautet:

$$\underline{\dot{x}} = (\underline{A}) \cdot \underline{x} + (\underline{B}) \cdot \underline{u} \tag{7.5}$$

Hierbei bezeichnen

$\underline{x}$	Vektor der Zustandsgrößen
$(\underline{A})$	Systemmatrix
$(\underline{B})$	Steuermatrix
$\underline{u}$	Vektor der Stör- bzw. Steuergrößen

Unterwirft man dieses DGL-System der Laplace-Transformation, so ist eine übersichtliche Berechnung der geschlossenen Lösungen unter Verwendung der Anfangswerte der Zustandsgrößen einfach möglich.

Im Folgenden bezeichnen Kleinbuchstaben $\underline{x}(t)$, $\underline{u}(t)$ veränderliche Größen im Zeitbereich. Großbuchstaben stehen für die jeweiligen Laplace-Transformierten im Bildbereich. Die komplexe Frequenz wird s genannt. Gilt für das i-te Element des Zustands- bzw. Steuervektors folgender Zusammenhang,

$$X_\mathrm{i}(s) = L\{x_\mathrm{i}(t)\} \qquad U_\mathrm{i}(s) = L\{u_\mathrm{i}(t)\}$$

dann erhält man für die Ableitung der Zustandsgröße:

$$L\{\dot{x}_\mathrm{i}\} = s \cdot X_\mathrm{i} - x_\mathrm{i}(0)$$

Das DGL-System lautet somit nach der Laplace-Transformation

$$s \cdot \underline{X} - \underline{x}(0) = (\underline{A}) \cdot \underline{X} + (\underline{B}) \cdot \underline{U}$$

Mit Hilfe der Einheitsmatrix $(\underline{E})$ und den Regeln der Matrizenrechnung folgt die Bestimmungsgleichung für den Lösungsvektor $\underline{X}$.

$$s \cdot (\underline{E}) \cdot \underline{X} - (\underline{A}) \cdot \underline{X} = (\underline{B}) \cdot \underline{U} + \underline{x}(0)$$

$$\left[s \cdot (\underline{E}) - (\underline{A})\right] \cdot \underline{X} = (\underline{B}) \cdot \underline{U} + \underline{x}(0)$$

$$\underline{X} = \underbrace{\left[s \cdot (\underline{E}) - (\underline{A})\right]^{-1} \cdot (\underline{B}) \cdot \underline{U}}_{\text{Übertragungsfunktionen}} + \underbrace{\left[s \cdot (\underline{E}) - (\underline{A})\right]^{-1} \cdot \underline{x}(0)}_{\text{Ausgleichsvorgänge}} \tag{7.6}$$

Der Vorfaktor des Steuervektors $\underline{U}$ enthält sämtliche Übertragungsfunktionen des Systems. Sind alle Elemente von $\underline{U}$ null, so erfolgen innerhalb des Systems lediglich Ausgleichsvorgänge. Deren Bildfunktionen sind durch den Vorfaktor von $\underline{x}(0)$ festgelegt.

In Beispiel 7.6 wird das DGL-System aus Gl. (7.4) nach der dargestellten Vorgehensweise gelöst und die Zeitfunktionen der Kondensatorspannung bzw. des Spulenstromes ermittelt. Mathematisch nicht interessierte Leserinnen und Leser können dieses Beispiel getrost überspringen.

Beispiel 7.6 Lösen des DGL-Systems

Lösen Sie das DGL-System aus Gl. (7.4) mit Hilfe der Laplace-Transformation und bestimmen Sie den Zeitverlauf des Spulenstromes $i_L(t)$.

Lösung:
Zunächst wird das DGL-System aus Gl. (7.4) der Laplace-Transformation unterworfen. Auf dieses Ergebnis wird Gl. (7.5) angewendet. Man erhält

$$\begin{pmatrix} I_L \\ U_C \end{pmatrix} = \left[\begin{pmatrix} s & 0 \\ 0 & s \end{pmatrix} - \begin{pmatrix} -\frac{R_r}{L_r} & -\frac{1}{L_r} \\ \frac{1}{C_r} & 0 \end{pmatrix}\right]^{-1} \cdot \begin{pmatrix} \frac{1}{L_r} & 0 \\ 0 & -\frac{1}{C_r} \end{pmatrix} \cdot \begin{pmatrix} U_d \\ I_d \end{pmatrix} +$$

$$\left[\begin{pmatrix} s & 0 \\ 0 & s \end{pmatrix} - \begin{pmatrix} -\frac{R_r}{L_r} & -\frac{1}{L_r} \\ \frac{1}{C_r} & 0 \end{pmatrix}\right]^{-1} \cdot \underline{x}(0)$$

$$\begin{pmatrix} I_L \\ U_C \end{pmatrix} = \begin{pmatrix} s+\frac{R_r}{L_r} & \frac{1}{L_r} \\ -\frac{1}{C_r} & s \end{pmatrix}^{-1} \cdot \begin{pmatrix} \frac{1}{L_r} & 0 \\ 0 & -\frac{1}{C_r} \end{pmatrix} \cdot \begin{pmatrix} U_d \\ I_d \end{pmatrix} + \begin{pmatrix} s+\frac{R_r}{L_r} & \frac{1}{L_r} \\ -\frac{1}{C_r} & s \end{pmatrix}^{-1} \cdot \underline{x}(0) \qquad (7.7)$$

Für die Invertierung einer Matrix gilt allgemein [Bronstein05]:

$$(A)^{-1} = \frac{1}{\det A} \cdot \begin{pmatrix} A_{11} & A_{12} \\ A_{21} & A_{22} \end{pmatrix}^{T}$$

Hierbei bezeichnen die Elemente A_{11}, ..., A_{22} die jeweils zu den Elementen a_{11}, ..., a_{22} der ursprünglichen Matrix A gehörenden Adjunkten. Formal entsteht die Adjunkte A_{ik} aus der Unterdeterminanten, wenn die i-te Zeile und k-te Spalte gestrichen wird. Diese Unterdeterminante wird noch mit dem Vorfaktor $(-1)^{i+k}$ multipliziert. Besonders übersichtlich werden die Verhältnisse bei einer 2x2 Matrix:

$$A_{11}: \quad i=1,k=1 \quad \Rightarrow \quad A_{11}=(-1)^{1+1}\cdot a_{22}=a_{22}$$

$$A_{12}: \quad i=1,k=2 \quad \Rightarrow \quad A_{12}=(-1)^{1+2}\cdot a_{21}=-a_{21}$$

$$A_{21}: \quad i=2,k=1 \quad \Rightarrow \quad A_{21}=(-1)^{2+1}\cdot a_{12}=-a_{12}$$

$$A_{22}: \quad i=2,k=2 \quad \Rightarrow \quad A_{22}=(-1)^{2+2}\cdot a_{11}=a_{11}$$

$$\Rightarrow \quad (A)^{-1}=\frac{1}{\det A}\cdot\begin{pmatrix} A_{11} & A_{12} \\ A_{21} & A_{22}\end{pmatrix}^{\mathrm{T}}=\frac{1}{\det A}\cdot\begin{pmatrix} a_{22} & -a_{21} \\ -a_{12} & a_{11}\end{pmatrix}^{\mathrm{T}}$$

$$(A)^{-1}=\frac{1}{\det A}\cdot\begin{pmatrix} a_{22} & -a_{12} \\ -a_{21} & a_{11}\end{pmatrix}$$

Für die betrachtete Schaltung bedeutet dies:

$$\det\begin{pmatrix} s+\frac{R_\mathrm{r}}{L_\mathrm{r}} & \frac{1}{L_\mathrm{r}} \\ -\frac{1}{C_\mathrm{r}} & s\end{pmatrix}=\left(s+\frac{R_\mathrm{r}}{L_\mathrm{r}}\right)\cdot s+\frac{1}{L_\mathrm{r}\cdot C_\mathrm{r}}=s^2+\frac{R_\mathrm{r}}{L_\mathrm{r}}\cdot s+\frac{1}{L_\mathrm{r}\cdot C_\mathrm{r}}$$

$$\begin{pmatrix} s+\frac{R_\mathrm{r}}{L_\mathrm{r}} & \frac{1}{L_\mathrm{r}} \\ -\frac{1}{C_\mathrm{r}} & s\end{pmatrix}^{-1}=\underbrace{\frac{1}{s^2+\frac{R_\mathrm{r}}{L_\mathrm{r}}\cdot s+\frac{1}{L_\mathrm{r}\cdot C_\mathrm{r}}}}_{\det(A)}\cdot\underbrace{\begin{pmatrix} s & -\frac{1}{L_\mathrm{r}} \\ \frac{1}{C_\mathrm{r}} & s+\frac{R_\mathrm{r}}{L_\mathrm{r}}\end{pmatrix}}_{\begin{pmatrix} A_{11} & A_{12} \\ A_{21} & A_{22}\end{pmatrix}^T}$$

Zur Vereinfachung der Schreibweise und zur Charakterisierung des Verhaltens werden die Definitionen Resonanzfrequenz ω_0 und Schwingwiderstand Z_0 verwendet:

$$\omega_0=\frac{1}{\sqrt{L_\mathrm{r}\cdot C_\mathrm{r}}} \qquad Z_0=\sqrt{\frac{L_\mathrm{r}}{C_\mathrm{r}}}$$
$$\frac{1}{L_\mathrm{r}}=\frac{\omega_0}{Z_0} \qquad \frac{1}{C_\mathrm{r}}=\omega_0\cdot Z_0 \qquad \omega_0^{\,2}\cdot L_\mathrm{r}\cdot C_\mathrm{r}=1 \tag{7.8}$$

Mit diesen Definitionen erhält man aus Gl. (7.7):

$$\begin{pmatrix} I_\mathrm{L} \\ U_\mathrm{C}\end{pmatrix}=\frac{1}{s^2+\frac{R_\mathrm{r}}{L_\mathrm{r}}\cdot s+\omega_0^{\,2}}\cdot\begin{pmatrix} s & -\frac{1}{L_\mathrm{r}} \\ \frac{1}{C_\mathrm{r}} & s+\frac{R_\mathrm{r}}{L_\mathrm{r}}\end{pmatrix}\cdot\begin{pmatrix} \frac{1}{L_\mathrm{r}} & 0 \\ 0 & -\frac{1}{C_\mathrm{r}}\end{pmatrix}\cdot\begin{pmatrix} U_\mathrm{d} \\ I_\mathrm{d}\end{pmatrix}+$$
$$\frac{1}{s^2+\frac{R_\mathrm{r}}{L_\mathrm{r}}\cdot s+\omega_0^{\,2}}\cdot\begin{pmatrix} s & -\frac{1}{L_\mathrm{r}} \\ \frac{1}{C_\mathrm{r}} & s+\frac{R_\mathrm{r}}{L_\mathrm{r}}\end{pmatrix}\cdot\underline{x}(0)$$

Nach der Matrixmultiplikation ergibt sich:

$$\begin{pmatrix} I_L \\ U_C \end{pmatrix} = \frac{1}{s^2 + \frac{R_r}{L_r}\cdot s + \omega_0^2} \cdot \begin{pmatrix} \frac{s}{L_r} & \omega_0^2 \\ \omega_0^2 & -\frac{1}{C_r}\cdot\left(s + \frac{R_r}{L_r}\right) \end{pmatrix} \cdot \begin{pmatrix} U_d \\ I_d \end{pmatrix} +$$

$$\frac{1}{s^2 + \frac{R_r}{L_r}\cdot s + \omega_0^2} \cdot \begin{pmatrix} s & -\frac{1}{L_r} \\ \frac{1}{C_r} & s + \frac{R_r}{L_r} \end{pmatrix} \cdot \underline{x}(0)$$

Dieser Ausdruck wird so erweitert, dass der Nenner die Standardform eines Verzögerungsgliedes zweiter Ordnung annimmt:

$$\begin{pmatrix} I_L \\ U_C \end{pmatrix} = \frac{\frac{1}{\omega_0^2}}{\frac{s^2}{\omega_0^2} + \frac{R_r}{Z_0\cdot\omega_0}\cdot s + 1} \cdot \begin{pmatrix} \frac{s}{L_r} & \omega_0^2 \\ \omega_0^2 & -\frac{1}{C_r}\cdot\left(s + \frac{R_r}{L_r}\right) \end{pmatrix} \cdot \begin{pmatrix} U_d \\ I_d \end{pmatrix} +$$

$$\frac{\frac{1}{\omega_0^2}}{\frac{s^2}{\omega_0^2} + \frac{R_r}{Z_0\cdot\omega_0}\cdot s + 1} \cdot \begin{pmatrix} s & -\frac{1}{L_r} \\ \frac{1}{C_r} & s + \frac{R_r}{L_r} \end{pmatrix} \cdot \underline{x}(0) \tag{7.9}$$

Bei Anwendungen der Leistungselektronik kann man in sehr vielen Fällen davon ausgehen, dass die Komponenten u_i des Steuervektors für die Dauer der Schwingung konstant sind (vgl. Beispiel 7.5). Sowohl für die Spannungs- als auch die Stromquelle des Schwingkreises aus Bild 7.2 wird daher für den Beginn der Analyse bei $t = 0$ eine Sprungfunktion angenommen.

Betragen die Werte $u_d(t = 0) = U_1$ und $i_d(t = 0) = I_2$, so gilt:

$$L(u_d(t)) = U_d = \frac{U_1}{s} \qquad L(i_d(t)) = I_d = \frac{I_2}{s}$$

Damit erhält man für den Verlauf des Drosselstroms $I_L(s)$ im Bildbereich

$$I_L(s) = \frac{\frac{s}{\omega_0^2\cdot L_r}\cdot\frac{U_1}{s} + \frac{I_2}{s}}{\frac{s^2}{\omega_0^2} + \frac{R_r}{Z_0\cdot\omega_0}\cdot s + 1} + \frac{\frac{i_L(0)}{\omega_0^2}\cdot s - \frac{1}{L_r}\cdot\frac{u_C(0)}{\omega_0^2}}{\frac{s^2}{\omega_0^2} + \frac{R_r}{Z_0\cdot\omega_0}\cdot s + 1}$$

$$I_L(s) = \frac{\frac{U_1}{\omega_0^2\cdot L_r} + \frac{I_2}{s}}{\frac{s^2}{\omega_0^2} + \frac{R_r}{Z_0\cdot\omega_0}\cdot s + 1} + \frac{\frac{i_L(0)}{\omega_0^2}\cdot s - \frac{1}{L_r}\cdot\frac{u_C(0)}{\omega_0^2}}{\frac{s^2}{\omega_0^2} + \frac{R_r}{Z_0\cdot\omega_0}\cdot s + 1}$$

$$I_L(s)=\frac{\frac{1}{\omega_0\cdot Z_0}}{\frac{s^2}{\omega_0^{\,2}}+\frac{R_r}{Z_0\cdot\omega_0}\cdot s+1}\cdot U_1+\frac{1}{s\cdot\left[\frac{s^2}{\omega_0^{\,2}}+\frac{R_r}{Z_0\cdot\omega_0}\cdot s+1\right]}\cdot I_2+$$

$$\frac{-\frac{1}{\omega_0\cdot Z_0}}{\frac{s^2}{\omega_0^{\,2}}+\underbrace{\frac{R_r}{Z_0\cdot\omega_0}}_{=2\cdot\frac{d}{\omega_0}}\cdot s+1}\cdot u_C(0)+\frac{s\cdot\frac{1}{\omega_0^{\,2}}}{\frac{s^2}{\omega_0^{\,2}}+\frac{R_r}{Z_0\cdot\omega_0}\cdot s+1}\cdot i_L(0)$$

Der gesuchte Zeitverlauf $i_L(t)$ ergibt sich nun durch Rücktransformation in den Zeitbereich mit Hilfe der Korrespondenztabelle. Hierbei muss die Dämpfung d des Schwingkreises beachtet werden.

$$d=\frac{R_r}{2\cdot Z_0}\qquad \omega_0=\frac{1}{T}\qquad \omega=\omega_0\cdot\sqrt{1-d^2}\qquad \delta=d\cdot\omega_0 \tag{7.10}$$

Unterstellt man ein schwingfähiges System, so ist $d < 1$. Mit den Abkürzungen aus Gl. (7.10) erhält man für diesen Fall

$$\begin{aligned}
i_L(t)=U_1\cdot\frac{1}{\omega_0\cdot Z_0}\cdot\frac{\omega_0}{\sqrt{1-d^2}}\cdot e^{-\delta\cdot t}\cdot\sin(\omega t)+\\
I_2\cdot\left[1-e^{-\delta\cdot t}\cdot\left(\frac{\delta}{\omega}\cdot\sin(\omega t)+\cos(\omega t)\right)\right]-\\
u_C(0)\cdot\frac{1}{\omega_0\cdot Z_0}\cdot\frac{\omega_0}{\sqrt{1-d^2}}\cdot e^{-\delta\cdot t}\cdot\sin(\omega t)+\\
i_L(0)\cdot\frac{1}{\omega_0^{\,2}}\cdot\omega_0^{\,2}\cdot e^{-\delta\cdot t}\cdot\left[\cos(\omega t)-\frac{d}{\sqrt{1-d^2}}\cdot\sin(\omega t)\right]
\end{aligned}$$

$$\begin{aligned}
i_L(t)=\frac{U_1}{Z_0}\cdot\frac{1}{\sqrt{1-d^2}}\cdot e^{-\delta\cdot t}\cdot\sin(\omega t)+I_2\cdot\left[1-e^{-\delta\cdot t}\cdot\left(\frac{\delta}{\omega}\cdot\sin(\omega t)+\cos(\omega t)\right)\right]-\\
\frac{u_C(0)}{Z_0}\cdot\frac{1}{\sqrt{1-d^2}}\cdot e^{-\delta\cdot t}\cdot\sin(\omega t)+i_L(0)\cdot e^{-\delta\cdot t}\cdot\left[\cos(\omega t)-\frac{d}{\sqrt{1-d^2}}\cdot\sin(\omega t)\right]
\end{aligned} \tag{7.11}$$

■

Man erkennt, dass sich die Gesamtlösung in Gl. (7.11) aus 4 Anteilen zusammensetzt. Zwei Teillösungen resultieren aus den Anfangswerten $i_L(0)$ und $u_C(0)$ von Drosselstrom bzw. Kondensatorspannung. Die verbleibenden Komponenten sind den Steuergrößen u_d(t) und i_d(t) zugeordnet.

Übung 7.1

Ermitteln Sie die Gleichung für den Zeitverlauf der Spannung am Kondensator für den gedämpften Schwingkreis. ■

Beispiel 7.7 Zeitverläufe beim ungedämpften Schwingkreis

Wie lauten die Zeitverläufe $u_C(t)$ und $i_L(t)$, wenn der Schwingkreis aus Bild 7.2 nicht gedämpft ist?

Lösung:

Der ungedämpfte Fall entsteht für $R_r = 0$ und führt zu einem vereinfachten Ansatz:

$$\begin{pmatrix} \dot{i}_L \\ \dot{u}_C \end{pmatrix} = \underbrace{\begin{pmatrix} 0 & -\frac{1}{L_r} \\ \frac{1}{C_r} & 0 \end{pmatrix}}_{(\underline{A})} \cdot \underbrace{\begin{pmatrix} i_L(t) \\ u_C(t) \end{pmatrix}}_{(\underline{x})} + \underbrace{\begin{pmatrix} \frac{1}{L_r} & 0 \\ 0 & -\frac{1}{C_r} \end{pmatrix}}_{(\underline{B})} \cdot \underbrace{\begin{pmatrix} u_d \\ i_d \end{pmatrix}}_{(\underline{u})}$$

Mit den Ausführungen aus dem Anhang erhält man nach der Transformation in den Laplace-Bereich:

$$\begin{pmatrix} I_L \\ U_C \end{pmatrix} = \frac{1}{s^2+\omega_0^2} \cdot \begin{pmatrix} \frac{s}{L_r} & \omega_0^2 \\ \omega_0^2 & -\frac{s}{C_r} \end{pmatrix} \begin{pmatrix} U_d \\ I_d \end{pmatrix} + \frac{1}{s^2+\omega_0^2} \cdot \begin{pmatrix} s & -\frac{1}{L_r} \\ \frac{1}{C_r} & s \end{pmatrix} \cdot \underline{x}(0)$$

Die gesuchten Zeitverläufe ergeben sich auch hier aus der Rücktransformation, wenn die Steuergrößen zum Zeitpunkt $t = 0$ als sprungförmig angenommen werden.

$$I_L = \frac{\frac{\omega_0}{Z_0}}{s^2+\omega_0^2} \cdot U_1 + \frac{\omega_0^2}{s \cdot \left(s^2+\omega_0^2\right)} \cdot I_2 + \frac{s}{s^2+\omega_0^2} \cdot i_L(0) + \frac{-\frac{\omega_0}{Z_0}}{s^2+\omega_0^2} \cdot u_C(0)$$

$$U_C = \frac{\omega_0^2}{s \cdot \left(s^2+\omega_0^2\right)} \cdot U_1 - \frac{\omega_0 \cdot Z_0}{s^2+\omega_0^2} \cdot I_2 + \frac{\omega_0 \cdot Z_0}{s^2+\omega_0^2} \cdot i_L(0) + \frac{s}{s^2+\omega_0^2} \cdot u_C(0)$$

Allerdings weicht hierbei der Nenner wegen $R_r = 0$ von dem des gedämpften Falles ab. Daher müssen jetzt andere Korrespondenzen für die Transformation in den Zeitbereich verwendet werden. Die gesuchten Verläufe lauten:

$$i_L(t) = \frac{U_1}{Z_0} \cdot \sin(\omega_0 t) + I_2 \cdot [1 - \cos(\omega_0 t)] + i_L(0) \cdot \cos(\omega_0 t) - \frac{u_C(0)}{Z_0} \cdot \sin(\omega_0 t) \quad (7.12)$$

$$\begin{aligned} u_C(t) = U_1 \cdot [1 - \cos(\omega_0 t)] - I_2 \cdot Z_0 \cdot \sin(\omega_0 t) + \\ i_L(0) \cdot Z_0 \cdot \sin(\omega_0 t) + u_C(0) \cdot \cos(\omega_0 t) \end{aligned} \quad (7.13)$$

Die Gesamtlösung für die Zustandsgrößen des ungedämpften Schwingkreises setzt sich aus je 4 Summanden zusammen. Zwei Teillösungen resultieren aus den Anfangswerten $i_L(0)$ und $u_C(0)$ von Filterstrom bzw. Kondensatorspannung. Die verbleibenden Komponenten sind den Steuergrößen $u_d(t)$ und $i_d(t)$ von Spannungs- und Stromquelle zugeordnet.

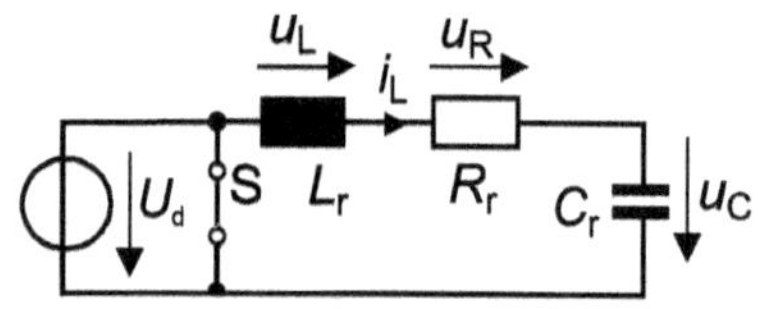

Bild 7.3 LC-Schwingkreis ohne Stromquelle, aber mit Konstantspannung U_d

Beispiel 7.8 Anwendung der Lösung auf einen Reihenschwingkreis

Beim Reihenschwingkreis aus Bild 7.3 wird der Schalter S zum Zeitpunkt $t = 0$ geöffnet. Ermitteln Sie unter Verwendung eines Tabellenkalkulationsprogramms die Zeitverläufe $u_C(t)$ und $i_L(t)$ für t > 0 mit folgenden Daten:

$U_d = 100$ V, $U_{C0} = 50$ V, $I_{L0} = 15$ A, $R_r = 0.5\ \Omega$, $L_r = 10$ mH, $C_r = 600\ \mu$F.

Lösung:

Zunächst wird geprüft, ob ein schwingfähiges System mit $d < 1$ vorliegt:

$$d = \frac{R_r}{2 \cdot Z_0} = \frac{0.5\Omega}{2 \cdot \sqrt{\frac{L_r}{C_r}}} = \frac{0.5\Omega}{2 \cdot \sqrt{\frac{10\,\text{mH}}{600\,\mu\text{F}}}} = 0.061 < 1$$

Die Dämpfung ist kleiner als 1. Somit existieren zwei komplexe Nullstellen, so dass Gl. (7.11) sowie die Lösung von Übung 7.1 verwendet werden können. Mit den Werten der Aufgabenstellung und $I_d = 0$ gilt:

$$\begin{aligned} i_L(t) = [U_1 - u_C(0)] \cdot \frac{1}{Z_0} \cdot \frac{1}{\sqrt{1-d^2}} \cdot e^{-\delta \cdot t} \cdot \sin(\omega t) + \\ i_L(0) \cdot e^{-\delta \cdot t} \cdot \left[\cos(\omega t) - \frac{d}{\sqrt{1-d^2}} \cdot \sin(\omega t) \right] \end{aligned}$$

$$u_C(t) = U_1 \cdot \left[1 - e^{-\delta \cdot t} \cdot \left(\frac{\delta}{\omega} \cdot \sin(\omega t) + \cos(\omega t)\right)\right] + i_L(0) \cdot \frac{Z_0}{\sqrt{1-d^2}} \cdot e^{-\delta \cdot t} \cdot \sin(\omega t) +$$

$$u_C(0) \cdot e^{-\delta \cdot t} \cdot \left[\cos(\omega t) + \frac{d}{\sqrt{1-d^2}} \sin(\omega t)\right]$$

Mit ihrer Hilfe berechnet das Tabellenkalkulationsprogramm die Zeitverläufe aus Bild 7.4.

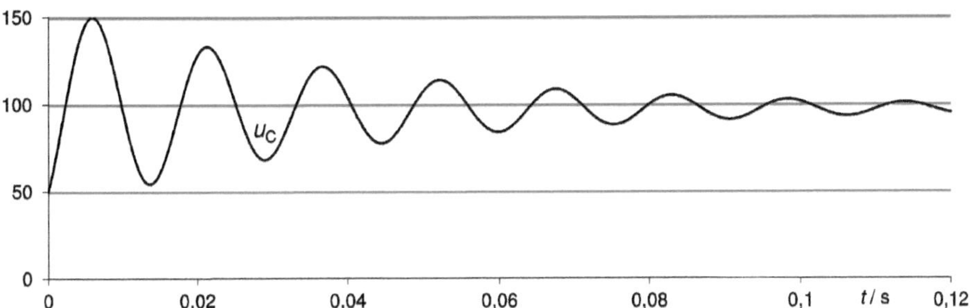

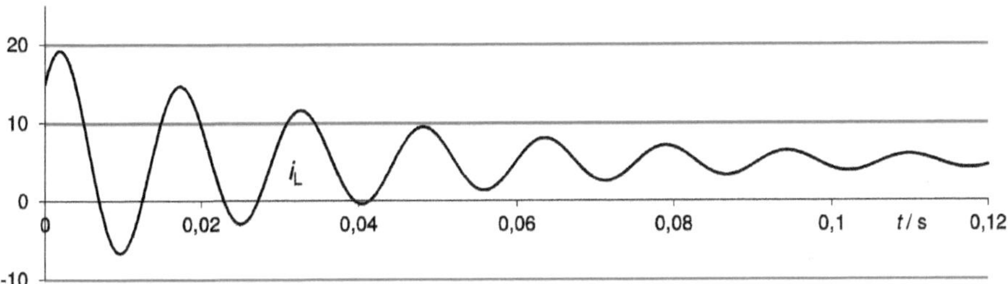

Bild 7.4 Zeitverläufe von Spulenstrom (unten) und Kondensatorspannung (oben) beim gedämpften Serienschwingkreis mit den Daten aus Beispiel 7.8

Bei der Analyse der resonanten Schaltungen wird in den folgenden Abschnitten zur Vereinfachung von ungedämpften Schwingkreisen ausgegangen. Daher können die Ergebnisse der Gl. (7.12) und (7.13) dort direkt verwendet werden.

7.3 Grundstrukturen für weiches Schalten

Bei echten Resonanz-Wandlern werden die Schwingkreiselemente in die Energieübertragung einbezogen. Die Schalter werden mit festem Tastgrad und einer Schaltfrequenz betrieben, die geringfügig unter oder über der Resonanzfrequenz des LC-Kreises liegt. Dadurch ergibt sich die Möglichkeit, die Schalter stromlos aus- oder spannungslos einzuschalten. Anhand der Verschaltung des Resonanz-Netzwerkes unterscheidet man Serien-Resonanz-Wandler von Parallel-Resonanz-Wandlern [Mohan03]. Solche Wandler werden u. a. mit dem Verfahren der Frequenzmodulation betrieben: Veränderungen der Schaltfrequenz innerhalb enger Grenzen führen im Bereich der Resonanzüberhöhung des Schwingkreises zu unterschiedlichen Verstärkungen. Liegt die Schaltfrequenz unterhalb der Resonanzfrequenz spricht man von unterresonanter Betriebsart. Überresonante Betriebsart liegt dagegen vor, wenn die Schaltfrequenz größer als die Resonanzfrequenz ist.

Quasi-Resonanz-Wandler basieren auf Schaltungstopologien, die in Kapitel 4 eingeführt wurden und dort mit Pulsweitenmodulation betrieben werden. Die bislang verwendeten Transistorschalter werden um das Resonanznetzwerk erweitert. Durch Schalthandlungen werden im Resonanzkreis Schwingungen angestoßen, die - im Gegensatz zu echten Resonanz-Wandlern - nur für *einen* Schaltvorgang Bestand haben. Zwischen zwei aufeinanderfolgenden Schalthandlungen liegt eine Pause. Der Stelleingriff, also die Variation der gewünschten Ausgangsspannung, erfolgt durch Vergrößern bzw. Verkleinern dieser Pause. Das Steuerverfahren wird daher Pulsfrequenz-Steuerung genannt. Im Gegensatz zur Pulsweitenmodulation ist hierbei die Schaltfrequenz nicht mehr konstant.

Spannungsloses Ein- und stromloses Ausschalten

Es existieren zwei Arten des weichen Schaltens: Der Schalter kann spannungslos eingeschaltet (zero voltage switching ZVS) oder stromlos ausgeschaltet (zero current switching ZCS) werden.

Handelt es sich beim Transistor um einen MOSFET, so ist immer eine antiparallele Diode vorhanden. Das Bauelement kann also Strom in beiden Richtungen führen: positiver Strom fließt durch den Transistor, entgegengesetzt fließender Strom wird von der Inversdiode übernommen. Solche Schalter werden *strombidirektionale* Schalter genannt.

Spannungsbidirektionale Schalter besitzen keine Freilaufdiode und sind demnach nur für positiven Strom geeignet. Sie können zusätzlich zur Blockierspannung in Vorwärtsrichtung auch eine Sperrspannung in Rückwärtsrichtung aufnehmen.

Beispiel 7.9 Spannungsbidirektionale Schalter

Nennen Sie Beispiele für *spannungsbidirektionale* Schalter.

Lösung:
Thyristoren können positive Spannungen blockieren, solange kein Zündimpuls am Gate anliegt. Ein Strom in negativer Richtung ist ausgeschlossen. Daher handelt es sich um einen spannungsbidirektionalen Schalter. Wird ein IGBT als Schalter verwendet und keine Inversiode vorgesehen, so ist auch hier ein Strom entgegen der Durchlassrichtung unmöglich. Auch der IGBT ohne Inversdiode ist spannungsbidirektional. ■

Soll ein Schalter mit ZCS betrieben werden, muss in Reihe zum strom- oder spannungsbidirektionalen Schalttransistor nach Bild 7.5 a) und b) eine Induktivität angebracht werden. Im eingeschalteten Zustand ist der Transistorstrom auch der Strom durch die Induktivität L_r. Sinkt der Strom durch L_r auf null, so kann der Transistor im Fall b) stromlos ausgeschaltet werden, da ein Strom entgegen der Durchlassrichtung ausgeschlossen ist. Im Fall a) leitet die Inversdiode und der Transistor führt ebenfalls keinen Strom. Auch in diesem Fall ist ZCS möglich. In beiden Fällen a) und b) wirkt die Resonanzinduktivität L_r beim Einschalten als Einschaltentlastung (vgl. Abschnitt 2.9). Beim idealen ZCS gilt daher:

- verlustloses Ausschalten des Transistors,
- stark entlastetes Einschalten, also geringe Einschaltverluste.

Die rechte Seite von Bild 7.5 zeigt die Grundstrukturen für ZVS. Im Teilbild c) kann der Schalter verlustfrei eingeschaltet werden, wenn die (ideale) Inversdiode leitet: In diesem Fall ist ihre Durchlassspannung und damit die Schalterspannung null. Der Transistor übernimmt den Strom, sobald sich dessen Flussrichtung umkehrt und die Inversdiode löscht.

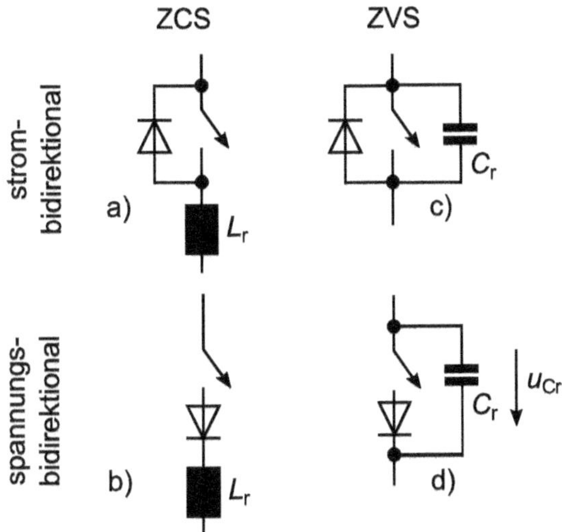

Bild 7.5 Grundstrukturen für ZCS und ZVS mit strombidirektionalen Schaltern (oben) und spannungsbidirektionalen Schaltern (unten)

Bei der spannungsbipolaren Schaltervariante nach Teilbild d) ist ein verlustfreies Einschalten gegeben, wenn die Kondensatorspannung u_{CR} negativ bezogen auf den eingezeichneten Zählpfeil ist: Nach dem Einschalten des Transistors liegt u_{CR} als Sperrspannung über der Seriendiode und verhindert zunächst deren Leiten. Sobald die Kondensatorspannung ihr Vorzeichen wechselt, beginnt der Stromfluss auch durch den Transistor. Der parallele Kondensator begrenzt in beiden Fällen die Geschwindigkeit des Spannungsanstiegs am Transistor umso stärker, je größer C_r ist und wirkt als Ausschaltentlastung. Das ideale ZVS gewährleistet daher

- verlustloses Einschalten des Transistors,
- stark entlastetes Ausschalten, also geringe Ausschaltverluste.

Alle Grundstrukturen aus Bild 7.5 müssen durch Hinzunahme eines weiteren Energiespeichers zu einem funktionsfähigen Schwingkreis ergänzt werden. Beim stromlosen Ausschalten wird der Schwingkreis beim Einschalten des Transistors aktiv. Beim spannungslosen Einschalten dagegen entsteht der Schwingkreis, wenn der Transistor abgeschaltet wird.

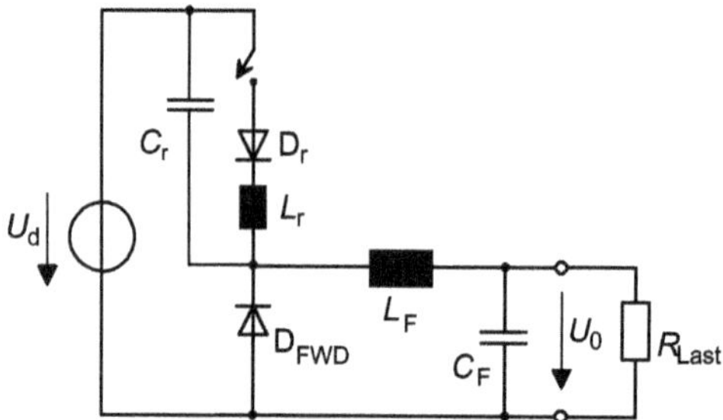

Bild 7.6 Ein möglicher Aufbau eines weich schaltenden Stellers

Beispiel 7.10 Aufbau einer resonant arbeitenden Schaltung

Die Topologie aus Bild 7.6 zeigt einen resonant arbeitenden Steller. Beantworten Sie folgende Fragen: Welche Grundschaltung liegt vor? Handelt es sich um einen strom- oder spannungsbidirektionalen Schalter? Arbeitet die Schaltung mit ZCS oder ZVS?

Lösung:
Der Transistor des Tiefsetzstellers ist ein spannungsbipolarer Schalter: Aufgrund der Resonanzdiode D_r ist ein Strom in Rückwärtsrichtung nicht möglich. Die Filterbauelemente L_F und C_F glätten die Ausgangsspannung. Die Resonanzelemente sind durch den Index r kenntlich gemacht. Der Resonanzkondensator ist parallel zur Reihenschaltung aus Schalter und L_r angeordnet und wird erst aktiv, wenn der Schalter einschaltet. Daher arbeitet die Schaltung mit ZCS.

Selbstverständlich bedeutet die Forderung *stromlos ausschalten*, dass der Abschaltvorgang dann erfolgen *muss*, wenn der Strom durch den Schalter null geworden ist. Ebenso kann nur dann spannungslos eingeschaltet werden, wenn die Schalterspannung im Einschaltaugenblick tatsächlich null ist. Der Einsatz des resonanten Schaltens hat daher als Konsequenz, dass Ein- bzw. Abschaltzeitpunkt nicht mehr beliebig vorgegeben werden können und die Pulsweitenmodulation nicht mehr verwendet werden kann. Daher müssen beim Einsatz resonanter Schaltungstopologien insbesondere die jeweiligen Steuerverfahren angepasst werden.

Wird der Schalter zu einem Zeitpunkt eingeschaltet, wenn die momentan anliegende Spannung null ist, oder wenn er unmittelbar nach dem Ausschalten noch keine Sperrspannung aufnehmen muss, spricht man vom Nullspannungsschalten (Zero Voltage Switching ZVS). Nullstromschalten (Zero Current Switching, ZCS) heißt das Ausschalten in dem Augenblick, in dem der Schalterstrom gerade null ist, bzw. das Einschalten, wenn der Schalterstrom zunächst noch null bleibt. In der Praxis wird sowohl bei ZCS als auch bei ZVS nicht bei null, sondern bei kleinen Strömen und Spannungen geschaltet.

Weiches Schalten belastet reale Bauelemente i. d. R. nur wenig, so dass die auftretenden Schaltverluste minimiert werden können. Idealerweise bestehen Resonanznetzwerke aus reinen Induktivitäten und Kapazitäten, in denen selbst keine Leistung umgesetzt wird. Sie sorgen dafür, dass die Halbleiterbauelemente entweder bei sehr kleiner Spannung oder bei sehr kleinem Strom geschaltet werden. Für weiches Schalten sind zusätzliche Bauelemente für das Resonanznetzwerk erforderlich. Da die Leistungsbauelemente der Grundschaltung in diesen Anwendungen ganz anders belastet werden als beim harten Schalten (höhere Maximalwerte für Strom oder Spannung, invertierte Spannungsrichtung), ist eine Auslegung der Transistorschalter notwendig, die sich von der beim harten Schalten deutlich unterscheidet.

7.4 Tiefsetzsteller mit ZCS

Bild 7.7 zeigt eine weitere Konfigurationsmöglichkeit für einen weich schaltenden Tiefsetzsteller. Auch dieser Aufbau enthält ein Resonanznetzwerk, das aus den Bauelementen C_r, L_r und D_r besteht. Der Schalter wird mit T bezeichnet und lässt lediglich Ströme in Pfeilrichtung zu. Im Unterschied zur Variante aus Bild 7.6 liegt der Resonanzkondensator in diesem Fall parallel zur Freilaufdiode D_{FWD}.

Beispiel 7.11 Bestandteile des Resonanzkreises

Erläutern Sie die Aufgaben, die die einzelnen Bauelemente des Resonanzkreises haben.

Lösung:
Der eigentliche schwingungsfähige Resonanzkreis wird aus den beiden Bauelementen L_r und C_r gebildet, die die Resonanzfrequenz festlegen. Die Diode D_r ist dann erforderlich, wenn der verwendete Halbleiterschalter keine Rückwärtssperrfähigkeit besitzt. Dies ist der Fall, wenn MOSFETs oder IGBTs mit antiparallelen Dioden eingesetzt werden. ■

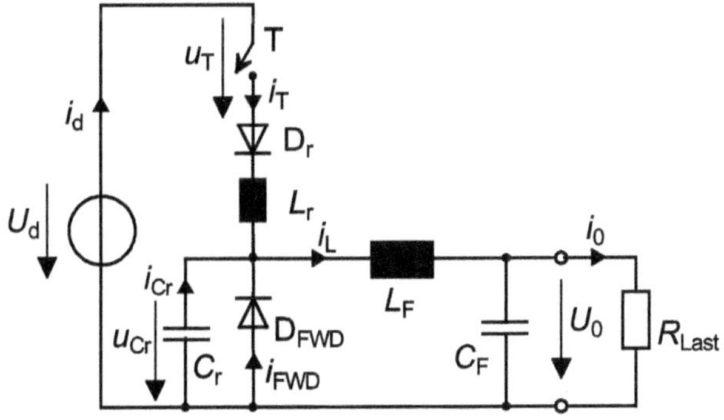

Bild 7.7 Tiefsetzsteller mit Resonanzkreis und rein ohmscher Last

Bei positiv geladenem Kondensator C_r löst das Einschalten des Schalters T einen Umschwingvorgang über T, D_r und L_r aus. Nach einer Halbwelle wird dieser Vorgang aufgrund der dann sperrenden Diode D_r unterbrochen. Zu diesem Zeitpunkt kann der Transistor stromlos abgeschaltet werden.

Allgemein kann beim weichen Schalten der Resonanzkreis am Schalter, an der Last, oder im Zwischenkreis angeordnet sein. In Bild 7.7 schließt er den Schalter mit ein. Solche Teilstrukturen werden als *Resonant Switches* bezeichnet.

Analyse des Schaltverhaltens

Die Analyse des Schaltverhaltens beginnt bei *abgeschaltetem* Transistor T aus Bild 7.7 und setzt zunächst einen nicht lückenden Strom i_L in der Filterinduktivität L_F voraus, der über die Freilaufdiode D_{FWD} fließt. Im Laufe des Umschwingvorgangs entstehen die Leitzustände a) bis d) aus Bild 7.8.

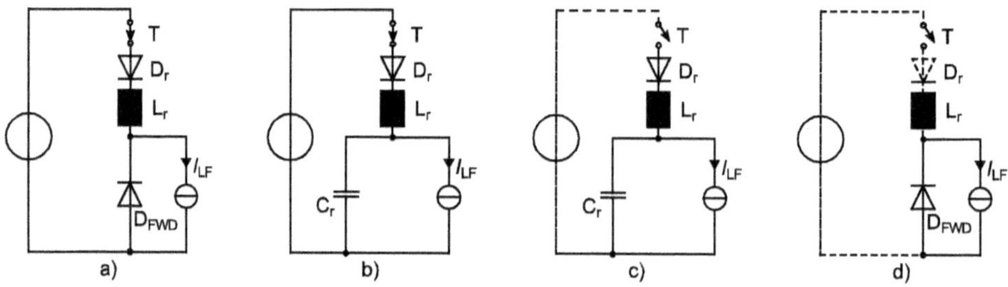

Bild 7.8 Leitzustände bei stromlosen Ausschalten des Tiefsetzstellers nach Bild 7.7

Der Strom i_L fließt zu diesem Zeitpunkt über die Freilaufdiode D_{FWD}. Ist die Filterinduktivität L_F groß genug, wird sich $i_L(t)$ während des sehr kurzen Schaltvorgangs kaum verändern und wird daher als konstant angenommen (vgl. Beispiel 7.5). Im Idealfall besitzt die Freilaufdiode D_{FWD} keinen Durchlassspannungsabfall. Dadurch ist die Spannung u_{Cr} an der Kapazität C_r ebenfalls null. Die Zeitverläufe des *weichen Schaltvorgangs* sind in Bild 7.9 dargestellt und gelten in Verbindung mit den Leitzuständen aus Bild 7.8. Er läuft folgendermaßen ab:

Leitzustand a)	
T_{Start}	Der Transistor T wird eingeschaltet und $u_T(t)$ sinkt auf null.
$T_{Start} < t < T_1$	Aufgrund der Resonanzinduktivität L_r kann $i_T(t)$ nicht schlagartig auf die Höhe des Filterstroms ansteigen. Es gilt die Knotengleichung $i_{LF} = i_{FWD} + i_T$. Da D_{FWD} weiterhin leitet, bleibt die Spannung u_{Cr} am Resonanzkondensator C_r noch null, so dass i_T zeitlinear ansteigt.
Leitzustand b)	
T_1	Jetzt ist $i_T(t) = i_{LF}$. Die Diode D_{FWD} löscht, und der Resonanzkreis aus C_r, L_r und T wird aktiv. Der Umschwingvorgang beginnt, in dessen Verlauf der Kondensator C_r aufgeladen wird.

$T_1 < t < T_{11}$	Der Resonanzkreis aus C_r, L_r und T ist aktiv, und der Kondensator C_r lädt sich auf: Der weitere Stromanstieg durch den Schalter T wird aus der Quelle U_d gespeist. Die Zählpfeile von i_{Cr} und u_{Cr} in Bild 7.7 sind entgegengesetzt, daher ist i_{Cr} zunächst negativ. Die Kondensatorspannung erreicht ihr Maximum genau dann, wenn $i_{Cr}(T_{11})$ wieder null wird.
T_{11}	Zu diesem Zeitpunkt wird $i_T(T_{11}) = i_{LF}$.
$T_{11} < t < T_2$'	In diesem Zeitraum ist $i_T(t) < i_{LF}$, so dass i_{Cr} den fehlenden Beitrag zum konstanten Strom i_{LF} liefern muss; i_{Cr} wird positiv. Dadurch nimmt u_{Cr} wieder ab.
Leitzustand c)	
T_2'	Der Strom $i_T(T_2$') wird null, kann sich aufgrund der in Sperrrichtung wirkenden Diode D_r aber nicht umkehren, so dass i_{Cr} den Strom i_{LF} alleine liefert.
T_2' $< t < T_3$'	Jetzt ist $i_{Cr}(t) = i_{LF}$ = konstant. Dadurch nimmt die Spannung $u_{Cr}(t)$ zeitlinear wieder bis auf null ab.
Leitzustand d)	
T_3'	Sobald $u_{Cr}(T_3$') = null wird, schaltet D_{FWD} wieder ein und der Ausgangszustand ist erreicht. Die Freilaufdiode leitet solange, bis der Schalter T erneut einschaltet.

Während des Einschaltens steigt im Zeitraum $T_{Start} < t < T_1$ der Schalterstrom i_T sehr viel langsamer an, als das beim hartem Schalten der Fall ist. Da in dieser Phase $u_T(t)$ gleich null ist, wird der Einschaltvorgang stark entlastet. Das Abschalten des Schalttransistors erfolgt zu einem (beliebigen) Zeitpunkt ab $t > T'_2$. Der Schalterstrom ist in dieser Phase bereits null, so dass das Ausschalten sogar völlig entlastet stattfindet und tatsächlich ZCS vorliegt.

Übung 7.2

Können für C_r Elektrolytkondensatoren verwendet werden? ■

Für das stromlose Schalten sind neben den normalen leistungselektronischen Bauteilen des Tiefsetzstellers zusätzlich die Komponenten C_r, L_r und D_r erforderlich. Neben dem Laststrom i_0 muss der Schalter noch den resonanten Strom tragen. Dies führt zu höheren Durchlassverlusten während der Einschaltzeit. I. Allg. ist sogar ein größeres und teureres Halbleiterbauelement erforderlich.

Die Einschaltdauer t_{ein} des Schalters ist gleich der Zeitdifferenz $T'_2 - T_{Start}$. Sie wird weitgehend durch die Resonanzfrequenz bestimmt und entspricht also näherungsweise der Dauer einer Halbwelle. Die Steuerung der Ausgangsspannung kann demnach lediglich über die Ausschaltdauer t_{aus} erfolgen. Dies bedeutet u. U. eine massive Einschränkung.

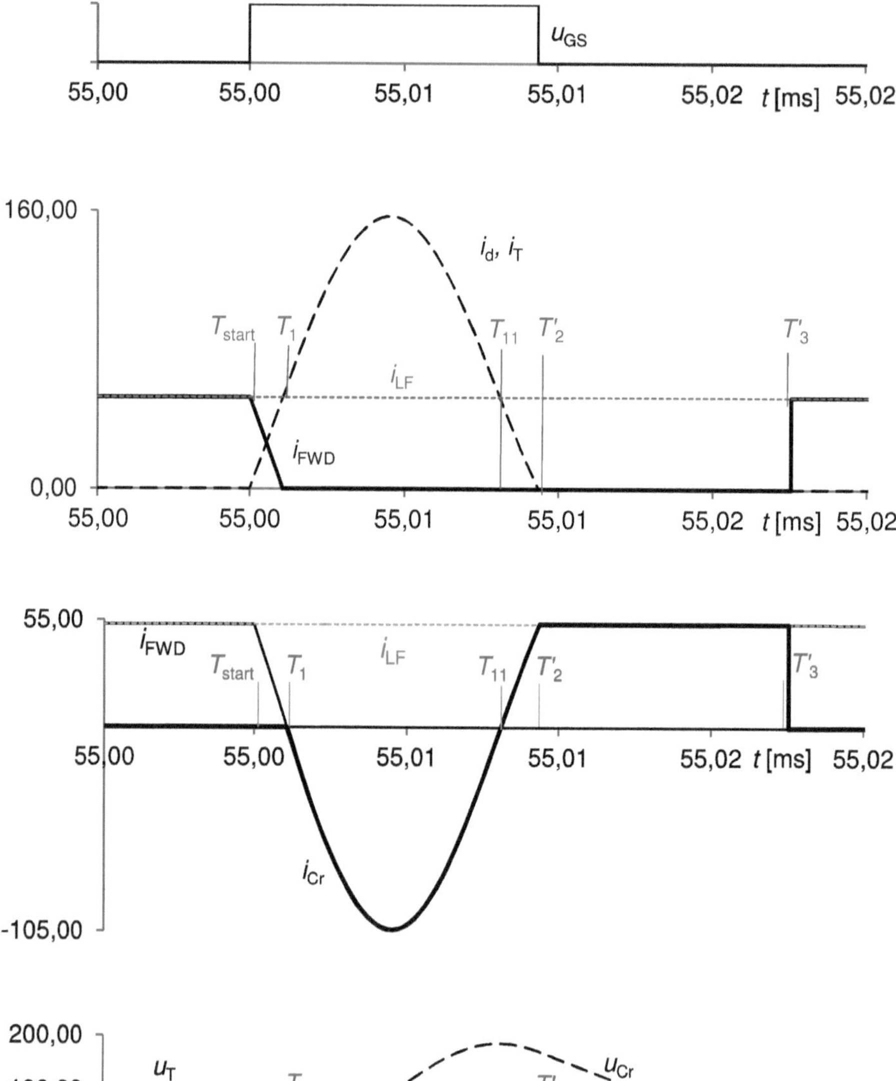

Bild 7.9 Zeitverläufe von u_T, u_{Cr} sowie i_T für das stromlose Ausschalten beim Tiefsetzsteller nach Bild 7.7

Übung 7.3

Ermitteln Sie, bis zu welchem Laststrom der resonant arbeitende Tiefsetzsteller mit ZCS korrekt funktioniert.

Verwenden Sie für die Lösung das Applet „Tiefsetzsteller mit ZCS".

Ermittlung des Steuergesetzes

Die Zeitverläufe im stationären Betrieb des Tiefsetzstellers aus Bild 7.7 wiederholen sich bei jedem Schaltimpuls und sind für mehrere aufeinanderfolgende Schaltperioden in Bild 7.10 wiedergegeben. Die Quelle U_d gibt Energie lediglich in dem Zeitraum ab, während dem $i_T > 0$ ist. Bei verlustlosem Resonanzkreis wird dieser Energiebetrag an den Ausgang weitergegeben.

Zur Ermittlung des Steuergesetzes wird der Energiebetrag W_{in} bestimmt, der pro Schaltzyklus von der Quelle geliefert wird. [Lee84], [Lee87]. Im stationären Betrieb und einem verlustfreien Resonanzkreis ist dieser Energiebetrag gleich W_{out}, der im Ausgangskreis umgesetzt wird. Man erhält für I_{LF} = const.:

$$W_{out} = U_0 \cdot I_{LF} \cdot T_S \qquad \text{da} \quad I_{LF,AVG} = I_{0,AVG}$$

$$W_{in} = U_d \cdot \left[\underbrace{\int_0^{T_1} i_T(t) \cdot dt}_{\text{Teilintegral A}} + \underbrace{\int_0^{T_2} i_T(t) \cdot dt}_{\text{Teilintegral B}} \right]$$

Mit dem Teilintegral A wird der Energiebetrag berechnet, der während des zeitlinearen Anstiegs des Schalterstroms unmittelbar nach dem Einschalten von der Quelle geliefert wird. In diesem Zeitraum leitet noch die Freilaufdiode und verhindert, dass sich die Spannung des Resonanzkondensators ändert. Wenn i_T den Betrag des Filterstroms I_{LF} erreicht hat, setzt der Schwingvorgang ein und sorgt für einen sinusförmigen Schwingkreisstrom, mit dem Anfangswert I_{LF}. Teilintegral B erfasst den Energiebetrag während des Umschwingvorgangs.

Für eine einfache Angabe der jeweils geltenden Gleichungen für $i_T(t)$ beginnt die Zeit bei jedem der Teilintegrale A und B erneut bei 0. Für die Zeiten T_1, T_2 und T_3 gilt daher:

$$T_2 = T_2' - T_1$$
$$T_3 = T_3' - T_2'$$

$$W_{in} = U_d \cdot \left[\underbrace{\int_0^{T_1} \frac{U_d}{L_r} \cdot t \cdot dt}_{\text{Teilintegral A}} + \underbrace{\int_0^{T_2} \left[I_{LF} + \frac{U_d}{Z_0} \cdot \sin(\omega_0 t) \right] \cdot dt}_{\text{Teilintegral B}} \right]$$

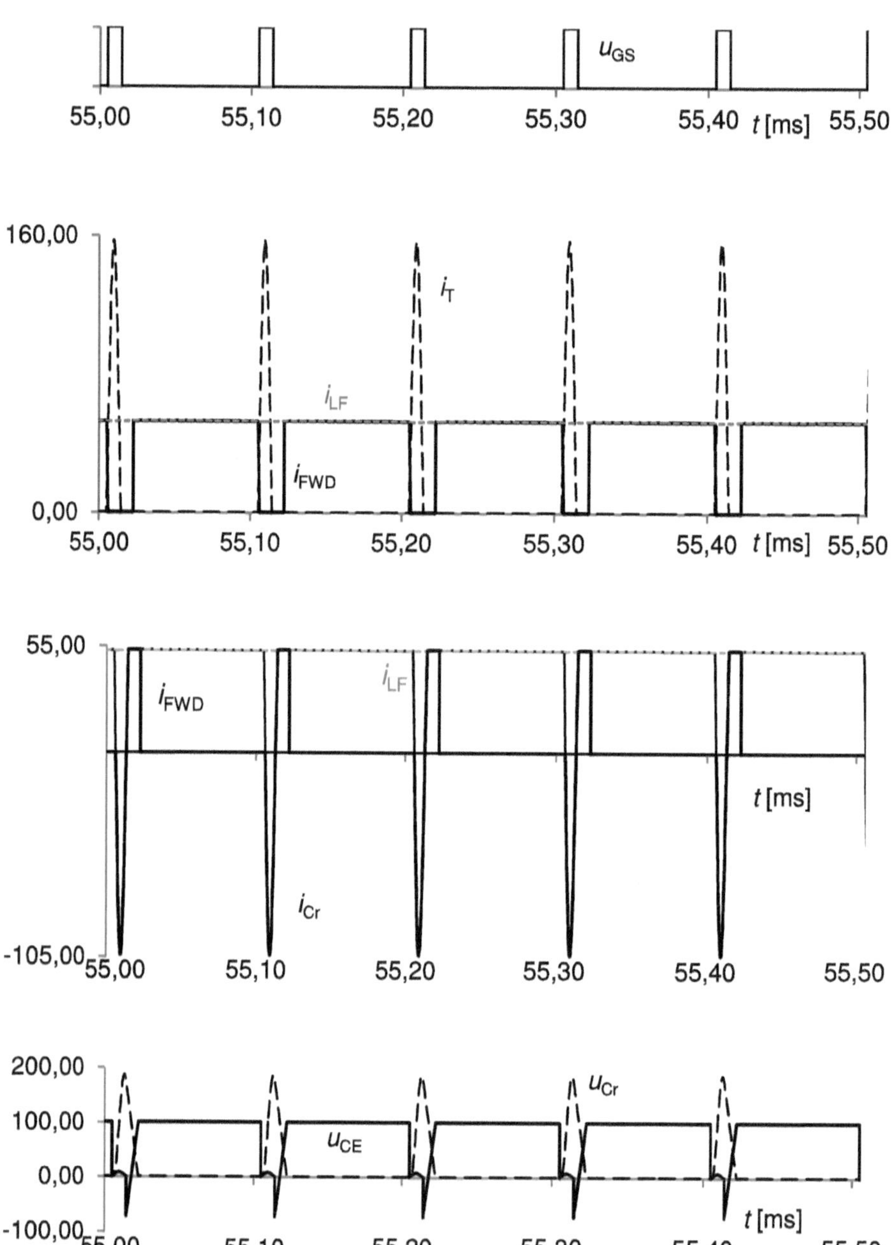

Bild 7.10 Aufeinanderfolgende stromlose Ausschaltvorgänge beim Tiefsetzsteller nach Bild 7.7

$$W_{\text{in}} = U_{\text{d}} \cdot \left[\left[\frac{1}{2} \cdot \frac{U_{\text{d}}}{L_{\text{r}}} \cdot t^2 \right]_0^{T_1} + \left[I_{\text{LF}} \cdot t \right]_0^{T_2} - \left[\frac{U_{\text{d}}}{Z_0 \cdot \omega_0} \cdot \cos(\omega_0 t) \right]_0^{T_2} \right]$$

$$W_{\text{in}} = U_{\text{d}} \cdot \left[\frac{1}{2} \cdot \frac{U_{\text{d}}}{L_{\text{r}}} \cdot T_1^2 + I_{\text{LF}} \cdot T_2 - \frac{U_{\text{d}}}{Z_0 \cdot \omega_0} \cdot \left[\cos(\omega_0 T_2) - 1 \right] \right]$$

$$W_{\text{in}} = U_{\text{d}} \cdot \left[\frac{1}{2} \cdot \frac{U_{\text{d}}}{L_{\text{r}}} \cdot \overbrace{\underbrace{\frac{I_{\text{LF}} \cdot L_{\text{r}}}{U_{\text{d}}}}_{T_1} \cdot T_1}^{T_1^2} + I_{\text{LF}} \cdot T_2 + \frac{1}{Z_0 \cdot \omega_0} \cdot \underbrace{U_{\text{d}} \cdot \left[1 - \cos(\omega_0 T_2) \right]}_{= \frac{I_{\text{LF}} \cdot T_3}{C_{\text{r}}}} \right] \tag{7.14}$$

Im Leitzustand c) wird der Resonanzkondensator durch den konstanten Filterstrom I_{LF} zeitlinear entladen. Dieser Entladevorgang beginnt zum Zeitpunkt T_2' und endet bei T_3'. Die Zeitdauer dieses Vorgangs beträgt $T_3 = T_3' - T_2'$. Der rechte Summand in Gl. (7.14) kann daher durch den angegebenen Teilausdruck ersetzt werden.

$$W_{\text{in}} = U_{\text{d}} \cdot \left[\frac{1}{2} \cdot I_{\text{LF}} \cdot T_1 + I_{\text{LF}} \cdot T_2 + \frac{T_3}{Z_0 \cdot C_{\text{r}} \cdot \omega_0} \right]$$

$$W_{\text{in}} = U_{\text{d}} \cdot I_{\text{LF}} \cdot \left[\frac{1}{2} \cdot T_1 + T_2 + \frac{T_3}{\underbrace{Z_0 \cdot C_{\text{r}} \cdot \omega_0}_{=1}} \right] = \underline{\underline{U_{\text{d}} \cdot I_{\text{LF}} \cdot \left[\frac{1}{2} \cdot T_1 + T_2 + T_3 \right]}}$$

Das Gleichsetzen beider Energiebeträge liefert

$$W_{\text{out}} = U_0 \cdot I_{\text{LF}} \cdot T_{\text{S}} = W_{\text{in}} = U_{\text{d}} \cdot I_{\text{LF}} \cdot \left[\frac{1}{2} \cdot T_1 + T_2 + T_3 \right]$$

$$\underline{\underline{U_0 = U_{\text{d}} \cdot \frac{\left[\frac{1}{2} \cdot T_1 + T_2 + T_3 \right]}{T_{\text{S}}}}}$$

Die Ausgangsspannung hängt ab von der Schaltfrequenz, der Eingangsspannung U_{d} sowie den Zeiten T_1, $T_2 = T_2' - T_1$ und $T_3 = T_3' - T_2'$.

- T_1 wird von der Höhe des Filterstroms I_{LF} bestimmt. Dieser ist gleich dem Mittelwert des Laststroms. Daher ist diese Zeit lastabhängig.
- $T_2 = T_2' - T_1 = (T_2' - T_{11}) + (T_{11} - T_1)$ ist zum kleinen Teil $(T_2' - T_{11})$ ebenfalls abhängig von I_{LF} und damit der Last. Der Zeitraum $(T_{11} - T_1)$ entspricht der halben Periodendauer der Resonanzschwingung und wird durch die Parameter des Resonanzkreises vorgegeben.
- $T_3 = T_3' - T_2'$ wird ebenfalls durch I_{LF} aber auch durch den Resonanzkondensator beeinflusst.

Man erkennt, dass beim resonant schaltenden Tiefsetzsteller die Ausgangsspannung von vielen Parametern abhängt. Als Stellgröße wird die Schaltfrequenz verwendet. Zusätzlich beeinflusst die Höhe des Laststroms die Ausgangsspannung ebenfalls. Die Regelung eines solchen Tiefsetzstellers muss daher so ausgelegt werden, dass sie diese nicht linearen Einflüsse sicher beherrschen kann [Lee84], [Lee87].

7.5 Tiefsetzsteller mit ZVS

Bild 7.11 zeigt einen Tiefsetzsteller, bei dem der Schalttransistor spannungslos eingeschaltet werden kann. Auch hier wird unterstellt, dass der Filterstrom i_L als konstant betrachtet werden kann.

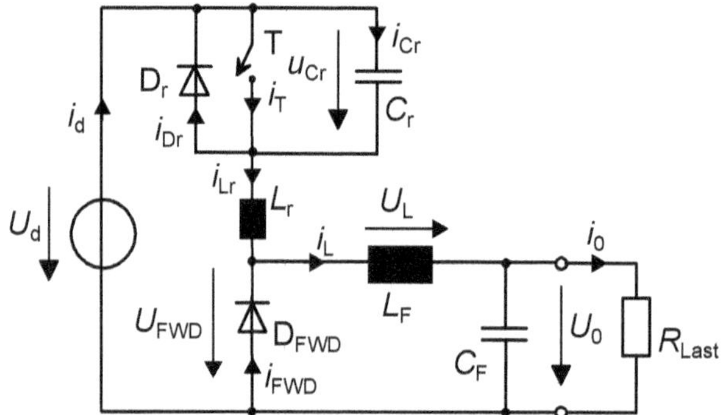

Bild 7.11 Tiefsetzsteller mit ZVS

Solange der Transistor eingeschaltet ist, sperrt die Freilaufdiode D_{FWD} und die Spannung U_{FWD} beträgt $-U_d$. Der Kondensator C_r ist entladen und D_r führt keinen Strom. Beim Abschalten des Transistors wird i_T schlagartig null; die Freilaufdiode kann aber noch nicht leiten, da u_{Cr} nach wie vor null ist. Der konstante Laststrom erzwingt daher, dass der Transistorstrom i_T zunächst in voller Höhe auf den Kondensator übergeht. Es gilt:

$$i_{Lr} = \underbrace{i_T}_{0} + i_{Cr} - \underbrace{i_{Dr}}_{0} \quad \Rightarrow \quad i_{Lr} = i_{Cr}$$

$$i_{Lr} + \underbrace{i_{FWD}}_{0} = i_L = I_{LF} = \text{const.} \quad \Rightarrow \quad i_{Lr} = i_{Cr} = i_L = I_{LF} = \text{const.}$$

Der Resonanzkondensator wird zeitlinear aufgeladen, bis seine Spannung der Eingangsspannung U_d entspricht. Zu diesem Zeitpunkt schaltet die Freilaufdiode D_{FWD} ein und aktiviert den Resonanzkreis, der sich über die Eingangsspannung U_d schließt. Der Strom i_{Lr} (und damit auch i_{Cr}) nimmt in dem Maße ab, wie i_{FWD} ansteigt, da deren Summe dem konstanten Filterstrom i_L entsprechen muss.

Die Zeitverläufe des *spannungslosen Einschaltvorgangs* sind in Bild 7.13 dargestellt und gelten in Verbindung mit den Leitzuständen aus Bild 7.12. Dieser Vorgang läuft folgendermaßen ab:

Leitzustand a)	
$t < T_{Start}$	Der Transistor T ist noch eingeschaltet und führt den Laststrom I_{LF}.
Leitzustand b)	
$t = T_{Start}$	Der Transistor wird abgeschaltet. Schlagartig wird $i_T(T_{Start}) = 0$.
$T_{Start} < t < T_1$	Aufgrund der Resonanzinduktivität L_r kann $i_{Lr}(t)$ sich nicht abrupt ändern und erzwingt einen Stromfluss über den Resonanzkondensator C_r. Es gilt die Knotengleichung $i_{Lr} = i_{Cr} = I_{LF}$. Die Spannung u_{Cr} am Resonanzkondensator C_r ändert sich zeitlinear.
$t = T_1$	Jetzt ist $u_{Cr}(T_1) = U_d$. Die Diode D_{FWD} schaltet.
Leitzustand c)	
$T_1 < t < T_{11}$	Der Resonanzkreis aus C_r, L_r, und D_{FWD} ist aktiv. Der Kondensator C_r lädt sich weiter auf. Die Kondensatorspannung erreicht ihr Maximum genau dann, wenn $i_{Lr}(T_{11})$ auf null zurückgegangen ist.
$t = T_{11}$	Der Strom der Freilaufdiode beträgt zu diesem Zeitpunkt $i_{FWD}(T_{11}) = I_{LF}$.
$T_{11} < t < T_{12}$	Die Kondensatorspannung u_{Cr} nimmt ab und erreicht bei $t = T_{12}$ den Wert von U_d.
$t = T_2$	$u_{Cr}(T_2) = 0$. und damit $u_{Dr}(T_2) = 0$: Daher schaltet jetzt D_r ein. Ab diesem Zeitpunkt könnte T spannungslos erneut eingeschaltet werden.
Leitzustand d)	
$T_2 < t < T_{21}$	Die Ströme $i_{Dr}(t)$ und $i_{FWD}(t)$ nehmen zeitlinear ab.
	Der Transistor T kann spannungslos eingeschaltet werden, leitet aber zunächst noch nicht, da D_r noch Strom führt.
$t = T_{21}$	Der Strom $i_{Lr}(t)$ kehrt seine Richtung um. Der Transistor T beginnt zu leiten, da $i_{Dr}(T_{21}) = 0$.
$T_{21} < t < T_3$	Es leiten T und D_{FWD}; $i_{FWD}(t)$ nimmt zeitlinear ab, $i_T(t)$ steigt zeitlinear an.
$t = T_3$	Die Freilaufdiode D_{FWD} löscht weil $i_{FWD}(T_3)$ null wird. Der Transistor T führt wieder den vollen Laststrom.

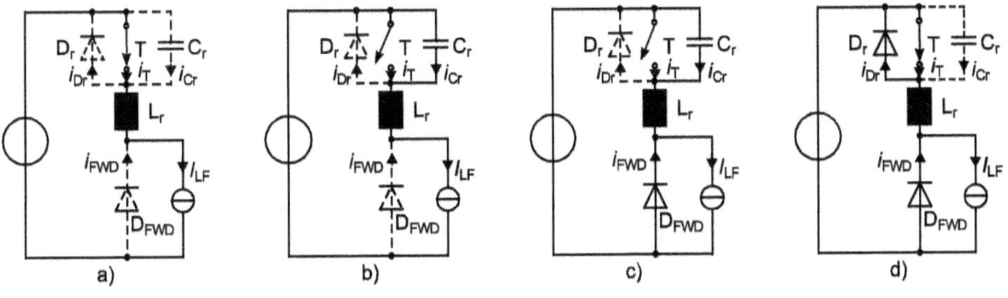

Bild 7.12 Leitzustände beim spannungslosen Einschalten des Tiefsetzstellers nach Bild 7.11

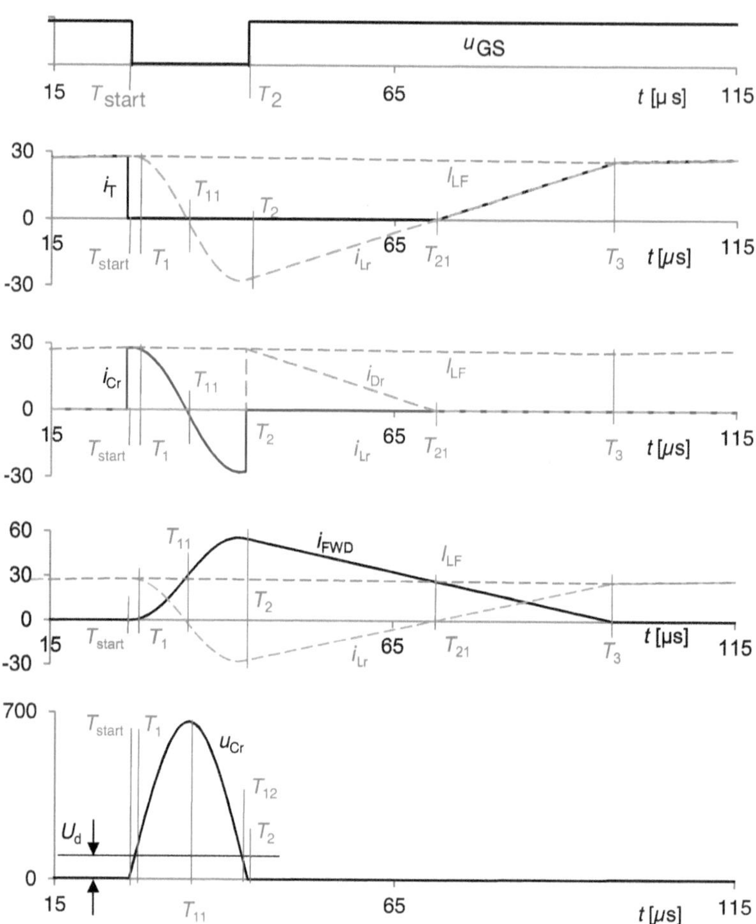

Bild 7.13 Zeitverläufe von i_T, i_{Dr}, i_{Cr}, i_{Lr}, i_{FWD} sowie u_{Cr} für das spannungslose Einschalten beim Tiefsetzsteller nach Bild 7.11

Die Zeitverläufe im stationären Betrieb des Tiefsetzstellers aus Bild 7.11 wiederholen sich ebenfalls bei jedem Schaltimpuls und sind für mehrere aufeinanderfolgende Schaltperioden in Bild 7.14 wiedergegeben.

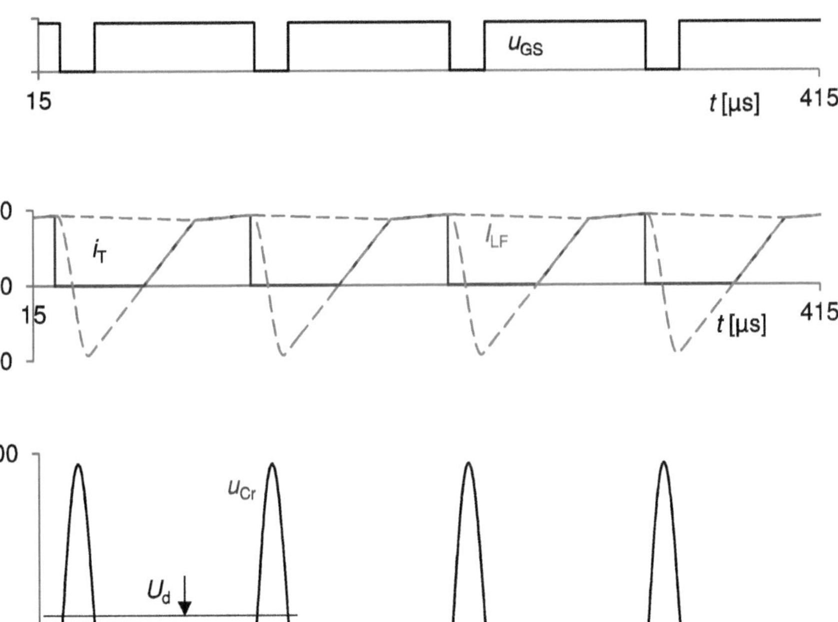

Bild 7.14 Aufeinanderfolgende spannungslose Einschaltvorgänge beim Tiefsetzsteller nach Bild 7.11

Übung 7.4

Ermitteln Sie, bis zu welchem Laststrom der resonant arbeitende Tiefsetzsteller mit ZVS korrekt funktioniert.

Verwenden Sie für die Lösung das Applet „Tiefsetzsteller mit ZVS".

Weitere Topologien von Quasi-Resonanz-Wandlern

Neben den hier erläuterten Varianten des resonant schaltenden Tiefsetzstellers existieren weitere Möglichkeiten für ZCS und ZVS, die sich u. a. in der Anordnung des Resonanzkondensators unterschieden. Verzichtet man bei ZCS auf die Resonanzdiode D_r, so kann i_T auch negativ werden, sofern ein Schalter mit einer Inversdiode verwendet wird. Zusätzliche Informationen zu den verschiedenen Varianten finden sich in [Mohan03].

7.6 Lösungen

Übung 7.1

Die Beschreibung der Kondensatorspannung im Bildbereich lautet nach Gl. (7.9):

$$U_C = \frac{U_d}{\frac{s^2}{\omega_0^2} + \frac{R_r}{Z_0 \cdot \omega_0} \cdot s + 1} - \frac{\frac{1}{\omega_0^2 \cdot C_r} \cdot \left(s + \frac{R_r}{L_r} \right) \cdot I_d}{\frac{s^2}{\omega_0^2} + \frac{R_r}{Z_0 \cdot \omega_0} \cdot s + 1} + \frac{\frac{1}{C_r} \cdot \frac{1}{\omega_0^2} \cdot i_L(0)}{\frac{s^2}{\omega_0^2} + \frac{R_r}{Z_0 \cdot \omega_0} \cdot s + 1} + \frac{\left(s + \frac{R_r}{L_r} \right) \cdot \frac{1}{\omega_0^2} \cdot u_C(0)}{\frac{s^2}{\omega_0^2} + \frac{R_r}{Z_0 \cdot \omega_0} \cdot s + 1}$$

mit den Vereinfachungen aus Gl. (7.8) gilt:

$$U_C = \frac{U_d}{\frac{s^2}{\omega_0^2} + \frac{R_r}{Z_0 \cdot \omega_0} \cdot s + 1} - \frac{\frac{Z_0}{\omega_0} \cdot \left(s + R_r \frac{\omega_0}{Z_0} \right) \cdot I_d}{\frac{s^2}{\omega_0^2} + \frac{R_r}{Z_0 \cdot \omega_0} \cdot s + 1} + \frac{Z_0 \cdot \omega_0 \cdot \frac{1}{\omega_0^2} \cdot i_L(0)}{\frac{s^2}{\omega_0^2} + \frac{R_r}{Z_0 \cdot \omega_0} \cdot s + 1} + \frac{\left(s + \frac{R_r}{L_r} \right) \cdot \frac{1}{\omega_0^2} \cdot u_C(0)}{\frac{s^2}{\omega_0^2} + \frac{R_r}{Z_0 \cdot \omega_0} \cdot s + 1}$$

$$U_C = \frac{U_d}{\frac{s^2}{\omega_0^2} + \frac{R_r}{Z_0 \cdot \omega_0} \cdot s + 1} - \frac{\left[\frac{Z_0}{\omega_0} \cdot s + R_r \right] \cdot I_d}{\frac{s^2}{\omega_0^2} + \frac{R_r}{Z_0 \cdot \omega_0} \cdot s + 1} + \frac{\frac{Z_0}{\omega_0} \cdot i_L(0)}{\frac{s^2}{\omega_0^2} + \frac{R_r}{Z_0 \cdot \omega_0} \cdot s + 1} + \frac{\left(s + \frac{R_r}{L_r} \right) \cdot \frac{1}{\omega_0^2} \cdot u_C(0)}{\frac{s^2}{\omega_0^2} + \frac{R_r}{Z_0 \cdot \omega_0} \cdot s + 1}$$

Unterstellt man auch hier sprungförmige Steuergrößen zum Zeitpunkt $t = 0$, so lautet die Gleichung der Kondensatorspannung im Bildbereich:

$$U_C = \frac{U_1}{s \cdot \left(\frac{s^2}{\omega_0^2} + \frac{R_r}{Z_0 \cdot \omega_0} \cdot s + 1 \right)} - \frac{\frac{Z_0}{\omega_0} \cdot I_2}{\frac{s^2}{\omega_0^2} + \frac{R_r}{Z_0 \cdot \omega_0} \cdot s + 1} - \frac{R_r \cdot I_2}{s \cdot \left(\frac{s^2}{\omega_0^2} + \frac{R_r}{Z_0 \cdot \omega_0} \cdot s + 1 \right)} +$$

$$\frac{\frac{Z_0}{\omega_0} \cdot i_L(0)}{\frac{s^2}{\omega_0^2} + \frac{R_r}{Z_0 \cdot \omega_0} \cdot s + 1} + \frac{s \cdot \frac{1}{\omega_0^2} \cdot u_C(0)}{\frac{s^2}{\omega_0^2} + \frac{R_r}{Z_0 \cdot \omega_0} \cdot s + 1} + \frac{\frac{R_r}{Z_0 \cdot \omega_0} \cdot u_C(0)}{\frac{s^2}{\omega_0^2} + \frac{R_r}{Z_0 \cdot \omega_0} \cdot s + 1}$$

Die Rücktransformation liefert:

$$u_C(t) = U_1 \cdot \left[1 - e^{-\delta \cdot t} \cdot \left(\frac{\delta}{\omega} \cdot \sin(\omega t) + \cos(\omega t) \right) \right] -$$
$$I_2 \cdot \left[\frac{Z_0}{\sqrt{1-d^2}} \cdot e^{-\delta \cdot t} \cdot \sin(\omega t) + R_r \cdot \left(1 - e^{-\delta \cdot t} \cdot \left(\frac{\delta}{\omega} \cdot \sin(\omega t) + \cos(\omega t) \right) \right) \right] +$$
$$i_L(0) \cdot \frac{Z_0}{\sqrt{1-d^2}} \cdot e^{-\delta \cdot t} \cdot \sin(\omega t) +$$
$$u_C(0) \cdot e^{-\delta \cdot t} \cdot \left[\cos(\omega t) - \frac{d}{\sqrt{1-d^2}} \sin(\omega t) \right] +$$
$$u_C(0) \cdot \frac{R_r}{Z_0 \cdot \sqrt{1-d^2}} \cdot e^{-\delta \cdot t} \cdot \sin(\omega t)$$

Aus der Standardform des Verzögerungsgliedes 2. Ordnung liest man ab:

$$\frac{2 \cdot d}{\omega_0} = \frac{R_r}{Z_0 \cdot \omega_0} \qquad \Rightarrow \qquad \frac{R_r}{Z_0} = 2 \cdot d$$

Dadurch vereinfacht sich das Ergebnis zu:

$$u_C(t) = U_1 \cdot \left[1 - e^{-\delta \cdot t} \cdot \left(\frac{\delta}{\omega} \cdot \sin(\omega t) + \cos(\omega t) \right) \right] -$$
$$I_2 \cdot \left[\frac{Z_0}{\sqrt{1-d^2}} \cdot e^{-\delta \cdot t} \cdot \sin(\omega t) + R_r \cdot \left(1 - e^{-\delta \cdot t} \cdot \left(\frac{\delta}{\omega} \cdot \sin(\omega t) + \cos(\omega t) \right) \right) \right] +$$
$$i_L(0) \cdot \frac{Z_0}{\sqrt{1-d^2}} \cdot e^{-\delta \cdot t} \cdot \sin(\omega t) +$$
$$u_C(0) \cdot e^{-\delta \cdot t} \cdot \left[\cos(\omega t) + \frac{d}{\sqrt{1-d^2}} \sin(\omega t) \right]$$

■

Übung 7.2

Die Kapazität C_r des Resonanznetzwerks muss Spannung in beide Richtungen aufnehmen können. Dies schließt den Einsatz von Elektrolytkondensatoren aus. ■

Übung 7.3

In Bild 7.9 ist im zweiten Diagramm die positive Halbwelle des Transistorstroms i_T abgebildet. Während der negativen Halbwelle muss dieser Strom null werden, damit der Transistor stromlos ausgeschaltet werden kann. Sobald der Laststrom I_{LF} jedoch größer wird als der Scheitelwert des Umschwingstroms U_d/Z_0, kann i_T während seiner negativen Halbwelle nicht mehr den Wert null erreichen. Dadurch ist die ZCS-Bedingung nicht mehr erfüllt und der Transistor muss hart ausgeschaltet werden. ■

Übung 7.4

In Bild 7.13 ist im letzten Diagramm die positive Halbwelle der Kondensatorspannung u_{Cr} dargestellt. Der Scheitelwert ihrer negativen Halbwelle muss so groß sein, dass der Resonanzkondensator sich entlädt, und die Diode D_r einschalten kann. Dies erfordert es, dass der Laststrom I_{LF} größer als U_d/Z_0 ist. Ist diese Bedingung nicht erfüllt, so kann u_{Cr} während ihrer negativen Halbwelle nicht mehr den Wert null erreichen. Die ZVS-Bedingung wird nicht mehr erfüllt und der Transistor muss hart ausgeschaltet werden. ■

Fachbegriffe Deutsch-Englisch/Englisch-Deutsch

Deutscher Ausdruck	Englischer Ausdruck
abschaltbarer Thyristor	gate turn off thyristor (GTO)
Anode	anode
arithmetischer Mittelwert	arithmetic mean (average) value
Ausschaltentlastung	turn-off-snubber
Bandlücke	bandgap
Basis	base
Beschaltungsnetzwerk	snubber
Blindleistung	reactive power
Blockierspannung	off-state voltage
Blockierzustand	blocking state
Drehmoment	torque
Drehzahl	speed
Dreipunkt-Wechselrichter	three-level inverter
Durchlassverluste	forward losses
Effektivwert (Quadratischer Mittelwert)	root mean square (RMS)
Einraststrom (Thyristor)	latching current
Einschaltentlastung	turn-on-snubber
Emitter	emitter
Flusswandler	forward converter
FRED Diode (schnelle Diode)	fast recovery epitaxial diode
Gate (Steuereingang)	gate
GCT mit integrierter Ansteuerschaltung	integrated gate commutated thyristor (IGCT)
Gehäuse	case
gesteuerter Gleichrichter	controlled rectifier
Gleichanteil	DC component
Gleichstrom	direct current (DC)

Deutscher Ausdruck	Englischer Ausdruck
Grenzwerte	absolute maximum ratings
Grundschwingung	fundamental component (first harmonic)
Halbleiterträger	substrat
Haltestrom	holding current
Hochpassfilter	high-pass filter
Hochsetzsteller (Sperrwandler)	boost converter
Induktivität	inductance
Kathode	cathode
Kenndaten	characteristics
Klemmdiode	clamping diode
Klirrfaktor	total harmonic distortion (THD)
Kollektor	collector
Kommutierung	commutation
Kondensator	capacitor
Kühlkörper	heat sink
Lawinendurchbruch	avalanche break down
Leistungselektronik	power electronics
Leistungsfaktor	power factor
lückender Strom	intermittent current
maximale Sperrspannung	reverse repetitive maximal U_{RRM}
Oberschwingungsfilter	harmonic filter
Pulsweitenmodulation	puls-with-modulation (PWM)
Quelle(Source)	source
resonantes Schalten	resonant switching
Rückwärtserholzeit	reverse recovery time
Rückwärtsrichtung	reverse
Schaltbetrieb	switching mode
Schaltfrequenz	switch frequency
Schaltverluste	switching losses
Scheinleistung	apparent power
schneller abschaltbarer Thyristor	gate commutated thyristor (GCT)
Schweifstrom	tail current

Deutscher Ausdruck	Englischer Ausdruck
Schwellwert	threshold
Senke (Drain)	drain
Spannung	voltage
Speicherladung	reverse recovery charge
Sperrschicht	junction
Sperrverluste	blocking losses
Spule	coil
Steuerblindleistung	control reactive power
Steuerwinkel	control (controller) angle
Thyristor	thyristor
Thyristor mit isoliertem Steueranschluss	gate controlled thyristor (GCT)
Tiefpassfilter	low-pass filter
Tiefsetzsteller (Abwärtswandler)	buck converter (step down converter)
Transistor	transistor
Transistor mit isoliertem Steueranschluss	insulated gate bipolar transistor (IGBT)
Überlappungswinkel/-zeit	commutation angle/time
Umdrehungen pro Minute	revolution per minute (RPM)
Umgebungstemperatur	ambient temperature
ungesteuerter Gleichrichter	uncontrolled rectifier
ungünstigster Fall	worst case
Verluste	losses
Verzerrung	distortion
Verzögerung	delay
Verzögerungszeit	delay time
Wechselanteil	ripple content
Wechselstrom	alternating current (AC)
weiches/hartes Schalten	soft/hard switching
Welligkeit	ripple
Widerstand	resistor
wiederholt	repetitive
Wirkleistung	active power

Deutscher Ausdruck	Englischer Ausdruck
Wirkungsgrad	efficiency
Zündwinkel	firing angle
Zweipunkt-Wechselrichter	two-level inverter

Englischer Ausdruck	Deutscher Ausdruck
absolute maximum ratings	Grenzwerte
active power	Wirkleistung
alternating current (AC)	Wechselstrom
ambient temperature	Umgebungstemperatur
anode	Anode
apparent power	Scheinleistung
arithmetic mean (average) value	arithmetischer Mittelwert
avalanche break down	Lawinendurchbruch
bandgap	Bandlücke
base	Basis
blocking losses	Sperrverluste
boost converter	Hochsetzsteller (Sperrwandler)
buck converter (step down converter)	Tiefsetzsteller (Abwärtswandler)
capacitor	Kondensator
case	Gehäuse
cathode	Kathode
characteristics	Kenndaten
clamping diode	Klemmdiode
coil	Spule
collector	Kollektor
commutation	Kommutierung
commutation angle	Überlappungswinkel
commutation time	Überlappungszeit
control (controller) angle	Steuerwinkel
control reactive power	Steuerblindleistung
controlled rectifier	gesteuerter Gleichrichter

Englischer Ausdruck	Deutscher Ausdruck
current	Strom
DC component	Gleichanteil
delay	Verzögerung
delay time	Verzögerungszeit
direct current (DC)	Gleichstrom
distortion	Verzerrung
drain	Senke (Drain)
efficiency	Wirkungsgrad
emitter	Emitter
fast recovery epitaxial diode	FRED Diode (schnelle Diode)
firing angle	Zündwinkel
forward converter	Flusswandler
forward losses	Durchlassverluste
frequency	Frequenz
fundamental component (first harmonic)	Grundschwingung
gate	Gate (Steuereingang)
gate commutated thyristor (GCT)	schneller abschaltbarer Thyristor
gate controlled thyristor (GCT)	Thyristor mit isoliertem Steueranschluss
gate turn off thyristor (GTO)	Abschaltbarer Thyristor
harmonic filter	Oberschwingungsfilter
heat sink	Kühlkörper
high-pass filter	Hochpassfilter
holding current	Haltestrom
inductance	Induktivität
insulated gate bipolar transistor (IGBT)	Transistor mit isoliertem Steueranschluss
integrated gate commutated thyristor (IGCT)	GCT mit integrierter Ansteuerschaltung
intermittent current	lückender Strom
junction	Sperrschicht
latching current	Einraststrom (Thyristor)
losses	Verluste
low-pass filter	Tiefpassfilter

Englischer Ausdruck	Deutscher Ausdruck
off-state voltage	Blockierspannung
power electronics	Leistungselektronik
power factor	Leistungsfaktor
puls-with-modulation (PWM)	Pulsweitenmodulation
reactive power	Blindleistung
repetitive	wiederholt
resistor	Widerstand
resonant switching	resonantes Schalten
reverse	Rückwärtsrichtung
reverse recovery charge	Speicherladung
reverse recovery time	Rückwärtserholzeit
reverse repetitive maximal U_{RRM}	maximale Sperrspannung
revolution per minute (RPM)	Umdrehungen pro Minute
ripple	Welligkeit
ripple content	Wechselanteil
blocking state	Blockierzustand
root mean square (RMS)	Effektivwert (Quadratischer Mittelwert)
snubber	Beschaltungsnetzwerk
soft/hard switching	weiches/hartes Schalten
source	Quelle (Source)
speed	Drehzahl
substrat	Halbleiterträger
switch frequency	Schaltfrequenz
switching losses	Schaltverluste
switching mode	Schaltbetrieb
tail current	Schweifstrom
threshold	Schwellwert
thyristor	Thyristor
torque	Drehmoment
total harmonic distortion (THD)	Klirrfaktor
transistor	Transistor
turn-off-snubber	Ausschaltentlastung

Englischer Ausdruck	Deutscher Ausdruck
turn-on-snubber	Einschaltentlastung
uncontrolled rectifier	ungesteuerter Gleichrichter
voltage	Spannung
worst case	ungünstigster Fall

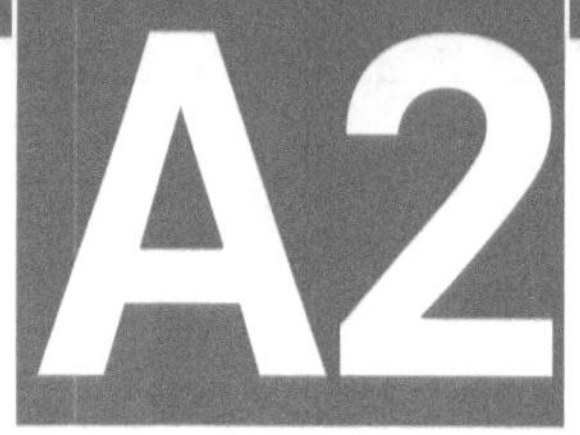

Formelzeichen und Abkürzungen

a_i	Fourier-Koeffizienten
b_i	Fourier-Koeffizienten
C	Kapazität
$cos\phi_1$	Leistungsfaktor der Grundschwingung
C_{th}	spezifische Wärmekapazität
D	Tastgrad
$(\mathrm{d}u/\mathrm{d}t)_{CR}$	kritische Spannungssteilheit
f	Frequenz
f_0	Ausgangsfrequenz
$f_{0,1}$	Grundfrequenz der Ausgangsspannung
$f_{0,n}$	n-te Oberschwingung der Ausgangsspannung
f_C	Eckfrequenz des Tiefpassfilters
f_{OS}	Oberschwingungsfrequenz
f_S	Schaltfrequenz
F	Fläche, Formfaktor
GFT	Grundfrequenztaktung
i_{BE}	Basis-Emitter-Strom
I_C	Kollektorstrom
I_D	Diodenstrom, Drainstrom
I_{FAVM}	maximaler Diodenstrom, Mittelwert
I_{FRMSM}	maximaler Diodenstrom, Effektivwert
i_G	Gatestrom
I_H	Haltestrom
I_L	Einraststrom
$I_{L,g}$	Strom an der Lückgrenze

I_{RM}	Rückstromspitze
I_T	Thyristorstrom
I_{TAVM}	maximaler Thyristorstrom, Mittelwert
I_{TRMSM}	maximaler Thyristorstrom, Effektivwert
k	Sicherheitsfaktor
L	Induktivität
L_k	Kommutierungsinduktivität
m	Masse
m_a	Aussteuergrad
m_f	Frequenzverhältnis
n	Ordnungszahl der Oberschwingungen
P	Leistung
P_1, p_1	Wirkleistung
P_{OS}	Oberschwingungsleistung
P_V	Verlustleistung
Q	Ladung, Blindleistung
Q_1	Grundschwingungsblindleistung
Q_d	Verzerrungsblindleistung
Q_{rr}	Speicherladung
R	ohmscher Widerstand
R_D	Durchlasswiderstand einer Diode
r_D	differentieller Durchlasswiderstand einer Diode
$R_{DS(on)}$	Bahnwiderstand
R_{ir}	ohmscher Innenwiderstand eines netzgeführten Stromrichters
R_{ix}	induktiver Innenwiderstand
R_{th}	Wärmewiderstand
RZ	Raumzeiger
S	Gesamtscheinleistung
S_1	Grundschwingungsscheinleistung
S_{OS}	Oberschwingungsscheinleistung
t	Zeit

t_{aus}	Ausschaltzeit
t_C	Schonzeit
t_d	Verzögerungszeit
t_{ein}	Einschaltzeit
t_f	Freiwerdezeit
t_{rr}	Rückwärtserholzeit
t_S	Speicherzeit
T_S	Schaltperiode
THD_U	gesamte harmonische Verzerrung der Spannung
THD_I	gesamte harmonische Verzerrung des Stroms
U_a, U_b, U_c	Strangspannungen am Ausgang des dreiphasigen Wechselrichters
U_0	Ausgangsspannung
$U_{0,1}$	Grundschwingung der Ausgangsspannung
U_{0F}	Ungefilterte Ausgangsspannung des Tiefsetzstellers
U_{aM}	Strangspannung am Drehstrommotor
U_{bM}	Strangspannung am Drehstrommotor
U_{cM}	Strangspannung am Drehstrommotor
U_{AN}	Ausgangsspannung der Halbbrücke A
U_{BE}	Basis-Emitter-Spannung
U_{BN}	Ausgangsspannung der Halbbrücke B
U_{CE}	Kollektor-Emitter-Spannung
U_d	Gleichspannung, Zwischenkreisspannung
U_D	Diodenspannung
U_{di0}	maximaler Mittelwert der gleichgerichteten Spannung
U_{DS}	Drain-Source-Spannung
$u_{d\sim}$	Wechselanteil der Gleichspannung
U_{Δ}	Dreieckspannung
U_N	Netzspannung
$U_{(BR)}$	Durchbruchspannung
U_d	Gleichgerichtete Spannung
$U_{F(T0)}$	Durchlassspannung einer Diode

U_{GE}	Gate-Emitter-Spannung
$U_{GE(th)}$	Schwellwert der Gate-Emitter-Spannung
U_{GS}	Gate-Source-Spannung
$U_{GS(th)}$	Schwellwert der Gate-Source-Spannung
U_{RRM}	maximale Sperrspannung einer Diode
U_{Steuer}	Steuerspannung
U_{SZ}	Sägezahnspannung
$U_{T(T0)}$	Durchlassspannung eines Thyristors
V	Volumen
w_i	Stromwelligkeit
w_u	Spannungswelligkeit
W_{Son}	Verlustenergie beim Einschalten
W_{Soff}	Verlustenergie beim Abschalten
ZP	Zündzeitpunkt
nZP	natürlicher Zündzeitpunkt

α	Steuerwinkel, Zündwinkel
γ	Löschwinkel (M3C) oder Transformationswinkel (aktiver Gleichrichter)
ω_1	Netzkreisfrequenz
Φ_1	Phasenwinkel der Grundschwingung
λ	totaler Leistungsfaktor
τ	Zeitkonstante, Zeitpunkt
Ω	mechanische Kreisfrequenz
Δ	kleiner Unterschied
ψ	Spannungs-Zeit-Fläche
η	Wirkungsgrad
ϑ	Temperatur

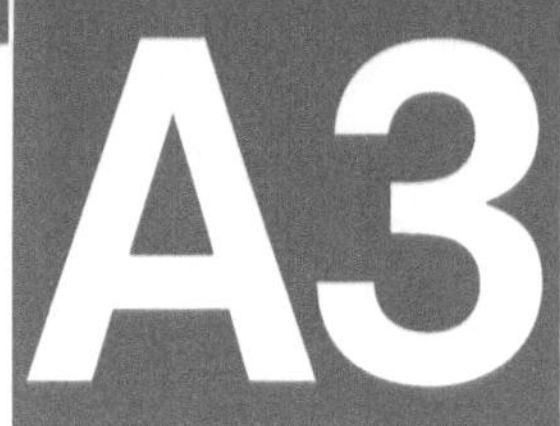

Glossar

gerichteter Schalter	Bauelement der Leistungselektronik, das einen Stromfluss nur in Durchlassrichtung zulässt; ein Stromfluss in umgekehrter Richtung wird gesperrt.
ideelle Gleichspannung U_{di}	Höchstwert der für einen Stromrichter erreichbaren Gleichspannung, der sich bei einem idealen verlustfreien Stromrichter für einen Zündwinkel von $\alpha = 0°$ ergibt.
ideelle Gleichspannung $U_{di\alpha}$	ideeller Gleichspannungsmittelwert der Gleichrichterausgangsspannung in Abhängigkeit des Steuerwinkels $\underline{\alpha}$. Dieser Wert ist nur für verlustfreie Stromrichter erreichbar, bei denen ideale Ventile verwendet werden.
natürlicher Zündzeitpunkt	Zeitpunkt, an dem eine Diode beginnt zu leiten. Dies ist dann der Fall, wenn die Ventilspannung einen positiven Nulldurchgang aufweist.
Spannungszeitfläche	Flächeninhalt zwischen dem Zeitverlauf einer Spannung u(t) und der Zeitachse t; hierbei werden Flächen oberhalb der Zeitachse positiv und Flächen unterhalb der Zeitachse negativ gezählt.
Teilaussteuerung	Teilaussteuerung liegt vor, wenn $\alpha > 0°$
Träger-Speicher-Effekt (TSE)	Bei bipolaren Bauelementen tritt hierdurch im Leitzustand eine Speicherladung auf. Diese muss beim Abschaltvorgang aus dem Bauelement ausgeräumt werden.
Überlappungszeit	Zeitraum der Kommutierung, in der auf- und abkommutierender Thyristor gleichzeitig leiten
Überlappungswinkel u	der der Überlappungszeit entsprechende elektrische Winkel
Vollaussteuerung	Vollaussteuerung liegt vor, wenn $\alpha = 0°$
vollgesteuert, halbgesteuert	Als vollgesteuert werden diejenigen netzgeführten Schaltungen bezeichnet, bei denen alle Ventile steuerbar, also Thyristoren sind. Im Gegensatz dazu stehen die halbgesteuerten Schaltungen. Hierbei sind teilweise Thyristoren durch Dioden ersetzt.

Welligkeit	Effektivwert des Wechselanteils bezogen auf den Effektivwert des Gleichanteils bei den Ausgangsgrößen eines Stromrichters Spannungswelligkeit $w_U = \frac{U_{d\sim}}{U_{di\alpha}} = \sqrt{\left(\frac{U_{deff}}{U_{di\alpha}}\right)^2 - 1}$ Stromwelligkeit $w_I = \frac{I_{d\sim}}{I_d} = \sqrt{\left(\frac{I_{deff}}{I_d}\right)^2 - 1}$
Zündwinkel α, Steuerwinkel α	Winkel, um den der Einschaltzeitpunkt eines Thyristors gegenüber seinem natürlichen Zündzeitpunkt verschoben wird.

Literatur

[Bahat] Bahat-Treiderl, E.: GaN-Based HEMTs for High-Voltage Operation: Design, Techology and Characterization; Cuivillier Verlag

[Bhag83] Bhagwat, M., Stefanovic, V.: Generalized Structure of a Multilevel PWM Inverter; IEEE Transactions on Industry Applications, Vol. IA-19, No. 6, November/December 1983

[Bor99] Borcherding, W.: Eigenschaften von Netzpulsstromrichtern mit eingeprägter Gleichspannung; Dissertation Uni Hannover 1999

[Bresch] Bresch, W.: Ansteuern von IGBT's; Firmenschrift GvA Leistungselektronik GmbH, Mannheim; www.gva-leistungselektronik.de

[Bronstein08] Bronstein, N.: Taschenbuch der Mathematik. 7. Auflage, Verlag Harri Deutsch 2008

[Brosch00] Brosch, P.: Leistungselektronik. Vieweg Verlag 2000

[Choi] Choi, H.: Overview of Silicon Carbide Power Devices; Firmenschrift Fairchild Semiconductor

[Dah06] Daher, S.: Analysis, Design and Implementation of a High Efficiency Multilevel Converter for renewable Energy Systems; Dissertation Universität Kassel 2006

[Dan12] Dannehl, J.: Regelung von Netzpulsstromrichtern mit LCL-Filter für Antriebe mit kleiner Kapazität im Zwischenkreis; Dissertation Christian-Albrechts-Universität zu Kiel 2012

[Eco16] Ecomal: GaN-SYSTEMS TECHNICAL BASICS; Präsentation vom 18.11.2016

[Ems92] Emsermann, M.: Analyse, Entwurf und Aufbau von Parallel-Resonanzwandlern in überresonanter Betriebsart; Dissertation TU Darmstadt, 1992

[Engel11] Engel, B.; et. al.: Leistungselektronik bei dezentralen erneuerbaren Energien - insbesondere bei Photovoltaik-Wechselrichtern; Tagungsband Bauelemente der Leistungselektronik; VDE Verlag 2011

[Ewa19] http://www.ewa.e-technik.tu-dortmund.de/cms/de/Forschung/Halbleiter/ abgerufen am 14.3.2019

[Felderhoff06] Felderhoff, R.: Leistungselektronik. 4. Auflage, Hanser 2006

[Grot00] Grotstollen, H.: Pulse Width Modulation for Three-Phase Three-Level Converters; Baltic Electronics Conference, Oct. 8 – 11, 2000, Tallinn, Estland, pp. 195 – 198.

[Hav17] Havanur S., et al.: Nichtlineare Kapazitäten von MOSFETs berechnen; https://www.smarterworld.de/smart-components/halbleiter/artikel/147708/1/ vom 16.11.2017

[Hinz00] Hinz, H.: Spannungseinprägender, einphasiger Dreipunkt-Wechselrichter für den transformatorlosen Netzparallelbetrieb von Photovoltaikanlagen; Dissertation TU Darmstadt, Shaker Verlag 2000

[Hofer95] Hofer, K.: Moderne Leistungselektronik und Antriebe. VDE-Verlag 1995

[Jäger09] Jäger, S.: Übungen zur Leistungselektronik. 2. Auflage, VDE-Verlag 2009

[Jäger11] Jäger, S.: Leistungselektronik, Grundlagen und Anwendungen. 6. Auflage, VDE-Verlag 2011

[Jötten77] Jötten, R.: Leistungselektronik 1; Vieweg Verlag 1977

[Hirschmann90] Hirschmann, W.: Schaltnetzteile. SIEMENS AG 1990

[Kerk99] Hava, A. M., Kerkman, R. J., Lipo, T. A.: Simple Analytical and Graphical Methods for Carrier-Based PWM-VSI Drives; IEEE Transactions on Power Electronics, Vol. 14, No. 1, January 1999

[Kus14] Kusnezow, A.: Modellierung der Auswirkung von Verriegelungszeiten und Ansteuerung von Dreipunktwechselrichtern; Bachelor-Thesis Technische Hochschule Mittelhessen 2014

[Lee84] Lee, F. C. et al.: Resonant Switches- a unified approach to improve performance of switching converters; IEEE Int. Telecommunications Energy Conf. 1984 Proc., pp. 344 - 351

[Lee87] Lee, F. C. et al.: Quasi-Resonant Converters - Topologies and Characteristics; IEEE Transactions on Power Electronics, Vol. PE-2, No. 1, Jan. 1987, p. 62 - 71

[Leib11] N.N.: frequent 03_2011; herausgegeben vom Ferdinand-Braun-Institut, Leibniz-Institut für Höchstfrequenztechnik, Gustav-Kirchhoff-Straße 4, 12489 Berlin; abgerufen am 14.3.2019 unter https://www.fbh-berlin.de/fileadmin/downloads/Publications/frequent/frequent_03-11_online.pdf

[Lip11] Lipphardt, G.: Leistungselektronik, Teil 3; Studienheft Wilhelm Büchner Hochschule Darmstadt, 2011

[Lis03] Liserre, M., et. al.: An overview of three-phase voltage sourceactive rectifiers interfacing the utility; Conf. Record IEEE Bologna PowerTech Conference 2003

[Mamm01] Mammano, B.: Resonant Mode Converter Topologies; Unitrode Corp. 2001

[Marckx05] Marckx, D.: Breakthrough in Power Electronics from SiC, National Renewable Energy Laboratory Report, May. 25, 2005

[Mohan03] Mohan, N. et al.: Power Electronics. 3. Edition, Wiley 2003

[Mutschler98] Mutschler, P.: Wechselrichter für Photovoltaikanlagen; Ringvorlesung 1998 „Regenerative Energien“, heag.pdf; www.srt.tu-darmstadt.de/fileadmin/general/publicat/heag.pdf

[Nab81] Nabae, A. et al.: A New Neutral-Point-Clamped PWM Inverter; IEEE Transactions on Industry Applications, vol. IA-17, no. 5. September/October 1981

[Nam91] Nam, S. Choi, et al.: A general circuit topology of multilevel inverter; Power Electronic Specialist Conference PESC 1991, Conf. record pp 96 - 103

[Ozpineci03] Ozpineci, B. et al.: Comparison of wide-band gap semiconductors for power applications; U.S. Department of Energy, Oak Ridge National Laboratory 2003

[Probst16] Probst, U.: Servoantriebe in der Automatisierungstechnik; 2. Auflage, Springer Vieweg 2016

[Rei96] Reinold, H.: Optimierung dreiphasiger Pulsdauermodulationsverfahren; Aachener Beiträge des ISEA; Dissertation RWTH Aachen 1996

[Ruf95] Rufer, A.-Chr.: An aid in the teaching of multilevel inverters for high power applications; Power Electronic Specialist Conference PESC 1995, Conf. record pp 347 - 352

[Schlienz07] Schlienz, U.: Schaltnetzteile und ihre Peripherie. 3. Auflage, Vieweg 2007

[Schröder06] Schröder, D.: Leistungselektronische Bauelemente; 2. Auflage, Springer Verlag 2006

[Schröder12] Schröder, D.: Leistungselektronische Schaltungen; Funktion, Auslegung und Anwendung; 3. überarbeitete und erweiterte Auflage, Springer Vieweg 2012

[Semikron98] Nicolai, U., et al.: Applikationshandbuch IGBT- und MOSFET-Leistungsmodule. SEMIKRON International, 1998; Online Ausgabe: http://www.semikron.com/skcompub/de/application_manual-193.htm

[Semikron10] Wintrich, A., Nicolai, U. et al.: Applikationshandbuch IGBT- und MOSFET-Leistungsmodule 2010. ISLE Steuerungstechnik und Leistungselektronik; 1. Auflage November 2010

[Semikron11] Wintrich, A., Nicolai, U. et al.: Application Manual Power Semiconductors; ISLE Verlag 2011, © SEMIKRON International 2011; http://www.semikron.com/service-support/downloads.htm

[Stephan01] Stephan, W.: Leistungselektronik interaktiv. Fachbuchverlag Leipzig 2001

[Thur06] Thur, J.: Antriebssystem für höchste Geschwindigkeiten zur feldorientierten Regelung von Hochfrequenzspindeln ohne Drehgeber und ohne Signalrechner; Dissertation Universität Wuppertal 2006

[Zastrow10] Zastrow, D.: Elektronik. 9. Auflage, Vieweg 2010

Index

K

L

M

Z